U0901331

中国国家标准汇编

2008年修订-26

中国标准出版社　编

中国标准出版社
北京

图书在版编目（CIP）数据

中国国家标准汇编：2008年修订.26/中国标准出版社编.—北京：中国标准出版社，2009

ISBN 978-7-5066-5537-8

Ⅰ.中… Ⅱ.中… Ⅲ.国家标准-汇编-中国-2008 Ⅳ.T-652.1

中国版本图书馆CIP数据核字（2009）第187137号

中国标准出版社出版发行
北京复兴门外三里河北街16号
邮政编码:100045
网址 www.spc.net.cn
电话:68523946 68517548
中国标准出版社秦皇岛印刷厂印刷
各地新华书店经销

*

开本 880×1230 1/16 印张 38.25 字数 1 132 千字
2009年11月第一版 2009年11月第一次印刷

*

定价 200.00 元

出 版 说 明

1.《中国国家标准汇编》是一部大型综合性国家标准全集。自1983年起，按国家标准顺序号以精装本、平装本两种装帧形式陆续分册汇编出版。它在一定程度上反映了我国建国以来标准化事业发展的基本情况和主要成就，是各级标准化管理机构，工矿企事业单位，农林牧副渔系统，科研、设计、教学等部门必不可少的工具书。

2.《中国国家标准汇编》收入我国每年正式发布的全部国家标准，分为“制定”卷和“修订”卷两种编辑版本。

“制定”卷收入上年度我国发布的、新制定的国家标准，顺延前年度标准编号分成若干分册，封面和书脊上注明“20××年制定”字样及分册号，分册号一直连续。各分册中的标准是按照标准编号顺序连续排列的，如有标准顺序号缺号的，除特殊情况注明外，暂为空号。

“修订”卷收入上年度我国发布的、被修订的国家标准，视篇幅分设若干分册，但与“制定”卷分册号无关联，仅在封面和书脊上注明“20××年修订-1,-2,-3,……”字样。“修订”卷各分册中的标准，仍按标准编号顺序排列(但不连续)；如有遗漏的，均在当年最后一分册中补齐。需提请读者注意的是，个别非顺延前年度标准编号的新制定的国家标准没有收入在“制定”卷中，而是收入在“修订”卷中。

读者配套购买《中国国家标准汇编》“制定”卷和“修订”卷则可收齐上一年度我国制定和修订的全部国家标准。

3. 由于读者需求的变化，自1996年起，《中国国家标准汇编》仅出版精装本。

4. 2008年制修订国家标准共5946项。本分册为“2008年修订-26”，收入新制修订的国家标准35项。

中国标准出版社
2009年10月

目　录

GB 4793.3—2008　测量、控制和实验室用电气设备的安全要求　第3部分:实验室用混合和搅拌设备的特殊要求 …… 1

GB 4793.5—2008　测量、控制和实验室用电气设备的安全要求　第5部分:电工测量和试验用手持探头组件的安全要求 …… 9

GB 4793.6—2008　测量、控制和实验室用电气设备的安全要求　第6部分:实验室用材料加热设备的特殊要求 …… 53

GB 4793.7—2008　测量、控制和实验室用电气设备的安全要求　第7部分:实验室用离心机的特殊要求 …… 65

GB 4793.8—2008　测量、控制和实验室用电气设备的安全要求　第2-042部分:使用有毒气体处理医用材料及供实验室用的压力灭菌器和灭菌器的专用要求 …… 86

GB/T 4796—2008　电工电子产品环境条件分类　第1部分:环境参数及其严酷程度 …… 107

GB/T 4797.5—2008　电工电子产品环境条件分类　自然环境条件　降水和风 …… 127

GB/T 4797.7—2008　电工电子产品环境条件分类　自然环境条件　地震振动和冲击 …… 139

GB/T 4797.8—2008　电工电子产品环境条件分类　自然环境条件　火灾暴露 …… 151

GB/T 4798.2—2008　电工电子产品应用环境条件　第2部分:运输 …… 169

GB/T 4802.1—2008　纺织品　织物起毛起球性能的测定　第1部分:圆轨迹法 …… 193

GB/T 4802.2—2008　纺织品　织物起毛起球性能的测定　第2部分:改型马丁代尔法 …… 201

GB/T 4802.3—2008　纺织品　织物起毛起球性能的测定　第3部分:起球箱法 …… 213

GB/T 4833.2—2008　多道分析器　第2部分:作为多路定标器的试验方法 …… 221

GB/T 4833.3—2008　多道分析器　第3部分:核谱测量直方图数据交换格式 …… 231

GB/T 4835—2008　辐射防护仪器　β、X和γ辐射周围和/或定向剂量当量(率)仪和/或监测仪 …… 247

GB 4853—2008　食品级白油 …… 279

GB/T 4854.5—2008　声学　校准测听设备的基准零级　第5部分:8 kHz～16 kHz频率范围纯音基准等效阈声压级 …… 285

GB/T 4854.7—2008　声学　校准测听设备的基准零级　第7部分:自由场与扩散场测听的基准听阈 …… 295

GB/T 4857.3—2008　包装　运输包装件基本试验　第3部分:静载荷堆码试验方法 …… 309

GB/T 4857.4—2008　包装　运输包装件基本试验　第4部分:采用压力试验机进行的抗压和堆码试验方法 …… 314

GB/T 4857.9—2008　包装　运输包装件基本试验　第9部分:喷淋试验方法 …… 322

GB/T 4861—2008　模拟计数率表　特性和测试方法 …… 329

GB/T 4863—2008　机械制造工艺基本术语 …… 357

GB/T 4864—2008　金属钙及其制品 …… 415

GB/T 4883—2008　数据的统计处理和解释　正态样本离群值的判断和处理 …… 421

GB/T 4889—2008　数据的统计处理和解释　正态分布均值和方差的估计与检验 …… 447

GB/T 4891—2008　为估计批(或过程)平均质最选择样本量的方法 …… 479

GB/T 4892—2008　硬质直方体运输包装尺寸系列 …… 489

GB 4914—2008 海洋石油勘探开发污染物排放浓度限值 …… 497
GB/T 4925—2008 渔网 合成纤维网片强力与断裂伸长率试验方法 …… 521
GB 4926—2008 食品添加剂 红曲米(粉) …… 529
GB 4927—2008 啤酒 …… 537
GB/T 4928—2008 啤酒分析方法 …… 545
GB/T 4930—2008 微束分析 电子探针分析 标准样品技术条件导则 …… 590

ICS 19.080
N 09

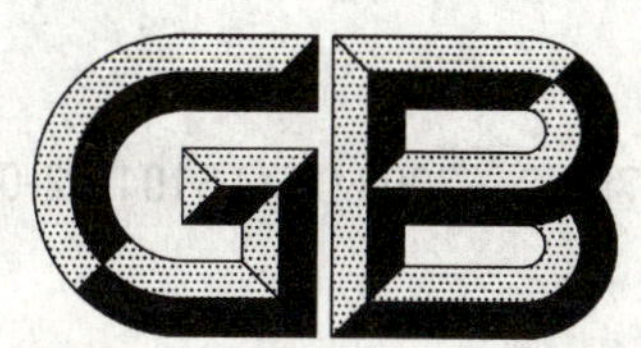

中华人民共和国国家标准

GB 4793.3—2008/IEC 61010-2-051:2005
代替 GB 4793.3—2001

测量、控制和实验室用电气设备的安全要求 第3部分:实验室用混合和搅拌设备的特殊要求

Safety requirements for electrical equipment for measurement, control, and laboratory use—Part 3: Particular requirements for laboratory equipment for mixing and stirring

(IEC 61010-2-051:2005, IDT)

2008-08-30 发布 2009-09-01 实施

中华人民共和国国家质量监督检验检疫总局
中国国家标准化管理委员会 发布

前言

本部分的全部技术内容为强制性。

GB 4793《测量、控制和实验室用电气设备的安全要求》目前分为7个部分：

——第1部分：通用要求(IEC 61010-1)；

——第2部分：电工测量和试验用手持和手操电流传感器的特殊要求(IEC 61010-2-032)；

——第3部分：实验室用混合和搅拌设备的特殊要求(IEC 61010-2-051)；

——第4部分：实验室用处理医用材料的蒸压器的特殊要求(IEC 61010-2-041)；

——第5部分：电工测量和试验用手持探头组件的安全要求(IEC 61010-031)；

——第6部分：实验室用材料加热设备的特殊要求(IEC 61010-2-010)；

——第7部分：实验室用离心机的特殊要求(IEC 61010-2-020)。

注：上述部分的名称会随IEC标准名称的变化而改变。

本部分为GB 4793的第3部分。

本部分等同采用IEC 61010-2-051:2005《测量、控制和实验室用电气设备的安全要求　第2-051部分：实验室用混合和搅拌设备的特殊要求》(英文版)。其技术内容、文本结构以及表达形式与IEC 61010-2-051:2005完全等同。

为了方便使用，本部分作了下列编辑性修改：

——用小数点“.”代替作为小数点的逗号“,”。

——略去IEC 61010-2-051:2005的前言的内容。

——对于IEC 61010-2-051:2005引用的其他国际标准中有被等同或修改采用作为我国标准的，本部分用我国的国家标准或行业标准代替对应的国际标准；其余未有等同或修改采用为我国标准的国际标准，在本部分中均被直接引用。

本部分是对GB 4793.3—2001《测量、控制和实验室用电气设备的安全 实验室用混合和搅拌设备的特殊要求》(IEC 61010-2-051:1995,IDT)的修订。

本部分必须结合GB 4793.1《测量、控制和实验室用电气设备的安全要求 第1部分：通用要求》一起使用。本部分中写明“适用”的部分，表示GB 4793.1的相应条适用于本部分；本部分写明“代替”或“修改”的部分，表明以本部分的条为准；本部分中写明“增加”的部分，表明除要符合GB 4793.1的相应条外，还必须符合本部分中增加的条。为了区别GB 4793.1中的条，本部分增加的条的编号以101开始，例如7.2.101。

本部分与GB 4793.3—2001比较有较小改动，一些条款在文字上作了修改，标准的结构随着GB 4793.1—2007进行了调整。

本部分由中国机械工业联合会提出。

本部分由全国测量、控制和实验室电器设备安全标准化技术委员会(SAC/TC 338)归口。

本部分的起草单位：机械工业仪器仪表综合技术经济研究所。

本部分的主要起草人：柳晓菁、梅恪、郑旭、王麟琨、欧阳劲松、方晓时、王建华、潘长清、张桂玲。

本部分所代替标准的历次版本发布情况为：

——GB 4793.3—2001。

测量、控制和实验室用电气设备的安全要求　第3部分:实验室用混合和搅拌设备的特殊要求

1　范围与目的

除下述内容外,GB 4793.1 的第1章均适用。

1.1　范围

代替:

用以下内容代替整个原文:

GB 4793 的本部分适用于用于机械混合和搅拌的电动实验室设备及其附件,其机械能量影响材料和附件的形状、大小和均匀性。这种设备可包括加热装置。

注:如果设备的整体或部分既属于本部分范围内,又属于 GB 4793 中其他一个或多个部分范围,那么它也需要满足 GB 4793 中其他相关标准的要求。对具有加热装置的设备的要求见 GB 4793.6。

2　规范性引用文件

下列文件中的条款通过 GB 4793 的本部分的引用而成为本部分的条款。凡是注日期的引用文件,其随后所有的修改单(不包括勘误的内容)或修订版均不适用于本部分,然而,鼓励根据本部分达成协议的各方研究是否可使用这些文件的最新版本。凡是不注日期的引用文件,其最新版本适用于本部分。

GB 4793.1 测量、控制和实验室用电气设备的安全要求　第1部分:通用要求(GB 4793.1—2007,IEC 61010-1:2001,IDT)

GB 4793.1 的第2章均适用。

3　术语和定义

GB 4793.1 的第3章均适用。

4　试验

GB 4793.1 的第4章均适用。

5　标志和文件

除下述内容外,GB 4793.1 的第5章均适用。

5.4.1　概述

增加:

将原有的注作为注1,并增加如下注101:

注101:如果混合器或搅拌器作为手持设备操作而可能引起危险,则应该有针对这一情况的警示声明。

5.4.4　设备的操作

增加:

在 i)后面,增加新条目 aa):

aa) 如果搅拌容器规定为混合系统的一部分并出售或如果有别的应用时,搅拌容器的安装说明。

在第一段后面增加如下新的第二段:

在说明书中应给出警告，禁止在危险环境使用设备或使用超出设备设计范围的危险材料。

代替：

用以下内容代替原来的第二段(现在的第三段)：

应让使用者了解到，如果设备所用附件不是由制造商提供或推荐的，或不按照制造商指定的方式使用设备，那么设备所提供的防护可能会减弱。

6 防电击

GB 4793.1的第6章均适用。

7 防机械危险

除下述内容外，GB 4793.1的第7章均适用。

代替：

7.2 运动零部件

用以下内容代替第二段第二行中“例如：钻孔设备和搅拌设备”：

例如：向下切入搅拌材料的搅拌轴和叶轮。

增加以下条：

7.2.101 速度控制器

如果电子速度控制器的单一故障会引起危险，那么设备应提供切断电源或其他防止危险的方法。

通过目视检查和试验来检验是否合格。

7.2.102 操作中的移动

在正常使用中设备的位置不应改变。

通过目视检查和试验来检验是否合格。设备在运行10 min后移动距离不超过5 mm，可认为符合此要求。

7.2.103 中断后的再启动

根据应用情况，中断混合过程后重新启动或不重新启动都可能会引起危险。应对设备在电网电源断电后以及发生故障或机械中止的情况下是否再启动进行说明。

注：在某些情况下，应有视觉或听觉报警信号来对出现的中断情况提出警告。

通过检查文件来检验是否合格。

7.2.104 与应用有关的危险

设备用于混合可燃材料时可能会出现危险，或者在机械能量传递到玻璃容器时引起破裂而出现危险。

使用说明应提出警告禁止在这些应用中使用设备，除非设备安装了防止单一故障条件下出现危险的相应安全装置。这种安全装置应独立于控制系统。

危险和相应的安全装置的示例如下：

a) 在混合动作的失效可能会引起危险，如金属有机物的化学反应，安全装置应启动报警信号：
   1) 当启动混合器时，如果驱动轴或混合器不能转动；或
   2) 当过载引起轴的转速低于预定转速。

注1：可能由于电力不足或在过载时降低轴速的自动装置的启动而引起速度降低。

b) 对高黏度材料施加过大力矩可能会引起危险，如发生玻璃破裂。如果力矩超过预设水平，安全装置应启动报警信号。

注2：建议安全装置按照剩余电流的原理工作。

通过目视检查和试验来检验是否合格。

8 耐机械冲击和撞击

GB 4793.1 的第 8 章均适用。

9 防止火焰蔓延

GB 4793.1 的第 9 章均适用。

10 设备的温度限值和耐热

GB 4793.1 的第 10 章均适用。

11 防流体危险

除以下条以外，GB 4793.1 的第 11 章均适用。

增加以下条：

11.101 软管与导管的连接

连接器的设计应使软管不可松脱，例如使用软管夹，并且导管应充分固定。

通过目视检查来检验是否合格。

12 防辐射(包括激光源)、声压力和超声压力

GB 4793.1 的第 12 章均适用。

13 对释放的气体、爆炸和内爆的防护

除以下条以外，GB 4793.1 的第 13 章均适用。

增加以下条：

13.2.101 对爆炸和内爆的防护

根据类型、操作模式和位置，设计用于防爆或与爆炸物一起使用的设备应符合相关的 IEC 和 ISO 标准的有关要求。

通过根据相关标准的规定进行试验来检验是否合格。

14 元器件

GB 4793.1 的第 14 章均适用。

15 利用联锁装置的保护

GB 4793.1 的第 15 章均适用。

16 试验和测量设备

GB 4793.1 的第 16 章均适用。

附 录

GB 4793.1 的附录均适用。

参 考 文 献

除下述内容以外,GB 4793.1 的参考文献均适用。

增加:

GB 4793.6 测量、控制和实验室用电气设备的安全要求 第6部分:实验室用材料加热设备的特殊要求(GB 4793.6—2008,IEC 61010-2-010:2005,IDT)。

ICS 19.080
N 09

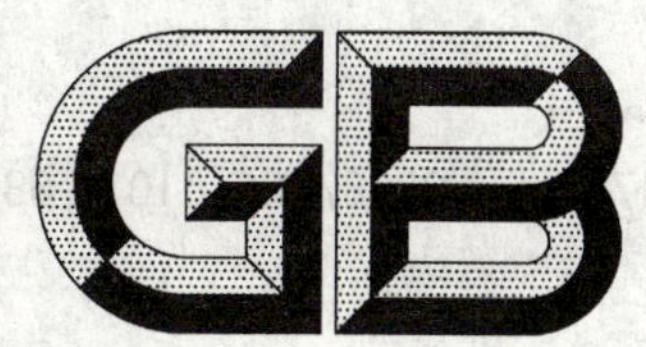

中华人民共和国国家标准

GB 4793.5—2008/IEC 61010-031:2002
代替 GB 4793.5—2001

测量、控制和实验室用电气设备的安全要求 第5部分:电工测量和试验用手持探头组件的安全要求

Safety requirements for electrical equipment for measurement, control, and laboratory use—Part 5: Safety requirements for hand-held probe assemblies for electrical measurement and test

(IEC 61010-031:2002, IDT)

2008-08-30 发布　　2009-09-01 实施

中华人民共和国国家质量监督检验检疫总局
中国国家标准化管理委员会　发布

前 言

本部分的全部技术内容为强制性。

GB 4793《测量、控制和实验室用电气设备的安全要求》目前分为7个部分：

——第1部分：通用要求(IEC 61010-1)；

——第2部分：电工测量和试验用手持和手操电流传感器的特殊要求(IEC 61010-2-032)；

——第3部分：实验室用混合和搅拌设备的特殊要求(IEC 61010-2-051)；

——第4部分：实验室用处理医用材料的蒸压器的特殊要求(IEC 61010-2-041)；

——第5部分：电工测量和试验用手持探头组件的安全要求(IEC 61010-031)；

——第6部分：实验室用材料加热设备的特殊要求(IEC 61010-2-010)；

——第7部分：实验室用离心机的特殊要求(IEC 61010-2-020)。

注：上述部分的名称会随IEC标准名称的变化而改变。

本部分为GB 4793的第5部分。

本部分等同采用IEC 61010-031:2002《测量、控制和实验室用电气设备的安全要求 第031部分：电工测量和试验用手持探头组件的安全要求》(英文版)。其技术内容、文本结构以及表达形式与IEC 61010-031:2002完全等同。

为了方便使用，本部分作了下列编辑性修改：

——用小数点“.”代替作为小数点的逗号“,”。

——略去IEC 61010-031:2002的前言和“附录D(资料性附录)定义索引”的内容。

——对于IEC 61010-031:2002引用的其他国际标准中有被等同或修改采用作为我国标准的，本部分用我国的国家标准或行业标准代替对应的国际标准；其余没有等同或修改采用为我国标准的国际标准，在本部分中均被直接引用。

本部分是对GB 4793.5—2001《测量、控制和实验室用电气设备的安全 电工测量和试验用手持探头组件的特殊要求》(IEC 61010-2-031:1993,IDT)的修订。

本部分是一个独立的部分，因此除了1.1的注提到的内容以外，本部分的使用不需要参考GB 4793.1。

本部分与GB 4793.5—2001相比较有较大改动：结构重新进行了编排。对一些试验方法做了更详细的阐述：

——增加了拉力试验；

——增加了挠曲/拉力试验；

——增加了旋转挠曲试验方法等。

本部分的附录A、附录B和附录C为规范性附录。

本部分由中国机械工业联合会提出。

本部分由全国测量、控制和实验室电器设备安全标准化技术委员会(SAC/TC 338)归口。

本部分的起草单位：机械工业仪器仪表综合技术经济研究所。

本部分的主要起草人：王麟琨、郑旭、柳晓菁、梅恪、欧阳劲松、方晓时、王建华、张桂玲、潘长清。

本部分所代替标准的历次版本发布情况为：

——GB 4793.5—2001。

测量、控制和实验室用电气设备的安全要求　第5部分:电工测量和试验用手持探头组件的安全要求

1　范围与目的

1.1　范围

GB 4793的本部分适用于下述各类型的手持和手操探头组件,以及专业用、工业过程用、教育用相关附件。这些探头组件用来作为一种电气现象与试验或测量设备之间的接口。它们可以被固定地安装在设备上,也可以是设备的可拆卸附件。

a)　低压和高压非衰减探头组件(A型):非衰减探头组件直接接入的额定电压值高于交流33 V有效值、46.7 V峰值或直流70 V,但不超过63 kV。它们既不包含有源元件,也不具备分压功能或信号调节功能,但可能包括熔断器之类的无源非衰减元件。

b)　高压衰减或分压探头组件(B型):衰减或分压式探头组件直接接入的二次电压的额定值高于1 kV,但不超过63 kV。分压功能可以全部在探头组件内实现,或在与本探头组件一同使用的试验或测量设备中部分地实现。

c)　低压衰减或分压探头组件(C型):衰减、分压或其他信号调节探头组件直接接入的电压额定值高于交流33 V有效值、46.7 V峰值或直流70 V,但不超过1 kV交流有效值或1.5 kV直流值。信号调节功能可以全部在探头组件内实现,或在与本探头组件一同使用的试验或测量设备中部分地实现。

注:不在A型、B型或C型定义的范围中探头组件,或设计成低压电网电源供电的探头组件,或包括本部分中未特殊规定的其他特征的探头组件还需满足GB 4793中其他部分的相关要求。

1.2　目的

1.2.1　包括在本部分范围内的各方面的内容

规定GB 4793本部分的目的是要确保所使用的结构的设计和方法能对操作人员和周围环境在以下几个方面提供足够的防护:

a)　电击或电灼伤(见第6章、第10章和第11章);

b)　机械危险(见第7章、第8章和第11章);

c)　过高温(见第9章);

d)　火焰从探头组件内向外蔓延(见第9章)。

注:要注意国家负责劳动者健康和安全的部门可能已有规定的、现行的附加要求。

1.2.2　不包括在本部分范围内的各方面的内容

本部分不包括:

a)　探头组件的可靠性功能、性能或其他特性;

b)　运输包装的有效性;

c)　维修(修理);

d)　维修(修理)人员的防护。

注:可以预料到维修人员会相当认真地来对待各种明显的危险,但是在设计上还是要使用适当的方式来防止发生意外事故,并且维修文档应指出任何残余危险。

1.3　鉴定

本部分也规定了通过检查和型式试验来鉴定探头组件是否符合本部分要求的方法。

1.4 环境条件

本部分适用于被设计成至少在下述条件下使用是安全的探头组件：

a) 海拔高度不超过 2 000 m，或如果制造商规定，海拔高度可超过 2 000 m；

b) 温度在 5 ℃～40 ℃，如果制造商规定，温度可低于 5 ℃或高于 40 ℃；

c) 温度低于 31 ℃时的最大相对湿度为 80%，温度为 40 ℃时相对湿度线性降到 50%；

d) 适用的额定污染等级。

2 规范性引用文件

下列文件中的条款通过 GB 4793 的本部分的引用而成为本部分的条款。凡是注日期的引用文件，其随后所有的修改单(不包括勘误的内容)或修订版均不适用于本部分，然而，鼓励根据本部分达成协议的各方研究是否可使用这些文件的最新版本。凡是不注日期的引用文件，其最新版本适用于本部分。

GB 4208 外壳防护等级(IP 代码)(GB 4208—2008，IEC 60529:2001，IDT)

GB/T 5465.2 电气设备用图形符号(GB/T 5465.2—1996，idt IEC 60417:1994)

GB/T 16927.1 高电压试验技术 第一部分：一般试验要求(GB/T 16927.1—1997，IEC 60060-1:1989，MOD)

GB/T 16927.2 高电压试验技术 第二部分：测量系统(GB/T 16927.2—1997，IEC 60060-2:1994，MOD)

GB/T 16935.3 低压系统内设备的绝缘配合 第 3 部分：利用涂层、罐封和换压进行防污保护(GB/T 16935.3—2005，IEC 60664-3:2003，IDT)

IEC 60027(所有部分) 电工用文字符号

ISO 7000 设备用图形符号 索引和大纲

3 术语和定义

下列术语和定义适用于 GB 4793 的本部分。

除另有规定外，“电压”值和“电流”值均指交流、直流，或者合成的电压或电流的有效值。凡使用“电网电源”处均指低压供电系统(其值大于 6.3.2.1 中的规定值)。

3.1 零部件和附件

3.1.1

端子 terminal

为使装置(设备)与外部导体相连而提供的一种元件。

[IEV 151-01-03，修订版]

注：端子可以含有一个或几个接触件，因此该术语也包括插座、插针、连接器等。

3.1.2

外壳 enclosure

防止设备受到某些外部影响和防止从任何方向直接接触而提供的零部件。

3.1.3

挡板 barrier

防止从任何正常接近的方向直接接触而提供的零部件。

注：外壳和挡板可以提供火焰蔓延的防护(9.1)。

3.1.4

探头组件 probe assembly

用于试验或测量设备与被测或被试电路中某一点之间做暂时接触的装置。它包括电缆和为实现与试验或测量设备连接的工具。

注：见图 1 及图 2，探头组件的示例及其零部件功能的说明。

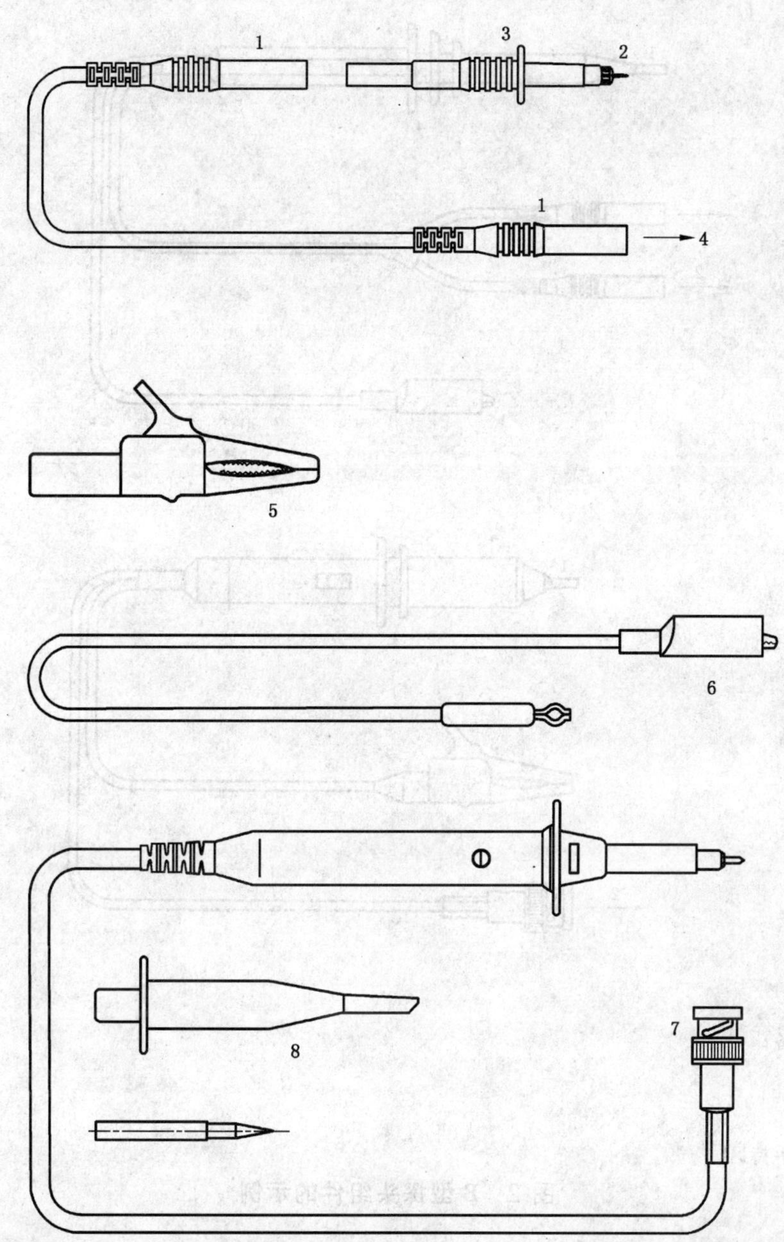

图例：

1——典型的接头；

2——探针；

3——探头体；

4——连接到设备上；

5——鳄鱼夹；

6——参考接头；

7——BNC 接头；

8——附件的举例。

图 1 A 型和 C 型探头组件的示例

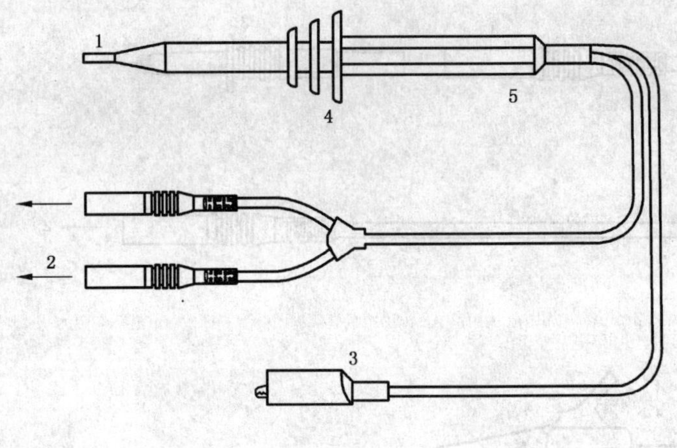

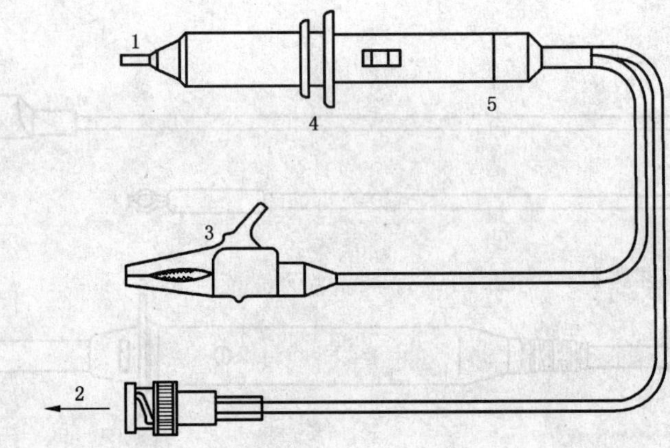

图例：

1——探针；

2——连接到设备；

3——参考接头；

4——挡板；

5——探头体的手持区。

图 2 B 型探头组件的示例

3.1.5

探针 probe tip

探头组件中与被测或被试点连接的零件。

3.1.6

参考接头 reference connector

把试验或测量设备中的参考点(通常是功能接地端子)连接到被测或被试电路参考点的装置。

3.1.7

工具 tool

为帮助人来执行某种机械功能而使用的,包括钥匙和硬币在内的外部装置。

3.2 电气量值

3.2.1

额定(值) rated(value)

通常由制造厂针对元器件、装置或设备达到某一工作状态而给出的量值。

[IEV 151-04-03]

3.2.2

额定值　rating

一组额定值和工作条件。

[IEV 151-04-04]

3.2.3

工作电压　working voltage

当设备正常使用时，绝缘上持续出现的最高电压。

注：开路条件和正常工作条件均要考虑。

3.3　试验

3.3.1

型式试验　type test

针对特定的设计，为证明该设计和结构是否能满足本部分的一项或多项要求而对设备的一台或多台样品(或设备零部件)进行的试验。

注：这是对 IEV 151-04-15 定义的扩充，以便既包括设计要求又包括结构要求。

3.4　安全术语

3.4.1

(零部件的)可触及　accessible(of a part)

当按 6.2 的规定能用标准试验指或试验针触及到的。

3.4.2

危险带电　hazardous live

在正常条件或单一故障条件下能使之发生电击或电灼伤(对正常条件适用的数值见 6.3.1，对在单一故障条件下被认为是适用的更高的数值见 6.3.2)。

3.4.3

高完善性　high integrity

不易出现会引起危险险情的故障；高完善性的部件被认为是在进行故障条件下的试验时不易出现不合格。

3.4.4

保护阻抗　protective impedance

元器件、元器件的组件或基本绝缘和限流或限压装置的组合，当其连接在可触及导电零部件与危险带电零部件之间时，其阻抗、结构和可靠性在正常条件和单一故障条件下提供的防护程度达到本部分的要求。

3.4.5

正常使用　normal use

按使用说明或按明显的预期用途的说明进行的操作，包括待机。

注：多数情况下，正常使用也指正常条件，因为使用说明书会警告用户不要在非正常条件下使用设备。

3.4.6

正常条件　normal condition

防止危险的所有防护措施均完好无损的条件。

3.4.7

单一故障条件　single fault condition

防止危险的一个防护措施发生失效的条件或可能引起某种危险而出现一个故障的条件。

注：如果某个单一故障条件会不可避免地引起另一个单一故障条件，则这样的两个故障被认为是一个单一故障条件。

3.4.8

操作人员 operator

按设备的预期用途来操作设备的人。

注：操作人员应为这一目的而接受适当的培训。

3.4.9

责任者 responsible body

负责设备的使用或维护和确保操作人员得到足够培训的个人或组织。

3.4.10

潮湿场所 wet lacation

可能存在水或其他导电液体，而且由于人体与设备之间的潮湿接触或人体与环境之间的潮湿接触而可能使人体阻抗减小的场所。

3.4.11

危险 hazard

潜在的伤害源(见 1.2)。

3.5 绝缘

3.5.1

基本绝缘 basic insulation

其失效会引起电击危险的绝缘。

注：基本绝缘也可用于功能绝缘的目的。

3.5.2

附加绝缘 supplementary insulation

除基本绝缘以外施加的独立的绝缘，用以保证在基本绝缘一旦失效时仍能防止电击。

3.5.3

双重绝缘 double insulation

由基本绝缘和附加绝缘构成的绝缘。

3.5.4

加强绝缘 reinforced insulation

其提供防电击能力不低于双重绝缘的绝缘。

注：加强绝缘可以由几层不能像附加绝缘或基本绝缘那样单独进行试验的绝缘构成。

3.5.5

污染 pollution

会导致介电强度或表面电阻率降低的固态、液态或气态(电离气体)的附加的外来物质。

3.5.6

污染等级 pollution degree

为了评价电气间隙而规定的下述微环境的 3 个污染程度之一。

3.5.6.1

污染等级 1

无污染或只有干燥的非导电性污染，该污染无不利影响。

3.5.6.2

污染等级 2

通常仅有非导电性污染，但偶尔也会由于凝聚作用而短时导电。

3.5.6.3

污染等级 3

导电污染或干燥的非导电污染由于凝聚作用而变成导电。

3.5.7

电气间隙　clearance

两个导电零部件在空气中的最短距离。

3.5.8

爬电距离　cleepage distance

两个导电零部件沿绝缘材料表面的最短距离。

[IEV 151-03-37]

4　试验

4.1　概述

本部分中的所有试验均是在探头组件或其零部件的样品上进行的型式试验。这些试验的唯一目的是要检验设计和结构是否能确保符合本部分的要求。

对满足相关标准要求的探头组件和分组件，在整个设备的型式试验期间不必再重复进行试验。

如果探头组件包含多种探头类型(见1.1)，则应根据其应用要求对每种类型进行试验。

应通过所有适用的试验来检验是否符合本部分要求，但如果对探头组件的检查确能证明肯定能通过某项试验，则该项试验可以省略。试验在下面条件下进行：

a)　基准试验条件(见4.3)；

b)　单一故障条件(见4.4)。

注1：如果探头组件的环境条件的额定范围超过1.4中的规定，则制造商要确保(例如，通过试验要求的适当更改或附加试验)仍然满足本部分的安全要求。

注2：如果当进行符合性试验时，某个所施加的或测得的量值(如电压)的实际值由于有误差而存在不确定性，则：

——制造商要确保施加的值至少是规定的试验值；

——试验部门要确保施加的值不大于规定的试验值。

注3：已经进行过型式试验的探头组件，可能由于试验而造成的剩余应力的影响而不再适合其预期功能。为此，探头组件在出厂后不再(例如，由责任方)对其进行型式试验。

4.2　试验顺序

除本部分另有规定外，试验顺序可以任选。在每项试验后应仔细检查被试探头组件。如果对试验的结果持有怀疑，怀疑若试验顺序颠倒，任何前面的各项试验是否能够通过，则前面的这些试验应重复进行。故障条件下的试验会损害设备，因此这些试验可以放在基准试验条件下的试验之后。

4.3　基准试验条件

4.3.1　环境条件

除本部分中另有规定者外，试验场所应具有下述环境条件(但与1.4中的环境条件不冲突)：

a)　温度：15 ℃～35 ℃；

b)　相对湿度：不超过75%；

c)　大气压力：75 kPa～106 kPa；

d)　无霜冻、凝露、渗水、淋雨和日照等。

4.3.2　探头组件的状态

除另有规定者外，每项试验应在组装好的供正常使用的探头组件上、且在4.3.3～4.3.9规定的最不利的组合条件下进行。

如果由于尺寸或质量原因不能对整个探头组件进行一些特殊的试验，则允许对分组件进行试验，只要经过验证证明组装好的探头组件能符合本部分的要求即可。

4.3.3　探头组件的位置

探头组件处于正常使用时的任一位置，且任何通风不受阻挡。

4.3.4 附件

由制造商建议的或提供的、与受试探头组件一起使用的附件和操作人员可更换零部件可连接或不连接。

4.3.5 盖子和可拆除的零部件

不用工具就能拆除的盖子和零部件可拆除或不拆除。

4.3.6 输入和输出电压

输入和输出电压，包括浮地电压，应将其调到额定电压范围内的任何电压上。

4.3.7 控制件

操作人员能手动调节的控制件应被设置在任何位置，由制造商在探头组件上标注的禁止组合设置的情况除外。

4.3.8 连接

探头组件应按其预定用途进行连接或不连接。

4.3.9 工作周期

短时或间歇工作的探头组件，应按照制造商说明书的规定，以最长的一段时间工作和以最短的一段时间恢复。

4.4 单一故障条件下的试验

4.4.1 概述

应按下面要求：

a) 检查探头组件及其电路图通常能判断是否有可能引起本部分含义内的危险和因此是否应施加的故障条件；

b) 除非能证明某个特定的故障条件不会引起危险，否则应进行各项故障试验；

c) 探头组件应在基准试验条件的最不利的组合下（见 4.3）工作，对于不同的故障，这些组合条件可以有所不同，在进行每一个试验时应记录这些组合条件。

4.4.2 故障条件的施加

故障条件应包括 4.4.2.1～4.4.2.4 规定的故障条件。这些故障条件一次只能施加一个，并应按最方便的顺序依次施加。不能同时施加多个故障，除非这些故障是施加某个故障后引发的结果。

在每一次施加故障条件后，探头组件或零部件应能通过 4.4.4 的适用的试验。

4.4.2.1 短时或间歇工作的探头组件或零部件

如果在单一故障条件下可能导致探头组件或零部件连续工作，则应使其连续工作。

4.4.2.2 输出

应将 B 型和 C 型探头组件的各个输出短路，一次短路一个。

4.4.2.3 电路和零部件之间的绝缘

电路和零部件之间的绝缘，对低于针对基本绝缘规定量值的绝缘应将其短路，以检查是否能防止火焰的蔓延。

注：检查防止火焰蔓延的替换方法见 9.1。

4.4.2.4 元器件

B 型和 C 型探头组件的元器件（高完善性元器件除外）应做短路或开路试验，选择较为不利者。

4.4.3 试验持续时间

应使探头组件一直工作到所施加故障产生的结果不可能再有进一步的变化为止。每项试验通常限定在 1 h 以内，因为单一故障条件引发的二次故障通常就在那段时间内显现出来。如果在 1 h 结束时，有迹象表明最终可能产生电击、火焰蔓延或人身伤害的危险，则试验应一直继续到出现这些危险中的任一个，或将试验持续到最长 4 h。

如果因熔断器的断开而使某个故障中断，而且如果熔断器不在约 1 s 内动作，则应测量在相关故障条件下流过熔断器的电流。为了确定电流是否达到或超过熔断器的最小动作电流以及熔断器动作前的最长时间,应利用熔断器的预飞弧时间/电流特性来进行判定。通过熔断器的电流是会随时间函数而变化。如果在试验中电流未达到熔断器的最小动作电流,则应使设备工作一段对应于最长的熔断时间或应使设备连续工作 4.4.3 的第一段规定的时间。

4.4.4 施加单一故障条件后的符合性

4.4.4.1 施加单一故障后,通过下面的测量来检验电击防护是否符合要求:

a) 通过进行 6.3.2 中的测量来检验可触及导电零部件是否变成危险带电,6.1.1 中允许的除外;

b) 通过对双重绝缘或加强绝缘进行电压试验来检验绝缘是否还有一重保护。电压试验按照 6.6 中的规定(不进行潮湿预处理)用对应于基本绝缘的试验电压来进行。

4.4.4.2 通过测量探头组件的外表面温度来检验温度防护是否符合要求。

在最高额定环境温度时外表面的温度不得超过 105 ℃。

该温度是通过测量表面或零部件的温升并加上最大额定环境温度来确定的。

4.4.4.3 通过将探头组件放在白色薄棉纸包裹的软木材表面上,探头组件上包上纱布来检验着火蔓延的防护是否符合要求。熔融金属、燃烧的绝缘物、带火焰的颗粒等不得滴落到放置探头组件的表面上,而且棉纸或纱布不得炭化、灼热或起火。如果熔融材料不可能起火,而且如果操作人员在触摸探头组件之前很容易判断需将其断电并进行冷却,则绝缘材料的熔化应忽略不计。

4.4.4.4 按第 7 章～第 11 章的规定来检验其他危险保护要求是否合格。

5 标志和文件

5.1 标志

5.1.1 概述

探头组件应标有符合 5.1.2～5.2 规定的标志。适用于整个探头组件的标志不得标在操作者不用工具就能拆卸的零部件上。

量值和单位的文字符号应符合 IEC 60027 中的规定。图形符号应符合表 1 的规定,但符号无尺寸和颜色要求。如果在表 1 没有适用的符号,则只要在附加文件中对这些符号做了解释,就可以在探头组件上使用任何其他图形符号(见 5.4.1)。

如果在零部件上不可能标注所要求的所有标志,则可使用表 1 中的符号 10,并且应在文件中包含必要的信息。

通过目视检查来检验是否合格。

表 1 符号

序 号	符 号	标 准	说 明
1	⎓	GB/T 5465.2(5031)	直流
2	∼	GB/T 5465.2(5032)	交流
3	⏦	GB/T 5465.2(5033)	交直流
4	3∼		三相交流
5	⏚	GB/T 5465.2(5017)	接地端子
6	[符号]	GB/T 5465.2(5021)	等电位
7	⧈	GB/T 5465.2(5172)	全部由双重绝缘和加强绝缘保护的零部件

表 1(续)

序　号	符　号	标　准	说　明
8			小心,电击危险
9		GB/T 5465.2(5041)	小心,烫伤
10		ISO 7000	小心,危险(见注 1)
注 1:要求制造商说明在标有该符号的所有情况下都必须查阅文件,见 5.4.1。 注 2:无尺寸或颜色要求(见 5.1.1)。			

5.1.2 标识

每个探头组件和探头组件的可分离配套零部件,应至少标有如下内容:

a) 制造商或供应商的名称或注册商标;

b) 另外对于 B 型和 C 型探头组件,还应标出探头组件或零部件的型号或名称或其他识别的方法。

如果探头组件被设计成仅用于设备的特定型号,则应对这一方面作出清楚表述,并通过探头组件上的标记或附加文件来识别该特定设备或型号。

通过目视检查来检验是否合格。

5.1.3 熔断器

对含有可由操作人员更换的熔断器的探头组件,应标记所有必要的详细信息以供操作人员正确更换熔断器,包括电压额定值和分断能力(熔断器在最大额定电压下能安全切断的最大电流)。如果操作人员必须根据特殊应用选择一个熔断器,则应在探头上标记表 1 中的符号 10,并应在文件中包含这些必要信息。

通过目视检查来检验是否合格。

5.1.4 端子和操作装置

如果对安全是有必要的话,则应对端子、连接器和控制件给出其用途的指示,包括操作顺序。

通过目视检查来检验是否合格。

5.1.5 由双重绝缘和加强绝缘保护的零部件

全部由双重绝缘或加强绝缘保护的零部件应标记表 1 的符号 7。

局部由双重绝缘或加强绝缘保护的零部件,不得标记表 1 的符号 7。

通过目视检查来检验是否合格。

5.1.6 额定值

探头组件的额定值应标记如下信息:

a) 在测量类别Ⅰ(见 6.5.2)的范围内用于测量的探头组件,应标记对地额定电压和表 1 的符号 10[见 5.4.3 f)和 g)]。

b) 在测量类别Ⅱ、类别Ⅲ和类别Ⅳ(见 6.5.2)的范围内用于测量的探头组件,应标记对地额定电压和相关测量类别。测量类别标记应为所采用的“CAT Ⅱ”、“CAT Ⅲ”或“CAT Ⅳ”。

注:测量类别标记也可采用“类别Ⅱ”、“类别 Ⅲ”或“类别 Ⅳ”。

探头组件的标记最好应位于探头体上,还应标记电压属性(a.c.,d.c.等),除非电压标记既适用有效值也适用直流值。如果预期把参考接头与超过 6.3.1.1 规定的电压值的点进行连接,应标记其电压额定值,最好标记在连接器上。

仅对于A型探头组件，应标记探头组件的最大额定电流和对地的最大额定电压。在规定仅与具有高阻抗输入或限流输出的设备共同使用的探头组件上，不必标记最大额定电流。

通过目视检查来检验是否合格。

5.2 警告标志

在探头组件准备作正常使用时警告标志应清晰可见。

如果为了保持探头组件提供的防护而需要操作人员去查阅说明书，则应对探头组件标记表1的符号10。如果警告标志适用于探头组件的某个特定部分，则标记应标在该特定部分上或标在其附近。

如果使用说明书说明，操作人员可以使用工具接触在正常使用条件下可能是危险带电的零部件，则应标有警告标志，说明必须在接触前使探头组件与危险带电电压隔离或断开危险带电电压，或者如果在使用说明中有相关信息则可使用表1的符号10。

除非零部件的加热状态从探头组件的功能来看是明显的，否则，对易于触及的零部件以及由9.1允许的超过9.2温度限值的零部件，应用表1的符号9标记。

通过目视检查来检验是否合格。

5.3 标志耐久性

符合5.1.2～5.2要求的标记，应在正常使用条件下保持清晰可辨，并能耐受制造商规定的清洁剂的影响。

通过目视检查，以及通过对探头组件外部标志进行下述耐久性试验来检验是否合格。用布沾上规定的清洁剂（如果没有规定，则沾上异丙醇），用手不加过分压力地擦拭30 s。

在上述处理之后，标志仍应清晰可辨，粘贴标牌不得出现松脱或卷边。

5.4 文件

5.4.1 概述

为了安全目的，应随同探头组件提供至少含有下述内容的文件：

a) 技术规范；

b) 使用说明；

c) 可从其获得技术帮助的制造商或供应商的名称和地址；

d) 5.4.2～5.4.4规定的信息。

如果适用，警告语句和对标记在探头组件上的警告符号所做的清楚的解释应在文件中给出，或者应将其永久、清晰地标在探头组件上。特别是应给出一段叙述，说明在标有表1的符号10的所有情况下需要查阅文件，以便弄清潜在危险的性质以及必须采取的任何应对措施。

通过目视检查来检验是否合格。

5.4.2 额定值

文件应包含最大电压、额定电流（适当的）以及探头组件设计给定的环境条件范围的说明（见1.4和4.1中的注1）。

通过目视检查来检验是否合格。

5.4.3 操作

使用说明应包括：

a) 操作控制件及其用于各种操作方式的标识；

b) 与附件和其他设备互连的说明，包括指出适用的附件、可拆卸零部件和任何专用材料；

c) 间歇工作限值的规定（如适用）；

d) 本部分所要求的和在探头组件上使用的符号的解释；

e) 消耗材料更换的说明；

f) 如果要求在探头组件上进行标记，则应给出相关测量类别的定义（见5.1.6）；

g) 对于预定在测量类别Ⅰ范围内使用的探头组件，应给出警告以避免这类探头组件用于其他测量类别，并应在文件中给出详细的额定值，包括额定瞬态过电压；

h) 清洁说明，如必要(见 11.2)。

应使责任者认识到，如果不按制造商规定的方法来使用探头组件，则可能会损坏探头组件所提供的防护。

通过目视检查来检验是否合格。

5.4.4 维护

对责任者为安全目的而需要涉及的预防性维护和检查应给出足够详细的说明。

制造商应规定出只能由制造商或其代理机构才能检查或提供的零部件。

对所使用熔断器的额定值和特性应作出说明(见 5.1.3)。

通过目视检查来检验是否合格。

6 防电击

6.1 概述

探头组件在正常条件和单一故障条件下应保持防电击，其可触及零部件不得出现危险带电(见 6.3)。

通过按 6.2 的规定和 6.3 的测量，然后通过 6.4～6.7 的试验来检验是否合格。

6.1.1 例外

如果由于操作原因对下列零部件不能做到既要防止可触及又要防止危险带电，则允许这些零部件在危险带电时，操作人员在正常使用中是可触及的：

a) 预定要由操作人员更换的零部件(如熔断器)，它们在更换期间可能是危险带电的，但只有标有符合 5.2 的警告标志的才是可触及的；

b) 探针，如果它们满足 6.4.4 中的要求。

6.2 可触及零部件的判定

除能明显看出者外，判定零部件是否可触及应按 6.2.1 和 6.2.2 的规定来进行。除有规定者外，对试验指(附录 B)和试验针不得施加作用力。如果用试验指或试验针能接触到这些零部件，或者如果打开不认为是提供适当绝缘的盖子能接触到这些零部件，则认为这些零部件是可触及的(见 6.4，注 1)。

如果在正常使用时操作人员预定会采取使零部件增加可触及性的任何操作(使用或不使用工具)，则应在 6.2.1 和 6.2.2 的检查前采取这样的操作。这样操作的例子包括：

a) 移开盖子；

b) 调整控制件；

c) 更换消耗材料；

d) 拆除零部件。

图 3 给出了判定探头组件的可触及零部件的方法。

图例：

1——探针附件；

2——探针；

3——探头体；

4——连接器；

5——与设备的接头。

a) 探头组件的零部件

图 3 可触及零部件(见 6.2)的判定和电压试验(见 6.4.1)的方法

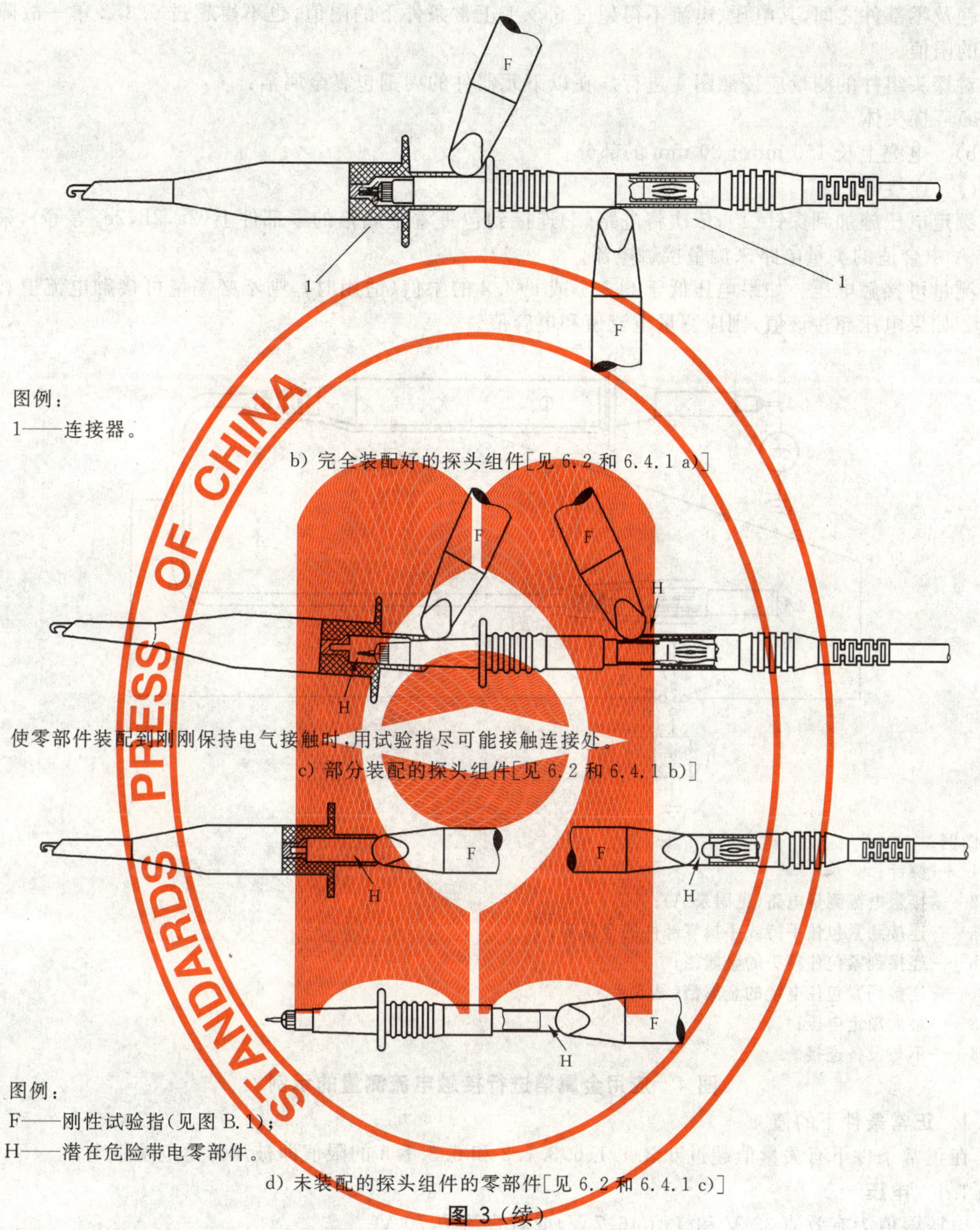

图例：
1——连接器。

b) 完全装配好的探头组件[见 6.2 和 6.4.1 a)]

使零部件装配到刚刚保持电气接触时，用试验指尽可能接触连接处。

c) 部分装配的探头组件[见 6.2 和 6.4.1 b)]

图例：
F——刚性试验指(见图 B.1)；
H——潜在危险带电零部件。

d) 未装配的探头组件的零部件[见 6.2 和 6.4.1 c)]

图 3（续）

6.2.1 一般检查

在每一个可能的位置上施加铰接式试验指(见图 B.2)。如果规定可以施加力，则施加刚性试验指(见图 B.1)，同时施加所规定的力。施加的力应通过试验指的指尖施加，以避免出现楔入或撬开的动作。实验对所有的外部表面进行。

6.2.2 预调控制件的开孔

将直径 3 mm 的金属试验针插入预定需要用改锥或其他工具来触及的预调控制件的孔。试验针以每一个可能的方向插入该孔。插入深度不得超过从外壳表面到控制轴距离的三倍或 100 mm，取其较小者。

6.3 可触及零部件的允许限值

为确保可触及零部件不危险带电，在可触及零部件与参考试验地之间，或在同一探头组件上任意两个可触及零部件之间，其电压、电流不得超过 6.3.1 正常条件下的限值，也不得超过 6.3.2 单一故障条件下的限值。

对探头组件的测量应按照图 4 进行。在以下元器件的周围包裹金属箔：

a) 探头体；

b) 电缆上长 150 mm±20 mm 的部分；

c) 连接器。

额定电压施加到探针(1)，依次将电路(2)连接到包裹着金属箔的零部件上(2a,2b,2c,等等)，采用附录 A 中合适的测量电路来测量接触电流。

测量可接触电压。如果电压低于 6.3.1 或 6.3.2 的限值(适用时)，则不必测量可接触电流值和电容值。如果电压超过该值，则应测量电流值和电容值。

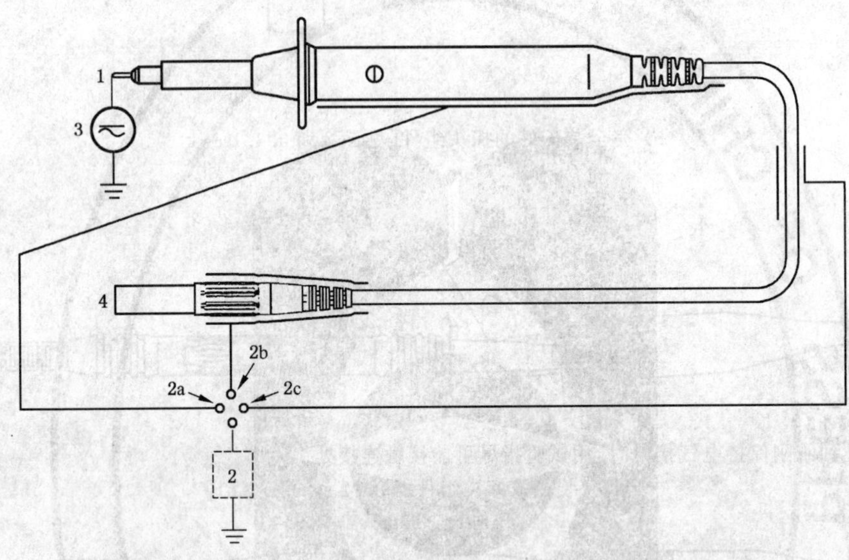

图例：

1——探针；

2——接触电流测量电路(见附录 A)；

2a——连接到紧包住手持或手操零部件的金属箔；

2b——连接到紧包住接头的金属箔；

2c——连接到紧包住电缆的金属箔(见 6.4.3)；

3——最大额定电压；

4——不与设备连接。

图 4 应用金属箔进行接触电流测量的示例

6.3.1 正常条件下的值

在正常条件下有关量值超过 6.3.1.1、6.3.1.2 和 6.3.1.3 的限值即被认为是危险带电。

6.3.1.1 电压

电压限值为有效值 33 V 和峰值 46.7 V，或者直流值 70 V。

对于规定在潮湿场所使用的探头组件，电压限值为有效值 16 V 和峰值 22.6 V，或者直流值 35 V。

6.3.1.2 电流

如果电压超过 6.3.1.1 中的一个值，则电流限值是：

a) 当用附录 A 中的图 A.1 测量电路测量时，对正弦波电流为有效值 0.5 mA，对非正弦波或混合频率电流为峰值 0.7 mA，或者直流值 2 mA。如果频率不超过 100 Hz，可以用图 A.2 的测量电路；对规定在潮湿场所使用的探头组件，用图 A.4 的测量电路；

b) 当用图 A.3 的测量电路时，有效值 70 mA，这一限值涉及较高频率下可能的灼伤。

6.3.1.3 电容

如果电压超过 6.3.1.1 中的一个值，则电容量限值是：

a) 对电压小于或等于峰值 15 kV 或直流 15 kV，电荷为 45 μC；

b) 对电压大于峰值 15 kV 或直流 15 kV,贮存能量为 350 mJ。

6.3.2 单一故障条件下的限值

在单一故障条件下有关量值超过 6.3.2.1、6.3.2.2 和 6.3.2.3 即被认为是危险带电。

6.3.2.1 电压

电压限值为有效值 55 V 和峰值 78 V,或者直流 140 V。

对规定在潮湿场所使用的探头组件,电压限值为有效值 33 V 和峰值 46.7 V,或者直流 70 V。

6.3.2.2 电流

如果电压超过 6.3.2.1 中的一个值,则电流限值是:

a) 当用图 A.1 测量电路测量时,对正弦波电流为有效值 3.5 mA,对非正弦波或混合频率电流为峰值 5 mA,或者直流值 15 mA。如果频率不超过 100 Hz,可以用图 A.2 的测量电路;对规定在潮湿场所使用的探头组件,用图 A.4 的测量电路;

b) 当用图 A.3 的测量电路时,有效值 500 mA,这一限值涉及较高频率下可能的灼伤。

6.3.2.3 电容

如果电压超过 6.3.2.1 中的一个值,则电容量限值为图 5 中的限值。

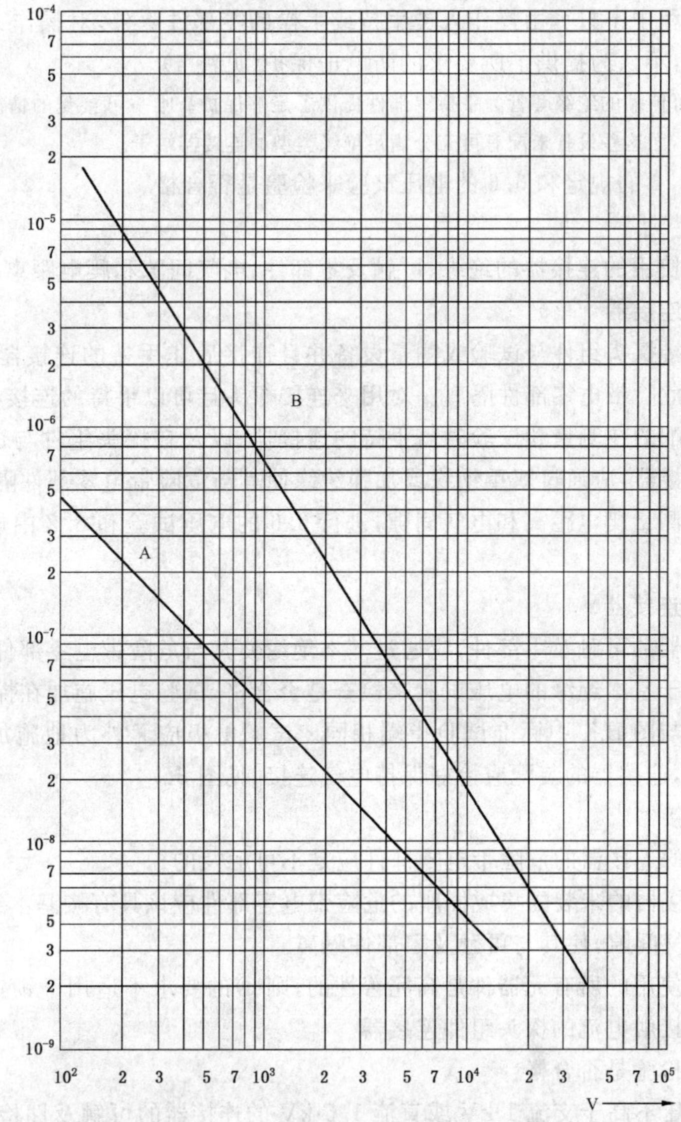

图例:

A——正常条件;

B——单一故障条件。

图 5 单一故障条件下充电电容量限值(见 6.3.2.3)

6.4 防电击保护的绝缘要求

应采用下面一个或一个以上的措施来防止可触及零部件成为危险带电：

a) 基本绝缘；

b) 双重绝缘或加强绝缘；

c) 外壳或挡板；

d) 保护阻抗；

e) 阻抗。

可触及零部件与危险带电零部件之间的电气间隙、爬电距离和绝缘应满足 6.5 的要求和 6.4.1～6.4.4 的适用要求。

注 1：出于安全目的所需要的电气间隙、爬电距离，可通过测量来检查。

注 2：出于安全目的所需要的固体绝缘，可通过施加表 6 中对应于工作电压的试验电压来检查。固体绝缘所要求的厚度可通过它必须承受的试验电压来确定。局部放电试验可能也是合适的(见 IEC 60664-1[4])。

注 3：在机械和热应力条件下，为了满足第 7 章、第 8 章和第 9 章的要求，可能需要提高绝缘要求。

在试验或测量过程中不打算由操作人员手持或手操的零部件除外，对操作人员不用工具就能移除的绝缘套或绝缘套管，不认为提供了所要求的防电击保护(见注 4)。

注 4：例如，不认为可伸缩的绝缘套管为手持零部件提供了足够保护。唯一可接受的情况是，需要把这些套管连接到设备的场合，而这些设备未配有可充分满足绝缘类型的连接器端子。

按照 6.4.1～6.4.6 的规定和 6.6 的电压试验来检验是否合格。

6.4.1 连接器

在探头组件上所使用的连接器的绝缘、可触及零部件、电气间隙和爬电距离应满足 a)～c)的要求：

a) 完全装配的连接器

1) 用来连接探头组件与试验或测量设备并且连接后非手持的连接器，至少应通过基本绝缘使其与危险带电零部件隔离。对用来连接探头且可以手持的连接器不适用。

2) 完全装配的在测量和试验时需手持的连接器，以及在探头组件与试验或测量设备间可互换的连接器，应通过双重绝缘或加强绝缘使其与危险带电零部件隔离。

通过目视检查和测量爬电距离和电气间隙，进行 6.6 的电压试验和 6.2 中规定的可触及零部件的判定来检验是否合格。

b) 部分装配的连接器

部分装配的连接器的可触及零部件，应通过基本绝缘使其与危险带电零部件隔离。

通过 6.6 中适用于基本绝缘的电压试验来检查是否合格，试验电压施加在探针与试验电极之间，试验电极的形状和尺寸与图 B.1 中标准试验指端相同。试验电极应无外力地施加于尽可能接近连接器的危险带电零部件处，连接器的装配应恰好保持电气连接[见图 3c)]。

c) 未装配的连接器

1) 未装配的连接器的危险带电零部件应是不可触及的；

2) 排式连接器的未装配集成插座的危险带电零部件应该具有按基本绝缘计算出来的爬电距离和电气间隙，使其与可触及零部件隔离。

如果保护阻抗所使用的所有元器件是高完善性的，则 c)的要求不适用于锁定或螺丝固定型的连接器和由保护阻抗限制接触电流的探头组件连接器。

通过如下检查来检验是否合格：

a) 对于带电电压不高于交流 1 kV 或直流 1.5 kV 的连接器的可触及性检查，应按照 6.2 的规定来判定。对于带电电压高于交流 1 kV 或直流 1.5 kV 的连接器的可触及性检查，试验电压施加在探针与电极之间，电极的形状和尺寸与图 B.1 中标准试验指端相同，电极应尽可能靠近危险带电零部件[见图 3d)]。试验电压应为探头组件额定电压的 1.25 倍。

b) 测量电气间隙和爬电距离，6.6 的电压试验和根据 6.2 中规定的可触及零部件的判定。

6.4.2 除连接器以外的手持零部件

测量或试验时由操作人员手持或手操探头组件的零部件，应通过双重绝缘或加强绝缘使其与可能成为危险带电的零部件隔离。

通过目视检查和测量电气间隙、爬电距离，以及通过 6.6 中的电压试验来检验是否合格，其中电压试验是在两端点间进行：如下 a)、b) 中的一个为一端，如下 c)、d)、e)、f) 中的一个为另一端。

a) 紧包住手持或手操部分的金属箔；

b) 紧包住电缆的金属箔，长 150 mm±20 mm(见图 4)；

c) 探针，试验电压基于探头组件的额定电压；

d) (仅适用于 B 型)手持区域包裹的导电部分，试验电压基于正常使用时导电部分的最大工作电压，但试验电压不低于 500 V；

e) (仅适用于 B 型)参考接头的导体与连接器的导体相连，该连接器用于连接探头组件与试验或测量设备。试验电压基于探头组件的最大额定电压除以分压比，但试验电压不低于 500 V；

f) (仅适用于 C 型)额定电压值高于 6.3.1.1 的电压限值的参考接头的导体。试验电压基于参考接头的最大额定电压。

注：对覆盖在非危险带电零部件(例如参考接头)上的绝缘进行电压试验是为了确认绝缘的完整性，而不是为了强加附加要求。

6.4.3 电缆

应规定电缆在正常使用时的最大电压和电流的额定值。基于以下值，通过双重绝缘或加强绝缘使电缆导体与手持表面隔离。

a) 对于 A 类探头组件，125 V 或探头组件的最大额定电压，选较大值；

b) 对于 B 类探头组件，500 V 或探头组件的最大额定电压除以分压比，选较大值；

c) 对于 C 类探头组件，125 V 或探头组件的最大额定电压除以分压比，选较大值。

通过目视检查和测量电气间隙、爬电距离，进行 6.6 中的电压试验(不进行潮湿预处理)来检验是否合格，电压试验时用金属箔紧包住电缆，包裹的长度为 150 mm±20 mm。

6.4.4 探针

如 6.1.1 许可的那样，探针也可能危险带电，应装上挡板，以降低接触探针的危险性，并应给出挡板的限值范围指示，在使用中如果超出该限制范围接触探头体可能有危险。

探针和挡板手持侧之间的电气间隙和爬电距离应达到双重绝缘或加强绝缘所规定的值。图 6a) 列举了几种带挡板的探头组件，并标明了适用的电气间隙和爬电距离。

装有弹簧的可压式探头[见图 6b)]没有挡板是可以接受的，只要：

a) 弹簧装置的作用防止操作人员接触危险带电零部件；

b) 在操作人员操作该装置时需要接触的最近表面与探针之间的电气间隙和爬电距离，应增加 45 mm 的防护距离。

需要手指在沿夹子的轴向约 90°的方向施加压力的绝缘鳄鱼夹和类似夹子[见图 6c)]，如果以触摸指示体标明了操作人员安全接近的界限，则不设挡板是可以接受的。在挡板或触摸指示体和夹子尖端之间的电气间隙和爬电距离应满足双重绝缘或加强绝缘的要求。

除了外部钳口是绝缘的鳄鱼夹的零部件外，探针的外露导电部分长度不得超过 19 mm[见图 6c)ii)]。

注：推荐使用更短的外露长度。

通过目视检查和测量来检验是否合格。

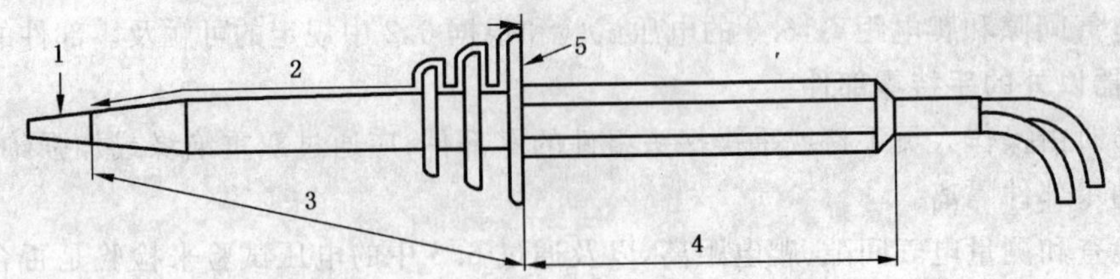

图例：

1——探针；

2——爬电距离(沿表面)；

3——电气间隙(空气中)；

4——探头体的手持区；

5——挡板。

a) 挡板的防护

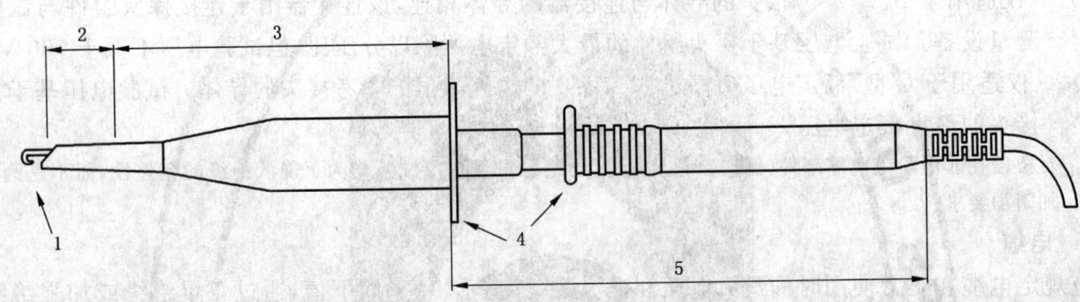

图例：

1——探针；

2——6.5 中规定的电气间隙和爬电距离；

3——附加防护距离；

4——操作部分；

5——弹簧可压式探头组件的手持区域。

b) 距离的防护

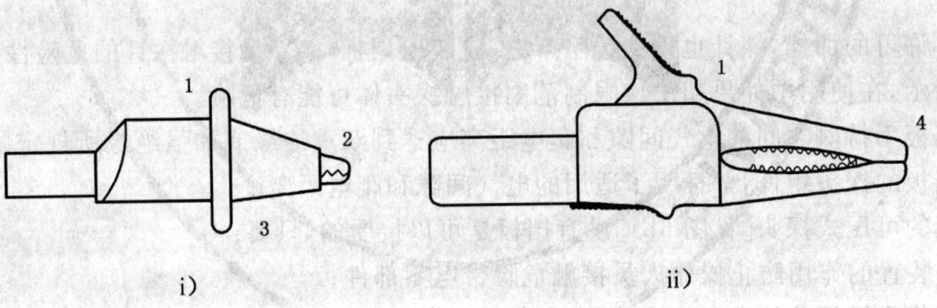

图例：

1——接近界线的指示(夹子的两侧或周围)；

2——金属钳口；

3——绝缘；

4——绝缘金属钳口。

c) 鳄鱼夹的示例

图 6 接触探针的防护(见 6.4.4)

6.4.5 双重绝缘和加强绝缘

组成双重绝缘或加强绝缘部分的电气间隙和爬电距离应满足 6.5 中适用的要求。外壳应满足 6.7.2 的要求。

组成加强绝缘的固体绝缘应能通过 6.6 中加强绝缘的电压值的电压试验。

应按照 6.5、6.6 和 6.7.2 的规定来检验是否合格。如果可能的话,双重绝缘两个部分应分开进行试验;否则要作为加强绝缘来进行试验。安全所需的电气间隙和爬电距离可通过测量来检验。

6.4.6 保护阻抗

为确保可触及导电零部件在单一故障条件下不会成为危险带电,保护阻抗应是一种合适的高完善性单一元器件(见 12.3)。

元器件、导线和连接件的额定值应与正常条件和单一故障条件这两者相适应。

通过目视检查,以及在单一故障条件下(见 4.4.2.1),通过 6.3 的测量来检验是否合格。

6.5 电气间隙和爬电距离

电气间隙和爬电距离在 6.5.1～6.5.5 中作出规定,以使能承受在探头组件预定要接入的系统上出现的过电压。对电气间隙和爬电距离也考虑了额定环境条件和探头组件中安装的或制造商说明书中要求的保护装置。

对于内部无空隙的模制零部件,包括对多层印制电路板的内部各层,没有电气间隙和爬电距离的要求。

通过目视检查和测量来检验是否合格。在确定可触及零部件的电气间隙和爬电距离时,绝缘外壳的可触及表面被认为如同在能用标准试验(见附录 B)指触及到的该可触及表面任何地方包有金属箔那样是可导电的。均匀结构按照 6.5.1.1 的规定来检验是否合格。

6.5.1 一般要求

6.5.1.1 电气间隙

电气间隙被规定成要承受可能在正常使用条件下与探头组件连接的电路中出现的,由外部事件(例如雷击或开关过渡过程)引起的,或者由与探头组件连接的设备运行引起的最大瞬态过电压。如果瞬态过电压不可能发生,则电气间隙按最大工作电压来规定。

电气间隙值取决于:

——所要求的绝缘类型(基本绝缘,加强绝缘等);

——电气间隙的微环境污染等级。

在所有情况下,污染等级 2 的最小电气间隙是 0.2 mm,污染等级 3 的最小电气间隙是 0.8 mm。

对于均匀结构可采用减小的电气间隙,因为空气间隙的介电强度取决于间隙内电场的形状以及取决于间隙的宽度。在均匀结构中,导电零部件的形状和配置应确保使它们之间存在均匀的或接近均匀的电场条件。因此,这种导电零部件之间减小的电气间隙是可以接受的。

对均匀结构减小的电气间隙不能规定出具体数值,但是它可以通过介电强度试验来试验。该介电强度试验是一种交流峰值试验或直流试验,使用针对适用于非均匀结构的电气间隙所规定的电压(见表 6)。试验地点海拔高度的修正系数见表 7。

如果设备被规定成能在高于 2 000 m 的海拔高度上工作,则其电气间隙要乘以从表 2 查得的系数。该系数不适用于爬电距离,但是爬电距离始终应至少等于电气间隙的规定值。

表 2 海拔 5 000 m 内的电气间隙倍增系数

额定工作海拔高度 m	倍增系数
≤2 000	1.00
2 001～3 000	1.14
3 001～4 000	1.29
4 001～5 000	1.48

6.5.1.2 爬电距离数值

对于两个电路之间的爬电距离，要使用施加在两个电路之间的绝缘上的实际工作电压(见表5)。爬电距离采用线性内插值是允许的。爬电距离始终应至少等于电气间隙的规定值。如果计算所得的爬电距离小于电气间隙，则爬电距离应加大到电气间隙的数值。

对其涂层满足GB/T 16935.3的A类涂层要求的印制线路板，使用污染等级1的数值。

对加强绝缘，爬电距离应是基本绝缘规定值的两倍。

爬电距离按附录C的规定测量。

6.5.2 测量电路

测量电路在测量或测试期间承受来自与其相连接的电路的工作电压的瞬态应力。当测量电路用来测量电网电源或与其直接连接的电路时，瞬时应力可以通过在其进行测量时位于设施范围中的位置来估计。当测量电路用来测量任何其他电信号时，用户必须考虑瞬态应力，以确保瞬态应力不超过该测量设备的能力。在本部分中，将探头组件电路划分为下述测量类别：

测量类别Ⅳ为适用于在低压设施的源端处进行的测量。

注1：例如，电表、在初级过流保护装置上和纹波控制单元上的测量。

测量类别Ⅲ为适用于在建筑物设施中进行的测量。

注2：例如，在配电板、断路器上、布线上，包括电缆、汇流条上、接线盒上、开关上、固定设施的输出插座上、工业用设备上以及其他设备上，例如与固定设施永久连接的驻立式电动机上的测量。

测量类别Ⅱ为适用于在直接与低压设施连接的电路上进行的测量。

注3：例如，在家用电器上、便携式工具上和类似设备上的测量。

测量类别Ⅰ为适用于在不直接与电网电源连接的电路上进行的测量。

注4：例如，在不由电网电源供电的电路上和做了特殊保护由(内部)电网电源供电的电路上的测量。在后一种情况下，瞬态应力是各不相同的，鉴于这个原因，5.4.3g)要求将该种设备的瞬态耐压能力告知用户。

6.5.2.1 电气间隙数值

测量类别Ⅱ，类别Ⅲ和类别Ⅳ的电气间隙在表3中作出规定。

表3 测量类别Ⅱ，类别Ⅲ和类别Ⅳ的电气间隙

探头组件连接的电网电源的相线-中线的最高标称电压，交流或直流	基本绝缘或附加绝缘			双重绝缘或加强绝缘		
	测量类别			测量类别		
	Ⅱ	Ⅲ	Ⅳ	Ⅱ	Ⅲ	Ⅳ
V	mm	mm	mm	mm	mm	mm
≤50	0.04	0.1	0.5	0.1	0.3	1.5
>50~≤100	0.1	0.5	1.5	0.3	1.5	3.0
>100~≤150	0.5	1.5	3.0	1.5	3.0	6.0
>150~≤300	1.5	3.0	5.5	3.0	5.9	10.5
>300~≤600	3.0	5.5	8	5.9	10.5	14.3
>600~≤1 000	5.5	8	14	10.5	14.3	24.3

6.5.2.2 测量类别Ⅰ的电气间隙数值

基本绝缘和附加绝缘的电气间隙按下列公式确定：

$$电气间隙 = D_1 + F(D_2 - D_1)$$

式中：

D_1 和 D_2——取自表4的电气间隙；

D_1——如果仅由 1.2×50 μs 的脉冲组成，可适用于最大电压 U_m 的电气间隙；

D_2——如果仅由没有任何瞬态过电压的峰值工作电压 U_w 组成，可适用于最大电压 U_m 的电气间隙；

最大电压(U_m)是最大峰值工作电压 U_w 加上最大瞬态过电压 U_t；

F——系数，按下列公式之一确定：

如果 $0.2<U_w/U_m\leqslant 1, F=(1.25U_w/U_m)-0.25$；

如果 $U_w/U\leqslant 0.2, F=0$。

加强绝缘的电气间隙用相同的公式计算，但按 1.6 倍实际工作电压使用表 4 规定的 D_1 和 D_2 的数值。

注：下面是一个示例：

峰值工作电压是 3 500 V 和最大瞬态过电压是 4 500 V 的加强绝缘的电气间隙：

$U_m=U_w+U_t=(3\,500+4\,500)\text{V}=8\,000\text{ V}$

$F=1.25U_w/U_m-0.25=1.25\times 3\,500/8\,000-0.25=0.347$

$D_1=16.7$ mm；$D_2=29.5$ mm(按 8 000×1.6=12 800 V 确定的数值)

电气间隙$=D_1+F(D_2-D_1)=16.7+0.347(29.5-16.7)=16.7+4.4=21.1$ mm

表 4　按 6.5.2.2 计算的电气间隙数值

$\hat{U}_m$	电气间隙		$\hat{U}_m$	电气间隙	
	D_1	D_2		D_1	D_2
V	mm	mm	V	mm	mm
14.1～266	0.010	0.010	4 000	2.93	6.05
283	0.010	0.013	4 530	3.53	7.29
330	0.010	0.020	5 660	4.92	10.1
354	0.013	0.025	6 000	5.37	10.8
453	0.027	0.052	7 070	6.86	13.1
500	0.036	0.071	8 000	8.25	15.2
566	0.052	0.10	8 910	9.69	17.2
707	0.081	0.20	11 300	12.9	22.8
800	0.099	0.29	14 100	16.7	29.5
891	0.12	0.41	17 700	21.8	38.5
1 130	0.19	0.83	22 600	29.0	51.2
1 410	0.38	1.27	28 300	37.8	66.7
1 500	0.45	1.40	35 400	49.1	86.7
1 770	0.75	1.79	45 300	65.5	116
2 260	1.25	2.58	56 600	85.0	150
2 500	1.45	3.00	70 700	110	195
2 830	1.74	3.61	89 100	145	255
3 540	2.44	5.04	100 000	165	290

注 1：允许使用电气间隙内插值。

注 2：对污染等级 2 最小电气间隙为 0.2 mm，对污染等级 3 为 0.8 mm。

6.5.3　爬电距离数值

表 5 给出与工作电压有关的爬电距离值。

表 5 爬电距离

工作电压有效值或直流	基本绝缘或附加绝缘				
	印制线路板上		其他电路		
	污染等级		污染等级		
	1	2	1	2	3
V	mm	mm	mm	mm	mm
10	0.025	0.04	0.08	0.40	1.00
12.5	0.025	0.04	0.09	0.42	1.05
16	0.025	0.04	0.10	0.45	1.10
20	0.025	0.04	0.11	0.48	1.20
25	0.025	0.04	0.125	0.50	1.25
32	0.025	0.04	0.14	0.53	1.30
40	0.025	0.04	0.16	0.56	1.40
50	0.025	0.04	0.18	0.60	1.50
63	0.040	0.063	0.20	0.63	1.60
80	0.063	0.10	0.22	0.67	1.70
100	0.10	0.16	0.25	0.71	1.80
125	0.16	0.25	0.28	0.75	1.90
160	0.25	0.40	0.32	0.80	2.00
200	0.40	0.63	0.42	1.00	2.50
250	0.56	1.00	0.56	1.25	3.20
320	0.75	1.60	0.75	1.60	4.00
400	1.0	2.0	1.0	2.0	5.0
500	1.3	2.5	1.3	2.5	6.3
630	1.8	3.2	1.8	3.2	8.0
800	2.4	4.0	2.4	4.0	10.0
1 000	3.2	5.0	3.2	5.0	12.5
1 250	4.2	6.3	4.2	6.3	16
1 600	5.6	8.0	5.6	8.0	20
2 000	7.5	10.0	7.5	10.0	25
2 500	10.0	12.5	10.0	12.5	32
3 200	12.5	16	12.5	16	40
4 000	16	20	16	20	50
5 000	20	25	20	25	63
6 300	25	32	25	32	80
8 000	32	40	32	40	100
10 000	40	50	40	50	125
12 500	50	63	50	63	156
16 000	63	80	63	80	200
20 000	80	100	80	100	250
25 000	100	125	100	125	315
32 000	125	160	125	160	400
40 000	160	200	160	200	500
50 000	200	250	200	250	625
63 000	250	320	250	320	790

6.6 介电强度试验

6.6.1 参考试验地

参考试验地是电压试验的参考点，它是下面的一个或一个以上的零部件，如果是一个以上的零部件则要将它们连接在一起：

a) 任何可触及导电零部件，但对因未超过 6.3.1 的规定值而允许触及的任何带电零部件除外。对 6.1.1 的例外允许危险带电的可触及导电零部件也不包括在内；

b) 外壳的任何可触及绝缘部分，在除端子以外的每一个地方要包上金属箔。对试验电压小于或等于交流峰值 10 kV 或直流 10 kV 时，从金属箔到端子的距离要不大于 20 mm，对于更高的电压，该距离要达到能防止飞弧的最小值；

c) 控制件上由绝缘材料制成的可触及零部件，包上金属箔或压上软导电材料。

6.6.2 潮湿预处理

为确保探头组件在 1.4 的潮湿条件下不会产生危险，在 6.6.4 的电压试验前，应进行潮湿预处理，在预处理期间探头组件不工作。

如果 6.6.1 要求包上金属箔，则要在完成潮湿预处理和恢复后包上金属箔。

能用手拆除的电气元器件、盖子及其他零部件要拆除，并与主机一起进行潮湿预处理。

预处理要在潮湿箱中进行，箱内空气相对湿度为 92.5%±2.5%，箱内空气温度保持在 40 ℃±2 ℃。

在加湿之前，探头组件要处在 42 ℃±2 ℃环境中。通常是在进行潮湿预处理之前，将其保持在该温度下至少 4 h。

箱内的空气要搅动，且箱子的设计要使得凝露不致滴落在探头组件上。

探头组件在箱内保持 48 h，在取出探头组件后应使其在 4.3.1 规定的环境条件下恢复 2 h，非通风探头组件的盖子要打开。

6.6.3 试验的实施

6.6.4 规定的试验要在潮湿预处理后恢复时间结束时的 1 h 内进行并完成。试验期间探头组件不工作。

如果在两个电路之间或某个电路与某个可触及导电零部件之间彼此是连接在一起的，或彼此是不隔离的，则在它们之间不进行电压试验。

与被试绝缘并联的保护阻抗要断开。

在组合使用两个或两个以上保护措施的情况下（见 6.4），对双重绝缘和加强绝缘所规定的电压可能会加在不必承受这些电压的电路零部件上。为了避免出现这种情况，这样的零部件在试验期间可以断开，或者对要求双重绝缘或加强绝缘的电路零部件可以分开进行试验。

6.6.4 电压试验

进行电压试验要采用表 6 中规定的电压值，不得出现击穿或重复飞弧。电晕效应和类似现象可忽略不计。

对固体绝缘，交流试验和直流试验是可任选其一的试验方法，绝缘只要通过这两种试验之一即可。在进行试验时，电压应在 5 s 或 5 s 以内逐渐升高到规定值，使电压不出现明显的跳变，然后保持 5 s。为简便起见，可选择交流试验，或为避免容性电流可以选择直流试验。

对均匀结构（见 6.5.1.1）的电气间隙进行试验时，要采用表 6 针对非均匀结构所规定的电气间隙值来规定交流电压、直流电压或以峰值电压表示的峰值脉冲电压进行试验。

脉冲试验是 GB/T 16927 规定的 1.2/50 μs 的试验，每一极性至少 3 个脉冲，间隔时间至少 1 s。如果是选择交流试验或直流试验，则对交流试验，试验的持续时间至少应为三个周期，或者对直流试验，则应为每一极性 10 μs 持续时间，施加三次。

双重绝缘或加强绝缘的试验值是表 6 中对基本绝缘试验值的 1.6 倍。

注 1：在对电路进行试验时，可能难以将对电气间隙的试验和对固体绝缘的试验分开进行。

注 2：试验设备的最大试验电流通常要加以限制，以避免由于试验而发生危险和由于试验不合格而损坏设备。

注 3：设法观察绝缘材料内部的局部放电也许是有用的(见 IEC 60270[3])。

注 4：试验后要注意释放储存的能量。

表 6　基本绝缘的试验电压

电气间隙	脉冲试验的峰值电压 1.2/50 μs	交流电压有效值 50/60 Hz	交流电压峰值 50/60 Hz 或直流电压	电气间隙	脉冲测试的峰值电压 1.2/50 μs	交流电压有效值 50/60 Hz	交流电压峰值 50/60 Hz 或直流电压
mm	V	V	V	mm	V	V	V
0.010	330	230	330	16.5	14 000	7 600	10 700
0.025	440	310	440	17.0	14 300	7 800	11 000
0.040	520	370	520	17.5	14 700	8 000	11 300
0.063	600	426	600	18.0	15 000	8 200	11 600
0.1	806	500	700	19	15 800	8 600	12 100
0.2	1 140	620	880	20	16 400	9 000	12 700
0.3	1 310	710	1 010	25	19 900	10 800	15 300
0.5	1 550	840	1 200	30	23 300	12 600	17 900
1.0	1 950	1 060	1 500	35	26 500	14 400	20 400
1.4	2 440	1 330	1 880	40	29 700	16 200	22 900
2.0	3 100	1 690	2 400	45	32 900	17 900	25 300
2.5	3 600	1 960	2 770	50	36 000	19 600	27 700
3.0	4 070	2 210	3 130	55	39 000	21 200	30 000
3.5	4 510	2 450	3 470	60	42 000	22 900	32 300
4.0	4 930	2 680	3 790	65	45 000	24 500	34 600
4.5	5 330	2 900	4 100	70	47 900	26 100	36 900
5.0	5 720	3 110	4 400	75	50 900	27 700	39 100
5.5	6 100	3 320	4 690	80	53 700	29 200	41 300
6.0	6 500	3 520	4 970	85	56 610	30 800	43 500
6.5	6 800	3 710	5 250	90	59 400	32 300	45 700
7.0	7 200	3 900	5 510	95	62 200	33 800	47 900
7.5	7 500	4 080	5 780	100	65 000	35 400	50 000
8.0	7 800	4 300	6 030	110	70 500	38 400	54 200
8.5	8 200	4 400	6 300	120	76 000	41 300	58 400
9.0	8 500	4 600	6 500	130	81 300	44 200	62 600
9.5	8 800	4 800	6 800	140	86 600	47 100	66 700
10.0	9 100	4 950	7 000	150	91 900	50 000	70 700
10.5	9 500	5 200	7 300	160	97 100	52 800	74 700
11.0	9 900	5 400	7 600	170	102 300	55 600	78 700
11.5	10 300	5 600	7 900	180	107 400	58 400	82 600
12.0	10 600	5 800	8 200	190	112 500	61 200	86 500
12.5	11 000	6 000	8 500	200	117 500	63 900	90 400
13.0	11 400	6 200	8 800	210	122 500	66 600	94 200
13.5	11 800	6 400	9 000	220	127 500	69 300	98 000
14.0	12 100	6 600	9 300	230	132 500	72 000	102 000
14.5	12 500	6 800	9 600	240	137 300	74 700	106 000
15.0	12 900	7 000	9 900	250	142 200	77 300	109 400
15.5	13 200	7 200	10 200	264	149 000	81 100	115 000
16.0	13 600	7 400	10 500				

注：允许采用试验电压的内插值法。

表 7　按试验地点海拔高度规定的试验电压的修正系数

试验地点海拔高度/m	对应试验电压范围的海拔高度修正系数			
	$327V_{peak} \leqslant \hat{U}_{test} < 600V_{peak}$ $231V_{r.m.s.} \leqslant U_{test} < 424V_{r.m.s.}$	$600V_{peak} \leqslant \hat{U}_{test} < 3\ 500V_{peak}$ $424V_{r.m.s.} \leqslant U_{test} < 2\ 475V_{r.m.s.}$	$3\ 500V_{peak} \leqslant \hat{U}_{test} < 25\ kV_{peak}$ $2\ 475V_{r.m.s.} \leqslant U_{test} < 17.7\ kV_{r.m.s.}$	$25\ kV_{peak} \leqslant \hat{U}_{test}$ $17.7\ kV_{r.m.s.} \leqslant U_{test}$
海平面	1.08	1.16	1.22	1.24
1～500	1.06	1.12	1.16	1.17
501～1 000	1.04	1.08	1.11	1.12
1 001～2 000	1.00	1.00	1.00	1.00
2 001～3 000	0.96	0.92	0.89	0.88
3 001～4 000	0.92	0.85	0.80	0.79
4 001～5 000	0.88	0.78	0.71	0.70

6.7　防电击保护的结构要求

6.7.1　概述

如果发生故障时可能会导致危险，则应采取下列措施：

a)　对承受机械应力的导线连接的固定不得仅依靠焊接；

b)　对固定可拆卸盖子的螺钉，若其长度已确定可触及导电零部件与危险带电零部件间的电气间隙或爬电距离，则该螺钉应是不脱落的螺钉；

c)　导线、螺钉等的意外松动或脱落不得使可触及零部件成为危险带电。

下列材料不得用来作为安全目的的绝缘：

1)　容易受到损坏的材料(如漆、瓷釉、氧化层和阳极氧化膜)；

2)　未浸渍的吸湿性材料(如纸、纤维制品和纤维材料)。

通过目视检查来检验是否合格。

6.7.2　双重绝缘或加强绝缘探头组件的外壳

全部用双重绝缘或加强绝缘进行防电击保护的探头组件应有一个包围所有金属零部件的外壳，如果诸如铭牌、螺钉或铆钉之类的小金属零件已用加强绝缘或等效方法与危险带电零部件隔离，则这一要求不适用。

由绝缘材料制成的外壳或外壳零部件应满足双重绝缘或加强绝缘的要求。

由金属制成的外壳或外壳零部件，除使用了保护阻抗的零部件外，应对其采用下述的措施之一：

a)　在外壳的内侧提供绝缘涂层或挡板，该涂层或挡板应包围所有的金属零部件，以及包围因危险带电零部件松脱而使其接触到外壳的金属零部件的所有空间；

b)　确保外壳与危险带电零部件之间的电气间隙和爬电距离不会因为零部件或导线的松脱而减小到小于6.5中规定的值。

注：对具有锁紧垫圈的螺钉或螺母不认为是易于发生松动的，对用机械方法固定而不只是单独用焊接方法固定的导线也不认为是易于发生松动的。

通过目视检查和测量以及6.6的试验来检验是否合格。

6.7.3　电晕和局部放电

探头组件在最大额定电压下工作时，其结构应不会出现电晕或局部放电。

符合性检查正在考虑中。

6.7.4　电缆连接

电缆与探头体和设备(或如果在连接未固定时，与连接器)的连接应能承受在正常使用中可能面临的外力，而不会出现导致危险的损坏。只靠焊接而没有机械紧固的电缆连接，不得用来承受应力。电缆的绝缘应用机械保护以避免收缩。

通过目视检查和采用6.7.4.1～6.7.4.3的试验来检验是否合格。在试验后：

a) 电缆不应有损坏；

b) 电缆的绝缘部分不应断裂或撕破，并且在套管中的位移不得超过2 mm；

c) 电气间隙和爬电距离不应减小到低于6.5的适用值；

d) 电缆应通过6.6的电压试验（不进行潮湿预处理）。

注：出于试验目的，准备一个专门的探头样品可能是有用的，该探头的生产各个环节都与要检验的探头一样，但不进行焊接。

6.7.4.1 拉力试验

探头体或设备或连接器应夹紧以防止其移动，并且所有焊接的连接牢靠。电缆应承受恒定轴向拉力，持续时间1 min，拉力值如下：

a) 对探头体和锁紧连接器，采用表8中的值；

b) 对于非锁紧连接器，采用表8中的值或使连接器断开所需轴向拉力值的4倍，取其较小者。

表8 电缆连接的拉力

导体的横截面积(a)/ mm^2	拉力/ N
$a<2.5$	36
$2.5<a<4$	50
$4<a<6$	60
$6<a<10$	80
$10<a<16$	90
注：对于多芯电缆，横截面积(a)的计算是单个导体横截面积的总和。	

6.7.4.2 挠曲/拉力试验

试验如图7所示。探头体或设备或连接器应夹紧以防止其移动，并且所有焊接的连接牢靠。使用悬挂物在横截面积为0.3 mm^2～0.75 mm^2的导体施加10 N的力，在横截面积大于0.75 mm^2的导体施加20 N的力。对于多芯电缆，横截面积的计算是单个导体横截面积的总和。

使被试的一端在摆动轴两侧摆动45°，且悬挂物保持最小位移。安装带有扁平软线的样品以使其截面的主轴与摆动轴平行。对于截面为圆形的线，在试验进行一半时围绕中心线旋转90°。以每分钟60次的速度做10 000次的挠曲（向前或向后单方向运动90°）。

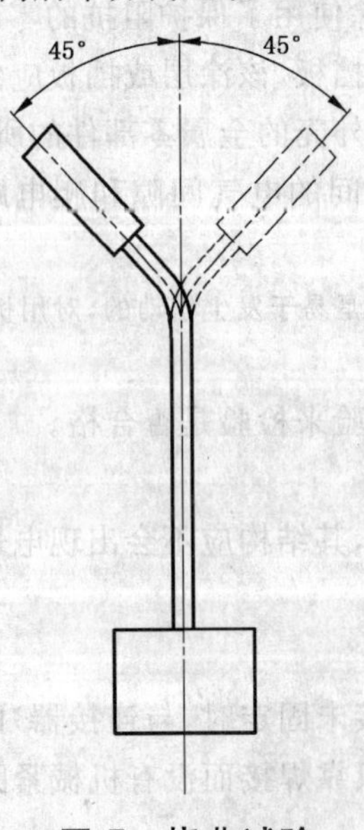

图7 挠曲试验

6.7.4.3 旋转挠曲试验

在试验装置上安装导线，如图 8 所示。用固定夹具固定探头体、连接器或设备，使其非挠性部分伸出固定夹具 5 mm。从固定夹具沿导线量出电缆直径 50 倍长度，在此处将探头导线固定在旋转夹具上。旋转夹具在距离固定夹具 20 倍电缆直径的平面内旋转，以每分钟 20 次的摆动速度摆动，从 F 点摆动到 G 点，再返回到 F 点（一个完整的摆动），摆动 250 次。固定夹具中的受试部分沿其轴线旋转 90°，再进行 250 次摆动。

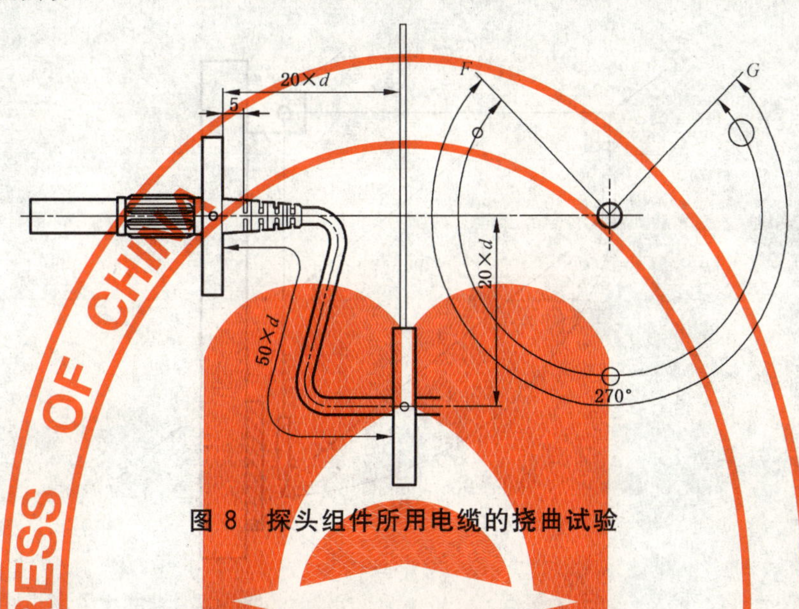

图 8 探头组件所用电缆的挠曲试验

7 防机械危险

正常使用条件下操作探头组件不得导致危险。

注：设备外壳上的所有易于接触到的边缘、凸起物等均应圆润光滑，以免在正常使用时造成伤害（不适用于探针、插针等）。

通过目视检查来检验是否合格。

8 耐机械冲击和撞击

当探头组件承受在正常使用时可能遇到的冲击和碰撞时不得引起危险。为达到这一要求，探头组件应具有足够的机械强度，元器件应可靠地固定且电气连接应是牢固的。

通过 8.1～8.3 的试验来检验是否合格。试验期间探头组件不工作。

试验完成后，探头组件应能通过 6.6 的电压试验（不进行潮湿预处理），并且用目视检查来检验：

a) 危险带电零部件是否变成可触及；

b) 外壳是否出现可能会引起危险的裂纹；

c) 电气间隙是否小于允许值，内部导线的绝缘是否受到损伤；

d) 挡板是否损坏或松动；

e) 是否出现可能会引起火焰蔓延的损坏。

饰面的损坏，不会使爬电距离或电气间隙减小到小于本部分规定值以下的小凹痕，以及对防电击或防潮湿不会带来不利影响的小缺口可忽略不计。

8.1 刚性试验

探头组件要牢固地固定在刚性支撑面上并承受 20 N 的力，力通过直径 12 mm 硬棒上的半球面端部来施加。该硬棒应三次施加在当准备使用探头组件时其可触及的以及其变形可能会引起危险的每一部分。

8.2 跌落试验

3 个探头组件样品应分别从 1 m 的高度跌落到 50 mm 厚的竖硬木板上，跌落三次，木板的密度应大于 700 kg/m³,木板平放在刚性基座上,例如放在混凝土构件上。对于每个样品需进行三次试验,使得探头体的不同部位均能受到冲击。

8.3 摆动撞击试验

将探头体用其电缆悬挂,可如"钟摆"那样自由摆动,使其向固定于墙上的一块硬木板撞击(见图 9)。摆落高度是 2 m,或与探头电缆同长(如其长度小于 2 m)。硬木板厚 50 mm,密度大于 700 kg/m³。

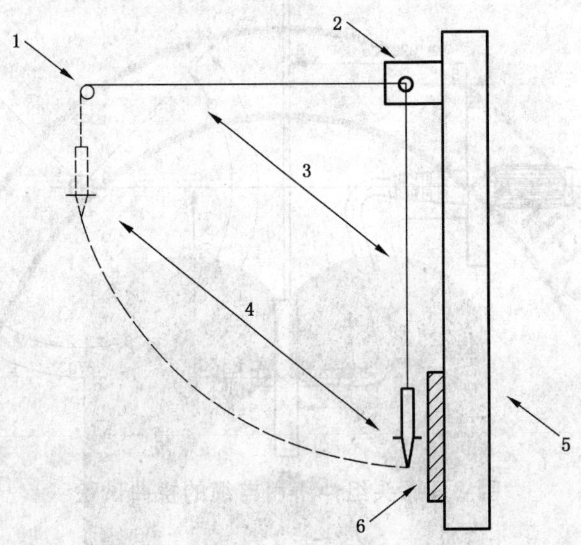

图例:

1——始抛点;

2——悬挂支点;

3——电缆;

4——探头;

5——墙;

6——硬木板。

图 9 摆动撞击试验(见 8.3)

9 温度限值和防止火焰的蔓延

9.1 概述

在正常条件或单一故障条件下,发热不得导致危险,火焰也不得蔓延到探头组件的外面。

在 40 ℃的环境温度或最高额定环境温度下(如果温度更高),易接触表面的温度在正常条件下不得超过以下所列的温度限值,在单一故障条件下不得超过 105 ℃。

金属: 55 ℃

非金属材料: 70 ℃

导线和电缆: 75 ℃

如果易接触的发热表面由于功能原因是必需的,只要它们是可以辨认的,例如从外观上或功能上可以辨认,或者标有表 1 的符号 9(见 5.2),则允许这些易接触的发热表面的温度超过 9.2 的规定值。

如果防火保护取决于电路的隔离,则在这些电路之间至少采用基本绝缘来进行隔离。

通过目视检查、9.2 的试验以及 4.4 中单一故障条件下的试验来检验是否合格。可替代的试验方法是,如果通过电路的隔离来防护,则可以通过测量爬电距离和电气间隙,以及通过 6.6 的电压试验(不进行潮湿预处理)来检验是否合格。

9.2 温度试验

在基准试验条件下并在正常使用位置(见 4.3.2)对探头组件进行试验,温度要在达到稳定状态时测量。

注 1:在大多数情况下,零部件的最高温度是通过将 9.2 条件下零部件的温升加上环境温度(40 ℃或最高额定环境温度,取其较高者。见 1.4)来确定的。

注 2:正常使用包括制造商在文件中给出的通风要求和规定的间歇工作的限制条件的说明。

10 耐热

10.1 电气间隙和爬电距离的完整性

当探头组件在环境温度 40 ℃或最高额定环境温度(如果温度更高)下工作时(见 1.4),其电气间隙和爬电距离应符合 6.5 的要求。

如果对探头组件是否产生大量的热量有怀疑,则要使探头组件在 4.3 规定的基准试验条件下,但环境温度为 40 ℃或最高额定环境温度(如果温度更高),通过探头组件工作来进行检验。在本试验后,电气间隙和爬电距离不得减小到小于 6.5 的要求值。

如果探头组件具有非金属材料的外壳,则要为 10.2 的目的测量外壳零部件的温度。

10.2 耐热

非金属材料的探头组件应能耐高温。

在经过下列之一的处理后,通过试验来检验是否合格:

a) 非工作处理。探头组件不通电,将探头组件置于 70 ℃下贮存 7 h。但如果在 10.1 试验时测得的温度高于 70 ℃,则贮存温度比测得的温度高 10 ℃。如果探头组件装有用这种处理方法可能会受到损坏的元件,则可以单独对空的探头组件进行处理,然后在处理结束时组装好探头组件;

b) 工作处理。探头组件在 4.3 的基准试验条件下工作,且环境温度为 60 ℃或比最高额定环境温度高 20 ℃,取其较高者。

经过处理后,探头组件不应导致危险,并应能通过 6.6、8.1、8.2 和 8.3 的试验。电气间隙和爬电距离不应减小到小于 6.5 的要求值。

11 防流体危险

11.1 概述

对装有流体的探头组件,或用于对流体加工过程进行测量的探头组件,应在设计上对操作人员或周围环境提供在正常使用时遇到的流体危险的防护。

注:可能会遇到的流体分为三类:

a) 连续接触的流体,如预定盛流体的容器中的流体;

b) 偶然接触的流体,例如清洗液;

c) 无意中(不希望)接触的流体,制造商无法对此类情况采取防护措施。

通过 11.2 的处理和试验来检查是否合格。

11.2 清洗

如果制造商规定了清洗或消毒处理,则该处理方法不得导致直接的危险、电击危险或者因腐蚀原因或使保证安全的结构强度降低的其他原因导致的危险。在文件中应说明清洗的方法和消毒方法(见 5.4.3)。

通过按制造商说明书的规定,如果规定了清洗处理,则通过对探头组件清洗三次,以及如果规定了消毒处理,则通过对探头组件消毒一次来检验是否合格。如果在该处理后,立即发现可能导致危险的零部件有受潮迹象，则探头组件应能通过 6.6 的电压试验（不进行潮湿预处理），而且可触及零部件不得超过 6.3.1 的限值。

11.3 特殊保护的探头组件

如果制造商对探头组件的防护等级进行规定并在防护外壳上给出标志，那么它们应符合 GB 4208 的相关要求。

通过目视检查以及通过对探头组件进行 GB 4208 规定的相应处理来检验是否合格。在该处理后，探头组件应能通过 6.6 的电压试验（不进行潮湿预处理），而且可触及零部件不得超过 6.3.1 的限值。

12 元器件

12.1 概述

如果涉及安全，则元器件应按其规定的额定值使用，除非已做出特定的例外规定。元器件应符合下列之一的要求：

a） 某个相关的 GB 或 IEC 标准的适用的安全要求，不要求符合该元器件标准的其他要求。如果对应用有必要，则元器件应承受本部分的试验，但不需要再进行已在检验元器件标准符合性时完成的等同或等效试验；

b） 本部分的要求，并且如果对应用有必要，还需符合相关的 GB 或 IEC 元器件标准任何附加的适用的安全要求；

c） 本部分的要求，如果无相关的 GB 或 IEC 标准。

对已经由经认可的检测机构完成并确认符合适用的安全要求的元器件，就无需重新进行试验。

通过目视检查，以及如有必要，通过试验来检验是否合格。

12.2 熔断器

如果探头组件内装有熔断器，则熔断器的额定电压应至少与探头组件的最大额定电压相同，并且具有与探头组件的预期应用相适合的分断能力和电流额定值（见 5.1.3）。

注：最小分断能力一般应是通过以下方法计算得出的电流值，将最高额定电压除以探头组件或探头组件对的阻抗，（视应用所需）。

通过目视检查来检验是否合格。

12.3 高完善性元器件

如果在单一故障条件下，某个元器件的短路或开路可能会引起危险，则应使用高完善性元器件（例如，保护阻抗）。高完善性元器件的结构、尺寸和试验均应符合适用的 GB 或 IEC 标准，以确保预期应用的安全和可靠。就本部分的安全要求而言，高完善性元器件可以认为是无故障的元器件。

注 1：这样的要求和试验的例子有：

a） 进行适用于双重绝缘和加强绝缘的介电强度试验；

b） 按至少两倍耗散功率选取尺寸（电阻器）；

c） 进行气候试验和耐久性试验以确保探头组件预期寿命期间的可靠性；

d） 对电阻器进行浪涌试验（见 GB 8898[2]）。

利用在真空、气体或半导体中电子传导的单个电子装置不认为是高完善性元器件。

通过进行相关的试验来检验是否合格。

注 2：对于评估一个单个元器件是否被认为是高完善性元器件的要求和试验方法在研究中。

12.3.1 在保护阻抗内使用的电阻器

在探头组件内使用的构成保护阻抗的组成部分的电阻器或者电阻器组件（见 6.4）应是满足以下要求的高完善性电阻器或组件：

a） 电阻器或电阻器组件应能承受在探头组件的最大额定电压下所出现的两倍的耗散功率。

b) 电阻器或电阻器组件应能承受两倍于探头组件的最大额定电压值，持续时间至少 1 s。

c) 电阻器或电阻器组件的跨越距离至少应等于采用双重绝缘时探头组件的最大额定电压下的电气间隙值。如果在最大额定电压下发生发热现象，那么该电气间隙应是适用于额定最大工作电压的值乘以 T_2/T_1，其中：T_1 是探头组件的最大额定环境温度，T_2 是在所施加的最高环境温度和最大额定电压时电阻器周围的最高温度（T_1、T_2 的单位为 K）。

通过测量和试验来检验是否合格。

附 录 A
（规范性附录）
接触电流的测量电路
（见 6.3）

A.1 频率小于或等于 1 MHz 的交流和直流的测量电路

用图 A.1 的电路测量电流，并用下面公式计算：

$$I=\frac{U}{500}$$

式中：

I——电流，单位为安培(A)；

U——电压表指示的电压，单位为伏特(V)。

该电路代表人体阻抗和补偿人体生理反应随频率的变化。

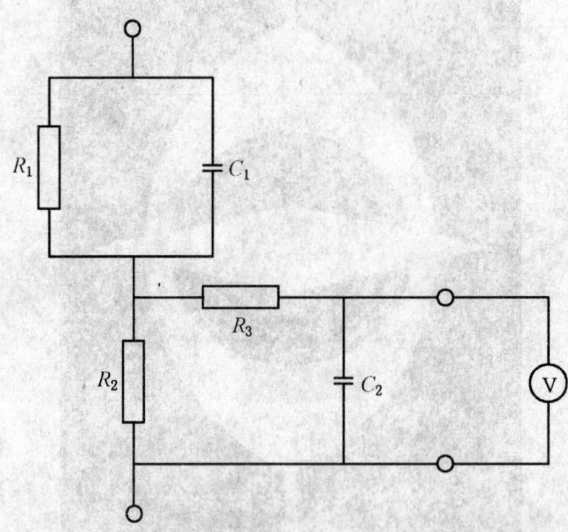

元器件：

C_1＝0.22 μF；

C_2＝0.022 μF；

R_1＝1 500 Ω；

R_2＝500 Ω；

R_3＝10 kΩ；

V——电压表。

图 A.1 频率小于或等于 1 MHz 的交流和直流的测量电路

A.2 频率小于或等于 100 Hz 的正弦交流和直流的测量电路

当频率不超过 100 Hz 时，用图 A.2 的任一电路测量电流，当用电压表时，电流由下式计算：

$$I=\frac{U}{2\ 000}$$

式中：

I——电流，单位为安培(A)；

U——电压表指示的电压，单位为伏特(V)。

该电路代表频率不超过 100 Hz 时的人体阻抗。

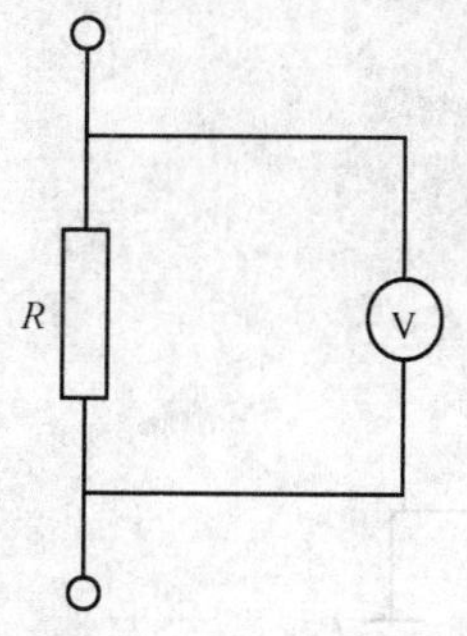

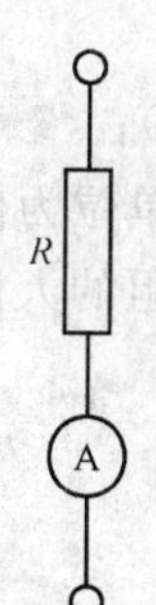

元器件：

R=2 000 Ω；

A——安培表；

V——电压表。

注：2 000Ω 的阻值包括测量仪表的阻抗。

图 A.2 频率小于或等于 100 Hz 的正弦交流和直流的测量电路

A.3 高频电灼伤电流的测量电路

用图 A.3 的电路测量电流，并按照下式计算：

$$I=\frac{U}{500}$$

式中：

I——电流，单位为安培(A)；

U——电压表指示的电压，单位为伏特(V)。

该电路补偿高频对人体生理反应的影响。

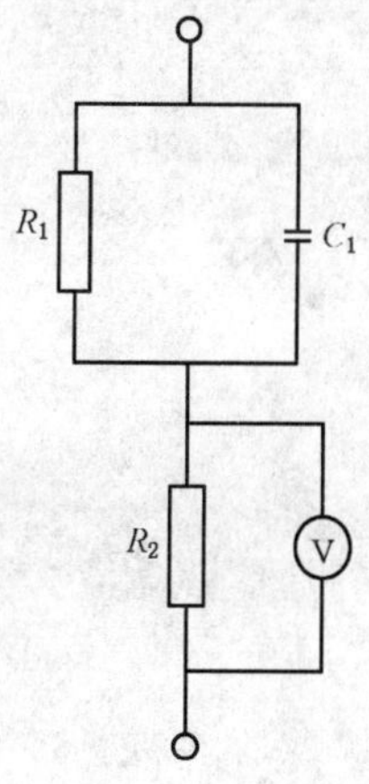

元器件：

R_1=1 500 Ω；

R_2=500 Ω；

C_1=0.22 μF；

V——电压表。

图 A.3 电灼伤电流测量电路

A.4 潮湿接触电流的测量电路

用图 A.4 的电路测量潮湿接触电流，并按下式计算：

$$I=\frac{U}{500}$$

式中：

I——电流，单位为安培(A)；

U——电压表指示的电压，单位为伏特(V)。

该电路代表无皮肤接触电阻的人体阻抗。

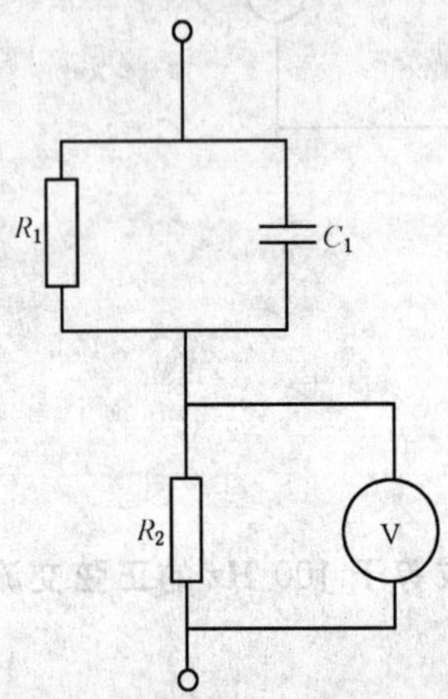

元器件：

$R_1 = 375\ \Omega$；

$R_2 = 500\ \Omega$；

$C_1 = 0.2\ \mu F$。

图 A.4 潮湿接触电流测量电路

附 录 B
（规范性附录）
标准试验指
（见 6.2）

单位为毫米

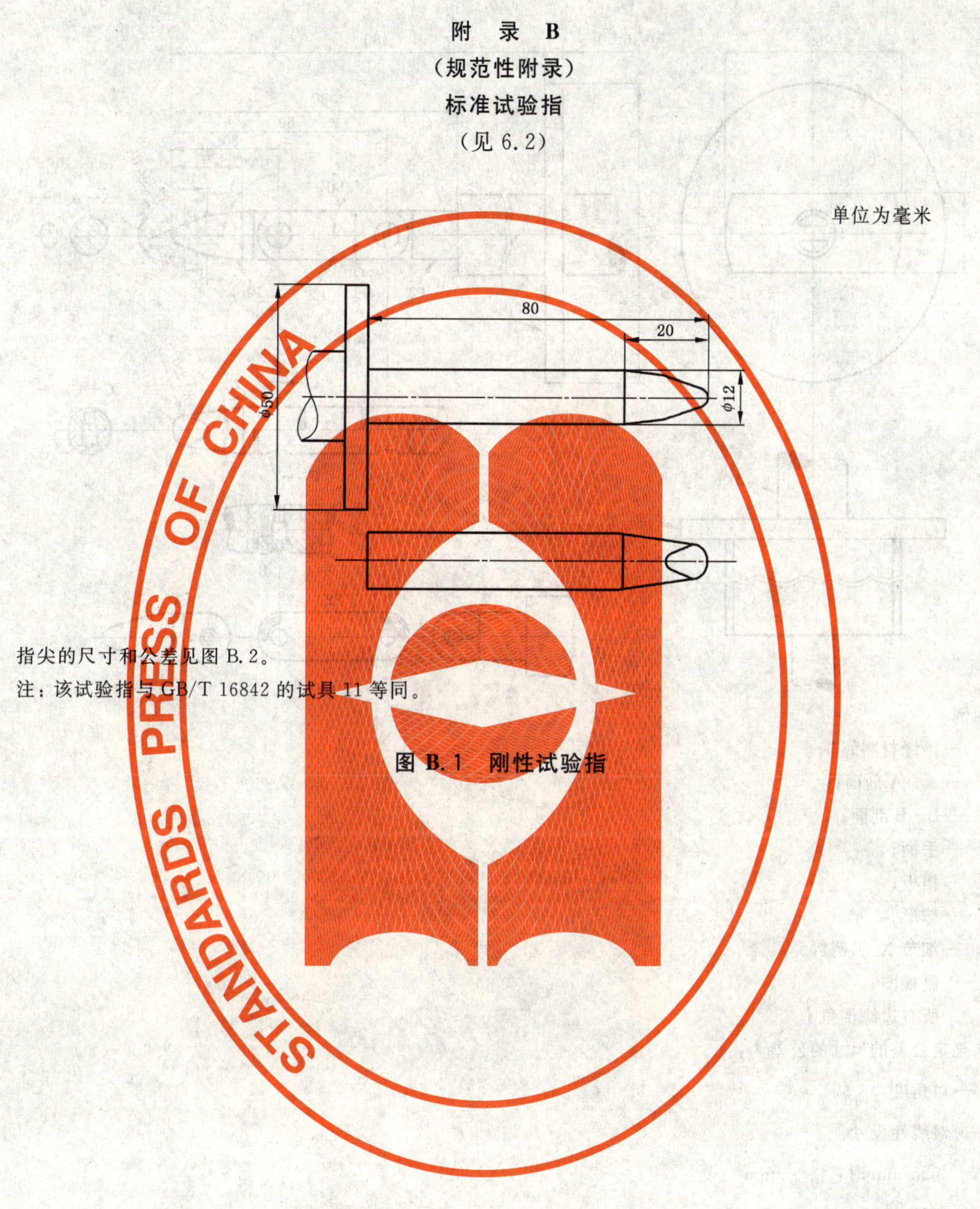

指尖的尺寸和公差见图 B.2。

注：该试验指与 GB/T 16842 的试具 11 等同。

图 B.1 刚性试验指

单位为毫米

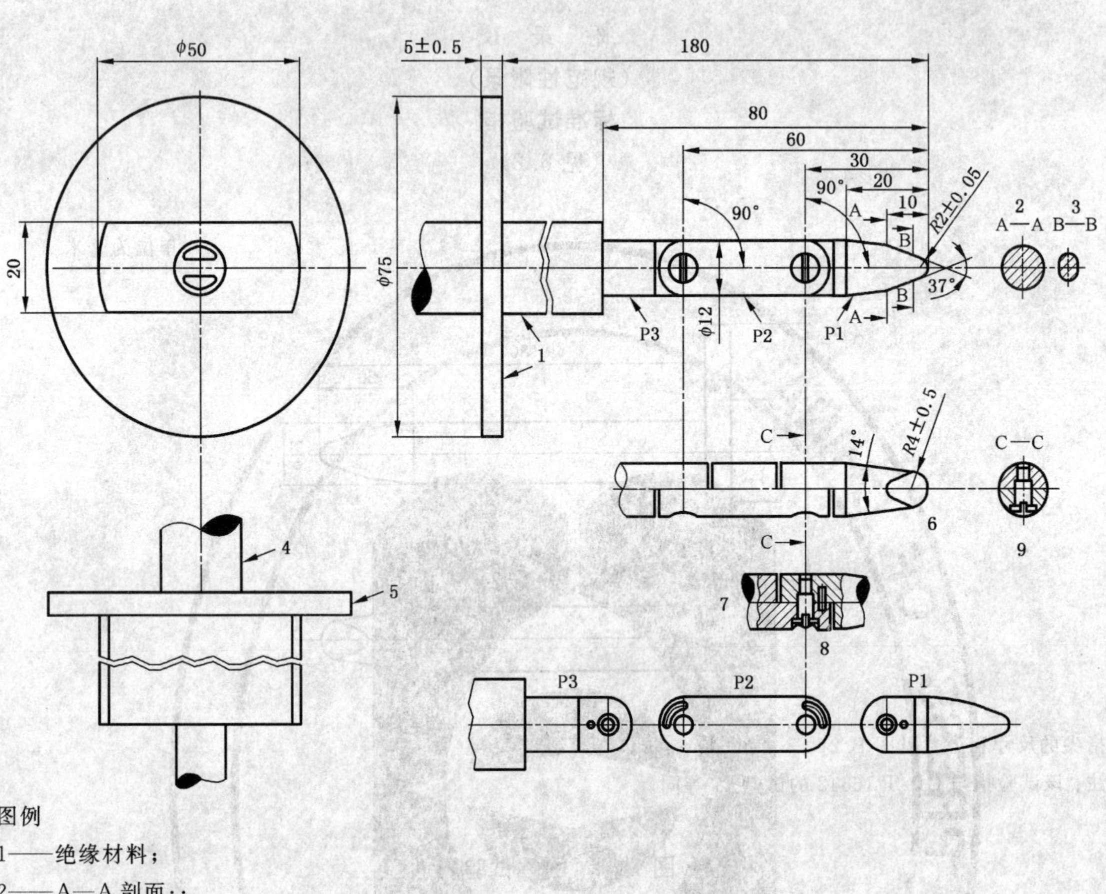

图例

1——绝缘材料；

2——A—A 剖面；；

3——B—B 剖面；

4——手柄；

5——挡板；

6——球形；

7——细节 X(示例)；

8——侧视图；

9——所有边缘倒角。

未规定公差的尺寸的公差为：

——对角度：$^{0}_{-10'}$

——对线性尺寸：

$\leqslant$25 mm 时：$^{0}_{-0.05}$ mm

$>$25 mm 时：±0.2 mm

试验指材料：经过热处理的钢材等。

该试验指的两个关节可以弯曲 $90^{\circ}{}^{+10^{\circ}}_{0^{\circ}}$，但是只可以在同一个或相同方向弯曲。

为了使弯曲角度限制在 90°，采用销和槽的解决办法仅仅是各种可能解决的途径之一。由于这一原因，图中未给出这些细节的尺寸和公差。实际设计应保证 $90^{\circ}{}^{+10^{\circ}}_{0^{\circ}}$ 的弯曲角。

注：该试验指与 GB/T 16842 的试具 B 等同。

图 B.2　铰接式试验指

附　录　C
（规范性附录）
电气间隙和爬电距离的测量

例1～例11中规定的、适用于各种实例的沟槽宽度 X 按不同的污染等级在表C.1中做了规定。

表 C.1　污染等级与沟槽宽度的关系

污染等级	沟槽宽度 X 最小值/mm
1	0.25
2	1.0
3	1.5

如果所涉及的电气间隙小于3 mm，则最小沟槽宽度 X 可减小到该电气间隙的三分之一。

测量电气间隙和爬电距离的方法在下面例1～例11中说明。这些例子不区分裂缝和沟槽，也不区分绝缘的类型。

需要做出以下一些假定：

a) 如果跨越沟槽的宽度大于等于所规定的宽度 X，则要沿沟槽的轮廓线来测量爬电距离（见例2）。

b) 假定任何凹槽桥接有一段长度等于所规定的宽度 X 的绝缘连杆，而且桥接在最不利的位置（见例3）。

c) 在相互间能处于不同位置的零部件之间测量电气间隙和爬电距离时，要在这些零部件处于最不利位置测量。

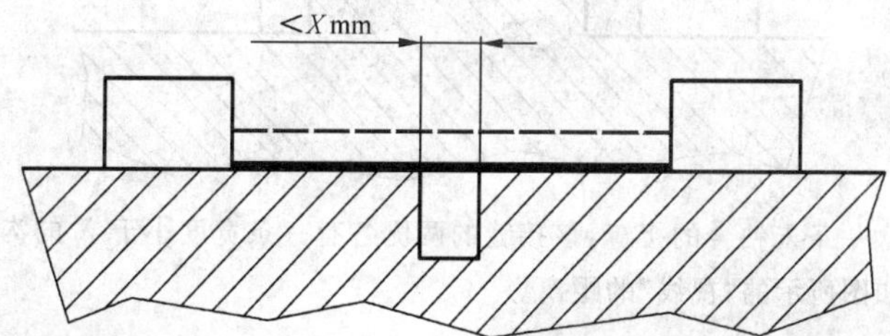

例1　所测量的路径包含一条任意深度，宽度小于 X、槽壁平行或收敛的沟槽。

直接跨沟槽测量爬电距离和电气间隙。

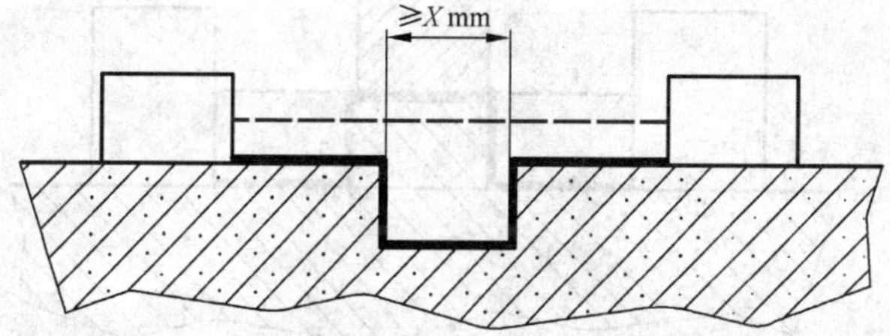

例2　所测量的路径包含一条任意深度，宽度等于或大于 X、槽壁平行的沟槽。

电气间隙就是“视线”距离。

爬电距离是沿沟槽轮廓线伸展的通路。

图 C.1　电气间隙和爬电距离测量方法的示例

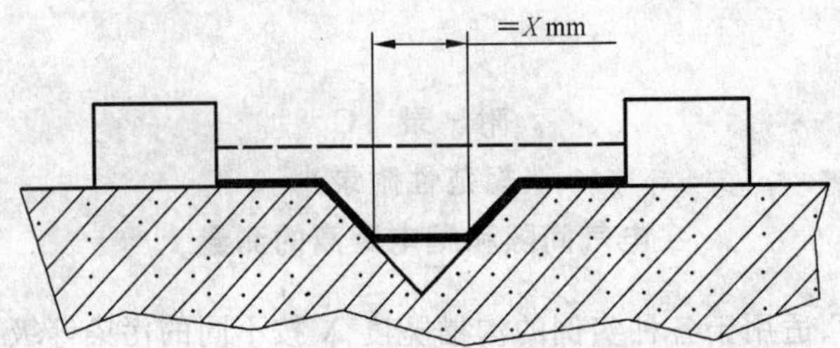

例 3　所测量的路径包含一条宽度大于 X 的 V 形沟槽。

电气间隙就是"视线"距离。

爬电距离是沿沟槽轮廓线伸展的通路，但沟槽底部用长度为 X 的连杆"短接"。

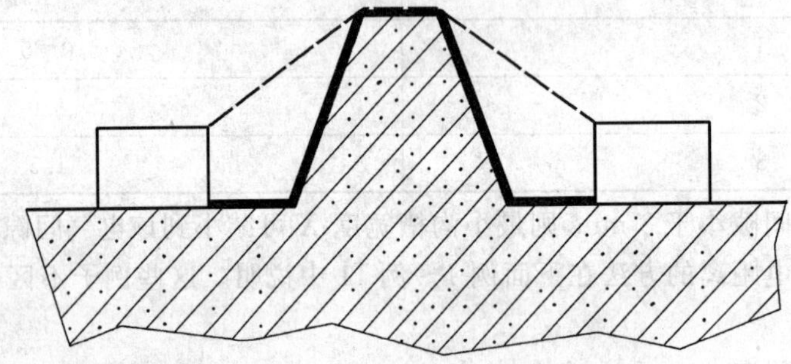

例 4　所测量的路径包含一根肋条。

电气间隙是越过肋条顶部最短直达空间通路。爬电距离是沿肋条轮廓线伸展的通路。

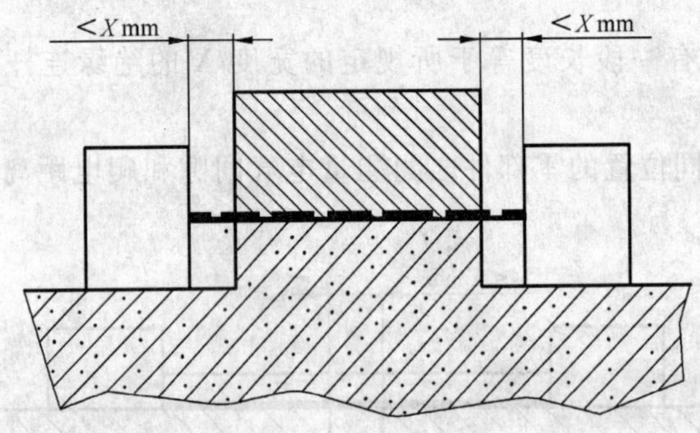

例 5　所测量的路径包含一条未粘合的接缝，该接缝的两侧各有一条宽度小于 X 的沟槽。

爬电距离和电气间隙是如图所示的"视线"的距离。

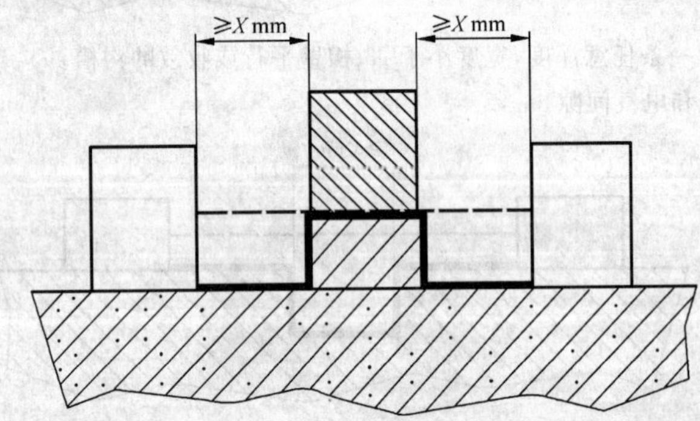

例 6　所测量的路径包含一条未粘合的接缝，该接缝的两侧各有一条宽度大于或等于 X 的沟槽。

电气间隙是"视线"的距离。

爬电距离是沿沟槽轮廓线伸展的通路。

图 C.1（续）

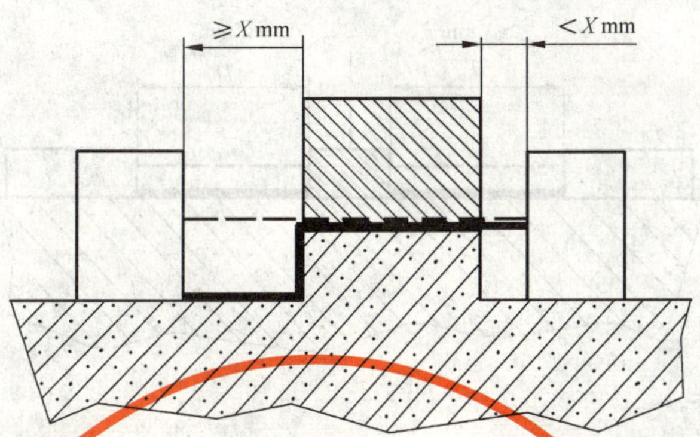

例 7　所测量的路径包含一条未粘合的接缝，该接缝的一侧有一条宽度小于 X 的沟槽，另一侧有一条宽度等于或大于 X 的沟槽。

爬电距离和电气间隙如图所示。

例 8　通过未粘合接缝的爬电距离小于越过挡板的爬电距离。

电气间隙是越过挡板顶部最短直达空间距离。

例 9　由于螺钉头与凹槽槽壁之间的空隙太窄，所以不必考虑该空隙。

例 10　由于螺钉头与凹槽槽壁之间的空隙足够宽，所以必须考虑该空隙。

当该空隙等于 X 时，爬电距离的测量值就是从螺钉到槽壁的距离。

图 C.1（续）

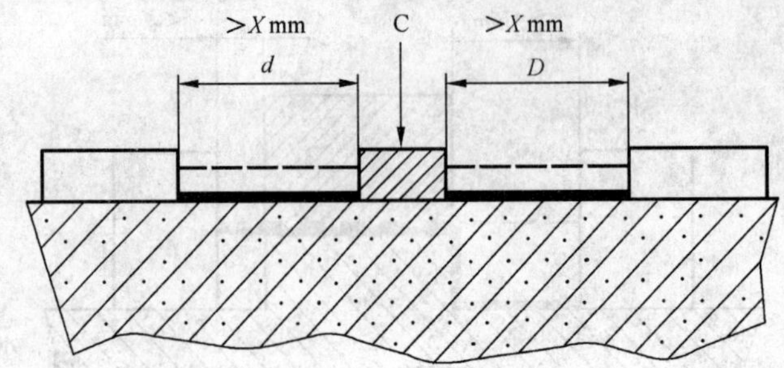

例 11　C 为一浮地零部件。

电气间隙和爬电距离均为 $d+D$。

━━━━ 爬电距离

－－－－－ 电气间隙

图 C.1（续）

参 考 文 献

[1] IEC 60050(151) 国际电工词典(IEV) 第151章:电磁装置.

[2] IEC 60065 音频、视频及类似电子设备 安全要求.

[3] IEC 60270 高电压试验技术 局部放电测量.

[4] IEC 60664-1 低压系统内设备的绝缘配合 第1部分:原理、要求和试验.

[5] GB/T 16842 外壳对人和设备的防护(GB/T 16842—2008,IEC 61032:1997,IDT).

[6] IEC 61010(所有部分) 测量、控制及实验室用的电气设备的安全要求.

ICS 19.080
N 09

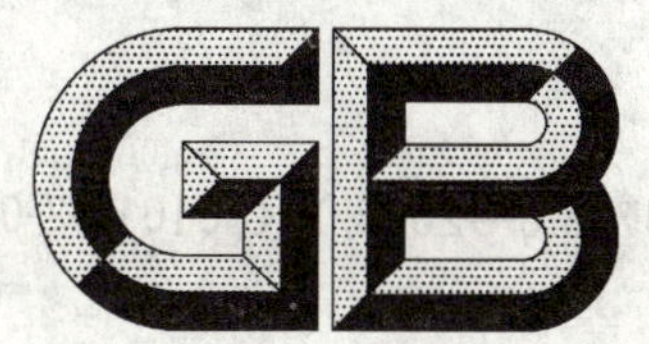

中华人民共和国国家标准

GB 4793.6—2008/IEC 61010-2-010:2005
代替 GB 4793.6—2001

测量、控制和实验室用电气设备的安全要求 第6部分:实验室用材料加热设备的特殊要求

Safety requirements for electrical equipment for measurement, control, and laboratory use—Part 6: Particular requirements for laboratory equipment for the heating of materials

(IEC 61010-2-010:2005, IDT)

2008-08-30 发布 2009-09-01 实施

中华人民共和国国家质量监督检验检疫总局
中国国家标准化管理委员会 发布

前 言

本部分的全部技术内容为强制性。

GB 4793《测量、控制和实验室用电气设备的安全要求》目前分为 7 个部分：

——第 1 部分:通用要求(IEC 61010-1)；

——第 2 部分:电工测量和试验用手持和手操电流传感器的特殊要求(IEC 61010-2-032)；

——第 3 部分:实验室用混合和搅拌设备的特殊要求(IEC 61010-2-051)；

——第 4 部分:实验室用处理医用材料的蒸压器的特殊要求(IEC 61010-2-041)；

——第 5 部分:电工测量和试验用手持探头组件的安全要求(IEC 61010-031)；

——第 6 部分:实验室用材料加热设备的特殊要求(IEC 61010-2-010)；

——第 7 部分:实验室用离心机的特殊要求(IEC 61010-2-020)。

注：上述部分的名称会随 IEC 标准名称的变化而改变。

本部分为 GB 4793 的第 6 部分。

本部分等同采用 IEC 61010-2-010:2005《测量、控制和实验室用电气设备的安全要求　第 2-010 部分:实验室用材料加热设备的特殊要求》(英文版)。其技术内容、文本结构以及表达形式与 IEC 61010-2-010:2005 完全等同。

为了方便使用,本部分作了下列编辑性修改：

——用小数点“.”代替作为小数点的逗号“,”；

——略去 IEC 61010-2-010:2005 的前言的内容；

——对于 IEC 61010-2-010:2005 引用的其他国际标准中有被等同或修改采用作为我国标准的,本部分用我国的国家标准或行业标准代替对应的国际标准;其余未有等同或修改采用为我国标准的国际标准,在本部分中均被直接引用。

本部分是对 GB 4793.6—2001《测量、控制和实验室用电气设备的安全　实验室用材料加热设备的特殊要求》(IEC 61010-2-010:1992,IDT)的修订。

本部分必须结合 GB 4793.1《测量、控制和实验室用电气设备的安全要求　第 1 部分:通用要求》一起使用。本部分中写明“适用”的部分,表示 GB 4793.1 的相应条适用于本部分;本部分写明“代替”或“修改”的部分,表明以本部分的条为准;本部分中写明“增加”的部分,表明除要符合 GB 4793.1 的相应条外,还必须符合本部分中增加的条。为了区别 GB 4793.1 中的条,本部分增加的条的编号以 101 开始,例如 5.2.101。

本部分与 GB 4793.6—2001 比较有较大改动:许多条款在文字上作了修改,标准的结构随着 GB 4793.1—2007进行了调整,对一些试验方法作了更详细的阐述：

——增加了玻璃或陶瓷材料的水平加热表面的动态试验；

——增加了对防灼伤的表面温度限值等。

本部分由中国机械工业联合会提出。

本部分由全国测量、控制和实验室电器设备安全标准化技术委员会(SAC/TC 338)归口。

本部分的起草单位:机械工业仪器仪表综合技术经济研究所。

本部分的主要起草人:潘长清、柳晓菁、郑旭、梅恪、欧阳劲松、王麟琨、方晓时、王建华、张桂玲。

本部分所代替标准的历次版本发布情况为：

——GB 4793.6—2001。

测量、控制和实验室用电气设备的安全要求　第6部分:实验室用材料加热设备的特殊要求

1　范围与目的

除下述内容外,GB 4793.1 的第1章均适用。

1.1.1　本部分适用的设备

代替:

该条用以下内容代替:

GB 4793 的本部分仅适用于材料加热用实验室电气设备,材料加热是设备唯一的或若干功能之一。

注:如果设备的整体或部分既属于本部分范围内,又属于 GB 4793 中其他一个或多个部分范围,那么它也需要满足 GB 4793 中其他相关标准的要求。尤其是,如果设备预定用于 IVD 目的,那么它还需满足 IEC 61010-2-101 的要求。

1.1.2　不包括在本部分范围内的设备

增加:

在 i)后面增加三个新条目:

aa)　实验室加热和通风设备;

bb)　消毒设备;

cc)　操作人员可以进入的加热设备,即当设备的门关闭时其中的空间足够容纳操作人员的设备。

2　规范性引用文件

下列文件中的条款通过 GB 4793 的本部分的引用而成为本部分的条款。凡是注日期的引用文件,其随后所有的修改单(不包括勘误的内容)或修订版均不适用于本部分,然而,鼓励根据本部分达成协议的各方研究是否可使用这些文件的最新版本。凡是不注日期的引用文件,其最新版本适用于本部分。

GB 4793.1　测量、控制和实验室用电气设备的安全要求　第1部分:通用要求(GB 4793.1—2007,IEC 61010-1:2001,IDT)

GB 4793.1 的第2章均适用。

3　术语和定义

GB 4793.1 的第3章均适用。

4　试验

除下述内容外,GB 4793.1 的第4章均适用。

4.3.2　设备状态

增加:

在第一段后增加以下注:

注:在有怀疑时,试验可以在一个以上组合条件下进行。

4.4.2.10　加热装置

增加:

增加以下新的第二段：

如果填装过量或不足量的热传导介质可能引起危险，那么设备应在不填装、部分填装或过量填装时，选择其中较不利的情况进行试验。在有怀疑时，该试验应在一个以上条件下进行。用于试验的热传导介质应是正常使用规定的一种类型。

4.4.4 施加故障条件后的符合性

4.4.4.2

代替：

用以下内容代替第二段：

除了加热设备的受热表面外（见 10.1），无论是由于传热还是由于接近热元件而受热，设备表面或零部件的温度在环境温度 40 ℃或最大额定环境温度（如果额定环境温度更高）时不得超过 105 ℃（见 1.4.2）。

5 标志和文件

除下述内容外，GB 4793.1 的第 5 章均适用。

5.1.3 电源

增加：

c） 后增加以下注：

注 101：如果接通后 1 min 或更短时间，实际功率或电流有可能比标示的最大额定功率或电流大得多，则应在最大额定功率或电流的后面的括弧内标出瞬间最大值。

5.1.6 开关和断路器

增加：

加入第三段，内容如下：

对于干燥箱和类似的设备，有门的或装载材料用的其他开口的设备的每侧应有“通”状态的指示。

5.2 警告标志

代替：

用以下内容替代第五段：

警告标志在 5.1.5.1c）、5.2.101、6.1.2 b）、6.1.2.101 2）、6.5.1.2 g）、6.6.2、7.2 c）、7.3、10.1 和 13.2.2 中规定。

增加：

增加以下新的条：

5.2.101 高接触电流的设备

对于非永久连接的设备，如果设备的接触电流超过 6.3.1 b）或 6.3.2 b）的限值，但还在永久连接的设备的限值之内，那么应有与电源非永久连接的警告标志。标志应在与电源连接的端子盖上或旁边，警告也应在安装说明书中再次说明。表 1 中的符号 14 是一个合适的警告标志。但鉴于使用设备的国家可能对此标志不了解，因此印刷警告标志时应该用适当的语言。

通过目视检查来检验是否合格。

5.4.3 设备安装

代替：

文件应包括安装和特定的调试说明（下面列出各种例子），以及如果对安全有必要的话，还应包括设备安装和调试过程中可能发生危险的警告。

a） 装配、定位和安装要求：如果从设备中落下的发热物会造成危险，例如，门打开时，应有一则不得将设备安装在可燃材料表面的警告；

b） 保护接地说明；

c) 与电源的连接:对可能需要触及的危险带电零部件的设备(见 6.1.2),应声明需要安装剩余电流动作电路断路器;当永久与电源连接时,必须有必要的警告和声明(见 5.2.101);

d) 对永久连接式设备:

1) 电源布线要求;

2) 对任何外部开关或电路断路器(见 6.11.2.1)和外部过流保护装置(见 9.5.1)的要求,以及将这些开关或电路断路器设置在设备近旁的建议;

e) 通风要求;

f) 特殊维护要求,如空气、冷却液;

g) 如果要求进行 12.5.1 的测量,发出声响的设备产生的最大声功率等级;

h) 与声压等级有关的说明(见 12.5.1);

i) 干燥要求(见 5.4.3.101);

j) 如果材料在加热过程中可能释放危险气体,则安装说明书应有需要排放系统并附加与材料的安全温度有关的限温装置等的警告说明(见 5.4.1 的注)。

注:排放系统是一个将空气从建筑物排出的系统,而不是一个重复循环系统。

增加条:

5.4.3.101 干燥

如果在潮湿的条件下运输或贮存后,设备可能达不到本部分的全部安全要求,则安装说明书应规定使设备干燥并使其恢复到正常条件所需的时间。说明书应包括如下警告,即设备在干燥过程中可能达不到本部分所有的安全要求。

通过目视检查来检验是否合格。

5.4.4 设备的操作

增加:

在 g)后加入下列参考:

(见 5.4.4.101)

加入以下三个新条目:

aa) 当允许接触危险带电零部件时,操作人员需要附加的防护规范(见 6.1.2.101);

bb) 关于被加热的材料产生的爆炸、内爆、有毒气体或可燃气体的释放所引起的任何可能危险的警告[见 5.4.3 j)];

cc) 适合使用的传热介质的规范,如用于热浴的液体。

增加条:

5.4.4.101 清洗和消毒

说明书应包括清洗和(如必要时)消毒的建议,以及经认可的用于清洗和消毒的推荐材料的通用名称,并指出可能使用但与设备零部件或设备内所含材料不相容的材料。

说明书也应声明责任者必须确保:

a) 如果危险物质泄漏在设备表面或进入设备内部,则应采取适当的消毒;

b) 不能使用与设备零部件或设备内所含材料发生化学反应而引起危险的清洗剂或消毒剂;

c) 如果对消毒剂或清洗剂与设备零部件或设备内所含材料的相容性有疑问,则应咨询制造商或其代理。

如果制造商声明某项目可通过蒸汽灭菌来消毒,则该项目应能承受表 101 中至少一组时间-温度条件下进行的蒸汽消毒。

注 1:制造商应参照国际公认的《实验室生物安全手册》,该手册于 1984 年由位于日内瓦的世界卫生组织发布,手册包括了消毒使用、稀释、特性和可能应用的资料。也可参照国内相应准则。

注 2:维护、修理、更换实验室加热设备及其附件时,清洗和消毒是必要的安全措施。制造商还应向用户出示证明,说明已进行上述处理。

表 101 时间-温度条件

绝对压力/kPa	相应蒸汽温度		最少持续时间/min
	标称值/℃	范围/℃	
325	136.0	134～138	3
250	127.5	126～129	10
215	122.5	121～124	15
175	116.5	115～118	30
注："最少持续时间"指在蒸汽温度下的持续时间。			

通过目视检查来检验是否合格。

5.4.5 设备的维护

增加：

在第一段后加入以下两个新段：

如果电源线使用高温或其他专用电缆，则说明书中应声明只能用等效电缆替换。

说明书应为责任者规定方法，以检查为安全目的所必需的过热保护或液位保护的装置或系统的有效运行，并应说明实施检查的周期。

6 防电击

除以下内容外，GB 4793.1 的第 6 章都适用。

6.1 概述

增加条：

6.1.2.101 加热炉的例外情况

如果由于以下的一个或多个原因不可能有效操作加热炉，则允许有可触及的危险带电零部件：

a) 需要频繁接近(如链条式平炉和管式炉)；

b) 用于观察，或者插入传感器或探头的孔；

c) 必须保持恒定的工作温度以防止被处理的材料受到热冲击，因此在炉门打开时可触及的加热元件等必须保持通电状态。

在上述情况下，只有在能够满足以下全部条件时，才允许可触及的内部零部件危险带电：

1) 危险带电零部件由剩余电流动作电路断路器来保护的电路供电，在差动电流等于或小于 30 mA 时断路器切断电源；或者在安装说明书中规定，设备必须连接装有这种电路断路器的电源；

2) 警告标志提醒潜在危险，并在危险部位装指示灯；

3) 导电的传送带、耐火罩等，要与保护导体端子连接；

4) 使用说明书应注明，对操作人员必须提供防止电击保护，包括由于可能同时接触危险带电零部件和与保护导体端子连接的零部件而遭到电击，并说明保护措施。可以包括下列一种或多种保护措施：

——绝缘工具；

——绝缘服装；

——站在绝缘表面上；

——与保护导体端子连接的零部件的屏板，这样操作人员可以在正常使用条件下接触这些零部件。

通过目视检查来检验是否合格。

6.3 可触及零部件的允许限值

增加：

增加以下新段：

如果安装说明书规定有干燥过程(见 5.4.3.101)，则这个过程要在 6.3 测量之前进行。干燥后随即进入 2 h 恢复期，在此期间设备应断电，并持续到进行测量之前。

设备在室温下进行测量。如果对设备在最高操作温度下是否可能超过允许限值持有怀疑，则应在最高操作温度下重复进行相关测量，并采纳较高测量值。

6.3.1 b) 1) 电流

增加以下的第二段：

永久性连接式设备的电流值是上述这些数值的 1.5 倍。

6.3.2 b) 1) 电流

增加以下的第二段：

永久性连接式设备的电流值是上述这些数值的 1.5 倍。

6.4 正常条件下的防护

增加：

将原有的注作为注 1，其后增加如下新的注 101：

注 101：尽管陶瓷在室温下可提供满意的电气绝缘，但其绝缘性能在高温下会减弱。这不仅是由于它们容易受到机械磨损的影响，而且还因为它们在高温下能变成导电体，在正常使用条件下能被导电材料污染。

6.8.2 潮湿预处理

增加：

有干燥处理规定(见 5.4.3.101)的设备，不进行潮湿预处理。

6.8.3 试验的实施

增加：

在第一段后增加两个新段：

如果安装说明书规定有干燥过程(见 5.4.3.101)，则这个过程要在 6.8.4 试验之前进行。干燥后随即进入 2 h 恢复期，在此期间设备应断电。在恢复期结束后 1 h 之内进行并完成试验。

如果对设备是否能通过在最高操作温度下的特定试验持有怀疑，那么该试验应在最高操作温度下重复进行。

6.10.1 电源线

增加：

在 b)中增加以下内容：

或者，应提供附加防护来防止电源线接触热表面。

在 c)中增加以下内容：

器具耦合器的额定温度应高于在正常条件下在其任意部分上测得的温度值。

7 防机械危险

GB 4793.1 的第 7 章均适用。

8 耐机械冲击和撞击

除以下内容外，GB 4793.1 的第 8 章均适用。

8.1.2 动态试验

增加：

增加以下内容作为新的第三段：

对于具有玻璃，陶瓷或类似材料的水平表面的加热设备，对这类表面应按照8.1.101的规定来试验，对被试设备的其余部分按照以下的规定来试验。

增加条：

8.1.101 玻璃或陶瓷材料的水平加热表面的动态试验

对于由玻璃或陶瓷材料制成的水平加热表面要求的符合性检验，通过进行下面的试验来检查。

a) 加热器工作于最高设定值，直到加热区域的表面温度在15 min内的温升不超过1 ℃。然后，关闭加热器，将装有重物的容器平放，从150 mm的高度跌落到加热区域10次。该容器有一个铜制或铝制的平面底，底的直径大于120 mm±10 mm，该容器有一个圆形倒角，其半径至少是10 mm。容器中填有高度一致的沙子或钢球，总重量为1.8 kg±0.01 kg。

b) 在依次对每个加热区域进行上述试验后，加热器再次工作于最高设定值，直到加热区域的表面温度在15 min内的温升不超过1 ℃。将(1 ± 0.1)l 的1 %的氯化钠盐溶液(其温度为15 ℃±5 ℃)平稳地倒在加热表面上。然后关闭加热器并在15 min后将表面上所有多余的溶液清除掉。

c) 将加热器冷却到接近于室温，然后将相同质量的盐溶液平稳地倒在加热表面上，并且再次将多余的溶液清除掉。

d) 应按6.8.4进行电压试验。试验电压为基本绝缘的电压。不得发生击穿。

e) 玻璃零件不得发生导致划伤危险的破裂。

注102：本条对应于IEC 60335-2-6:2002中的21.102。

9 防止火焰蔓延

除以下内容外，GB 4793.1的第9章均适用：

9.4 对装有或使用可燃性液体设备的要求

增加：

在注1后增加以下注：

注101：用于加热液体的加热元器件的表面温度可以比该液体的温度高得多。

10 设备的温度限值和耐热

除以下内容，GB 4793.1的第10章均适用。

10.1 对防灼伤的表面温度限值

代替：

用以下内容代替原来的第二段：

如果易接触的发热表面由于功能原因是必需的，无论是由于传热还是由于靠近加热零部件而受热，只要它们是可以辨认的，例如从外观上或功能上可以辨认，或者标有表1的符号13(见5.2)，则允许这些易接触的发热表面的温度在正常条件下超过表15的规定值，和在单一故障条件下超过105 ℃。

增加条：

10.101 过温保护

如果温度控制系统、加热器、冷却装置、搅拌器或其他零部件出现单一故障，可能通过设备的某一零部件或被处理的材料的过热而引发危险，那么满足14.3中要求的一个非自动复位过温装置或系统应切断加热装置和引起危险的其他零部件的电源。

如果不足量的热传导液体可能引发危险，那么自动复位或非自动复位的液位装置应切断加热设备和引起危险的其他零部件的电源。

设备或相关的零部件，用下列方法之一切断电源：

a) 对于单相设备，使用一个单极装置或系统；由温度控制系统过温装置控制的零部件，切断温度控制系统所对应的导体；

b) 对于多相设备，由单个装置或系统断开所有的相，或每一个相有一个独立的断开装置或系统；

c) 一个装置或系统可断开电源所有的极。

注1：上述单极过温保护装置满足在单一故障条件下本部分的安全要求。但是，将电源所有的极与相关零部件断开的过温保护装置具有在元器件（例如，隔离电源的接地零件）未被发现故障的情况下提供防护的优点，该故障虽未减弱元器件的性能或安全性，但是可能增加温度控制系统中后续失效导致危险的可能性。

注2：在为加热材料设计的设备上，危险可能由所处理材料或热传导介质（主要在热浴时）的过度加热引起，以及由设备本身的零部件的过温而引起。因此，在设备中可能需要为单一故障提供较高的安全等级。

注3：在某些情况下，被加热介质（例如，加热槽中的液体，或者，加热炉或加热箱中的气体）的温度下降可能引起危险。如果温度控制系统失效后，过温保护装置的动作会导致上述情况的发生，应安装另一个不通过过温装置的温度控制系统以维持一个安全温度。

用来容纳可燃材料的设备，不管用来操作还是用来导热，当直接按制造商的说明书进行设定时，过温保护装置或系统应保证，在正常使用或单一故障条件下液体不得超过 9.4 a) 中规定的温度。

注4：正常使用（指使用中遵循制造商的说明书）包括每一个可调节的过温保护装置的正确设定。使用工具对过温保护装置不正确的设定作为其本身的单一故障条件，因此任何其他单一故障条件的试验应按照制造商说明书中过温保护装置或系统的设置来进行。

为了安全需要的过温保护装置应与每个温度控制系统隔离。该要求不仅适用于温度传感装置而且也适用于电路中用于断电的所有断开装置。无论是通过温度、压力、液位、气流或其他方式动作，过温保护装置都必须满足 14.3 的要求。

可调节的过温和液位装置以及系统，应借助于工具来调节。

通过目视检查并对 4.4.2.9 和 4.4.2.10 进行的故障试验来检验是否合格。

11 防流体危险

GB 4793.1 的第 11 章均适用。

12 防辐射（包括激光源）、声压力和超声压力

GB 4793.1 的第 12 章均适用。

13 对释放的气体、爆炸和内爆的防护

除以下内容外，GB 4793.1 的第 13 章均适用。

代替：

用以下新的条代替 13.2.1。

13.2.1 元器件和受热材料

如果因过热或过载易于引起爆炸的元器件未装有压力释放装置，或者如果设备被设计成可用于处理可能爆炸或内爆的材料，则在设备中应装有保护操作人员的防护装置（见 7.6）。

压力释放装置的位置应确保在卸荷时不会给操作人员造成危险。其结构应确保任何压力释放装置不会被阻塞。

通过目视检查来检验是否合格。

增加条：

13.2.101 真空炉的内爆

真空炉应装有防护装置以防内爆对操作人员和环境产生的影响。

通过目视检查设备和设计资料来检验是否合格，以及当有怀疑时通过引发内爆来检验是否合格。

14 元器件

除以下内容外，GB 4793.1 的第 14 章均适用。

14.3 过温保护装置

代替：

设计成在单一故障条件下动作的过温保护装置和系统应：

a) 在结构上和通过试验应做到能保证功能可靠；

b) 规定切断使用它们的电路中最大的电压和电流的额定值；

c) 规定预期由装置限制的元器件和材料的温度，不超出 9.4a）和表 15 的相关温度限值的额定值。

如果可行，应为操作人员提供检查在单一故障条件下装置或系统是否能正常工作的方法。使用说明书中应规定检查方法和检查周期。

注：对于可调节的装置或系统，通常通过设定过温保护装置的温度，使其低于温度控制系统的温度进行检查。对不能作为液位保护装置的不可调装置或系统，需要为温度控制系统的短时超温提供自复位装置。

用于过温保护的液位装置应满足与过温保护装置或系统同样的要求。

通过研究装置的动作原理，以及使设备在单一故障条件下工作时，通过进行充分的可靠性试验来检验是否合格。

动作次数如下：

1) 对不能复位的装置动作一次；

2) 对非自复位的装置和系统，除热熔断器外，使其这样动作 10 次，每次动作后要复位；

3) 对自复位的液位装置，使其动作 200 次。

注：为防止设备损坏，可以引入强制冷却和间歇时间。

试验期间，在每次施加单一故障条件后复位装置应动作，而非复位装置应动作一次。试验后，复位装置不得出现会在下一次单一故障条件下阻碍其动作的损坏迹象。

15 利用联锁装置的保护

GB 4793.1 的第 15 章均适用。

16 试验和测量设备

GB 4793.1 的第 16 章不适用。

附　录

GB 4793.1 的附录均适用。

参　考　文　献

除以下内容外，GB 4793.1 的参考文献均适用：

增加：

世界卫生组织.实验室生物安全手册.1984.

ICS 19.080
N 09

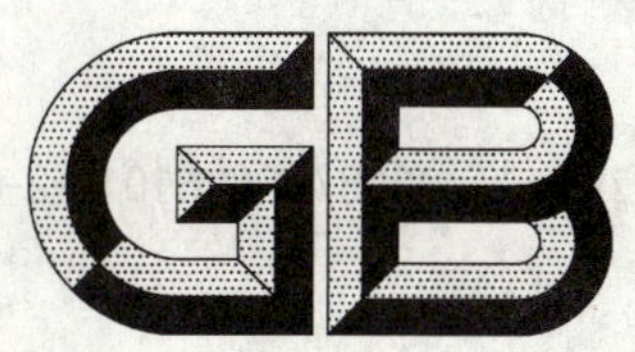

中华人民共和国国家标准

GB 4793.7—2008/IEC 61010-2-020:2006
代替 GB 4793.7—2001

测量、控制和实验室用电气设备的安全要求 第7部分:实验室用离心机的特殊要求

Safety requirements for electrical equipment for measurement, control, and laboratory use—Part 7: Particular requirements for laboratory centrifuges

(IEC 61010-2-020:2006, IDT)

2008-08-30 发布 2009-09-01 实施

中华人民共和国国家质量监督检验检疫总局
中国国家标准化管理委员会 发布

前言

本部分的全部技术内容为强制性。

GB 4793《测量、控制和实验室用电气设备的安全要求》目前分为7个部分：

——第1部分：通用要求(IEC 61010-1)；

——第2部分：电工测量和试验用手持和手操电流传感器的特殊要求(IEC 61010-2-032)；

——第3部分：实验室用混合和搅拌设备的特殊要求(IEC 61010-2-051)；

——第4部分：实验室用处理医用材料的蒸压器的特殊要求(IEC 61010-2-041)；

——第5部分：电工测量和试验用手持探头组件的安全要求(IEC 61010-031)；

——第6部分：实验室用材料加热设备的特殊要求(IEC 61010-2-010)；

——第7部分：实验室用离心机的特殊要求(IEC 61010-2-020)。

注：上述部分的名称会随IEC标准名称的变化而改变。

本部分为GB 4793的第7部分。

本部分等同采用IEC 61010-2-020:2006《测量、控制和实验室用电气设备的安全要求　第2-020部分：实验室用离心机的特殊要求》(英文版)。其技术内容、文本结构以及表达形式与IEC 61010-2-020:2006完全等同。为了方便使用，本部分作了下列编辑性修改：

——用小数点"."代替作为小数点的逗号"，"；

——略去IEC 61010-2-020:2006的前言和"附录H(资料性附录)定义索引"的内容；

——对于IEC 61010-2-020:2006引用的其他国际标准中有被等同或修改采用作为我国标准的，本部分用我国的国家标准或行业标准代替对应的国际标准；其余未有等同或修改采用为我国标准的国际标准，在本部分中均被直接引用。

本部分是对GB 4793.7—2001《测量、控制和实验室用电气设备的安全实验室用离心机的特殊要求》(IEC 61010-2-020:1992,IDT)的修订。

本部分必须结合GB 4793.1《测量、控制和实验室用电气设备的安全要求　第1部分：通用要求》一起使用。本部分中写明"适用"的部分，表示GB 4793.1的相应条适用于本部分；本部分写明"代替"或"修改"的部分，表明以本部分的条为准；本部分中写明"增加"的部分，表明除要符合GB 4793.1的相应条外，还必须符合本部分中增加的条。为了区别GB 4793.1中的条，本部分增加的条的编号以101开始，例如3.1.101，本部分增加的附录以AA开始，例如附录AA、附录BB。

本部分与GB 4793.7—2001比较有较大改动：许多条款在文字上作了修改，标准的结构随着GB 4793.1—2007进行了调整，对一些试验方法做了更详细的阐述：

——运动零部件中的旋转组件的测试方法；

——对飞散零部件或弹射零部件的防护方法；

——防流体危险部分中冷冻和水冷实验室离心机的测试方法；

——密封圈的动态微生物试验方法等。

本部分的附录AA为规范性附录，附录BB为资料性附录。

本部分由中国机械工业联合会提出。

本部分由全国测量、控制和实验室电器设备安全标准化技术委员会(SAC/TC 338)归口。

本部分的起草单位：机械工业仪器仪表综合技术经济研究所。

本部分的主要起草人：柳晓菁、张桂玲、梅恪、郑旭、王麟琨、潘长清、欧阳劲松、方晓时、王建华。

本部分所代替标准的历次版本发布情况为：

——GB 4793.7—2001。

测量、控制和实验室用电气设备的安全要求 第7部分:实验室用离心机的特殊要求

1 范围与目的

除下述内容外,GB 4793.1 的第 1 章均适用。

1.1 范围

代替:

GB 4793 的本部分适用于电动实验室离心机。

注:如果设备的整体或部分既属于本部分范围内,又属于 GB 4793 中其他一个或多个部分范围,那么它也需要满足 GB 4793 中其他相关标准的要求。

1.1.2 不包括在本部分范围内的设备

增加:

增加下面的条目:

aa) IEC 60034(旋转电机);

1.2 目的

1.2.1 本部分范围内的各方面的内容

增加:

增加下面的条目:

aa) 与运动零部件的接触(见 7.2);

bb) 破损情况下实验室离心机的移动(见 7.3.101);

cc) 转头破损后的高能化学反应[见 7.6.101.2 1)];

dd) 密封圈失效(见 13.101)。

1.2.2 不包括在本部分范围内的各方面的内容

增加:

增加下面的条目:

aa) 分离易燃或易爆材料时应遵守附加预防措施(见 5.4.101);

bb) 分离可能发生化学反应并由此产生引发危险的大量气体的材料时应遵守附加预防措施(见 5.4.101)。

1.4 环境条件

1.4.1 正常的环境条件

修改:

将 c)的内容修改如下:

c) 温度在 2 ℃～40 ℃;

1.4.2 扩展的环境条件

修改:

将 c)的内容修改如下:

c) 环境温度低于 2 ℃或高于 40 ℃;

2 规范性引用文件

下列文件中的条款通过 GB 4793 的本部分的引用而成为本部分的条款。凡是注日期的引用文件,

其随后所有的修改单(不包括勘误的内容)或修订版均不适用于本部分,然而,鼓励根据本部分达成协议的各方研究是否可使用这些文件的最新版本。凡是不注日期的引用文件,其最新版本适用于本部分。

GB 4793.1　测量、控制和实验室用电气设备的安全要求　第1部分:通用要求(GB 4793.1—2007,IEC 61010-1:2001,IDT)

除下述内容外,GB 4793.1 的第2章均适用。

增加:

ISO 3864(所有部分)　图形符号　安全色及安全符号

3　术语和定义

除下述内容外,GB 4793.1 的第3章均适用。

3.1　设备和设备的类别

增加:

增加下面的三条新定义:

3.1.101

实验室离心机　laboratory centrifuge

可对样品材料施加离心作用的实验室用仪器。

3.1.102

离心机-转头组合　centrifuge-rotor combination

需同时操作、同时鉴定的实验室离心机和旋转组件。

3.1.103

破损　disruption

旋转组件或其一部分在旋转过程中的失效或分离事件。

3.2　零部件和附件

增加:

增加以下八条新定义:

3.2.101

离心腔　chamber

实验室离心机内的封闭空间,旋转组件在其内旋转。

3.2.102

转头　rotor

实验室离心机的基本零部件,它承载受离心力作用的原料并在驱动系统控制下旋转。

3.2.103

吊篮　bucket

转头的组件装配,用于支持一个或多个试管。

3.2.104

保护罩　protective casing

完全包围旋转组件的罩,包括机盖及其紧固装置。

3.2.105

机盖　lid

离心腔的进口盖。

3.2.106

旋转组件　rotor assembly

带有制造商指定的一套转头附件的转头。

注：在上文中，转头附件包括为承载样品而与离心机转头一起使用的或者在离心机转头中使用的所有零部件，包括适配器，试管和瓶子。

3.2.107

驱动系统　drive system

离心机中为旋转组件提供扭矩或为其提供旋转支撑的所有相关零部件。

3.2.108

密封圈　bioseal

一种装置或机构，可附加在转头或吊篮与封闭装置之间，设计成用于防止物质的泄漏，例如离心过程中的微生物材料。

3.5　安全术语

增加：

增加下面的两条新定义：

3.5.101

安全空间　clearance envelope

实验室离心机周围为确保安全所需要的空间。

3.5.102

最大设想事故(MCA)　maximum credible accident

人为选择一个具有代表性的最恶劣试验条件，用于评价离心机-转头组合固有的机械安全性(见7.6和附录BB)。

4　试验

除下述内容外，GB 4793.1 的第 4 章均适用。

4.3.1　环境条件

增加：

增加下面的新注：

注：因为冷凝的关系(见 11.101)，所以应该考虑到在 1.4.1d)和 1.4.2d)规定的最大湿度下操作冷却后的离心机。

5　标志和文件

除下述内容外，GB 4793.1 的第 5 章均适用。

5.1.2　标识

修改：

将 b)的内容修改如下：

b)　系列号或能识别设备的生产批号的其他方法。

增加：

增加新条：

5.1.101　转头和附件

所有可由操作人员更换的转头和旋转组件，包括转头附件，应标明制造商或供应商的名称或注册商标和识别码。

如果零部件太小或不适于标注，则应在原始包装上标注所需信息，同时在文件中阐明。

注 1：包装可以是外包装箱或内包装等。

注 2：每个转头应标明系列号或采用其他方法，以便唯一识别产品批号。

注 3：制造商应规定单个的零件，如吊篮，出于平衡或其他原因，应仅能与特定转头装配或处于转头的特定位置。应标明相应的数字或字母以便识别每一吊篮和转头的位置。

注 4：设计用于成套使用的转头附件，如根据重量，应具有同属一套的识别标记。

通过目视检查来检验是否合格。

5.4.2 设备额定值

增加：

增加下面的条目：

aa) 实验室离心机专用的所有转头、转头附件及其额定旋转频率的清单；

bb) 制造商警告禁止分离特殊材料的任何限制；

cc) 旋转组件装载说明和减载说明(如果适用)中对密度和体积的限制。

5.4.3 设备安装

增加：

在 a)后面，增加下面的五个子项：

1) 预期使用的安全空间所要求的地面或工作台区域(见 7.3.101)；

注：7.3.101 规定了破损事件中允许实验室离心机移动的最大距离为 300 mm，因此制造商的说明书中应要求使用者在离心机周围标注出这一范围，或者应在实验室管理程序中提出如下要求，实验室离心机工作时在此范围内不得有人或任何危险物质。

2) 离心机的总重量；

3) 现场准备的说明；

4) 离心机的调平方法；

5) 安装面的固定方式；

5.4.4 设备的操作

增加：

增加下面的条目：

aa) 装载和平衡的程序。

bb) 转头互换的程序。

cc) 在分离过程中的规定阶段，操作人员必须在现场的具体要求。

dd) 必要的人员的安全措施，例如说明书包括：

——不得靠在实验室离心机上；

——在安全空间内逗留的时间不得超过操作原因所必需的时间；

——安全空间内不得放置任何潜在危险物质；

——在打开机盖过程期间的安全操作方法(见 7.2.102.2)。

ee) 使用密封圈和其他生物防护外壳零部件的说明，包括适当的密封技术。说明书应使操作人员明确，密封圈及其相关零部件仅构成生物防护外壳系统的一部分(详见国内外生物防护导则)，在处理有害微生物时不能依赖其作为保护工作人员和环境的唯一方式。

5.4.5 设备的维护

增加：

把原第 1 段的注作为注 1，增加下面的新的第 2 段和注 2：

若适用，使用说明书应该指出：

aa) 设备对于安装面的固定方式及安装面自身条件的检验方法；

bb) 清洗过程中操作人员的安全措施；

cc) 保护罩的检验；

dd) 旋转组件的检验和安全考虑；

ee) 检查保护连接的连续性；

ff) 密封圈及其他生物防护外壳零部件的检验频度和更换方法。

注 2：说明书应使操作人员明确，按照说明书对密封圈和其他生物防护外壳零部件的定期维护对于保证其长期安全使用非常重要。

增加：

增加下面三个新条：

5.4.101 危险物质

当实验室离心机分离的材料有毒、有放射性或包含有害微生物污染性时，使用说明书应明确预防措施。

注1：该信息是与操作人员和维护人员的安全相关的。

在使用说明书中应明令禁止在实验室离心机内使用下列材料：

a) 易燃或易爆材料；

b) 发生化学反应产生大量引发危险的气体的材料。

注2：当处理上述材料时，可以将实验室离心机进行特殊设计成安全的，但这类离心机不属本部分范围。

通过目视检查来检验是否合格。

5.4.102 清洗和消毒

文件应包括：

a) 若危险物质溢出或进入设备，则使用者有责任进行适当消毒的声明；

b) 制造商关于清洗和在何处进行消毒处理的推荐，以及推荐的消毒和清洗材料的通用名称；

c) 如下声明：

“在使用制造商未推荐的清洗和消毒方法前，使用者应咨询制造商，以保证该方法不损伤设备”。

通过目视检查来检验是否合格。

5.4.103 化学效应和环境影响

为保证实验室离心机的持续使用的安全性，文件应指出哪些因素可能导致损坏，例如：

a) 化学效应；

b) 环境影响，包括可能遇到的自然紫外线辐射；

c) 保护罩零部件或其他安全零部件结构材料的腐蚀和磨损。

注：可基于现有数据进行评价，例如材料供应商提供的数据。制造商可以安排有关实验室离心机使用的附加试验。

通过检查文件和相关数据来检验是否合格。

6 防电击

GB 4793.1 的第6章均适用。

7 防机械危险

除下述内容外，GB 4793.1 的第7章均适用。

7.1 概述

增加：

把原第一段的注作为注1，增加一个新的注2：

注2：导致保护罩的零部件损坏的破损，应作为单一故障条件考虑，如机盖锁紧机构。

7.2 运动零部件

增加：

增加下面四个新条。

7.2.101 机盖

7.2.101.1 要求

机盖在转头驱动装置通电时应保持锁紧，直到旋转组件圆周速率不高于 2 m/s 时为止（见附录BB）。

在电源失效时，机盖锁紧机构不得释放，应使用工具才能把它松开。

机盖应能承受7.6.102试验所要求的足够的锁紧力，并能容纳破损产生的碎片[如7.6中a)的规定]。

为了评估下述条件中哪些方面适用于离心机-转头组合，应记录相关信息，说明制造商或检测机构实施的各项试验：

a) 与机械有关的误用；

b) 锁紧失效；

c) 错位；

d) 腐蚀；

e) 材料老化；

f) 材料缺陷；

g) 振动；

h) 清洗和消毒；

i) 环境影响；

j) 适用于设计的其他考虑。

通过目视检查、记录信息的复验、按7.6.102进行的试验，以及为安全性而考虑的进一步试验来检验是否合格。

7.2.101.2 例外

对于符合所有下列限制条件的实验室离心机，可用仅仅断开电机电源的装置代替联锁机构(见附录BB)。

a) 带有保持机盖闭合装置的实验室离心机；

b) 除非机盖闭合，断开电机电源的装置禁止给驱动电机通电；

c) 旋转组件的旋转频率不超过3 600 r/min；

d) 满载情况下，最高能量的旋转组件在最大旋转频率时的能量不超过1 kJ；

e) 最大离心力不超过2 000 g；

f) 旋转组件的最大直径不超过250 mm；

g) 有与机盖位置无关的断开电机电源的开关；

h) 在机盖闭合后应能看到旋转组件，从而能观察旋转组件的旋转情况；

i) 使用的所有旋转组件应满足GB 4793.1中7.2的要求；

j) 在旋转组件的圆周速率超过2 m/s时允许接近，应在接近位置或其附近提供一个符合ISO 3864的警告标签，以指明旋转停止前，不允许打开机盖；若不能为标签提供足够空间，可考虑使用表1符号14。

通过目视检查以及试验数据的复验以确认满足上述限值的要求来检验是否合格。

7.2.102 旋转组件

7.2.102.1 概述

在正常条件或单一故障条件下，如果与旋转组件或驱动系统运动零部件的接触可能引发危险，那么应该提供适当的防护措施以防止操作人员接近。7.2.101.2和7.2.102.2所允许的情况例外。

离心腔的上部应该没有直径4 mm的试验针可以穿过的任何开孔。

在正常条件下或单一故障条件下，通过目视检查和使用试验指(见图B.1和图B.2)，并且用直径4 mm的试验针检查上方的开孔来检验是否合格。

在每一个可能的位置上，在不施加任何外力的情况下用如图B.1所示的铰接式试验指检查。如果通过加力零部件会成为可触及，则施加刚性试验指(见图B.1)，同时施加10 N的力。试验对所有的外部表面进行，包括底部。施加的力要通过试验指的指尖施加，以避免出现楔入或撬开的动作。试验指不得接触任何运动零部件，以免发生危险。

7.2.102.2 旋转过程中需要接近的旋转组件

如果制造商提供需要操作人员互作用的旋转组件(如区带或连续流旋转组件)，允许实验室离心机存在一个超驰控制，使其在可接近的机盖打开时允许电机上电，假设：

a) 超驰控制仅通过使用一个装置(可以是一个编码或编码卡)使电机通电，通过使用其他工具不能实现的措施或当特殊防护板只能有限制地接近旋转组件时，可能对安全系统和功能进行超驰。

b) 当旋转组件所需操作人员互作用结束时，提供自动取消超驰控制功能的方法。

c) 当机盖打开的时候，最大转速不得超过 5 000 r/min。

通过目视检查来检验是否合格。

7.3 稳定性

增加：

增加下面的第三段：

在正常使用时，相对其安装位置，离心机不应出现可见的偏移。

增加：

增加新条：

7.3.101 故障时实验室离心机的移动

按照制造商说明书安装后，因旋转组件的不平衡、旋转组件破损或驱动失效(锁死)造成的实验室离心机的移动不得产生危险。

应通过设计方案、或通过将其紧固于安装面，或者两者相结合的方法来限制离心机的移动，从而使离心机的所有零部件相对于实验室离心机的最外端原始位置的移动在任何方向都不超出安全空间限定的 300 mm，或制造商说明的更小范围的数值(基本原理见 BB.2)。

通过试验检查，确认在正常使用及 7.6.101.2 规定的最不利条件下离心机的移动不超过 300 mm 或制造商说明的更小范围的数值来检验是否合格。

a) 不平衡；

注 1：使用不平衡传感器可作为限制因不平衡引起的移动的一种措施，除非此传感器是高完善性器件，否则在确定最不利条件时应考虑其可能的失效。

b) 旋转组件破损；

c) 驱动系统失效；

d) 驱动系统锁死。

注 2：这种产生最大位移的失效方式与根据 7.6.102 对保护罩进行试验所判定的 MCA 失效方式不同。

对于上述实验，实验室离心机安装或固定在水平光滑的混凝土试验表面，试验表面的大小要适合被测实验室离心机的尺寸，并且按照制造商使用说明书中的规定。

7.6 飞散的零部件

代替：

用下面新的标题和五个新条代替原 7.6 的标题和内容。

7.6 对飞散零部件或弹射零部件的防护

在使用制造商指定的旋转组件时，实验室离心机应设计成在正常使用和单一故障条件下能安全操作。

在破损事件中：

a) 任何尺寸超过 1.5 mm 的旋转组件的零部件或碎片，不应完全穿透保护罩，较小的材料(烟雾和液体除外)应控制在安全空间内，即任何方向上距离实验室离心机最外端的零部件 300 mm 范围内。

b） 实验室离心机不能有对人员或环境构成危险的可拆卸零部件。

c） 可接近的机盖的紧固件不得松动，并且不应有在旋转组件任意位置与实验室离心机外部任意位置之间形成无阻碍通道的变形。

在 MCA 条件下，或部分切削转头引发破损，或使旋转组件过载，或其他适当的方法，按照 7.6.102 的规定进行试验，以检验制造商规定的每个离心机-转头组合是否合格。如果旋转组件的选择存在不止一种最不利条件，每种选择进行试验时需要使用一个新的保护罩。

试验之后，应该满足上述 a)～c)的要求。应检查可见的破裂，以确定保护罩是否罩住转头零部件，而不考虑其运行轨道。对存在问题的检查结果应重新试验一次，如果仍然存在问题则认为不合格。进行 6.8 的电压试验(不进行潮湿预处理)，检查设备以确定危险带电的零部件不会成为可触及，以及可触及导电零部件不超出 6.3.2 的限值。

另一种可替代的方法是，离心机-转头组合的安全性可以通过分析评估来确定，分析评估是基于与若干已经测试的离心机-转头组合中的其中一个进行对比，以确定保护罩通过了本来应该进行的 7.6.102 的相关测试。

注：如果把设计的离心机-转头组合与另一个已经测试的离心机-转头组合进行对比后不能得到满意的评估结果，则仍需按照 7.6.102 的规定进行试验。

7.6.101 MCA 试验考虑的信息

7.6.101.1 记录的信息

记录的信息应包括：

a） 预期的腐蚀影响；

b） 材料疲劳特性；

c） 材料老化的考虑，包括检修、维护及零部件更换时间表的影响；

d） 温度限制的考虑；

e） 材料缺陷的考虑；

f） 吊篮安装不合适的考虑；

g） 相关环境的考虑；

h） 关于最大负载的考虑；

i） 电路图和功能描述；

j） 材料规范和技术数据；

k） 引起旋转组件失效的预处理方法；

l） 试验过程中所有使用的测量仪器的溯源性；

m） 其他相关信息。

通过检查上述条款的有关文件来检验是否合格。

7.6.101.2 对最不利条件的考虑

应考虑所有可能的下列组合：

a） 转头选择：所规定的最不利条件下的一个或多个旋转组件；

b） 旋转频率控制的设置：操作人员能选择的最大值；

c） 电源电压：高于标记在设备上的最大额定电压的 10％；

d） 旋转组件负载：规定的最大负载、部分负载和空载，包括负载的状态和密度(如液体、固体)；

e） 转头附件：在最不利负载条件下，为承载样品与转头一起使用的，或者在转头内使用的规定附件，包括适配器、试管和瓶子；

f） 旋转组件不平衡：最严酷条件；

g） 海拔因数：海拔升高时，大气压力和密度的减小对依赖空气阻力来限制最大旋转频率的转头驱动系统的影响［见 1.4.1b)和 1.4.2b)］；

注1：在压力控制在小于或等于80 kPa的箱体或室内，进行旋转频率试验以确定空气阻力的限制。或者，当海拔高度达到2 000 m时，旋转频率 n_2 由下式确定：

$$n_2 = n_1 \times \sqrt[3]{R}$$

式中：

n_1——在海平面的标准大气压(101 kPa)下的最大旋转频率；

n_2——相当于海拔2 000 m处大气压力下的最大旋转频率；

R=1.27(海平面的空气密度与2 000 m处高空的空气密度的比值)。

h) 实验室离心机或其机座与放置实验室离心机的表面之间的摩擦；

i) 环境温度：对在2 ℃～40 ℃范围内任意温度下工作的零部件的影响；

j) 引起动态特性不稳定的旋转组件和驱动单元的组合；

k) 按制造商的规定进行安装；

l) 破损发生后，高能量化学反应的可能性。

注2：对于产生275 kJ或者更高数量级能量，并且在真空被冷却的实验室离心机，如果旋转组件的零部件是由活性材料组成，如铝和钛，破损时可能会发生化学爆炸。爆炸是由高能量的旋转组件碎片和致冷剂与水相互作用造成的。

在这样的情况下，最不利条件能通过下面方法的组合获得。

1) 使旋转频率控制和限制装置失效而达到最高旋转频率。

2) 选择有最高转动能的活性材料转头，对其进行预处理从而引起破损。预处理应该使结果产生的碎片的表面面积最大化。

3) 调整制冷系统，使冷却离心腔的蒸发器产生最大制冷量。

4) 用水加载旋转组件，使旋转组件承载标称容量80％的水。

5) 在所有未规定的因素的最不利条件下运行实验室离心机直到破损发生。

注3：试验人员应注意，破损后，可能产生的高能化学反应的试验可能会引起异常能量释放。建议使用远程载料装置。

通过检查与上述各条款有关的文件来检验是否合格。

7.6.101.3 考虑的单一故障条件

应考虑下列单一故障条件：

a) 旋转频率控制条件：任何引起最高旋转频率的单一故障条件；

b) 旋转频率限制系统：任何允许最高旋转频率的单一故障条件；

c) 电网电源供电中断：暂停或永久停止电网电源供电，是否会出现一个危险情况；

d) 驱动锁死：对实验室离心机的机架和机壳突然施加转动能；

e) 任何失效零部件；

f) 非定量单一故障条件

   1) 腐蚀影响，例如，吊篮底部或腔底的锈蚀，合金的应力腐蚀开裂，保护罩焊缝的锈蚀，环境引起的聚合物的龟裂，等等；

   2) 影响失效方式的材料疲劳特性；

   3) 材料缺陷；

   4) 不正确安装回转吊篮系统的吊篮或任何其他零部件(例如：吊篮的遗漏)，在其支点上不正确安装吊篮、使用不合适的吊篮，吊篮过载等；

   5) 温度影响，例如，运输过程中预期极限温度，旋转组件在运行过程中的高温，以及制造商规定的任何必要处理。

注：不需要考虑高完善性元器件的失效。

通过检查与上述各条款有关的文件来检验是否合格。

7.6.102 测试保护罩

在每一MCA条件下，应根据7.6.101.1～7.6.101.3的规定，来确定旋转组件选择的每一最不利条件，应进行必要的试验来证明保护罩的适用性，并表明保护罩能罩住转头零部件，而不考虑其运行轨道。除7.6a)允许的情况外，试验中任何零部件或碎片不得飞出保护罩。

注1：每个试验可以用一个新保护罩来进行。

注2：按照MCA失效方式在保护罩试验过程中，可以先适当减弱受试的旋转组件以引发失效。

注3：在破损情况下，旋转组件碎片的一种较严重的情况是其大小接近半个转头。多年经验表明许多转头的设计能产生如此大小的碎片。在确定一个MCA以及转头其他失效方式时应考虑此情况。

应记录如下试验数据：

a) 实验室离心机和旋转组件的描述：型号、转头类型、附件与负载；
b) 合理的MCA条件；
c) 旋转组件失效的合理诱发方法；
d) 试验的日期和时间；
e) 试验期间的环境条件；
f) 试验前后实验室离心机和有关零部件的照片，破损的摄像记录；
g) 旋转组件失效时的旋转频率和相应能量；
h) 旋转组件失效类型；
i) 导致保护罩损坏的描述；
j) 离心机移动的详细说明；
k) 碎片逸出的详细说明。

8 耐机械冲击和撞击

GB 4793.1的第8章均适用。

9 防止火焰蔓延

GB 4793.1的第9章均适用。

10 设备的温度限值和耐热

GB 4793.1的第10章均适用。

11 防流体危险

除下述内容外，GB 4793.1的第11章均适用。

11.2 清洗

代替：

用下面的新段代替原来的第二段：

按照制造商说明书的规定，如果规定了清洗处理，则通过对设备清洗20次，以及如果规定了消毒处理，则通过对设备消毒一次来检验是否合格。如果制造商指定了某些清洗程序，那么应采用这些清洗程序。如果使用说明书中未加限制，则可采用蒸汽灭菌，按表101(见11.2.101)的一组时间-温度条件反复消毒20次。

如果在该处理后，发现零部件存在可能导致危险的受潮迹象，则设备应立即通过6.8的电压试验(不进行潮湿预处理)，而且可触及零部件不得超过6.3.1的限值。

增加：

增加新条：

11.2.101　**蒸汽灭菌**

如果制造商声明可以采用蒸汽灭菌来消毒，那么应能承受表101中至少一组时间-温度条件下的蒸汽灭菌。

注1：制造商应该了解国际公认的《实验室生物安全手册》，该手册于1993年由日内瓦的世界卫生组织发表，书中给出关于消毒剂及其消毒用法、稀释要求、特性和副作用等信息。这些领域也有相应的国家指导性技术文件。

注2：在维护、修理和搬运实验室离心机、转头和任何附件之前，清洗和消毒作为安全措施也许是必要的。制造商应该给使用者提供一个已进行这类处理的证明文件。

表101　时间-温度条件

绝对压力/kPa	对应的蒸汽温度		最短保持时间/min
	标称/℃	变化范围/℃	
325	136.0	134～138	3
250	127.5	126～129	10
215	122.5	121～124	15
175	116.5	115～118	30
注："最短保持时间"表示污染物在蒸汽温度下的时间。			

通过试验来检验是否合格。

11.3　**洒落**

修改：

在第一行"洒落到设备中"之后插入内容"或设备上"。

增加：

增加新条：

11.101　**冷冻和水冷实验室离心机**

在高温、高湿条件下操作时，冷冻和水冷实验室离心机不得成为危险的。

通过将实验室离心机在环境试验箱中运行来检验是否合格，环境试验箱应设定在实验室离心机的最高额定温度和湿度上。设备在可设定的最低试验箱温度，在待机模式下运行7 h。

处理后，应立即对设备进行6.8中的电压试验（不需要进一步的潮湿预处理），可触及零部件不得超过6.3.1的限值。

12　防辐射（包括激光源）、声压力和超声压力

GB 4793.1的第12章均适用。

13　对释放的气体、爆炸和内爆的防护

除下述内容外，GB 4793.1的第13章均适用。

代替：

用下面的新标题代替原标题：

13　对释放的气体、爆炸、内爆和逸出的微生物材料的防护

增加：

增加新条：

13.101　**微生物材料**

当按照制造商的说明书（见附录AA）操作和维修时，制造商指定的转头和吊篮的密封圈应能在含有微生物样品的离心过程中防止微生物材料的逸出。

通过附录 AA 指定的试验来检验密封圈是否合格。

注：对于不适用于附录 AA 试验的以及适用于更小微生物(见附录 BB 13.101)的密封圈类型，其附加试验方法正在考虑中。

14 元器件

GB 4793.1 的第 14 章均适用。

15 利用连锁装置的保护

GB 4793.1 的第 15 章均适用。

16 试验和测量设备

GB 4793.1 的第 16 章不适用。

附 录

GB 4793.1 的附录均适用。

增加：

增加以下两个新附录：

附 录 AA
（规范性附录）
密封圈的动态微生物试验方法

AA.1 引言

本试验方法是基于当实验室离心机操作和试验时，将吊篮或转头的密封圈暴露在密集的细菌孢子悬浮液上来观察是否有细菌孢子逸出。在按照制造商的说明书（见5.4）和按照处理危险生物材料相关的良好实验室习惯进行操作时，设计本试验在可能发生的预见事件期间，全面考验密封圈的设计。

AA.2 设备和方法

AA.2.1 离心机

吊篮或转头作为旋转组件的一部分与制造商推荐类型的实验室离心机一起使用。吊篮、转头和离心机应按照制造商的说明书使用。在离心机上进行的试验应该在转头能够达到制造商所声明的最大转速下进行。如果可能，在试验期间，从试验箱或试验室外部操作实验室离心机。

AA.2.2 试验箱或试验室

试验箱是完全密封的而且其尺寸对受试实验室离心机是恰当的。它的入口和出口都装有高效微粒空气（HEPA）过滤器，并安装引入受试实验室离心机和旋转组件的装置。还给试验箱配备了从试验箱外操作实验室离心机的电源和设施。试验箱上装有一个能以大约 2.8 m^3/min 速率抽气的排风扇。如果所使用的离心机是落地式设备，那么接近试验箱或试验室的试验人员应穿有全套净化室衣服，包括手套和鞋套。

AA.2.3 试验悬浮液

试验生物体的孢子的水状悬浮液即枯草芽孢杆菌黑色变种芽孢（参见 B. atrophaeus Nakamura 或 B. globigii）含≥1×10^{10} spores/mL。

AA.2.4 试验皿

装有适合试验生物体生长介质的无菌琼脂皿。通过从 100 spore/mL～1 000 spore/mL 的悬浮液中取出 0.1 mL，精度±30%，倒在两块琼脂平板上，在这批琼脂平板上应该能够培养试验微生物的低浓度。

AA.2.5 取样设备

对于所有的实验室离心机，取样设备包括为取样表面准备的用无菌水弄湿的无菌棉签。

AA.2.6 熏蒸设备

每个单独的试验后，应该对设备的试验箱及其内部进行适当熏蒸，从而杀死试验悬浮液残留的孢子。在试验前通过确保转头或试验箱没有背景污染来验证熏蒸的效果。应该注意保证在试验进行前熏蒸剂充分挥发。试验箱的通风系统是关闭的，经过与试验时间相同的时间之后，测量熏蒸剂的浓度。如果熏蒸剂的浓度可测得（在 23 ℃ 甲醛＞2.44 mg/m^3 的情况下），则要推迟进行试验，并继续通风，直到浓度下降为止。

注：吸入熏蒸剂是有毒的，应该注意避免人员暴露在蒸汽中，并且在蒸汽的后续处理中也应避免人员暴露。

AA.2.7 样品评价

在试验皿表面培养所有的菌种。用棉签擦拭试验皿表面，将该试验皿在 37 ℃下进行 18 h～24 h 的有氧细菌培养。通过橙黄色来辨认枯草芽孢杆菌黑色变种芽孢菌落，以菌落形成的单位进行记录。

AA.3 试验规程

AA.3.1 试验悬浮液的检查

每次试验之前，将试验悬浮液的适当稀释物涂在试验皿上，立即进行试验。

AA.3.2 试验方法

AA.3.2.1 试验次数

对每个吊篮或转头进行三次独立的试验，每次独立的试验都要对吊篮或转头的密封圈进行试验。试验前要按照 AA.3.2.4 的规定进行对照样品的取样。

AA.3.2.2 固定角度的转头试验方法

将试验悬浮液装入受试转头的容器内，不加盖或不密封地放置在转头的每个位置。按照制造商的使用说明书，将所有转头位置上的容器达到其额定容量。

用吸管把另外的试验悬浮液小心滴入转头中间，以模拟一个"洒落"。如果可能，在没有溢出转头的情况下，"洒落"量应该等于或大于上限为 5 mL 的一个容器的容量，或者对于具有较大容量容器的转头，"洒落"量应该是 5 mL 或一个容器容量的 10%，取其较大者。如果使用量小于用来模拟"洒落"试验悬浮液的满容量，则必须做记录。

如果使用过滤器作为斜角式转头的主要防护模式，那么使用 AA.3.2.3 的吊篮密封试验方法。

AA.3.2.3 吊篮密封方法

对于密封的吊篮和过滤器，需要一种不同的试验方法。吊篮按其额定容量装有试验悬浮液。盖上盖子以后，吊篮缓慢倒置两次，以使试验悬浮液落在吊篮封口内侧上。

注：由于吊篮和转头有多种设计，上述试验方法也许不太适合所有的设计。在这些情况下可能需要开发其他方法以达到同样的效果，例如按照制造商的说明书考验使用的密封圈。

AA.3.2.4 对照样品

每次试验之前进行表面取样来测量试验微生物的背景污染。首先，在 O 型密封圈内侧进行表面取样。在试验悬浮液装入吊篮或转头以后，在吊篮或转头的密封圈的整个外侧进行表面取样，并在离心腔内侧周边的多个点进行表面取样，其高度是实验室离心机正在运行时的吊篮或转头密封圈的高度。当试验一个密封的吊篮时，从转头的表面取样。对于密封的吊篮或过滤器，在吊篮倒置以后，用棉签对封口进行附加的取样。也可在有潜在污染的地方用棉签取样。

AA.3.2.5 离心

在取得对照样品之后(见 AA.3.2.4)，加速到实验室离心机受试旋转组件的最大转速，并在该转速保持 5 min，然后减速到停。

实验室离心机停止后，打开机盖，用棉签从对照样品的取样部位取样(见 AA.3.2.4)。

AA.3.2.6 消毒

每次试验之后，对试验箱及其内部通过熏蒸进行消毒，对试验箱用排风扇彻底通风。

对受试吊篮或转头按照制造商推荐的方法进行消毒。

AA.4 合格与不合格的标准

对每个转头或吊篮进行三次独立的、有效的试验。每次独立的试验都通过，才能算作合格，其中任意一个单独的有效试验不通过都会导致整体不合格。

只有在下述两种情况之一时试验才有效：如 AA.3.2.2 所描述，加入最大量的附加试验悬浮液，或者如果离心后立即从密封圈内取出菌落形成单位$>1\times10^3$ 的样本，在同一位置的该样品的菌落形成单位大于对照样品。

对于三个单独的试验，离心作用后，通过擦拭回收的(在吊篮或转头的密封圈内的除外)菌落形成单位的数量不得超出在试验前收集的对照样品中回收数量 1 个菌落形成单位(在数量非常低时，允许采样误差)。如果在任何对照样品中检测到超过 5 个菌落形成单位的数量，那么该试验是无效的，应该重新进行试验。

附　录　BB
（资料性附录）
特殊条款的一般导则和基本原理

BB.1　1.4　环境条件

符合 GB 4793.1 要求且能够安全运行的设备，其环境温度的较低限值是＋5 ℃。由于许多实验室离心机在冷藏室中使用，因此在本部分中针对实验室离心机的温度限值可降低到＋2 ℃。冷藏室的标称温度维持在＋4 ℃，而温度控制系统的容差有时会不可避免地出现较低温度（但决不低于 0 ℃），所以选择＋2 ℃的较低温度。

BB.2　3.5.102　最大设想事故（MCA）

实验室离心机具体结构参数的安全要求限制了设计工程师的创新，该方法在结构方式不能为操作人员提供必要的安全保证时，无需增加用户的费用。本部分为安全设计提供了基本设计考虑，并用机械试验方法证明其安全性。

本概念用于试验最大设想事故（MCA）。选择 MCA 应利用仪器、转头、元器件设计及试验进展状况的所有信息。虽然从大量试验的观点来说，在统计上考虑一个单次 MCA 无意义，然而在正常使用中几乎不可能发生这样的事故。

BB.3　5.4.102　表 101

尽管制造商声称可通过蒸汽灭菌来消毒是可选择的，但重要的是，如果作出这样的声明，在现实条件下使用该灭菌方法必须达到消毒的目的。

表 101 提供了时间-温度条件的示值。该示值是微生物学家通过对受危险生物体污染的物品进行高压蒸汽消毒发现的。但应该注意的是，用户有责任保证所选择使用的时间-温度条件能够使可能污染吊篮和（或）转头的特殊生物体失去活性（这对与朊病毒有关的所有工作尤其重要，通过加热或者化学方法该病毒不容易失去活性）。

BB.4　7.2.101　机盖（第一段）

本部分的目的之一是规定必要的防护措施，以避免操作人员被离心机运动零部件伤害。鉴于实际原因，无论限制旋转频率还是限制旋转组件的旋转能量都不能提供这样的保护。

如果允许操作人员在旋转完全停止之前接近旋转组件，将存在潜在的伤害危险。如进行一些必要的离心操作。假如操作人员试图用手来使旋转组件减慢转速，而此时操作人员的手很难跟上旋转组件运动的旋转频率，这种危险是相当严重的。一旦旋转频率降低到足以使操作人员的手跟上其旋转，那么即使沿与旋转的相反方向插入，也不会造成伤害。当旋转组件的圆周速度限制在规定的 2 m/s 时，可允许操作人员用手触摸旋转部分。

BB.5　7.2.101.2　例外

某些实验室离心机允许带有断电系统的可接近的机盖，以替代依赖旋转频率的联锁机构。

通过规定旋转频率、离心力、旋转组件能量及转头直径的受限制最大值，以确立这些作为例外的实验室离心机的受限制定义。符合这些限制要求的实验室离心机被广泛应用于世界各地，投入运行的有数十万台，每年销售数万台。

允许这样的实验室离心机采用较不严厉要求的原因是，提供机盖联锁机构明显地增加了额外的复杂性但没有减少危险。

对于这样的实验室离心机，工作组专家不能追溯其任何事故，可能由于联锁机构的缺失。他们认为，当旋转组件以一定的速度旋转并且机盖轻微开口时，如果保持机盖锁紧的装置松动，由于打开机盖导致的对操作人员的任何潜在伤害，应立即通过如下方式予以降低：

a) 通过增加声级来警告操作人员旋转组件已外露；

b) 利用空气流使悬摆物体如领带、头发等远离旋转组件；

c) 立即迅速地逐渐减少由于断电引起的能量。用手或其他物体接近旋转组件时，首先需要时间来拧松和打开机盖，然后才可接触旋转组件。

BB.6 7.3.101 故障时实验室离心机的移动

本部分明确指出，实验室离心机整体必须处于距离离心机表面最外处向外300 mm的安全空间内，这一尺寸是在大量检查MCA条件下的破损数据之后选择的。应该要求离心机在发生故障期间无任何移动，但这一要求却难以达到，因为：

a) 实验室离心机必须刚性固定于质量是其数倍的基座时才能满足这一要求。实际情况是实验室离心机不是刚性紧固的，因此实现有效的紧固是难以实现的。

b) 刚性紧固的要求是对实际情况的限制。在没有服务或维修人员参与的情况下，操作人员会频繁移动台式实验室离心机。大部分实验室离心机都可能在非严格操作的情况下移动以便于清洗或重新放置。

c) 实验室离心机的刚性紧固需要对安装面进行永久性改变，但不希望对实验室工作台和地板进行这种永久性改变。

d) 回顾工作组的事故数据并不能提供由于离心机的移动造成伤害的任何证据。

已经考虑到由实验室离心机失控引起的移动和冲击人员（不太可能发生）的潜在危险。在产生实验室离心机移动的MCA事件中，通过限制所允许的移动，将这种风险降低到一个可接受的伤害水平。设置最大移动300 mm是基于如下考虑：

——限制离心机移动的300 mm安全空间是基于MCA试验，因此在正常使用时不可能达到此值；

——当移动被限制在300 mm内，并考虑事故中人员在安全空间内的概率，伤害的潜在性由总有效能量限制；

——走廊和通道通常宽于600 mm。从运动的实验室离心机传递到人身的动能危险被限制在将人员推挤到300 mm宽的空间所吸收能量的范围内。

许多实验室离心机，尤其是台式离心机，在正常使用时并不安装在混凝土表面。而之所以规定在混凝土表面试验是为了从不同试验场所获得预期一致的实验结果。

BB.7 13.101

关于微生物材料工作的国际[1]和某些国家（如[2]、[3]）的导则提倡使用带密封圈的吊篮和转头，以便为工作人员和环境提供所需的保护。因此，这种设备在微生物诊断实验室和其他微生物污染实验室中经常使用。最初由Harper设计的动态试验[4]适用于实验室离心机和转头的最新设计，也适用于评估在实验室离心机中使用的密封圈或零部件，包括密封和真空的离心腔。

提供带密封圈的吊篮和转头是可选择的，但是希望作出性能声明的制造商应证明在模拟预期使用的动态试验条件下密封圈可阻止液滴和气雾的溢出。选择枯草芽孢杆菌黑色变种芽孢的孢子作为试剂是基于试验微生物安全试验箱和类似设备的领域的长期经验，经验说明该试验是有效的，同时也是因为它们既不会感染正在进行的试验也不会对环境产生不利影响。孢子生命力很强，当悬浮液散开而干燥时，不会明显失去活性。即使渗入真空的离心腔时，枯草芽孢杆菌黑色变种芽孢的菌落仍有其特征颜色，能够区别于任何污染的生物体。尽管没有密封圈所含有的微生物体的单一尺寸，因此孢子不会精确对应这样的一个尺寸，实际上，会发现发生大量的泄漏，一旦在试验皿上孢子长成一个菌落，作为恰当的化验，探测单一孢子的能力会给出相应的敏感度。

为使用密封圈和其相关零部件提供专门的说明的要求，是基于保护操作人员安全而对辅助设备和实验室规程的强制性要求。这些对操作人员的说明需明确，仅使用密封圈不足以提供完全保护，尤其是密封圈由于磨损或损坏而影响密封效果，如“O”型密封圈。

BB.8　参考文献

[1]　世界卫生组织.实验室的生物安全手册，第二版.日内瓦，1993.

[2]　疾病控制与预防中心和国家卫生研究所.微生物和生物医学实验室的生物安全.第四版.华盛顿，1999.

[3]　危险病原体预防委员会.按照危险和容积类别的生物试剂分类方法，第四版.伦敦，1995.

[4]　HARPER，G.J.通过动态微生物试验方法对离心机使用的密封容器的评估.J.Clin.Pathol.1984，37，1134-1139.

参 考 文 献

增加：

增加以下出版物：

IEC 60034(所有部分) 旋转电动机械.

ICS 11.080.10
C 47

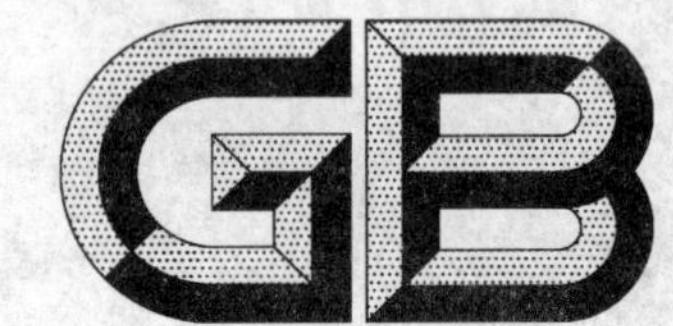

中华人民共和国国家标准

GB 4793.8—2008/IEC 61010-2-042:1997

测量、控制和实验室用电气设备的安全要求 第2-042部分:使用有毒气体处理医用材料及供实验室用的压力灭菌器和灭菌器的专用要求

Safety requirements for electrical equipment for measurement, control, and laboratory use—Part 2-042: Particular requirements for autoclaves and sterilizers using toxic gas for the treatment of medical materials, and for laboratory processes

(IEC 61010-2-042:1997, IDT)

2008-03-24 发布 2009-01-01 实施

中华人民共和国国家质量监督检验检疫总局
中国国家标准化管理委员会 发布

前　言

本标准的全部技术内容为强制性。

本标准是根据国际电工委员会IEC第66测量、控制和实验室设备的安全技术委员会所制定的IEC 61010-2-042《测量、控制和实验室用电气设备的安全要求　第2-042部分:使用有毒气体处理医用材料及供实验室用的压力灭菌器和灭菌器的专用要求》制定的。本标准等同采用IEC 61010-2-042:1997。

测量、控制和实验室用电气设备的安全标准由两部分组成。第1部分为通用要求,第2部分为各产品的专用安全要求。

该部分是必须的,因为使用有毒气体实现功能的设备特殊注意事项需要给出说明以描述设备的特性。这些设备其结构中有许多潜在的危险零部件,有不同的安全要求,以增加或修改本标准第1部分中的内容。

应注意到,还存在其他国家或国际组织的标准和规定。因其可能对该标准进行增加而应引起注意。

本标准中写明"适用"的部分,表示GB 4793.1中的相应条文适用于本标准;本标准中写明"替代"或"修改"的部分,以本标准中的条文为准;本标准中写明"增加"的部分,表示除要符合GB 4793.1的相应条文外,还必须符合本标准中增加的条文。

本标准由国家食品药品监督管理局提出。

本标准由全国消毒设备与技术标准化技术委员会归口。

本标准起草单位:杭州电达消毒设备厂、国家食品药品监督管理局广州医疗器械质量监督检验中心。

本标准主要起草人:陈宇恩、周庆庆、黄秀莲、钟圣馗、高黎。

引　　言

在灭菌器腔内高于或低于大气压力下使用有毒气体的灭菌设备，其结构中某些部分具有潜在危险。它们除应符合 GB 4793.1 规定的安全要求外，还须符合其他一些安全要求。在这些安全要求特别包括了保护操作人员及周围环境，防止受到意外逸散的有毒气体的侵害。

其他现有的国家的和国际的标准和规范，也应予以考虑，因此它们也可以补充本标准。

测量、控制和实验室用电气设备的安全要求　第2-042部分：使用有毒气体处理医用材料及供实验室用的压力灭菌器和灭菌器的专用要求

1　范围与目的

除下述内容外，GB 4793.1的本章适用。

1.1　范围

替代：

本标准适用于包括带自动装载和卸载系统的压力灭菌器和灭菌器，它们有一个使用有毒气体的灭菌室，用于处理医用材料及供实验室处理使用，比如用于灭菌。

注1：自动装载系统的安全性能采用国家安全规范或其他安全法规。

注2：一般认为，灭菌周期的自动控制对于使用有毒气体的设备的安全运行十分重要，因为手动控制系统可能会对操作人员产生严重的危害(见1.2)。

注3：使用的主要气体灭菌剂为环氧乙烷和甲醛。

注4：对于某些应用，灭菌室要在高于或低于大气压力下进行。

注5：所有压力都是指绝对压力。大气压(1 bar)≥100 kPa。

注6：除非另有规定，“压力灭菌器”一词指包括各种灭菌器在内。

如果压力灭菌器在同一装置内安装有用于加湿的蒸汽发生器，则本标准规定的适用安全要求，也同样适用于蒸汽发生器。

1.1.2　不包括在本标准范围内的设备

修改：

在最后一个破折号后增加下列文字：

不含压力灭菌器自身产生的气体环境(见13.2.103.1)。

增加：

增加下面新的破折号和注解：

——环境柜

注1：因为本第2部分所涉及的所有压力灭菌器都使用有毒气体，所以只使用蒸汽或干热灭菌的其他类型装置不包括在内；

注2：本标准不讨论对洗涤消毒器的特殊要求，不讨论与负载有关的风险很大的微生物危害，亦不讨论对压力容器本身设计的要求。

1.2　目的

修改：

在第六个破折号“气体”一词之后插入下列文字：

(包括意外逸散的有毒气体)

1.4　环境条件

替代：

第一个破折号用下列内容替代：

——室内使用，如果制造厂另有说明可以室外使用(见GB 4793.1—2007的11.6)。

2 规范性引用文件

下列文件中的条款通过本部分的引用而成为本部分的条款。凡是注日期的引用文件,其随后所有的修改单(不包括勘误的内容)或修订版均不适用于本部分,然而,鼓励根据本部分达成协议的各方研究是否可使用这些文件的最新版本。凡是不注日期的引用文件,其最新版本适用于本部分。

除下述内容外,GB 4793.1(包括修改单 1:1992 和修改单 2:1995)的本章适用。

增加:

2.1 IEC 标准

IEC 60079 测定爆炸性气体环境的电气仪器

2.2 ISO 标准

ISO 6718:1991 防爆安全圆盘和防爆安全圆盘装置

3 定义

除下述内容外,GB 4793.1 的本章适用。

3.1

设备和设备状态

增加定义:

3.1.101

压力灭菌器 autoclave

用于将负载处理至某一特定条件下(例如用于消毒灭菌)而安装压力容器或真空容器的设备。

3.1.102

操作周期 operating cycle

一个完整的操作过程,该过程通常由自动控制器调节,按预定顺序进行。

3.2

部件和附件 Parts and accessories

增加定义:

3.2.101

自动控制器 automatic controller

使压力灭菌器能在预定的时间、温度、压力和气体灭菌剂浓度等条件下完成操作周期的装置。

3.2.102

灭菌室 chamber

压力灭菌器内放置负载进行灭菌处理的部分。

3.2.103

负载 load

放入压力灭菌器内通过操作周期处理的设备和材料。

3.2.104

压力容器 pressure vessel

由灭菌室、夹套(若安装配备)、门及所有敞开永久连接压力灭菌器灭菌室的部件组成的装置。

注:压力容器不包括那些能单独隔离分开的部件,如蒸汽发生器、管路、配件等。

3.2.105

通风 aeration

这是操作周期的一部分。其间,有毒气体或其反应产物,以及它们两者,从负载中解吸附出来,直至达到预定程度。

注:通风可以在压力灭菌器内或外进行。

3.2.106

灭菌器 sterilizer

灭菌器中用于装载灭菌物品的设备部分，它包含灭菌室。

注：实际上，无法达到绝对的条件，因此，无菌程度用概率表示。

4 测试

除下述内容外，GB 4793.1 的本章适用。

4.3.5 盖和可拆除的零部件

替代：

第二句用下列内容替代：

若盖子不用工具可移动，且具有能自动停止部件的联锁装置，当打开盖子会产生危险时（见 1.2），则盖子不能被打开。

4.4.2.4 电动机

增加：

新增加下面第二段：

如果不能迅速让电动机停转，则应单独测试另一个相同的电动机。

4.4.2.10 加热装置

增加：

增加下面两个新的破折号：

——应使压力控制器无效（符合 11.7.4 要求的过压安全器除外），令加热系统或电路连续工作。

——应模拟给水的损失。

4.4.2.12 联锁装置

增加：

在第一段末尾增加下列句子：

机械联锁装置应依次断开。

在第一段后插入下面新的一段：

如果联锁装置能防止意外接触气体灭菌剂，则应用诸如氮气那样的无毒气体对之进行试验。

增加以下条文：

4.4.2.101 网电源故障或部分故障

首先应把网电源输入到设备的电源电压降到额定电压的 89%，5 min，然后再关掉。接着，接上 90%的额定电压，并按制造厂规定的降压速率慢慢降压，直到压力灭菌器停止运行为止。

4.4.2.102 其他供应故障

每一种非电供应或服务，比如气体灭菌剂、空气、液体、蒸汽、排水系统和排气系统，视其较不利情况，都应依次中断，或者部分中断。

5 标记和文件

除下述内容外，GB 4793.1 的本章适用。

5.1.1 概述

增加：

插入新的注 1 如下，原来的注解重新编号改为注 2：

注 1：有关指示灯颜色和非发光按钮的指南见 IEC 60073。

5.1.2 标识

增加：

增加下面新破折号及两个新段落：

——压力容器标记(见 5.1.102)：

有夹套的压力容器，假如其夹套内的压力与灭菌室压力不同，则灭菌室和夹套均应标明 5.1.102 要求的有关资料。该综合资料则应当标在压力容器的外部。

对于压力与容积的乘积小于 5 000 kPa · L(50 bar · litres)的压力容器，则上述标记可以永久性地帖牢在设备的任何地方。

5.1.3 网电源

替代：

以下述内容替代原正文中的 d)项：

d) 若设备能设置不同的额定电源电压，该设备应提供能显示其所设电压的手段。携带式设备应可从其外部看到该显示。如果设备的结构可不用工具就能更改电源电压设定值，则其做法亦应能更改显示。

5.1.6 端子和操作装置

增加：

在 e)项后增加下面新的 aa)项：

aa) 如果在正常使用时更改控制器的设定值会产生危险(见 1.2)，则控制器应当配置一个相关联的显示装置，比如仪表、刻度盘、发光二极管(LED)等。

注：与其单项功能相关联的控制器，仪表和指示灯，应组编在一起。

增加以下条文：

5.1.101 过压安全装置

装置(见 11.7.4)应当用型号、名称或其他方式来标记，并且应标上其所设定的压力。如果在灭菌室与过压安装装置之间设置一个防爆安全圆盘，则该盘应标上其规定的破裂压力和有关的温度。

5.1.102 压力容器标记

压力容器的标记应符合使用国的适用法规。如果没有国家法规，则制造厂应要求买方规定它所适用的法规需要的标记。

无论如何，标记都应当包括下列几项：

a) 压力容器制造厂名称；

b) 压力容器出厂编号；

c) 门的标识号(该号码可与压力容器的出厂编号相同)；

d) 最高工作压力；

e) 最高工作温度；

f) 最低工作压力(如果它低于大气压力)；

g) 试验压力；

h) 制造压力容器所依据的标准；

i) 灭菌室容积(升)。

5.2 警告标记

增加：

新增加下面三个段落：

如果压力灭菌器按 7.103 安装有可锁定的防门闭合装置，则警告标记应告示操作人员进入灭菌室前要将该装置锁定并在灭菌室内期间自行保存钥匙，以及其他锁定装置的方法。

永久贴牢的、清楚易认的标记，应当设置在设备上操作人员容易看到的地方，该标记应指明所用气体灭菌剂的危险性质，比如可燃性和毒性。如果标记的位置允许，还可注明防止危险应当采取的预防措施(见 1.2)。要想了解详细的资料，操作人员可以参阅说明书。

当由于压力灭菌器使用一种非设计使用的负载，可能导致危险(见1.2)时，应有恰当的警告标记，指明可能采用负载的类型。设备如果没有足够位置标示警告标记，则可标记表1的符号14。

5.4.1 概述

增加：

增加下面三个新的破折号：

——声明应符合14.101压力容器的要求；

——万一发生诸如灭菌剂容器泄漏引起火灾，灭菌剂接触了人们的眼睛和皮肤，或吸入到人的呼吸道等紧急情况时，应当遵循指南；

注：这样的指南还应标在压力灭菌器上或旁边明显的位置上。

——警告标记的说明应当符合使用国的适用规程。

5.4.2 设备额定工作条件

增加：

增加下面新的破折号：

——空气进入设备以及设备在高于大气压的压力下运行时额定的最大泄漏率，空气或气体灭菌剂逸出设备额定的最大泄漏率。

5.4.3 设备安装

替代：

文件应当包括5.4.3.1、5.4.3.2和5.4.3.3规定的要求。

5.4.3.1 装配和安装说明

说明应包括下列详细内容：

a) 位置，固定安装说明，包括安全有效维护保养所需的空间；

b) 主要重部件的单件重量和总重量；

c) 楼面负载要求；

d) 装配方法；

e) 网电源要求和连接；

f) 保护接地的说明；

g) 声功率数据和要求(见12.5.1)；

h) 和危险气体周围环境相关的要求(见13.2.103.1)。

5.4.3.2 专用设施的要求

安装说明应包括下列对专用设施的要求：

a) 安装设备场所所需的非循环通风系统(见13.1.106)；

注：该通风系统每小时至少换气10次，但如果大型装置，则换气次数应当增加。

b) 与压力灭菌器分开的传感器，用于监测工作场所通风系统的不明故障(见13.1.106)；

c) 非再循环局部排气系统，用于消除逸散物(见13.1.109)；

d) 排水系统；

e) 排水管路的排气系统(见13.1.108)；

f) 灭菌室排气系统；

g) 蒸汽供应和排放系统(如需要)。

5.4.3.3 永久性连接设备

对外部开关或电路断路器(见6.12.2.1)和外部过流保护装置(见9.6)的要求，以及将这些开关或电路断路器设置在设备近旁的建议。

是否符合要求，可通过检查来验证。

5.4.4 设备操作

替代：

5.4.4 设备操作

5.4.4.1 使用说明书

使用说明书应包括：

a) 在所有工作状态下，设备的操作控制；

b) 如合适，给出设备定位应不得使断开装置难于运行的说明(见6.12)；

c) 与附件和其他设备连接的说明，包括指出适合的附件、可拆卸零部件和任何专用材料；

d) 间歇工作的限值规定(适用时)；

e) GB 4793.1规定用于设备上的符号的解释；

f) 清洁说明(见11.2)；

g) 对进入灭菌室前，门锁的操作说明(见7.103)，并指出在灭菌室内期间操作人员必须随时保存好钥匙，或采用其他方法将装置锁定，这非常重要；

h) 万一出现故障时，负责人员安全使用总控钥匙或其他相当的手段进入灭菌室内接触负载的说明(见13.102)；

i) 万一出现故障时该采取的措施。

注：以上说明应当包括解释操作周期所记录数据的各种特殊方法。比如，用图表记录器监测故障或监测可能导致故障的趋势。

5.4.4.2 易耗材料

应当提供有关易耗材料的检查、调换和存贮的说明书，它包括灭菌剂源相关部件(槽、托架、连接头等)。说明书还应当包括为了尽量减少危险(见1.2)而设置保护装置的程序和细节。亦参见5.2。

5.4.4.3 操作人员培训

为了确保操作人员得到适当的培训，并且能监视使用有毒气体的压力灭菌器安全使用，制造厂的说明书应当指出负责人员必须采取下列程序：

a) 压力灭菌器投入使用前，由制造厂为可能参与操作或维护保养设备的所有人员，制定设备操作和安全使用的检修培训计划。

b) 有毒气体的灭菌程序必须由受过训练、并且充分掌握该灭菌剂材料安全使用知识的人员进行监视。

c) 工作中要与有毒气体接触的人员，必须拥有有关该工艺各方面内容的说明书。该说明书必须包含相关的健康危害的说明，相关的国家规范，安全使用和探测灭菌剂材料溢出的方法。

d) 必须定期进行有关该工艺的检修培训，并保存每一位人员参加学习的记录和成绩的记录。

5.4.5 设备的维护

替代：

第一段由以下内容替代：

应向使用人员提供指导，包括为确保安全所必须的防护性保养及检查时应采取的特别预防措施，还应包括那些万一出现故障而可能导致危险(见1.2)的螺纹部件所需的保养，安装的安全装置的详细情况，以及它们的设定值和更换程序。

6 防电击

除下述内容外，GB 4793.1的本章适用。

6.1 概述

增加：

增加下面新的第二段：

电气绝缘不得使用石棉制品。

6.10.2.2 软线固定

增加：

增加下面新的破折号：

——软线固定器件不得用于固定其他任何部件。

增加以下条文：

6.10.101 不可拆卸的电源软线连接到端子

如果用软电缆或软线连接端子组，电缆或软线线头不需对连接器作专门的准备。它们的设计及安装应保证不会损坏连接器，而且当锁紧螺丝或螺母时，它们不会脱落。

注1：术语"对连接器做专门的准备"包括引入端子前不改变导线形状而进行绞线焊接，使用电缆接线片，固定环眼等等，或与一个绞线连接器绞扭一起来增强线头。

注2：设备安装说明书可以规定使用易买得到的、预先专门准备好的软线组件。

6.12.101 网电源停电

供电电源发生停电或部分停电，不应引起任何电气安全系统或非电气安全系统不工作，亦不应产生危险(见1.2)。

是否符合要求，应按照4.4.2.101的规定检查，确认没有产生危险。

7 防机械危险

除下述内容外，GB 4793.1的本章适用。

7.1 概述

增加以下条文：

在第一段末尾增加词语"亦参见7.2.101.4和13.103"。

增加条款：

7.1.101 门的闭合装置

门的闭合装置单一故障状态应不得引起危险(见1.2)。

门的闭合装置螺纹部件的磨损，不得导致故障。

注：ISO 2901、ISO 2902、ISO 2903和ISO 2904规定了适用的螺纹。

是否符合要求，可通过分析门闭合装置的故障模式来验证。

7.2.101 电动门

7.2.101.1 关闭装置

压力灭菌器的每一个门都应至少安装一个关闭装置，这些关闭装置应当设置在容易接近的、显著的地方，并且不得自动复位。如果它们中任何一个动作，则：

a) 门的其他任何移动，都不得产生危险(见1.2)；

b) 所有与安全有关的部件，比如控制气体灭菌剂、蒸汽、液体和受污染材料的阀门、密封等，都应回复到安全状态；

c) 为回复到正常控制系统，需要使用键、密码和其他相当的方法让关闭装置复位，且这种复位不得引起危险(见1.2)；

是否符合要求，可通过检查并操作复位关闭装置来验证。

7.2.101.2 门反向移动和停止

除非电动门不能向障碍施加大于150 N的力，或者门的前面安装有与控制系统联锁的防护罩，门应当安装一个装置，当它在闭合时遇到障碍，该装置会使其运动反向，应当在施加给障碍的力不超过150 N前就要反向。

注：最好是在该装置动作时可发生报警。

靠铰链转动的门开着时，离铰链最远的门边向障碍施加的力一超过150 N，门就停止运动。

是否符合要求，可通过测定门所能向障碍施加的力来验证，应进一步证实，所施加的力未达到150 N前，门就相应反向运动或停止运动。

7.2.101.3 滑动门

如果断电或滑动门系统的任何部件出现故障,可能引起危险(见 1.2)时,则限制系统使门停止之前,门的移动速度不得超过 1 cm/s,移动的距离不超过 10 cm。

是否符合要求,可通过检验中断电源和依次断开门移动系统的各个部分。测量每种情况下门移动的速度和距离。

7.2.101.4 电源中断

供电电源发生停电或部分停电,不应引起任何电气安全系统或非电气安全系统断开,亦不应产生危险(见 1.2)。

是否符合要求,应按照 4.4.2.101 的规定检查,并验证是否满足 7.2.101.1 的要求。

7.4.101 将负载装入和取出灭菌室的规定

应当采取措施,防止在负载装入或取出灭菌室时操作人员可能受到机械损伤(见 1.2)。

应当采取措施,将负载及其承载体(如有)正确放置和固定,以便把负载装入或取出灭菌室。

如果必须拉出灭菌室内的滑动架来接收或取出负载,则应当采取措施防止该滑动架拉出时倾斜或意外脱出。

是否符合要求,可通过检查和测试来验证。

7.101 门的联锁装置

7.101.1 概述

a) 如果通向灭菌室的入口可能形成危险(见 1.2),则应用联锁装置防止这种危险(亦参见 13.102 和 15)。

在操作周期期间向门释放机构施加的 1 000 N±100 N 的力(不用工具),应不能进入灭菌室的可能。

是否符合要求,可启动操作周期,并向门和门装置施加 1 000 N±100 N 的力,进行验证。

b) 联锁装置的设置应当使得压力灭菌器在门闭合及确保安全之前,气体灭菌剂、载体气体、蒸汽或其他气体均不能进入灭菌室内,也不能在其中产生。为此,要想能承受设计压力,门的所有承压部件的啮合程度要达到制造厂的规定。

是否符合要求,可通过检查和测试来验证。

c) 应当采取措施,防止门的联锁装置任何部分发生故障后启动新的操作周期。

验证是否符合要求,可通过检查及依次断开联锁装置的每一个部分,检查能否启动新的操作周期。

d) 联锁装置应当保证,灭菌室气压回复至大气压时,门的承压部件才可完全释放。

验证是否符合要求,可通过能产生最大的内压的操作周期来操纵压力灭菌器,然后测量内部压力,证实达到大气压前联锁装置能防止门打开。

e) 压力与容积乘积不小于 5 000 kPa · L(50 bar · litres)的压力灭菌器应当配备联锁装置,防止灭菌室内压力与大气压偏差 20 kPa(0.2 bar)前,门的承压部件部分打开,使密封破裂。

验证是否符合要求,可先测定压力灭菌室容积的乘积,然后(适用时)施加一个超过 20 kPa (0.2 bar)的内部压差,使压力降低,再测量第一个可能引起释放的压力。

f) 压力与容积乘积小于 5 000 kPa · L(50 bar · litres)的压力灭菌器应可以安装一个上文规定的联锁装置,也可以安装一个装置让灭菌室排气,降到大气压后才可动作门的释放机构。

是否符合要求,可通过检查来验证。

7.101.2 双门门压力灭菌器的联锁装置

操作人员不能打开或关闭压力灭菌器远离自己的一端门,除自动装载的压力灭菌器外,该压力灭菌器开门不需操作人员控制。

是否符合要求,可通过检查和测试门的联锁装置和门的释放系统来验证。

7.102 具有可充气密封件或压力驱动密封垫圈的门

用可充气密封件或压力驱动密封垫圈来密封的门应当配备一个装置，确保万一门的密封压力下降到低于制造厂规定的最小压力时：

a) 操作周期就停止；

b) 发出音频或视频报警信号，显示故障状态；

c) 门一直保持闭合，气体灭菌剂不能逸出；

d) 局部排气通风系统（如已安装）就开始运行；

e) 自动控制阀将气体灭菌剂管路隔离；

f) 从气体灭菌剂管路隔离阀到（并包括）灭菌室的整个系统都被排空，进入排放管路；

g) 如果灭菌剂是可燃的，则整个系统（见上文）要用空气或惰性气体彻底冲洗；

h) 不引起危险（见1.2）。

是否符合要求，可通过检查、审查文件、模拟引起压力降低的门密封的故障来验证。

7.103 阻止门的闭合

如果灭菌室大到足以使操作人员能够完全进入（即使有点困难），比如要取出掉入灭菌室内的部分负载，则压力灭菌器应当配备一个防止门闭合的装置。操作人员应当配有专用的、能将装置锁定的钥匙或相当的器具。制造厂的使用说明书应当规定，该器具应当由在灭菌室内的操作人员保管（参见5.2和5.4.4）。

上述要求不适用于灭菌室深度小于0.7 m、容积小于0.4 m^3 的压力灭菌器。

验证是否符合要求，可通过检查和测试来确定装置可以防止门闭合，并且配置有钥匙或相当的器具。

8 耐机械冲击和碰撞

除下述内容外，GB 4793.1的本章适用。

8.4.1 手持式设备以外的设备

增加：

在第一段后增加下面新的一段：

本测试不适用于那些因重量和大小使之不能随意移动，并且在正常使用时不会搬动的设备。

9 设备温度限制和防止火焰蔓延

除下述内容外，GB 4793.1的本章适用。

增加：

9.1 概述

在第一段末尾增加词语"亦参见6.12.101和13.103"。

在第三段后增加下面新的一段：

热绝缘不得使用石棉制品。

9.5 过温保护装置

增加下面两个段落和注解：

安全所必须的过温保护装置应当与任何温度控制系统完全隔离，不得自动复位。

过温保护装置不得采用焊接作业来复位。

注：因为在保护装置必须复位时，可能无法确保使用正确型号的焊剂，所以过温保护装置应不得采用焊剂来复位。

10 耐温

GB 4793.1的本章适用。

11 防液体危险

除下述内容外，GB 4793.1 的本章适用。

11.1 概述

增加：

在第一段末尾增加词语“亦参见 6.12.101 和 13.103”。

11.7.4 过压安全装置

增加：

在原来的第一段第一个破折号后，新增加下面第二个破折号：

——应按照装置制造厂规定的方法安装过压安全装置，并且尽量用最短的管路直接连接灭菌室。

在原来的第一段前，新增加下面四个段落：

如果压力源可能超过灭菌室内最高工作压力，则应当安装一个过压安全装置，并把它设定在不超过最高工作压力的压力下工作。

过压安全装置及其管路，应当保证灭菌器灭菌室内的压力不超过最高工作压力的10%。

在正常使用的操作周期中安全装置不得用于排放过量的压力。应当采取措施，避免在装置底座形成积水。

注：应当避免水中盐垢沉积而可能引起变质，最终堵塞装置。

除非能提供其他的排水措施，否则安全装置应当在其可以积聚液体的最低点设置排水连接管。该排水连接管应保证把废物排放到安全的地方。

替代：

是否符合要求一段，用以下文字替代：

验证是否符合要求，方法如下：

a) 检查所用装置的型号和制造厂的数据；

b) 通过测试确认，在正常使用的操作周期中装置不用来排放过量的压力；

c) 用不低于压力灭菌器制造厂建议的最大数值的源压力和流率进行测试，确认灭菌室内压力不超过制造厂规定的最大工作压力的110%。

增加以下条文：

11.7.101 仪表和显示装置

压力灭菌器应配备下列仪表和显示装置：

a) 灭菌室压力显示器；

b) 如果压力灭菌器安装加压夹套的话，要有夹套压力显示器；

c) 操作周期计数器；

d) 灭菌剂输送管路压力显示器(筒式系统除外)；

e) 检测泄漏的仪表(亦参见 5.4.2 和 13.1.101)。

显示器应能正确显示单一故障状态。

是否符合要求，可通过检查来验证。

11.101 通过压力释放阀和过压安装装置排放

a) 这样的排放不得引起危险(见 1.2)。除非连接释压阀排放侧的管路的任何盛液部分在最低点安装了冷凝液自动排放器，管路应当朝其出口端连续倾斜，即在管路中没有任何部分会积聚冷凝液(亦参见 11.7.4)。如果管路是作为结构安装的一部分，则制造厂应在说明书中对此加以规定。

b) 如果排放物在压力灭菌器收集器的内部释放，则收集器应当通风排气，使收集器内不积聚压力，并且没有排放物可触及操作人员。

是否符合要求,可通过检查来验证。

11.102 **供应或服务中断**

任何非电力供应和服务的中断或部分中断,均不应使安全系统被破坏,亦不应产生危险(见1.2)。

验证是否符合要求,按照4.4.2.102的规定进行检查,确认没有产生危险。

12 防包括激光源在内的辐射、声压力和超声压力

除下述内容外,GB 4793.1的本章适用。

12.1 **概述**

增加:

在第一段末尾增加词语"亦参见6.12.101和13.103"

13 防气体释放、爆炸和炸裂

除下述内容外,GB 4793.1的本章适用。

13.1 **有毒和有害气体**

增加:

在第一段末尾增加词语"亦参见6.12.101"

修改:

将开始的两段标为a)项。

增加:

增加b)项如下:

b) 设备部件不得与气体灭菌剂或载体气体发生反应,以防材料变质,导致气体灭菌剂的释放量超过了长期暴露极限(LTEL)和短期暴露极限(STEL)值。

验证是否符合要求,可通过检查,并审查制造厂在分析故障模式及为证明材料与气体灭菌剂或载体气体相容所进行的测试期间收集的数据。

增加条款:

增加以下10个新条文:

13.1.101 **灭菌室泄漏**

每一个操作周期都应当包括泄漏检查,检查气体灭菌剂导入灭菌室以前泄漏率是否超过了制造厂规定的程度(见5.4.2)。如果检测到泄漏率超过了该规定值,则设备应当立即停机,这样操作周期便不能继续下去。

注:泄漏率的规定值取决于许多因素,比如灭菌室容积、操作周期、气体灭菌剂的性质,包括其长期暴露极限值和短期暴露极限值。

13.1.102 **进气管路止回阀**

工作压力超过大气压的压力灭菌器应当在进气管安装一只止回阀,防止气体灭菌剂从灭菌室内逸散出来。

是否符合要求,可通过检查来验证。

13.1.103 **防止门打开前可能发生的危险**

13.1.103.1 负载暴露于气体灭菌剂的工序后,操作周期应设一排除灭菌剂的工序,确保其浓度降到低于可燃极限,然后再在操作周期结束时导入空气。

是否符合要求,可通过分析操作周期,计算导入空气时灭菌剂的浓度来验证。

13.1.103.2 应当采取措施,防止灭菌室由于处在密闭的、不通风的状态而出现危险(见1.2)。

验证是否符合要求,可通过重新审查设计,检查,审查制造厂分析故障模式的数据,证明危险不会发生。

13.1.104　防止从负载中释放气体

13.1.104.1　排除灭菌剂的工序后应接着进行另一个工序，用经滤过的空气或惰性气体冲洗，进一步去除灭菌剂。空气或气体可以连续通过灭菌室，也可以分几次加入，每次加入后再进行抽真空。

冲洗工序完全结束后，门才能打开。冲洗期间，灭菌剂浓度要降低到压力灭菌器卸载时负载不会对操作人员产生危险(见1.2)。

注1：确定冲洗工序的细节时，制造厂应考虑到不同类型的负载会有不同的吸收气体的特性。

注2：冲洗工序结束后，已从负载中释放的气体应该达到安全水平。不过，气体还会继续从负载中释放出来，并可能迅速引起危险(见1.2)。因此，应当迅速把负载转移到某个地方脱气，然后，可以按规定的处理方法解除负载中吸附的气体灭菌剂及其反应产物。

13.1.104.2　应当采取措施，防止由于负载一直保留在通风密闭的灭菌室内，当灭菌剂从负载中解吸附时可能引起的危险(见1.2)。

是否符合要求，可通过分析操作周期，及测量门打开时的灭菌剂的浓度来验证。

13.1.105　灭菌室排气系统故障

如果任何专用于排除灭菌室内气体灭菌剂的系统发生故障，如排风扇失灵，流动管路堵塞及供电电源故障等，则应当有音频信号和视频信号报警，而且，这些信号要独立于供电电源。

注：应当考虑配置紧急电源供应装置，以便万一供应电源发生故障时可给排气系统供电。

在灭菌室排气系统出现故障时，操作周期应不能启动，如果操作周期处在气体灭菌剂已经进入灭菌室的工序，则应在排气系统重新恢复运行、冲洗工序(见13.1.104)完全结束后，才可以进灭菌室接触负载。

验证是否符合要求，可通过依次诱发所有可能的单个故障，确认供电电源一断开，报警就动作，操作周期不能启动，不可进灭菌室接触负载。

13.1.106　工作场所通风系统故障

设备应当配置与检测工作场所通风系统故障的传感装置(见5.4.3)相连的端子。如果工作场所通风系统发生故障，传感装置应当将设备关闭，使得在故障未排除前操作周期不能启动。如果操作周期处在气体灭菌剂已经进入了灭菌室的工序，则应在冲洗工序(见13.1.104)完全结束后，才可以进柜接触负载。

注：应发出音频信号和视频信号显示通风系统故障。

是否符合要求，可通过检查及模拟室内工作场通风系统的故障来验证。

注：从工作场通风系统排出的排放物，不得引起危险(见1.2)。

13.1.107　传感器或定时器故障

如果某个传感器或某个定时器的故障可能会引起危险(见1.2)，则应以视频报警显示。同时，还应关闭压力灭菌器，使得在故障未排除前操作周期不能启动。如果操作周期处在气体灭菌剂已经进入了灭菌室的工序，则应在灭菌剂排除工序(见13.1.103.1)和冲洗工序(见13.1.104.1)都完全结束后，才可以进灭菌室接触负载。

是否符合要求，可通过检查及依次模拟各个传感器和定时器的故障来验证。

13.1.108　防排水管路逸散气体

把排放物从灭菌室排入作为设备一部分的排水系统，不得产生危险(见1.2)。安装说明书(见5.4.3.2e))应规定，排水管路应将排出的气体排到安全的地方。

注：国家规程和其他法规规定了对排水系统的要求。

验证是否符合要求，可通过检查排水系统及其排气，并测定设备排水管路的连接处环境中气体灭菌剂的浓度是否符合制造厂的规格，及与长期暴露极限值和短期暴露极限值进行比较。

13.1.109　局部排气通风

设备应当配置器具连接局部排气通风系统，消除逸散物，它应当在可能出现危险(见1.2)及在门打开之前启动。

注1：该局部排气系统也可以设计成当灭菌剂的短期暴露极限值一超过，就启动。

注2：制造厂的说明书应当告诫负责人员：

a) 在气体灭菌剂贮区还可能需要另外一个局部排气通风系统；

b) 从局部排气通风系统排出的排放物，应当排放到不致引起危险（见1.2）的地方。

是否符合要求，可通过检查来验证。

13.2 爆炸和内裂

13.2.1 部件

增加：

新增加下面第三段和注解：

制造设备各部件所用的材料，在工作条件下不得与气体灭菌剂或载体气体发生会导致压力变化的反应（由于点火或放热反应），以致产生爆炸或内裂。

注1：在选择承受压力的部件及其连接块件的材料时，应考虑到采用不同金属接触其电流刺激和不同膨胀率产生的影响；

注2：如果气体灭菌剂含有乙炔，则不可使用含铜量质量分数超过65%的铜或铜合金。

替代：

用下面的新段替代最后一段：

验证是否符合要求，可通过检查，并审查制造厂进行的所有测试和分析故障模式所得的数据，证明其所用材料与气体灭菌剂或载体气体相容。

增加：

增加以下7个新条文。

13.2.101 灭菌剂加热

不得直接加热灭菌剂容器，否则会引起危险（见1.2）。

环氧乙烷液体或其他灭菌剂液体不应使用电热元件对其直接加热。

可能与灭菌剂接触的设备部件的温度不应超过可能会导致火灾、爆炸或其他危险（见1.2）发生的温度点。

注：该温度由使用的灭菌剂决定，例如环氧乙烷，为了防止发生聚合反应或催化反应，其温度极限一般为70℃。

是否符合要求，可通过检查，并审查灭菌剂的安全数据，必要时测量温度来验证。

13.2.102 易燃性灭菌剂

用于易燃性灭菌剂的设备，在其灭菌室内或与灭菌剂连接处和排气管路中，不得有任何点火源。

操作周期应当包括用控制系统排除空气的工序，以防万一可能存在火灾或爆炸危险时，保证灭菌周期不能进入下一个工序。

注：顺利完成该空气排除工序是减少易燃性气体爆炸危险的一个因素。

验证是否符合要求，可通过检查灭菌室内部，检查其灭菌剂接头和排气接头，并考虑操作周期的详细情况。

13.2.103 电气要求

13.2.103.1 危险区的分类和要求

如果气体灭菌剂会产生一个危险区，则该危险区应当按照IEC 60079来分类。在危险区所用的电气系统（包括各种辅助设备）的所有部件，都应按照IEC 60079规定的有关方法加以保护。亦参见1.1.2。

是否符合要求，可通过检查来验证。

13.2.103.2 导电部件接地

如果单一故障状态会引起爆炸危险（见1.2），则设备所有导电部件都应接地，不管它们是否容易达到。

非导电部件应当防止静电放电。

是否符合要求，可通过检查及根据6.5.1.2和6.5.1.3要求，进行适当的接地阻抗测试来验证。

13.101　灭菌室排气系统

从灭菌室排出的排放物，不得产生危险(见1.2、13.1.105和13.1.108)。

是否符合要求，可通过检查及审查安装说明书来验证。

13.102　故障后接触负载

如果有方法，比如用钥匙或密码，可以在操作周期期间出现某个故障后进柜接触负载，则任何安全装置都不得断开，并且只有当灭菌室内没有任何危险(见1.2)时才可以进柜接触负载。

验证是否符合要求，可通过分析控制系统，必要时再依次在各个工序停止操作周期，并确认当还存在危险时不能进柜接触负载。

13.103　管路和设施停电(11.102同样问题)

任何非供电管路和设施的停电或部分停电，均不应使安全系统断开，亦不应产生危险(见1.2)。

验证是否符合要求，按照4.4.2.102的规定进行检查。

13.104　灭菌剂供应系统

13.104.1　清洗

应采取措施，在灭菌剂供应系统任何部分断开或打开前，先将系统清洗干净，气罐供应系统除外。

是否符合要求，可通过检查来验证。

13.104.2　气体混合

如果压力灭菌器工作时用的灭菌剂是在使用时才混合的混合气体，则应当采取措施保证输入灭菌室内的是正确混合的气体。

是否符合要求，可通过测量混合气体中各种气体的比例来验证。

13.104.3　输送管路

除了采用气罐式灭菌剂的压力灭菌器，每一个将灭菌剂输送入灭菌室的管路都应配置：

a)　如果是易燃性灭菌剂，安装一只止回阀，一个火焰抑制器或热敏阻断阀，其温度不得超过可能会引起火灾、爆炸或其他危险(见1.2)的温度。

b)　单独的、可以切断灭菌剂输送的自动阀或手动阀。

是否符合要求，可通过检查来验证。

13.104.4　灭菌剂罐

若以灭菌剂罐输送灭菌剂，则：

a)　应采取措施，防止操作周期期间接触灭菌剂罐，亦参见7.1.101和13.1.104。

b)　应采取措施，使罐所保持的位置能按制造厂要求的方式释放。

是否符合要求，可通过检查来验证。

13.104.5　液体灭菌剂

应采取措施处理液体灭菌剂容器的配送、连接和使之放在适当的位置，保证不产生危险(见1.2)。

应采取措施防止过量液体灭菌剂进入灭菌室而产生危险(见1.2)。

验证是否符合要求，可通过检查灭菌室内部，检查其灭菌剂接头和排气接头，并考虑操作周期的详细情况。

13.104.6　灭菌剂供应系统各部分的隔离

如果灭菌剂供应系统各部分可被隔离，而又不得超过其最大工作压力，则应采用过压安全装置来加以保护。

注：如果被隔离管路近一段充满液体，就可能出现这种情况。

是否符合要求，可通过检查来验证。

14　元器件

除下述内容外，GB 4793.1的本章适用。

14.2.1 电动机温度

增加：

增加下面新的第二段：

当电动机满负荷通电后停机，它所吸收的电流不得产生危险(见 1.2)。即使三相电动机不启动，其三相中断掉一相所产生的高过载电流也不得产生危险(见 1.2)。

14.8 过压安全装置

替代：

用下面新的两段替代第一段：

过压安全装置应当符合 ISO 4126-1 的要求，但不在本范围内的小型压力灭菌器除外。

不得单独使用防爆安全圆盘进行过压保护，但可以与过压安全阀一起使用，以防止在低于过压安全阀所设定的压力下工作时产生泄漏。防爆安全圆盘应符合 ISO 6718 的规定。

是否符合要求，可通过检查所用阀的型号及制造厂的数据来验证。

增加以下条文：

14.101 压力容器

压力容器应符合使用国适用的压力容器规程和法规。如果没有规程或法规，则买方应指明其他适用的规程或法规。

是否符合要求，可通过检查压力容器并考虑有关的国家规程和法规来验证。

14.102 仪表和显示装置的可视性和可读性

不管是模拟还是数字的任何计量器、仪表和显示装置，只要其功能与安全有关，都应设置在操作人员容易看到的地方。

它们都应能从 1 m 距离处读取(按正常视力或矫正视力)，并且其外部亮度要到达 215 lx±15 lx。操作周期计数器除外。

是否符合要求，可通过在规定条件下进行的检查和审核来验证。

14.103 控制系统

所提供的各个控制器，都不容许操作人员把压力灭菌器的条件设定到可能会引起危险的状态(见 1.2)。自动控制器应当设置一个控制存取功能的系统。如果设置下列功能，应通过增加严格的限制加以保护。括号[　　]内的说明为可能的限制级别举例。

a) 启动操作周期[适用于操作人员]；

b) 如果只须更改灭菌剂排除工序(见 13.1.103.1)或冲洗工序(见 13.1.104.1)，选择某个操作周期[只限于监督人员和上述的操作人员]；

c) 手动控制操作周期[只限于受过适当培训人员]；

d) 更改操作周期程序[只限于制造厂或其他代理人]。

上述功能 a)项除外)需要使用不同的特殊工具、钥匙或密码。较高级的工具、钥匙或密码可以低级存取。停止操作周期不需使用特殊的工具、钥匙或密码。

不管是使用自动控制器还是手动控制操作周期，在使用压力灭菌器期间安全装置都不可能断开。

如果既可以采用手动控制的方式，也可以采用自动控制器，则选择手动模式时自动控制器应断开。

验证是否符合要求，可通过压力灭菌器运行作试验，确认安全装置不受损害。

14.104 微处理器

安全系统所用的任何微处理器产生故障，都不得引起危险(见 1.2)。

注 1：这可以通过冗余技术实现；

注 2：IEC 61508 对采用微处理器、与安全有关的控制系统和其他软件控制的装置给出了指引。

是否符合要求，可通过分析有关电路，必要时再模拟某个故障来验证。

14.105 出入孔

如果压力灭菌器设置有出入孔，则操作人员可以不用工具经此就能进入灭菌室内部，该出入孔及其锁合件应视作门的部件。除了正常使用时这样的锁合件应以符合 7.101 要求的联锁盖子所掩盖，则锁合件本身应用相当的联锁机构保持定位。

是否符合要求，可通过检查及审查设计规格来验证。

15 利用联锁装置的保护

GB 4793.1 的本章适用。

16 测量电路

GB 4793.1 的本章适用。

附　　录

除下述内容外,GB 4793.1 各附录适用。

增加：

附　录　L

在开头增加下列 IEC 标准：

IEC 60073:1991　显示装置和动作装置采用颜色和其他辅助方式编码

在末尾增加下列 ISO 标准：

ISO 2901:1993　ISO 公制梯形螺丝螺纹　基本轮廓和最大材料轮廓

ISO 2902:1977　ISO 公制梯形螺丝螺纹　总平面

ISO 2903:1993　ISO 公制梯形螺丝螺纹　公差

ISO 2904:1977　ISO 公制梯形螺丝螺纹　基本尺寸

附　录　M

增加定义术语：

术语	条号
通风	3.2.105
压力灭菌器	3.1.101
自动控制器	3.2.101
灭菌室	3.2.102
负载	3.2.103
操作周期	3.1.102
压力容器	3.2.104
灭菌器	3.2.106

ICS 19.040
A 21

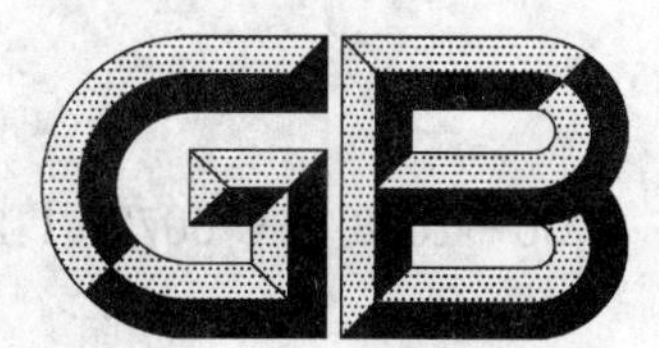

中华人民共和国国家标准

GB/T 4796—2008/IEC 60721-1:2002
代替 GB/T 4796—2001

电工电子产品环境条件分类 第1部分:环境参数及其严酷程度

Classification of environmental conditions of electric and electronic products—Part 1:Environmental parameters and their severities

(IEC 60721-1:2002,IDT)

2008-03-24 发布 2008-10-01 实施

中华人民共和国国家质量监督检验检疫总局
中国国家标准化管理委员会 发布

前 言

本标准等同采用国际标准 IEC 60721-1:2002《环境条件分类　第 1 部分:环境参数及其严酷程度》(英文版)。主要做了以下编辑性修改:

——删除了国际标准的前言和引言;

——增加了国家标准前言;

——引用了采用国际标准的国家标准。

本标准代替 GB/T 4796—2001。与 GB/T 4796—2001 相比,主要不同之处见下表:

章　　条	2001 版本	本　　版
表 1 中 1.3.1	*53*	53
表 1 中 1.3.2	200	*200*
	“×”在 A 列	“×”在 W 列
表 1 中 6.1.1	A 型频谱:峰值位移 $\hat{s}$,1.5 mm	峰值位移 $\hat{s}$,mm
表 1 中 6.1.2	2 Hz<f<200 Hz	2 Hz<f<2 000 Hz
表 1 中 6.4	角运动	摇摆与倾斜(动态)
表 1 中 6.5	角偏离	摇摆与倾斜(静态)
表 1 中 6.8 行	颠覆	倾跌与翻倒
表 1 中 7.3 行	谐波失真因素之和	总谐波失真度

本标准由全国电工电子产品环境技术标准化委员会提出并归口。

本标准起草单位:广州电器科学研究院。

本标准主要起草人:颜景莲。

本标准所代替标准的历次版本发布情况为:

——GB/T 4796—1984;

——GB/T 4796—2001。

电工电子产品环境条件分类
第1部分:环境参数及其严酷程度

1 范围

本标准列出了电工电子产品在运输、贮存、安装和使用过程中所遇到的环境条件参数及其严酷程度。

2 规范性引用文件

下列文件中的条款通过本标准的引用而成为本标准的条款。凡是注日期的引用文件,其随后所有的修改单(不包括勘误的内容)或修订版均不适用于本标准,然而,鼓励根据本标准达成协议的各方研究是否可使用这些文件的最新版本。凡是不注日期的引用文件,其最新版本适用于本标准。

GB/T 2423.5—1995 电工电子产品环境试验 第2部分:试验方法 试验Ea和导则:冲击(idt IEC 60068-2-27:1987)

GB 3836.1—2000 爆炸性气体环境用电气设备 第1部分:通用要求(eqv IEC 60079-0:1998)

GB/T 4797.5—1992 电工电子产品自然环境条件 降水和风(neq IEC 60721-2-2:1988)

GB/T 4798.6—1996 电工电子产品应用环境条件 船用(idt IEC 60721-3-6:1987)

ISO 2041:1975 振动及冲击 术语

3 术语和定义

下列术语及其定义适用于本部分。

3.1

环境条件 environmental condition

在特定时间内,产品所经受的外部的物理、化学和生物条件。

注:环境条件一般包括自然环境条件和产品本身或外源产生的环境条件。

3.2

环境因素 environmental factor

单独或组合地形成一种环境条件(如热、振动)的一种物理、化学或生物的影响。

3.3

环境参数 environmental parameter

描述环境因素的一个或多个物理、化学或生物的特征(如温度、加速度)。

例如:环境因素振动是由振动类型(正弦、随机)、加速度和频率等参数来表征的。

3.4

环境参数的严酷程度 severity of environmental parameter

表征每个环境参数的量值。

例如:正弦振动的严酷程度用加速度(m/s^2)和频率(Hz)和表征。

3.5

产品应用条件 application, product application

产品所遇到的条件或场所。

例如:办公场所、钢厂、地面运输。应用条件与产品的种类没有关系(如计算机)。

3.6

环境参数及严酷程度组 group of environmental parameters and their severities

描述某种特定用途或目的一组环境条件。

4 环境因素及参数

4.1 概述

产品暴露的环境条件通常是比较复杂的,包括多个环境因素及相应的参数。因此当确定某一产品应用的环境条件时,必须考虑以下两点:

——列出涉及的环境因素;

——对每一参数选择合适的严酷等级。

在某种应用条件下环境对产品的影响是由下列原因造成的:

——周围介质条件,通常是大气或水(在某些场合是土壤);

——与产品相连接的结构条件;

——来自外界的影响。

因此为某种产品的应用条件而选择环境因素和参数,必须检查当这些条件出现时单个、组合、顺序出现的环境因素的影响。

就应用而言,所用的环境因素及参数与 GB/T 2423 使用的基本相同。

4.2 单个环境因素及其严酷程度一览表

表 1 的环境因素及参数用于:

——作为检查表以保证所有的相关因素及参数都被考虑进去;

——实现对环境描述的统一性。

表 1 对各参数所给出的严酷程度用于标准化目的,仅限于产品可能遭受的环境条件的严酷程度分级。

它不涉及产品本身的应力所导致的严酷程度,例如该严酷程度只涉及周围介质(空气、水、土、水蒸气、冰、油等)的温度和与产品连接的结构的温度,不涉及产品本身发热点的温度。

本严酷程度仅与限定的环境条件相关,即不包括基准测量、校准等条件。

4.3 组合环境因素

产品同时暴露在若干环境因素和相应的参数中,当暴露于组合环境因素中和暴露在某一系列环境因素对产品有不同影响时,则组合环境因素的影响尤为重要。

因此,为某产品应用而选择环境参数时,建议不仅仅检验环境因素,同时尽可能要考虑环境因素的组合。

4.4 环境因素的顺序

产品暴露于环境条件的影响,是由于按顺序暴露于两个或多个因素或参数作用的结果。两个重要的例子是:

——热冲击:将暴露于低温后的产品立刻置于高温条件,或反之,将刚暴露于高温后的产品直接置于水(雨、射水、海浪、浸水)中,就形成热冲击;

——结冰:在产品暴露于湿气、雨或者除雨之外的其他水中之前或之后,立即将产品暴露于冰点以下温度环境中,可导致结冰。

当要确定某一产品将要暴露的环境条件时,应把这些可能性考虑进去。

表 1

<table>
<tr><th rowspan="2">条款号</th><th rowspan="2">环境因素、环境参数及单位</th><th rowspan="2">严酷程度(见注 1)</th><th colspan="4">条件代码(见注 2)</th><th rowspan="2">备注</th></tr>
<tr><th>A</th><th>W</th><th>S</th><th>E</th></tr>
<tr><td colspan="8">1 气候条件</td></tr>
<tr><td colspan="8">1.1 冷和热</td></tr>
<tr><td>1.1.1</td><td>温度
℃</td><td>−80
−65
−55
−50+
−40
−33+
−25
−20
−15
−5
水的冰点
+5
+10
+15
+20
+25
+30
+35+
+40
+45
+50
+55
+60
+70
+85
+100
+125
+155
+200</td><td>×</td><td>×</td><td>×</td><td></td><td>+表示从特定的露天气候类型的气象图中导出的严酷程度

这一严酷程度仅指水，而非空气或建筑物(见 GB/T 4798.6)</td></tr>
<tr><td>1.1.2</td><td>温度变化率
K/min

温度变化率
K/s</td><td>0.1
0.5
1
3
5
10

1
5</td><td>×</td><td>×</td><td>×</td><td></td><td>如 4.4 所述，当产品从一种介质移到另一种介质(如从户内移到户外)或当产品经受与其本身温度不同的其他温度的介质(如经受雨、射水)时，产品就经受了温度冲击；确定温度冲击严酷程度的参数应从表中所列温度(空气温度、水温)中进行选择，即可作为单个环境参数，也可与周围介质的运动结合在一起</td></tr>
</table>

表 1（续）

条款号	环境因素、环境参数及单位	严酷程度（见注 1）	条件代码（见注 2）				备注
			A	W	S	E	
1.2 湿度							
1.2.1	相对湿度 %	4 5 10 15 20 *50* 75 85 95 100	×				湿度对产品的影响一般是相对湿度与其他环境参数（主要是温度和温度变化）的组合影响
1.2.2	绝对湿度 g/m³（水含量）	0.003 0.02 0.03 0.1 0.26 0.5 0.9 1 2 4 15 22 25 29 35 36 48 60 62 78 80	×				这些严酷程度是从与特定露天气候类型相应的气候图中导出的
1.3 压力							
1.3.1	空气压力 kPa	*20* 30 53 70 *84* 106 *130*	×				

表 1（续）

条款号	环境因素、环境参数及单位	严酷程度（见注 1）	条件代码（见注 2）				备注
			A	W	S	E	
1.3.2	水压力 kPa	*200* *500* *1 000* *5 000* *30 000*		×			
1.3.3	压力变化率 kPa/s	0.1 *1*	×	×			
1.4　周围介质的运动，包括产品相对于周围介质的运动							
1.4.1	速度 m/s	0.5 1 5 10 20 30 50	×	×			
1.5　降水							
1.5.1	雨 强度，mm/min	*0.3* *1* *2* *3* 6 15				×	该强度是指单位时间内滴落到水平面上的水量；这可能比滴落在垂直落雨方向上的水少
1.5.2	飘雪 强度，kg/(m² · s)	*0.3* *1* *3*				×	严酷程度 3 kg/(m² · s)仅适用于靠近地面的条件，见 GB/T 4797.5；对于雪或冰引起的负载，见本表 6.7“静负载”
1.5.3	冰雹 冲击能，J	*1* *40* *150*				×	关于冰雹的直径见 GB/T 4797.5
1.6　辐射							
1.6.1	太阳辐射 强度，W/m²	*300* 500 700 *1 000* 1 120				×	这里仅考虑太阳辐射的热效应，波长辐射（如紫外线）以其他方式影响产品
1.6.2	热辐射 强度，W/m²	600 1 200				×	太阳辐射除外

表 1（续）

条款号	环境因素、环境参数及单位	严酷程度(见注 1)	条件代码(见注 2)				备注
			A	W	S	E	
1.6.3	离子辐射 强度					×	目前无严酷等级
1.7　雨水以外的水							
1.7.1	滴水，强度					×	目前无严酷等级
1.7.2	溅水、喷水、射水和水浪 水速，m/s	0.3 1 3 10 *30*				×	
1.7.3	浸水或半浸水 水深，m			×			目前无严酷等级
1.8　湿润					×		有关墙壁及表面润湿 目前无参数和严酷等级
1.9　冷凝			×			×	目前无严酷等级
1.10　冰和霜的形成							
1.10.1	强度，mm/h	*3* *10* *30*	×			×	
2　生物条件							
2.1	植物群		×	×			存在的霉菌、其他真菌等 目前无严酷等级
2.2	动物群		×	×			存在啮齿类或其他动物，包或不包括白蚁 目前无严酷等级
3　化学活性物质(见注 3)							对于爆炸性气体和爆炸性蒸气，见 GB 3836.1
3.1	海盐 浓度，g/m³ kg/m³	*0.3* *1* 30 40		× 	 ×		
3.2	路盐 浓度，g/m³ kg/m³		×	 ×			目前无严酷等级

表 1（续）

条款号	环境因素、环境参数及单位	严酷程度(见注 1)	条件代码(见注 2)				备注
			A	W	S	E	
3.3	二氧化硫 浓度,mg/m³	0.01	×				
		0.03					
		0.1					
		0.3					
		1					
		3					
		5					
		10					
		13					
		30					
		40					
		100					
		300					
3.4	硫化氢 浓度,mg/m³	0.001 5	×				
		0.003					
		0.01					
		0.03					
		0.1					
		0.3					
		0.5					
		1					
		3					
		10					
		14					
		30					
		70					
		100					
3.5	氮氧化物 浓度,mg/m³	0.01	×				以二氧化氮的当量值表示
		0.03					
		0.1					
		0.3					
		0.5					
		1					
		3					
		9					
		10					
		20					
		30					
		100					

表 1（续）

条款号	环境因素、环境参数及单位	严酷程度(见注 1)	条件代码(见注 2)				备注
			A	W	S	E	
3.6	臭氧 浓度,mg/m³	0.004 0.01 *0.03* 0.05 0.1 0.2 0.3 1 2 *3* *10* *30*	×				
3.7	氨 浓度,mg/m³	0.3 1 *3* 10 35 175	×				
3.8	氯 浓度,mg/m³	0.001 0.01 0.1 0.3 0.6 1 3	×				
3.9	氯化氢 浓度,mg/m³	0.001 0.01 0.1 0.5 1 5	×				
3.10	氟化氢 浓度,mg/m³	0.001 0.003 0.01 0.03 0.1 2	×				
3.11	有机碳氢化合物 浓度,mg/m³		×				目前无严酷等级

表 1（续）

条款号	环境因素、环境参数及单位	严酷程度(见注 1)	条件代码(见注 2)				备注
			A	W	S	E	
4 机械活性物质							
4.1	沙(包括砂砾) 单位体积的质量,g/m³	*0.01* 0.03 0.1 0.3 1 3 4 10	×				除了单位体积的质量外,颗粒形状尺寸分布也很重要。将从此方面来完善此表,目前无参数及严酷等级
4.2	尘		×				包括不同类型的尘,目前没有分级的要求,有些有机尘埃(例如纺织纤维)当沉积于发热型产品上时,可能会引起燃烧,燃烧产物很重要
4.2.1	悬浮尘埃 单位体积的质量,g/m³	0.01 0.2 0.4 4 5 15 20	×				
4.2.2	尘沉积 尘沉积率,mg/(m²·h)	0.4 1 1.5 3 *10* 15 20 *30* 40 80	×				
4.3	泥浆 浓度,kg/m³			×			目前无严酷等级
4.4	烟苔,沉积率		×				目前无严酷等级
5 污染性液体							
5.1 5.2 5.3 5.4 5.5 5.6 5.7 5.8 5.9	发动机油 齿轮箱油 液压油 变压器油 刹车液 冷却液 润滑脂 燃油 电池电解液					× × × × × × × × ×	目前无严酷等级 本表所列的液体尚不详尽,所列液体可能有不同的特性

表 1（续）

条款号	环境因素、环境参数及单位	严酷程度（见注 1）	条件代码（见注 2）				备注
			A	W	S	E	
6　机械条件							
6.1　振动							
6.1.1	稳态振动 正弦 A 型频谱： 峰值位移 $\hat{s}$，mm 峰值加速度 $\hat{a}$，m/s² $f_c \approx 9$ Hz 2 Hz<f<200 Hz	$\hat{s}$　$\hat{a}$ 0.3　1 *0.7*　2 1.5　5 3.5　10 7.5　20 10　30 15　50			×	×	本表 6.1.1 中的频谱，见注 4 及图 1；交越频率 f_c 是频谱从恒定位移幅值变化到恒定峰值加速度，或不同峰值加速度时的频率
	B 型频谱： 峰值位移 $\hat{s}$，mm 峰值加速度 $\hat{a}$，m/s² $f_c \approx 60$ Hz 10 Hz<f<500 Hz	$\hat{s}$　$\hat{a}$ *0.15*　*20* *0.35*　*50* *0.75*　*100* *1*　*150*					
	C 型频谱： 峰值位移 $\hat{s}$，mm 峰值加速度 $\hat{a}_1$，m/s² 峰值加速度 $\hat{a}_2$，m/s² $f_c \approx 9$ Hz $f_{c2} = 200$ Hz 2 Hz<f<500 Hz	$\hat{s}$　$\hat{a}_1$　$\hat{a}_2$ 3.2　10　15 7.5　20　40					
	D 型频谱： 峰值位移，1.5 mm 峰值加速度 $\hat{a}$，m/s² 交越频率 f_c，Hz 2 Hz<f<200 Hz	$\hat{a}$　f_c D_1　10　13 D_2　20　18 D_3　50　28					
6.1.2	稳态振动，随机 G 型频谱： ASD_1 低于 200 Hz $(m/s^2)^2$/Hz ASD_2 高于 200 Hz $(m/s^2)^2$/Hz 2 Hz<f<2 000 Hz	ASD_1　ASD_2 0.3　0.1 1　0.3 3　1 *10*　*3* *30*　*10*			×	×	ASD：加速度谱密度 本表 6.1.2 中的频谱见注 5 及图 2
	H 型频谱： ASD$(m/s^2)^2$/Hz 2 Hz<f<2 000 Hz	ASD *0.3* *1* *3* *10* *30*					

表 1（续）

条款号	环境因素、环境参数及单位	严酷程度(见注 1)	条件代码(见注 2)				备注
			A	W	S	E	
6.1.3	非稳态振动 包括冲击 L 型频谱： 峰值加速度 $\hat{a}$，m/s^2	40 70			×	×	本表 6.1.3 中的频谱是冲击响应谱，见注 6 及图 3
	Ⅰ型频谱： 峰值加速度 $\hat{a}$，m/s^2	50 100 *150* 300 *500* *1 000*					
	Ⅱ型频谱： 峰值加速度 $\hat{a}$，m/s^2	100 250 300 1 000					
	Ⅲ型频谱： 峰值加速度 $\hat{a}$，m/s^2	500 *1 500* *3 000* *5 000* *10 000*					
6.2	自由跌落 跌落高度，m	0.025 0.05 0.1 0.25 0.5 1 1.2 1.5 *2.5* *5* *10*				×	自由跌落的效应也取决于跌落到的表面类型，其严酷程度与质量有关
6.3	外界碰撞 碰撞能量，J	*0.2* *0.5* *1* *2* *5* *10* *20*				×	

表 1（续）

条款号	环境因素、环境参数及单位	严酷程度(见注 1)	条件代码(见注 2)				备注
			A	W	S	E	
6.4	摇摆与倾斜(动态) 角度/频率， ±(°)/Hz	4/0.05 *5/0.167* *10/0.167* 10/0.2 22.5/0.14 *25/0.167* 35/0.125 *45/0.167*			×		横摇、纵摇和首摇
6.5	摇摆与倾斜(静态) 角度(°)	10 15			×		列表
6.6	稳态加速度 加速度，m/s^2	5 6 10 20 *50* *100* *200* *500* *1 000*			×		
6.7	静负载 负载压力，kPa	*0.1* *0.3* *1* *3* *5* 10 *30* *100*					
6.8	倾跌与翻到				×	×	目前无参数及严酷程度
7 电和电磁干扰							辐射干扰 7.1 和 7.2 传导干扰 7.3 至 7.7
7.1 磁场							
7.1.1	场强 A/m 动力系统谐波，频率范围 0.1～3 kHz， n=谐波阶次	0.015 *0.05* 0.15 *0.5* 1 3 10 30 *100* 3/*n* *10 /n* 30/*n* *100 /n*				×	

表 1（续）

条款号	环境因素、环境参数及单位	严酷程度（见注 1）	条件代码（见注 2）				备注
			A	W	S	E	
7.2 电场							
7.2.1	场强 V/m kV/m	0.3 1 3 10 30 60 100 140 200 300 600 1 3 *10* *20*				×	
7.2.2	场变率， V/（m·ns） （脉冲干扰）	*3* 10 *30* 100 250 *300* 500 1 000 *2 000* 3 000 *10 000*				×	
7.3	谐波 总谐波的失真度 基波电压的百分比，%	 8 10			×		
7.4 信号电压							
7.4.1	幅度，（r. m. s） U_n 的百分比 mV	0.6 1.3 5 0.6 2			×		U_n＝ 标称电压
7.5 电压和频率变化							
7.5.1	电压波动幅度 U_n 的百分比	3 10			×		U_n＝标称电压

表 1（续）

条款号	环境因素、环境参数及单位	严酷程度(见注 1)	条件代码(见注 2)				备注
			A	W	S	E	
7.5.2	电压下降或中断 下降(U_n 的 10%～99%) 持续时间,s 中断(U_n 的 100%) 持续时间,s	 0.8 3 0.6 60			× ×		U_n＝标称电压
7.5.3	电压不平衡 U_{neg}/U_{pos},%	2 3			×		
7.5.4	频率变化 f_n 的百分比	2			×		f_n＝标称频率
7.6 感应电压							
7.6.1	幅度,V	0.05 *0.1* 0.15 *0.3* 0.5 1 3 10 20 *30* 100 300 1 000 3 000			×		
7.7 瞬变							
7.7.1	上升时间,ns μs	0.3 5 10 50 100 500 1 1.5 10 100			×		
7.7.2	持续时间,ns μs ms	2 15 50 5 20 50 1 3			×		

表 1(续)

条款号	环境因素、环境参数及单位	严酷程度(见注 1)	条件代码(见注 2)				备注
			A	W	S	E	
7.7.3	幅度,峰值 kV	0.5 1 1.5 2 4 *6* *8*			×		
7.7.4	电流变化率 A/ns	10 25 40 *80* *100*			×		

注 1:以斜体表示的严酷程度不适用于 GB/T 4798。

注 2:A:周围介质条件,空气;

W:周围介质条件,水;

S:与产品相连的结构条件;

E:外界影响条件。

注 3:空气中的物质浓度用 mg/m^3 表示,免去以 ppm 为单位的表示方法。

注 4:稳态振动(正弦)

振动的特征由振荡运动(位移、速度和加速度,都是时间的函数),周期性振动的特征也可由给定的每一频率分量振幅的离散频谱表示。这里提出的分级以这种概念为基础,即每一频率分量可在某一频率范围内任意出现。

在低频范围内经常出现很小的加速度,而位移可能相当大。在高频范围内出现较大的加速度,而位移相当小。选用了具有低频范围的恒定位移和高频范围内恒定加速度的典型频谱。交越频率选取如图 1,其中典型频谱 A、C 主要是低频分量的震动情况,典型频谱 B、D 主要是中频及高频分量的情况。

注 5:稳态振动(随机)

非周期(随机)振动可用一种连续频谱来表征,在随机振动中,不可能定出一个以频率为函数的加速度幅值,而可由每个频带内能量值来表征。为了得到一个与频带宽无关的量,给出了加速度频谱密度(*ASD*)作为频率的函数:定义如下:

$$S(f) = \lim_{\Delta f \to 0} \frac{a^2_{\mathrm{rms}\cdot\Delta f}}{\Delta f}$$

式中,$a_{\mathrm{rms}\cdot\Delta f}$是 Δf 频率范围内的加速度均方根值。两典型加速度频谱密度(*ASD*)作为频率函数的形式给出,如图 2 所示,一个有较明显的低频量,另一个有较平坦分布的振动能量。

注 6:非稳态振动(冲击)

对于包括冲击的非稳态振动,最方便的表示方法是利用第一阶无阻尼最大冲击响应频谱。

在 GB/T 2423.5—1995 附录 B 有详尽的关于冲击的定义,同样可参考 ISO 2041,如图 3,选用了四种典型频谱:

L:一种具有长持续时间和低峰值加速度的典型频谱;

Ⅰ:一种具有长持续时间和较低峰值加速度冲击的典型频谱;

Ⅱ:一种具有中等持续时间和中等峰值加速度冲击的典型频谱;

Ⅲ:一种具有短持续时间和高峰值加速度的典型频谱。

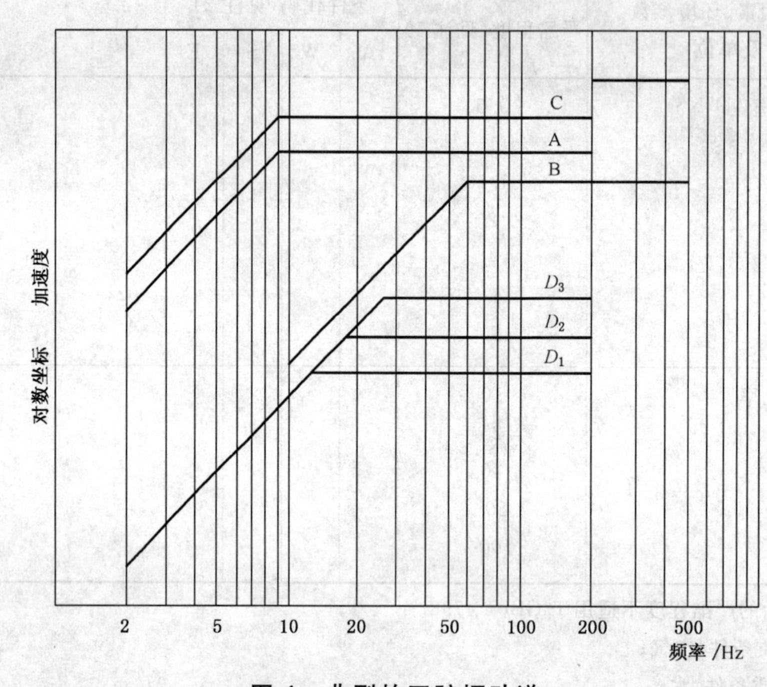

图 1 典型的正弦振动谱

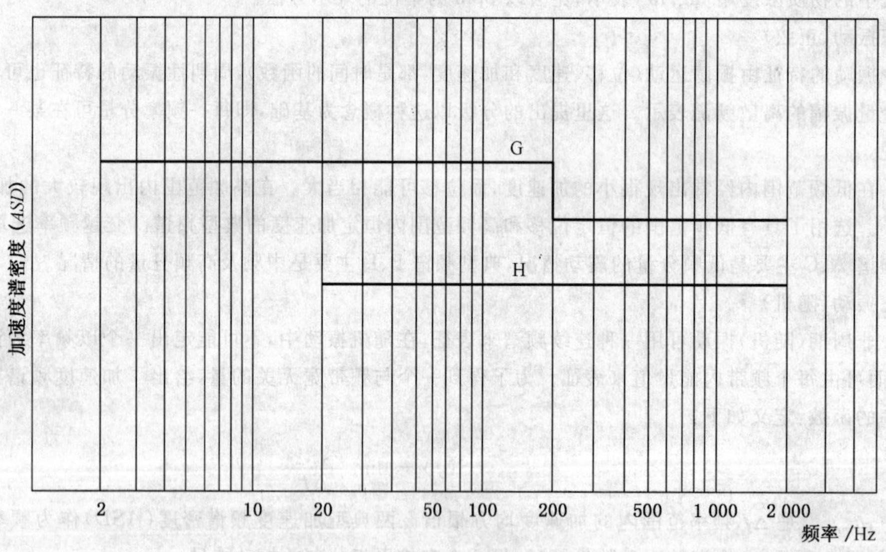

图 2 典型的随机振动谱

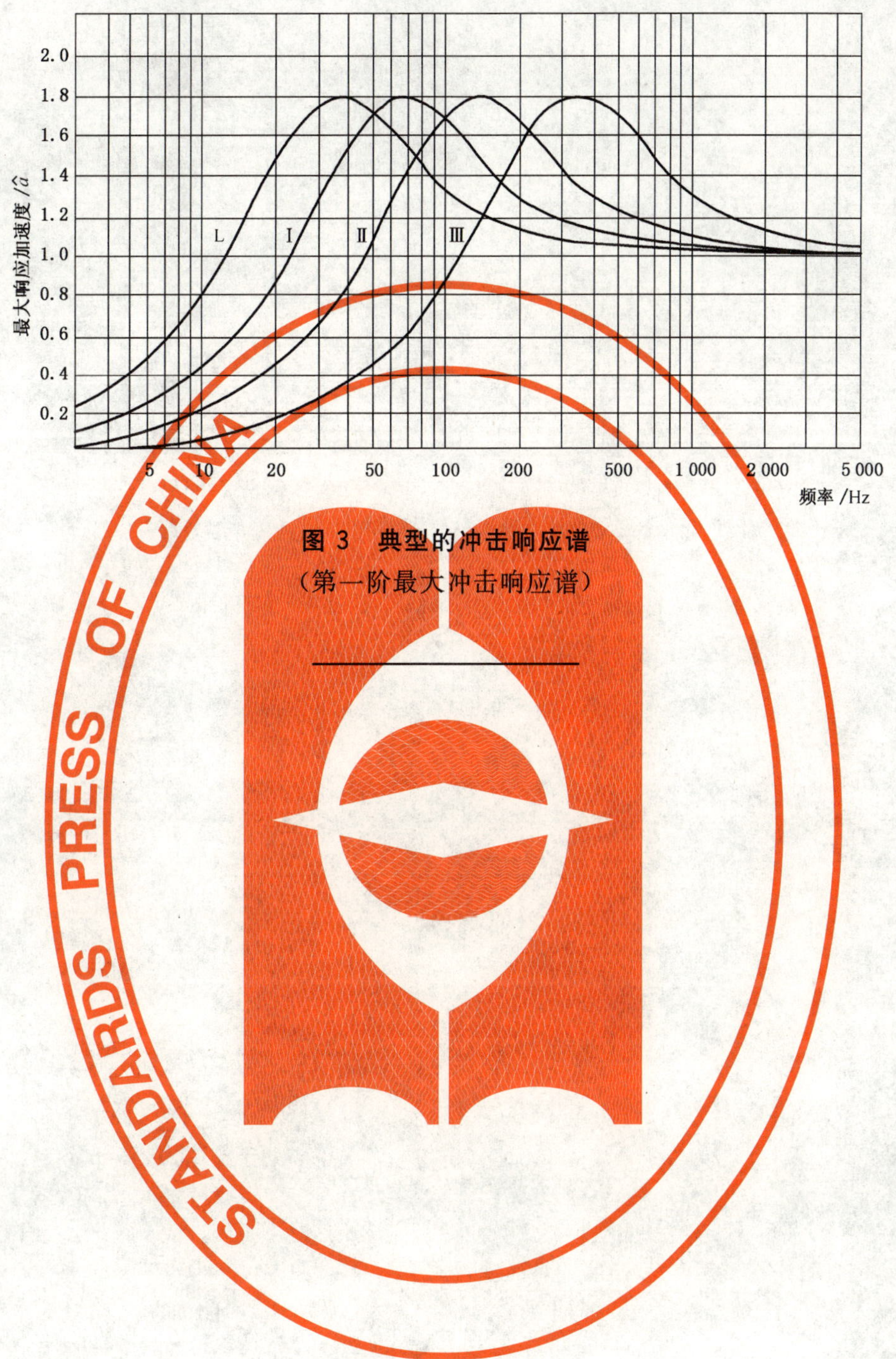

图 3　典型的冲击响应谱

（第一阶最大冲击响应谱）

ICS 19.020
A 21

中华人民共和国国家标准

GB/T 4797.5—2008
代替 GB/T 4797.5—1992

电工电子产品环境条件分类 自然环境条件 降水和风

Classification of environmental conditions of electric and electronic products—Environmental conditions of nature—Precipitation and wind

(IEC 60721-2-2:1988, Classification of environmental conditions—Part 2:Environmental conditions appearing in nature—Precipitation and wind, MOD)

2008-12-30 发布　　　　2009-11-01 实施

中华人民共和国国家质量监督检验检疫总局
中国国家标准化管理委员会　发布

前言

GB/T 4797目前包括以下8个部分：

——GB/T 4797.1 电工电子产品自然环境条件 温度和湿度

——GB/T 4797.2 电工电子产品自然环境条件 海拔与气压、水深与水压

——GB/T 4797.3 电工电子产品自然环境条件 生物

——GB/T 4797.4 电工电子产品自然环境条件 太阳辐射与温度

——GB/T 4797.5 电工电子产品环境条件分类 自然环境条件 降水和风

——GB/T 4797.6 电工电子产品自然环境条件 尘、沙、盐雾

——GB/T 4797.7 电工电子产品环境条件分类 自然环境条件 地震振动和冲击

——GB/T 4797.8 电工电子产品环境条件分类 自然环境条件 火灾暴露

本部分为GB/T 4797的第5部分。

本部分修改采用IEC 60721-2-2:1988《环境条件分类 第2部分:自然界出现的环境条件 降水和风》(英文版)。

本部分与IEC 60721-2-2:1988相比,主要差异如下：

——删除了国际标准的前言；

——增加了国家标准前言；

——将原IEC的第1章范围与第2章目的的内容合并成国家标准的第1章,并增加了规范性引用文件作为国家标准的第2章；

——将表2的注添加到了表格中；

——对5.5原IEC标准的“最大雪载一般出现在冬季比较寒冷时的南方地区(对于北半球而言,南半球正好相反),特别是海洋性气候区域”,根据我国实际的情况添加了脚注；

——增加了规范性附录NA。

本部分代替GB/T 4797.5—1992《电工电子产品自然环境条件 降水和风》。

本部分与GB/T 4797.5—1992相比,主要差异如下：

——将GB/T 4797.5—1992附录A的内容转化为标准正文,并按照IEC的条文顺序编排；

——将GB/T 4797.5—1992中的表1、表3、表6、表7和表8改为附录NA的表NA.1、表NA.5、表NA.3、表NA.4、表NA.2；

——增加了第5章内容。

本部分的附录NA为规范性附录。

本部分由全国电工电子产品环境技术标准化委员会(SAC/TC 8)提出并归口。

本部分起草单位:广州电器科学研究院。

本部分主要起草人:颜景莲、陈心欣。

本部分所代替标准的历次版本发布情况为：

——GB/T 4797.5—1992。

电工电子产品环境条件分类
自然环境条件　降水和风

1　范围

GB/T 4797 的本部分规定了电工电子产品相关的降水和风环境条件的基础特性、定量描述以及环境条件分类。

本部分适用于为确定电工电子产品在运输、贮存、使用时会遭受到的降水和风相关参数的严酷等级提供背景资料。

当为产品应用选择适当的降水和风相关参数的严酷程度时，应采用 GB/T 4796 中规定的数值。

2　规范性引用文件

下列文件中的条款通过 GB/T 4797 的本部分的引用而成为本部分的条款。凡是注日期的引用文件，其随后所有的修改单(不包括勘误的内容)或修订版均不适用于本部分，然而，鼓励根据本部分达成协议的各方研究是否可使用这些文件的最新版本。凡是不注日期的引用文件，其最新版本适用于本部分。

GB/T 4796　电工电子产品环境条件分类　第 1 部分：环境参数及其严酷程度(GB/T 4796—2008,IEC 60721-1,IDT)

GB/T 4797.1　电工电子产品环境条件　温度和湿度(GB/T 4797.1—2005,IEC 60721-2-1:2002,MOD)

GB/T 4798.1—2005　电工电子产品应用环境条件　第 1 部分：贮存(GB/T 4797.1—2005,IEC 60721-3-1:2002,MOD)

GB/T 4798.2—2008　电工电子产品应用环境条件　第 2 部分：运输(IEC 60721-3-2:1997,MOD)

GB/T 4798.3—2007　电工电子产品应用环境条件　第 3 部分：有气候防护场所固定使用(IEC 60721-3-3:2002,MOD)

GB/T 4798.4—2007　电工电子产品应用环境条件　第 4 部分：无气候防护场所固定使用(IEC 60721-3-4:1995,MOD)

GB/T 4798.5—2008　电工电子产品应用环境条件　第 5 部分：地面车辆使用(IEC 60721-3-5:1997,MOD)

GB/T 4798.6—1996　电工电子产品应用环境条件　船用(IEC 60721-3-6:1985,IDT)

GB/T 4798.7—2008　电工电子产品应用环境条件　第 7 部分：携带和非固定使用(IEC 60721-3-7:2002,MOD)

GB/T 4798.9—1997　电工电子产品应用环境条件　产品内部的微气候(IEC 60721-3-9:1993,IDT)

GB/T 4798.10—2006　电工电子产品应用环境条件　导言(IEC 60721-3-0:2002,IDT)

3　概述

地球上的大气层在不断运动中，局部会受热、受冷和变湿。由此在密度上会出现梯度，产生高压区和低压区。由于地球自转的科里奥利力的作用，风并不会由高压区直接吹向低压区。

空气的连续水平运动，促使在广大地区产生缓慢的上升运动，或者地表增热，引起热空气局部上升。空气的上升运动使气压和温度下降，当两者降低得足够多，就会形成降水。例如，20 ℃下，空气的最大水蒸气含量为 17.3 g/m³，如果降至 0 ℃，空气中的最大水蒸气含量仅为 4.8 g/m³。

3.1 降水

具体的降水类型，雨、冰雹或者雪，都是云层发生复杂变化的结果。云层温度在垂直方向上是不同的，0 ℃出现的高度称为冻结高度，冻结高度以上，温度低于 0 ℃，冻结高度以下温度高于 0 ℃。

在冻结高度以上的云层中，过冷水滴的温度范围一般为 0 ℃～－13 ℃，特殊情况下可达－50 ℃。

形成雨水还是冰晶取决于各种环境条件，例如，垂直气流、温度分布以及雨滴或者冰晶在云层中的合成过程。

如果雨滴或者冰晶在下降的过程中，通过云层的温度由负变为正，并持续为正，这时水滴或冰晶就会转变为雨滴降落至地面上形成降雨。在下降过程中是否会持续长大取决于周围的条件。下落速度随雨滴直径的变大而增大(见图 1)。雨滴的直径在 5 mm～6 mm 之间时，相应的速度为 9 m/s，这些大的雨滴在下降的过程中可能会散落成小雨滴，小雨滴在继续下落过程中又可能增大，最终的结果就是雨滴直径分布的上限为 5 mm～6 mm。

雨滴有可能会通过大气层中的逆温层，在这层大气中温度再次降到 0 ℃以下，导致雨滴凝固成冰雹，并降落至地面；或者，继续以过冷雨滴的状态存在，直至碰撞到表面而快速结冰；另外一种情况是，上升气流可能将雨滴带到 0 ℃以下的更高区域而形成结冰。这些冰雹表面可以因形成冰晶而进一步增大，当连续的结冰和融化过程发生时，冰雹可以达到很大。最大直径记录为 140 mm(1970 年 9 月 3 日在美国堪萨斯洲的 Coffeyville)，但是这种尺寸的冰雹非常罕见。

如果在整个下降过程中温度一直维持在 0 ℃以下，冰晶一直保持固态，就会以雪的形式降落到地面上。在不同的条件下可能生长形状不同但有规则的冰晶，形成雪花。雪花的直径能达到 1 cm，但质量非常轻。

3.2 风

全球的风系是在赤道地区的高温和两极地区的低温，伴随着地球自转的影响而形成的。产品在贮存、运输和使用中主要受到近地面风的影响。但是对于某些在地面上一定高度的应用，应考虑该高度上的风。大气层底部的风主要取决于太阳辐射造成的局部热效应以及包括建筑物及其他障碍物在内的地表形状。

由于摩擦和风的切变这些局部条件的影响，会产生热涡旋和机械涡旋。白天近地表的气流是两者的综合作用，但夜间主要为机械涡旋。

地表风的这些涡旋影响导致阵风的增高，这种阵风的频率是随机的，一般通常有几秒的时间间隔。

风暴时的风速可能非常高，例如飓风和龙卷风。在热带和亚热带地区，地面上的风速有超过 80 m/s 的记录，龙卷风的速度可达到 125 m/s，但出现的几率很小。

4 特性参数

4.1 降雨

降雨一般通过以下参数描述：

——降雨强度(水平表面上累积的降雨高度)，单位为毫米每小时(mm/h)；

——雨滴尺寸分布；

——降落速度分布；

——雨滴温度。

在这里不考虑如由于空气污染溶解的杂质、海盐等的其他参数，尽管这些参数可能对产品有较大的影响。

表 1 给出了不同类型的雨的参数。我国气候类型的降水强度见表 NA.1。

雨滴温度一般情况下与通风干湿表的湿球温度相同，但也有可能发生偏差，例如在以冰晶形态构成的雨或者在降雨的初期阶段。

表 1 雨的特征(长期的平均值)[a]

分类	最大降雨强度/(mm/h)	雨滴的典型直径/mm	雨滴降落速度/(m/s)
细雨	微量[b]	0.01～0.1	<0.25
小雨	1.0	0.1～0.5	0.25～1
中雨	4.0	0.5～1.0	1～2
大雨	15	1.0～2.0	2～4
暴雨	40	2.0～5.0	4～7
大暴雨	>100	>3.0	>6

[a] GB/T 4798 给出的降雨强度是短时的峰值强度；

[b] 微量表示降雨强度小于 1 mm/h。

4.2 冰雹

冰雹一般通过以下参数描述：

——直径；

——密度；

——降落速度；

——碰撞能量。

本部分仅考虑了直径较大的冰雹，因为它们具有破坏作用，但是最经常发生的还是直径较小的冰雹。冰雹的密度约为 900 kg/m³，降落速度由下式计算：

$$v = 5.16\sqrt{d}$$

式中：

v——降落速度，单位为米每秒(m/s)；

d——冰雹直径，单位为毫米(mm)。

碰撞能量可以由质量(直径，密度)和降落速度计算。表 2 给出了直径 20 mm 以上冰雹的特性。

表 2 冰雹特性

直径/mm	质量/g	降落速度/(m/s)	碰撞能量/J
20	4	23	1
50	59	36	39
60	102	40	81
70	162	43	151
80	241	46	257
90	344	49	411
100	471	52	627

注：表中的数值是经过圆整以后的数据。

4.3 降雪

降雪通常为直径为几个毫米的雪花，密度较低，但如果遭受强风，雪花就会破碎成平均直径为

80 μm，小至 20 μm 的小冰晶。降落到地面的雪的密度差异较大，新降落的雪的密度范围为 70 kg/m³～150 kg/m³，陈雪的密度一般为 200 kg/m³～400 kg/m³。

4.4 风

风速受地面以上局部地貌和海拔的影响很大，地表越粗糙，靠近地面的风速被降低的程度越大，因此，地面附近的风速和远离地面的风速通常差别较大，表 3 表明了这种影响。我国气候类型的瞬时最大风速见表 NA.2。

表 3 高度和表面状况对风速的影响

离地面的高度/m	不同地区的相对风速，以 500 m 高处风速的百分数计/%		
	城市中心，高楼区域	郊区，森林地区	平地，海面
500	100	100	100
300	82	92	100
100	53	68	86
30	32	48	71
10	21	36	60
3	13	25	49

5 分类

雨水、冰雹和风对产品产生不同影响，单独影响，联合影响，或者跟其他环境因素综合影响。

下面给出了单个以及组合参数的例子。

5.1 正常降雨

降雨强度随纬度、气候和季节的变化差别较大。一般来说，最大的降雨强度出现在热带的暴风雨以及飓风类的暴风雨中。

世界记录到的最大降雨强度为 30 mm/min，这种降雨往往是短时的，例如雷暴雨通常不会超过 0.5 h。

一般降雨包括不同尺寸和速度的雨滴。雨滴的特性主要取决于大气的温度和水分含量，这些特性会使得降落中的雨滴部分或者全部汽化，一般来讲，在较高的地面温度和较高的相对湿度下，雨滴的直径中值较大。因此，热带地区雨滴的直径一般比例如北欧地区的要大(见图 2)。

5.2 大风雨

大风雨是风和雨的组合。风使雨滴在降落速度上又增加了一个水平的速度，还可能会给封装件造成负压。由于降雨温度低造成的冷却，降雨本身也会形成负压。在热带地区，降雨强度 130 mm/h 和风速 30 m/s 的组合是一个小时内平均值的最大预期值。降雨强度在 1 min 内的峰值可能会超过上述的 1 h 内的最大平均值，热带地区达到 20 mm，其他地区达到 10 mm。

5.3 结冰

雨水降落到 0 ℃以下的表面上，或者过冷雨滴的碰撞形成结冰。在天线塔以及相似高度的建筑上出现的结冰的厚度可达 75 mm。

5.3.1 雾凇

当湿润空气接触到 0 ℃以下的表面并升华时会形成雾凇，当风速比较低的时候往往会形成雾凇。雾凇由针状结晶体组成，表面的附着力比较低。我国各气候类型的雾凇最大直径见表 NA.3。

5.3.2 霜

霜是通过风携带的过冷水滴反复地跟物体碰撞和结冰形成的，由于附着在物体上的点非常小而且迎风生长，非常典型的外观特征是呈现"虾尾"状。颜色呈白色，角型结构。在山区，霜在物体上的生长速率可达 30 mm/h 或者一晚上 30 cm。霜可能会与雪同时发生，导致物体大面积被雪覆盖。地面附近的最大厚度为 150 mm，离地面 100 m 高度增长至 500 mm，密度约 200 kg/m^3。

5.3.3 纯结冰

当过冷水滴在某表面上结冰时会形成纯结冰，坚硬且透明，一般为透明的层状结构或者中间有小气泡的透明层状结构。纯结冰一般没有特定的结构，结构紧凑，密度较大，附着力较强。当温度较低风速较高时，会形成纯结冰。

5.3.4 雨凇[1)]

由过冷却雨或毛毛雨降落到温度在冰点以下的地面和地物上冻结而成的均匀而透明的冰层[1)]。雨凇的密度和附着力都比较大，没有气泡。我国各气候类型的雨凇最大直径见表 NA.4。

5.3.5 结冰过程

结冰类型主要取决于：

——空气温度；

——风速；

——过冷水滴的直径；

——液态水含量。

图 3 和图 4，给出了结冰形态跟水滴直径、风速和温度之间的关系。

圆柱表面的结冰取决于：

——圆柱半径；

——风速；

——水滴尺寸。

以上的每个风速和水滴尺寸都对应一个极限圆柱半径，大于此半径则没有或几乎没有结冰产生。

5.4 冰雹

在世界大部分地区都会发生直径在 20 mm 以下的冰雹，直径超过 50 mm 的冰雹发生的概率较小。

5.5 雪载

最大雪载一般出现在冬季比较寒冷时的南方地区（对于北半球而言，南半球正好相反）[2)]，特别是海洋性气候区域。这些地区的雪载强度一般为 2 kPa，相当于高度为 2 m 的新降雪或者 0.7 m 的陈雪。在山区雪载强度可能达到 10 倍之多。

注：此上所列的气候条件是世界范围的，不适合我国的情况。我国各气候类型的最大积雪深度见表 NA.5。

5.6 吹雪

吹雪是风和雪的综合作用。吹雪时雪可分成非常细小的粒子，足以侵入到产品的狭缝和接口。雪的水平流量随着离地面高度的增加而降低，最大雪水平流量值在表 4 中给出。

表 4 最大雪水平流量

离地面高度/ m	最大雪水平流量/ [g/(m^2·s)]
10	310
1	560
0.5	800
0.1	3 000

1) 雨凇也叫冻雨，附着于地面和物体表面的冰状冻结物。

2) 此处为针对全球范围的气候划分，对于我国的南方、北方定义并不适用。

5.7 风力

作用在物体上的风力取决于平均风速、物体的尺寸和形状。对于一个垂直于风向的平板，风的作用力可以通过下式计算：

$$F = 0.65v^2A$$

式中：

F——风力，单位为牛顿(N)；

v——平均风速，单位为米每秒(m/s)；

A——平板面积，单位为平方米(m^2)。

阵风会产生短时力的冲击，在某些情况下，可能是周期性的，当与物体固有响应频率相同时，会引起大的振幅。这类阵风的频率一般低于 1 Hz。

一个特殊的现象是，迎风的圆柱体，由于风力的作用，后方释放出双排涡旋，它作为一种周期性的力反作用在垂直风向的圆柱上，该力的频率通过下式计算：

$$f = 0.195\frac{v}{d}$$

式中：

f——频率，单位为赫兹(Hz)；

v——风速，单位为米每秒(m/s)；

d——圆柱体的直径，单位为米(m)。

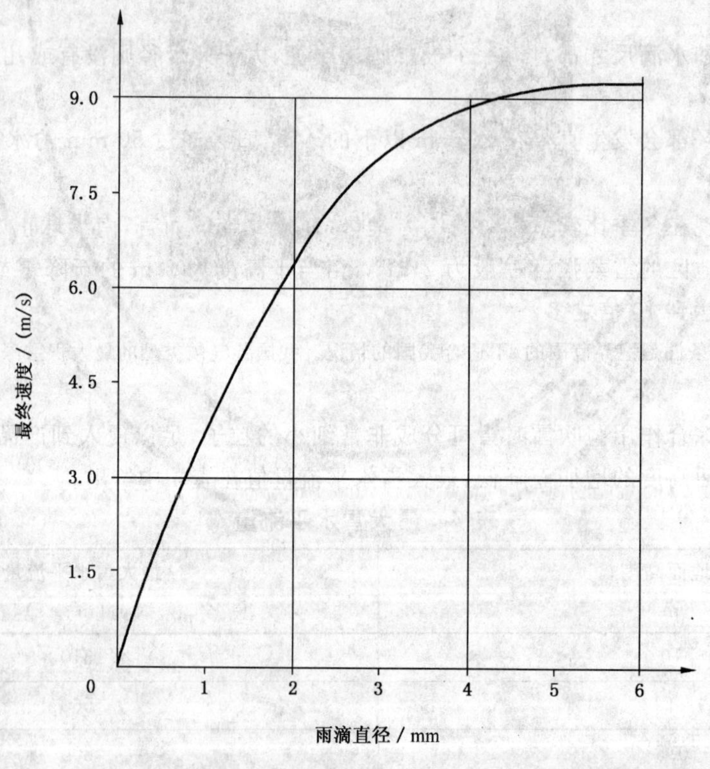

图 1　在气压为 101.3 kPa，气温为 20 ℃下，静止空气中雨滴最终速度

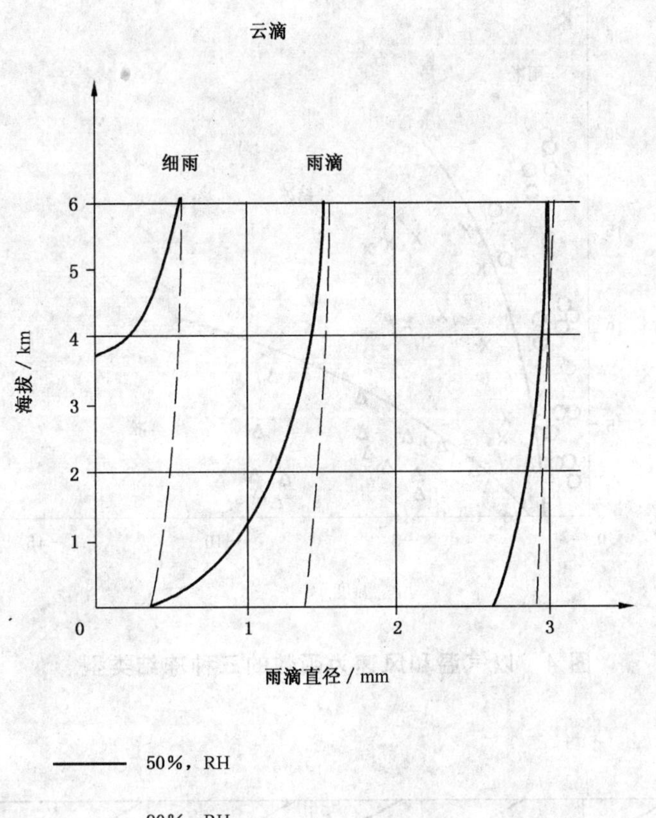

图2 不同相对湿度下因蒸发引起的雨滴大小随高度的变化

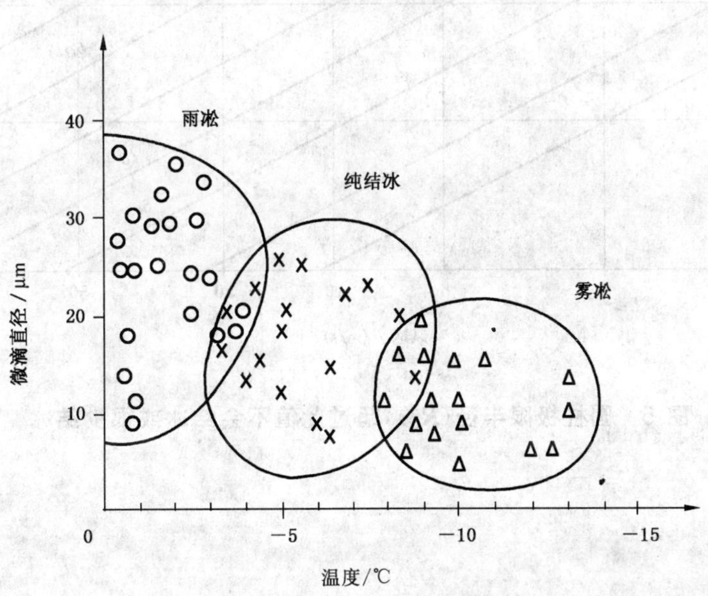

图3 以气温和微滴直径为函数的三种冻结类型

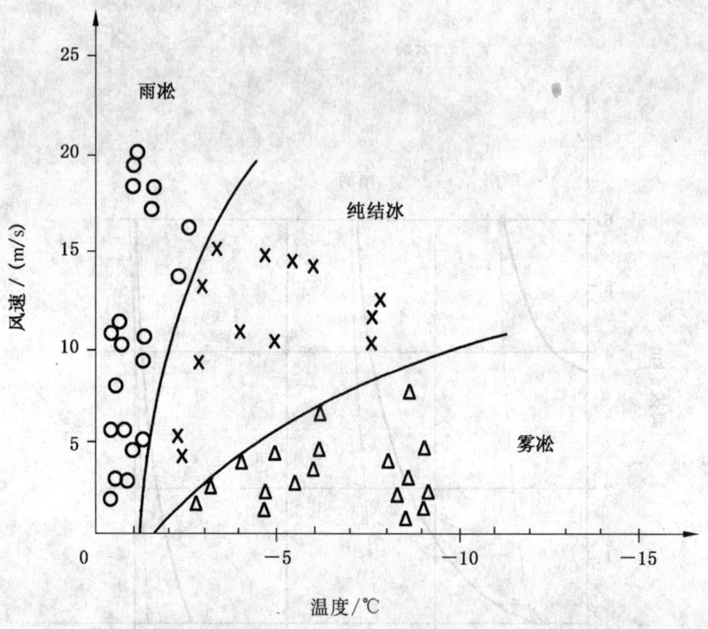

图 4　以气温和风速为函数的三种冻结类型

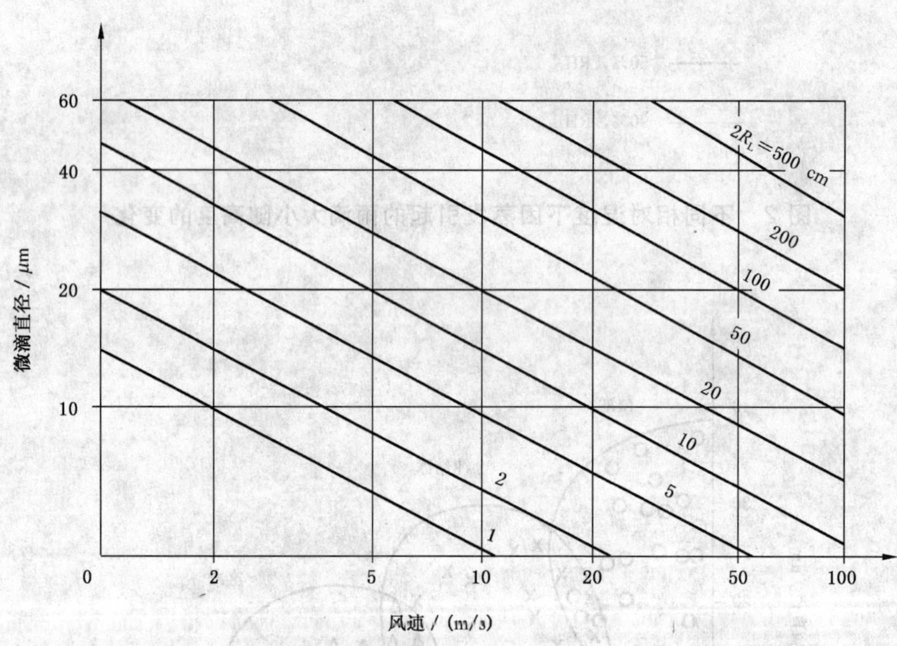

图 5　圆柱极限半径(R_L),超过此值不会结冰或很少结冰

附　录　NA
（规范性附录）
我国各气候类型对应的降水和风条件

NA.1　我国气候类型的降水强度见表NA.1。

表NA.1　我国各气候类型一分钟最大降水量

气候类型	一分钟最大降水量/mm
寒冷	5.7
寒温Ⅰ	7.2
寒温Ⅱ	3.0
暖温	8.7
亚湿热	10.0
湿热	9.8
干热	2.0
注：气候类型采用GB/T 4797.1中的分类。	

NA.2　我国气候类型的瞬时最大风速见表NA.2。

表NA.2　我国各气候类型最大风速（距地10 m处）

气候类型	最大风速/（m/s）
寒冷	40
寒温Ⅰ	40
寒温Ⅱ	35
暖温	49
亚湿热	53
湿热	60
干热	27

NA.3　我国各气候类型的雾凇最大直径见表NA.3。

表NA.3　我国各气候类型雾凇最大直径

气候类型	雨凇最大直径/mm
寒冷	69
寒温Ⅰ	69
寒温Ⅱ	46
暖温	53
亚湿热	72
湿热	0
干热	0

NA.4 我国各气候类型的雨凇最大直径见表NA.4。

表 NA.4 我国各气候类型雨凇最大直径

气候类型	雨凇最大直径/ mm
寒冷	7
寒温Ⅰ	56
寒温Ⅱ	7
暖温	160
亚湿热	62
湿热	0
干热	0

NA.5 我国各气候类型的最大积雪深度见表NA.5。

表 NA.5 我国各气候类型最大积雪深度

气候类型	最大积雪深度/ cm
寒冷	73
寒温Ⅰ	81
寒温Ⅱ	89
暖温	70
亚湿热	52
湿热	0
干热	20

ICS 19.040
K 04

中华人民共和国国家标准

GB/T 4797.7—2008/IEC 60721-2-6：1990

电工电子产品环境条件分类
自然环境条件　地震振动和冲击

Classification of environmental conditions of electric and electronic products—Environmental conditions appearing in nature—Earthquake vibration and shock

（IEC 60721-2-6：1990，Classification of environmental conditions—
Part 2：Environmental conditions appearing in nature—
Earthquake vibration and shock，IDT）

2008-12-30 发布　　　　2009-11-01 实施

中华人民共和国国家质量监督检验检疫总局
中国国家标准化管理委员会　发布

前　言

GB/T 4797 目前包括以下 8 个部分：

——GB/T 4797.1　电工电子产品自然环境条件　温度和湿度

——GB/T 4797.2　电工电子产品自然环境条件　第 2 部分：海拔与气压、水深与水压

——GB/T 4797.3　电工电子产品自然环境条件　生物

——GB/T 4797.4　电工电子产品自然环境条件太阳辐射和温度

——GB/T 4797.5　电工电子产品环境条件分类　自然环境条件　降水和风

——GB/T 4797.6　电工电子产品自然环境条件　尘、沙、盐雾

——GB/T 4797.7　电工电子产品环境条件分类　自然环境条件　地震振动和冲击

——GB/T 4797.8　电工电子产品环境条件分类　自然环境条件　火灾暴露

本部分是 GB/T 4797 的第 7 部分。

本部分等同采用 IEC 60721-2-6:1990《环境条件分类　第 2 部分：天然地震振动和冲击中的环境条件》。

为了便于使用，本部分做了下列编辑性修改：

——删除了国际标准的前言；

——增加了国家标准前言；

——将国际标准的引言转换为本部分的引言；

——“IEC 721 的本部分”一词改为“GB/T 4797 的本部分”或“本部分”；

——用小数点“.”代替作为小数点的逗号“，”。

本部分由全国电工电子产品环境条件与环境试验标准化技术委员会(SAC/TC 8)提出并归口。

本部分起草单位：广州大学、广州电器科学研究院、苏州试验仪器总厂、苏州东菱振动试验仪器有限公司和中国船舶重工集团公司第七〇四研究所。

本部分主要起草人：徐忠根、颜景莲、胡新华、江运泰、钱昭俊、吴鹏飞、徐立义。

引　言

GB/T 4797的本部分作为产品选择适当的地震参数严酷等级时的背景材料。采用GB/T 4796的严酷等级。

更详细资料可参阅专业文献,如ISO 6258:1985,核电厂抗震设计。

电工电子产品环境条件分类
自然环境条件　地震振动和冲击

1　范围和目的

GB/T 4797 的本部分给出了关于天然地震振动和冲击下的环境条件。

其目的是定义地震的一些基本特性和特征量，以给在贮存和使用过程中可能会遭受这些条件的产品提供背景材料。仅给出了地面条件的加速度。对结构条件有所提及，但是仅限于一般条件的描述。

2　规范性引用文件

下列文件中的条款通过 GB/T 4797 的本部分的引用而成为本部分的条款。凡是注日期的引用文件，其随后所有的修改单(不包括勘误的内容)或修订版均不适用于本部分，然而，鼓励根据本部分达成协议的各方研究是否可使用这些文件的最新版本。凡是不注日期的引用文件，其最新版本适用于本部分。

GB/T 4796—2008　电工电子产品环境条件分类　第 1 部分：环境参数及其严酷程度 (IEC 60721-1：2002，IDT)

3　概述

地震带来的影响是振动，而振动可以通过随机过程模拟。该振动会对产品产生影响，并对产品产生多种方式的应力。

本部分旨在提供地震的信息，以及产品在地震期间的动力学性能。本部分给出的数值都是典型示例，不应作为标准值。

3.1　地震振动的起源和传播

当应力积累到足以导致破坏地壳的程度时，就会发生地震。这些不稳定因素存在于地震活跃区，这些地区跟一些地理因素相关，如海槽、海脊、山脊、火山、海沟、构造断层等。

突然断裂释放出的势能会从震源以三种不同速度的基波形式向外传播：

——纵波，在传播方向上使岩石挤压或者扩张；

——横波，垂直于传播方向上使岩石受扭转剪切；

——面波，是前面两种波的组合，受地面条件限制。

3.2　地震振动的特性

地震产生随机地面运动，该运动具有同时发生但统计意义上相互独立的水平和竖向两部分分量的特点。中等的地震可以持续 15 s～30 s，强烈的可以持续 60 s～120 s。一般来说，具有最大地面加速度的强部可达 10 s。典型的宽带随机振动在频率 1 Hz～35 Hz 内具有最大能量，频率在 1 Hz～10 Hz 的地震对产品更具破坏性。通常假定，在 3.5 Hz 以下地面运动的竖向分量为水平运动的 67%～100%，在 3.5 Hz 以上等于水平运动。

注：最大加速度通常用于描述针对特定场地的地震强度。

3.3　地基上的产品

描述地面运动的典型宽带谱以多频激励为主。对于安装在地基上的产品，地面运动(包括水平和竖向)的振动有可能被放大。对于任何给定的地面运动，放大程度取决于系统(土壤、基础和产品)振动的特征频率以及阻尼特性。

3.4 建筑和结构内的产品

地面运动(主要是水平运动)可通过作为中间的建筑结构而被过滤和放大以产生楼面的变幅正弦振动。描述建筑物楼面运动的典型窄带谱以单频激励为主。安装于建筑物楼面上产品的加速度可能会达到地面加速度的若干倍,这取决于系统的阻尼比以及振动的特征频率。放大程度和带宽取决于每个建筑物以及产品结构的动力学特性。对频率为 5 Hz～8 Hz 的振动敏感的产品最易受影响。

4 地震等级

按地震学,地震按照其烈度或震级不同进行分级。

地震烈度[例如,修正的 MSK 震级或者 MERCALLI-CANNCANI-SIEBERG(麦加利震级)等级]都是根据经验确定的,按其影响来划分地震烈度等级(参考表 1)。

地震震级(例如里氏震级)基于记录的数据进行确定,并用以评定震源释放的地震能量。

这些等级可大体对应地面加速度的某些数值,由此而得到的试验数据是有限的。

里氏(RICHTER)震级跟地面加速度的近似关系在表 1 中给出。表 1 中给出的加速度量值是针对地面条件。考虑以下因素,产品的加速度量值跟里氏震级之间只能给出近似关系:

——土壤和岩石条件(包括饱和水);

——离震中的距离;

——结构或产品基础的情况。

地震烈度跟地震震级之间的近似关系如表 2 所示,表中列出了里氏震级且跟表 1 对齐。应注意该关系会受到以下因素的影响:

——场地的土壤和岩石条件;

——震源深度;

——地震作用持续时间。

表 1 地震烈度

<table>
<tr><th colspan="2">麦加利修正烈度</th><th>近似加速度值
m/s²</th><th>地震分区
(见注)</th></tr>
<tr><td>1</td><td>人无感觉</td><td rowspan="3"></td><td rowspan="4">0</td></tr>
<tr><td>2</td><td>静止的或上部楼层的人有感觉</td></tr>
<tr><td>3</td><td>悬挂物摆动
灯光抖动</td></tr>
<tr><td>4</td><td>如同在重型卡车中受到的振动
窗户和器皿喀啦作响
静止的汽车摇晃</td><td rowspan="2">2</td></tr>
<tr><td>5</td><td>在室外的人有感觉
睡着的人惊醒
小物件跌落
镜框移动</td><td rowspan="2">1</td></tr>
<tr><td>6</td><td>人人都有感觉
家具移位
破坏:玻璃破碎,货物从柜中跌落,墙灰裂开</td><td></td></tr>
</table>

表 2 近似的里氏震级

0-2
1-2
2-3
3-4
4-5
5-6

表 1(续)

麦加利修正烈度		近似加速度值 m/s^2	地震分区(见注)
7	行驶的车中能感觉到 站立不稳 教堂钟敲响 破坏:烟囱和建筑装饰破裂, 粉刷脱落,家具破裂,大面积墙灰和砖墙开裂,部分土砖房倒塌		2
8	行驶的车失控 树枝断裂 饱和土开裂 倒塌:高架水箱,纪念碑,砌体房屋 中等到严重程度破坏:砖结构房屋(未与地基固结),灌溉工程,岸堤	3	
9	饱和土“喷砂冒水” 山体滑坡,地表开裂 破坏:无配筋砖砌体墙 中等到严重程度破坏:配筋不足的钢筋混凝土结构,地下管道		3 和 4
10	大范围塌方和土壤破坏 破坏:桥梁,管道,部分钢筋混凝土结构 中等到严重程度破坏:大部分建筑物,大坝,铁轨	5	
11	永久性地表扭曲		
12	几乎所有东西破坏		
注:指定的地震区域表示在 50 年里预期发生的地震等级(见图 5)。			

表 2(续)

5-7
6-8
7-9
8 或 8 以上

5 用响应谱对地震环境的描述

5.1 响应谱

响应谱法是普遍接受的专门用于试验对地震环境的设计描述方法。在响应谱中,某一族振荡器的最大响应(每个振荡器都有其对应的单一自由度和固定的粘滞阻尼),以振动的特征频率的函数表达,而这些振荡是由地震引起的地面运动加速度造成的(可以看出,响应谱不是真正意义上地面振动的谱)。

图 1 中给出了一真实地震的加速度记录例子(自然时间历程)。

图 2 表示响应谱的模型。它记录了在固定特征频率 $f_{ri}(i=1\sim n)$ 和常阻尼的振荡器的初始振幅的响应。在特征频率激励更长和更强下,该振荡器振幅会更大。

5.2 基本响应谱

如果记录了在地震中某处和其附近地面运动时间历程数据,就用它来建立响应谱。通过控制形状变化,来导出反应地震激励的基本响应谱。

从不同地震中确定的大量有代表性的基本响应谱可以描述某区域或地区预期地震应力。

5.3 规定响应谱

基本响应谱的包络曲线定义为规定响应谱，因为它标志着某一给定地点或区域发生地震时规定的振动极限。某一场地上产品的不同安装方法可能会导致需要对响应谱进行不同的修正，该修正取决于它们的支撑物（建筑物，楼板，机壳等等）。该谱（图 4）表示了试验中频率、幅值（位移、速度或加速度）和阻尼之间的关系。

6 地震区划图

表 1 列出地震活动的不同区域在世界地图上的分布如图 5 所示。

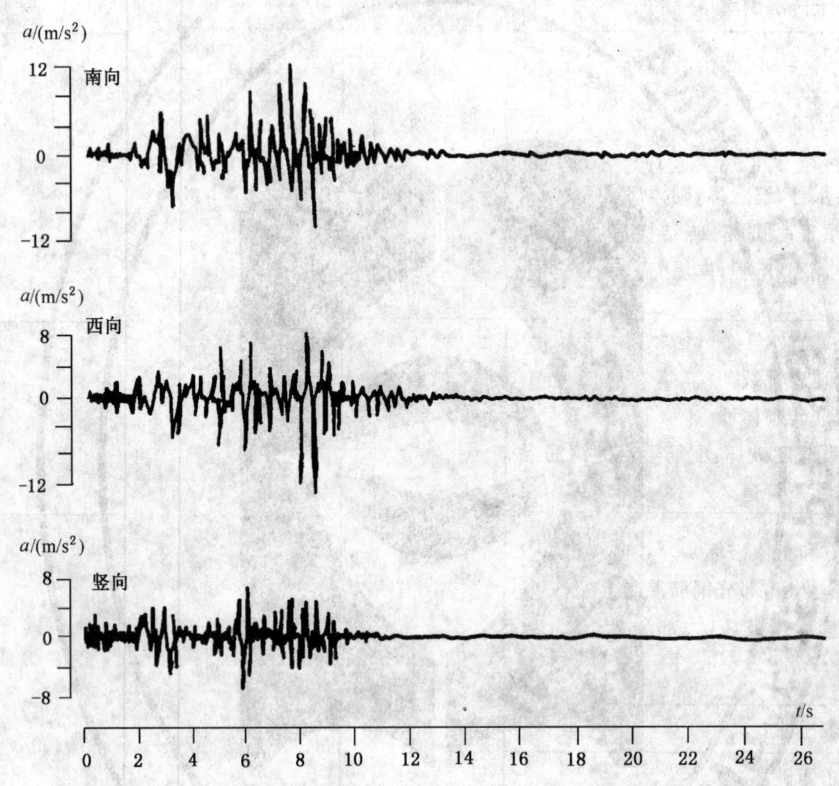

a——加速度；

t——时间。

图 1 圣费尔南多谷地地震加速度记录(1971)

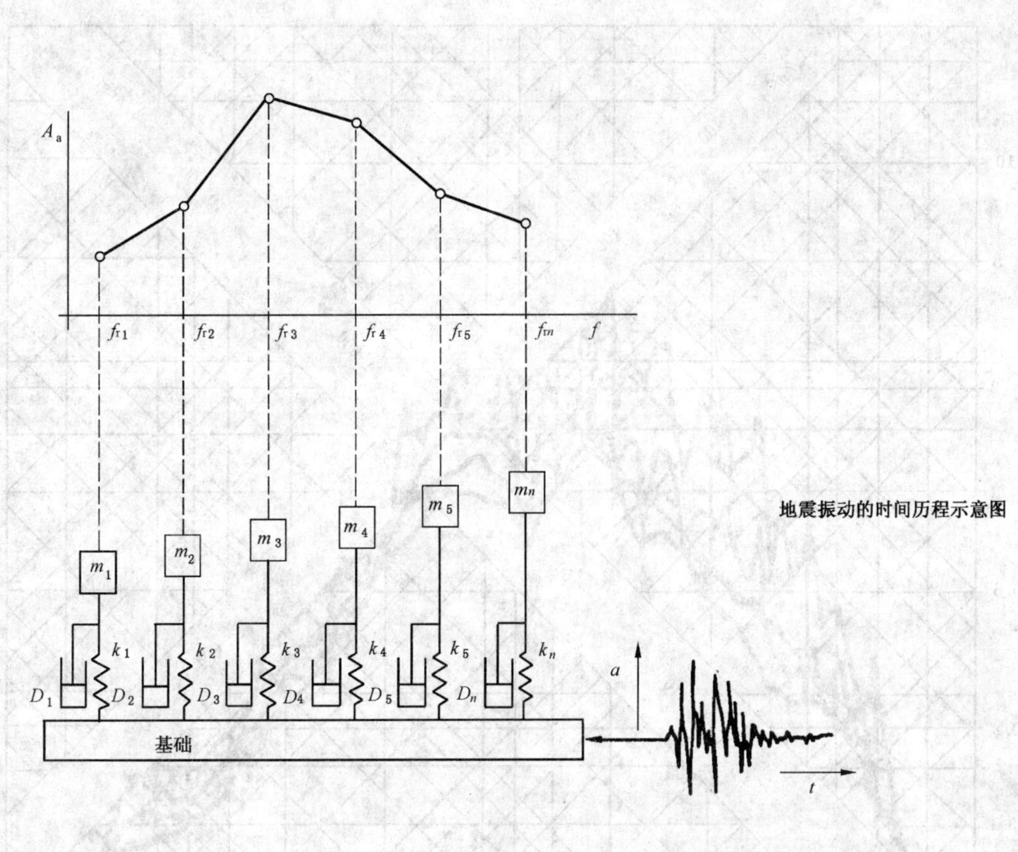

a——初始加速度幅值；

A_a——响应加速度幅值；

D_i——阻尼；

f_{ri}——不同振荡器的自然频率；

f——频率；

k_i——刚度；

m_i——质量；

t——时间。

图 2 构成基本响应谱的模型

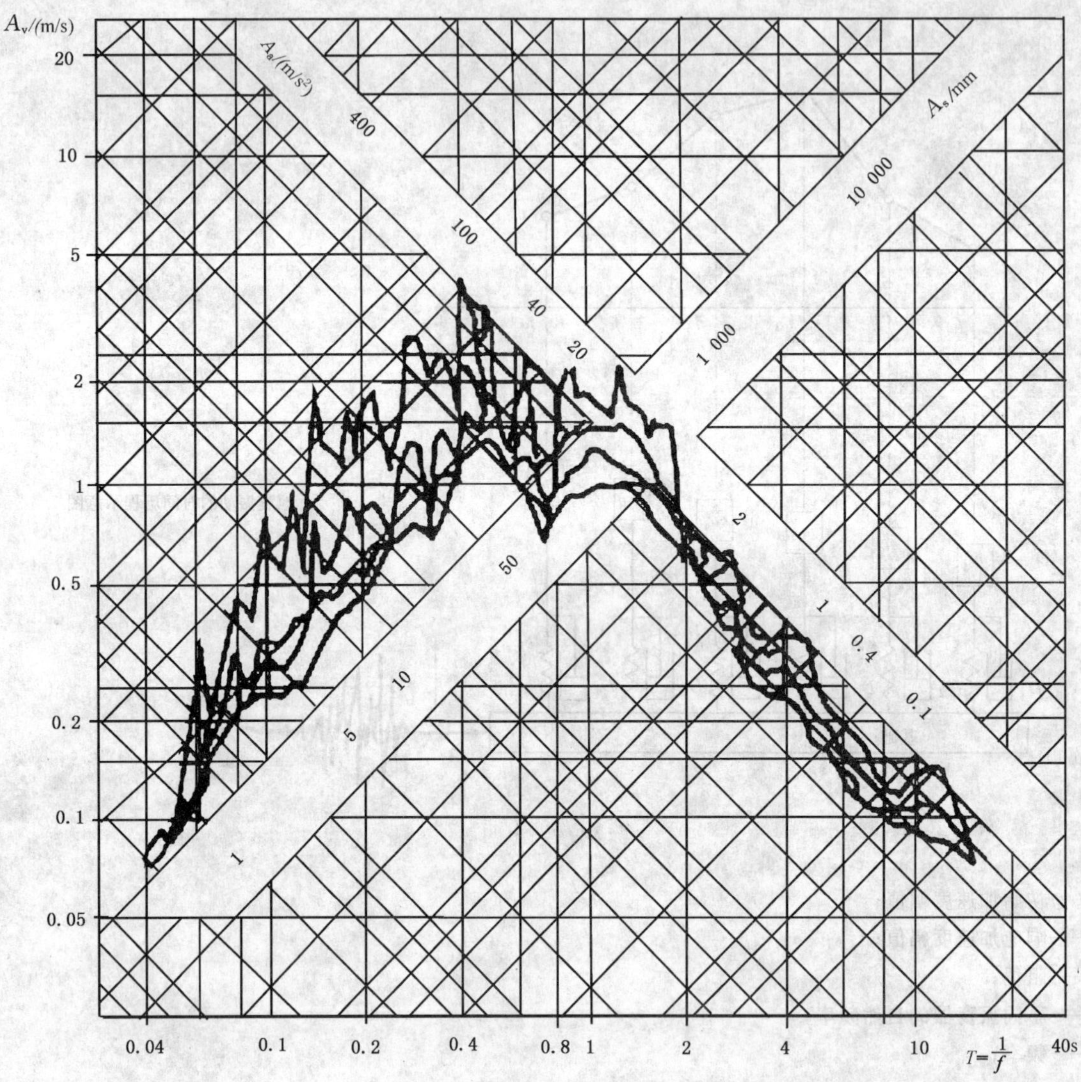

A_a——响应加速度幅值；

A_s——响应位移幅值；

A_v——响应速度幅值；

f——频率；

T——周期(频率的倒数)。

注：图 3 和图 4 中速度、加速度和位移之间的关系在低阻尼情况下是有效的。它是近似的，适用于相对速度响应、绝对加速度响应和相对位移响应之间的对比。

图 3　阻尼为 0、2%、5%和 10%的圣费尔南多谷地地震(1971，图 1)的基本响应谱(曲线从上到下)

A_a——响应加速度幅值；

A_s——响应位移幅值；

A_v——响应速度幅值；

f_r——频率。

注：图 3 和图 4 中速度、加速度和位移之间的关系在低阻尼情况下是有效的。它是近似的，适用于相对速度响应、绝对加速度响应和相对位移响应之间的对比。

图 4　规定响应谱示例

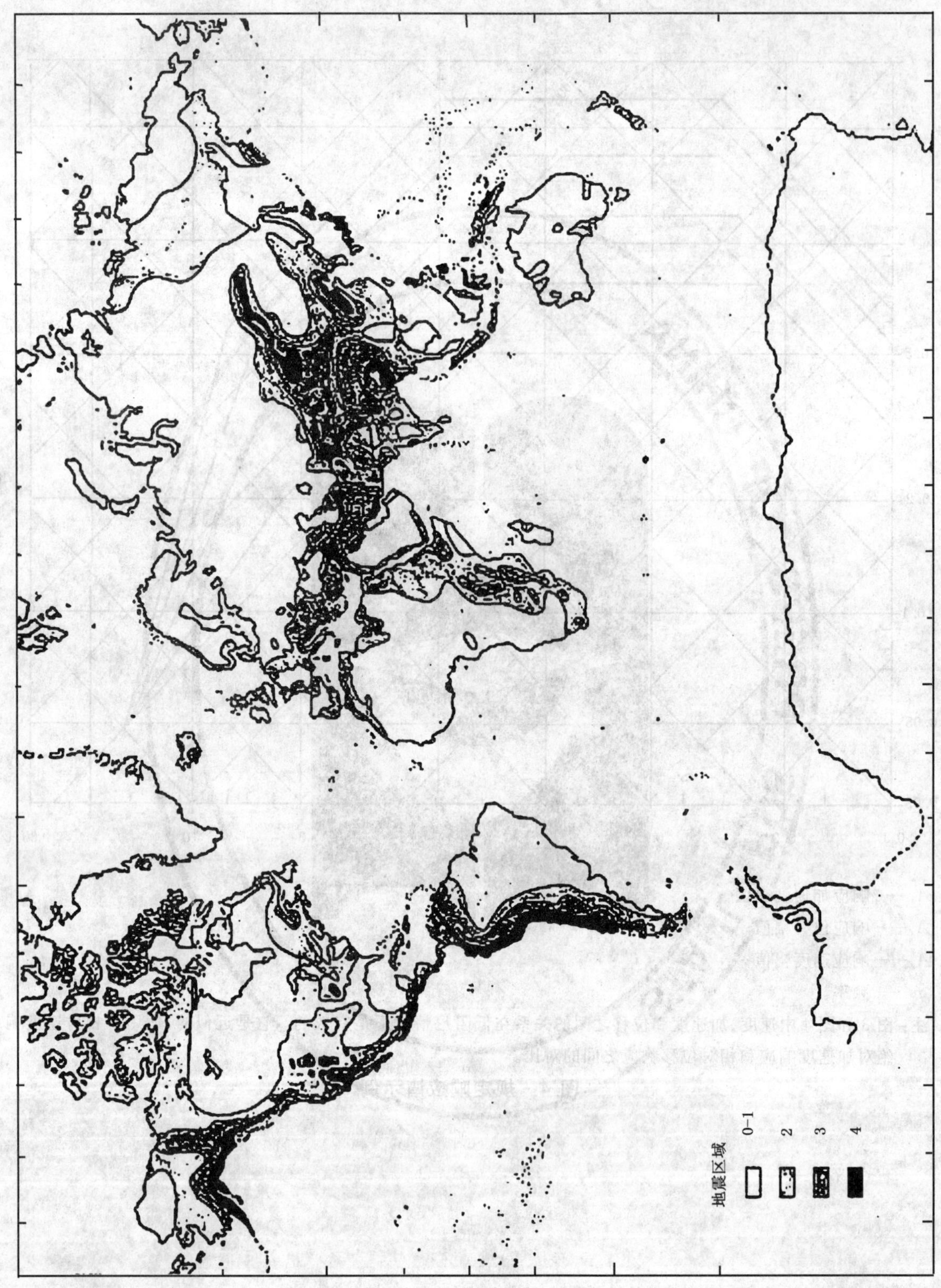

（由 W. 霍普(Hoppe)先生提供　来源：自然灾害的世界地图，慕尼黑人再保险公司，1978）

图 5　地震活动区划图

ICS 19.020
A 21

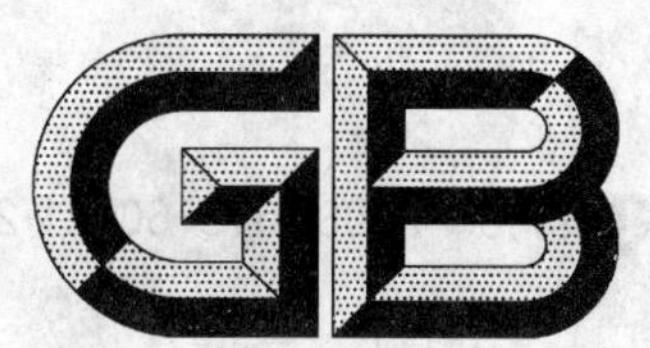

中华人民共和国国家标准

GB/T 4797.8—2008/IEC 60721-2-8:1994

电工电子产品环境条件分类 自然环境条件 火灾暴露

Classification of environmental conditions for electric and electronic products—Environmental conditions appearing in nature—Fire exposure

(IEC 60721-2-8:1994,Classification of environmental conditions—Part 2:Environmental conditions appearing in nature—Fire exposure,IDT)

2008-12-30 发布　　2009-11-01 实施

中华人民共和国国家质量监督检验检疫总局
中国国家标准化管理委员会　发布

前　言

GB/T 4797 标准包括以下 8 个部分：

——温度和湿度

——海拔与气压　水深与水压

——生物

——太阳辐射与温度

——降水和风

——尘、沙、盐雾

——地震振动和冲击

——火灾暴露

本部分是 GB/T 4797 的第 8 部分。

本部分等同采用 IEC 60721-2-8:1994《环境条件分类　第 2 部分:火灾暴露》。

本部分引用的规范性文件中有一部分目前尚未转化为等同采用的国家标准,在引用这些规范性文件时仍以 IEC/ISO 的编号列出。

为便于使用,本部分做了下列编辑性修改：

——删除了国际标准的前言；

——增加了国家标准前言；

——“IEC 721 的本部分”一词改为“GB/T 4797 的本部分”或“本部分”；

——对文中较长的图题,进行缩减,将原图题中的说明文字加入相关的正文内容中；

——对图 6 中的“$S=18\ m^2$”,根据图中的文字描述,更正为“$S=16\ m^2$”。

本部分由全国电工电子产品环境条件与环境试验标准化技术委员会(SAC/TC 8)提出并归口。

本部分起草单位:广州电器科学研究院、上海工业自动化仪表研究所。

本部分主要起草人:颜景莲、王捷、陈心欣。

电工电子产品环境条件分类
自然环境条件 火灾暴露

1 范围

GB/T 4797 的本部分定性和定量描述了在建筑物内火灾发生、发展、蔓延等的环境条件,主要和固定使用的电工产品相关。

本部分主要考虑了轰燃前的条件,也考虑了轰燃后的条件。

2 规范性引用文件

下列文件中的条款通过 GB/T 4797 的本部分的引用而成为本部分的条款。凡是注日期的引用文件,其随后所有的修改单(不包括勘误的内容)或修订版均不适用于本部分,然而,鼓励根据本部分达成协议的各方研究是否可使用这些文件的最新版本。凡是不注日期的引用文件,其最新版本适用于本部分。

GB/T 14523—2007 对火反应试验 建筑制品在辐射热源下的着火性试验方法(ISO 5657:1997,IDT)

ISO 5658-2:1996 对火反应试验 火焰扩散 第 2 部分:火焰在垂直分隔建筑制品上的水平传播

ISO 5660-3:2003 对火反应试验 热释放速率、烟雾产生率和质量损失率 第 3 部分:测量指南

ISO/TR 5924:1989 着火试验 燃烧反应 建材产生的烟雾(双燃烧室试验)

ISO 9705:1993 着火试验 饰面制品的全尺寸房间试验

ISO 19702:2006 燃烧废物的毒性试验 用 FTIR 气体分析对燃烧废气中气体和蒸气的分析指南

3 概述

在一个空间内,当易燃物得到足够的能量时,就发生着火,例如燃着的香烟或者电气短路引燃材料或者材料自身产生这种能量(自燃)。燃烧过程的决定因素如下(见图 1):

——能量源的特性;

——暴露材料的类型和几何特性;

——热暴露时间。

火在起燃后会产生热量,部分用于维持进一步燃烧,部分通过辐射和对流传递给周围其他材料和产品,这些材料和产品受热也可能会燃烧,导致火灾扩散(见图 2)。建筑物内的易燃材料通常是以气态引燃的。

空间内一旦发生着火,火焰的发展和蔓延取决于(见图 1):

——燃料或者燃烧物的位置、体积以及放置情况,燃烧材料在空间内的分布、连续性、多孔性以及燃烧特性;

——空间内的空气动力条件;

——空间的形状和尺寸;

——空间内的热力学特性。

如果安装了消防设备,火焰生长过程会受到消防设备的设计和工作能力(如喷水系统)的影响。

火灾的发展通常包括热力学、空气动力学及化学过程等复杂的相互反应。通常,辐射、对流和火焰蔓延是主要的物理因素。

在火焰生长的阶段,在建筑物的顶部会形成一层热气流。在某些特定条件下,这层热气流可能会引起火势的进一步发展,同时导致全部火灾载荷中的大部分陷入火灾:轰燃产生。

预测轰燃现象可以参考其他标准。其中一种将轰燃定义为：火焰从建筑物内的空旷处开始发生的时刻，这时上层气流中的温度通常在 500 ℃～600 ℃；还有一种标准就是指临界状态，即在建筑物内或者空间内地面水平面上产生的辐射为 20 kW/m²。也有其他标准，它们都跟不同的物理条件相关。

根据百个以上的实验结果以及对于能量和质量平衡的研究结果，得出的以下等式，可用于计算在规定的房间或者不大于几个立方米的空间内（墙壁和屋顶不可燃）能够避免产生轰燃现象所允许的最大热量释放速率[见式(1)]：

$$h_{c,perm} = 19\ 300(a_k A_t A \sqrt{h})^{1/2} \qquad \cdots\cdots(1)$$

式中：

$h_{c,perm}$——最大的热释放速率，单位为瓦(W)；

a_k——房间或者空间结构的有效热传导系数，单位为瓦每平方米每开尔文[$W/(m^2 \cdot K)$]；

A_t——房间或者空间内，包括开放区域的所有内表面积，单位为平方米(m^2)；

A——开放区域的总面积，单位为平方米(m^2)；

h——开孔的高度，单位为米(m)。

轰燃标志着火灾增长阶段（轰燃前）向火灾充分发展阶段（轰燃后）的转变。

轰燃前的火灾对消防产品的运行和功能具有决定的意义。而这些产品对于保证人员逃生和人员救援有至关重要的作用。探测器、警报器、相关电缆、警示灯等应在该阶段响应。

轰燃后的火灾对于火灾负载结构的火灾表现非常重要，火灾通过隔离物或者通风系统从一个房间蔓延到另外一个房间（如图 1），从建筑物的一层蔓延到另一层，从一个建筑物蔓延到另一个建筑物。相对于空间来说很小的火灾，很可能在大范围内，足够破坏在轰燃前阶段不恰当保护的结构单元。整个火灾过程——轰燃前和轰燃后，与消防员有重要关系。最后，对轰燃后火灾的认识，是火灾后评估清拆队安全、分析残留状态以及建筑物修复或再使用可能性的首要条件。

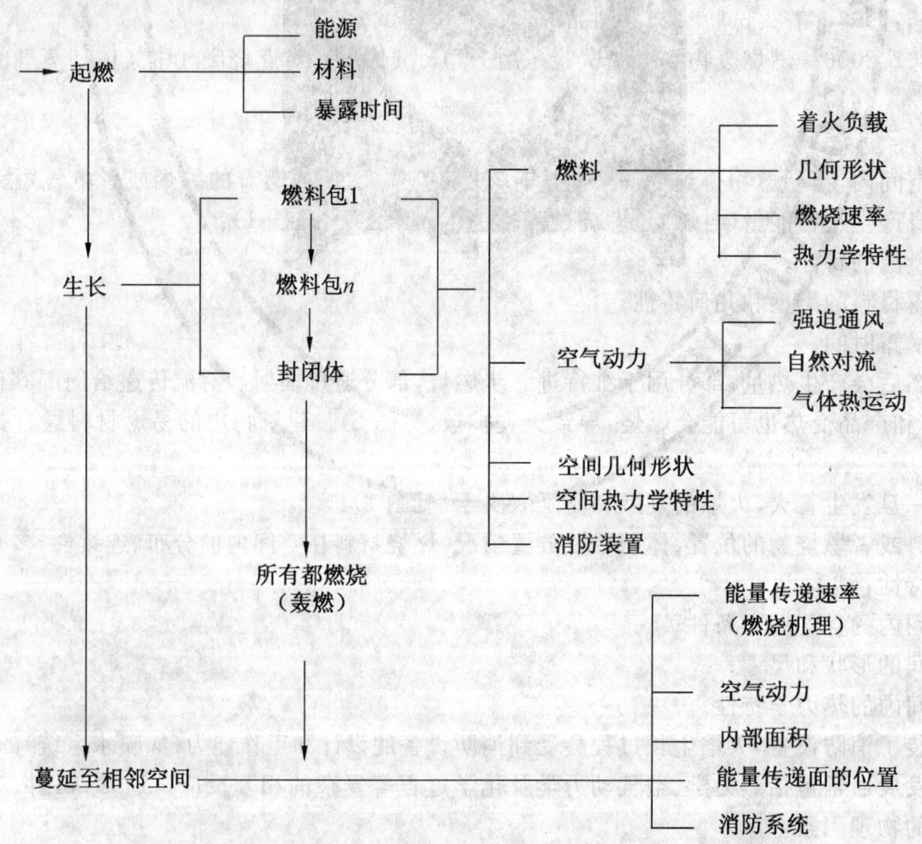

注：一个燃料包就是一个火灾载荷单元，例如窗帘、一组电缆、一件家具或者办公室内的一组家具。

图 1 影响建筑物内火焰起燃、生长和蔓延的因素

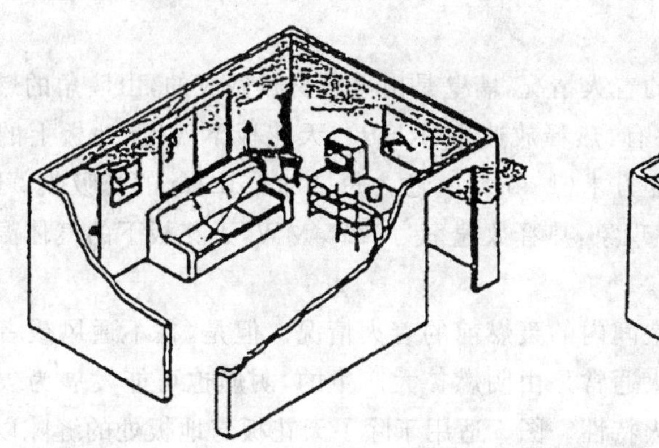
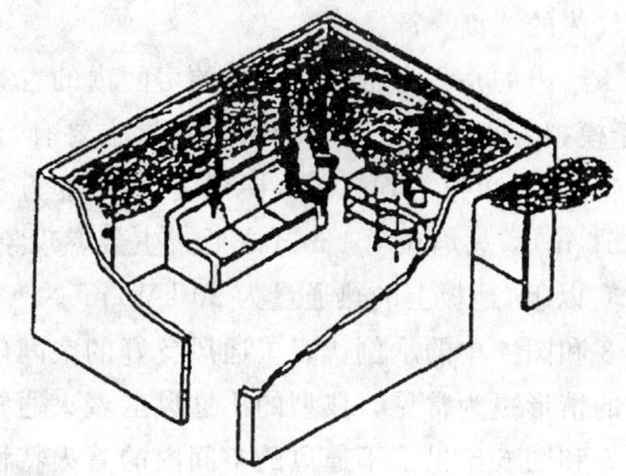

图 2 房间内发生着火和蔓延

4 轰燃前火灾特性

对轰燃前火灾基本特性的描述如下：

——暴露材料和产品的燃烧特性与以下参数产生作用：

- 提供的热量；
- 暴露时间；
- 火焰或阴燃出现的时间；
- 地点的几何形状；
- 热力学数据。

——时间变量：

- 热释放速率(RHR)；
- 火焰蔓延速率；
- 气体温度；
- 烟及其光学特性；
- 燃烧产物的组成，特别是腐蚀性的有毒的气体。

主要用于建筑材料和产品的小尺寸的着火反应试验正在制定过程中，见 ISO TC 92 的相关研究：建筑材料、零部件以及结构的着火试验，以上都是针对轰燃前火灾的特性。通过设置不同的暴露水平，这些试验可以给出材料和产品在不同火灾形势下的定量反应。

火灾反应试验的相关标准如下：

——GB/T 14523—2007；

——ISO 5658-2:1996；

——ISO 5660-3:2003；

——ISO/TR 5924:1989；

——ISO 19702:2006。

关于起燃性、热释放速率和火焰蔓延的相关标准，已在实际中应用。作为对小尺寸试验的补充，ISO 9705:1993 用于表面产品的简单全尺寸空间墙角试验。烟，尤其是当中的有毒的燃烧产物，对研究小尺寸试验有重要的意义。

图 3～图 6 给出了实际暴露水平与三种不同火灾在轰燃前的基本特性之间的关系。

图 3 和图 4 描述了通风条件良好的空间内火灾的情况。图 3 给出了燃烧速率随时间的变化，表示为失重率，对于以木作为燃料的小尺寸空间着火，主要有氧气、一氧化碳和二氧化碳。

燃烧过程中的各种气体浓度根据 Raman 谱图方法确定，该方法能够在同一时间内测量着火空间内的所有气体的浓度。

图 4 给出的是一个全尺寸通风的房间内的着火情况，墙壁是由可燃材料做成的，由墙角的燃气炉引燃，用于模拟着火的废纸篓。给出的变量主要有：热释放速率（RHR）、天花板下温度、地板上的热流量以及产生的烟，单位为 obscura（模糊度）乘以立方米（1 obscura 意为每增加 1 dB/m 的光吸收，可见光距离缩短 10 m）。火焰在 4.1 min 之后产生轰燃现象，热释放速率为 1.25 MW，天花板下的气体温度正好在 600 ℃以下，地板上的热通量为 30 kW/m^2。

图 3 和图 4 中的示例代表了通风良好的空间内的轰燃前的着火情况。但是，在不通风或者密闭的空间内的情形更为常见。典型的不通风的着火通常是由阴燃扩大产生的，阴燃也可能发展为火焰而扩展。图 5 和图 6 给出了不通风的空间内的着火特性。图 5 适用于除了天花板与地板处的缝隙以外都封闭的空间的火焰。图 5 给出了在空间内发生临界事件烟气产生和轰燃发生时的计算时间。烟气产生的定义为：烟层降低至地板以上 1.5 m 高度时的时间。假定空间安全评估不合理，救火比较危险和困难。图 5 给出了规定的洒水装置、烟热探测器开始运作的计算时间。

考虑到轰燃时间，图 5 还给出了不通风空间内着火和在天花板处通风以释放着火过程中产生的热量和烟的空间内的着火情况的对比。图 5 表明不通风条件缩短了轰燃的时间，轰燃发生的时间会随着火焰发展倍增时间的降低而缩短。

为了补充说明图 5 中表示的不通风的火焰的特性，图 6 给出了不通风条件下的阴燃的一氧化碳浓度随时间的变化情况：在 2.4 m 高，地板面积为 S 的房间内由于椅子阴燃产生的 CO 浓度随时间的变化，数值取自于房间中间高度。火焰是由距离地板一定高度的椅子引起的，且根据地板面积有所不同。这些数据是在试验和理论模型的基础上外推产生的，并且和在房间高度中点上放置的假定的传感器相关。图中给出了并在曲线上标注了时间 t_0（表示层界面降低到该点的时间）和时间 t^*（超过临界剂量的时间）。

可以通过以下项目的概率来考虑轰燃前火灾形势：

——引燃源的存在；

——产品的存在；

——产品着火特性；

——环境因素；

——人的存在；

——报警和灭火装置的存在和运行；

——逃生的可能性。

特别重要的是，因为这些产品具有高的热含量（软垫家具、塑料制大件家具、床垫）或者是较大的表面积（墙壁和天花装饰，较大的帘子等），产品自身能够将房间内一部分火灾转变为轰燃。

从实用和长期角度来讲，预测火灾危害的小尺寸着火反应试验结果评估，应基于基本性能试验和数学模型方法。图 7 给出了一种评价试验材料对于火灾安全的贡献的方法纲要。

如果没有小尺寸的数学模型可用，试验结果应与全尺寸试验数据统计直接相关。如果有小尺寸试验的有效数学模型，控制空间火焰发展的重要的材料特性可以量化，该数值可作为全尺寸模型轰燃前火灾数学模型的输入数据。使用这种经过与全尺寸试验支持和验证的数学模型，能够预测在不同环境条件下的空间内着火程度和地点随时间的变化情况。相关的安全措施可从其他部门当前使用的一些对复杂系统的效率、对于扰动的敏感性以及可靠性的评估方法中寻求。

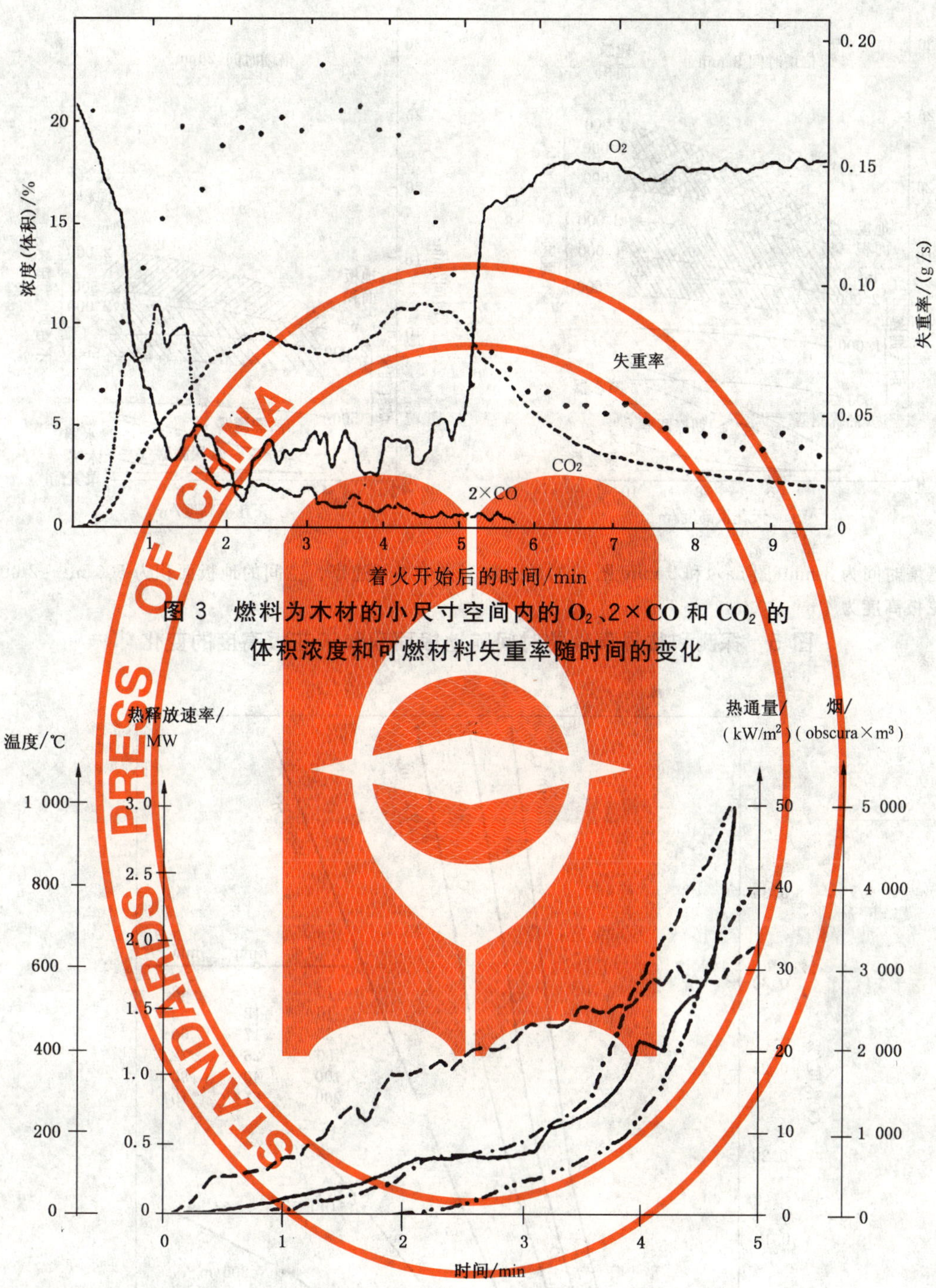

图 3　燃料为木材的小尺寸空间内的 O_2、2×CO 和 CO_2 的体积浓度和可燃材料失重率随时间的变化

注：试验细节：

a)　全尺寸房间：长 3.6 m，宽 2.4 m，高 2.4 m，轻质混凝土结构，门 2.0 m×0.8 m；

b)　燃烧物为刨花板，厚度为 10 mm，密度为 750 kg/m³，该刨花板覆盖了天花板和三面墙，不包括开有门的第四面墙；

c)　火源为 100 kW 的丙烷灯，放置于正对门的墙脚。

热释放速率，RHR(———)，天花板底下的气体温度(－－－－)，地板上的热通量(-·-—·-)以及总的烟气产物(-·-·—·-·)。

图 4　起燃后各参数随时间的变化

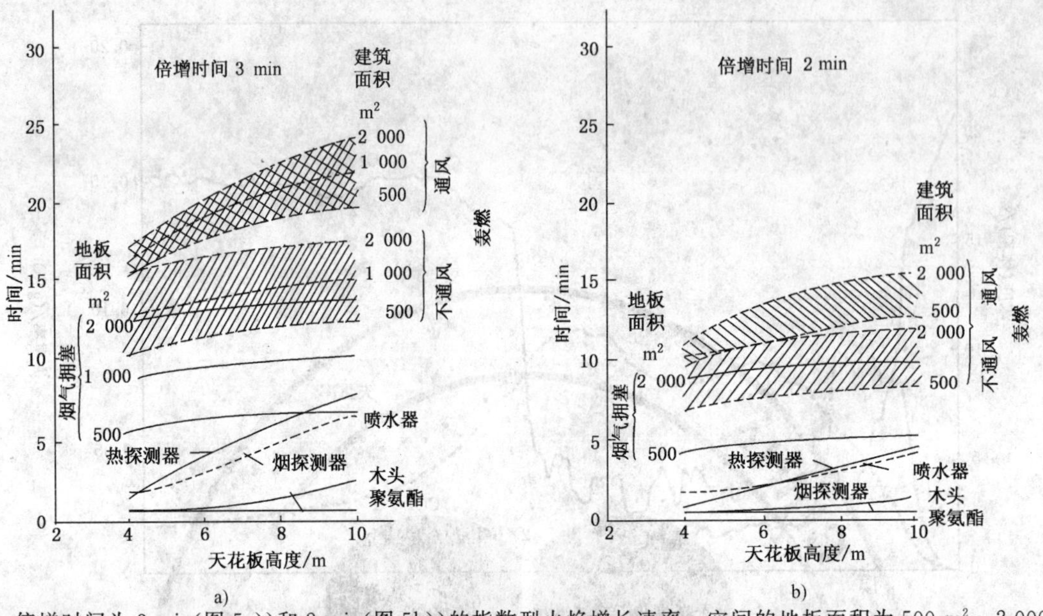

注：倍增时间为 3 min(图 5a))和 2 min(图 5b))的指数型火焰增长速率。空间的地板面积为 500 m^2～2 000 m^2，天花板高度为 4 m～10 m。

图 5 探测和临界事件的时间随地板面积和天花板高度的变化

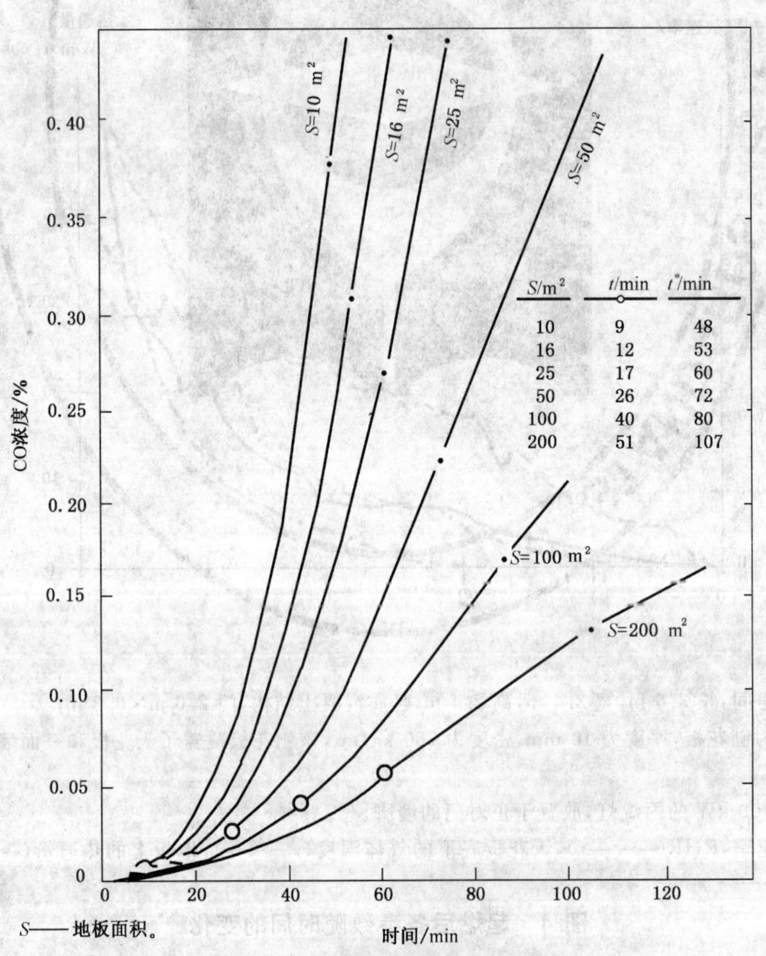

S——地板面积。

图 6 CO 浓度随时间的变化

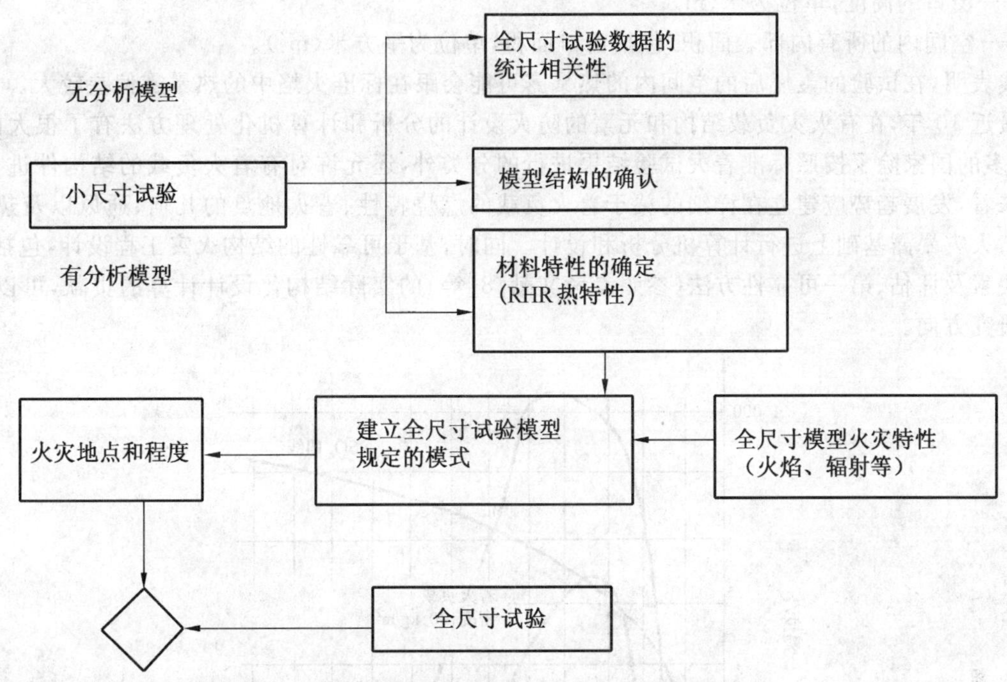

图 7　基本性能试验以及数学模型的结合方法

5　轰燃后的火焰特性

使用以下参数随时间的变化对轰燃后火焰特性进行全面描述：

——热释放速率(RHR)；

——气体温度；

——外部火焰的几何形状和热能数据；

——烟及其光学特性；

——燃烧产物的组成，特别是有毒的和腐蚀性的气体。

如第 3 章所述，轰燃后的火焰决定了有着火负载的结构的着火特性，火焰通过隔离物或者通风系统由一个空间蔓延至另外的空间(如图 1)，外部火焰由一个楼层蔓延到另外的楼层，从一栋楼蔓延到另外一栋楼。对于这些特性，前面三个是相关的，气体温度、外部火焰的几何形状和热能数据来源于窗口火焰的窜涌。

在国际上，流行的对于有着火负载结构的元件和隔离物的防火设计跟国家使用的标准的耐火试验而进行的分类系统有关。在耐火试验中，样品暴露于火炉旁边达到一定的温升，该温升在规定的限度内根据式(2)随时间变化，即标准的火焰：

$$T_t - T_0 = 345\log(8t + 1) \quad \cdots\cdots(2)$$

式中：

t——时间，单位为分钟(min)；

T_t——t 时刻的炉温，单位为摄氏度(℃)；

T_0——$t=0$ 时的炉温，单位为摄氏度(℃)。

图 8 给出了 $T_0=20$ ℃时，根据式(2)得出的时间-温度曲线，为了便于比较，图 8 中还给出了空间内的平均气体温度曲线，曲线是对四种不同着火载荷密度在有窗子的房间内进行的全尺寸试验基础上得到的[见式(3)]：

$$A\sqrt{h/A_t} = 0.157\text{m}^{1/2} \quad \cdots\cdots(3)$$

式中：

A——窗口的面积，单位为平方米(m^2)；

h——窗口的高度，单位为米(m)；

A_t——空间内的所有内部表面积，包括窗口面积，单位为平方米(m^2)。

曲线表明，在试验的轰燃后的空间内的热暴露可能会跟在标准火焰中的热暴露偏差较大。

在最近10年，在有火灾负载结构和元素的防火设计的分析和计算机化处理方法有了很大的进步，因此，更多的国家除了按照标准着火试验结果进行的分类外，还允许对有着火负载的结构件进行分类。从长期来看，发展趋势应建立在详细的关于着火负载的燃烧特性、着火地点的几何、通风以及热力学特性的自然火灾暴露基础上进行计算机分析和设计。同时，基于可靠性的结构火灾工程设计，包括基于实际安全要素及评估、第一可靠性方法(参照参考文献[8]等)的实际结构化设计计算的贡献，可以作为进一步的研究方向。

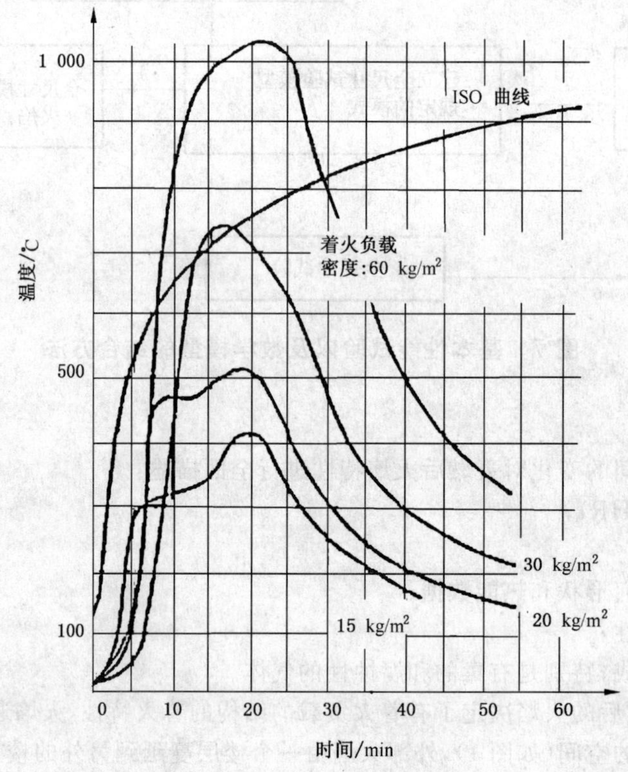

注：空间为弹性结构地板、一面墙为轻质混凝土，另三面为普通砖质、天花板为耐火混凝土。

图8　符合式(2)的标准着火曲线与试验情况下的得到的平均气体温度曲线的对比

基于空间自然着火概念的设计，结构件的热暴露可以通过系统的能量和质量平衡来计算。图9给出了一个瑞典土地规划委员会认可的设计实例。

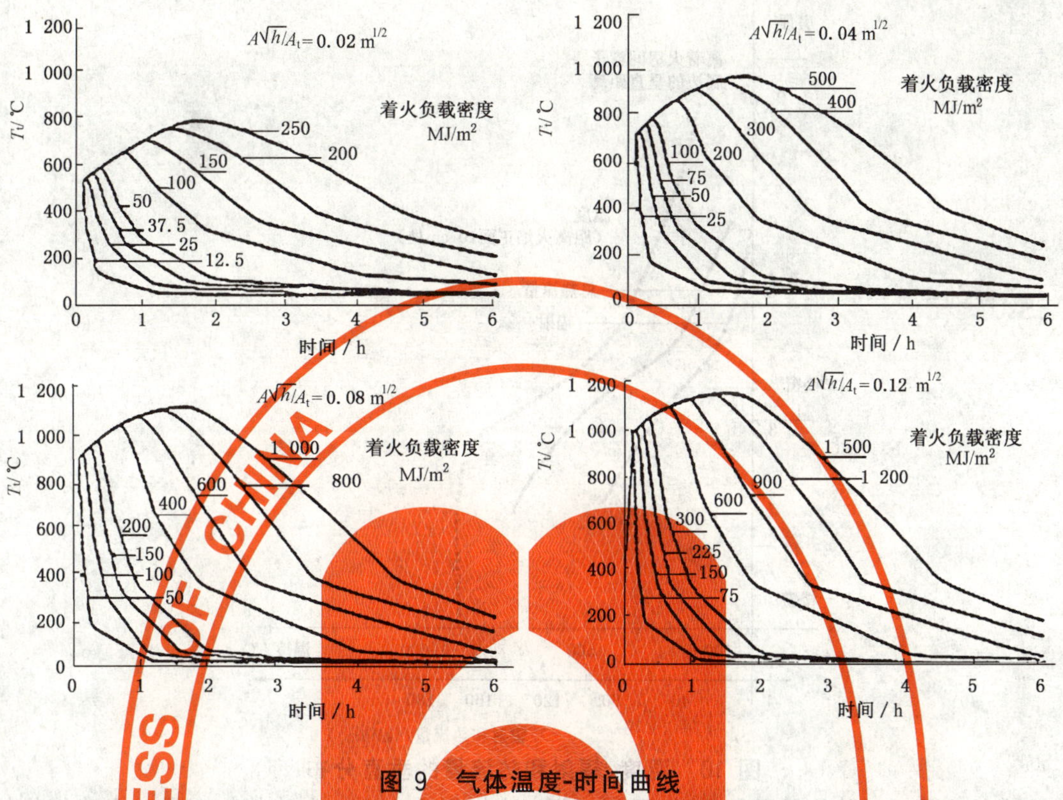

图 9 气体温度-时间曲线

图 9 中曲线的变量包括：空间内的封闭面的单位面积上的火灾载荷密度，单位为 MJ/m^2 空间内的通风特性用开孔因素，用 $A\sqrt{h}/A_t$ 来表示，单位 $m^{1/2}$。本图适用于封闭结构件具有规定热性能数据的空间(空间类型 A——瑞典土地规划委员会认可的设计模式)。

热性能数据有偏差的着火空间可以通过着火载荷密度和开孔因素的假想数值近似的转换为 A 类型的空间。图 9 是以一系列的简单化的假设为基础的，一般情况下给出的是比较保守的设计。

图 10 描述了在与实体规模相同的试验条件下，一个三层建筑物内的第一层轰燃以后的火焰条件下，得到的温度、辐射和热流量沿某一表面的垂直分布。暴露条件，引起火灾从一个楼层蔓延至另外一个楼层，表明了试验确定了温度和辐射最大值层面(层面 10 cm 以外)的垂直分布以及通向该层面[10]的总热流量。图 10 中曲线是一个三层建筑的第一层空间内的轰燃后的着火情况，火焰和热气体从窗户中窜涌出来。试验火焰模拟了真实的典型的复合材料装饰的平板轰燃后的火焰。

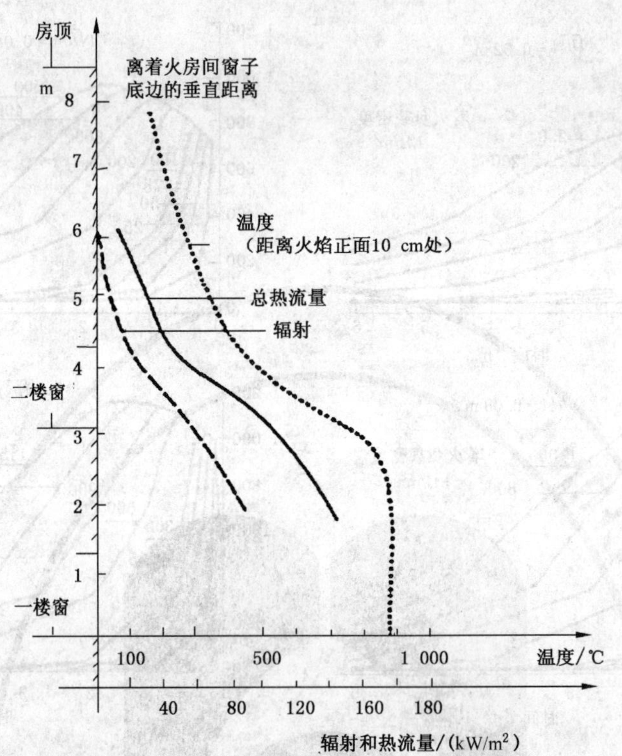

图 10 温度、辐射和热流量的垂直分布

空间内的火焰正面的热暴露条件，如图 10 所示，决定了火灾由一个建筑物向另一个建筑物的蔓延情况。

轰燃后火灾的另外一个重要因素就是烟雾和有毒气体会影响人们逃生的路径和其他较远的安全区域。许多国家经过近 10 年的努力，建立了在自然通风或空调建筑物内的计算机模型来描述烟雾流动。图 11 给出了该方法概要[11]、[6]。烟雾通过房间之间的空气流动或者空调系统在建筑物内散布，建筑物可以看作是一系列的空间，空气从气压高的地方流向气压低的地方。每个空间内的气压以及通过每个开孔的气流通过整个建筑的空气流动公式计算。决定性的因素包括开孔以及通风系统的流动阻力，质量驱动力如热空气和外部风的浮力以及开孔和通风系统的流动阻力。

根据图 11，一个完整的设计和分析包括三个互相关联的子系统，即：

——火焰发展模型，描述烟雾和毒气产生的速率；

——建筑物内的气压和气流模型；

——人类的行为模型，以及在撤退过程中的生理和心理因素。

对于许多的实际应用情况，无需作特别全面的分析。

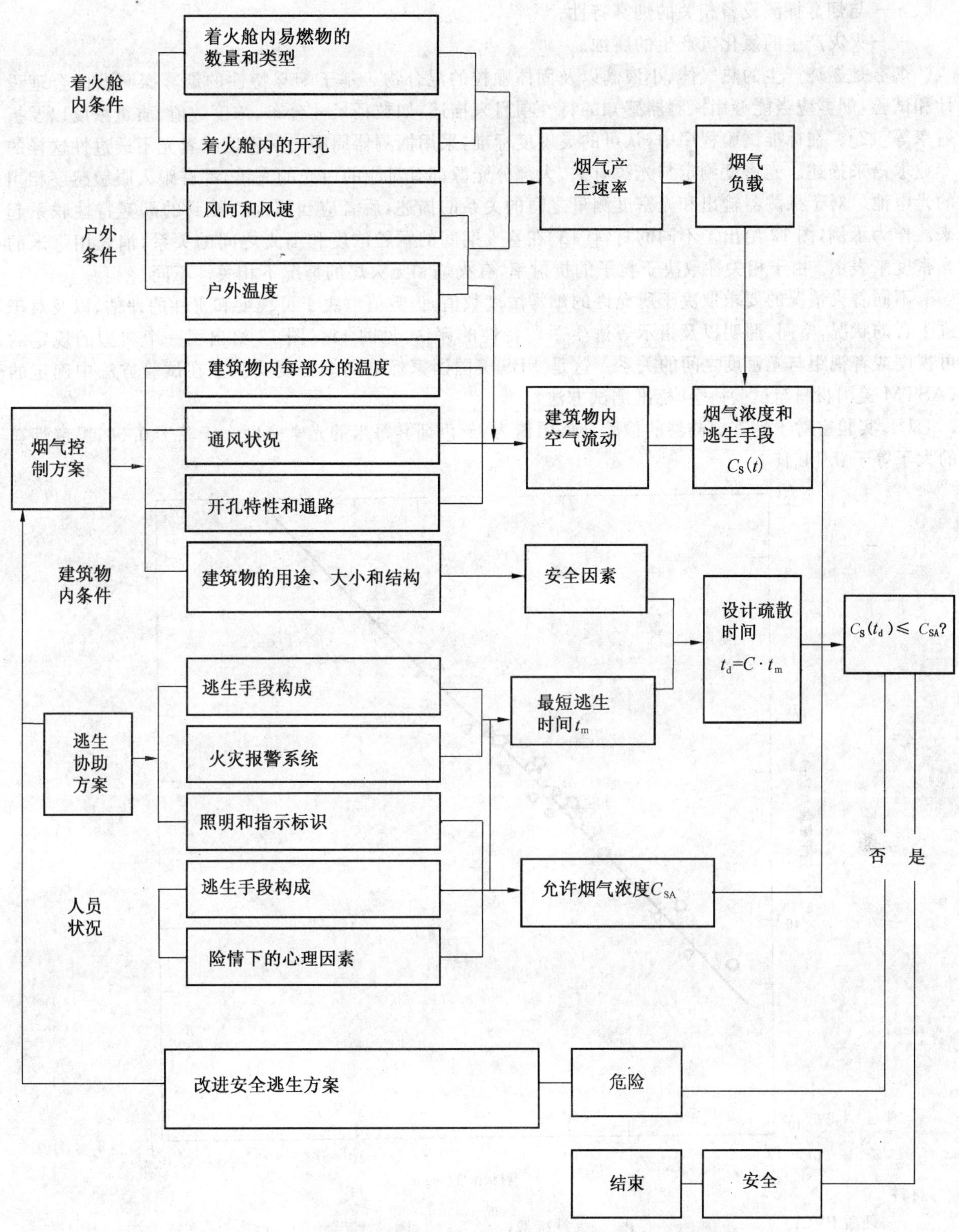

图 11 建筑物内烟气控制系统设计流程图

6 着火产物(烟雾和气体)的特性

烟雾会破坏关键设备的特性,或者阻止关键设备正常功能的发挥。这些影响主要是化学影响,对电工产品最明显的破坏就是腐蚀,例如烟雾中产生的氯化氢的腐蚀。

下面两项是仅限于电工产品相关的两项:

——与烟雾探测设备相关的烟雾特性；

——火灾产生的氯化氢产生的腐蚀。

烟雾是燃烧产生的热气体、小液滴以及固体颗粒的混合物。基于烟雾特性的烟雾探测器的合理设计和试验，烟雾应当能够用探测器感知的特性项目来描述，如粒径尺寸分布、浓度数值、质量浓度以及折射率等[12]。在标准试验程序中，认可的灵敏度标准，采用探测器周围光学密度或者光不透过性这样的专业术语来描述。光密度测定与光源有关，大部分光源都有对应的白光的光谱，都有跟人眼敏感度相当的光电池。对于探测器输出和光密度测量之间的关系的描述，后者应当同前面提到的烟雾特性联系起来。作为示例，图12给出了不同的材料[13]在着火期间的颗粒浓度和消光之间的关系，消光用每米的光密度来表示。由于相关性取决于粒子的折射率，有火焰和无火焰的情况下相关性不同。

不同着火情况的要求取决于所允许的烟雾浓度数值，该数值取决于可视度和毒性的评估，以及对于逃生者的状况，空间、照明以及指示等逃生手段特性的评估，见图11。图13给出了一个典型的规定的可视度或者视距与光密度之间的关系。这是NBS美国国家标准局烟密度实验室在试验方法中确定的(ASTM美国材料与试验协会，标准测试方法)。

UL实验室对于烟雾探测器的检验合格限值为：灰色烟雾每米的光学密度大于等于0.06，黑色烟雾的大于等于0.14[15]。

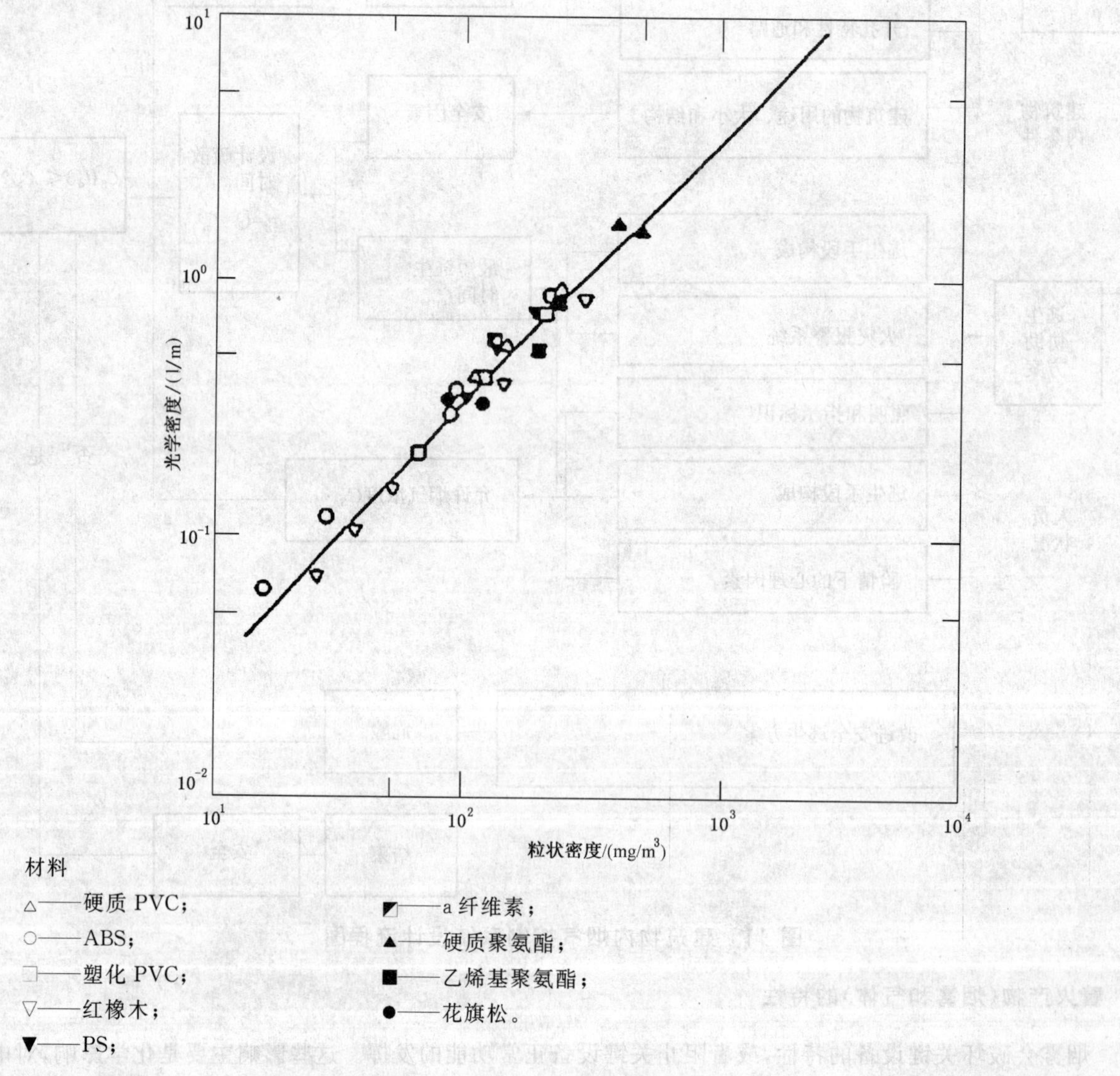

图12 烟气的光密度与粒状密度的相关性[13]

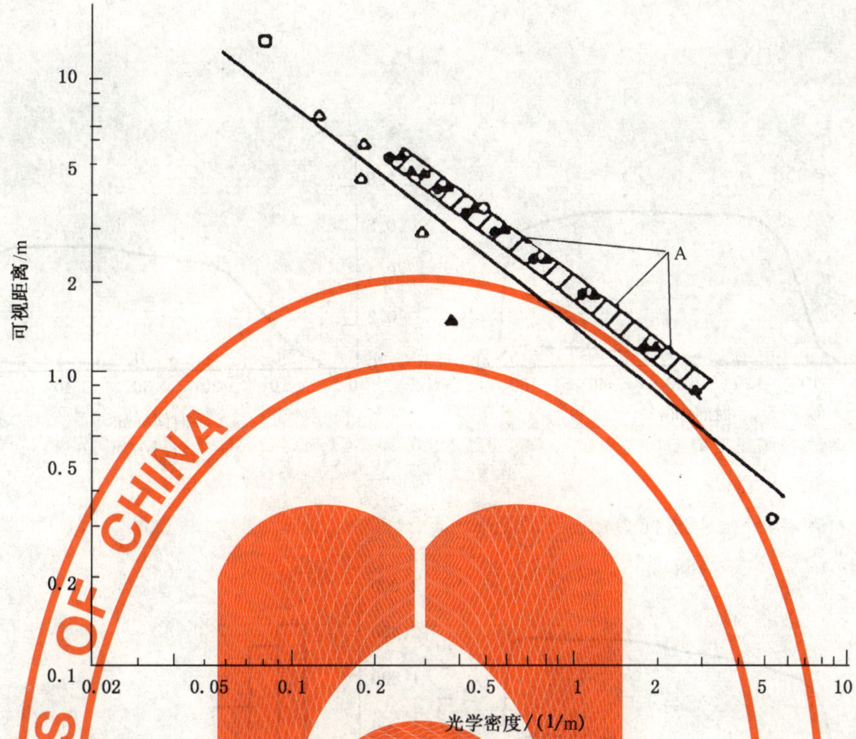

注：不同的符号代表不同的光线和标识，A 区域代表了黄色烟气中的手持灯。

图 13　可视距离与光学密度

在正常情况下，暴露在空气中的金属表面通常会有一层氯化物沉积物，最高可达 10 mg/m^2，这个数量一般情况下是无害的。但是，如果暴露在 PVC 燃烧产生的烟雾中，表面污染可致氯化物含量升高至几千毫克每平方米，通常会引起严重破坏。电工设备的氯化物污染可以通过清洗剂、溶剂、中和剂、超声振动、清洁空气喷射等手段进行去除。这种方法不是总有效果的，有时只能起到暂时的清洁效果，而不是长期的。

在资料[18]中报告了对 PVC 包覆的金属电线进行试验的情况，实验规模足以代表真实的火灾情况。试验研究的情况如下：PVC 包覆电线(电线长 9.14 m，PVC 质量为 24 g/m，纸的质量为 4 g/m)的分解，电流超负荷运行 45 min，试验在一个没有空气循环的尺寸为长 3.6 m、宽 2.4m、高 3.6 m 的增压空间(包括 2.4 m 以上的增压空间)内进行。图 14 给出了试验结果，给出了空间内的 CO、CO_2、CH_x、HCl 的浓度随时间的变化情况。所有试验的特点是 HCl 的浓度在越过最高点之后迅速降低，而其他气体浓度则没有相似的特点。在增压空间内测得的 HCl 气体的最大浓度为 3×10^{-3}，这个浓度大致为电线氯含量的 1/3，增压空间以下测得最大浓度为 2×10^{-4}。

注：图 14 中的气体浓度数值基于采用 10^{-6} 为单位的测量，也就是，体积浓度。转化为质量密度，例如 mg/m^3 的值，不实际，因为气体的温度并没固定。

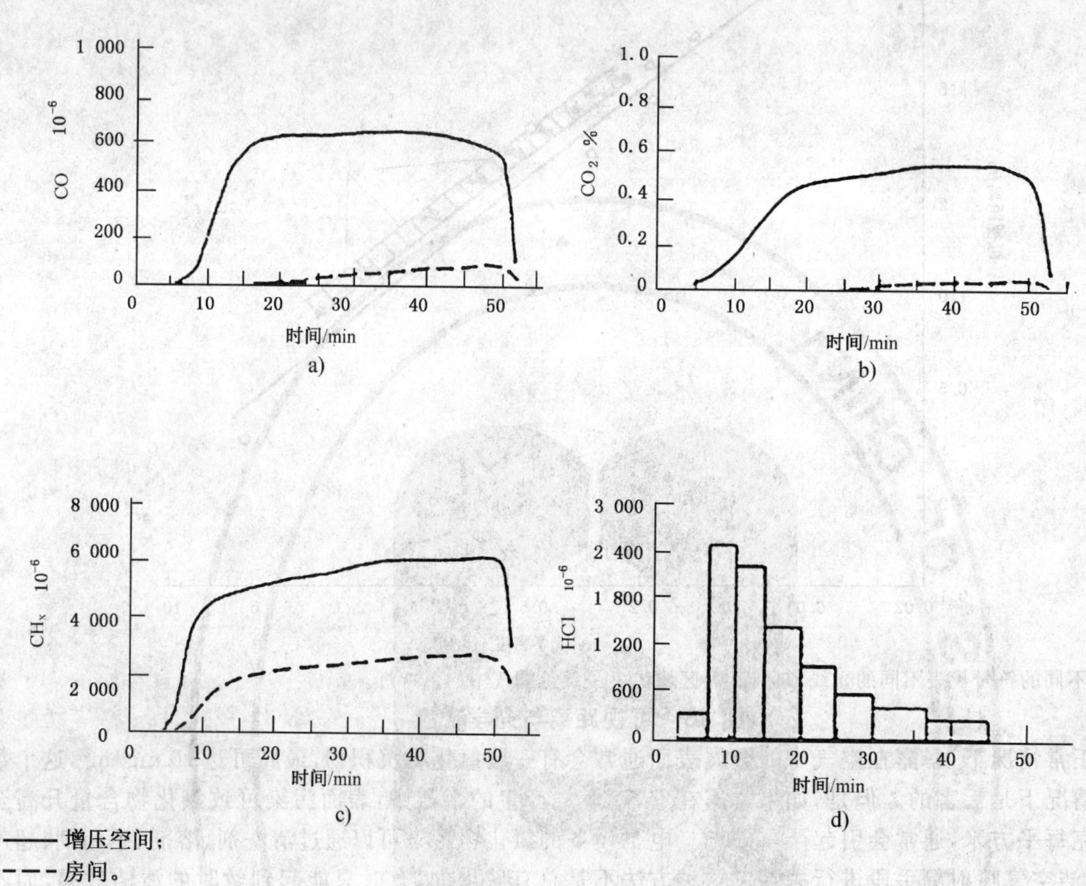

——增压空间；

– – –房间。

图 14 PVC 包覆电线作为单一燃料的模拟空间以及大尺寸空间内气体的浓度

参 考 文 献

［1］ McCaffrey，B. J.，Quintiere，J. G. and Harkleroad，M. F.，Estimating Room Temperatures and the Likelihood of Flashover Using Fire Data Correlations. Fire Technology 17：98-1 19 (1981).

［2］ Aldén，M.，Blomqvist，J.，Edner，H. and Lundberg.，Raman Spectroscopy in the Analysis of Fire Gases. Fire and Materials 7：32-37 (1983).

［3］ Sundström，B.，Full Scale Fire Testing of Surface Materials—Measurements of Heat Release and Productions of Smoke and Gas Species. Fire Technology，Swedish National Testing Institute，Technical Report SP-RAPP 1986：45，Borås (1986).

［4］ Hägglund，B.，Hazardous Conditions in Single Enclosures Subjected to Fire—A Parameter Study. National Defence Research Institute (FOA)，Report C 20524-D6，Stockholm (1983).

［5］ Quintiere，J. G.，Birky，M.，Macdonald，F. and Smith，G.，An Analysis of Smoldering Fires in Closed Compartments and Their Hazard Due to Carbon Monoxide. National Bureau of Standards，NBSIR 82-2556，Gaithersburg，Maryland (1982).

［6］ Magnusson，S. E. and Pettersson，O.，Functional Approaches—An Outline. CIB Symposium"Fire Safety in Buildings：Need and Criteria"，held in Amsterdam 1977-06-02/03，CIB Proceedings，Publication 38：120-145 (1978).

［7］ Arnault，P.，Ehm，H. and Kruppa，J.，Rapport Expérimental sur les Essais avec des Feux Naturels Exécutés dans la Petite Installation，Maizieres-les-Metz. Convention Européenne de la Construction Métallique，Document CECM-3/73-1 l-F (1973).

［8］ Pettersson，O.，Structural Fire Behaviour—Development Trends. International Association for Fire Safety Science，First International Symposium，held at NBS in Gaithersburg，Maryland 1985-10-07/11，Proceedings 1986：229-247 (1986).

［9］ National Swedish Board of Physical Planning and Building，Brandteknisk dimensionering (Fire Engineering Design). Comments on SBN (Swedish Building Code)，No. 1，Stockholm (1976).

［10］ Ondrus，J.，Fire Hazards of Facades with Externally Applied Additional Thermal Insulation. Full Scale Experiments. Lund Institute of Technology，Division of Building Fire Safety and Technology，Report LUTVDG/(TVBB-3021)，Lund (1985).

［11］ Wakamatsu，T.，Smoke Movement in Building Fires—Field Experiment in Welfare Ministry Building and Analysis of Sennichi Building Fire. Ministry of Construction，Building Research Institute，Research Paper No. 61，Tokyo (1975).

［12］ Holmstedt，G.，Magnusson，S. E. and Thomas，P. H.，Detector Environment and Detector Response. A Survey. Lund Institute of Science and Technology，Department of Fire Safety Engineering，Report LUTVDG/(TVBB-3039)，Lund (1987).

［13］ Seader，J. D. and Einhorn，J. N.，Some Physical，Chemical，Toxicotogical，and Physiological Aspects of Fire Smokes. Sixteenth Symposium (International) on Combustion，The Combustion Institute，Pittsburgh，Pa.，pp. 1423-1445 (1977).

［14］ Jin，T.，Visibility Through Fire Smoke，Part 5. Allowable Smoke Density for Escape from Fire. Fire Research Institute of Japan，Report No. 42，Tokyo (1976).

［15］ UL 217，Standard for Single and Multiple Station Smoke Detectors. Underwriters Laboratories，Northbrook (1976).

［16］ Sandmann，H.，Widmer，G.，The Corrosiveness of Fluoride—Containing Fire Gases on

Selected Steel. Fire and Materials, Vol. 10, pp. 11-19 (1986).

[17] Friedman, R., Principles of Fire Protection Chemistry. National Fire Protection Association, NFPA PFPC-89, Second Edition (1989).

[18] Beitel, J.J., Bertelo, C.A., Carroll, W.F., Gardner, R.O., Grand, A.F., Hirschler, M.M. and Smith, G.F., Hydrogen Chloride Transport and Decay in a Large Apparatus I. Decomposition of Poly (Vinyl Chlorid) Wire Insulation in a Plenum by Current Overload, Journal of Fire Sciences, Vol. 4, pp. 15-41 (1986).

[19] Pettersson, O., Current Fire Research and Design—Particularly in View of Mathematical Modelling. Lecture at the CIB 9th Congress in Stockholm 1983-08-15/19. Lund Institute of Technology, Division of Building Fire Safety and Technology, Report LUTVDG/(TVBB-3018), Lund (1984).

[20] ISO/IEC 指南 52:1990 着火术语和定义

ICS 19.040
A 21

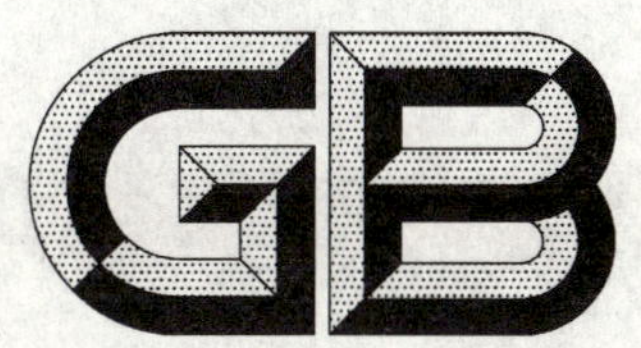

中华人民共和国国家标准

GB/T 4798.2—2008
代替 GB/T 4798.2—1996

电工电子产品应用环境条件 第2部分:运输

Environmental conditions existing in the application of electric and electronic products—Part 2:Transportation

(IEC 60721-3-2:1997,Classification of environmental conditions—Part 3:Classification of groups of environmental parameters and their severities—Section 2:Transportation,MOD)

2008-03-24 发布 2008-10-01 实施

中华人民共和国国家质量监督检验检疫总局
中国国家标准化管理委员会 发布

前　言

GB/T 4798《电工电子产品应用环境条件》标准包括：

GB/T 4798.1—2005　电工电子产品应用环境条件　第1部分：贮存

GB/T 4798.2—2008　电工电子产品应用环境条件　第2部分：运输

GB/T 4798.3—2007　电工电子产品应用环境条件　第3部分：有气候防护场所固定使用

GB/T 4798.4—2007　电工电子产品应用环境条件　第4部分：无气候防护场所固定使用

GB/T 4798.5—2007　电工电子产品应用环境条件　第5部分：地面车辆使用

GB/T 4798.6—1996　电工电子产品应用环境条件　船用

GB/T 4798.7—2007　电工电子产品应用环境条件　第7部分：携带和非固定使用

GB/T 4798.9—1997　电工电子产品应用环境条件　产品内部的微气候

GB/T 4798.10—2006　电工电子产品应用环境条件　导言

本部分为GB/T 4798的第2部分，修改采用了国际标准IEC 60721-3-2：1997《环境条件分级　第3部分：环境参数及其严酷程度分级　第2节：运输》（英文版）。

考虑到我国国情，在采用IEC 60721-3-2：1997时，本部分做了一些修改。有关技术性差异和编辑性差异已编入正文，并在它们所涉及的条款的页边空白处用垂直线标识。

本部分与IEC 60721-3-2：1997的不同之处主要有：

——表1等级栏中增加了2K4L；

——表1中2K2、2K3、2K4、2K5L、2K6等级的c）高温条件40℃修改为45℃；

——表1中2K4等级的a）、d）和g）低温条件－40℃修改为－50℃；

——表1中2K3、2K4、2K5L、2K6等级e）的温度变化高温条件40℃修改为45℃；

——表5等级栏中增加了等级2M4，稳态随机振动栏中增加了频率范围2 Hz～10 Hz。

本部分代替GB/T 4798.2—1996，与前一版本相比，主要的不同之处有：

——表1中增加了等级2K6和2K7；

——增加了表6环境等级组；

——附录A增加了部分描述性内容；

——增加了附录B；

——增加了附录C。

本部分的附录A、附录B、附录C均为资料性附录。

本部分由全国电工电子产品环境条件与环境试验标准化委员会（SAC/TC 8）提出并归口。

本部分起草单位：广州电器科学研究院。

本部分主要起草人：颜景莲。

本部分所代替标准的历次版本发布情况为：

——GB/T 4798.2—1984；

——GB/T 4798.2—1996。

电工电子产品应用环境条件
第2部分:运输

1 范围

GB/T 4798本部分对于产品在从一个地方运输到另一个地方的过程中所承受的环境参数组及其严酷程度进行了分级。

本部分考虑了最常用的运输方式,主要包括以下几种:

道路运输:汽车、卡车、动物、传送装置;

轨道运输:火车、有轨电车、传送装置;

水上运输,内陆和远洋运输:轮船、气垫船、传送装置;

空中运输:飞机、传送装置;

垂直运输:起重机、运送电梯、缆车。

本部分规定了产品在运输的过程中可能遇到的环境条件。如果产品带有包装,则环境条件适用于带包装的产品。本部分仅包括了对产品不利的比较严酷的环境条件。

产品在贮存和使用过程中的环境条件在GB/T 4798的其他部分给出。

本部分的目的是对产品在陆运、水运和空运包括装卸过程中可能承受的环境参数组进行分级。

本部分给出了数量有限的环境条件等级,但覆盖范围广泛。用户应当选择包括拟运输的环境条件的最低的等级,附录A中则给出了导则。

2 规范性引用文件

下列文件中的条款通过GB/T 4798的本部分的引用而成为本部分的条款。凡是注日期的引用文件,其随后所有的修改单(不包括勘误的内容)或修订版均不适用于本部分,然而,鼓励根据本部分达成协议的各方研究是否可使用这些文件的最新版本。凡是不注日期的引用文件,其最新版本适用于本部分。

GB/T 4796—2008 电工电子产品环境条件分类 第1部分:环境参数及其严酷程度(idt IEC 60721-1:2002)

GB/T 4797.1—2005 电工电子产品自然环境条件 温度和湿度(IEC 60721-2-1:2002, MOD)

GB/T 4798.10—2006 电工电子产品应用环境条件 导言(IEC 60721-3-0:2002,IDT)

3 术语和定义

除了GB/T 4796—2001的第3章确定的术语以外,下列术语和定义适用于GB/T 4798的本部分。

3.1

有气候防护 weatherprotected

包装或无包装产品处于一个能够提供某种环境防护的封闭体内,包括了从温度受控的集装箱到产品上面的防水罩。通风条件则包括了从受控气流到提升防水罩后发生的自然空气流动。

3.2

无气候防护 non-weatherprotected

对包装或无包装产品没有采取任何环境防护措施。

4 概述

为了避免误用GB/T 4798规定的等级,推荐参考使用GB/T 4798.10—2006。

严酷等级的规定值都是最大值或者极限值,被超过的可能性很小,但短时可能会达到这些数值。不同情况下,不同的时间段内发生的频率可能不同。本部分没有包括发生频率,但对于每一个环境参数都应考虑。如果可能,应另行规定。

有关持续时间和发生频率的资料在GB/T 4798.10—2006的第6章给出。

应注意,几个环境参数组合时会增加对产品的影响。特别是高相对湿度与生物环境条件、化学活性物质、机械活性物质综合作用时,对产品影响较大。

5 环境参数组及其严酷程度分级

气候环境条件(K)、特殊气候环境条件(Z)、生物环境条件(B)、化学活性物质(C)、机械活性物质(S)、机械条件(M)按表1～表5进行分级。对于给定的产品,应采用一整套的分级描述,如2K2/2B1/2C2/2S2/2M3,参见第6章。

热带地区的分级2K6和2K7在附录C中进行了说明。

最低的等级组合2K1/2B1/2C1/2S1/2M1代表了产品在最严格的运输条件下承受的环境条件,而最高的等级组合2K5/2B3/2C3/2S3/2M4则包括了范围很宽的运输条件,包括了非常严酷的环境条件。

高等级的环境条件一般包括了所有低等级的条件。

对于某些环境参数,目前很难对其严酷程度定量。

每一等级所包含的环境条件在附录A中的A.3中给出。

6 环境条件等级组合

如第5章所述,使用时,分级中允许存在多种产品可能承受的环境条件组合。因此,可能的等级组合和灵活性都比较多。但是在实际过程中,这种灵活多样性并不总是有利的,例如当不同的组织对某一场所制定环境条件规范时,可能会产生小而比较困扰的分歧。

为了限制一般情况的可能性,可以从表6中选取标准的等级组合。对于指定的场所或产品,可参照本部分,如选取IE 22。只有当本部分无相应的环境条件时,才能按第5章对每一等级进行说明。或者,如果某些环境参数的严酷程度参数与等级组合有偏差,可以附加文字“但……(参数)……(严酷程度和单位)”说明,例如:IE 22,但砂为10 g/m³。

附录B概括了各环境条件等级组合所包括的环境条件。

表 1 气候环境条件等级

环境参数	单位	等级									
		2K1	2K2	2K3	2K4	2K4L[g]	2K5	2K5H	2K5L	2K6[f]	2K7[f]
a) 低温	℃	+5	−25	−25	−50	−50	−65	−25	−65	+5	−20
b) 高温 不通风的密封体内[a]	℃	无	+60	+70	+70	+60	+85	+85	+70	+70	+85
c) 高温 通风场所或者户外[b]	℃	+40	+45	+45	+45	+40	+55	+55	+45	+45	+55
d) 温度变化 空气/空气[c]	℃	无	−25/+25	−25/+30	−50/+30	−50/+30	−65/+30	−25/+30	−65/+30	+5/+30	−20/+30
e) 温度变化 空气/水[c]	℃	无	无	+45/+5	+45/+5	+40/+5	+55/+5	+55/+5	+45/+5	+45/+5	+55/+5
f) 相对湿度，无温度急剧变化	% ℃	75 +30	75 +30	95 +40	95 +45	95 +40	95 +50	95 +50	95 +45	95 +45	95 +50
g) 相对湿度，伴有温度急剧变化，高相对湿度时的空气/空气[c]	% ℃	无	无	95 −25/+30	95 −50/+30	95 −50/+30	95 −65/+30	95 −25/+30	95 −65/+30	95 +5/+30	95 −20/+30
h) 绝对湿度，伴有温度急剧变化，高水汽含量时的空气/空气[d]	g/m³ ℃	无	无	60 +70/+15	60 +70/+15	60 +70/+15	80 +85/+15	80 +85/+15	60 +70/+15	60 +70/+15	80 +85/+15
i) 低气压	kPa	70	70	70	70	53	30	30	30	30	30

表 1（续）

环境参数	单位	等级									
		2K1	2K2	2K3	2K4	2K4L[g]	2K5	2K5H	2K5L	2K6[f]	2K7[f]
j）气压变化	kPa/min	无	无	无	无	无	6	6	6	6	6
k）周围介质运动，空气	m/s	无	无	20	20	30	30	30	30	30	30
l）降水，雨	mm/min	无	无	6	6	6	15	15	6	15	15
m）太阳辐射	W/m²	700	700	1 120	1 120	1 250	1 120	1 120	1 120	1 120	1 120
n）热辐射	W/m²	无	无	600	600	600	600	600	600	600	600
o）降雨以外的水[e]	m/s	无	无	1	1	1	3	3	3	3	3
p）潮湿	—	无	无	潮湿表面条件							

a 产品表面的高温可能会受到周围空气温度和通过窗户或者其他开孔射进的太阳辐射的影响。

b 产品表面的高温会受到周围空气温度和 m）定义的太阳辐射的影响。

c 假定产品在两个规定温度之间直接转移。

d 假定产品只承受温度急剧降温（无急剧升温）。空气中的含水量适用于温度降低至露点，在较低温度下，相对湿度假定为近似 100%。

e 该数值是指水的速度，而不是积累高度。

f 等级 2K6（亚湿热）和 2K7（赤道干热）的更多信息在附录 C 中给出。

g 等级 2K4L 适用于海拔高度 3 000 m～5 000 m 地面（不包括寒冷地区）的运输条件。

表 2　生物环境条件等级

环境参数	等级		
	2B1	2B2	2B3
a) 植物群	无	存在霉菌、真菌等	
b) 动物群	无	存在啮齿动物及其他危害产品的动物	
		白蚁除外	包括白蚁

表 3　化学活性物质条件等级

环境参数	单位	等级				
		2C1	2C2		2C3	
a) 海盐	无	无	盐雾条件		盐水条件	
b) 二氧化硫	mg/m³	0.1	1.0	(0.3)	10	(5.0)
	cm³/m³	0.037	0.37	(0.11)	3.7	(1.85)
c) 硫化氢	mg/m³	0.01	0.5	(0.1)	10	(3.0)
	cm³/m³	0.007 1	0.36	(0.071)	7.1	(2.1)
d) 氮氧化物(用二氧化氮的当量值表示)	mg/m³	0.1	1.0	(0.5)	10	(3.0)
	cm³/m³	0.052	0.52	(0.26)	4.68	(1.56)
e) 臭氧	mg/m³	0.01	0.1	(0.05)	0.3	(0.1)
	cm³/m³	0.005	0.05	(0.025)	0.15	(0.05)
f) 氯化氢	mg/m³	0.1	0.5	(0.1)	5.0	(1.0)
	cm³/m³	0.066	0.33	(0.066)	3.3	(0.66)
g) 氟化氢	mg/m³	0.003	0.03	(0.01)	2.0	(0.1)
	cm³/m³	0.003 6	0.036	(0.012)	2.4	(0.12)
h) 氨	mg/m³	0.3	3.0	(1.0)	35	(10)
	cm³/m³	0.42	4.2	(1.4)	49	(14)

注 1：表中给出的数值是每天超过 30 min 时段内的最大值。

注 2：括号中的数值是长期平均值的期望值。

注 3：以 cm³/m³ 为单位的数值，是按在温度 20℃、压力 101.3 kPa 的条件下，将 mg/m³ 的数值换算而得出的。

注 4：表中使用的是圆整后的数值。

表 4　机械活性物质条件等级

环境参数	单位	等级		
		2S1	2S2	2S3
a) 空气中的沙尘	mg/m³	无	0.1	10
b) 沉积沙尘	mg/(m²·h)	无	3.0	3.0

表 5 机械环境条件等级

环境参数	单位	等级											
		2M1			2M2			2M3			2M4[d]		
a) 稳态正弦振动[a]													
位移幅值	mm	3.5			3.5			7.5			7.5		
加速度幅值	m/s^2		10	15		10	15		20	40		20	40
频率范围	Hz	2～9	9～200	200～500	2～9	9～200	200～500	2～8	8～200	200～500	2～8	8～200	200～500
b) 稳态随机振动[a]													
加速度谱密度	m^2/s^3	10	1	0.3	10	1	0.3	30	3	1	50	10	1
频率范围[e]	Hz	2～10	10～200	200～2 000	2～10	10～200	200～2 000	2～10	10～200	200～2 000	2～10	10～200	200～2 000
c) 非稳态振动，包括冲击[b]													
I 型冲击响应谱峰值加速度	m/s^2	100			100			300			300		
II 型冲击响应谱峰值加速度	m/s^2	无			300			1 000			1 000		
d) 自由跌落：													
质量小于 20 kg	m	0.25			1.2			1.5			1.5		
质量在 20 kg～100 kg 之间	m	0.25			1.0			1.2			1.2		
质量大于 100 kg	m	0.1			0.25			0.5			0.5		
e) 倾倒：													
质量小于 20 kg	无	任一边倾倒											
质量在 20 kg～100 kg 之间	无	无			任一边倾倒								
质量大于 100 kg	无	无			无			任一边倾倒					
f) 摇摆与倾斜：													
角度[c]	(°)	无			±35			±35			±35		
周期	s	无			8			8			8		
g) 稳态加速度	m/s^2	20			20			20			20		
h) 静负载	kPa	5			10			10			10		

[a] 用具有高阻尼的车辆运输时，频率范围可以限制到 200 Hz。

[b] 见图 1。

[c] 35°只有短时出现，但是 22.5°经常可以达到。

[d] 根据我国道路实测，增加严酷等级 2M4，其中稳态随机振动参数反应公路系统很差地区的各种车辆和挂车的运输状况，其他参数与 2M3 等级相同。

[e] 由于我国汽车和铁路货车运输的随机振动加速度功率谱密度在 2 Hz～10 Hz 内有较大量值，因此增加了该频率范围。

表 6 环境参数组合等级分组

条件	环境参数组合等级分组			
	IE 21	IE 22	IE 23	IE 24
气候	2K2	2K3	2K4	2K5
生物环境	2B2	2B2	2B2	2B2
化学活性物质	2C2	2C2	2C2	2C2
机械活性物质	2S2	2S2	2S2	2S3
机械条件	2M1[a]	2M1	2M2	2M3

[a] 表 5 的脚注 a 适用。

半正弦脉冲持续时间示例：

频谱Ⅰ：持续时间 11 ms；

频谱Ⅱ：持续时间 6 ms。

图 1 典型冲击响应谱(第一阶最大冲击响应谱)

附　录　A
（资料性附录）
环境参数及严酷等级的选择

A.1　概述

本附录解释了分级的基础，研究了各因素对于环境参数及其严酷等级选择的影响，对各个等级涵盖的环境条件做了概述，并给出了应用实例。

A.2　环境条件研究

对于每一个环境参数，都列出了可能导致不同环境条件等级的各种可能条件，并尽可能安排各种条件以形成更多的严酷等级。

A.2.1 至 A.2.5 的第一列描述了各种条件，在各等级列中，“×”表示该等级包括了该条件。包含某一条件的最低等级可以从条件所在行的第一个“×”找出。

上述寻找合适等级的过程适用于所有下列各条款，但应注意，A.2.1 中还包括了气候类型。

包括某一条件的最低等级可以这样查询，先顺着相关气候类型列向下一直到相关条件行的第一个“×”，然后水平向右读至上述方法描述的第一个“×”。

GB/T 4797.1—2005 规定的气候类型如下：

极端寒冷（南极中部除外）、寒冷、寒温、暖温、干热、中等干热、极干热、湿热、（恒定）湿热。

应注意，本附录中提到某一条件被某一等级所包含时，并不表明对于每一个环境参数该等级都描述了包含该条件所需的最低严酷程度。

注：不包括偶发事件。但是，在某些等级可能需要考虑偶发事件的可能性。例如船上运输时由于临近集装箱的泄漏的液体破坏了产品的包装。

A.2.1 气候环境条件等级 K

环境参数	单位	气候类型									等级							
		极冷	寒冷	冷	暖温	干热	中等干热	极干热	湿热	赤道湿热	2K1	2K2	2K3	2K4	2K4L	2K5	2K5H	2K5L
a) 低温	℃										+5	−25	−25	−50	−50	−65	−25	−65
有热防护(防止结冰)		×	×	×	×	×	×	×	×	×	×	×	×	×	×	×	×	×
无气候防护,或,					×	×	×	×	×	×		×	×	×	×	×	×	×
有气候防护但无采暖措施,				×	×	×	×	×	×	×				×	×	×		×
或者采暖机舱运输		×	×	×	×	×	×	×	×	×						×		×
无采暖机舱运输		×	×	×	×	×	×	×	×	×						×		×
b) 高温 不通风的密封体内	℃										无	+60	+70	+70	+60	+85	+85	+70
不通风的密封体内		×	×	×	×	×	×		×	×			×	×	×	×	×	×
		×	×	×	×	×	×	×	×	×						×	×	
c) 高温 通风场所或者户外	℃										+40	+45	+45	+45	+40	+55	+55	+45
温度受控的防护场所		×	×	×	×	×	×	×	×	×	×	×	×	×	×	×	×	×
通风的气候防护场所,或		×	×	×	×	×	×	×	×	×	×	×	×	×	×	×	×	×
无气候防护场所		×	×	×	×	×	×		×	×						×	×	
d) 温度变化 空气/空气	℃										无	−25/+25	−25/+30	−50/+30	−50/+30	−65/+30	−25/+30	−65/+30
产品不在户内外之间转移		×	×	×	×	×	×	×	×	×	×	×	×	×	×	×	×	×
产品在户内外之间转移,或					×	×	×	×	×	×			×	×	×	×	×	×
从无采暖机舱到户外转移		×	×	×	×	×	×	×	×	×						×		×
e) 温度变化 空气/水[a]	℃										无	无	+45/+5	+45/+5	+40/+5	+55/+5	+55/+5	+45/+5
有防雨措施,或不受其他水源影响		×	×	×	×	×	×	×	×	×	×	×	×	×	×	×	×	×
受太阳辐射后直接受雨水或水流冲击		×	×	×	×	×	×		×	×			×	×	×	×	×	×
		×	×	×	×	×	×	×	×	×						×	×	

表（续）

环境参数	单位	气候类型									等级							
		极冷	寒冷	冷	暖温	干热	中等干热	极干热	湿热	赤道湿热	2K1	2K2	2K3	2K4	2K4L	2K5	2K5H	2K5L
f) 相对湿度， 无温度急剧变化	% ℃										75 +30	75 +30	95 +45	95 +45	95 +40	95 +50	95 +50	95 +45
湿度受控的防护条件		×	×	×	×	×	×	×	×	×	×	×	×	×	×	×	×	×
采暖以及通风的防护条件或无防护条件		×	×	×	×	×	×	×	×	×			×	×	×	×	×	×
有防护但不通风带有湿地板的舱内，或受太阳辐射的墙内		× ×	× ×	× ×	× ×	× ×	× ×	 ×	× ×	× ×				×	×	× ×	× ×	×
g) 相对湿度，伴有温度急剧变化，高相对湿度时的空气/空气	% ℃										无 无	无 无	95 −25/+30	95 −40/+30	95 −50/+30	95 −50/+30	95 −25/+30	95 −65/+30
产品不会在户内外之间转移，或温度变化可以忽略		×	×	×	×	×	×	×	×	×	×	×	×	×	×	×	×	×
产品在户内外之间转移，或从机舱到户外转移		 ×	 ×	 × ×	× × ×	× × ×	× × ×	× × ×	× × ×	× × ×			×	× ×	× ×	× × ×	×	× × ×
h) 绝对湿度，伴有温度急剧变化，高水汽含量时的空气/空气[b]	g/m³ ℃										无 无	无 无	60 +70/+15	60 +70/+15	60 +60/+15	80 +85/+15	80 +85/+15	60 +70/+15
在受太阳辐射后直接受雨水或水流冲击的密封体内		× ×	× ×	× ×	× ×	× ×	× ×	 ×	× ×	× ×			×	×	×	× ×	× ×	×
i) 低气压[c]	kPa										70	70	70	70	53	30	30	30
可以实现路运的海拔高度以及加压机舱											×	×	×	×	×	×	×	×
非加压机舱																×	×	×
j) 气压变化	kPa/min										无	无	无	无	无	6	6	6

表（续）

环境参数	单位	气候类型									等级							
		极冷	寒冷	冷	暖温	干热	中等干热	极干热	湿热	赤道湿热	2K1	2K2	2K3	2K4	2K4L	2K5	2K5H	2K5L
不承受海拔剧变											×	×	×	×	×	×	×	×
在非加压机舱内承受海拔剧变																×	×	×
k）周围介质运动，空气	m/s										无	无	20	20	30	30	30	30
户内，有气候防护条件或不承受风											×	×	×	×	×	×	×	×
户外，没有防风措施，世界气候区域内，飓风除外													×	×	×	×	×	×
没有防风措施的开放式运输，世界气候区域内																×	×	×
l）降水，雨	mm/min										无	无	6	6	6	15	15	6
有防雨措施											×	×	×	×	×	×	×	×
无气候防护或没有防雨措施，正常降雨强度的气候区域内													×	×	×	×	×	×
无气候防护或没有防雨措施，世界气候区域内																×	×	
m）太阳辐射	W/m²	700									700	1 120	1 120	1 250	1 120	1 120	1 120	
无气候防护但具备太阳辐射防护措施											×	×	×	×	×	×	×	×
气候防护，或仅通过窗口受到太阳辐射，世界气候区域内											×	×	×	×	×	×	×	×
无气候防护，或直接受到太阳辐射，世界气候区域内													×	×	×	×	×	×

表（续）

环境参数	单位	气候类型									等级							
		极冷	寒冷	冷	暖温	干热	中等干热	极干热	湿热	赤道湿热	2K1	2K2	2K3	2K4	2K4L	2K5	2K5H	2K5L
n）热辐射	W/m^2										无	无	600	600	600	600	600	600
产品周围没有热源											×	×	×	×	×	×	×	×
产品周围有热源													×	×	×	×	×	×
o）降雨以外的其他水源（速度）	m/s										无	无	1	1	1	3	3	3
有防水措施											×	×	×	×	×	×	×	×
承受溅水（从地面上）													×	×	×	×	×	×
承受水流以及射水（如清洗过程中的水），或者在开放甲板上承受水浪																×	×	×
p）潮湿	—										无	无	潮湿表面条件					
在干燥环境中											×	×	×	×	×	×	×	×
在潮湿环境中，如在湿地面上													×	×	×	×	×	×

[a] 低温等于自来水温度。

[b] 低温相当于在温暖时期的雨水的温度。

[c] 70 kPa 代表了地面运输的极限值，通常是在海拔 3 000 m 高度。在某些地区，地面运输海拔高度可能更高。30 kPa 相当于大约海拔 9 000 m 的气压。

注：等级 2K6 和 2K7 会在将来的版本中添入本表格。

A.2.2 生物条件 B

运输条件	等级		
	2B1	2B2	2B3
a) 植物群	无	存在霉菌、真菌等	
霉菌、真菌生长可能性很小的地区或者有防止霉菌、真菌生长措施的场所	×	×	×
霉菌、真菌可能生长的地区或者没有防止霉菌、真菌生长措施的场所		×	×
b) 动物群	无	存在啮齿动物及其他危害产品的动物	
		白蚁除外	包括白蚁
白蚁、啮齿类动物或其他动物对产品危害很小的地区,或者有动物防护的地区	×	×	×
啮齿类动物或其他动物对产品可能造成危害,没有动物防护的地区		×	×
动物,包括白蚁可能对产品造成危害的地区			×

A.2.3 化学活性物质 C

运输条件		等级		
		2C1	2C2	2C3
a) 海盐		无	盐雾条件	盐水条件
户内、气候防护场所(包括有防护海洋运输)		×	×	×
无气候防护陆地运输			×	×
无气候防护海洋运输				×
b) 二氧化硫	mg/m^3	0.1	1.0	10
c) 硫化氢	mg/m^3	0.01	0.5	10
d) 二氧化氮	mg/m^3	0.1	1.0	9.0
e) 臭氧	mg/m^3	0.01	0.1	0.3
f) 氯化氢	mg/m^3	0.1	0.5	5.0
g) 氟化氢	mg/m^3	0.003	0.03	2.0
h) 氨	mg/m^3	0.3	3.0	35
没有工业,或者没有永久车辆交通、不在工业区附近,或者中等工业活动和交通地区的密封场所内		×	×	×
没有大量化学污染物排放的一般工业区			×	×
有大量化学污染物排放的工业区				×

A.2.4 机械活性物质 S

运输条件		等级		
		2S1	2S2	2S3
a) 空气中的沙尘	mg/m^3	无	0.1	10
b) 沉积沙尘	$mg/(m^2 \cdot h)$	无	3.0	3.0
有气候防护且有防尘措施，清理过程中不包括对积有灰尘的地面的清扫。		×	×	×
有气候防护但没有防尘措施，有清扫积有灰尘的地面的活动，无气候防护且无防尘措施，除沙漠以外的世界范围区域			×	×
无气候防护且无防尘措施，世界范围区域				×

A.2.5 机械环境条件 M

运输条件		等级											
		2M1			2M2			2M3			2M4		
a) 正弦稳态振动													
位移幅值	mm	3.5			3.5			7.5			7.5		
加速度幅值	m/s²		10	15		10	15		20	40		20	40
频率范围	Hz	2～9	9～200	200～500	2～9	9～200	200～500	2～8	8～200	200～500	2～8	8～200	200～500
螺旋桨飞机、船、空气减振的车辆、空气减振的挂车、公路系统良好的地区的其他车辆、软悬挂的铁路车辆、叉式起重车		×			×			×			×		
公路系统较差地区的车辆、挂车、硬悬挂的铁路车辆								×			×		
b) 稳态随机振动													
加速度谱密度	m²/s³	10	1	0.3	10	1	0.3	30	3	1	50	10	1
频率范围	Hz	2～10	10～200	200～2 000	2～10	10～200	200～2 000	2～10	10～200	200～2 000	2～10	10～200	200～2 000
喷气式飞机、空气减振的车辆、空气减振的挂车、公路系统良好的地区的其他车辆、软悬挂的铁路车辆、叉式起重车(10 Hz～500 Hz)		×			×			×			×		
公路系统较差地区的车辆、挂车、硬悬挂的铁路车辆(10 Hz～500 Hz)								×			×		
c) 非稳态振动，包括冲击：													
I 型冲击响应谱峰值加速度	m/s²	100			100			300			300		
II 型冲击响应谱峰值加速度	m/s²	—			300			1 000			1 000		

表（续）

运输条件		等级			
		2M1	2M2	2M3	2M4
飞机、船舶、空气减振的公路车辆		×	×	×	×
公路系统良好地区的公路车辆、空气减振的挂车、装有特别设计的缓冲装置的铁路车辆、叉式起重车			×	×	×
公路系统较差地区的车辆、挂车、铁路车辆(包括调车)				×	×
d) 自由跌落： 质量小于 20 kg 质量位于 20 kg～100 kg 之间 质量大于 100 kg	 m m m	 0.25 0.25 0.1	 1.2 1.0 0.25	 1.5 1.2 0.5	 1.5 1.2 0.5
仅用机械进行装卸(起重机、叉车、传送设备等)，不考虑跌落的风险		×	×	×	×
人工装卸 20 kg 以下的货物，畜力运输			×	×	×
人工装卸 100 kg 以下的货物，畜力运输				×	×
e) 倾倒： 质量小于 20 kg	无	任一边倾倒			
质量位于 20 kg～100 kg 之间	无	—		任一边倾倒	
质量大于 100 kg	无	—	—		任一边倾倒
质量为 20 kg 以下的产品受到倾倒或滚动，质量超过 20 kg 的产品受到倾倒或滚动，仅用机械装卸。		×	×	×	×

表(续)

运输条件		等级			
		2M1	2M2	2M3	2M4
质量为 20 kg～100 kg 的产品受到倾倒或滚动，人工装卸；质量超过 100 kg 的产品不受到倾倒或滚动，仅用机械装卸。			×	×	×
质量超过 100 kg 的产品受到倾倒或滚动				×	×
f) 摇摆与倾斜： 角度 周期	 (°) s	 无 无	 ±35 8	 ±35 8	 ±35 8
非船舶运输		×	×	×	×
船舶运输			×	×	×
g) 稳态加速度	m/s^2	20	20	20	20
包括飞机在内的各式运输		×	×	×	×
h) 静负载	kPa	5	10	10	10
最大堆码高度为 3.5 m		×	×	×	×
最大堆码高度为 7 m			×	×	×

A.3 各等级涵盖的条件摘要说明

本章包括了对所有等级的说明，并给出了应用实例。

A.3.1 K气候环境条件

气候环境条件10个等级的说明如下：

2K1　包括了有气候防护、有采暖和通风条件下的一般运输条件。高温条件限制在一般户外气候条件下。世界范围内的户外气候下的湿度条件并不比一般的户外气候严酷，因此没有限制湿度条件。

产品不在冷的户外和温暖的户内之间移动。

产品可能通过窗子或者其他开孔受到太阳辐射。产品不靠近发热元件，不受溅水湿墙等的影响。

2K2　除包括2K1的条件外，2K2还包括除寒冷和寒温以外的一般户外气候下的无采暖、有气候防护条件。该等级还包括了在通风壳体内的运输。

产品可以在采暖、加压的机舱中进行运输。

2K3　除2K2包括的条件外，2K3还包括除寒冷和寒温以外的一般户外气候下的不通风的密封体内以及无气候防护条件下的运输。空运时仅包括在采暖和加压的机舱中运输。

产品可以在冷的户外和温暖的户内之间移动。产品可以直接受到太阳辐射、降水以及溅水的影响。

产品可以放在潮湿的地板上以及受太阳辐射和降水影响的密封体内。户外暴露时不会受到海浪的冲击。产品可以放在热源附近。

2K4　除包括2K3的条件外，2K4还包括了在寒温气候条件下的无气候防护运输。

2K4L　除包括2K3的条件外，2K4还包括了在海拔高度3 000 m～5 000 m地面(不包括寒冷地区)的运输。

2K5　除包括2K4的条件外，2K5还包括在世界范围内的不通风的密封体内以及无气候防护条件下的运输，还包括在非加压机舱内的运输。产品在船只甲板上运输时可以受到海浪冲击的影响，产品还可以受到清洁水流的影响。

2K5H　类似于2K5，但是低温条件跟2K3等级一样。

2K5L　类似于2K5，但是高温条件跟2K4等级一样。

2K6　2K6代表了湿热和类湿热的户外气候(热带雨林地区的湿热气候类型)。

2K7　2K7代表了干热、中等干热以及极干热气候的户外条件(赤道附近如沙漠地区的赤道干燥气候)。

A.3.2 B生物环境条件

3个等级包含的生物条件说明如下：

2B1　本等级包括了没有明显生物(动物和植物)危害地区的运输条件。包括了在不大可能长霉和受到动物危害的舱体内的运输条件。

2B2　除了2B1包括的条件，2B2还包括有霉菌生长和动物危害但没有白蚁危害的地区。

2B3　除了2B2包括的条件外，2B3还包括了可能发生白蚁危害的地区。

A.3.3 C化学活性物质条件

3个等级包含的条件说明如下：

2C1　包括了产品置于封闭体内并有盐雾防护措施的各种运输条件，而且只在中等工业和交通活动地区内进行运输。

2C2　除了2C1包括的条件外，还包括船只开放甲板上运输以外的其他封闭体外的运输，包括一般工业活动区内的运输，但是不包括由大量化学污染物排放的区域。

2C3　2C3 包括了所有运输条件，包括海运、无盐雾防护措施以及在高度污染地区的运输。

A.3.4　S 机械活性物质条件

3 个等级的说明如下：

2S1　2S1 包括了有沙尘防护措施的封闭体内运输的各种情况。

2S2　除了 2S1 包括的条件，2S2 也包括有打扫积有灰尘地面的封闭体内外的运输，不包括在沙漠地区的运输。

2S3　除了 2S2 包括的条件，2S3 还包括了在沙漠地区的封闭体外运输。

A.3.5　M 机械环境条件

4 个等级说明如下：

2M1　包括机械装运和飞机船舶以及空气减振卡车挂车等的运输。

2M2　除了包括 2M1 的条件外，2M2 还包括了在公路系统良好地区的各种卡车挂车的运输，还包括了有专门缓冲设施的铁路运输和船只运输。

2M3　除了包括 2M2 的条件外，2M3 还包括了各种方式的运输以及在公路条件比较差的地区的运输。

2M4　除了包括 2M3 的条件外，2M4 还包括了公路系统很差地区的各种车辆和挂车的运输。

附　录　B
（资料性附录）
各等级组合包含条件的概述

本附录包括 4 个标准环境条件类别的摘要说明。

细则说明见附录 A。

普通的环境条件用以下四个类别说明：

IE 21　该等级组合包括了在通风封闭体和有气候防护场所的运输条件，如果是飞机运输，只包括采暖加压舱；有长霉和受生物（白蚁除外）危害的可能；一般工业区内但没有大量的化学污染物；沙漠地区除外；飞机船舶以及空气减振卡车挂车等的运输（在车辆内部高阻尼部位）。

IE 22　除 IE 21 包括的条件外，还包括在铁路运输和有空气减振的卡车挂车内的不通风密闭体内和无气候防护的运输；在车辆没有高阻尼的部位。

IE 23　除 IE 22 包括的条件外，还包括了在所有车辆和挂车内的运输；公路系统良好地区的运输；有专门缓冲设施的铁路运输和船只运输。

IE 24　除 IE 23 包括的条件外，IE 24 包括了世界范围内的运输，包括在非加压舱内的运输；如果在船只的甲板上运输，产品会遭受海浪冲击，水流或者清洁水流的影响；在沙漠地区运输；在公路系统较差地区的运输。

附 录 C
（资料性附录）
2K6 和 2K7 等级环境条件的说明

C.1 概述

热带是指南北回归线之间（即南纬 23°27′与北纬 23°27′之间）的地区。

GB/T 4797.1 中规定的以下户外气候类型：干热、中等干热、极端干热、湿热、恒定湿热。

热带是地球上白天高温，常伴有强降雨，很少有季节变化的地区。

热带气候从赤道上的热带雨林的湿热气候直到回归线附近沙漠中的干热气候。因此，要区分两种热带气候。

——伴有干热、中等干热和极端干热的干热气候。

——伴有湿热及恒定湿热的湿热带气候。

还有些地区，由于特别的海拔高度，与同纬度地区的气候条件明显不同，例如太阳辐射和气压，或山顶上的冰雪。在热带地区，有许多地方的环境条件较稳定，而在另一些地区则变化极大。

稳定的情况：

——日最小温度波动＜1℃，年温度波动≤6℃；

——白昼时间稳定在 10.5 h～13.5 h；

——太阳辐射强度不变；

——各种动物均衡的生存。

极端的情况：

——降水，近赤道全年的降水，近热带地区在每年的某一期间的大雨；

——海域的热带气旋，风速为 30 m/s，最高达 60 m/s，如西太平洋的台风和加勒比海的飓风。

——不适宜耕作的土壤条件：在大雨区，腐植质及无机物严重流失；

——在沙漠，高温和强风使得土壤很快变干；

——热带雨林茂密的植被，在山地森林较少茂密植被；

——热带稀树草原和其他干草原，沙漠中无植被。

C.2 气候图

图 C.1 中给出热带地区两类气候条件的气候图，是按 C.1 规定的气候类型的温度和湿度的年极值的平均值。

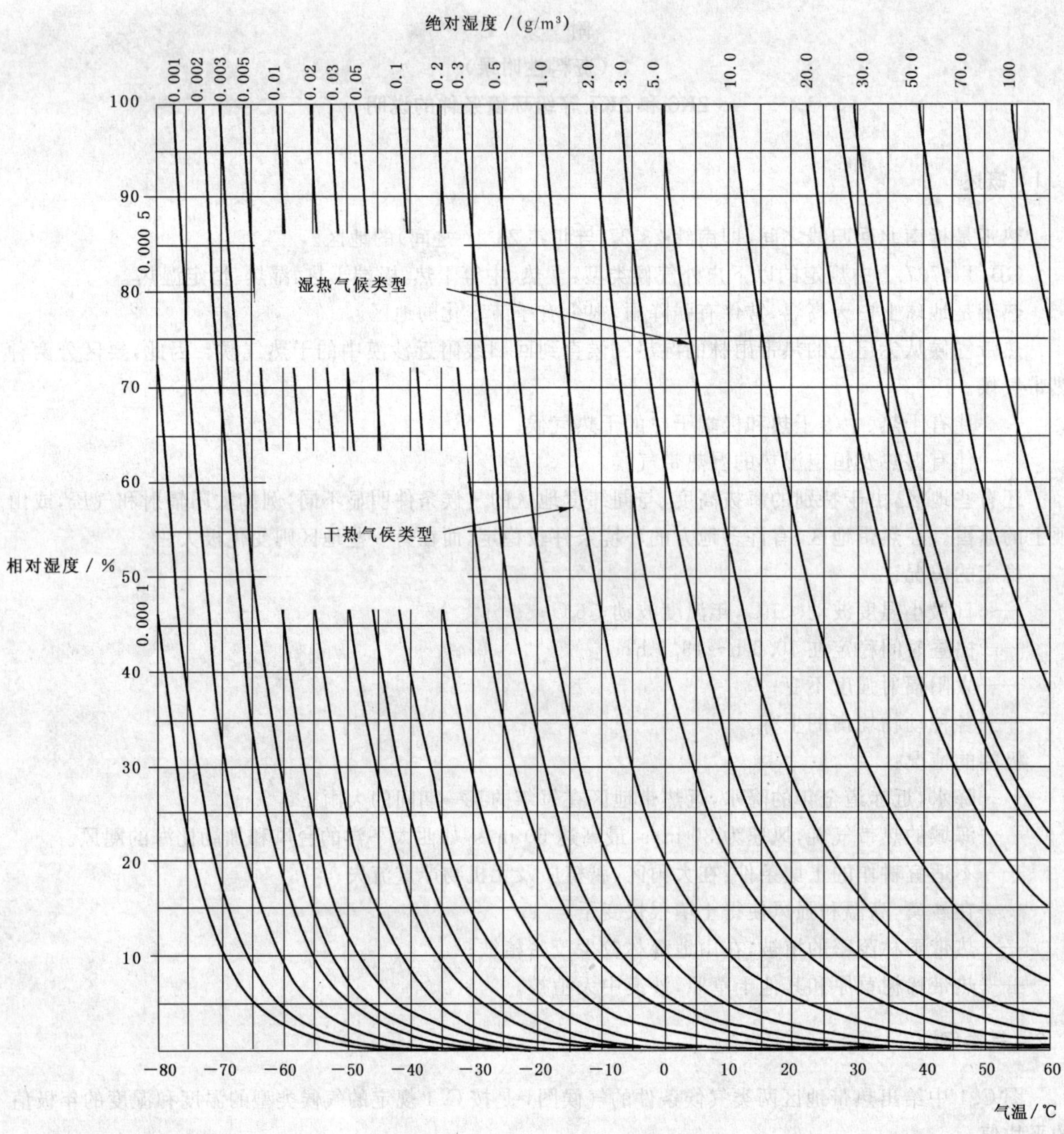

图 C.1 湿热和干热类型气候图

ICS 59.080.30
W 04

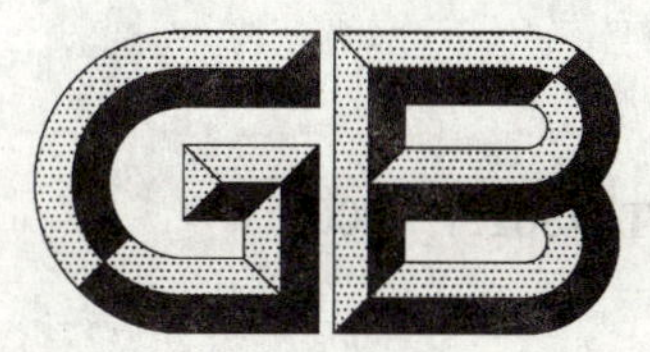

中华人民共和国国家标准

GB/T 4802.1—2008
代替 GB/T 4802.1—1997

纺织品　织物起毛起球性能的测定　第1部分:圆轨迹法

Textiles—Determination of fabric propensity to surface fuzzing and to pilling—Part 1:Circular locus method

2008-06-18 发布　　2009-03-01 实施

中华人民共和国国家质量监督检验检疫总局
中国国家标准化管理委员会　发布

前　言

GB/T 4802《纺织品　织物起毛起球性能的测定》分为 4 个部分：

——第 1 部分：圆轨迹法；

——第 2 部分：改型马丁代尔法；

——第 3 部分：起球箱法；

——第 4 部分：随机翻滚法。

本部分为 GB/T 4802 的第 1 部分。

本部分代替 GB/T 4802.1—1997《纺织品　织物起球试验　圆轨迹法》。本部分与 GB/T 4802.1—1997 的主要差异为：

——标准名称修改为《纺织品　织物起毛起球性能的测定　第 1 部分：圆轨迹法》；

——范围中未对适用织物进行规定；

——修改并补充了第 3 章术语和定义的内容；

——规定了评级箱的具体要求并以图示说明；

——增加了试样预处理的条款；

——对每种试验条件对应的织物类型改为适用的织物并作为列举，同时进行了补充；

——增加了试样起毛起球状态描述，将评级方式由比对样照评级改为按视觉描述评级；

——对评级和结果表示方法进行了修改。

本部分的附录 A 为资料性附录。

本部分由中国纺织工业协会提出。

本部分由全国纺织品标准化技术委员会基础标准分会(SAC/TC 209/SC 1)归口。

本部分由国家纺织制品质量监督检验中心负责起草。

本部分主要起草人：王宝军、任鹤宁。

本部分所代替标准的历次版本发布情况为：

——GB 4802.1—1984，GB/T 4802.1—1997。

纺织品 织物起毛起球性能的测定
第1部分:圆轨迹法

1 范围

GB/T 4802 的本部分规定了采用圆轨迹法对织物表面起毛起球性能及表面变化进行测定的方法。

2 规范性引用文件

下列文件中的条款通过 GB/T 4802 的本部分的引用而成为本部分的条款。凡是注日期的引用文件,其随后所有的修改单(不包括勘误的内容)或修订版均不适用于本部分,然而,鼓励根据本部分达成协议的各方研究是否可使用这些文件的最新版本。凡是不注日期的引用文件,其最新版本适用于本部分。

GB/T 6529 纺织品 调湿和试验用标准大气(GB/T 6529—2008, ISO 139:2005,MOD)

3 术语和定义

下列术语和定义适用于 GB/T 4802 的本部分。

3.1

起毛 fuzzing

织物表面纤维凸出或纤维端伸出形成毛绒所产生的明显表面变化。

注:此种变化可能发生在水洗、干洗、穿着或使用过程中。

3.2

毛球 pills

纤维缠结形成凸出于织物表面、致密的且光线不能透过并可产生投影的球。

注:毛球的形成可能发生在水洗、干洗、穿着或使用过程中。

3.3

起球 pilling

织物表面产生毛球的过程。

4 原理

按规定方法和试验参数,采用尼龙刷和织物磨料或仅用织物磨料,使试样摩擦起毛起球。然后在规定光照条件下,对起毛起球性能进行视觉描述评定。

5 仪器

5.1 圆轨迹起球仪

试样夹头与磨台作相对垂直运动,其动程均为(40±1)mm;试样夹头与磨台质点相对运动的轨迹为 ϕ(40±1)mm 的圆,相对运动速度为(60±1)r/min;试样夹环内径(90±0.5)mm,夹头能对试样施加表1所列的压力,压力误差为±1%。仪器装有自停开关。

5.2 磨料

5.2.1 尼龙刷:尼龙丝直径 0.3 mm;尼龙丝的刚性应均匀一致,植丝孔径 4.5 mm,每孔尼龙丝 150 根,孔距 7 mm;刷面要求平齐,刷上装有调节板,可调节尼龙丝的有效高度,从而控制尼龙刷的起毛效果(参见附录 A)。

5.2.2 织物磨料:2201 全毛华达呢,组织为 2/2 右斜纹,线密度为 19.6 tex×2,捻度为 Z 625—S 700,密度为 445 根/10 cm×244 根/10 cm,单位面积质量为 305 g/m^2。

5.3 泡沫塑料垫片,单位面积质量约 270 g/m^2,厚度约 8 mm,试样垫片直径约 105 mm。

5.4 裁样用具,可裁取直径为(113±0.5)mm 的圆形试样。也可用模板、笔、剪刀剪取试样。

5.5 评级箱

用白色荧光管照明,保证在试样的整个宽度上均匀照明。并且应满足观察者不直视光线。光源的位置与试样的平面应保持 5°~15°,观察方向与试样平面应保持 90°±10°(见图 1)。正常校正视力的眼睛与试样的距离应在 30 cm~50 cm。

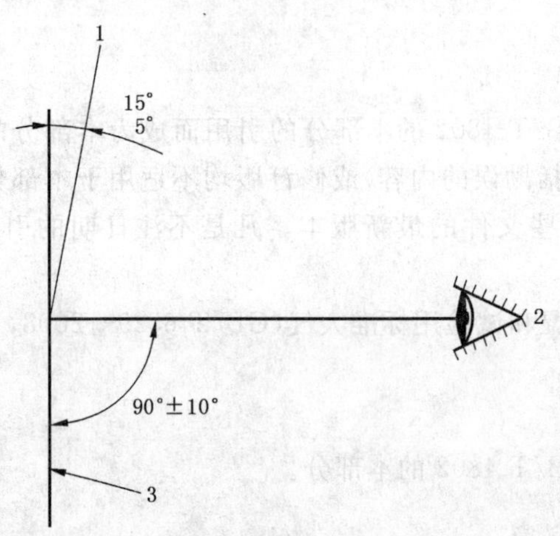

1——光源;

2——观察者;

3——试样。

图 1 试样的评级

6 调湿和试验用大气

调湿和试验用大气采用 GB/T 6529 规定的标准大气。

7 试样准备

7.1 预处理

如需预处理,可采用双方协议的方法水洗或干洗样品。

注:GB/T 8629 或 GB/T 19981.1 和 GB/T 19981.2 中的程序可能是适合的。

如果进行水洗或干洗,按第 9 章规定的评级程序,对预处理前和处理后试样进行评定。

7.2 试样

从样品上剪取 5 个圆形试样,每个试样的直径为(113±0.5)mm。在每个试样上标记织物反面。当织物没有明显的正反面时,两面都要进行测试。另剪取 1 块评级所需的对比样,尺寸与试样相同。

注:取样时,各试样不应包括相同的经纱和纬纱(纵列和横行)。

7.3 试样的调湿

在第 6 章规定的标准大气中调湿平衡,一般至少调湿 16 h,并在同样的大气条件下进行试验。

8 试验步骤

8.1 试验前仪器应保持水平,尼龙刷保持清洁,可用合适的溶剂(如丙酮)清洁刷子。如有凸出的尼龙丝,可用剪刀剪平,如已松动,则可用夹子夹去。

8.2 分别将泡沫塑料垫片、试样和织物磨料装在试验夹头和磨台上,试样应正面朝外。

8.3 根据织物类型按表1中选取试验参数进行试验。

表1 试验参数及适用织物类型示例

参数类别	压力/cN	起毛次数	起球次数	适用织物类型示例
A	590	150	150	工作服面料、运动服装面料、紧密厚重织物等
B	590	50	50	合成纤维长丝外衣织物等
C	490	30	50	军需服(精梳混纺)面料等
D	490	10	50	化纤混纺、交织织物等
E	780	0	600	精梳毛织物、轻起绒织物、短纤纬编针织物、内衣面料等
F	490	0	50	粗梳毛织物、绒类织物、松结构织物等
注1：表中未列的其他织物可以参照表1中所列类似织物或按有关各方商定选择参数类别。 注2：根据需要或有关各方协商同意，可以适当选择参数类别，但应在报告中说明。 注3：考虑到所有类型织物测试或穿着时的起球情况是不可能的，因此有关各方可以采用取得一致意见的试验参数，并在报告中说明。				

8.4 取下试样准备评级，注意不要使试验面受到任何外界影响。

9 起毛起球的评定

评级箱应放置在暗室中。

沿织物经(纵)向将一块已测试样和未测试样并排放置在评级箱的试样板的中间，如果需要，可采用适当方式固定在适宜的位置，已测试样放置在左边，未测试样放置在右边。如果测试样在测试前未经过预处理，则对比样应为未经过预处理的试样；如果测试样在起球测试前经过预处理，则对比样也应为经过预处理的试样。

为防止直视灯光，在评级箱的边缘，从试样的前方直接观察每一块试样进行评级。

依据表2中列出的视觉描述对每一块试样进行评级。如果介于两级之间，记录半级，如，3.5。

注1：由于评定的主观性，建议至少2人对试样进行评定。

注2：在有关方的同意下可采用样照，以证明最初描述的评定方法。

注3：可采用另一种评级方式，转动试样至一个合适的位置，使观察到的起球较为严重。这种评定可提供极端情况下的数据。如，沿试样表面的平面进行观察的情况。

注4：记录表面外观变化的任何其他状况。

表2 视觉描述评级

级数	状态描述
5	无变化。
4	表面轻微起毛和(或)轻微起球。
3	表面中度起毛和(或)中度起球，不同大小和密度的球覆盖试样的部分表面。
2	表面明显起毛和(或)起球，不同大小和密度的球覆盖试样的大部分表面。
1	表面严重起毛和(或)起球，不同大小和密度的球覆盖试样的整个表面。

10 结果

记录每一块试样的级数，单个人员的评级结果为其对所有试样评定等级的平均值。

样品的试验结果为全部人员评级的平均值，如果平均值不是整数，修约至最近的0.5级，并用“—”

表示，如 3—4。如单个测试结果与平均值之差超过半级，则应同时报告每一块试样的级数。

11 试验报告

试样报告应包含以下内容：

a) 本部分的标准号；

b) 试验样品描述；

c) 如需要，描述试验样品的预处理；

d) 测试样数量和评级人数；

e) 试验参数类型；

f) 试验日期；

g) 起毛、起球或起毛起球的最终评定级数，必要时同时报告每一块试样的级数(见第 10 章)；

h) 经预处理后试样与未经过预处理试样相比，试样起毛、起球或起毛起球的评定级数；

i) 偏离本程序的细节。

附 录 A
（资料性附录）
仪器的校核、参照织物、尼龙刷的调节和垫片与磨料织物的更换

A.1 参照织物

用来校核起球仪起球程度的织物，每组 2 种～3 种织物（由 1—2 级到 4 级），定期或在需要时作为对比初始标样以判断仪器（包括尼龙刷和磨料织物）起毛起球效果的变化程度。

A.2 校核

仪器的起球性只能用织物直接校核。以参照织物作为试样进行测试，对照参照织物的级别或初始标样，调节、更换所使用的尼龙刷、磨料织物，使仪器的起毛起球效果符合试验要求。

A.3 尼龙刷的调节

A.3.1 新尼龙刷应进行一定次数预磨，用参照织物校核。

A.3.2 试样起球不均匀，可调节相应部位调节板的高低，予以纠正。起球不足处，可将该部位的调节板升高；起球过度处，可降低该部位调节板的位置。局部调节时，全部调节点都应松开，然后对要调节的部位进行升降，最后固定其他部位各调节点。注意：邻近的调节点亦应有一定升降，以保证调节板不变形。每次调节以 1 mm 为限。如不能纠正，则再升降 1 mm。

A.3.3 应定期用参照织物对毛刷进行校核，均匀的起球性能变化超过 0.5 级时，各调节点作同样幅度的升降，亦以 1mm 作为每次升降的间距。

A.3.4 调节板升到刷面平齐仍不能达到要求，则处理或调换新刷。

A.4 磨料织物的更换

对磨料织物 2201 华达呢，为避免因被磨损而影响试样起球程度，应定期校验，新的磨料应进行预磨。若旧磨料华达呢与备用新华达呢所试得同一织物的试样起球级数相差半级以上时，则应更换所用磨料。

A.5 泡沫塑料垫料垫片的使用与更换

A.5.1 为了延长泡沫塑料垫片的使用寿命，每次试验完毕，应取下垫片。

A.5.2 发现泡沫塑料垫片老化、破损或变形而影响试验结果时，应立即更换。

参 考 文 献

[1] GB/T 8629 纺织品 试验用家庭洗涤及干燥程序

[2] GB/T 19981.1 纺织品 织物和服装的专业维护、干洗和湿洗 第1部分:干洗和整烫后性能的评价

[3] GB/T 19981.2 纺织品 织物和服装的专业维护、干洗和湿洗 第2部分:使用四氯乙烯干洗和整烫时性能试验的程序

ICS 59.080.30
W 04

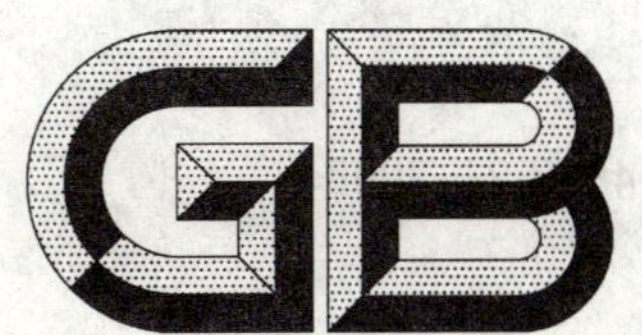

中华人民共和国国家标准

GB/T 4802.2—2008
代替 GB/T 4802.2—1997

纺织品 织物起毛起球性能的测定 第2部分：改型马丁代尔法

Textiles—Determination of fabric propensity to surface fuzzing and to pilling—
Part 2: Modified Martindale method

(ISO 12945-2:2000, MOD)

2008-06-18 发布 2009-03-01 实施

中华人民共和国国家质量监督检验检疫总局
中国国家标准化管理委员会 发布

前　言

GB/T 4802《纺织品　织物起毛起球性能的测定》分为4个部分：

——第1部分：圆轨迹法；

——第2部分：改型马丁代尔法；

——第3部分：起球箱法；

——第4部分：随机翻滚法。

本部分为GB/T 4802的第2部分。

本部分修改采用ISO 12945-2:2000《纺织品　织物表面起毛起球性能测定　第2部分：改型马丁代尔法》(英文版)。

本部分与ISO 12945-2:2000的主要差异为：

——第10章中增加了关于评级时对比样选用的相关规定。

——第12章中增加条款"j)经预处理后试样与未经过预处理试样相比，试样起毛、起球或起毛起球的评定级数；"，以后序号依次顺延。

本部分代替GB/T 4802.2—1997《纺织品　织物起球试验　马丁代尔法》。本部分与GB/T 4802.2—1997的主要差异为：

1. 标准名称修改为《纺织品　织物起毛起球性能的测定　第2部分：改型马丁代尔法》。
2. 范围中未对适用织物进行规定。
3. 增加了第3章术语和定义。
4. 增加了改型后马丁代尔耐磨仪的描述章节，并增加了起球台、试样夹具、加载块和试样安装辅助装置等装置的图示说明。对试样夹具中试样尺寸进行了相应调整，由直径40 mm调整为直径140^{+5}_{0}mm。
5. 增加了评级箱的具体要求并以图示说明。
6. 试样夹具中的垫片由聚氨酯泡沫塑料改为机织毛毡，删除了依据试样克重是否使用垫片的相应章节。
7. 磨料由单一的测试织物本身调整为测试织物本身和羊毛标准磨料2种磨料，并规定了装饰织物应采用羊毛标准磨料。
8. 试样数量由4组调整为至少3组试样。
9. 加载负荷由单一的质量负荷调整为依据测试织物用途不同而选择的2种质量负荷。
10. 删除了摩擦1 000次后进行评级的规定，规定了采用分阶段进行摩擦并评级的测试程序。
11. 增加了试样起毛起球状态描述，将评级方式由比对样照评级改为按视觉描述评级。
12. 增加了附录A"起球试验分类"。

本部分的附录A为规范性附录。

本部分由中国纺织工业协会提出。

本部分由全国纺织品标准化技术委员会基础标准分会(SAC/TC 209/SC 1)归口。

本部分起草单位：中纺标(北京)检验认证中心有限公司、宁波纺织仪器厂。

本部分主要起草人：周世香、胡君伟。

本部分所代替标准的历次版本发布情况为：

——GB 4802.2—1984、GB/T 4802.2—1997。

纺织品　织物起毛起球性能的测定
第2部分:改型马丁代尔法

1　范围

GB/T 4802的本部分规定了采用改型马丁代尔法对织物起毛起球性能及表面变化的测定方法。

2　规范性引用文件

下列文件中的条款通过GB/T 4802的本部分的引用而成为本部分的条款。凡是注日期的引用文件,其随后所有的修改单(不包括勘误的内容)或修订版均不适用于本部分,然而,鼓励根据本部分达成协议的各方研究是否可使用这些文件的最新版本。凡是不注日期的引用文件,其最新版本适用于本部分。

GB/T 6529　纺织品　调湿和试验用标准大气(GB/T 6529—2008,ISO 139:2005,MOD)

GB/T 21196.1　纺织品　马丁代尔法织物耐磨性的测定　第1部分:马丁代尔耐磨试验仪(ISO 12947-1:1998,MOD)

3　术语和定义

下列术语和定义适用于GB/T 4802的本部分。

3.1

起毛　fuzzing

织物表面纤维凸出或纤维端伸出形成毛绒所产生的明显表面变化。

注:此变化可能发生在水洗、干洗、穿着或使用过程中。

3.2

毛球　pills

纤维缠结形成凸出于织物表面、致密的且光线不能透过并产生投影的球。

注:毛球的形成可能发生在水洗、干洗、穿着或使用过程中。

3.3

起球　pilling

织物表面产生毛球的过程。

3.4

起球次数　pilling rub

马丁代尔耐磨试验仪两个外侧驱动轮转动的圈数。

3.5

起球周期　pilling cycle

其轨迹形成一个完整李莎茹图形的平面运动,包括16次摩擦,即马丁代尔耐磨试验仪两个外侧驱动轮转动16圈,内侧驱动轮转动15圈。

4　原理

在规定压力下,圆形试样以李莎茹(Lissajous)图形的轨迹与相同织物或羊毛织物磨料织物进行摩擦。试样能够绕与试样平面垂直的中心轴自由转动。经规定的摩擦阶段后,采用视觉描述方式评定试样的起毛和或起球等级。

5 仪器

5.1 马丁代尔耐磨试验仪

见 GB/T 21196.1,按 5.2 进行改进。

试验仪由承载起球台的基盘和传动装置组成。传动装置由两个外轮和一个内轮组成,可使试样夹具导板按李莎茹图形进行运动。

试样夹具导板在传动装置的驱动下做平面运动,导板的每一点描绘相同的李莎茹图形。

李莎茹运动是由变化运动形成的图形。从一个圆到逐渐窄化的椭圆,直到成为一条直线,再由此直线反向渐进为加宽的椭圆直到圆,以对角线重复该运动。

试样夹具导板装配有轴承座和低摩擦轴承,带动试样夹具销轴运动。每个试样夹具销轴的最下端插入其对应的试样夹具接套,试样夹具由主体、试样夹具环和可选择的加载块组成。

仪器配有可预置的计数装置,以记录每个外轮的转数。一个旋转为一次摩擦,16 次摩擦形成一个完整的李莎茹图形。

5.2 驱动和基台配置

5.2.1 驱动

试样夹具导板带动试样夹具销轴运动,试样夹具的运动由下列装置产生:

a) 两个外侧同步传动装置的传动轴,距其中心轴的距离为(12±0.25)mm;

b) 中心传动装置的传动轴,距其中心轴的距离为(12±0.25)mm。

试样夹具导板沿纵向和横向的最大动程均为(24±0.5)mm。

5.2.2 计数器,记录起球次数,精确至 1 次。

5.2.3 起球台,每一组包括以下组件:

a) 起球台(见图 1);

b) 夹持环(见图 2);

c) 固定夹持环的夹持装置。

单位为毫米

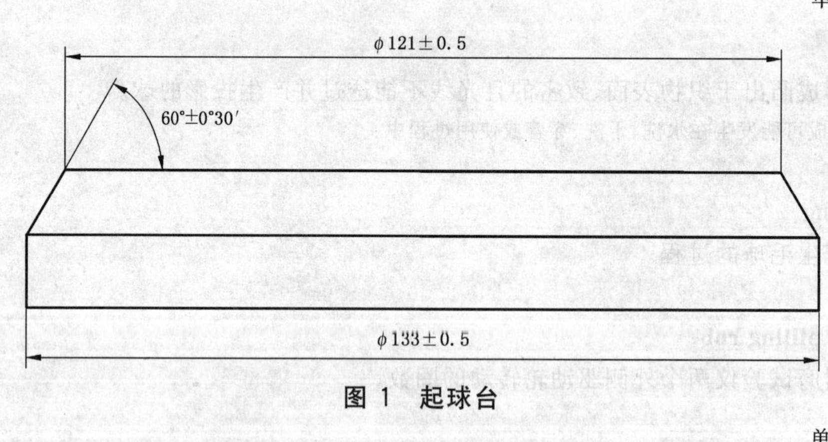

图 1 起球台

单位为毫米

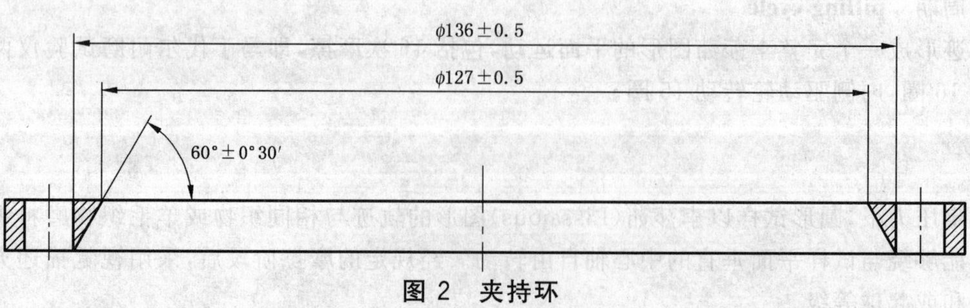

φ136±0.5

φ127±0.5

60°±0°30′

图 2 夹持环

5.2.4 试样夹具导板

试样夹具导板是一个平板，其上有约束传动装置的三个导轨。这三个导轨互相配合，保证试样夹具导板进行匀速、平稳和较小振动的运动。

试样夹具销轴插入固定在导板上的轴套内，并对准每个起球台。每个轴套配两个轴承。销轴在轴套内可自由转动但无空隙。

5.2.5 试样夹具

对每一个起球台，试样夹具组件包括以下器件：

a) 试样夹具(见图 3)；

b) 试样夹具环；

c) 试样夹具导向轴。

试样夹具组件的总质量应为(155±1)g。

单位为毫米

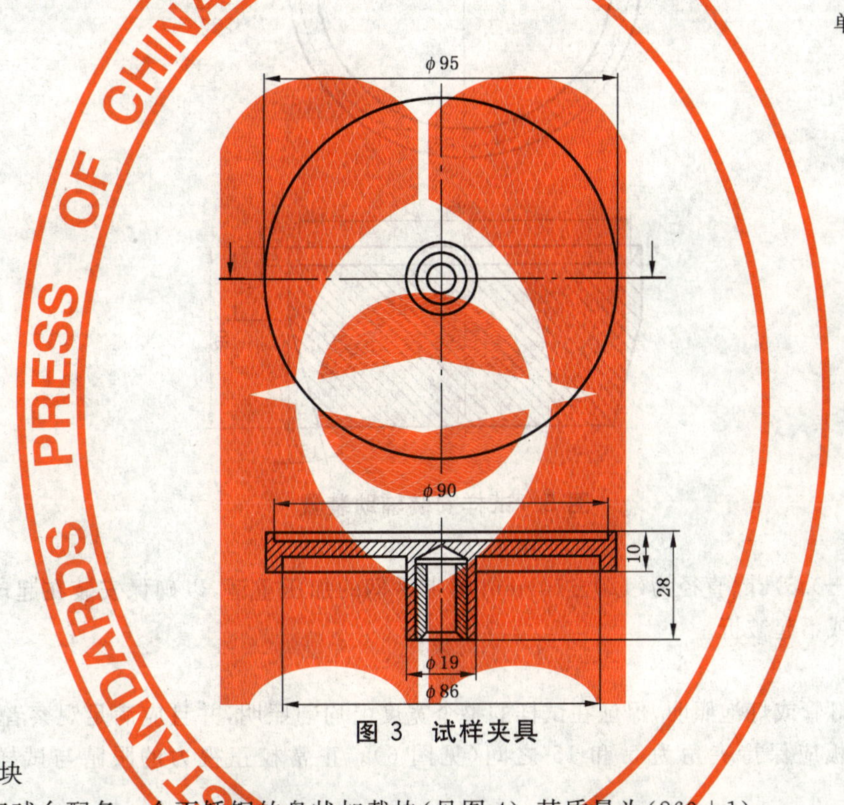

图 3 试样夹具

5.2.6 加载块

每一个起球台配备一个不锈钢的盘状加载块(见图 4)，其质量为(260±1)g。

单位为毫米

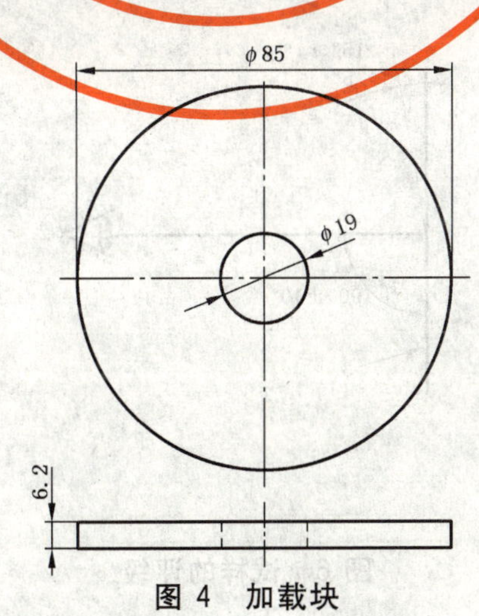

图 4 加载块

试样夹具与加载块的总质量为(415±2)g。

5.2.7 试样安装辅助装置

保证安装在试样夹具内的试样无褶皱所需要的设备(见图5)。

单位为毫米

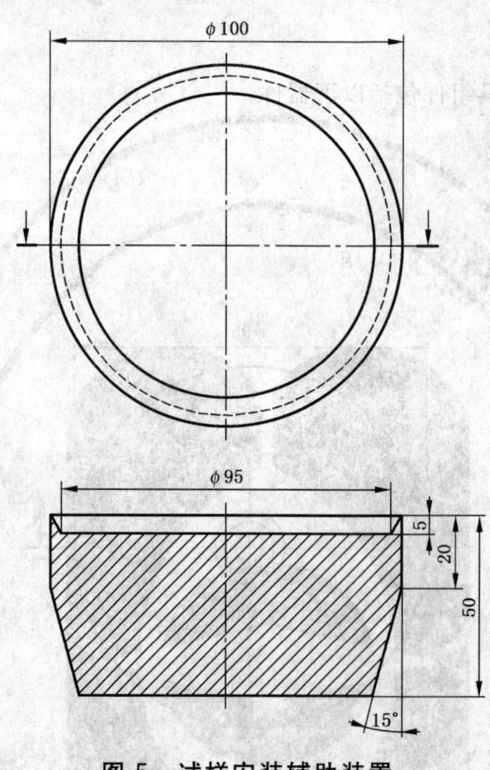

图5 试样安装辅助装置

5.2.8 加压重锤

质量为(2.5±0.5)kg、直径为(120±10)mm的带手柄的加压重锤,以确保安装在起球台上的试样或磨料没有折叠或不起皱折。

5.3 评级箱

用白炽荧光灯管或灯泡照明,保证在试样的整个宽度上均匀照明,并且应满足观察者不直视光线。照明装置与试样板应保持夹角为5°和15°之间(见图6)。正常校正视力的眼睛与试样的距离应在30 cm~50 cm。

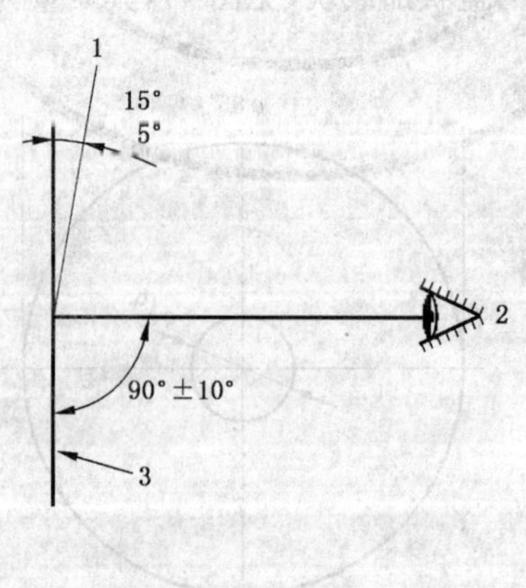

1——光源;

2——观察者;

3——试样。

图6 试样的评级

6 试验辅助材料

6.1 毛毡

按 GB/T 21196.1 要求，作为一组试样的支撑材料，有两种尺寸：

a) 顶部(试样夹具)：直径为(90±1)mm。

b) 底部(起球台)：直径为 140^{+5}_{0}mm。

6.2 磨料

用于摩擦试样，一般与试样织物相同。在某些情况下，如装饰织物，采用 GB/T 21196.1 规定的羊毛织物磨料，每次试验需更换新磨料。在试验报告中应说明所选的磨料。

将直径为 140^{+5}_{0}mm 的圆形磨料或边长为(150±2)mm 的方形磨料安装在每个磨台上。

7 调湿和试验用大气

调湿和试验用大气采用 GB/T 6529 规定的标准大气。

8 试样准备

8.1 预处理

如需预处理，可采用双方协议的方法水洗或干洗样品。

注：GB/T 8629 或 GB/T 19981.1 和 GB/T 19981.2 中的程序可能是适合的。

8.2 取样

注：取样时，试样之间不应包括相同的经纱和纬纱。

试样夹具中的试样为直径 140^{+5}_{0}mm 的圆形试样。起球台上的试样可以裁剪成直径为 140^{+5}_{0}mm 的圆形或边长为(150±2)mm 的方形试样。

在取样和试样准备的整个过程中的拉伸应力尽可能小，以防止织物被不适当地拉伸。

8.3 试样的数量

至少取 3 组试样，每组含 2 块试样，1 块安装在试样夹具中，另 1 块作为磨料安装在起球台上。如果起球台上选用羊毛织物磨料，则至少需要 3 块试样进行测试。如果试验 3 块以上的试样，应取奇数块试样。另多取 1 块试样用于评级时的比对样。

8.4 试样的标记

取样前在需评级的每块试样背面的同一点作标记，确保评级时沿同一个纱线方向评定试样。标记应不影响试验的进行。

9 步骤

9.1 总则

依据 GB/T 21196.1 的规定检查马丁代尔耐磨试验仪。在每次试验后检查试验所用辅助材料，并替换沾污或磨损的材料。

9.2 试样的安装

对于轻薄的针织织物，应特别小心，以保证试样没有明显的伸长。

9.2.1 试样夹具中试样的安装

从试样夹具上移开试样夹具环和导向轴。将试样安装辅助装置(5.2.7)小头朝下放置在平台上。将试样夹具环套在辅助装置上。

翻转试样夹具，在试样夹具内部中央放入直径为(90±1)mm 的毡垫。将直径为 140^{+5}_{0}mm 的试样，正面朝上放在毡垫上，允许多余的试样从试样夹具边上延伸出来，以保证试样完全覆盖住试样夹具的凹槽部分。

小心地将带有毡垫和试样的试样夹具放置在辅助装置的大头端的凹槽处,保证试样夹具与辅助装置紧密密合在一起,拧紧试样夹具环到试样夹具上,保证试样和毡垫不移动,不变形。

重复上述步骤,安装其他的试样。如果需要,在导板上,试样夹具的凹槽上放置加载块。

9.2.2 起球台上试样的安装

在起球台上放置直径为 140^{+5}_{0}mm 的一块毛毡,其上放置试样或羊毛织物磨料,试样或羊毛织物磨料的摩擦面向上。放上加压重锤,并用固定环固定。

9.3 起球测试

测试直到第一个摩擦阶段(见附录 A)。根据第 10 章中的要求进行第一次评定。评定时,不取出试样,不清除试样表面。

评定完成后,将试样夹具按取下的位置重新放置在起球台上,继续进行测试。在每一个摩擦阶段都要进行评估,直到达到附录 A 规定的试验终点。

10 起毛起球的评定

评级箱应放置在暗室中。

沿织物纵向将已测试样和一块未测试样(经或不经过前处理)并排放置在评级箱(见图 6)的试样板的中间。如果需要,采用胶带固定在正确的位置。已测试样放置在左边,未测试样放置在右边。如果测试样在起球测试前经过预处理,则对比样也应为经过预处理的试样。如果测试样在测试前未经过预处理,则对比样应为未经过预处理的试样。

为防止直视灯光,在评级箱的边缘,从试样的前方直接观察每一块试样进行评级。

依据表 1 中列出的级数对每一块试样进行评级。如果介于两级之间,记录半级,如,3.5。

注 1:由于评定的主观性,建议至少 2 人对试样进行评定。

注 2:在有关方的同意下可采用样照,以证明最初描述的评定方法。

注 3:可采用另一种评级方式,转动试样至一个合适的位置,使观察到的起球较为严重。这种评定可提供极端情况下的数据。如,将试样表面转到水平方向沿平面进行观察。

注 4:记录表面外观变化的任何其他状况。

表 1 视觉描述评级

级 数	状 态 描 述
5	无变化。
4	表面轻微起毛和(或)轻微起球。
3	表面中度起毛和(或)中度起球。不同大小和密度的球覆盖试样的部分表面。
2	表面明显起毛和(或)起球。不同大小和密度的球覆盖试样的大部分表面。
1	表面严重起毛和(或)起球。不同大小和密度的球覆盖试样的整个表面。

11 结果

记录每一块试样的级数,单个人员的评级结果为其对所有试样评定等级的平均值。

样品的试验结果为全部人员评级的平均值,如果平均值不是整数,修约至最近的 0.5 级,并用“—”表示,如 3—4。如单个测试结果与平均值之差超过半级,则应同时报告每一块试样的级数。

12 试验报告

试验报告应包含以下信息:

a) 本部分标准编号;

b) 样品的描述;

c) 采用的样品预处理；

d) 测试样品数量和评级人数；

e) 所用磨料；

f) 加载负荷；

g) 每一阶段的摩擦次数和起球等级；

h) 试验日期；

i) 起毛、起球或起毛起球的最终评定级数；

j) 经预处理后试样与未经过预处理试样相比，试样起毛、起球或起毛起球的评定级数；

k) 偏离本程序的细节。

附 录 A
（规范性附录）
起球试验分类

除有特别规定外，不同种类的纺织品应按表 A.1 进行起球试验。

表 A.1 起球试验分类

<table>
<tr><th>类别</th><th>纺织品种类</th><th>磨料</th><th>负荷质量/g</th><th>评定阶段</th><th>摩擦次数</th></tr>
<tr><td rowspan="4">1</td><td rowspan="4">装饰织物</td><td rowspan="4">羊毛织物磨料</td><td rowspan="4">415±2</td><td>1</td><td>500</td></tr>
<tr><td>2</td><td>1 000</td></tr>
<tr><td>3</td><td>2 000</td></tr>
<tr><td>4</td><td>5 000</td></tr>
<tr><td rowspan="6">2[a]</td><td rowspan="6">机织物（除装饰织物以外）</td><td rowspan="6">机织物本身（面/面）或羊毛织物磨料</td><td rowspan="6">415±2</td><td>1</td><td>125</td></tr>
<tr><td>2</td><td>500</td></tr>
<tr><td>3</td><td>1 000</td></tr>
<tr><td>4</td><td>2 000</td></tr>
<tr><td>5</td><td>5 000</td></tr>
<tr><td>6</td><td>7 000</td></tr>
<tr><td rowspan="6">3[a]</td><td rowspan="6">针织物（除装饰织物以外）</td><td rowspan="6">针织物本身（面/面）或羊毛织物磨料</td><td rowspan="6">155±1</td><td>1</td><td>125</td></tr>
<tr><td>2</td><td>500</td></tr>
<tr><td>3</td><td>1 000</td></tr>
<tr><td>4</td><td>2 000</td></tr>
<tr><td>5</td><td>5 000</td></tr>
<tr><td>6</td><td>7 000</td></tr>
<tr><td colspan="6">注：试验表明，通过 7 000 次的连续摩擦后，试验和穿着之间有较好的相关性。因为，2 000 次摩擦后还存在的毛球，经过 7 000 次摩擦后，毛球可能已经被磨掉了。</td></tr>
<tr><td colspan="6">[a] 对于 2、3 类中的织物，起球摩擦次数不低于 2 000 次。在协议的评定阶段观察到的起球级数即使为 4—5 级或以上，也可在 7 000 次之前终止试验（达到规定摩擦次数后，无论起球好坏均可终止试验）。</td></tr>
</table>

参 考 文 献

［1］ GB/T 8629 纺织品 试验用家庭洗涤及干燥程序

［2］ GB/T 19981.1 纺织品 织物和服装的专业维护、干洗和湿洗 第1部分:干洗和整烫后性能的评价

［3］ GB/T 19981.2 纺织品 织物和服装的专业维护、干洗和湿洗 第2部分:使用四氯乙烯干洗和整烫时性能试验的程序

ICS 59.080.30
W 04

中华人民共和国国家标准

GB/T 4802.3—2008
代替 GB/T 4802.3—1997

纺织品　织物起毛起球性能的测定 第3部分:起球箱法

Textiles—Determination of fabric propensity to surface fuzzing and to pilling—Part 3:Pilling box method

(ISO 12945-1:2000,MOD)

2008-06-18 发布　　2009-03-01 实施

中华人民共和国国家质量监督检验检疫总局
中国国家标准化管理委员会　发布

前　言

GB/T 4802《纺织品　织物起毛起球性能的测定》分为 4 个部分：

——第 1 部分：圆轨迹法；

——第 2 部分：改型马丁代尔法；

——第 3 部分：起球箱法；

——第 4 部分：随机翻滚法。

本部分为 GB/T 4802 的第 3 部分。

本部分修改采用 ISO 12945-1：2000《纺织品　织物表面起毛起球性能的测定　第 1 部分：起球箱法》(英文版)。

本部分与 ISO 12945-1：2000 的主要差异为：

——第 8 章中增加了注 2。

——第 9 章中增加了关于评级时对比样选用的相关规定。

——第 11 章中增加条款"i)　经预处理后试样与未经过预处理试样相比，试样起毛、起球或起毛起球的评定等级；"，以后序号依次顺延。

本部分代替 GB/T 4802.3—1997《纺织品　织物起球试验　起球箱法》。本部分与 GB/T 4802.3—1997 的主要差异为：

本部分与 GB/T 4802.3—1997 的主要差异为：

1. 标准名称修改为《纺织品　织物表面起毛起球性能的测定　第 3 部分：起球箱法》。
2. 范围中未对适用织物进行规定。
3. 修改并补充了第 3 章术语和定义的内容。
4. 规定了评级箱的具体要求并以图示说明。
5. 试样尺寸由"114 mm×114 mm"修改为"125 mm×125 mm"，并对试样管的缝制要求进行了相应调整。
6. 将原标准规定翻转次数作为注的内容。
7. 评级方式由采用样照评级改为视觉描述法评级。
8. 附录 A 修改为资料性附录，增加了起球箱保养与清洁相关内容。
9. 删除了附录 B。

本部分的附录 A 为资料性附录。

本部分由中国纺织工业协会提出。

本部分由全国纺织品标准化技术委员会基础标准分会(SAC/TC 209/SC 1)归口。

本部分由纺织工业标准化研究所、中纺标(北京)检验认证中心有限公司、内蒙古鄂尔多斯羊绒集团公司技术中心负责起草。

本部分主要起草人：周世香、杨桂芬。

本部分所代替标准的历次版本发布情况为：

——GB 4802.3—1984、GB/T 4802.3—1997。

纺织品　织物起毛起球性能的测定 第3部分:起球箱法

1　范围

GB/T 4802的本部分规定了采用起球箱法对织物表面起毛起球性能及表面变化的测定方法。

2　规范性引用文件

下列文件中的条款通过GB/T 4802的本部分的引用而成为本部分的条款。凡是注日期的引用文件,其随后所有的修改单(不包括勘误的内容)或修订版均不适用于本部分,然而,鼓励根据本部分达成协议的各方研究是否可使用这些文件的最新版本。凡是不注日期的引用文件,其最新版本适用于本部分。

GB/T 6529　纺织品　调湿和试验用标准大气(GB/T 6529—2008,ISO 139:2005,MOD)

3　术语和定义

下列术语和定义适用于GB/T 4802的本部分。

3.1

起毛　fuzzing

织物表面纤维凸出或纤维端伸出形成毛绒所产生的明显表面变化。

注:此种变化可能发生在水洗、干洗、穿着或使用过程中。

3.2

毛球　pills

纤维缠结形成凸出于织物表面、致密的且光线不能透过并产生投影的球。

注:毛球的形成可能发生在水洗、干洗、穿着或使用过程中。

3.3

起球　pilling

织物表面产生毛球的过程。

4　原理

安装在聚氨酯管上的试样,在具有恒定转速、衬有软木的木箱内任意翻转。经过规定的翻转次数后,对起毛和(或)起球性能进行视觉描述评定。对样品进行的任何特殊处理(例如,水洗、清洁)应经有关方同意,并应在试验报告中说明。

5　仪器和材料

5.1　起球试验箱

立方体箱,未衬软木前内壁每边长为235 mm。箱体的所有内表面应衬有厚度3.2 mm的软木。箱子应绕穿过箱子两对面中心的水平轴转动,转速为(60±2)r/min。箱的一面应是可打开的,用于试样取放。

注:附录A给出了起球试验箱的校准和对比的建议。

软木衬垫应定期检查,当出现可见的损伤或影响到其摩擦性能的污染(见第A.4章)时应更换软木衬垫。

5.2 聚氨酯载样管

每个起球试验箱需要 4 个,每个管长(140±1)mm,外径 (31.5±1)mm,管壁厚度 (3.2±0.5)mm,质量为(52.25±1)g。

5.3 装样器,将试样安装到载样管上。

5.4 PVC 胶带,19 mm 宽。

5.5 缝纫机。

5.6 评级箱

用白色荧光管或灯泡照明,保证在试样的整个宽度上均匀照明,并且应满足观察者不直视光线。光源的位置与试样的平面应保持 5°～15°,观察方向与试样平面应保持 90°±10°(见图 1)。正常校正视力的眼睛与试样的距离应在 30 cm～50 cm。

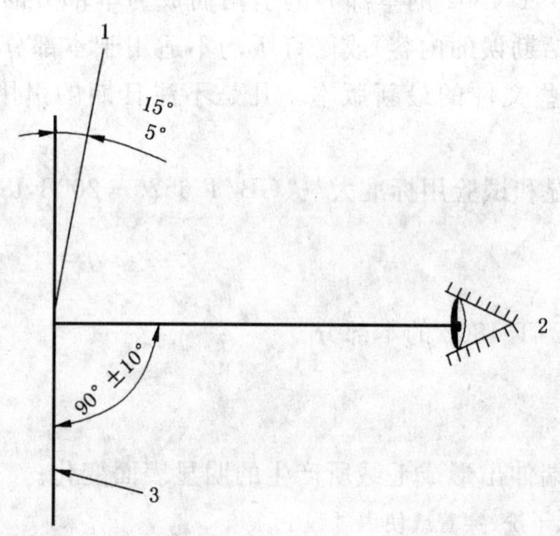

1——光源;

2——观察者;

3——试样。

图 1 试样的评级

6 调湿和试验用大气

调湿和试验用大气采用 GB/T 6529 规定的标准大气。

7 试样准备

7.1 预处理

如需预处理,可采用双方协议的方法水洗或干洗样品。

注 1: GB/T 8629 或 GB/T 19981.1 和 GB/T 19981.2 中的程序可能是适合的。

注 2: 为了保护起球箱的摩擦面和试样管免受可能引起不一致结果的润滑剂或整理剂的影响,推荐使用洗涤和干洗程序。

如果进行水洗或干洗,按第 9 章规定的评级程序,对预处理前和处理后试样进行评定。

7.2 取样

从样品上剪取 4 个试样,每个试样的尺寸为 125 mm×125 mm。在每个试样上标记织物反面和织物纵向。当织物没有明显的正反面时,两面都要进行测试。另剪取 1 块尺寸为 125 mm×125 mm 的试样作为评级所需的对比样。

注:取样时,试样之间不应包括相同的经纱和纬纱。

7.3 试样的数量

取 2 个试样，如可以辨别，每个试样正面向内折叠，距边 12 mm 缝合，其针迹密度应使接缝均衡，形成试样管，折的方向与织物的纵向一致。取另 2 个试样，分别向内折叠，缝合成试样管，折的方向应与织物的横向方向一致。

7.4 试样的安装

将缝合试样管的里面翻出，使织物正面成为试样管的外面。在试样管的两端各剪 6 mm 端口，以去掉缝纫变形。将准备好的试样管装在聚氨酯载样管（见 5.2）上，使试样两端距聚氨酯管边缘的距离相等（见图 2），保证接缝部位尽可能的平整。用 PVC 胶带（见 5.4）缠绕每个试样的两端，使试样固定在聚氨酯管上，且聚氨酯管的两端各有 6 mm 裸露。固定试样的每条胶带长度应不超过聚氨酯管周长的 1.5 倍。

单位为毫米

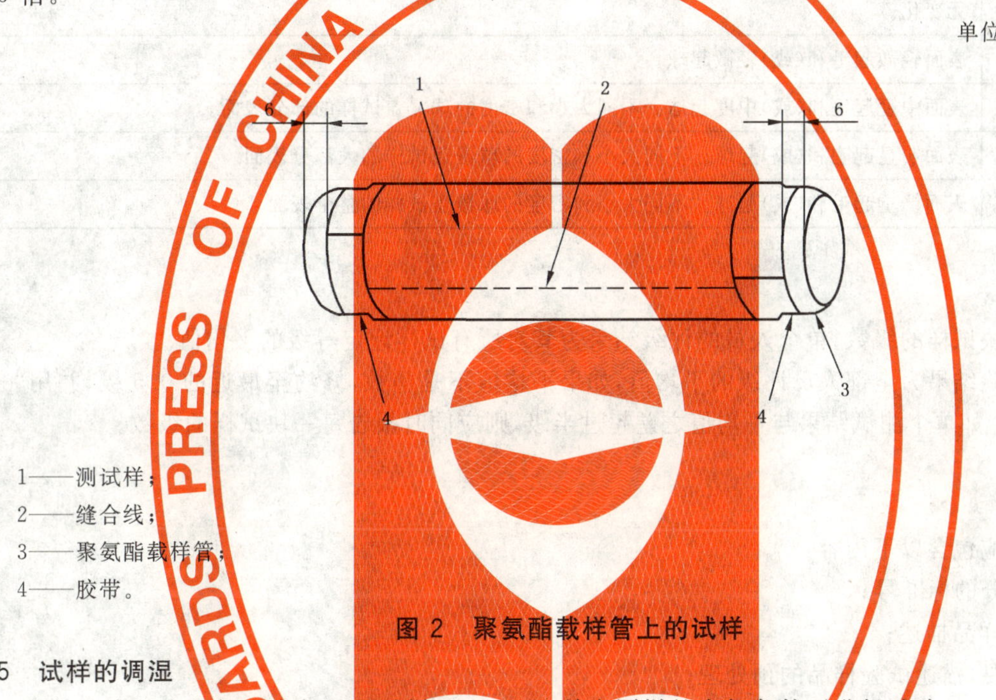

1——测试样；
2——缝合线；
3——聚氨酯载样管；
4——胶带。

图 2 聚氨酯载样管上的试样

7.5 试样的调湿

按第 6 章规定的标准大气调湿试样至少 16 h，并在同样的大气条件下进行试验。

8 试验步骤

保证起球箱内干净、无绒毛。

把四个安装好的试样放入同一起球箱内，关紧盖子。启动仪器，转动箱子至协议规定的次数。

注 1：预期所有类型织物测试或穿着时的起球情况是不可能的。因此，对于特殊结构的织物，有关方有必要对翻转次数取得一致意见。

注 2：在没有协议或规定的情况下，建议粗纺织物翻转 7 200 r，精纺织物翻转 14 400 r。

从起球试验箱中取出试样并拆除缝合线。

9 起毛起球的评定

评级箱应放置在暗室中。

在评级箱（见图 1）的试样板的中间，沿织物纵向并排放置 1 块已测试样和 1 块未测试的对比样。如果需要，采用胶带固定在正确的位置。已测试样放置在左边，未测试样放置在右边。如果测试样在起球测试前经过预处理，则对比样也应为经过预处理的试样。如果测试样在测试前未经过预处理，则对比样应为未经过预处理的试样。

为防止直视灯光，在评级箱的边缘，从试样的前方直接观察每一块试样。

由于评定的主观因素,建议至少 2 人进行评定。

依据表 1 中列出的等级对每一块试样进行评级。如果起毛起球的情况介于两级之间,记录半级,如,3.5。

经有关方同意,可采用样照评级方法,以支持描述法的评定结果。

可采用另一种评定方式,即转动试样直到观察到的起球现象更加严重。这种评定可提供极端情况下的数据,如,将试样表面转到水平方向沿平面进行观察。

记录表面变化的任何其他状况。

表 1 视觉描述评级

级 数	状 态 描 述
5	无变化。
4	表面轻微起毛和(或)轻微起球。
3	表面中度起毛和(或)中度起球。不同大小和密度的球覆盖试样的部分表面。
2	表面明显起毛和(或)起球。不同大小和密度的球覆盖试样的大部分表面。
1	表面严重起毛和(或)起球。不同大小和密度的球覆盖试样的整个表面。

10 结果

记录每一块试样的级数,单个人员的评级结果为其对所有试样评定等级的平均值。

样品的试验结果为全部人员评级的平均值,如果平均值不是整数,修约至最近的 0.5 级,并用“—”表示,如 3—4。如单个测试结果与平均值之差超过半级,则应同时报告每一块试样的级数。

11 试验报告

试样报告应包含以下内容:

a) 本部分的标准号;

b) 试验样品描述;

c) 如需要,描述试验样品的预处理;

d) 测试样数量和评级人数;

e) 翻转的次数;

f) 试验日期;

g) 起毛、起球或起毛起球的最终评定级数;

h) 经预处理后试样与未经过预处理试样相比,试样起毛、起球或起毛起球的评定级数;

i) 偏离本程序的细节。

附 录 A
（资料性附录）
起球箱及配件使用注意事项

A.1 起球箱

起球箱转速需定期检查，保持转速在(60±2)r/min。

新的衬垫在使用前，需要在带有四个空白聚氨酯管的起球箱内转动约 200 h，直到衬垫上没有软木屑脱落。通常，软木衬垫的摩擦性能不是引起结果变化的主要原因，但是经过长时间使用后，软木衬垫表面逐渐被磨光或受到污染。这些变化能够导致起球降低。在这些情况下，应更换软木衬垫。

A.2 载样管

模具压制的聚氨酯管在新的时候都是一样的。经验表明，常规使用情况下，聚氨酯管不会发生显著的变化。

重点检查区域是聚氨酯管两端表面的凹凸和粗糙程度。在收到新管时，检查重点区域内的模铸疵点。载样管在使用中一般不会损坏，一旦损坏，应更换载样管。

A.3 清洁与保养

在每次试验前，需将箱内的绒毛或碎屑清出，如采用吸尘器或小油漆刷。如果软木衬垫已经被从织物上带来的整理剂等物质污染，需定期清洁。工业甲醇是比较适合的溶剂。用微量的溶剂擦拭软木表面。

注：按国家相关规定使用工业甲醇。

A.4 校核

本试验的操作者宜保留有与本试验测试相关的两种校准织物，每种具有起毛起球等级从 1—2 级到 4 级的不同水平。

这些校准织物被用来测试每一个新安装的起球箱和每一个更换新衬垫的起球箱。为了进行后续的校准，应保留已测过的校准试样。每隔一段时间(如 6 个月)需重新测试校准织物并与最初测试过的校准样进行比较。通过此种方式发现箱与箱之间或单个箱的任何偏离和误差。需考虑保存的已测校准样表面可能会有轻微变平这一因素。

参 考 文 献

[1] GB/T 8629 纺织品 试验用家庭洗涤及干燥程序

[2] GB/T 19981.1 纺织品 织物和服装的专业维护、干洗和湿洗 第1部分:干洗和整烫后性能的评价

[3] GB/T 19981.2 纺织品 织物和服装的专业维护、干洗和湿洗 第2部分:使用四氯乙烯干洗和整烫时性能试验的程序

ICS 27.120.99
F 81

中华人民共和国国家标准

GB/T 4833.2—2008

多道分析器
第2部分：作为多路定标器的试验方法

Multichannel analyzers—
Part 2:Test methods as multichannel scalers

2008-03-24 发布 2008-11-01 实施

中华人民共和国国家质量监督检验检疫总局
中国国家标准化管理委员会 发布

前　言

GB/T 4833《多道分析器》分为三个部分：

——第1部分：主要技术要求与试验方法；

——第2部分：作为多路定标器的试验方法；

——第3部分：核谱测量直方图数据交换格式。

本部分是GB/T 4833的第2部分。

本部分由国防科学技术工业委员会提出。

本部分由核工业标准化研究所归口。

本部分主要起草单位：核工业标准化研究所、深圳市计量质量检测研究院。

本部分主要起草人：熊正隆、李名兆、肖晨。

引　言

利用多道分析器(MCA)的脉冲计数和存储数据功能,有些MCA可实现多路定标功能。这时,多道分析器的每道存储器相当一个单定标器,而整个MCA构成多路定标器(MCS)。可以按预置时间间隔在MCS的每一道计数,该时间间隔由其内部或外部的时钟决定。同时,MCS还保留了多道分析器的数据显示、数据处理和数据输出等功能。

MCS主要用于测量短寿命放射性核素的衰变曲线和穆斯堡尔效应。

多道分析器
第2部分:作为多路定标器的试验方法

1 范围

本部分规定了多道分析器作为多路定标器(MCS)时主要参数的测量方法,并定义了与MCS特性有关的术语。

本部分适用于可实现多路定标功能的多道分析器。

2 规范性引用文件

下列文件中的条款通过GB/T 4833的本部分的引用而成为本部分的条款。凡是注日期的引用文件,其随后所有的修改单(不包括勘误的内容)或修订版均不适用于本部分,然而,鼓励根据本部分达成协议的各方研究是否可使用这些文件的最新版本。凡是不注日期的引用文件,其最新版本适用于本部分。

GB/T 4833.1 多道分析器 第1部分:主要技术要求与试验方法(GB/T 4833.1—2007,IEC 61342:1995,MOD)

GB/T 4960.6 核科学技术术语 核仪器仪表

GB/T 8993 核仪器环境条件与试验方法

3 术语和定义

GB/T 4833.1和GB/T 4960.6规定的以及下列术语和定义适用于本部分。

3.1

存储器分区选择 memory sub-groups selection

多道分析器作为多路定标器时,整个存储器可以划分为1,2,4,8……个分区,每个分区的道均按顺序工作。存储器分区选择应给出划分存储器分区的方法、每个分区可得到的道数和所选的分区号。

3.2

滞留时间 dwell time

道步进时间 channel advance time

t_d

与推动MCS道步进的时钟脉冲的周期相对应的时间间隔,即停留在每一道计数的时间。

3.3

滞留死时间 dead time per dwell

τ_d

由于MCS每道的存储器读写转换和道地址步进所损失的时间。每一道的净计数时间是滞留时间t_d与滞留死时间τ_d之差。

3.4

输入脉冲 input pulse

加到MCS"计数"输入端的逻辑脉冲。与馈送给MCS的任何逻辑脉冲一样,应规定输入脉冲的下述特性:

a) 极性;

b) 逻辑电平;

c) 宽度;

d) 上升时间和下降时间;

e) 输入电路的阻抗。

3.5

脉冲分辨时间 pulse resolving time

相继输入而仍能被 MCS 分别记录的两个脉冲之间的最小时间间隔。

3.6

最高输入频率 maximum input frequency

输入脉冲为周期信号时，随着输入脉冲频率的提高，MCS 所测每道计数与计算值偏离一定值时的那个输入频率。计算值等于输入脉冲频率、滞留时间与扫描次数三者之积。

3.7

外扫描触发输入 external sweep trigger input

当 MCS 处于外控工作方式时，用于启动 MCS 扫描的外触发输入信号。

3.8

外道步进脉冲 external channel advance pulse

外时钟 external clock

当 MCS 处于外控工作方式时，用于停止现行道计数、步进到下一道，并在新的道继续获取数据的外部时钟信号。

3.9

最高外道步进频率 maximum external channel advance frequency

使被测的 MCS 保持其规定的特性可选用的外时钟的最高频率。

3.10

外停止信号 external stop signal

当 MCS 处于外控工作方式时，用于停止现行扫描的外部输入脉冲。

3.11

单次扫描方式 single-sweep mode

在整个选择的分区内，引发每道只获取一次数据的 MCS 工作方式。

3.12

循环扫描方式 recurrent sweep mode

在整个选择的分区内循环或重复扫描以获取数据，直到手动终止或达到预置的扫描次数方停止扫描的 MCS 工作方式。

3.13

UP/UP 扫描方式 UP/UP sweep mode

MCS 在连续计数时间间隔内，每次均按道址递增方式累积数据的扫描方式。

3.14

UP/DOWN 扫描方式 UP/DOWN sweep mode

MCS 在连续计数时间间隔内，每次先按道址递增方式累积数据，紧接着又按道址递减方式获取数据的扫描方式。

3.15

加方式 add mode

MCS 每次扫描均给现行道的数据加上新的计数，以完成数据获取的工作方式。

3.16

减方式 subtract mode

MCS 每次扫描均给现行道的数据减去新的计数，以完成数据获取的工作方式。

3.17

扫描触发输出 sweep trigger output

启动每次扫描时所产生的、具有规定特性的逻辑脉冲。

4 测量参数和试验条件

4.1 测量参数

本部分规定了 MCS 主要参数的测量方法，但并不规定一定要测量这些参数。当需要测量其中的参数时，则应按本部分给定的方法进行，它们是：

a) 最高输入频率；

b) 滞留死时间；

c) 脉冲分辨时间。

4.2 试验环境条件

MCS 试验时的环境条件包括：

a) 环境温度；

b) 相对湿度；

c) 大气压；

d) 电源电压；

e) 电源频率。

上述环境条件应采用 GB/T 8993 中的规定的参考条件。必要时也可以由制造厂和用户商议每项试验的环境条件，此时由环境温度和电源电压相对于参考条件的变化所引起的附加误差应当按 GB/T 4833.1中规定的方法确定。

4.3 工作方式

为简便起见，MCS 的测量可选择一个分区，且设置成单次 UP/UP 扫描和加方式进行。但同样的测量方法也适用任何分区和其他工作方式。

5 最高输入频率试验方法

5.1 试验设备

最高输入频率的试验设备如下：

a) 一台输出频率可调(其上限应当显著地高于分析或估算的 MCS 的最高输入频率)的周期脉冲产生器，当它接上 MCS 计数输入和其他试验设备后，其输出脉冲的特性应满足 MCS“计数”输入的要求(见 3.4)；

b) 一台量程合适的并已校准的频率计；

c) 一台频带合适的并已校准的示波器。

5.2 试验程序

按图 1 连接试验设备，脉冲产生器输出的脉冲信号直接送到 MCS 的“计数”输入端。

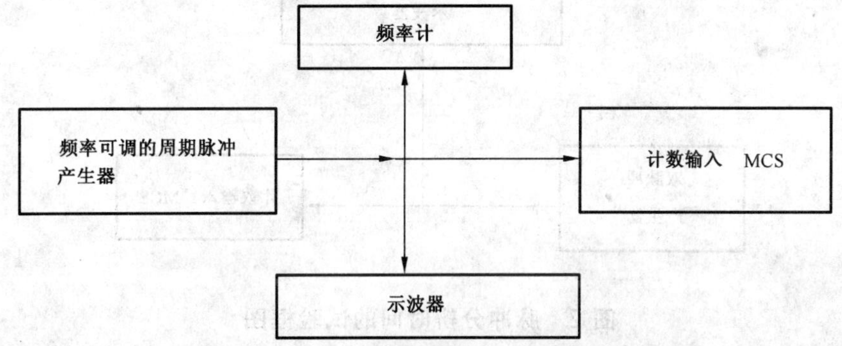

图 1 最高输入频率和滞留死时间的试验框图

将 MCS 设置为内定时控制，同时选择合适的滞留时间 t_d(例如 0.1 s)，由其较低频率(应当远低于分析或估计的 MCS 的最高输入频率)开始，启动 MCS 计数，记录道计数和频率。

滞留时间保持不变,增高脉冲信号的频率(当频率较高时,脉冲的占空比可调整为50%)进行一系列测量,直到每道计数小于脉冲频率与滞留时间乘积的一半为止。

5.3 测量数据处理

画出"道计数计算值-脉冲频率"的直线,再用近似作图法画出"道计数测量值-脉冲频率"的特性曲线,曲线上道计数偏离直线给定值(例如50%)所对应的脉冲频率值,即MCS的最高输入频率。

6 滞留死时间试验方法

6.1 试验设备

试验设备及其连接与图1相同。

6.2 试验程序

将脉冲产生器的频率调整为MCS的最高输入频率的0.8倍(脉冲宽度等于或小于周期的一半),MCS设置为最小道步进时间,以使由滞留死时间产生的计数损失达到最大限度;同时MCS设置为循环扫描方式,其扫描次数应使每道获取的数据大于10 000,以保证测量的准确度。然后累积数据。

6.3 测量数据处理

每一道的总计数 N_c 可由下式计算:

$$N_c = F(t_d - \tau_d)M$$

从上述公式可以得到滞留死时间 τ_d(s):

$$\tau_d = t_d - \frac{N_c}{FM}$$

式中:

F——脉冲产生器的频率,单位为每秒(s^{-1});

t_d——MCS的滞留时间,单位为秒(s);

M——预置的扫描次数。

7 脉冲分辨时间试验方法

7.1 试验设备

脉冲分辨时间的试验设备如下:

a) 一台双脉冲产生器,其输出脉冲特性的要求见5.1a)。

b) 一台示波器(见5.1c))。

7.2 试验程序

7.2.1 按图2连接试验设备,双脉冲产生器的输出脉冲直接送到MCS的"计数"输入端。

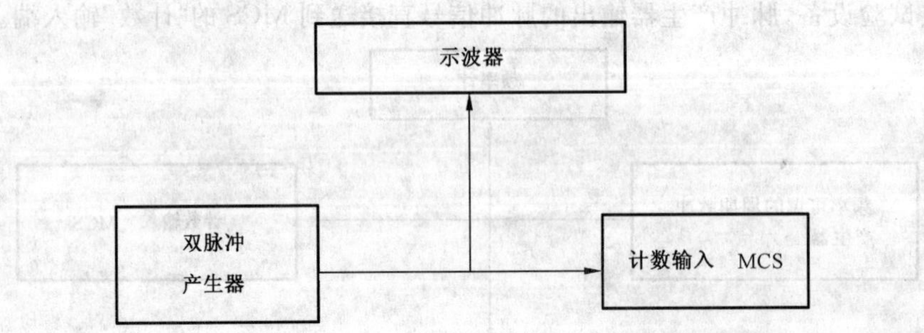

图2 脉冲分辨时间的试验框图

7.2.2 固定双脉冲产生器的输出频率,使其为MCS最高输入频率的0.2倍,调整输出脉冲宽度为自身周期的10%,双脉冲之间的延迟时间置为脉宽的3倍,同时给MCS设置合适的滞留时间。

7.2.3 启动双脉冲产生器和MCS,记录MCS的道计数(应是脉冲频率与滞留时间乘积的2倍),然后逐步减少其延迟时间,观测其道计数,直到MCS不再记录延迟脉冲(即每道计数减少一半)为止。

为准确测得 MCS 的脉冲分辨时间，应调整好脉冲波形，使延迟时间清晰可读，然后改变延迟时间进行多次测量。

7.3 测量数据处理

当减少双脉冲之间的延迟时间观测道计数时，从示波器上读出 MCS 仍能正常记录延迟脉冲的最小延迟时间，即为 MCS 的脉冲分辨时间。

ICS 01.080.01;27.120.01
F 81

中华人民共和国国家标准

GB/T 4833.3—2008/IEC 61455:1995

多道分析器
第3部分:核谱测量直方图数据交换格式

Multichannel analyzers—
Part 3:Histogram data interchange format for nuclear spectroscopy

(IEC 61455:1995,Nuclear instrumentation—MCA histogram data interchange format for nuclear spectroscopy,IDT)

2008-03-24 发布　　　　2008-11-01 实施

中华人民共和国国家质量监督检验检疫总局
中国国家标准化管理委员会　发布

前言

GB/T 4833《多道分析器》分为三个部分：

——第 1 部分：主要技术要求与试验方法；

——第 2 部分：作为多路定标器的试验方法；

——第 3 部分：核谱测量直方图数据交换格式。

本部分是 GB/T 4833 的第 3 部分，等同采用 IEC 61455:1995《核仪器　核谱测量用多道分析器直方图数据交换格式》。

本部分相对 IEC 61455 有如下编辑性修改：

a） 修改标准名称，使本部分作为 GB/T 4833《多道分析器》的一部分；

b） 将第 4 章“定义”中的“术语”和“定义”分段书写；

c） 以“脚注”形式说明原程序中的错误。

本部分的附录 A、附录 B 和附录 C 是资料性附录。

本部分由国防科学技术工业委员会提出。

本部分由核工业标准化研究所归口。

本部分起草单位：核工业标准化研究所、清华大学。

本部分主要起草人：熊正隆、薛昕、肖晨、张彤。

多道分析器
第3部分:核谱测量直方图数据交换格式

1 范围

本部分适用于核谱测量中脉冲幅度直方图数据的交换，而与数据来源、读或写数据设备以及容纳数据的媒体无关。

2 目的

本部分的目的是提供核谱测量用多道分析器(MCA)直方图数据的交换格式，该交换格式能用于各实验室间传送多道脉冲幅度数据以及为检验目的而分配这些数据。为与大量的计算机语言、计算机以及硬件链路相兼容，必须用ASCII书写完整的文件。预期这些文件在使用前将转换为本地格式。

3 概述

为与大量的计算机及其硬件和软件兼容，完整的脉冲幅度直方图数据文件(以下简称数据文件)应采用ASCII码书写，其意图是在使用前将数据文件转换为本地格式。

数据文件包含数目可变的记录。每个记录由70字节的字符、数字组成，并用4字节的“A004”作为前缀，说明该记录以ASCII码表示。前缀后跟随64字节的数据。所有记录均以含有回车符和换行符的两字节作为结尾。记录中全部未使用的字节均填ASCII码的空格符。数据文件的记录格式见表1；数据文件的例子见图1；表1中记录内容的数据格式见第3章；使用FORTRAN、BASIC和C语言读取数据的程序示例依次见附录A、附录B和附录C。

表1 文件记录

记录号	每个记录内容	字符类型	字节数
1	系统标识、子系统标识	字符	8+8
	模拟-数字变换器(ADC)编号、段号	数字	4+4
	数字偏置	数字	6
2	活时间、实时间	浮点数	14+14
	总道数	数字	6
3	开始获取时间	字符	(8+1)×2
	采样时间	字符	(8+1)×2
4	能量刻度系数(校正因子)A,B,C,D	浮点数	14×4
5	峰半高宽(FWHM)刻度系数 P,Q,R,W,l	数字	14×4+4
6～9	样品说明(描述)-1/-2/-3/-4	字符	64×4
10	备用		
11～22	能量和道数对(每个记录两对数据)	浮点数	16×4
23～34	能量和分辨率对(每个记录两对数据)	浮点数	16×4
35～46	能量和效率对(每个记录两对数据)	浮点数	16×4
47～58	用户定义		
59～结尾	谱数据：1个道数	数字	6
	谱数据：5个道数据	数字	10×5

注：表中增加了每个记录内容的字符类型及其字节数。

```
记录 前缀                                        数    据
位数 1234123456789ABCDEFG123456789ABCDEFG123456789ABCDEFG123456789ABCDEFG
01   A004 SYS 011 R&D LAB        1  1          0
02   A004  .30000000E+04  .31110000E+04  8192
03   A004  01/10/87 12:55:00  00/00/00  00:00:00
04   A004  -.91891420E+01  .25253880E+00  .21011320E-07  .2 1011320E+00
05   A004    .51970650E+01  .64495420E-00  .51749480E-08  .00000000E+001.00
06   A004 样品描述 - 1
07   A004 样品描述 - 2
08   A004 样品描述 - 3
09   A004 样品描述 - 4
10   A004 备用
11   A004 .00000000E+00  .00000000E+00  .00000000E+00  .00000000E+00
12   A004 .00000000E+00  .00000000E+00  .00000000E+00  .00000000E+00
     省略
22   A004 .00000000E+00  .00000000E+00  .00000000E+00  .00000000E+00
23   A004 .00000000E+00  .00000000E+00  .00000000E+00  .00000000E+00
     省略
34   A004 .00000000E+00  .00000000E+00  .00000000E+00  .00000000E+00
35   A004 .00000000E+00  .00000000E+00  .00000000E+00  .00000000E+00
     省略
45   A004 .00000000E+00  .00000000E+00  .00000000E+00  .00000000E+00
46   A004 .00000000E+00  .00000000E+00  .00000000E+00  .00000000E+00
47   A004 用户定义
48   A004 用户定义
     省略
58   A004 用户定义
位数 1234  123456123456789A123456789A123456789A123456789A123456789A
59   A004       0       0        0        0        0        0
60   A004       5       0        0        0        0        0
61   A004      10       0        0        0        0        0
62   A004      15       0        0        0        0        0
63   A004      20      12      104      201      296      417
64   A004      25     474      432      391      437      371
65   A004      30     368      355      329      312      300
66   A004      35     301      314      352      291      270
67   A004      40     271      269      246      226      225
68   A004      45     227      266      243      229      244
69   A004      50     238      207      244      251      248
70   A004      55     272      300      292      297      283
     省略
```

图 1 数据文件

4 术语和定义

4.1

系统标识 system identification

描述系统的 8 字符标号。先导空格不表示先导零。系统标识用来描述采集数据的实验室或实验设备。系统标识与子系统标识一起唯一描述数据的来源。

4.2

子系统标识　sub-system identification

进一步描述系统的8字符标号。先导空格不表示先导零。子系统标识与系统标识一起唯一描述数据的来源。

4.3

模拟—数字变换器(ADC)编号　ADC number

标识ADC的4字符数字。先导空格表示先导零。通常,一个给定系统的ADC编号总是从1开始,然后按顺序增加。在特定实验室中不同系统可用不连续的编号。例如,对不同类型的设备,ADC编号可用1～4和11～14。

4.4

段号　segment number

标识ADC子段的4字符数字。先导空格表示先导零。在几个数据输入共享一个ADC并在输入间进行多路传输的系统中将使用段号。每个输入可能是一个独立的探测器,在任意两个探测器之间不需要存在任何关系。

注:子系统标识、ADC编号和段号应提供足够的信息,以便能将获取的直方图数据追索到收集该数据的设备。这样,便能使用这个谱来标识其他数据,例如分别存储的标定谱(刻度谱)和本底谱。在大型分布式系统中,仅用ADC编号和段号还不足以唯一标识直方图数据。

4.5

数字偏置　digital offset

数字偏置位于道数轴上零电压输入值的截点位置。在存储前应从ADC输入值中减去数字偏置。这相当于存储谱的第一道。它以带先导空格(表示先导零)的6字符数字表示。

当数据的低道数部分不包括有用信息时使用数字偏置,在存储前将数字偏置部分扣除。数字偏置值被加到存储数据道上以得到ADC的输出值。即使各种谱并不完整,采用数字偏置可使它们相互比较。

4.6

活时间　live time

以秒和秒的小数表示的获取谱数据的活时间。它为14字符浮点数,包括小数点和表示零和先导零。

4.7

实时间　real time

以秒和秒的小数表示的获取谱数据的实时间。它为14字符浮点数,包括小数点和表示零的先导零。

4.8

总道数　number of channels

以6字符数字(无小数点)给出此数据文件所包含的总道数。当谱数据超过总道数的有效位时,最后的记录应含有空白数据。先导零表示零。

4.9

开始获取时间　acquisition start time

开始获取直方图数据的时间,用"DD/MM/YR_HH:NN:SS_"表示,其中DD是日期,MM是月份,YR是年份,HH是小时,NN是分钟,SS是秒数,"_"(下划线字符)是ASCII码的空格。

4.10

采样时间　sampling time

实际采样物质的时间,用"DD/MM/YR_HH:NN:SS_"表示,其中DD是日期,MM是月份,YR是年份,HH是小时,NN是分钟,SS是秒数,"_"(下划线字符)是ASCII码的空格。

4.11

能量刻度系数 energy calibration coefficients

能量(E,以keV为单位)对道数(ch)的刻度系数,用下式给出:

$$E = A + B \times ch + C \times ch^2 + D \times ch^3$$

系数A、B、C和D是4个连续的14字符浮点数(包括小数点)。先导空格表示先导零。未使用或未计算的所有值应全部设置为空格。通常,A称为能量-道数曲线的偏置或零截距;B是曲线的斜率;C是曲线的二次方项的系数;D是曲线的三次方项的系数。

4.12

峰半高宽刻度系数 peak full width half maximum calibration coefficients

半高宽(FWHM或shape,F)对道数(ch)的刻度系数,用下式给出:

$$F = P + Q \times ch^l + R \times ch^{2l} + W \times ch^{3l}$$

系数P、Q、R和W是4个连续的14字符浮点数(包括小数点在内)。l是4字符数字(包括小数点)。先导空格表示先导零。未使用或未计算的任何值应全部设置为空格。通常,P称为偏置或零截距。l是道数的最低次幂,在大多数情况下,当FWHM为道数的二次函数关系时,$l=0.5$;当FWHM为道数的线性函数关系时,$l=1.0$。Q是FWHM-道数曲线最低次幂的倍数。R是FWHM-道数曲线第二次幂的倍数。W是FWHM-道数曲线第三次幂的倍数。

4.13

样品说明(描述)-1,-2,-3,-4 sample description-1,-2,-3,-4

一个样品说明包含4个64字符的记录。它们提供关于所分析样品源的信息。如不用,这些记录应设置为空格。

4.14

备用 spare

这个记录目前是空的,它为标准扩展而保留。

4.15

能量和道数对 energy and channel pairs

相应道的能量(keV)按"能量-道数对"存储。"对"中的每个数是16字符浮点数,不用的"对"是ASCII码的空格或零。"对"在存储时是按顺序的,即第一个存入的是能量,第二个存入的是对应那个能量的道数,第三个又是能量,第四个则是对应第三个能量的道数,依此类推直到下个记录。它的目的是为分析程序重建合适的"能量-道数对"函数提供足够的(能量-道数对)数据。

4.16

能量和分辨率对 energy and resolution pairs

相应能量的探测器分辨率按"能量-分辨率对"存储。"对"中的每个数是16字符浮点数,不用的"对"是ASCII码的空格或零。"对"在存储时是按顺序的,即第一个存入的是能量,第二个存入的是对应那个能量的分辨率,第三个又是能量,第四个则是对应第三个能量的分辨率,依此类推直到下个记录。它的目的是为分析程序重建合适的"能量-分辨率对"函数提供足够的(能量-分辨率对)数据。

4.17

能量和效率对 energy and efficiency pairs

相应能量的探测效率按"能量-效率对"存储。"对"中的每个数是16字符浮点数,不用的"对"是ASCII码的空格或零。"对"在存储时是按顺序的,即第一个存入的是能量,第二个存入的是对应那个能量的效率,第三个又是能量,第四个则是对应第三个能量的效率,依此类推直到下个记录。它的目的是为分析程序重建合适的"能量-效率对"函数提供足够的(能量-效率对)数据。

4.18

用户定义　user difined

共有 12 个记录由用户定义,用于存储谱所需要的任何文字数据。

4.19

谱数据　spectral data

谱中的道数据按道数(道地址)存储,在每个记录的开始是 1 个道数,后面是 5 个道数据。道数是 6 字符数字,第一道是 0 道。道数据是 10 字符数字,其中有 1 个空格将它们分开。这样,每个记录共 62 个字符。先导零表示零。

附 录 A
（资料性附录）
FORTRAN 语言读数据的程序示例

这不是一个完整的程序，其精确的句法可随所使用的编译程序而不同。

```
      CHARACTER*8 ID1, ID2, ACQDAT, ACQTIM, SAMDAT, SAMTIM
      CHARACTER*64 SAMDES(4), SPARE, USER(12)
      INTEGER*2 MCANUM, SEGNUM, DIGOFF, NUMCHN
      REAL*4 LIVETM, REALTM, ENGCAL(4), FWHCAL(4), FWHEXP, EFFENG(24)
      REAL*4 EFFVAL(24), SPCTMP(5), SPECTR(8192)ENGCHN(24)
      REAL*4 ENGVAL(24), FWHENG(24), FWHVAL(24)
C open the spectrum file
      OPEN(UNIT=4, NAME=' ', ACCESS='SEQUENTIAL', FORM='FORMATTED')
C read the identification labels and the mca and segment numbers
      READ(4,100) ID1, ID2, MCANUM, SEGNUM, DIGOFF
100   FORMAT(4X,2A8,2I4,I6)
C read the livetime, realtime and the length of the spectrum
      READ(4,110) LIVETM, REALTM, NUMCHN
110   FORMAT(4X,2E14.8,I6)
C read the spectrum acquisition date and time and the sample date/time
      READ(4,120) ACQDAT, ACQTIM, SAMDAT, SAMTIM
120   FORMAT(4X,4(A8,1X))
C read the energy calibration factors
      READ(4,130) ENGCAL
130   FORMAT(4X,4E14.8)
C read the FWHM calibration factors
      READ(4,140) FWHCAL, FWHEXP
140   FORMAT(4X,4E14.8,F4.2)
C read the sample description - 1
      READ(4,150) SAMDES(1)
150   FORMAT(4X,A64)
C read the sample description - 2
      READ(4,150) SAMDES(2)
C read the sample description - 3
      READ(4,150) SAMDES(3)
C read the sample description - 4
      READ(4,150) SAMDES(4)
C skip the spare record
      READ(4,150) SPARE
      DO 200 I=1,24,2
C read the energy/channel pairs
C 11 - 22. Energy and channel pairs; two pairs per record
```

```
      READ(4,160) ENGCHN(I), ENGVAL(I), ENGCHN(I+1), ENGVAL(I+1)
160   FORMAT(4X,4E16.8)
200   CONTINUE
      DO 201 I=1,24,2
C read the energy/FWHM pairs
C 23 - 34. Energy and resolution pairs; two pairs per record
      READ(4,160) FWHENG(I), FWHVAL(I), FWHENG(I+1), FWHVAL(I+1)
201   CONTINUE
      DO 202 I=1,24,2
C read the efficiency calibration energy/efficiency pairs
C 35 - 46. Energy and efficiency; two pairs per record
      READ(4,160) EFFENG(I), EFFVAL(I),EFFENG(I+1), EFFVAL(I+1)
202   CONTINUE
      DO 220 I=1,12
G read the user records
      READ(4,210) USER(I)
210   FORMAT(4X,A64)
220   CONTINUE
      DO 300 I=1,NUMCHN,5
C read the spectrum data into a temporary buffer
      READ(4,270) K,(SPCTMP(J),J=1,5)
270   FORMAT (4X,I6,5I10)
C check to see if the records are in the right order
      IF(K.NE.(I-1))THEN
C and tell if they are not in the right order
      WRITE(0,280)I-1,K
280   FORMAT('Channel number not in sequence at',I5,'S/B',I5)
      ENDIF
C put the spectrum data in the final array according to the channel
C number on the record
      DO 290 J=1,5
      SPECTR(K+J)=SPCTMP(J)
290   CONTINUE
300   CONTINUE
C the rest of your program to use the data is here
```

附 录 B
（资料性附录）
BASIC语言读数据的程序示例

```
010  DIM USER$(12)
020  DIM ENGCHN(24)
030  DIM ENGVAL(24)
040  DIM FWHENG(24)
050  DIM FWHVAL(24)
060  DIM EFFENG(24)
070  DIM EFFVAL(24)
080  DIM SPECTR(8192)
090  OPEN"test. iec"FOR INPUT AS#1
100  REM read the first record
110  INPUT #1,A$
120  SYSNAM$=MID$(A$,5,16)
130  MCA=VAL(MID$(A$,21,4))
140  SEG=VAL(MID$(A$,25,4))
150  DIGOFF=VAL(MID$(A$,29,6))
160  REM read the second record
170  INPUT #1,A$
180  LVETIM=VAL(MID$(A$,5,14))
190  RELTIM=VAL(MID$(A ,19,14))
200  NUMCHN=VAL(MID$(A$,33,6))
210  REM read the acquisition time and the sample time
220  INPUT #1,A$
230  DATTIM$=MID$(A$,5,18)
240  SAMTIM$=MID$(A$,23,18)
250  REM read the energy calibration coefficients
260  INPUT #1,A$
270  ENGA=VAL(MID$(A$,5,14))
280  ENGB=VAL(MID$(A$,19,14))
290  ENGC=VAL(MID$(A$,33,14))
300  ENGD=VAL(MID$(A$,47,14))
310  INPUT # ,A$
320  REN read the Shape calibration coefficients
330  FWHMA=VAL(MID$(A$,5,14)) 1)
340  FWHMQ=VAL(MID$(A$,19,14))
350  FWHMR=VAL(MID$(A$,61,4))
380  REM read the sample description
```

1) 本条应为“330 FWHMP=VAL(MID$(A$, 5, 14))”。

```
390 INPUT #,SAM1$
400 INPUT # ,SAM2$
410 INPUT #1,SAM3$
420 INPUT #1,SAM4$
430 INPUT #1,A$ [2]
440 I=1
450 REM read the energy channel pairs
460 INPUT #1,A$
470 ENGCHN(I)=VAL(MID$(A$,5,16))
480 ENGVAL(I)=VAL(MID$(A$,21,16))
490 ENGCHN(I+1)=VAL(MID$(A$,37,16))
500 ENGVAL(I+1)=VAL(MID$(A$,53,16))
510 I=I+2
520 IF I<25 THEN GOTO 460
530 REM read the energy FWHM pairs
540 INPUT #1,A$ [3]
550 FWHENG(I)=VAL(MID$(A$,5,16))
560 FWHVAL(I)=VAL(MID$(A$,21,16))
570 FWHENG(I+1)=VAL(MID$(A$,37,16))
580 FWHVAL(I+1)=VAL(MID$(A$,53,16))
590 I=I+2
600 IF I<25 GOTO 540
610 REM read the efficiency pairs
620 INPUT #1,A$ [3]
630 EFFENG(I)=VAL(MID$(A$,5,16))
640 EEFVAL(I)=VAL(MID$(A$,21,16))
650 EFFENG(I+1)=VAL(MID$(A$,37,16))
660 EFFVAL(I+1)=VAL(MID$(A $,53,16))
670 I=I+2
680 IF I<25 THEN GOTO 620
690 REM read the user records
700 FQR I=1 TO 12
710 INPUT #1,USER$(I)
720 NEXT I
730 I=0
740 REM read the spectrum
750 INPUT #1,A$
760 K=VAL(MID$(A$,5,6))
770 SPECTR(I+1)=VAL(MID$(A$,11,10))
780 SPECTR(I+2)=VAL(MID$(A$,21,10))
```


2) 读取的样品说明和备用记录，原标准均未存入变量。

3) 应分别在本条前增加语句“535 I=1”和“615 I=1”。

```
790  SPECTR(I+3)=VAL(MID$(A$,31,10))
800  SPECTR(I+4)=VAL(MID$(A$,41,10))
810  SPECTR(I+5)=VAL(MID$(A$,51,10))
820  I=I+5
830  IF I<8192 THEN GOTO 750
840  REM
850  REM Put the rest of the spectrum here
860  REM
```

附 录 C
（资料性附录）
C语言读数据的程序示例

```
#include <stdio.h>
main(argc, argv)
int argc;
char * argv[];
{
    static char system_id[9], subsystem_id[9];
    static char acq_date[9], acq_time[9], samp_date[9], samp_time[9];
    static char samp_desc1[65], samp_desc2[65], spare[65], user[12][65];4)
    static char spc_buffer[71];
    static int i, j, spc_chan, adc_number, segment_number, number_of_chans;
    static long digltal_offset;
    static float livetime, realtime, energy_cal[4], fwhm_cal[4], fwhm_exp;
    static float spc_tmp[5], spectrum_[8192];
    struct { 5)
      float energy;
      float efficiency;
    }  eff [24];
      FILE * spc_fp;

/*    Open the interchange Format spectrum for input * /
      spc_fp=fopen ("test.iec""r");

/*    Read IDs, ADC number, segment number and digital offset * /
      fgets (spc_buffer, 71, spc_fp);
      sscanf (spc_buffer, "A004%8c%8c%4d%4d%6Id", system_id, subsystem_id,
            &adc_number, &segment_number, &digital_offset);
      system_id[9]=NULL;
      subsystem_id[9]=NULL;
```

---

4) 本语句应增加读“样品描述－3”和“样品描述－4”，即：
“static char samp_desc1[65]，samp_desc2[65]，samp_desc3[65]，samp_desc4[65]，spare[65]，user[12][65]；
static char spc_buffer[71]；”

5) 原标准只读了“能量－效率对”，本部分改为读“能量－道数对”等三个对，所以增加了变量定义，其程序应为：
“struct {
float energy;
float cha_res_eff;
}cha[24]，res[24]，eff[24]；
FILE * spc_fp ”

```
/*    Read live time, real time and number of channels */
      fgets(spc_buffer, 71, spc_fp);
      sscanf (spc_bufter, "A004%14f%14f%6d", &livetime, &realtime, &number_of_chans);

/*    Read acquisition and sample collection dates and times */
      fgets (spc_buffer, 71, spc_fp)
      sscanf(spc_buffer, "A004%8c %8c %8c %8c", acq_date, acq_time, samp_date, samp_time);
      acq_date[9]=NULL;
      acq_time[9]=NULL;
      samp_date[9]=NULL;
      samp_time[9]=NULL;

/*    Read the first spare record */ 6)
      fgets (spc_buffer, 71, spc_fp);
      sscanf (spc_buffer, "A004%64c", spare);
      spare[65]=NULL;

/*    Read the second spare record */ 6)
      fgets (spc_buffer, 71, spc_fp);
      sscanf (spc_buffer, "A004%64c", spare);
      spare[65]=NULL;

/*    Read energy calibration coefficients */
      fgets(spc_buffer, 71, spc_fp);
      sscanf(spc_buffer, "A004%16f%16f%16f%16f", &energy_cal [0], &energy_cal[1],
         &energy_cal[2], &energy_cal[3]); 7)

/*    Read peak FWHM calibration coefficients */
      fgets (spc_buffer, 71, spc_fp);
      sscanf (spc_buffer, "A004%16f%16f%16f%16f%4f", &fwhm_cal[0], &fwhm_cal[1],
         &fwhm_cal[2], &fwhm_cal[3], &fwhm_exp); 7)

/*    Read four records of 64 character sample description */
      fgets (spc_buffer, 71, spc_fp);
      sscanf (spc_buffer, "A004%64c", samp_descl);
      sample_descl[65]=NULL;
      fgets (spc_buffer, 71, spc_fp);
      sscanf (spc_buffter, "A004%64c", samp_desc2);
      sample_desc2[65]=NULL;
```

6) 这里读2个备用记录的程序是多余的,应删除。

7) 数据格式"16f"是错的,应为"14f"。

```
fgets (spc_buffter, 71, spc_fp);
sscanf (spc_buffer, "A004%64c", samp_desc1)8)
sample_desc1[65]=NULL;
fgets (spc_buffer, 71, spc_fp);
sscanf (spc_buffer, "A004%64c", samp_desc2);8)
sample_desc2[65]=NULL;
9)

/*    Read the 12 energy & efficiency pairs records (24 pairs) */10)
      for (i=0;i<24;i+=2) {
      fgets (spc_buffer, 71, spc_fp);
      sscanf (spc_buffer, "A004%16f%16f%16f%16f%", &eff [i]. energy,
            &eff [i]. efficeincy, &eff [i+1]. energy, &eff [i+1]. efficeincy);
      }

/*    Read the user defined records */
      for (i=0;i<12;i++) {
      fgets (spc_buffer, 71, spc_fp);
      sscanf (spc_buffer, "A004%64c", &user [i] [0]);
      user[i] [65]=NULL;
      }

/*    Read the spectral data. Report if any records are out of order */
```

8) 这里 sam_desc1 和 sam_desc2 是错的，应为 sam_desc3 和 sam_desc4。

9) 这里应增加读备用记录的程序，即："

```
/*    Read spare record */
      fgets(spc_buffer, 71, spc_fp);
      sscanf(spc_buffer, "A004%64c", spare);
      spare[65]=NULL;"
```

10) 原标准只读了"能量-效率对"，应增加读"能量-道数对"和"能量-分辨率对"的程序，即："

```
/*    Read the 12energy & channel pairs records (24 pairs) */
      for (i=0; i<24; i+=2) {
      fgets(spc_buffer, 71, spc_fp);
      sscanf(spc_buffer, A004%16f%16f%16f%16f%", &cha [i]. energy, &cha [i]. cha_res_eff,
      &cha[i+1]. energy, &cha[i+1]. cha_res_eff;
      }
/*    Read the 12 energy &resolution pairs records (24 pairs) */
      for (i=0; i<24; i+=2) {
      fgets(spc_buffer, 71, spc_fp);
      sscanf(spc_buffer, "A004%16f%6f%6f%6f%", &res[i]. energy, &res[i]. cha_res_eff,
      &res[i+1]. energy, &res [i+1]. cha_res_eff;
      }
"
```

```
/ *     but always put the data in the proper location in the array  * /
        for (i=0;i<number_of_chans;i+=5) {
        fgets (spc_buffer, 71, spc_fp);
        sscanf (spc_buffer, "A004%6d%10f%10f%10f%10f%10f%", &spc_chan, &spc_tmp [0],
                &spc_tmp [1], &spc_tmp [2], &spc_tmp [3], &spc_tmp [4]);
        if (i! =spc_chan) {
        printf ("Channel number not in sequence at %d S/B %d\n", i, spc_chan);
      }
        for (j =0; j<5;j++) {
        spectrum [spc_chan+j]=spc_tem[j];
        }
      }
/ *     Close the interchange format spectrum file            * /
        fclose (spc_fp);
/***************************************************/
/ *                                                         * /
/ * Place the rest of your program to use the data here     * /
/ *                                                         * /
/***************************************************/
}
 - EOT -
```

ICS 13.280
F 84

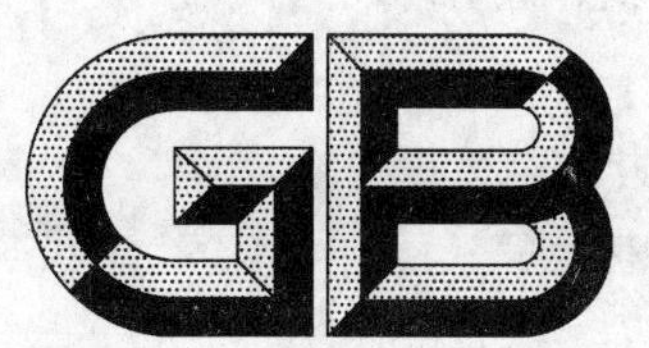

中华人民共和国国家标准

GB/T 4835—2008/IEC 60846:2002
代替 GB/T 4835—1984

辐射防护仪器 β、X和γ辐射周围和/或定向剂量当量(率)仪和/或监测仪

Radiation protection instrumentation—Ambient and/or directional dose equivalent(rate)meters and/or monitors for beta, X and gamma radiation

(IEC 60846:2002,IDT)

2008-06-19 发布　　2009-04-01 实施

中华人民共和国国家质量监督检验检疫总局
中国国家标准化管理委员会　发布

前　言

本标准是对 GB/T 4835—1984《辐射防护用携带式 X、γ 辐射剂量率仪和监测仪》(以下简称原标准)的修订。

原标准参照采用 IEC 60395:1972《辐射防护用携带式 X 或 γ 辐射照射量率仪和监测仪》(英文版)。目前,IEC 60395 已废止并由 IEC 60846 取代。本标准等同采用 IEC 60846:2002《辐射防护仪器——β、X 和 γ 辐射周围和/或定向剂量当量(率)仪和/或监测仪》(英文版)。

为了便于使用,本标准对 IEC 60846:2002 做了下列编辑性修改:

——删除国际标准的前言;

——按照汉语习惯对一些编排格式进行了修改(例如:注的后面加"：",一些列项说明的后面将"。"改为"；");

——用小数点符号"."代替国际标准中的小数点符号",";

——在"2　规范性引用文件"中将已有相应国家标准和行业标准的国际标准改为我国的标准,IEC 60086(所有部分)仅以 GB/T 8897.1—2003《原电池　第 1 部分:总则》和 GB 8897.2—2005《原电池　第 2 部分:外形尺寸和技术要求》代替,删去与本标准无关的"手表电池"、"锂电池的安全要求"和"水溶液电介质电池的安全要求"部分;

——在"1　范围"中删去"ICRU 47 号报告",该报告已在参考文献中列出;

——在"3　术语和定义"中删去"定向剂量当量率"下面的注,这些说明性的内容已在 ICRU 47 号报告中给出;

——4.3.11 删去"IAEA 374 号技术报告"其内容已包括在 GB/T 12162.2—2004 中;

——删去"7.5 电源——交流电源"中不符合国情的有关内容;

——在 9.6.3～9.6.9 中对"要求"和"试验方法"分别增加三级条编号。

本标准代替 GB/T 4835—1984。

本标准与原标准相比,技术内容、性能指标和编写格式均有很大变化,基本属于重新编写。主要变化包括:

a) 标准名称改为《辐射防护仪器　β、X 和 γ 辐射周围和/或定向剂量当量(率)仪和/或监测仪》;

b) 标准的适用范围由"测量 X 和 γ 辐射"扩展至"测量 β、X 和 γ 辐射",仪器的类型也不局限于携带式;

c) 在"3　术语和定义"中增加"剂量当量(率)仪的指示值误差"、"剂量当量(率)仪的指示值相对误差"、"剂量当量(率)仪的相对固有误差"、"剂量当量(率)仪的响应"、"剂量当量(率)仪的参考点"、"剂量当量(率)仪的试验点"、"剂量当量(率)仪的有效测量范围"、"剂量当量(率)仪的额定范围"、"剂量当量(率)仪的最小额定范围"、"标准试验值"和"剂量当量(率)仪的参考取向",并修改了其他术语和定义;

d) 增加了"电磁兼容"的内容,包括对"静电放电"、"射频电磁场"、"由快速瞬变或脉冲群引起的传导骚扰"、"由浪涌引起的传导骚扰"、"由射频引起的传导骚扰"、"50 Hz/60 Hz 磁场"和"电压暂降和短时中断"和"辐射发射"的要求和试验方法。

本标准的附录 A 为规范性附录。

本标准由全国核仪器仪表标准化技术委员会提出。

本标准由核工业标准化研究所归口。

本标准起草单位:西安核仪器厂。

本标准主要起草人:孙力平、权金虎、梁平。

本标准于1984年12月首次发布。

辐射防护仪器 β、X和γ辐射周围和/或定向剂量当量(率)仪和/或监测仪

1 范围

本标准适用于测量由外部β、X和γ辐射产生的周围剂量当量(率)和/或定向剂量当量(率)的剂量当量(率)仪和/或监测仪。

注1:周围剂量当量和定向剂量当量可以简写为剂量当量。

本标准直接适用于辐射防护目的的剂量当量(率)仪,该仪器用于确定能量高达10 MeV的外部β和/或X和γ辐射产生的剂量当量或剂量当量率。

在本标准中,当进行剂量当量测量和剂量当量率测量时,使用"剂量当量(率)"。

注2:本标准不适用于放射医疗学,在放射医疗中辐射照射量可能非常不均匀,但精确可知。

注3:本标准不直接适用于评价个人受辐射剂量造成损害的仪器。

本标准的目的是规定用于确定周围剂量当量(率)和定向剂量当量(率)的剂量当量(率)仪的设计要求和性能特性。

本标准规定:

a) 剂量当量(率)仪的一般特性、功能和性能特性;

b) 满足本标准要求的试验方法。

2 规范性引用文件

下列文件中的条款通过本标准的引用而成为本标准的条款。凡是注日期的引用文件,其随后所有的修改单(不包括勘误的内容)或修订版均不适用于本标准,然而,鼓励根据本标准达成协议的各方研究是否可使用这些文件的最新版本。凡是不注日期的引用文件,其最新版本适用于本标准。

GB/T 156—2007 标准电压(IEC 60038:2002,MOD)

GB/T 2423.5—1995 电工电子产品环境试验 第2部分:试验方法 试验Ea和导则:冲击(idt IEC 60068-2-27:1987)

GB/T 4960.6—1996 核科学技术术语 核仪器仪表

GB/T 8897.1—2003 原电池 第1部分:总则(IEC 60086-1:2000,IDT)

GB 8897.2—2005 原电池 第2部分:外形尺寸和技术要求(IEC 60086-2:2001,MOD)

GB/T 12162.1—2000 用于校准剂量仪和剂量率仪及确定其能量响应的X和γ参考辐射 第1部分:辐射特性和产生方法(idt ISO 4037-1:1996)

GB/T 12162.2—2004 用于校准剂量仪和剂量率仪及确定其能量响应的X和γ参考辐射 第2部分:辐射防护用的能量范围为8 keV~1.3 MeV和4 MeV~9 MeV的参考辐射的剂量测定(ISO 4037-2:1997,IDT)

GB/T 12162.3—2004 用于校准剂量仪和剂量率仪及确定其能量响应的X和γ参考辐射 第3部分:场所剂量仪和个人剂量计的校准及其能量响应和角响应的测定(ISO 4037-3:1999,IDT)

GB/T 12164—1999 用于校准剂量(率)仪及确定其能量响应的β参考辐射(eqv ISO 6980:1996)

GB/T 16511—1996 电气和电子测量设备随机文件(idt IEC 61187:1993)

GB/T 17626.2—2006 电磁兼容 试验和测量技术 静电放电抗扰度试验(IEC 61000-4-2:2001,IDT)

GB/T 17626.3—2006 电磁兼容 试验和测量技术 射频电磁场辐射抗扰度试验(IEC 61000-4-3:2002,IDT)

GB/T 17626.4—1998 电磁兼容 试验和测量技术 电快速瞬变脉冲群抗扰度试验(idt IEC 61000-4-4:1995)

GB/T 17626.5—1998 电磁兼容 试验和测量技术 浪涌(冲击)抗扰度试验(idt IEC 61000-4-5:1995)

GB/T 17626.6—1998 电磁兼容 试验和测量技术 射频场感应的传导骚扰抗扰度(idt IEC 61000-4-6:1996)

GB/T 17626.8—2006 电磁兼容 试验和测量技术 工频磁场抗扰度试验(IEC 61000-4-8:2002,IDT)

GB/T 17626.11—2008 电磁兼容 试验和测量技术 电压暂降、短时中断和电压变化的抗扰度试验(idt IEC 61000-4-11:2004)

GB/T 17799.2—2003 电磁兼容 通用标准 工业环境中的抗扰度试验(IEC 61000-6-2:1999,IDT)

3 术语和定义

3.1 总则

GB/T 4960.6—1996 中给出了有关辐射量、剂量学、电离辐射探测与测量以及核仪器的通用术语。本标准采用下列术语。

3.2 辐射防护仪器术语

3.2.1

剂量当量(率)的约定真值 conventionally true value of a dose equivalent(rate)

用于校准设备的剂量当量(率)真值的最佳估计值,此值的大小及其不确定度由次级标准或初级标准确定,或由经过次级标准或初级标准校准过的参考仪器来确定。

3.2.2

剂量当量(率)仪的指示值误差 error of indication of a dose equivalent(rate)meter

在测量点处,剂量当量(率)的指示值 H_i 与剂量当量(率)的约定真值 H_t 之差。以 H_i-H_t 表示。

3.2.3

剂量当量(率)仪的指示值相对误差 relative error of an indication of a dose equivalent(rate)meter

被测剂量当量(率)的指示值误差与剂量当量(率)的约定真值之比。以百分数表示:

$$I=\frac{H_i-H_t}{H_t}\times 100\%$$

3.2.4

剂量当量(率)仪的相对固有误差 relative intrinsic error of a dose equivalent(rate)meter

在规定的参考条件下,受到规定的参考辐射照射时,剂量当量(率)仪的指示值相对误差。

3.2.5

剂量当量(率)仪的响应 response of a dose equivalent(rate)meter

剂量当量(率)仪的指示值与约定真值之比。

3.2.6

变异系数 coefficient of variation

一组 n 个测量值 x_i 的标准偏差 s 与其算术平均值 $\bar{x}$ 之比。变异系数 V 由下式给出:

$$V=\frac{s}{\bar{x}}=\frac{1}{\bar{x}}\sqrt{\frac{1}{n-1}\sum_{i=1}^{n}(x_i-\bar{x})^2}$$

3.2.7

剂量当量(率)仪的参考点　reference point of a dose equivalent(rate)meter

剂量当量(率)仪外部的实际标志,用于将其定位于测量点或试验点。

3.2.8

剂量当量(率)仪的试验点　point of test of a dose equivalent(rate)meter

约定真值已知的一点,并且剂量当量(率)仪的参考点放在试验点上用于校准和试验目的。

3.2.9

剂量当量(率)仪的有效测量范围　effective range of measurement of a dose equivalent(rate)meter

剂量当量(率)仪的性能满足本标准要求的被测量值范围。

3.2.10

剂量当量(率)仪的额定范围　rated range of a dose equivalent(rate)meter

当剂量当量(率)仪在变化限值内工作时,影响量或仪器参数值的范围。其限值是最大和最小额定值。

3.2.11

剂量当量(率)仪的最小额定范围　minimum rated range of a dose equivalent(rate)meter

为满足本标准,当剂量当量(率)仪在规定的变化限值内工作时,影响量或仪器参数值的最小范围。

3.2.12

标准试验值　standard test values

当对其他影响量或仪器参数进行校准或试验时,某一影响量或仪器参数允许的值或取值范围。

注:在标准试验条件下,影响量或仪器参数为标准试验值。

3.2.13

剂量当量(率)仪的参考取向　reference orientation of a dose equivalent(rate)meter

在校准期间,剂量当量(率)仪相对于辐射入射方向的取向。

3.2.14

剂量当量(率)仪　dose equivalent(rate)meter

用于测量或评价剂量当量(率)的装置。

3.3　试验术语

3.3.1

质量鉴定试验　qualification tests

为了验证仪器设计是否满足技术要求所进行的试验。质量鉴定试验分为型式试验和常规试验。

3.3.2

型式试验　type test

在产品有代表性的一个或多个样本上进行的符合性试验。

3.3.3

常规试验　routine test

在制造过程中或完工后对每台仪器所进行的试验,以确定其是否符合某种准则。

3.3.4

验收试验　acceptance test

为了向客户证明仪器满足其说明书规定要求的合同试验。

3.3.5

补充试验　supplementary tests

为了提供剂量当量(率)仪某些特性的补充信息的试验。

3.4 量和单位

3.4.1

国际单位制(SI)

本标准使用SI单位以及SI单位的倍数和分数单位。

3.4.2

其他单位

除了使用SI单位,本标准还使用下列单位:

——能量:电子伏特(eV),$1\ eV=1.602\times10^{-19}$ J;

——时间:年(a)、天(d)、小时(h)、分(min)。

3.4.3

希[沃特] Sievert

剂量当量的SI单位是$J\cdot kg^{-1}$,其专门名称和符号为希[沃特]和Sv:

$$1\ Sv=1\ J\cdot kg^{-1}$$

3.4.4

周围剂量当量 $H^*(10)$ ambient dose equivalent $H^*(10)$

辐射场中某点的剂量当量是相应的齐向扩展辐射场在ICRU球体内、与齐向场方向相反的半径上、深度为10 mm处产生的剂量当量。

3.4.5

周围剂量当量率 $\dot{H}^*(10)$ ambient dose equivalent rate $\dot{H}^*(10)$

$dH^*(10)$与dt的商,其中$dH^*(10)$是周围剂量当量在时间间隔dt内的增量:

$$\dot{H}^*(10)=\frac{dH^*(10)}{dt}$$

周围剂量当量率的单位是希[沃特](Sv)或其倍数或分数与适当的时间单位的商($Sv\cdot s^{-1}$、$mSv\cdot h^{-1}$等)。

3.4.6

定向剂量当量 $H'(0.07)$ directional dose equivalent $H'(0.07)$

辐射场中某点的剂量当量是相应的扩展辐射场在ICRU球体内、在规定方向的半径上、深度为0.07 mm处产生的剂量当量。

3.4.7

定向剂量当量率 $\dot{H}'(0.07)$ directional dose equivalent rate $\dot{H}'(0.07)$

$dH'(0.07)$与dt的商,其中$dH'(0.07)$是定向剂量当量在时间间隔dt内的增量:

$$\dot{H}'(0.07)=\frac{dH'(0.07)}{dt}$$

定向剂量当量率的单位是希[沃特](Sv)或其倍数或分数与适当的时间单位的商($Sv\cdot s^{-1}$、$mSv\cdot h^{-1}$等)。

4 周围和定向剂量当量(率)仪的一般特性

4.1 一般要求

4.1.1 指示值

剂量当量(率)仪的指示值应以剂量当量或剂量当量率的单位表示,例如:毫希[沃特]或毫希[沃特]每小时(mSv或$mSv\cdot h^{-1}$)。

4.1.2 读出

量程和读出刻度应同时变化并应清晰显示。所有刻度应在正常照明条件下可读。

4.1.3 剂量当量(率)仪的标识和标志

测量β、X和γ剂量当量(率)的剂量当量(率)仪应标有其用途的特殊说明[辐射类型,例如:X和γ辐射、β辐射;有效测量范围和测量量 $H^*(10)$、$H'(0.07)$;能量额定范围和辐射入射角]。

剂量当量(率)仪应具有一个参考点(见3.2.7)。应在剂量当量(率)仪的外部标出用于校准和试验目的的参考点。

4.1.4 剂量当量和剂量当量率的范围

在某些情况下,要求测量的剂量当量率可高达 10 Sv·h^{-1}。但在另外一些极端情况下,测量的剂量当量率也可能低至 0.1 μSv·h^{-1}。对于大多数应用,所关注的剂量当量率大约在 1 μSv·h^{-1}～10 mSv·h^{-1}范围内。

4.1.5 有效测量范围

有效测量范围不应小于下述规定:

a) 对于模拟显示(例如线性或对数)的剂量当量(率)仪,每个量程最大刻度偏转角的10%～100%;

b) 对于数字显示的剂量当量(率)仪,每个量程倒数第二位有效数字中第一个非零指示值到最大指示值(例如:显示的最大指示值为199.9,有效测量范围应为1.0～199.9);

c) 对于数字科学显示(例如:$x.yzE\pm ab$)的剂量当量(率)仪,尾数应具有至少两个数字(例如:1.0～9.9)。制造厂应规定有效测量范围(例如:1.0 E-7～9.9 E-2,单位是Sv·h^{-1})。

对于具有一个刻度以上的剂量当量(率)仪,有效测量范围应从最低刻度量程的10%到最高刻度量程的100%,并且所有刻度的配置应使得有效测量范围覆盖全部量程。

当试验方法不能完全覆盖整个有效测量范围,并且观测到的任何变化接近允许的限值时,需做进一步的试验以证明剂量当量(率)仪在整个有效测量范围满足相关的要求。补充试验应由用户和制造厂协商确定。

4.1.6 最小测量范围

剂量当量率的最小有效测量范围应至少覆盖三个数量级。剂量当量的最小有效测量范围应至少覆盖四个数量级并应包括 1 mSv。

用于应急情况的剂量当量(率)仪和/或监测仪应能测量 100 μSv·h^{-1}～10 Sv·h^{-1}范围内的剂量当量率。如果提供积分功能,范围应至少为 100 μSv～2 Sv。

4.1.7 报警水平

应能预置剂量当量率和/或剂量当量的可视和/或可听报警(如提供)。

必要时,应能将声响报警静音。

应能将剂量当量报警设置在有效测量范围内的任意值上或在该范围的每个数量级上至少设置一个值,例如:3 μSv、30 μSv、300 μSv、3 mSv、30 mSv 和 300 mSv。

应能将剂量当量率报警设置在有效测量范围内的任意值上或在该范围的每个数量级上至少设置一个固定值,例如:3 μSv·h^{-1}、30 μSv·h^{-1}、300 μSv·h^{-1}、3 mSv·h^{-1}、30 mSv·h^{-1}和 300 mSv·h^{-1}。

声响报警的频率应在 1 000 Hz～3 000 Hz 范围内。如果提供断续报警,信号间隔不应超过 2 s。声音水平在距报警源 30 cm 处不应超过 100 dBA 并且在该点至少为 75 dBA。

注:制造厂应指明是借助于工具通过软件接口设置报警点还是通过手动设置报警点。

4.1.8 附加指示

应给出运行条件的指示,在此条件下累计的剂量当量可能不准确(但在本标准的要求以内),例如:电池电压低、探测器故障和处于高剂量当量率的辐射场中。

4.1.9 显示故障的测试

应具备显示故障测试的功能。

4.1.10　易于去污

剂量当量(率)仪的设计和结构应便于去污。

4.2　性能特性的分类

在表2、表3和表4以及相关的条款中,对于每个性能特性,应规定剂量当量(率)仪的相对固有误差的限值和响应变化的限值。

如果设计的剂量当量(率)仪可以完成周围剂量当量(率)仪和定向剂量当量(率)仪的功能,那么它应满足对这两种功能的要求。

4.3　一般试验方法

4.3.1　试验特性

除非在个别条款中另有规定,本标准列出的所有试验均认为是型式试验(见3.3.2)。经用户与制造厂协商,某些试验也可作为验收试验(见3.3.4)。

4.3.2　参考条件和标准试验条件

表1的第2栏给出了参考条件。除非另有规定,本标准的试验应在表1的第3栏标准试验条件下进行。对于在标准试验条件下进行的这些试验,应说明试验时的温度、压力和相对湿度,并进行适当修正以给出参考条件下的响应。

对于确定表1给出的任一影响量变化的那些试验,所有其他影响量应保持在表1给出的标准试验条件的限值以内,除非在有关的试验方法中另有规定。

4.3.3　影响量的额定范围

需在文件中说明任一影响量的额定范围。此外,有些额定范围需在仪器上说明,见4.1.3。

4.3.4　影响量的最小额定范围

表3～表6的第2栏给出了规定影响量的最小额定范围。

4.3.5　试验时剂量当量(率)仪的位置

对于包括使用辐射的所有试验,剂量当量(率)仪的参考点(见3.2.7)应置于试验点上,其取向由制造厂说明(能量和角依赖性的试验除外,见5.2、5.3和6.2)。

4.3.6　低剂量当量率

对于低剂量当量率测量,有必要考虑本底辐射对试验点处剂量当量率的贡献。

4.3.7　统计涨落

对于任何包括使用辐射的试验,如果单独由辐射的随机性引起的指示值的统计涨落在试验中占有显著的份额,那么就应取足够多的读数,以保证有足够的精密度去估计这些读数的平均值,用于确定是否满足试验特性的要求。

相邻两次读数之间的时间间隔应足够长,以保证这些读数在统计学上的独立性。

附录A中表A.1给出了在条件不变的情况下确定在相同剂量当量(率)仪得到的两组读数之间真差所需的读数次数。

4.3.8　参考辐射的产生

除非在单独的试验方法中另有规定,包括使用β、X和γ辐射的所有试验都应使用规定的辐射类型进行(见表1)。所用辐射源的性质、结构和使用条件应按GB/T 12162.1—2000和GB/T 12164—1999的规定。

4.3.9　参考光子辐射

对于周围剂量当量,应由^{137}Cs核素提供参考光子辐射(如果最小额定范围为20 keV～150 keV,由窄谱系列的N 100过滤X辐射提供参考光子辐射)。对于定向剂量当量,由N 20过滤X辐射提供参考光子辐射(见GB/T 12162.1—2000和GB/T 12162.3—2004)。

4.3.10　参考β辐射

对于定向剂量当量,应由^{90}Sr/^{90}Y源核素提供β参考辐射(见GB/T 12164—1999)。

4.3.11 试验点处剂量当量(率)的确定

无论被测辐射是光子辐射还是β辐射与3.2规定的周围和定向剂量当量(率)测量无关,但有必要对剂量当量(率)仪分别进行β和光子辐射的校准并且还要建立剂量当量(率)仪的β辐射特性和光子辐射特性。

GB/T 12162.3—2004和GB/T 12164—1999给出了在试验点确定周围和定向剂量当量(率)的方法。

GB/T 12162.2—2004给出了进行校准所应考虑的特性。

5 辐射特性——定向剂量当量(率)仪

5.1 相对固有误差

5.1.1 要求

在标准试验条件下,对于选定的β或光子参考辐射,当剂量当量(率)仪受到参考辐射的照射时,剂量当量(率)仪响应的相对固有误差 I 在整个有效测量范围内不应超过±20%。

注:该误差应附加上定向剂量当量(率)约定真值的不确定度。

当剂量当量(率)仪使用了几个辐射探测器以覆盖剂量当量(率)仪指示的剂量当量(率)的全部量程时,这些要求分别适用于每个探测器的相关量程。

5.1.2 试验方法

a) 试验所用的辐射

为了进行本项试验,应已知由参考β或光子辐射产生的剂量当量(率)约定真值,其不确定度小于10%(置信水平为95%)。虽然定向剂量当量要求的参考辐射是N 20过滤X辐射,但实际上,它不能产生试验所要求的所有剂量当量(率)。

如果X辐射不能提供试验所要求的剂量当量(率)全部量程,为了确定不能由X辐射提供的剂量当量率的固有误差,允许使用 ^{137}Cs参考辐射代替。

在这种情况下,要保证由X辐射和 ^{137}Cs参考辐射能产生一个相同的剂量当量(率)来确定其固有误差。这样就能够对 ^{137}Cs能量相对于X辐射能量的探测器响应差别进行适当修正。

在使用参考γ辐射的情况下,试验时应建立剂量当量(率)仪探测器的次级电子平衡条件。

为了满足本标准,由单能辐射产生的照射量或空气比释动能与定向剂量当量的转换系数应认为是准确值。在确定与GB/T 12162.3—2004表中那些不带脚注的能量谱有关的定向剂量当量(率)中,假定约定真值的不确定度只有不超过2%的贡献。

注:脚注告诫读者是与低能X射线谱转换系数有关的不确定度。

b) 进行的试验

应对一系列剂量当量(率)仪的一台或多台进行型式试验,应对每台剂量当量(率)仪进行常规试验。

ⅰ) 型式试验

对于线性刻度的剂量当量(率)仪,型式试验应对剂量当量(率)仪的所有量程进行相对固有误差的测量,并且每个量程至少取三个点。推荐在每个量程最大值的30%、60%和90%附近的三个点进行测量。

对于对数刻度或数字显示的剂量当量(率)仪,型式试验应至少在指示剂量当量(率)的每个数量级中取三个点进行。推荐在每个数量级的20%、40%和80%附近进行测量。

没有必要对所有量程都使用β和γ参考辐射进行测量,但至少对一个量程(或数量级)进行使用β和γ参考辐射的测量。

ⅱ) 常规试验

对于线性刻度的剂量当量(率)仪,常规试验应在每个量程最大值的50%~75%之间的一点上进行相对固有误差的测量。对于对数刻度或数字显示的剂量当量(率)仪,常规试验应在被测的剂量当量(率)的每个数量级中取一个点进行测量。

注:直接使用参考辐射源进行的这些试验,使用许多参考辐射源可能不方便,或试验要求较高的剂量当量(率),而源不能提供高活度。在这种情况下,可以使用一些其他辐射源(例如:适用的X射线发生器),为剂量当量(率)仪对这种辐射和参考辐射的响应差别(由所用辐射的能量差别引起的)进行适当的修正。在进行这些修正的过程中,实质上是剂量当量(率)仪对参考辐射的响应与至少在一点的所用辐射源进行比较,该点的剂量当量(率)为在剂量当量(率)仪的刻度上给出相同指示值的剂量当量(率)。

c) 观测值的解释方法

在考虑是否满足5.1.1的要求时,有必要对试验中所用的剂量当量(率)约定真值的不确定度U_C(以百分数表示,覆盖因子为2)进行修正。

如果相对固有误差I的单次观测值不超过$\pm(20\%+u_C)$,则认为满足5.1.1的要求。

d) 等效电学试验方法(仅适用于常规试验)

在上述试验中,如果由于所用的辐射源不能提供所有量程需要的剂量当量(率)时,为确定用辐射源不能提供所需剂量当量(率)时的仪器相对固有误差,允许使用等效电学试验方法代替。在这种情况下,辐射源应能在剂量当量(率)仪的最高量程(或数量级)最大指示值的90%和剂量当量(率)仪的最低量程(或数量级)分别至少提供一个剂量当量(率)。或者,如果剂量当量(率)仪使用多组不同测量范围的探测器,辐射源应在有效测量范围内为每组探测器至少提供一个剂量当量(率)。

电信号的形状应尽可能模拟探测器的输出信号,电信号应在能试验整个剂量当量(率)仪(探测器本身除外)的输入端输入。

当使用参考辐射源照射剂量当量(率)仪时,如果指示的剂量当量(率)为H_i,那么输入的电信号应产生相同的指示值H_i。令该信号为q_i。如果由信号q产生另一个指示值h。则固有误差I由式(1)给出:

$$I=\left(\frac{hq_i}{qH_i}-1\right)\times 100\% \qquad \cdots\cdots(1)$$

观测值应在c)给定的限值以内。如果使用了电学试验方法,应在随带的文件中说明。

注:该误差应附加上定向剂量当量(率)约定真值的不确定度。

5.1.3 对剂量当量(率)仪报警准确度的要求

5.1.3.1 剂量当量率报警要求

在标准试验条件下,当剂量当量(率)仪或监测仪受到剂量当量率报警设置点0.8倍的剂量当量率照射10 min时,应在超过试验期间10%的时间内不触发报警。同样,在剂量当量率为报警设置点1.2倍时,应在试验期间90%的时间内触发报警。当剂量当量(率)仪或监测仪受到剂量当量率报警设置点1.2倍的剂量当量率照射时,应在5 s内或在某一时间与报警设置点的剂量当量率乘积小于10 μSv的时间内触发报警。

当剂量当量(率)仪使用多个探测器以覆盖由剂量当量(率)仪指示的剂量当量率所有量程时,这些要求分别适用于每个探测器的相关量程。

5.1.3.2 剂量当量报警要求

在标准试验条件下,当剂量当量仪或监测仪受到剂量当量报警设置点0.8倍的剂量当量照射时,应不给出报警;当剂量当量仪或监测仪受到剂量当量报警设置点1.2倍的剂量当量照射时,应触发报警。

5.1.4 试验方法

5.1.4.1 剂量当量率报警

至少进行两次试验,一次使用的报警设置点接近最大有效量程,另一次使用的报警设置点接近第二个最低有效数量级的最大值。应对受照射剂量当量(率)仪的剂量当量率约定真值的相对不确定度进行修正。当相对不确定度是 μ_C%,使用的报警率为:剂量当量率报警设置点的 0.8(1−μ_C/100)和 1.2(1+μ_C/100)。

5.1.4.2　剂量当量报警

至少进行两次试验,一次使用的报警设置点接近最大有效指示值,另一次使用的报警设置点接近第二个最低有效数量级的最大值。应将报警复位,然后剂量当量仪或监测仪受到剂量当量率约定真值照射,至少在 100 s 内不发生报警。应测量直到剂量当量监测仪发生报警的照射时间并应满足下述准则:

报警设置点与所用剂量当量率和测量时间乘积的商应在 0.8(1−μ_C/100)～1.2(1+μ_C/100)的范围内,其中 μ_C 是剂量当量率约定真值的相对不确定度。

5.2　响应随β辐射能量和入射角的变化

5.2.1　要求

对于在 45°锥形开放角内的所有入射角,定向剂量当量(率)仪对由最大能量 E_{max} 在 500 keV～4 MeV之间的β发射体产生的β辐射响应与在校准方向上对^{90}Sr/^{90}Y 参考β辐射响应之差不应大于±40%。

5.2.2　试验方法

对于^{85}Kr 或^{204}Tl、^{90}Sr/^{90}Y 和^{106}Ru/^{106}Rh 的β辐射,在包括通过定向剂量当量(率)仪参考点的参考方向的两个垂直平面中,测量对 $\alpha=\pm45°$入射角的响应。

原则上,对每种β辐射希望以相同的剂量当量(率)进行本项试验。实际上这是难以实现的,对于每种β辐射,剂量当量(率)指示值应以剂量当量率指示值下的相对固有误差(见 5.1.1)进行修正。

在难以获得一个合适的^{106}Ru/^{106}Rh 源情况下,不进行使用该源的试验。

5.3　响应随光子辐射能量和入射角的变化

5.3.1　要求

定向剂量当量(率)仪对额定光子能量和入射角范围内的光子辐射的响应与在校准方向上对 N 20 参考光子辐射的响应之差不应大于±40%。

光子能量和辐射入射角最小额定范围是 10 keV～30 keV 和 0°～±45°。

5.3.2　试验方法

应使用 GB/T 12162.1—2000 规定的窄谱系列辐射进行试验。

为了减少测量次数,第一步确定满足响应的能量和入射角两项要求的最小额定光子能量。

测量入射角 $\alpha=0°$时归一到 N 20 X 辐射能量响应的能量关系 $R(E_i,0°)$并绘制其作为在窄谱系列平均能量 E_i 各点的光子能量函数的曲线。确定响应降至 60%以下时的光子能量。对于平均能量超过已确定的光子能量的窄谱系列辐射,在包括通过剂量当量(率)仪参考点的参考方向的两个垂直平面中,测量对 $\alpha=\pm30°$和 $\alpha=\pm45°$入射角的响应。对于该辐射,如果所有响应值均超过 60%,应使用下一个较低平均能量的窄谱系列辐射进行重复试验。否则,应使用较高平均能量的辐射。

对于使用两个辐射的试验,应绘制所有测量的响应作为光子能量函数的曲线。应将两个响应合成一体用直线连接。通过在最低光子能量 60%响应的直线交汇点获得最小额定光子能量。

第二步,为了证明所有响应 $R(E_i,\alpha)$在 60%～140%之间,应选择使用额定范围中的其他辐射。由使用额定范围中的最大能量确定一个辐射。如果以前确定的响应 $R(E_i,0°)$具有额定范围中的极限值,那么本项试验使用其他相应的多个辐射,否则应在额定范围内至少选择一个辐射。

原则上,对每种辐射希望以相同的剂量当量(率)进行本项试验。实际上这是难以实现的,对于每种辐射,剂量当量(率)指示值应以剂量当量(率)指示值下的相对固有误差(见 5.1.1)进行修正。

注:由于剂量仪的设计和能量补偿过滤器的特殊设计,如果响应随入射角的的变化从($\alpha=0°$)～($\alpha=\pm45°$)是单调的,可以省略 $\alpha=\pm30°$的试验。

5.4 过载特性

5.4.1 要求

当受到大于测量量程最大值的剂量当量率照射时，剂量当量(率)仪的指示值应在满刻度之外或指示过载。对于具有多个测量量程的剂量当量(率)仪，这一要求适用于每个测量量程。

5.4.2 试验方法

应使用下列定向剂量当量率照射剂量当量(率)仪 5 min：

——对小于和包括 0.1 $Sv \cdot h^{-1}$的量程最大值，以 100 倍量程最大值的剂量当量率照射；

——对大于 0.1 $Sv \cdot h^{-1}$的量程最大值，以 10 倍量程最大值或 10 $Sv \cdot h^{-1}$中较大的剂量当量率照射。

在整个照射期间，剂量当量(率)仪的指示值应保持在满刻度之外或指示过载。在完成试验后的 5 min内，剂量当量(率)仪的功能满足规定的技术要求。该剂量不适用于最灵敏量程。

5.5 对中子辐射的响应

5.5.1 要求

如果剂量当量(率)仪用于存在中子辐射的场合，则应说明对中子辐射的响应。对于中子响应的试验不是强制性的，只是在规定了该项要求时才进行试验。

在任何情况下，剂量当量(率)仪的设计应尽可能限制中子辐射对指示值的影响。

5.5.2 试验方法

试验方法应由用户和制造厂商定。

5.6 对脉冲电离辐射场的响应

5.6.1 要求

某些类型的剂量当量(率)仪在脉冲电离辐射场中可能给出虚假的低指示值，如果辐射脉冲持续时间小于脉冲之间的时间间隔时，这种现象更明显。制造厂应对剂量当量(率)仪在脉冲辐射场中可能给出低指示值给予适当警告。对剂量当量(率)仪在脉冲辐射场中响应的试验不是强制性的。

5.6.2 试验方法

试验方法应由用户和制造厂商定。

5.7 统计涨落

5.7.1 要求

由随机涨落引起指示值的变异系数应小于表 2 给出的值。

5.7.2 试验方法

用能给出下述剂量当量率指示值的辐射源照射剂量当量(率)仪。

在最灵敏量程满刻度值的 1/3～1/2 之间(线性刻度)、在最低数量级的 1/3～1/2 之间(对数刻度)或在第二最低有效数位上(数字显示)给出指示值。为了保证有足够的精度估算这些读数的平均值，在适当的时间间隔内取足够多的剂量当量(率)仪指示值以证明满足试验要求。为了使读数之间彼此相互独立，时间间隔不应小于在该剂量当量率下测量剂量当量(率)仪响应时间的三倍。求出所有读数的平均值并计算变异系数。确定的变异系数应在表 2 说明的限值内。

5.8 响应时间

5.8.1 要求

当照射剂量当量(率)仪的剂量当量率递增或递减时，在 10 s 时间内，指示值应达到以下数值：

$$\dot{H}_{\mathrm{i}} + \frac{90}{100}(\dot{H}_{\mathrm{f}} - \dot{H}_{\mathrm{i}})$$

式中 $\dot{H}_{\mathrm{i}}$ 是初始指示值，$\dot{H}_{\mathrm{f}}$ 是最终指示值。应由制造厂说明响应时间。

10 s 的时间适用于大于 1 $\mu Sv \cdot h^{-1}$但小于 10 $mSv \cdot h^{-1}$的 $\dot{H}_{\mathrm{f}}$ 值。对于超过这一范围的 $\dot{H}_{\mathrm{f}}$ 值，时

间应是 2 s 或更短。

5.8.2 试验方法

可以使用合适的辐射源或通过将合适的电信号输入到剂量当量(率)仪的输入端进行试验。

初始剂量当量率和最终剂量当量率应至少相差 10 倍,并按此倍数进行增加或减少剂量当量率的两种测量。

对于数字或对数显示的剂量当量(率)仪,应在剂量当量率指示值的每个数量级进行测量;对于线性刻度的剂量当量(率)仪,应在每个刻度量程上进行测量。

对线性刻度的剂量当量(率)仪,较低的剂量当量率可以取为零或本底,较高的剂量当量率至少相当于所有量程满刻度值的 90%。

如果使用电信号试验,应在随带文件中说明;输入的信号应符合上述要求。

对于增加剂量当量率的试验,剂量当量(率)仪应首先受到高剂量当量率照射并记录指示值 $\dot{H}_f$。

剂量当量(率)仪随后受低剂量当量率照射足够长时间,使指示值 $\dot{H}_i$ 达到稳定并记录该指示值。

然后尽可能快(1 s 以内)地改变剂量当量率使剂量当量(率)仪达到相应的指示值 $\dot{H}_f$,并测量达到 5.8.1 公式给出的剂量当量率值所需时间。

应以相同的方法进行减少剂量当量率的试验,但将对应于 $\dot{H}_i$ 和 $\dot{H}_f$ 的剂量当量率值互相对换。

5.9 响应时间与统计涨落之间的关系

响应时间和统计涨落的变异系数具有相互依赖的特性,前面给出了可接受的限值。

对于高剂量当量率,只要统计涨落满足规定的限值,则尽可能减小响应时间。

然而,如果响应时间不大于 1 s 且满足 5.8.1 规定的限值,则减小统计涨落比将响应时间减少到 1 s 以下更为可取。

如果剂量当量(率)仪可以预选多个不同的统计涨落和/或响应时间,那么至少有一种预选值应同时符合 5.7 和 5.8 的要求。

6 辐射特性——周围剂量当量(率)仪

6.1 相对固有误差

6.1.1 要求

在标准试验条件下,剂量当量(率)仪对 ^{137}Cs 参考 γ 辐射响应的相对固有误差在所有量程上不应超过±20%。

注:该误差应附加上周围剂量当量(率)约定真值的不确定度 μ_C。

6.1.2 试验方法

a) 试验所用的辐射

对于本项试验,在试验点由 ^{137}Cs 参考 γ 辐射产生的周围剂量当量率的约定真值应已知,在置信水平为 95%时其不确定度 U_c 小于 10%。为了满足本标准,由单能辐射产生的照射量或空气比释动能与定向剂量当量的转换系数应认为是准确值。在确定与 GB/T 12162.3—2004 表中那些不带脚注的能量谱有关的定向剂量当量(率)中,假定约定真值的不确定度只有不超过 2%的贡献。

b) 进行的试验

与 5.1.2 的 b)相同。

c) 观测值的解释方法

在考虑是否满足 6.1.1 的要求时,有必要对试验中所用的剂量当量(率)约定真值的不确定度 U_C(覆盖因子为 2)进行修正。

如果相对固有误差 I 的单次观测值不超过±$(20+\mu_C)\%$，则认为满足 6.1.1 的要求。

d) 等效电学试验方法

与 5.1.2 的 d)相同。

6.1.3 对报警设置值准确度的要求

与 5.1.3 相同。

6.1.4 试验方法

与 5.1.4 相同。

6.2 响应随光子辐射能量和入射角的变化

6.2.1 要求

周围剂量当量(率)仪对额定光子能量和入射角范围内的光子辐射的响应与在校准方向上对^{137}Cs参考光子辐射的响应之差不应大于±40%。

光子能量和辐射入射角的最小额定范围是 30 keV～150 keV 和 0°～±45°或 80 keV～1.5 MeV 和 0°～±45°。

如果周围剂量当量(率)仪用于能产生能量高达 10 MeV γ 辐射的核电厂附近，要求扩展光子能量的额定范围。在参考方向上，对高能的响应与其对^{137}Cs γ 辐射的响应之差不应大于±40%。

6.2.2 试验方法

应使用 GB/T 12162.1—2000 规定的窄谱系列辐射进行试验。

为了减少测量次数，第一步确定满足响应的能量和入射角两项要求的最小额定光子能量。

测量入射角 $\alpha=0°$ 时归一到^{137}Cs γ 辐射能量响应的能量关系 $R(E_i,0°)$并绘制其作为在窄谱系列平均能量 E_i 各点的光子能量函数的曲线。确定响应降至 60%以下时的光子能量。对于平均能量超过已确定的光子能量的窄谱系列辐射，在包括通过剂量当量(率)仪参考点的参考方向的两个垂直平面中，测量对 $\alpha=\pm30°$ 和 $\alpha=\pm45°$ 入射角的响应。对于该辐射，如果所有响应值均超过 60%，应使用下一个较低平均能量的窄谱系列辐射进行重复试验。否则，应使用较高平均能量的辐射。

对于使用两个辐射的试验，应绘制所有测量的响应作为光子能量函数的曲线。应将两个响应合成一体用直线连接。通过在最低光子能量 60%响应的直线交汇点获得最小额定光子能量。

第二步，为了证明所有响应 $R(E_i,\alpha)$在 60%～140%之间，应选择使用额定范围中的其他辐射。由使用额定范围中的最大能量确定一个辐射。如果以前确定的响应 $R(E_i,0°)$具有额定范围中的极限值，那么本项试验使用其他相应的多个辐射，否则应在额定范围内至少选择一个辐射。

原则上，对每种辐射希望以相同的剂量当量(率)进行本项试验。实际上是难以实现的，对于每种辐射，剂量当量(率)指示值应以剂量当量(率)指示值下的相对固有误差(见 5.1.1)进行修正。

注：由于剂量仪的设计和能量补偿过滤器的特殊设计，如果响应随入射角的变化从$(\alpha=0°)$～$(\alpha=\pm45°)$是单调的，可以省略 $\alpha=+30°$的试验。

6.3 过载特性

与 5.4 的要求相同。

6.4 对中子辐射的响应

与 5.5 的要求相同。

6.5 对脉冲电离辐射场的响应

与 5.6 的要求相同。

6.6 统计涨落

与 5.7 的要求相同。

6.7 响应时间

与 5.8 的要求相同。

6.8 响应时间与统计涨落之间的关系

与5.9的要求相同。

7 定向和周围剂量当量(率)仪的电气特性

7.1 零点指示值稳定性随时间的变化

7.1.1 要求

在标准试验条件下,剂量当量(率)仪工作30 min后,将其指示值调至零点,在随后的4 h内,指示值在任何量程上与零点之差不应大于下列数值:

a) 模拟显示的剂量当量(率)仪:不应大于刻度最大偏转角的2%;

b) 数字显示的剂量当量(率)仪:不应大于有效测量范围的第一个数量级最大值的2%。

7.1.2 试验方法

将剂量当量(率)仪的开关打开,预热30 min。如果仪器具有调零控制器,操作人员将指示值调到制造厂说明的零点。对于某些非线性刻度的仪器,调零控制器是将指示值调到某一合适参考点而不是调到零点。如果是这种情况,控制器是将指示值调到某一合适参考点。

将剂量当量(率)仪放置在上述条件下,在随后的4 h内,每隔30 min记一次读数。

对于本底辐射在其最灵敏量程上能给出明显指示值的剂量当量(率)仪,应进行等效电学试验。为进行电学试验,可以使探测器不工作,采用这样方法使剂量当量(率)仪的零漂移特性不会随本底辐射而改变。

7.2 零点指示值随温度变化的稳定性

7.2.1 要求

剂量当量(率)仪分为有和没有可供外部使用的调零控制器两种类型。

对于没有调零控制器的剂量当量(率)仪,零点指示值随温度的变化不应大于下列数值:

在5 ℃～40 ℃或－10 ℃～40 ℃(－25 ℃～50 ℃)(见9.1)的额定温度范围内,对于模拟显示的剂量当量(率)仪,分别不大于刻度最大偏转角的±2%或±5%,或对于数字显示的剂量当量(率)仪,指示值在最低有效数位上分别不大于1或2。

对于有独立调零控制器的剂量当量(率)仪,零点指示值的变化不应大于下列数值:

在5 ℃～40 ℃或－10 ℃～40 ℃(－25 ℃～50 ℃)的额定温度范围内,对于模拟显示的剂量当量(率)仪,分别不大于刻度最大偏转角的±10%或±20%,或对于数字显示的剂量当量(率)仪,指示值在最低有效数位上分别不大于3或5。

此外,提供的调零控制器的调整范围应足够宽,以保证在整个温度范围内都能将剂量当量(率)仪的指示值调到零点。

7.2.2 试验方法

将剂量当量(率)仪的开关打开,选择最灵敏量程并将仪器放入温度为(20±2)℃的气候箱内。

剂量当量(率)仪应在此条件下预热30 min或直到温度达到平衡。如果仪器具有调零控制器,操作人员将指示值调到制造厂说明的零点。对于某些非线性刻度的仪器,调零控制器是将指示值调到某一合适参考点而不是调到零点。如果是这种情况,控制器是将指示值调到某一合适参考点。

温度应在其每个极限值下至少保持4 h,并在这段时间的最后30 min期间测量剂量当量(率)仪的指示值。温度的变化率不应超过10 ℃·h^{-1},应保持湿度处于低水平以避免结露。

对于本底辐射在其最灵敏量程上能给出明显指示值的剂量当量(率)仪,应进行等效电学试验。为进行电学试验,可以使探测器不工作,采用这样方法使剂量当量(率)仪的稳定性不会随本底辐射而改变。

7.3 预热时间

7.3.1 要求

应由制造厂说明每个量程在打开剂量当量(率)仪的开关后所取的预热时间,在此时间以后,剂量当量(率)仪受参考辐射照射时,给出一个指示值与在标准条件下获得的最终值之差不大于5%。

7.3.2 试验方法

关断剂量当量(率)仪的开关,用一个能在最灵敏量程或最低数量级至少满刻度一半处给出指示值的合适辐射源照射仪器。接通仪器开关,并在接通开关后6 min内,每隔15 s记录一次读数。

打开剂量当量(率)仪的开关30 min后,取足够多的读数并以这些读数的平均值作为指示值的最终值。在读数随时间变化的曲线上标出预热时间,其读数与最终读数之差应在10%以内。

7.4 电源——电池供电

7.4.1 一般要求

便携式剂量当量(率)仪应由电池供电。应提供在最大负载情况下试验电池的装置。当电池的状态不能使仪器的性能满足本标准的要求时,应给出指示。可以按所需要的方式连接电池,但应能单独地更换;制造厂应在剂量当量(率)仪上清楚地标出电池的正确极性。

在−10 ℃以下,大多数类型的电池容量随温度的降低而明显下降。如果温度的额定范围在−10 ℃以下,应考虑这个问题。

7.4.2 原电池(不能充电)的要求

当使用原电池供电时,电池的容量应满足下述的要求:在标准试验条件下,间断使用40 h(即每天连续使用8 h,其余16 h关断剂量当量(率)仪,连续5 d)后,剂量当量(率)仪的指示值变化应保持在±5% 以内,其他功能满足技术要求。

推荐使用GB/T 8897.1—2003和GB 8897.2—2005规定的电池。

7.4.3 二次电池(可充电)的要求

当使用二次电池供电时,电池的容量应满足下述的要求:在连续使用12 h后,剂量当量(率)仪的指示值变化应保持在±5%之内,其他功能满足技术要求。

如果使用二次电池,应能在16 h内用市电完成对二次电池的重新充电。推荐使用完成充电后能自动关闭充电器的装置。

7.4.4 试验方法

可以通过测量电池的电压评价电池的容量,特别是对于二次电池,在使用和再充电期间通过进行充电测量评价电池的容量。

如果测量实际电压,应将电池取出,仪器通过一可调的串连电阻与外部电源连接。应将电源设置为电池的标称电压U_{nom}并将串连电阻置零。打开仪器的开关并使其稳定。进行试验的区域应处于本底水平。如果仪器具有单独的电池试验功能,应选择该功能。如果仪器连续监测电池的状态,那么应将仪器的开关置于最低剂量(率)量程。然后应降低电压直到仪器恰好指示电池的状态不再满足要求。应记录这一电压U_{low}和电流I_{low}。随后使电压恢复到标称值U_{nom}并增加串连电阻直到电池的状态不再满足要求。应记录这一电阻R_{low}。

然后将仪器置于一个辐射场中,辐射场强度应使仪器给出一个接近于最大值的指示值。应将电压设置为标称值U_{nom}并将串连电阻置零。应将仪器对电池要求的所有功能打开。这些功能包括刻度照明、灯和自动输出。应记录仪器的指示值$H_{i,nom}$。然后将电压降低至U_{low}并记录仪器的指示值$H_{i,low,1}$。随后使电压恢复到U_{nom}并使串连电阻增加到R_{low}。应记录仪器的指示值$H_{i,lom,2}$,并检查仪器以保证所选的任何辅助功能工作正常。

如果满足下述要求,即为试验通过:

——$0.95 \leqslant \dfrac{H_{i,low,1}}{H_{i,nom}} \leqslant 1.05$,

——$0.95 \leqslant \dfrac{H_{i,low,2}}{H_{i,nom}} \leqslant 1.05$,

——所选的全部辅助功能工作,并且

——对于原电池,$\dfrac{Q_{nom}}{I_{low}} \geqslant 40$ h;对于二次电池$\dfrac{Q_{nom}}{I_{low}} \geqslant 12$ h。

Q_{nom}是电池的标称容量(例如:以 mA·h 给出),它考虑了温度的额定范围(见 7.1)。

如果二次电池在在使用和再充电期间进行充电测量,试验应按 7.4.3 给出的要求进行。

7.5 电源——交流供电

7.5.1 要求

剂量当量(率)仪应设计为使用单相 50 Hz 的交流电源,电压为 220 V(见 GB/T 156—2007)。

交流供电的剂量当量(率)仪应能在交流电源电压标称值变化+10%和-12%、频率为 50 Hz±3 Hz 时也能正常工作。

在整个电源电压的范围内,剂量当量(率)的指示值变化不应大于±5%。

7.5.2 试验方法

将探测器置于β或γ辐射场中,使剂量当量(率)仪给出一个大约为有效测量范围下限值三倍的指示值。

当电压为标称值时,确定由剂量当量(率)仪给出的剂量当量率的平均指示值。当电压高于标称值10%和低于标称值12%时,分别确定其平均指示值。这些平均值与标称电压下获得的平均值之差不应大于±10%。

电源频率比标称频率高 3 Hz 或低 3 Hz 时,指示值与标称频率下获得的指示值之差不应大于±10%。

然后,应使用足以使剂量当量(率)仪给出至少为有效测量范围上限值 2/3 指示值的剂量当量率重复上述试验。

8 定向和周围剂量当量(率)仪的机械特性

8.1 机械冲击

便携式剂量当量(率)仪应能经受来自于各个方向、时间间隔为 18 ms、加速度为 300 m·s^{-2}、波形为半正弦波的机械冲击而不损坏(见 GB/T 2423.5—1995)。

为了满足上述要求,通常要求对定向剂量当量(率)仪采取一些保护措施(例如:加保护套或盒),应说明提供保护的类别。当定向剂量当量(率)仪处于工作状态时,这些要求不适用。

对于设计为具有周围和定向剂量当量(率)仪功能的剂量当量(率)仪,当剂量当量(率)仪与定向剂量当量(率)仪一样处于工作状态时,这些要求不适用。

8.2 剂量当量(率)仪的取向(向地性)

8.2.1 要求

当用β或γ参考辐射照射时,便携式剂量当量(率)仪处于任意取向时的指示值与参考取向的指示值之差不应超过±2%。

制造厂应说明参考取向。

8.2.2 试验方法

原则上,应在剂量当量(率)仪的任意取向进行本项试验,通常只有指示表头本身受不同取向的影响。因此,取向试验只限于剂量当量(率)仪拿在手里、操作者能看见读数刻度的那些取向。

在试验期间,辐射对剂量当量(率)仪的入射角应保持不变。将一个适当的小试验源固定到剂量当量(率)仪上,可方便地使辐射入射角保持不变。

注:如果适用,本项试验可以使用电池试验功能与电源一起产生一个指示值。

9 环境特性、性能要求和试验

9.1 环境温度影响

9.1.1 要求

a) 剂量当量(率)仪室内使用的温度最小额定范围:

在5 ℃～40 ℃温度范围内，指示值的变化应保持在标准试验条件下获得的指示值±10%之内。应说明剂量当量(率)仪用于室内。

b) 扩展的温度额定范围：室外使用的剂量当量(率)仪：

1) 在－10 ℃～40 ℃温度范围内，指示值的变化应保持在标准试验条件下获得的指示值±20%之内。推荐便携式剂量当量(率)仪设计为满足室外使用的要求。此外，还应满足a)项要求。

2) 如果要求，经用户与制造厂协商，温度范围可进一步扩展(例如：－25 ℃～50 ℃)。这些要求适用于在热带或寒带气候环境中使用的剂量当量(率)仪。在说明的扩展温度范围内，指示值的变化应保持在标准试验条件下获得的指示值±30%之内。此外，还应满足a)项和b)项要求。

注：对于工作在－10 ℃以下的剂量当量(率)仪，可以要求采用使电池保持在较高温度的一些方法。

9.1.2 试验方法

本项试验通常需要在气候箱内进行。除非剂量当量(率)仪对湿度变化特别灵敏，一般不需要控制气候箱内的空气湿度。

在标准试验条件(见表1)下，用一个合适的辐射源照射剂量当量(率)仪，使其给出一个合适的指示值(最好在最灵敏量程)并记录该读数值。

然后，应将气候箱内的温度保持在每个极限温度下至少达4 h，在这期间的最后30 min测量剂量当量(率)仪的指示值。

9.2 相对湿度

9.2.1 要求

a) 湿度的最小额定范围：室内使用的剂量当量(率)仪

当相对湿度高达85%、温度为30 ℃时，剂量当量(率)仪的指示值与在标准试验条件下获得的指示值之差不应大于±10%。

只有在湿度影响较为明显时才要求进行该影响量的试验。

b) 扩展的湿度额定范围

当相对湿度高达95%、温度为35 ℃时，剂量当量(率)仪的指示值与在标准试验条件下获得的指示值之差不应大于±10%。

9.2.2 试验方法

应在气候箱内以35 ℃的单一温度进行本项试验。允许在±10%的指示值变化上附加单独由温度引起的变化。

9.3 大气压力

9.3.1 要求

大气压力在70 kPa～106 kPa范围内，剂量当量(率)仪的响应与在参考条件下的响应之间的变化不应大于10%。如果探测器是非密封的电离室，在满足要求前，允许通过人工计算或剂量当量(率)仪自动对指示值进行空气密度的修正。

9.3.2 试验方法

应在大气压力为70 kPa和106 kPa时测量响应，并与在参考大气压力101.3 kPa的测量值比较。其差别应小于10%。

9.4 防潮密封

对于室外使用的剂量当量(率)仪，采取防止湿气侵入的防护措施。IP等级应由制造厂说明。

9.5 储存和运输

在温带地区使用的仪器，其设计应保证能在制造厂的包装条件下、温度在－25 ℃～50 ℃范围内、不带电池存放(或运输)至少三个月后，其技术性能仍符合本标准的规定。

在某些条件下，可能需要制定更严格的规定，例如空运时具有承受低环境压力的能力。

9.6 电磁兼容

9.6.1 一般要求

在剂量仪的设计中应采取特殊措施以保证其在电磁骚扰特别是射频场(见 GB/T 17626.3—2006)存在的情况下能正常工作。所有电磁兼容的试验都可能使剂量当量(率)仪产生附加指示值。因此，应给出相对于有效测量范围下限值 H_0 的全部要求。对于 9.6.3～9.6.9 给出的每一项电磁兼容试验，应将剂量当量(率)仪设置在最灵敏量程并将剂量值置零，由试验产生的任何附加指示值不应超过 0.7 H_0。按表 6 给出的频率数据，电磁骚扰的持续时间应相当于仪器工作 1 h。所有试验按 GB/T 17626的相关标准进行。

对于所有试验，额定范围应从 GB/T 17799.2—2003 和性能准则 A、B 或 C(见表 6)选取。仅允许使用准则 A 或 B。如果使用准则 B，表 6 给出的要求适用于试验前和试验后指示的剂量当量值。

注：如果电磁骚扰的持续时间与 1 h 不同，应按 1 h 计算电磁骚扰的影响。

9.6.2 电磁辐射发射

使用相关的标准。

9.6.3 静电放电

9.6.3.1 要求

经过 10 次放电后，由静电放电产生的最大附加虚假指示值(包括瞬态和稳态)或数据输出不应超过 0.7 H_0(见表 6)。

9.6.3.2 试验方法

打开剂量当量(率)仪的开关，如果仪器可选择量程，将其置于最灵敏量程。使用 GB/T 17626.2—2006 规定的一台合适的试验用静电放电发生器，对操作人员在正常测量期间可能接触到整个仪器的各个部分进行至少五次放电。通过观察和记录显示的指示值和输出端数据来检查是否满足性能要求。应按 GB/T 17626.2—2006 的规定使用 4 kV 电压进行静电放电。在试验带绝缘表面的剂量当量(率)仪时，应使用 8 kV 空气放电方法(严酷度等级 3)。

9.6.4 射频电磁场

9.6.4.1 要求

由射频电磁场产生的最大附加虚假指示值(包括瞬态和稳态)或数据输出不应超过 0.7 H_0。对于剂量当量仪，在仪器暴露于电磁场 6 min(1 h 的 10%)以后，不应超过这一指示值(见 9.6.1 的注和表 6)。

9.6.4.2 试验方法

通过观察和记录置于最灵敏量程的剂量当量(率)仪显示的指示值和输出端数据来检查是否满足性能要求。

在 80 MHz～2 GHz 的频率范围内，电磁场强度应为 10 $V \cdot m^{-1}$，步长为 1%(见 GB/T 17626.3—2006)。

为了减少证明满足上述要求所需的测量次数，建议使用两种方法：首先，仅在一个取向上使用 20 $V \cdot m^{-1}$ 的场强在 80 MHz、90 MHz、100 MHz、110 MHz、120 MHz、130 MHz、140 MHz、150 MHz、160 MHz、180 MHz、200 MHz、220 MHz、240 MHz、260 MHz、290 MHz、320 MHz、350 MHz、380 MHz、420 MHz、460 MHz、510 MHz、560 MHz、620 MHz、680 MHz、750 MHz、820 MHz、900 MHz、1 000 MHz、1.2 GHz、1.3 GHz、1.4 GHz、1.5 GHz、1.6 GHz、1.8 GHz 和 2 GHz 进行试验。如果观测到的任何附加指示值大于表 6 对某一给定频率给出限值的 1/3，按 GB/T 17626.3—2006 的规

定，对剂量当量(率)仪在所有三个取向、用10 V·m^{-1}的场强、以1%为步长在该频率±5%的范围内进行附加试验。

其次，仅在一个取向上以不大于每秒1.5×10^{-3}数量级或每秒基频的1%进行自动扫描。在扫描期间，如果观测到磁化率，应记录磁化率的频率。然后，仪器按GB/T 17626.3—2006的规定在所有三个取向、用10 V·m^{-1}的场强、以1%为步长在该频率±5%的范围内进行重复试验。

9.6.5 由快速瞬变或脉冲群引起的传导骚扰

9.6.5.1 要求

由快速瞬变或脉冲群引起的传导骚扰产生的最大附加虚假指示值(包括瞬态和稳态)或数据输出不应超过0.7 H_0。对于剂量当量仪，在10次骚扰以后，不应超过这一指示值(见表6)。使用电池供电的剂量当量(率)仪不进行本项试验。

9.6.5.2 试验方法

将快速瞬变或脉冲群通过耦合/去耦网络或相应的设备加到交流电源上。重复率不应超过每分钟一次。通过观察和记录置于最灵敏量程的剂量当量(率)仪显示的指示值和输出端数据来检查是否满足性能要求。按GB/T 17626.4—1998的规定，应使用±2 kV的峰值电压进行试验。

9.6.6 由浪涌引起的传导骚扰

9.6.6.1 要求

由浪涌引起的传导骚扰产生的最大附加虚假指示值(包括瞬态和稳态)或数据输出不应超过0.7 H_0。对于剂量当量仪，在10次骚扰以后，不应超过这一指示值(见表6)。使用电池供电的剂量当量(率)仪不进行本项试验。

9.6.6.2 试验方法

将脉冲通过耦合/去耦网络或相应的设备加到交流电源上。重复率不应超过每分钟一次。通过观察和记录置于最灵敏量程的剂量当量(率)仪显示的指示值和输出端数据来检查是否满足性能要求。按GB/T 17626.5—1998的规定，应使用表6给出的±2 kV或±1 kV的电压进行试验。

9.6.7 由射频引起的传导骚扰

9.6.7.1 要求

由射频引起的传导骚扰产生的最大附加虚假指示值(包括瞬态和稳态)或数据输出不应超过0.7 H_0。对于剂量当量仪，在仪器暴露于电磁场6 min(1 h的10%)以后，不应超过这一指示值(见9.6.1的注和表6)。对无传导电缆(如信号线)而使用电池供电的剂量当量(率)仪不进行本项试验。

9.6.7.2 试验方法

通过观察和记录置于最灵敏量程的剂量当量(率)仪显示的指示值来检查是否满足性能要求。

在150 kHz～80 MHz的频率范围内，电压应为10 V，步长为1%，并按GB/T 17626.6—1998的规定产生骚扰。为了减少证明满足上述要求所需的测量次数，可以使用与9.6.4给出的类似方法。

9.6.8 50 Hz/60 Hz磁场

9.6.8.1 要求

由50 Hz或60 Hz磁场产生的最大附加虚假指示值(包括瞬态和稳态)或数据输出不应超过0.7 H_0。对于剂量当量仪，在仪器暴露于磁场6 min(1 h的10%)以后，不应超过这一指示值(见9.6.1的注和表6)。

9.6.8.2 试验方法

在最灵敏量程进行测量时，通过观察和记录显示的指示值和输出端数据来检查是否满足性能要求。应将剂量当量(率)仪暴露于频率为50 Hz或60 Hz、场强为30 A·m^{-1}的连续磁场中，在相对于磁力线至少两个取向(0°和90°)上进行试验。

9.6.9 电压暂降和短时中断

9.6.9.1 要求

由电压暂降和短时中断产生的最大附加虚假指示值(包括瞬态和稳态)或数据输出不应超过 0.7 H_0。对于剂量当量仪,在 10 次骚扰以后,不应超过这一指示值(见表 6)。使用电池供电的剂量当量(率)仪不进行本项试验。

9.6.9.2 试验方法

对于交流供电的剂量当量(率)仪,在最灵敏量程进行测量时,通过观察和记录显示的指示值和输出端数据来检查是否满足性能要求。按 GB/T 17626.11—1999 的规定,应使用表 6 给出的 30%降幅持续 10 ms 或 60%降幅持续 100 ms 进行试验。

9.7 振动和机械冲击

9.7.1 要求

剂量当量(率)仪应能承受表 7 给出的振动和机械冲击而不损坏。剂量当量(率)仪的性能特性应保持在规定的限值以内。

9.7.2 振动

在由用户规定仪器要求的情况下,应按下述规定进行试验:

——进行外观检查(目测)并测量型式试验证书规定的特性;

——除非在证书中另有规定,按表 7 的规定在三个相互垂直的方向上进行振动试验。

试验后,应检查剂量当量(率)仪是否有机械损坏或部件松动。在保持正常条件一段时间(合格证书规定)以后,打开剂量当量(率)仪的开关,并按规定对该型式试验检查技术性能。

9.7.3 机械冲击

应按下述规定进行试验:

——关断剂量当量(率)仪的开关,并将其固定在冲击台上,按表 7 的规定进行机械冲击;

——试验后,进行外观检查(目测),打开剂量当量(率)仪的开关并测量型式试验证书规定的特性;

——剂量当量(率)仪应能承受试验,试验后,仪器没有机械损坏,对一给定的型式试验,其性能满足合格证书规定的要求。

10 特性的归纳

为了方便使用,在表 2～表 9 中归纳了剂量当量(率)仪的各种性能特性的要求。这些表格还给出了规定每个特性要求的有关条款编号。

11 文件

11.1 合格证书

每台剂量当量(率)仪应随带给出下列信息的合格证书:

——制造厂名称或注册商标;

——剂量当量(率)仪的型号和序号;

——剂量当量(率)仪所测的辐射类型;

——每个测量量程的刻度限值;

——有效测量范围;

——响应随辐射能量的变化,包括在校准期间使用的附加平衡帽信息;

——校准剂量当量(率)仪的参考点和相对于校准源的参考取向;

——参考方向。

11.2 操作和维修手册

每台剂量当量(率)仪应随带一份符合 GB/T 16511—1996 要求的说明手册。

表 1 参考条件和标准试验条件

影响量	参考条件 (除非制造厂另有说明)	标准试验条件 (除非制造厂另有说明)
光子辐射能量: 1) 周围剂量当量 $H^*(10)$ 2) 定向剂量当量 $H'(0.07)$	 由^{137}Cs产生的γ辐射 N 20(GB/T 12162.3—2004)	 由^{137}Cs产生的γ辐射 N 20(GB/T 12162.3—2004)
β辐射能量: 2) 定向剂量当量 $H'(0.07)$	 ^{90}Sr/^{90}Y	 ^{90}Sr/^{90}Y
稳定时间	15 min	≥15 min
环境温度	20 ℃	18 ℃～22 ℃[a]
相对湿度	65%	55%～75%[a]
大气压力	101.3 kPa	86.0 kPa～106.6 kPa[a]
电源电压	标称电压	标称电压(1±1%)
电源频率[b]	标称频率	标称频率(1±1%)
交流电源波形[b]	正弦波	正弦波总谐波畸变小于5%
辐射入射角	制造厂给定的校准方向	给定的方向±5°
外界电磁场	可忽略	小于能引起干扰的最小值
外界感应磁场	可忽略	小于由地球磁场引起的感应值的两倍
剂量当量(率)仪和/或监测仪的取向	由制造厂说明	说明的取向±5°
剂量当量(率)仪和/或监测仪的控制旋钮	调到正常工作状态	调到正常工作状态
辐射本底	0.1 μGy/h或更小	小于0.25 μGy/h
放射性物质的污染	可忽略	可忽略

[a] 在试验时，应说明这些量的实际值。

[b] 只针对也可使用交流电源的剂量当量(率)仪。

表 2 变异系数和相对固有误差的限值

β和γ辐射的试验特性	(最小有效)测量范围	相对固有误差限值或变化限值	条款编号
定向剂量当量(率)仪的相对固有误差	四个数量级	±20%[a]	5.1
周围剂量当量(率)仪的相对固有误差	四个数量级	±20%[a]	6.1
统计涨落:剂量当量	$H<1\ \mu$Sv 1 μSv≤H<11 μSv H≥11 μSv	15% (16－H/1 μSv)% 5%	5.7和6.6

表 2（续）

β和γ辐射的试验特性	(最小有效)测量范围	相对固有误差限值或变化限值	条款编号
统计涨落：剂量当量率	$\dot{H}$<1 μSv/h 1 μSv/h≤$\dot{H}$<11 μSv/h $\dot{H}$≥11 μSv/h	15% [16－$\dot{H}$/(1 μSv/h)]% 5%	5.7 和 6.6
[a] 该误差应附加上剂量当量(率)约定真值的不确定度。			

表 3　定向剂量当量(率)仪的辐射特性

影响量或仪器参数的试验特性	影响量的(最小)额定范围	变化限值	条款编号
β辐射能量和入射角	β辐射的最大能量 E_{max} 500 keV～4 MeV 相对于参考方向 0°～±45°	±40%[a]	5.2
X和γ辐射能量和入射角	10 keV～30 keV 相对于参考方向 0°～±45°	±40%[a]	5.3
β辐射入射角	相对于参考方向 0°～90°	由制造厂说明	
X和γ辐射入射角	相对于参考方向 0°～90°	由制造厂说明	
过载	量程最大值不大于 0.1 Sv·h^{-1}，以 100 倍量程最大值的剂量当量率照射； 量程最大值大于 0.1 Sv·h^{-1}，以 10 倍量程最大值或 10 Sv·h^{-1} 中较大的剂量当量率照射。	指示值在满刻度之外或剂量当量(率)仪给出过载指示(持续 5 min)	5.4
中子辐射的影响	不适用	制造厂说明中子的响应	5.5
[a] 在参考条件下的指示值变化限值。			

表 4　周围剂量当量(率)仪的辐射特性

试验特性或影响量	影响量的(最小)额定范围	变化限值	条款编号
X和γ辐射能量和入射角	80 keV～1.5 MeV 或 20 keV～150 keV 相对于参考方向 0°～±45°	±40%[a]	6.2
X和γ辐射入射角	相对于参考方向 0°～90°	由制造厂说明	
过载	量程最大值不大于 0.1 Sv·h^{-1}，以 100 倍量程最大值的剂量当量率照射； 量程最大值大于 0.1 Sv·h^{-1}，以 10 倍量程最大值或 10 Sv·h^{-1} 中较大的剂量当量率照射。	指示值在满刻度之外或剂量当量(率)仪给出过载指示(持续 5 min)	6.3
中子辐射的影响	不适用	由制造厂说明中子的响应	6.4
[a] 该误差应附加上剂量当量(率)约定真值的不确定度。			

表 5　定向和周围剂量当量(率)仪的电气、机械和环境特性

试验特性或影响量	影响量的(最小)额定范围	变化限值	条款编号
响应时间	不适用	$\dot{H}_f$<10 mSv/h: 10 s内指示值变化90% $\dot{H}_f$>10 mSv/h:2 s	7.2
零点漂移	4 h	模拟显示的仪器:不大于满刻度偏转角的2% 数字显示的仪器:不大于最低有效数位的2	7.4
零点指示值随温度变化的稳定性	5 ℃～40 ℃ —10 ℃～40 ℃	没有调零控制器的仪器: 模拟显示的仪器:不大于满刻度偏转角的±2% 数字显示的仪器:不大于最低有效数位的1 有调零控制器的仪器 模拟显示的仪器:不大于满刻度偏转角的±10% 数字显示的仪器:不大于最低有效数位的3 没有调零控制器的仪器: 模拟显示的仪器:不大于满刻度偏转角的±5% 数字显示的仪器:不大于最低有效数位的2 有调零控制器的仪器: 模拟显示的仪器:不大于满刻度偏转角的±20% 数字显示的仪器:不大于最低有效数位的5	7.5
预热时间	不适用	应说明在参考条件下读数在最终值10%以内的时间	7.3
电源 a) 原电池 b) 二次电池 c) 交流电压(如使用交流电源)	 间断使用40 h 连续使用12 h (88%～110%)标称电压	 ±5%[a] ±5%[a] ±5%[b]	7.4
剂量当量(率)仪的取向	任意取向	小于满刻度最大偏转角的±2%	8.2

表 5（续）

试验特性或影响量	影响量的(最小)额定范围	变化限值	条款编号
环境温度	最小额定范围： 室内使用 a) 5 ℃～40 ℃ 室外使用 b) −10 ℃～40 ℃ c) −25 ℃～50 ℃	±10%[b] ±20%(在扩展范围中) ±30%(在扩展范围中)	9.1
相对湿度	最小额定范围： a) 85%,30 ℃ b) 95%,35 ℃	±10%[b]	9.2
大气压力	70 kPa～106 kPa	±10%[b]	9.3
密封	不适用	说明防护措施	9.4
储存	−25 ℃～50 ℃存放三个月	技术性能满足要求	9.5

[a] 初始指示值的变化限值。

没有一般规定。如果要求，应规定影响量的数值范围和指示值的变化限值。

[b] 在参考条件下的指示值变化限值。

表 6　由电磁骚扰产生的最大附加指示值

影响量或仪器参数	影响量的最小额定范围	试验执行的标准	频率	最大附加指示值[a]	准则[b]	条款编号
静电放电，充电电压	0 kV～±8 kV 空气放电 0 kV～±4 kV 接触放电	GB/T 17626.2—2006	每小时 10 次骚扰	0.7 H_0	B	9.6.3
射频电磁场，场强和调制	80 MHz～2 GHz 0 (V/m)～10 (V/m) (均方根，未调制) 80%AM(1 kHz)	GB/T 17626.3—2006	时间的 10%	0.7 H_0	A	9.6.4
由快速瞬变或脉冲群引起的传导骚扰，峰值电压	0 kV～±2 kV 5/50 ns(t_r/t_h)	GB/T 17626.4—1998	每小时 10 次骚扰	0.7 H_0	B	9.6.5
由浪涌引起的传导骚扰，峰值电压和上升时间	0 kV～±2 kV 0 kV～±1 kV 1.2/50(8/20)μs(t_r/t_h)	GB/T 17626.5—1998	每小时 10 次骚扰	0.7 H_0	B	9.6.6
由射频引起的传导骚扰，频率和电压	150 kHz～80 MHz 0 V～10 V (均方根，未调制) 80%AM(1 kHz)	GB/T 17626.6—1998	时间的 10%	0.7 H_0	A	9.6.7

表 6（续）

影响量或仪器参数	影响量的最小额定范围	试验执行的标准	频率	最大附加指示值[a]	准则[b]	条款编号
50 Hz/60 Hz 磁场，场强	0 (A/m)～30 (A/m)	GB/T 17626.8—1998	时间的10%	0.7 H_0	A	9.6.8
电压暂降和短时中断，持续时间	10 ms(30%降幅) 100 ms(60%降幅)	GB/T 17626.11—1999	每小时 10 次骚扰	0.7 H_0	B	9.6.9

a H_0 是有效测量范围的下限值。

b 见 GB/T 17799.2—2003。

表 7 试验条件下的机械性能

影响量	试验条件	影响量的值
振动	——频率：Hz ——最大加速度：m·s^{-2} ——轴数 ——试验的持续时间：h	10～500 10 3 10
机械冲击	——最大加速度：m·s^{-2} ——脉冲持续时间：ms ——每个方向冲击的次数 ——冲击的方向	300 6 3 6

注：便携式剂量当量(率)仪应在携带箱内按正常使用状态进行试验。

表 8 以各种固定频率进行的抗振试验

频率/Hz	试验条件	
	加速度/(m·s^{-2})	幅度/mm
18	—	0.5～0.7
24	—	0.5～0.7
36	—	0.3～0.5
48	—	0.3～0.5
70	—	—

表 9 以平滑变化的频率进行的抗振试验

频率/Hz	试验条件	
	加速度/(m·s^{-2})	幅度/mm
10～20	—	0.7
20～30	—	0.5
30～40	—	0.5
40～50	—	0.3
50～60	—	0.3
60～70	40	—

附 录 A
（规范性附录）
统 计 涨 落

对于任何包括使用辐射的试验，如果单独由辐射的随机性引起的指示值的统计涨落在试验中占有显著的份额，那么就应取足够多的读数，以保证有足够的精密度去估计这些读数的平均值，用于确定是否满足试验特性的要求。表A.1提供了以95%的置信水平确定监测仪两组读数之间的真差所要求的监测仪读数次数。表中列出了平均值之间的百分数、两组读数的变异系数（假定每组读数的变异系数相等）和所要求的监测仪读数次数。

在试验期间，在使用剂量当量（率）仪时，应尽可能减少监测仪读数的统计涨落影响。为了实现这一目的，有必要在第二个或第三个最灵敏刻度或数量级的中间刻度或中间数量级读取监测仪的读数。

为了保证读数在统计学上的独立性，监测仪读数之间的时间间隔应至少是响应时间的三倍。

表A.1 测量同一仪器两组读数之间的真差（置信水平95%）所要求的读数次数

两组读数之间的真差百分数	制造厂规定的变异系数/%	获得真差百分数所要求的读数次数
5	0.5	1
5	1.0	1
5	2.0	4
5	3.0	9
5	4.0	16
5	5.0	26
5	7.5	56
5	10.0	99
5	12.5	154
5	15.0	223
5	20.0	396
10	0.5	1
10	1.0	1
10	2.0	1
10	3.0	3
10	4.0	4
10	5.0	6
10	7.5	14
10	10.0	24
10	12.5	37
10	15.0	53

表 A.1(续)

两组读数之间的真差百分数	制造厂规定的变异系数/%	获得真差百分数所要求的读数次数
10	20.0	94
15	0.5	1
15	1.0	1
15	2.0	1
15	3.0	1
15	4.0	2
15	5.0	3
15	7.5	6
15	10.0	10
15	12.5	10
15	15.0	23
15	20.0	40
20	0.5	1
20	1.0	1
20	2.0	1
20	3.0	1
20	4.0	1
20	5.0	2
20	7.5	3
20	10.0	6
20	12.5	9
20	15.0	12
20	20.0	21
此表是在以下假设情况下导出的,即当没有真差时说有差的概率和当有真差时说没有差的概率均为0.05。		

参 考 文 献

ICRU 47 号报告:1992,外部光子和电子辐射剂量当量的测量

ICS 75.140
E 42

中华人民共和国国家标准

GB 4853—2008
代替 GB 4853—1994

食品级白油

Food grade white oil

2008-06-27 发布　　　　2009-01-01 实施

中华人民共和国国家质量监督检验检疫总局
中国国家标准化管理委员会　发布

前言

本标准的第4章为强制性条款，其余为推荐性条款。

本标准与联合国粮农组织和世界卫生组织FAO/WHO JECFA(1995)及JECFA(2002)《食品级白油》(英文版)的一致性程度为非等效。

本标准与FAO/WHO JECFA(1995)及JECFA(2002)主要差异如下：

——将FAO/WHO标准的油品牌号：中、低黏度的Ⅰ、Ⅱ、Ⅲ级和高黏度白油改为低、中黏度的2号、3号、4号和高黏度5号，同时增加低黏度1号；

——增加了颜色的技术要求；

——增加了40℃运动黏度作为报告值；

——取消了相对分子质量的上限；

——本标准所有质量指标均采用我国现行国家标准或行业标准进行测定。

本标准代替GB 4853—1994《食品级白油》。

本标准与GB 4853—1994相比主要差异如下：

——将GB 4853—1994中的油品牌号：10号、15号、26号和36号改为低、中黏度的1号、2号、3号、4号和高黏度5号；

——增加100 ℃运动黏度；

——增加了"初馏点"、"5%(质量分数)蒸馏点碳数"、"5%(质量分数)蒸馏点温度"、"平均相对分子质量"的技术要求；

——取消了"闪点(开口)"、"机械杂质"和"水分" 的技术要求。

本标准的附录A为规范性附录。

本标准由中国石油化工集团公司提出。

本标准由中国石油化工股份有限公司抚顺石油化工研究院归口。

本标准起草单位：中国石油化工股份有限公司抚顺石油化工研究院。

本标准主要起草人：王丽华、王丽君。

本标准所代替标准的历次版本发布情况为：

——GB 4853—1984、GB 4853—1994。

食品级白油

1 范围

本标准规定了食品级白油的技术要求、试验方法、标志、包装、贮运、交货验收、采样。

本标准适用于由石油的润滑油馏分经脱蜡、化学精制或加氢精制而制得的食品级白油。

2 规范性引用文件

下列文件中的条款通过本标准的引用而成为本标准的条款。凡是注日期的引用文件，其随后所有的修改单(不包括勘误的内容)或修订版均不适用于本标准，然而，鼓励根据本标准达成协议的各方研究是否可使用这些文件的最新版本。凡是不注日期的引用文件，其最新版本适用于本标准。

GB/T 259　石油产品水溶性酸及碱测定法

GB/T 265　石油产品运动粘度测定法和动力粘度计算法

GB/T 3555　石油产品赛波特颜色测定法(赛波特比色计法)

GB/T 4756　石油液体手工取样法(GB/T 4756—1998,eqv ISO 3170:1988)

GB/T 5009.74　食品添加剂中重金属限量试验

GB/T 5009.75　食品添加剂中铅的测定

GB/T 5009.76　食品添加剂中砷的测定

GB/T 11079　白色油易炭化物试验法

GB/T 11081　白油紫外吸光度测定法

SH/T 0134　白色油固态石蜡试验法

SH 0164　石油产品包装、贮运及交货验收规则

SH/T 0398　石油蜡和石油脂分子量测定法

SH/T 0558　石油馏分沸程分布测定法(气相色谱法)

SH/T 0730　石油馏分分子量估算法(粘度测量法)

3 产品用途

本产品适用于食品上光、脱膜、消泡和水果、蔬菜、禽蛋的保鲜以及作为食品机械、手术器械的防锈剂、润滑剂;谷物储存的防尘剂和食品级塑料、树脂的增塑剂等。

4 技术要求和试验方法

食品级白油的技术要求和试验方法见表1。

表1　食品级白油技术要求和试验方法

项　目	质量指标					试验方法
	低、中黏度				高黏度	
	1号	2号	3号	4号	5号	
运动黏度(100℃)/(mm²/s)	2.0～3.0	3.0～7.0	7.0～8.5	8.5～11	≥11	GB/T 265
运动黏度(40℃)/(mm²/s)	报告	报告	报告	报告	报告	GB/T 265
初馏点/℃　　大于	200	200	200	200	350	SH/T 0558

表 1（续）

项　目	质量指标					试验方法
	低、中黏度				高黏度	
	1号	2号	3号	4号	5号	
5%（质量分数）蒸馏点碳数　不小于	12	17	22	25	28	SH/T 0558
5%（质量分数）蒸馏点温度/℃　大于	224	287	356	391	422	SH/T 0558
平均相对分子质量[a]　不小于	250	300	400	480	500	SH/T 0398 SH/T 0730
颜色，赛氏号　不低于	+30	+30	+30	+30	+30	GB/T 3555
水溶性酸或碱	无	无	无	无	无	GB/T 259
易炭化物	通过	通过	通过	通过	通过	GB/T 11079
稠环芳烃，紫外吸光度（260nm～420nm）/cm　不大于	0.1	0.1	0.1	0.1	0.1	GB/T 11081
固态石蜡	通过	通过	通过	通过	通过	SH/T 0134
铅含量[b]/(mg/kg)　不大于	1	1	1	1	1	附录 A GB/T 5009.75
砷含量/(mg/kg)　不大于	1	1	1	1	1	GB/T 5009.76
重金属含量/(mg/kg)　不大于	10	10	10	10	10	GB/T 5009.74

[a] 平均相对分子质量的仲裁试验方法为 SH/T 0730。

[b] 铅的仲裁试验方法为附录 A。

5　采样

采样按 GB/T 4756 进行，取 2L 作为检验及留样用。

6　标志、包装、贮运、交货验收

本产品的标志、包装、运输、储存及交货验收按 SH 0164 进行。

附 录 A
（规范性附录）
白油铅含量测定法(原子吸收法)

A.1 范围

本方法规定了用原子吸收光谱法测定食品级白油中铅含量的方法。

A.2 仪器与材料

A.2.1 仪器

A.2.1.1 原子吸收分光光度计:波长范围 190 nm～900 nm。

A.2.1.2 铅空心阴极灯。

A.2.1.3 容量瓶:50 mL,100 mL,500 mL,1 000 mL。

A.2.1.4 凯氏长颈瓶:100 mL～150mL。

A.2.1.5 天平:感量 0.1 mg。

A.2.1.6 移液管:5 mL、10 mL。

A.2.2 材料

A.2.2.1 空气:压缩空气,经净化除去油、水。

A.2.2.2 乙炔气:纯度不低于 99.9%。

A.2.2.3 去离子水。

A.3 试剂

A.3.1 浓硫酸:优级纯。

A.3.2 浓盐酸:优级纯。

A.3.3 浓硝酸:优级纯。

A.3.4 高氯酸:优级纯。

A.3.5 硝酸铅:优级纯。

A.4 准备工作

A.4.1 配制铅标准溶液

在 1 000 mL 容量瓶中,将 1.6 g 硝酸铅 $Pb(NO_3)_2$(称准至 0.1 mg)溶解在硝酸(10 mL 浓硝酸溶于 20 mL 水中,煮沸,除掉硝酸烟气并冷却)中,加水至刻线。根据需要,在 20℃时取该溶液 10 mL 于 500 mL 容量瓶中并加水至刻线。

A.4.2 配制校正曲线溶液

在一系列 100mL 容量瓶中,用移液管分别加入 0 mL、1 mL、2 mL、3 mL、4 mL、5 mL 铅标准溶液并稀释到大约 50 mL。加 8 mL 浓硫酸和 10 mL 浓盐酸,摇匀,使之溶解。溶解完毕,用去离子水稀释至刻线。

该系列溶液中分别含有 0 μg/mL、0.2 μg/mL、0.4 μg/mL、0.6 μg/mL、0.8 μg/mL 和 1.0 μg/mL 的铅。

A.4.3 配制样品溶液

在一个 100 mL～150 mL 凯氏长颈瓶中准确称取 2.5 g 样品(称准至 0.1 mg),加入 5mL 稀硝酸。当初期反应一变缓,开始缓慢加热,直到进一步的剧烈反应停止,然后冷却。逐渐加入 4 mL 浓硫酸(控制加入速度,使加热的过程中不会产生过多的泡沫,通常要求 5 min～10 min),开始加热,直到液体颜色明显变深，即开始变黑。分次缓慢加入浓硫酸，每两次加入之间加热，直到再次变黑。不要猛烈加热以致于过度变黑。在整个过程中，应有少量的游离硝酸存在。继续该处理过程直到溶液变为浅黄色并且在后续的加热过程中颜色不再变深。如果该溶液在 0.5 mL 高氯酸溶液和少量浓硝酸中仍然变色，加热大约 15 min，然后再加入 0.5 mL 高氯酸溶液，再加热几分钟。记录所用浓硝酸的总量。稍冷却并用 10 mL 去离子水稀释。溶液的颜色应该是完全无色的（如果存在很多铁，溶液可能是淡黄色）。平稳煮沸，避免暴沸，直到出现白色烟气。冷却，再加入 5 mL 水，再次平稳煮沸到出现烟气。最后，冷却，加入 10 mL 5 mol/L 盐酸平稳煮沸几分钟。冷却将溶液转移到 50 mL 单一刻线的容量瓶中，用少量水冲洗凯氏长颈瓶。将冲洗凯氏长颈瓶的水加到容量瓶中，用水稀释到刻线。该溶液称为溶液 A。

用相同数量的试剂（样品氧化过程中所用的试剂）准备一个试剂空白。

A.5 试验步骤

A.5.1 仪器工作条件

分析线波长：283.3 nm。

其他条件因仪器型号不同，所推荐的各种仪器参数是不同的。而且在使用时某些参数需要最优化，以获得最佳结果。因此，应该参照厂家说明书的火焰类型及上面所规定的设置来调节仪器。

A.5.2 步骤

将原子吸收分光光度计的工作条件设定在选好的状态，吸入含有待测元素的浓度最高的标准溶液，并优化仪器的设定条件，使之在记录纸上达到满量程或偏移值最大。测定其他标准溶液的吸收值，绘制净吸收值与标准溶液中元素浓度关系的曲线。吸入由样品溶解或样品湿法氧化得到的溶液 A 及相应的空白溶液，检测净吸收值。使用上边绘制的曲线，测定样品溶液中待测元素的浓度。

A.6 计算

$$铅含量(mg/kg) = 元素浓度(\mu g/mL) \times 50mL/ 吸入样品质量(g)$$

ICS 17.140
A 59

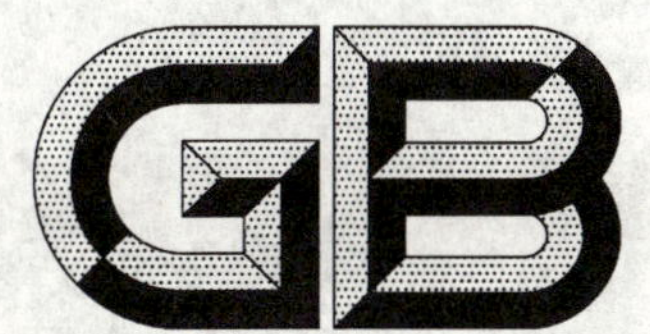

中华人民共和国国家标准

GB/T 4854.5—2008/ISO 389-5:2006

声学　校准测听设备的基准零级
第5部分:8 kHz～16 kHz频率
范围纯音基准等效阈声压级

Acoustics—Reference zero for the calibration of audiometric equipment—Part 5: Reference equivalent threshold sound pressure levels for pure tones in the frequency range 8 kHz to 16 kHz

(ISO 389-5: 2006, IDT)

2008-07-02发布　　2009-02-01实施

中华人民共和国国家质量监督检验检疫总局
中国国家标准化管理委员会　发布

前　言

GB/T 4854《声学　校准测听设备的基准零级》包括8个部分：

——GB/T 4854.1　声学　校准测听设备的基准零级　第1部分：压耳式耳机纯音基准等效阈声压级；

——GB/T 16402　声学　插入式耳机纯音基准等效阈声压级；

——GB/T 4854.3　声学　校准测听设备的基准零级　第3部分：骨振器纯音基准等效阈力级；

——GB/T 4854.4　声学　校准测听设备的基准零级　第4部分：窄带掩蔽噪声的基准级；

——GB/T 4854.5　声学　校准测听设备的基准零级　第5部分：8 kHz～16 kHz频率范围纯音基准等效阈声压级；

——GB/T 4854.6　声学　校准测听设备的基准零级　第6部分：短时程测试信号的基准听阈级；

——GB/T 4854.7　声学　校准测听设备的基准零级　第7部分：自由场与扩散场测听的基准听阈；

——GB/T 4854.8　声学　校准测听设备的基准零级　第8部分：耳罩式耳机纯音基准等效阈声压级。

注：在制定本标准的第2部分时，尚未形成我国的系列标准，其标准号为GB/T 16402，在对该部分进行修订时，其标准号将改为GB/T 4854.2。

本部分为GB/T 4854的第5部分。

本部分等同采用ISO 389-5:2006《声学——校准测听设备的基准零级——第5部分：8 kHz～16 kHz频率范围纯音基准等效阈声压级》(英文版)。

本部分对等同采用的国际标准作了编辑性修改。

本部分的附录A和附录B为资料性附录。

本部分由中国科学院提出。

本部分由全国声学标准化技术委员会(SAC/TC 17)归口。

本部分起草单位：解放军总医院耳鼻咽喉研究所、中国科学院声学研究所。

本部分主要起草人：陈洪文、于黎明、武文明、戴根华、章汝威。

本部分首次发布。

引　言

延伸高频测听设备的国家标准GB/T 7341.4已发布实施。作为校准延伸高频范围测听耳机用的适配器与IEC 60318-1耳模拟器一起使用，构成校准耳罩式耳机的中间声耦合器。该适配器现已成为国际标准IEC 60318-2(将被包含在修订后的IEC 60318-1中)。本部分中叙述的特定型号耳罩式耳机和插入式耳机的基准等效阈声压级，可用于对已配备这些型号耳机的听力计进行校准，使我国在听阈级测量量值的表达与国际上一致。

声学 校准测听设备的基准零级 第5部分:8 kHz～16 kHz 频率范围纯音基准等效阈声压级

1 范围

本部分规定了 8 kHz～16 kHz 频率范围的纯音基准等效阈声压级(RETSPLs),用于对特定型号耳机的气导听力计的校准。

注:在附录 A 和参考文献中给出了确定基准等效阈声压级的说明和实验条件。

2 规范性引用文件

下列文件中的条款通过 GB/T 4854 的本部分的引用而成为本部分的条款。凡是注日期的引用文件,其随后所有的修改单(不包括勘误的内容)或修订版均不适用于本部分,然而,鼓励根据本部分达成协议的各方研究是否可使用这些文件的最新版本。凡是不注日期的引用文件,其最新版本适用于本部分。

GB/T 4854.1 声学 校准测听设备的基准零级 第1部分:压耳式耳机纯音基准等效阈声压级(GB/T 4854.1—2004,ISO 389-1:1998,IDT)

GB/T 16402 声学 插入式耳机纯音基准等效阈声压级 (GB/T 16402—1996,eqv ISO 389-2:1994)

IEC 60318-1[1] 电声学 人头和耳模拟器 第1部分:校准压耳式耳机的耳模拟器

IEC 60318-2:1998[2] 电声学 人头和耳模拟器 第2部分:校准延伸高频范围测听耳机的中间声耦合器

IEC 60711[3] 插入式耳机测量用的堵塞耳模拟器

3 术语和定义

本部分采用 GB/T 4854.1 和 IEC 60318-1 中的术语和定义。

4 技术要求

基准等效阈声压级(RETSPLs)与耳机的型号和校准耳机用的耳模拟器及适配器有关。表1中给出了对两种不同类型耳机[插入式耳机(带有 ER1-14A 型耳塞的 ETYMOTIC RESEARCH ER-2)和密闭型耳罩式耳机(SENNHEISER HDA 200)]的规定值。

SENNHEISER HDA 200 型耳罩式耳机的头带夹力应为(10.0±1.0)N。测量头带夹力时,两个耳机间的距离应为 145 mm;头带的中心(顶部)到两耳机中心连线中点的距离应调节到 130 mm。

ETYMOTIC RESEARCH ER-2 型插入式耳机的耳塞,应深深地插入受试者的耳道内,使耳塞的外端与耳道口齐平。

1) 正在修订中。

2) 将被取消,它的内容被包含在修订后的 IEC 60318-1 中。

3) 将成为 IEC 60318-4。

表 1 基准等效阈声压级

频率/Hz	RETSPL(基准值:20 μPa)[a]/dB	
	Etymotic Research ER-2 [b,c] 耳模拟器:IEC 60711[e] 适配器：GB/T 16402—1996 的图 2b)	SENNHEISER HDA 200 [b,d] 耳模拟器：IEC 60318-1[c] 适配器:IEC 60318-2：1998 的图 1
8 000	19	17.5
9 000	16	19
10 000	20	22
11 200	30.5	23
12 500	37	27.5
14 000	43.5	35
16 000	53	56

注:KOSS HV/1A 型耳机不再生产,它的 RETSPL 值作为资料在附录 B 中给出。

[a] 表中每个 RETSPL 值都是从几个实验室得到的中位数的算术平均值,数值修约到 0.5 dB。

[b] 耳机与耳模拟器和所用的适配器型号。

[c] Etymotic Research 耳机的 RETSPL 值是根据 2 个实验室的结果(见附录 A)。它们是在尽量接近参考文献[3]中所述的条件下,测定耳科正常人的听阈得到的。
SENNHEISER HDA 200 型耳机,在延伸高频范围内,尤其在 12.5 kHz,与温度有关,见参考文献[5]。因此,建议对配备这类耳机的测听设备的校准,温度范围尽量接近 21 ℃～25 ℃。

[d] SENNHEISER 耳机的 RETSPL 值是根据 4 个实验室的结果,没能得到与温度相关的资料。

[e] 目前 IEC 60711 界定的频率范围上限到 10 kHz(含 10 kHz),但按本部分规定,频率上限到 16 kHz。频率上限到 16 kHz 的修订版已列入计划,将成为 IEC 60318-4。

附 录 A
（资料性附录）
关于得出测听耳机频率范围从 8 kHz～16 kHz 基准等效阈声压级的说明

本部分规定的测听耳机频率范围从 8 kHz～16 kHz 的基准等效阈声压级，是由 5 个独立实验研究结果得到的，见参考文献[4]～[8]。表 A.1 中给出了这些实验的简要资料。

表 A.1 测听耳机频率范围从 8 kHz～16 kHz 基准等效阈声压级的实验研究

参数	实验研究				
	参考文献[4]	参考文献[5]	参考文献[6]	参考文献[7]	参考文献[8]
实验耳机型号	SENNHEISER HDA 200	SENNHEISER HDA 200	SENNHEISER HDA 200 Etymotic Research ER-2	SENNHEISER HDA 200	Etymotic Research ER-2
受试者人数	24	28	31	38	24
受试耳数	24	28	62(HDA 200) 31(ER-2)	38	24
男/女	15/9	18/10	17/14	15/23	13/11
受试者年龄范围/岁	18～23	18～24	18～25	18～25	18～25
测试频率/kHz	8～9 10～11.2 12.5～14 16	8～9 10～11.2 12.5～14 16	8～9 10～11.2 12.5～14 16	8～9 10～11.2 12.5～14 16	8～9 10～11.2 12.5～14 16
所用的耳模拟器型号	IEC 60318-1	IEC 60318-1	对于 HDA 200：IEC 60318-1 对于 ER-2：IEC 60711	IEC 60318-1	IEC 60711
实验耳机用的适配器型号	IEC 60318-2：1998，图 1	IEC 60318-2：1998，图 1	对于 HDA 200：IEC 60318-2：1998，图 1；对于 ER-2：GB/T 16402—1996，图 2b)	IEC 60318-2：1998，图 1	GB/T 16402—1996，图 2b)
所用的统计值	中位数	中位数	中位数	中位数	中位数

附 录 B
（资料性附录）
KOSS HV/1A 型耳机的 RETSPL 值

KOSS HV/1A 型耳机已不再生产，但在一段时间，某些使用者仍然需要 KOSS 耳机的 RETSPL 值。因此，在本附录中作为资料将它的值与说明一起给出，并且描述了符合 KOSS 耳机规格，与 IEC 60318 耳模拟器一起使用的适配器的位置。

表 B.1 推荐的 RETSPL 值

频率/Hz	RETSPL（基准值：20 μPa）/dB
8 000	15.5
9 000	19.5
10 000	24
11 200	23
12 500	25
14 000	34.5
16 000	52

除另有说明，图中尺寸单位为毫米

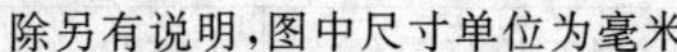

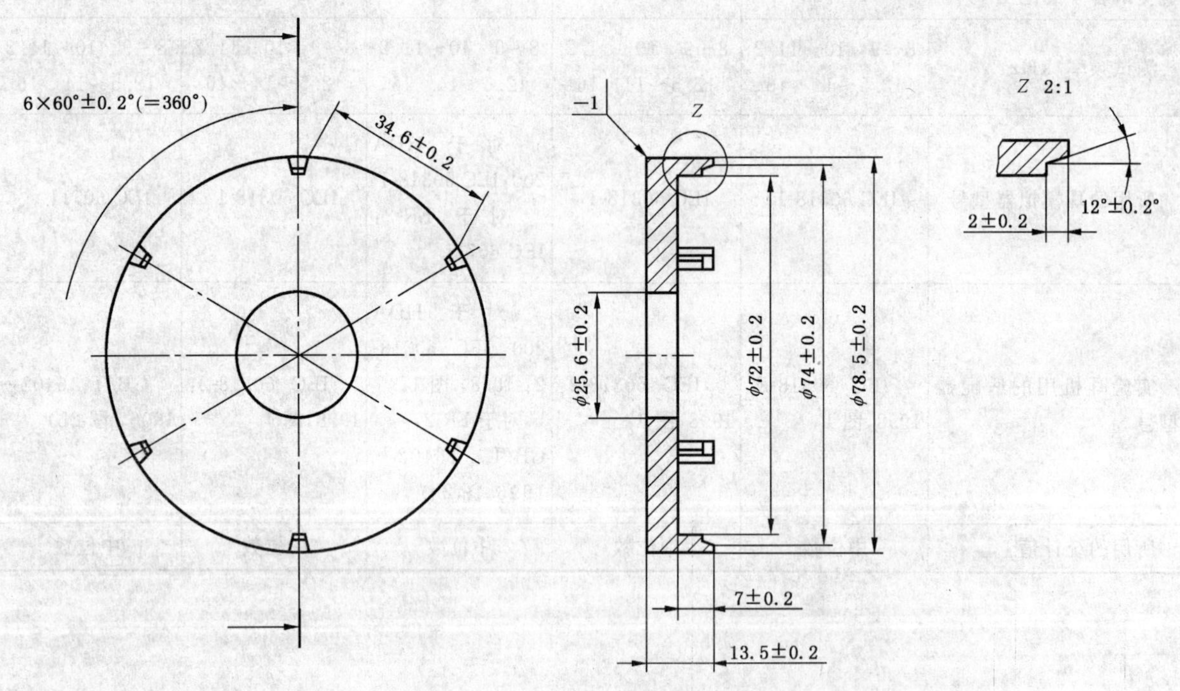

图 B.1 与 IEC 60318-1 耳模拟器一起使用的适配器

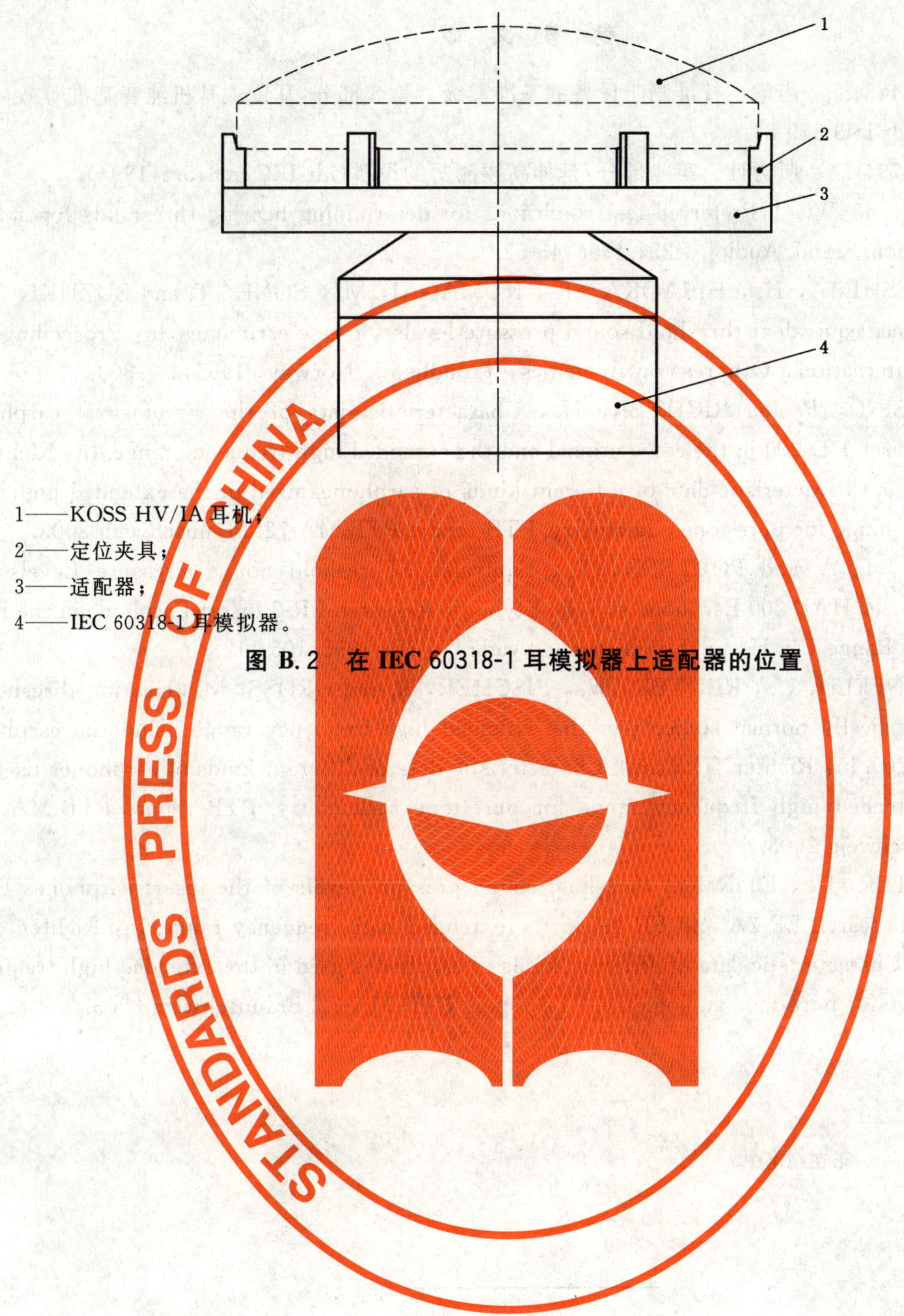

1——KOSS HV/IA 耳机；

2——定位夹具；

3——适配器；

4——IEC 60318-1 耳模拟器。

图 B.2 在 IEC 60318-1 耳模拟器上适配器的位置

参 考 文 献

[1] GB/T 4854.8 声学 校准测听设备的基准零级 第8部分:耳罩式耳机纯音基准等效阈声压级(idt ISO 389-8).

[2] GB/T 7341.4 听力计 第4部分:延伸高频测听的设备(idt IEC 60645-4:1994).

[3] ISO/TC 43/WG 1,Preferred test conditions for determining hearing thresholds for standardization. Scand. Audiol.,25;1996,45-52 [4)].

[4] TAKESHIMA, H., HiRAOKA, T., KUMAGAI, M., SONE, T. and SUZUKI, Y., Reference equivalent threshold sound pressure levels for new earphones. In: Proceedings of 15th International Congress on Acoustics, Trondheim, Norway, 1995,297-300.

[5] GÖSSING, P. and RICHTER, U., Characteristic data of the circumaural earphone Sennheiser HD 200 in the conventional and the extended high frequency range. In: Richter, U. (ed.). Characteristic data of different kinds of earphones used in the extended high frequency range for pure-tone audiometry. PTB report PTB-MA-72. Braunschweig 2003.

[6] HAN, L. A. and POULSEN, T., Equivalent Threshold Sound Pressure Levels for Sennheiser HAD 200 Earphone and the Etymotic Research ER-2 Insert Earphone in the Frequency Range 125 Hz to 16 kHz. Scand. Audiol., 27, 1998,105-112.

[7] SCHÖNFELD, U., REUTER, W., FISCHER, R. and GROSS, M.,Hearing thresholds of otologically normal subjects in the extended high-frequency range using the earphone HDA 200. In: Richter, U. (ed.). Characteristic data of different kinds of earphones used in the extended high frequency range for pure-tone audiometry. PTB report PTB-MA-72. Braunschweig 2003.

[8] RICHTER, U., Equivalent threshold sound pressure levels of the insert earphones Etymotic Research ER-2A and ER-4A in the extended high-frequency range. In: Richter, U. (ed.). Characteristic data of different kinds of earphones used in the extended high frequency range for pure-tone audiometry. PTB report PTB-MA-72. Braunschweig 2003.

4) 作为 ISO 389-9,正在制定中。

ICS 17.140
A 59

中华人民共和国国家标准

GB/T 4854.7—2008/ISO 389-7:2005
代替 GB/T 4854.7—1999

声学　校准测听设备的基准零级 第7部分:自由场与扩散场测听的基准听阈

Acoustics—Reference zero for the calibration of audiometric equipment—Part 7: Reference threshold of hearing under free-field and diffuse-field listening conditions

(ISO 389-7:2005,IDT)

2008-07-02 发布　　2009-02-01 实施

中华人民共和国国家质量监督检验检疫总局
中国国家标准化管理委员会　发布

前 言

GB/T 4854《声学 校准测听设备的基准零级》包括8个部分：

——GB/T 4854.1 声学 校准测听设备的基准零级 第1部分：压耳式耳机纯音基准等效阈声压级

——GB/T 16402 声学 插入式耳机纯音基准等效阈声压级

——GB/T 4854.3 声学 校准测听设备的基准零级 第3部分：骨振器纯音基准等效阈力级

——GB/T 4854.4 声学 校准测听设备的基准零级 第4部分：窄带掩蔽噪声的基准级

——GB/T 4854.5 声学 校准测听设备的基准零级 第5部分：8 kHz～16 kHz 频率范围纯音基准等效阈声压级

——GB/T 4854.6 声学 校准测听设备的基准零级 短时程测试信号的基准听阈级

——GB/T 4854.7 声学 校准测听设备的基准零级 第7部分：自由场与扩散场测听的基准听阈

——GB/T 4854.8 声学 校准测听设备的基准零级 第8部分：耳罩式耳机纯音基准等效阈声压级

注：在制定本标准的第2部分时，其标准号为 GB/T 16402，那时尚未形成我国的系列标准，以后在对该部分进行修订时，其标准号将改为 GB/T 4854.2。

本部分为 GB/T 4854 的第7部分。

本部分等同采用 ISO 389-7:2005《声学——校准测听设备的基准零级——第7部分：自由场与扩散场测听的基准听阈》。本部分代替 GB/T 4854.7—1999，与旧版本相比，本部分引入了1996年以来新发表的研究成果，因此，表1中的自由场测听和扩散场测听数据有了明显变化，尤其是高频和低频部分，图 A.1也有改变。

本部分的附录A是资料性附录。

本部分由中国科学院提出。

本部分由全国声学标准化技术委员会(SAC/TC 17)归口。

本部分起草单位：中国科学院声学研究所、中国人民解放军总医院耳鼻喉研究所、中国科学院心理学研究所。

本部分主要起草人：戴根华、张家騄、陈洪文、方至。

本部分所代替历次版本发布情况为：

——GB/T 4854.7—1999。

引　言

在某些听力学应用中，例如，在自由场或扩散场内，用扬声器提供测试信号。本部分规定了校准声场测听用的测听设备的基准零级。相应的测听方法在GB/T 16403和GB/T 16296中予以规定。

与其他主观感觉相似，听阈在细节上因人而异，但是，对于年龄受限制的一组耳科正常受试者，表征其集中趋势的听阈是可以确定的。本部分和GB/T 4854系列的其他标准规定的基准听阈，适用于18～25岁的年龄范围的耳科正常人。

本部分所规定的基准涉及：

——自由平面行波声场中，受试者直接面向声源（前向入射），双耳测听条件下刚好听到的纯音信号的声压级。测点在受试者不在场时的人头中心位置。

——扩散声场中，双耳测听条件下刚好听到的1/3倍频带白噪声或粉红噪声信号的声压级。测点在受试者不在场时的人头中心位置。

对于直至8 kHz的频率，只要白噪声或粉红噪声信号的频带宽度小于临界带宽，则每组基准数据同样适用于任何其他频带。

本部分的数据，是根据一些国家的不同实验室提供的技术资料所作的评估而确定的。附录A给出了基准值的推算的注释和数据的来源。

声学 校准测听设备的基准零级 第7部分:自由场与扩散场测听的基准听阈

1 范围

本部分规定在下列使用条件下校准测听设备的基准听阈。

a) 受试者不在场时的声场,由一自由平面行波场(自由场)或一扩散场构成。自由场条件下,受试者应面对声源(前向入射)。

b) 自由场条件下,声信号应为纯(正弦)音;扩散场条件下,则为1/3倍频带白噪声或粉红噪声。

c) 声压级的测量,应在受试者不在场时其头的中心位置(两耳外耳道口连线的中点)进行。

d) 双耳测听。

注1:有关自由场测听时所选声入射角(45°和90°)偏离前向入射引起的听阈修正值,见GB/T 16296。

注2:其他条件见参考文献[1]。

表1以数字形式列出GB/T 3240规定的1/3倍频带系列中,从20 Hz至16 kHz的常用频率和直至18 kHz的某些中间测听频率的基准,如图1所示。

应予强调的是听阈基准不同于GB 4854.1和GB/T 16402中规定的测听零级,因为后者属于通过耳机的单耳测听,其声压级与规定用的耦合腔和耳模拟器有关。因此,将本部分的基准与GB/T 4854.1或GB/T 16402作直接比较是不合适的。

2 规范性引用文件

下列文件中的条款通过GB/T 4854的本部分的引用而成为本部分的条款。凡是注日期的引用文件,其随后所有的修改单(不包括勘误的内容)或修订版均不适用于本部分,然而,鼓励根据本部分达成协议的各方研究是否可使用这些文件的最新版本。凡是不注日期的引用文件,其最新版本适用于本部分。

GB/T 3240 声学测量中的常用频率(GB/T 3240—1982,neq ISO 266:1975)

GB/T 4963—2007 声学 标准等响度级曲线(ISO 226:2003,IDT)

GB/T 4854.1—2004 声学 校准测听设备的基准零级 第1部分:压耳式耳机纯音基准等效阈声压级(ISO 389-1:1998,IDT)

GB/T 16296—1996 声学 测听方法 第2部分:用纯音及窄带测试信号的声场测听(eqv ISO 8253—2:1989)

GB/T 16402—1996 声学 插入式耳机纯音基准等效阈声压级(eqv ISO 389-2:1994)

GB/T 16403—1996 声学 测听方法 纯音气导和骨导听阈基本测听法(eqv ISO 8253-1:1989)

3 术语和定义

下列术语和定义适用于GB/T 4854的本部分。

3.1

听阈 threshold of hearing

在规定条件下,以规定的信号进行的多次重复试验中,受试者能以一定百分数正确地判别所给信号的声压级。信号的特性、它到达受试者的方式以及测量声压的位置都必须说明。

注1:听阈的测定结果在一定程度上与所用的测试方法有关,GB/T 4854系列标准所提出的数据,是以GB/T 16403—1996规定的听阈测试方法为基础的。如采用其他的测试方法,平均值也许会有几分贝的差别。

注 2：除非另有说明，否则人耳附近的环境噪声认为是可以忽略不计的。

注 3：听阈的测定用 GB/T 16403 规定的升降法或上升法。听阈一般用相对于 20 μPa 的分贝数表示。

注 4："多次重复试验"是指使用恒定刺激法。其他心理物理方法也可使用，但所用方法应加说明。

注 5："一定百分数"常取 50%。

3.2

耳科正常人　otologically normal person

健康状况正常，无耳病症状，耳道无耵聍堵塞，无过度噪声暴露史，无耳毒性药物使用史或家族性听力损失者。

3.3

基准听阈　reference threshold of hearing

与年龄包括 18～25 岁的耳科正常人双耳测听时听阈的中数(中位数)相对应的某规定频率纯音的或 1/3 倍频带噪声的声压级。

注："中数(中位数)"是统计学中衡量集中趋势的一个特征数，指数据按大小次序排列时，位于正中间的那个数；若正中间有两个数，中数就等于这两个数的算术平均。

3.4

自由声场　free sound field

均匀各向同性媒质中，边界的影响可以不计的声场。

3.5

扩散声场　diffuse sound field

声能量密度均匀、在各个传播方向作无规分布的声场。

4　技术要求

表 1 给出在按第 1 章规定的测听条件下所得的基准听阈，同时也给出等听阈时扩散场中 1/3 倍频带噪声声压级与前向入射自由场中纯音声压级的差值 ΔL。基准听阈的图解见图 1。

表 1　第 1 章规定的测听条件下的基准听阈和两种声场中听阈声压级之差

频　率 f/Hz	基　准　听　阈		差值 ΔL^{b}/dB
	自由场测听(前向入射) T_f(基准 20 μPa)/dB	扩散场测听 T'_f(基准 20 μPa)/dB	
20	78.5[a]	78.5	0
25	68.7	68.7	0
31.5	59.5	59.5	0
40	51.1	51.1	0
50	44.0	44.0	0
63	37.5	37.5	0
80	31.5	31.5	0
100	26.5	26.5	0
125	22.1	22.1	0
160	17.9	17.9	0
200	14.4	14.4	0
250	11.4	11.4	0
315	8.6	8.4	0.2
400	6.2	5.8	0.4
500	4.4	3.8	0.6
630	3.0	2.1	0.9
750	2.4	1.2	1.2
800	2.2	1.0	1.2

表 1（续）

频　率 f/Hz	基　准　听　阈 自由场测听（前向入射） T_f（基准 20 μPa）/dB	 扩散场测听 T'_f（基准 20 μPa）/dB	差值 ΔL[b]/dB
1 000	2.4	0.8	1.6
1 250	3.5	1.9	1.6
1 500	2.4	1.0	1.4
1 600	1.7	0.5	1.2
2 000	−1.3	−1.5	0.2
2 500	−4.2	−3.1	−1.1
3 000	−5.8	−4.0	−1.8
3 150	−6.0	−4.0	−2.0
4 000	−5.4	−3.8	−1.6
5 000	−1.5	−1.8	0.3
6 000	4.3	1.4	2.9
6 300	6.0	2.5	3.5
8 000	12.6	6.8	5.8
9 000	13.9	8.4	5.5
10 000	13.9	9.8	4.1
11 200	13.0	11.5	1.5
12 500	12.3	14.4	−2.1
14 000	18.4	23.2	−4.8
16 000	40.2	43.7	−3.5[a]
18 000	73.2[a]	—	—

[a] 20 Hz 和 18 000 Hz 两个频率的 T_f 的实验数据，以及 16 000 Hz 的 ΔL 的实验数据，仅为一个实验室的结果。

[b] $\Delta L = T_f - T'_f$。

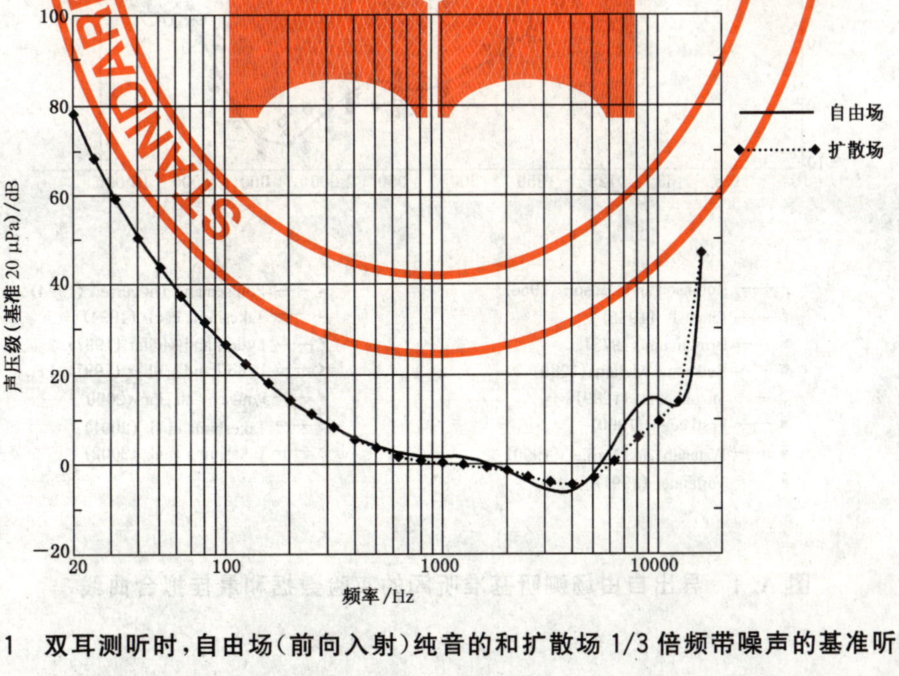

图 1　双耳测听时，自由场（前向入射）纯音的和扩散场 1/3 倍频带噪声的基准听阈

注：与 GB/T 4854 的其他部分不同，表 1 中的基准听阈的分辨率为 0.1 dB。这是为了避免自由场听阈有两个具有不同分辨率的标准。所以，表 1 中的自由场测听基准听阈和其分辨率取自 GB/T 4963—2007。

附 录 A
（资料性附录）
基准听阈推算的注释

A.1 自由场测听

本部分规定条件下从 20 Hz 至 12 500 Hz 的自由场测听基准听阈，取自 GB/T 4963—2007。750 Hz 至 18 000 Hz之间增加了 9 个频率。这 9 个频率的基准听阈，是根据本部分的 15 篇文献（见图 A.1），并采用与 GB/T 4963—2007 中对其他频率所采用的同样拟合方法确定的。

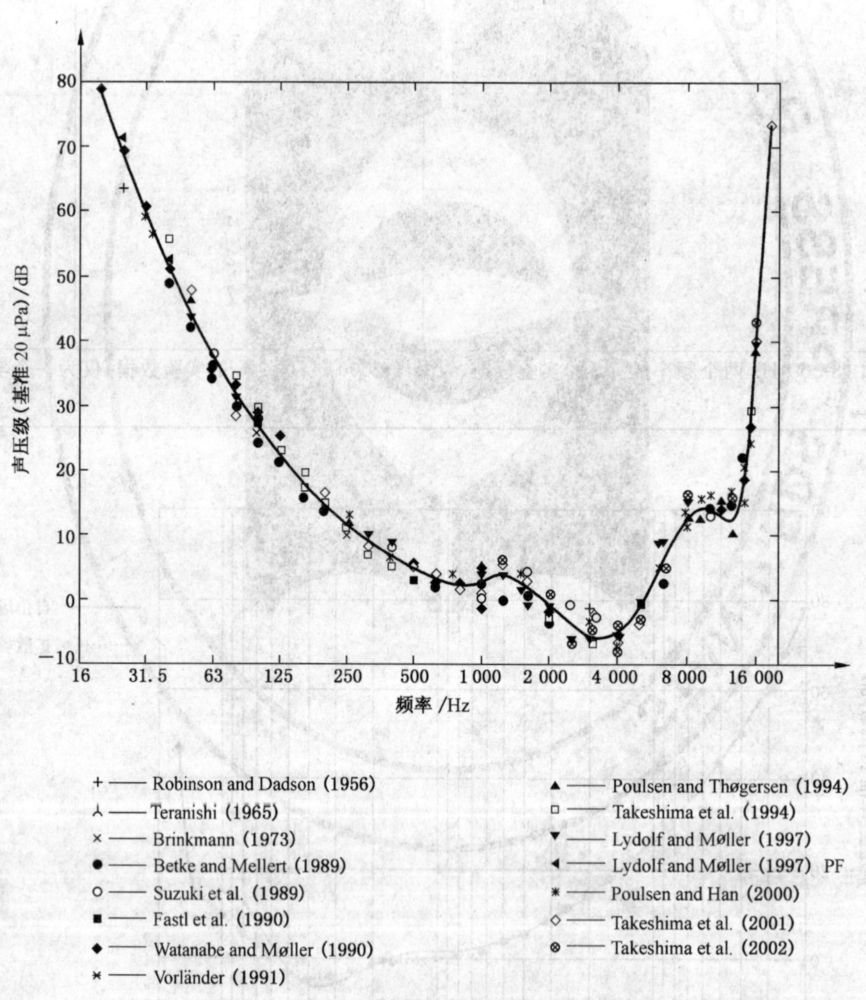

图 A.1 导出自由场测听基准听阈的实验数据和最佳拟合曲线

以下是所采用的拟合方法。

两个研究结果(参考文献[16]和[18])给出了听阈的平均值并将它用于拟合处理。除此以外,从20 Hz至18 000 Hz每个频率的听阈,通过取各个独立研究的中数的平均,再加以平滑处理,最后采用立方B-样条函数内插而得。所得结果见图A.1,且以 T_f 表示于表1。受试者人数在B-样条函数的计算中未加考虑。大部分的研究给出了听阈和等响度数据,关于它们所用的参数的情况,见GB/T 4963—2007。剩下的5项研究只给出了听阈,有关的一些简要情况见表A.1,是对GB/T 4963—2007表C.1的补充。

表A.1 自由场测听条件下听阈的研究概况

研究	参考文献[16]	参考文献[17]	参考文献[18]	参考文献[19]	参考文献[20]
国家	英国	日本	德国	德国	丹麦
声场	自由场	自由场	自由场	自由场	自由场
测量频率范围/Hz	25,33,50,100,200,500,1000,2000,3000,4000,5000,6000,7000,8000,10000,12000,15000	63,125,250,500,1000,2000,3000,4000,5000,6000,8000,10000	63,125,250,500,1000,2000,4000,8000	1000,4000,8000,9000,10000,11200,12500,14000,16000	125,250,500,750,1000,1500,2000,3000,4000,6000,8000,9000,10000,11200,12500,14000,16000
受试者人数(年龄)	51[a] (20)	11 (18～24)	34～42[b] (18～25)	31 (18～25)	31 (18～25)

a 200 Hz以下,120个受试者。

b 取决于频率。

A.2 扩散场测听

自由场测听和扩散场测听时基准听阈之间的差值,得自9个独立的研究(见参考文献[8]至[15])。这些实验的简要情况说明如下:

a) 5名受试者作响度比较:扩散场对比自由场[8]。

b) 两类声场的探管测量:6名受试者,混响室中的扩散场[9]。

c) 客观和主观测量

1) 客观测量:人耳在自由场和扩散场中的响应,20名受试者,探管传声器,混响室中产生的扩散场[10]。

2) 主观测量:26名受试者作响度比较,人工混响场对比自由场[10]。

d) 测定自由场和扩散场中 20 phon 和 40 phon 等响度级曲线之差，12 名受试者[11]。

e) 在自由场和扩散场测量 7 只耳廓模型和一只耳的几何模型的响应[12]。

f) 扩散场到鼓膜的变换的探管测量：16 名受试者，扩散场。这些数据与取自参考文献[12]的自由场到鼓膜变换的数据一起，用于计算 ΔL[13]。

g) 在自由场用最大长度序列法测量人耳的脉冲响应：37 个声入射方向，探管传声器，12 名受试者，从方向性计算扩散场特性[14]。

h) 在自由场用最大长度序列法测量人耳的脉冲响应：97 个声入射方向，探管传声器，40 名受试者，从方向性计算扩散场特性[15]。

确定采用 11 阶多项式来获得实验数据的最佳拟合。由此多项式，计算了 1/3 倍频带常用频率的和一些中间测听频率的 ΔL。

图 A.2 所示为参考文献[8]至[15]的数据和其拟合曲线。

扩散场测听时的基准听阈(表 1 中 T'_f)可由自由场的数据减去 ΔL 计算得到。

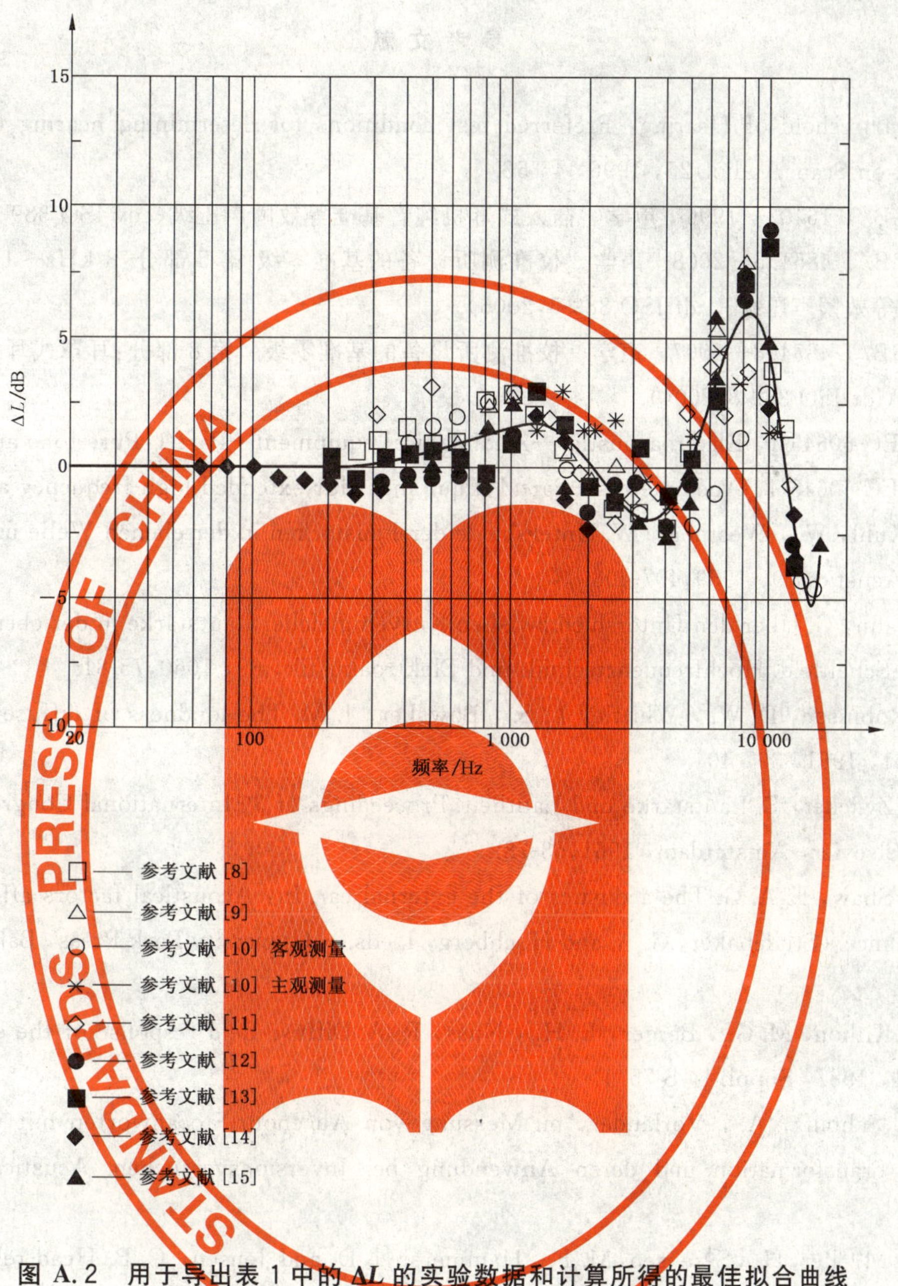

图 A.2 用于导出表 1 中的 ΔL 的实验数据和计算所得的最佳拟合曲线

参考文献

[1] Threshold of Hearing: Preferred test conditions for determining hearing thresholds for standardization Scan. Audiol. 25, 1996, 45-52.

[2] GB/T 16402—1996 声学 插入式耳机纯音基准等效阈声压级(eqv ISO 389-2:1994).

[3] GB/T 4854.5—2008 声学 校准测听设备的基准零级 第5部分:8 kHz～16 kHz 频率范围纯音基准等效阈声压级(idt ISO 389-5:2006).

[4] GB/T 4854.8—2007 声学 校准测听设备的基准零级 第8部分:耳罩式耳机纯音基准等效阈声压级(idt ISO 389-8:2004).

[5] IEC 60645-1, Electroacoustics—Audiological equipment—Part 1:Pure-tone audiometers.

[6] IEC 60645-4, Audiometers—Part 4:Equipment for extended high-frequency audiometry.

[7] Kuhl, W., Westphal, W. Untershiede der Laustärken in der ebenen Welle und im diffusen Schallfeld. Acustica, 9, 1959,407-408.

[8] Jahn, G. Über den Untershied zwishen Kurven gleicher Lautstärke in der ebenen Welle und im diffusen Schallfeld. Hochfrequenztechnik und Elektroakustik, 69, 1060,75-81.

[9] Robinson, D. W., Whittle, L. S., Bowsher, J. M. The loudness of diffuse sound fields. Acustica, 11, 1961, 397-404.

[10] Zwicker, E. Lautstärke und Lautheit. Proceedings of 3rd International Congress on Acoustics 1959, Elsevier, Amsterdam, 1961,63-78.

[11] Shaw, E. A. G. The acoustics of the external ear. In: Acoustical factors affecting hearing aid performance. (Studebaker, G. A. and Hochberg, I. eds.). University Park Press, Baltimore, 1980, 109-124[1)].

[12] Killion, M. G., Berger, E. H., Nuss, R. A. Diffuse field response of the ear. J. Acoust. Soc. Am. 81, 1987, Suppl. 1, S 75.1.

[13] Schmitz, A., Vorländer, m. Messung von Auβenohr-Stoβanworten mit maximalfolgen Hadamard Transformation und deren Anwendung bei Inversionsversuchen. Acustica, 71, 1990, 257-268.

[14] Mϕ ller, H., Sϕrensen, M. F., Hammershϕl, D. and Jensen, C. B. Head-related Transfer Function of Human Subjects. J. Audio Eng. Soc., 43(5), 1995, 300-321.

[15] Brinkmann, K., Vorländer, M., Fedtke, T. Re-determination of the threshold of hearing under free-field and diffuse-field listening conditions. Acustica, 80, 1994,453-462.

[16] Robinson, D. W., Dadson, M. A. A re-determination of the equal-loudness relations for pure tones. British J. Appl. Phy., 7,1956, 166-181.

[17] Teranishi, R. Study about measurement of loudness on the problems of minimum audible sound. Researches of the Electrotechnical Laboratory, No. 658,Tokyo, Japan, 1965.

[18] Brinkmann, K. Audiometer-Bezugwelle und Freifeld-Horschwelle. Acustica, 28, 1973, 147-154.

[19] Vorländer, M. Freifeld-Horschwelle von 8 kHz-16 kHz. Fortschritte der Akustik-DAGA 91, Bad Honnef, DPG-GmbH, 1991,533-536.

[20] Poulsen, T., Han, L. A. The binaural free field hearing threshold for pure tones from 125 Hz to 16 kHz. Acustica-Acta Acustica ,86, 2000,333-337.

1) 与 ISOTC/43 的通信

ICS 55.020
A 80

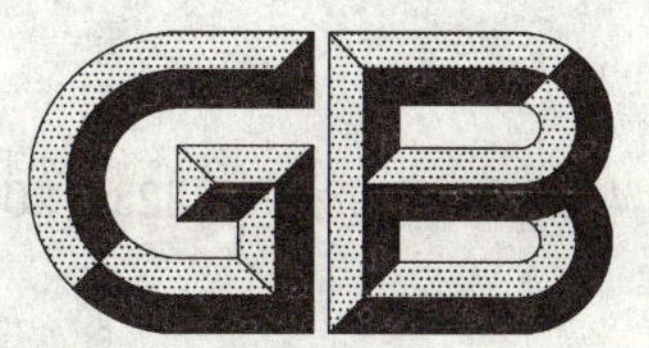

中华人民共和国国家标准

GB/T 4857.3—2008/ISO 2234:2000
代替 GB/T 4857.3—1992

包装　运输包装件基本试验
第3部分:静载荷堆码试验方法

Packaging—Basic tests for transport packages—
Part 3:Stacking test methods using a static load

(ISO 2234:2000,Packaging—Complete,filled transport packages and unit loads—Stacking tests using a static load,IDT)

2008-05-27 发布　　2009-01-01 实施

中华人民共和国国家质量监督检验检疫总局
中国国家标准化管理委员会　发布

前言

GB/T 4857《包装　运输包装件基本试验》分为以下部分：

——第1部分：试验时各部位的标示方法；
——第2部分：温湿度调节处理；
——第3部分：静载荷堆码试验方法；
——第4部分：采用压力试验机进行的抗压和堆码试验方法；
——第5部分：跌落试验方法；
——第6部分：滚动试验方法；
——第7部分：正弦定频振动试验方法；
——第9部分：喷淋试验方法；
——第10部分：正弦变频振动试验方法；
——第11部分：水平冲击试验方法；
——第12部分：浸水试验方法；
——第13部分：低气压试验方法；
——第14部分：倾翻试验方法；
——第15部分：可控水平冲击试验方法；
——第17部分：编制性能试验大纲的一般原理；
——第18部分：编制性能试验大纲的定量数据；
——第19部分：流通试验信息记录；
——第20部分：碰撞试验方法；
——第21部分：防霉试验方法；
——第22部分：单元货物稳定性试验方法；
——第23部分：随机振动试验方法。

本部分为GB/T 4857的第3部分。

本部分等同采用ISO 2234:2000《包装　完整、满装的运输包装件和单元货物　静载荷堆码试验》。

本部分代替GB/T 4857.3—1992《包装　运输包装件　静载荷堆码试验方法》。

本部分与GB/T 4857.3—1992相比主要变化如下：

——在范围中将原来的仅适用于运输包装件修改为适用于运输包装件和单元货物；
——增加了术语和定义一章，增加了“试验样品”术语；
——取消了6.1～6.5(1992年版)；
——增加了第6章和第7章(本版)；
——修改了试验报告内容。

本部分由全国包装标准化技术委员会(SAC/TC 49)提出并归口。

本部分起草单位：铁道部标准计量研究所、深圳市栢兴实业有限公司。

本部分主要起草人：张锦、王全文、兰淑梅、赵华、白志刚。

本部分所代替标准的历次版本发布情况为：

——GB 4857.3—1984；GB/T 4857.3—1992。

包装　运输包装件基本试验
第3部分:静载荷堆码试验方法

1　范围

GB/T 4857的本部分规定了对运输包装件和单元货物进行静载荷堆码试验时所用试验设备的主要性能要求、试验程序及试验报告的内容。

本部分适用于评定运输包装件和单元货物在堆码时的耐压强度或对内装物的保护能力。它既可以作为单项试验,也可以作为系列试验的组成部分。

2　规范性引用文件

下列文件中的条款通过GB/T 4857的本部分的引用而成为本部分的条款。凡是注日期的引用文件,其随后所有的修改单(不包括勘误的内容)或修订版均不适用于本部分,然而,鼓励根据本部分达成协议的各方研究是否可使用这些文件的最新版本。凡是不注日期的引用文件,其最新版本适用于本部分。

GB/T 4857.1　包装　运输包装件　试验时各部位的标示方法(GB/T 4857.1—1992,ISO 2206:1987,MOD)

GB/T 4857.2　包装　运输包装件　温湿度调节处理(GB/T 4857.2—2005,ISO 2233:2000,MOD)

3　术语和定义

下列术语和定义适用于GB/T 4857的本部分。

3.1

试验样品　test specimen

完整满装的运输包装件和单元货物。

4　试验原理

采用三种试验方法之一进行试验时,将试验样品放在一个平整的水平平面上,并在其上面均施加匀载荷。施加的载荷、大气条件、承载时间以及试验样品的放置状态等是预先设定的。

注:如可行,可对试验样品在试验中的上下偏斜或左右偏斜进行测定。

5　试验设备

5.1　水平平面

水平平面应平整坚硬(最高点与最低点之间的高度差不超过2 mm)。如为混凝土地面,其厚度应不少于150 mm。

5.2　加载方法

5.2.1　方法1:包装件组

该组包装件的每一件应与试验中的试验样品完全相同。包装件的数目应以其总质量达到合适的载荷量而定。

5.2.2　方法2:自由加载平板

该平板应能连同适当的载荷一起,在试验样品上自由地调整达到平衡。载荷与加载平板可以是一个整体。

加载平板的中心置于试验样品顶部的中心，其尺寸至少应较包装件的顶面各边大出 100 mm。该板应足够坚硬在完全承受载荷下不变形。

注：此类载荷有时称为“自由载荷”。

5.2.3 方法 3：导向加载平板

采用导向措施使该平板的下表面能连同适当的载荷一起始终保持水平。

加载平板居中置于试验样品顶部时，其各边尺寸至少应较试验样品的顶面各边大出 100 mm。该板应足够坚硬在完全承受载荷下不变形。

注 1：此类载荷有时称为“导向载荷”。

注 2：如果应用导向措施确保加载平板保持水平，所采用的措施不应造成摩擦而影响试验结果。

5.3 偏斜测试方法(如有必要测试时用)

应精确到±1 mm，并能指示出倾斜尺寸的增减情况。此外，偏斜测试设备应符合第 8 章规定的要求及公差。

5.4 安全设施

试验中所加载荷的稳定性和安全性除了取决于试验样品的抗变形能力，还取决于其顶面和加载平板件底面之间的摩擦力。为此，应提供一套稳妥的试验设施，并能在一旦发生危险的情况下，保证载荷受到控制，以便防止对附近人员造成伤害。

6 试验样品的准备

将预装物装入试验样品中，并按发货时的正常封装程序对包装件进行封装。

注：如果使用的是模拟内装物，其尺寸和物理性质应尽可能接近于预装物的尺寸和物理性质。同样，封装方法应和发货时使用的方法相同。

7 试验样品的温湿度预处理

按 GB/T 4857.2 的要求选定一种条件对试验样品进行温湿度预处理。

8 试验程序

8.1 试验应在与预处理相同的温湿度条件下进行，而温湿度条件是按照试验样品的材料或用途选定的。如果达不到相同条件，则应在尽可能相近的大气条件下进行试验。

8.2 将试验样品按预定状态置于水平平面上(见 5.1)，使加载用包装件组(见 5.2.1)、自由加载平板(见 5.2.2)或导向加载平板(见 5.2.3)居中置于试验样品的顶面。

如果使用 5.2.2 或 5.2.3 的方法，在不造成冲击的情况下将作为载荷的重物放在加载平板上，并使它均匀地和加载平板接触，使载荷的重心处于试验样品顶面中心的上方。重物与加载平板的总质量与预定值的误差应在±2%之内。载荷重心与加载平板上面的距离，不应超过试验样品高度的 50%。

如果使用 5.2.2 或 5.2.3 的方法，对试验样品进行测量。试验样品应在充分预加载后施加压力，以保证加载平板和试验样品完全接触。

8.3 载荷应保持预定的持续时间(一般为 24 h，依材料的情况而定)或直至包装件压坏。

8.4 去除载荷，对试验样品进行检查。

注 1：试验期间，必要时随时可对试验样品的尺寸进行测定。

注 2：如果试验特殊加载时，可将合适的仿模楔块放在试验样品的上面或者下面，或可以根据需要上下面都放。

注 3：如果试验样品置于托盘上或处于堆码状态，应选取并排放置的几个试样进行试验或使用实际的堆码形式进行试验。

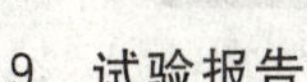

9 试验报告

试验报告应包括下列内容：

a) 说明试验系按本部分执行；

b) 实验室名称和地址，顾客名称和地址；

c) 报告的唯一性标志；

d) 接收试验样品日期和试验完成日期和天数；

e) 负责人姓名、职位和签字；

f) 说明试验结果仅对试验样品有效；

g) 没有实验室证明，复印部分报告无效；

h) 试验样品数量；

i) 详细说明：包装容器的名称、尺寸、结构和材料规格、衬垫、支撑物、固定方法、封口、捆扎状态以及其他防护措施，试验样品的总质量，以及内装物的质量，单位为千克(kg)；

j) 内装物名称、规格、型号、数量等，如果使用的是模拟内装物，应予以详细说明；

k) 预处理的温度、相对湿度和时间，试验场所的试验期间的温度、相对湿度，这些数值是否符合 GB/T 4857.2 的要求；

l) 采用 GB/T 4857.1 中规定的标示方法描述试验时试验样品放置的状态；

m) 总质量[以千克(kg)计，包括加载平板的质量]，以及样品承受载荷的持续时间，所使用的加载方法即方法 1、方法 2 或方法 3。是否采用导向装置，若采用，说明采用方式；

n) 试验样品偏斜测量点的位置，及在什么试验阶段上进行这些偏斜的测量；

o) 所用仿模楔块的形状和尺寸；

p) 试验设备的说明；

q) 说明所用试验方法与本部分的差异；

r) 试验结果的记录，及观察到的可以帮助正确解释试验结果的任何现象。

ICS 55.020
A 80

中华人民共和国国家标准

GB/T 4857.4—2008/ISO 12048:1994
代替 GB/T 4857.4—1992,GB/T 4857.16—1990

包装　运输包装件基本试验
第4部分:采用压力试验机进行的抗压和堆码试验方法

Packaging—Basic tests for transport packages—
Part 4:Compression and stacking tests using a compression tester

(ISO 12048:1994,Packaging—Complete,filled transport packages—Compression and stacking tests using a compression tester,IDT)

2008-05-27 发布　　2009-01-01 实施

中华人民共和国国家质量监督检验检疫总局
中国国家标准化管理委员会　发布

前　言

GB/T 4857《包装运输包装件基本试验》分为以下部分：

——第1部分：试验时各部位的标示方法；

——第2部分：温湿度调节处理；

——第3部分：静载荷堆码试验方法；

——第4部分：采用压力试验机进行的抗压和堆码试验方法；

——第5部分：跌落试验方法；

——第6部分：滚动试验方法；

——第7部分：正弦定频振动试验方法；

——第9部分：喷淋试验方法；

——第10部分：正弦变频振动试验方法；

——第11部分：水平冲击试验方法；

——第12部分：浸水试验方法；

——第13部分：低气压试验方法；

——第14部分：倾翻试验方法；

——第15部分：可控水平冲击试验方法；

——第17部分：编制性能试验大纲的一般原理；

——第18部分：编制性能试验大纲的定量数据；

——第19部分：流通试验信息记录；

——第20部分：碰撞试验方法；

——第21部分：防霉试验方法；

——第22部分：单元货物稳定性试验方法；

——第23部分：随机振动试验方法。

本部分为GB/T 4857的第4部分。

本部分等同采用ISO 12048:1994《包装　完整、满装的运输包装件　采用压力机进行的抗压和堆码试验》。

本部分与ISO 12048:1994相比，主要差异如下：

——将注3、注4、注5、注6改为正式条款(本版的7.3.1,7.3.2,7.3.5,7.3.6)；

——删减了附录B(仅为参考目录：标准ISO 2234:1985)，放入第2章。

本部分代替GB/T 4857.4—1992《包装　运输包装件压力试验方法》和GB/T 4857.16—1990《包装　运输包装件　采用压力试验机进行的堆码试验》。

本部分与GB/T 4857.4—1992和GB/T 4857.16—1990相比主要变化如下：

——合并了两项标准(GB/T 4857.4—1992版和GB/T 4857.16—1990版)的试验原理；

——合并了两项标准(GB/T 4857.4—1992版和GB/T 4857.16—1990版)的试验机压板要求，格式作了相应调整；

——取消了5.1～5.5(1992年版)，改为第5章和第6章(本版)；

——合并了两项标准(GB/T 4857.4—1992版和GB/T 4857.16—1990版)的试验方法，增加了表1；

——修改了试验报告内容；

——增加了测量包装件变形-载荷方法示例(见附录A)。

本部分的附录A为资料性附录。

本部分由全国包装标准化技术委员会(SAC/TC 49)提出并归口。

本部分起草单位:铁道部标准计量研究所。

本部分主要起草人:兰淑梅、张锦、赵华、白志刚、苏学锋。

本部分所代替标准的历次版本发布情况为:

——GB/T 4857.4—1985、GB/T 4857.4—1992;

——GB/T 4857.16—1990。

包装 运输包装件基本试验
第4部分:采用压力试验机进行的抗压和堆码试验方法

1 范围

GB/T 4857 的本部分规定了对运输包装件的耐压试验以及使用相同试验设备进行堆码试验的试验原理、所用设备性能指标、试验程序及试验报告的内容。

本部分适用于评定运输包装件在受到压力时的耐压强度及包装对内装物的保护能力。它既可以作为单项试验,也可以作为一系列试验的组成部分。

2 规范性引用文件

下列文件中的条款通过 GB/T 4857 的本部分的引用而成为本部分的条款。凡是注日期的引用文件,其随后所有的修改单(不包括勘误的内容)或修订版均不适用于本部分,然而,鼓励根据本部分达成协议的各方研究是否可使用这些文件的最新版本。凡是不注日期的引用文件,其最新版本适用于本部分。

GB/T 4857.2 包装 运输包装件 温湿度调节处理(GB/T 4857.2—2005,ISO 2233:2000,MOD)

GB/T 4857.3 包装 运输包装件基本试验 静载荷堆码试验方法(GB/T 4857.3—2008,ISO 2234:2000,IDT)

3 试验原理

将试验样品放置于压力机的压板之间,然后选其中任一方法:

a) 在抗压试验的情况下,进行加压直至试验样品损坏或达到预定载荷和位移值时为止。

b) 在堆码试验的情况下,施加预定载荷直至试验样品损坏或持续到预定的时间为止。

4 试验设备

4.1 压力试验机

4.1.1 压力试验机由电动机驱动,机械传动或液压传动,能通过一个或两个压板以 10 mm/min±3 mm/min 的相对速度匀速移动施加压力。

注 1:不推荐以其他速度如 12.5 mm/min±2.5 mm/min 和以 10 mm/min±3 mm/min 速度得出的结果做比较。

注 2:对于某些包装件,如金属桶或木箱,可能需要使用较低的速度来防止最大荷载超过预定载荷值。

4.1.2 压板应符合下列要求:

a) 平整:

——表面积小于 1 m² 的,任意两点之间的高度差允许 0.1%的偏差值;

——表面积大于 1 m² 的,当水平放置时,其表面最低点与最高点的水平高度差不应超过 1 mm;

b) 尺寸:

大于与其接触的试验样品的尺寸,两压板之间的最大行程应大于试验样品的高度。

c) 坚硬:

如果采用多向压板时,当试验机将施加载荷的75%施加到压板中心100 mm×100 mm×100 mm的木块上,或在转座压板的情况下,施加到放置于四角的四块相同木块上时,压板上任一点变形不应超过1 mm,该木块应具有足够的强度承受这一载荷而不发生碎裂。

其中一块压板应保持水平,在整个试验过程中允许其水平倾斜度的偏差值在0.2%以内。另一块压板或者安装牢固,使其在整个试验过程中水平倾斜度的偏差值在0.2%以内;或者在压板中心位置上安装一个万向接头,使其可向任意方向自由倾斜。

压板工作面可局部凹进以便固定螺钉等。

4.1.3 施加预定载荷方法

在预定的时间内,预定载荷波动不超过±4%,且压板间不能有相对运动,在上压板的任何垂直位移过程中都应保持同一载荷。

4.2 记录装置

记录装置或其他测量装置在测量记录载荷时的误差不应超过±2%,测量记录压板位移的准确度应达到±1 mm。

4.3 试验样品尺寸的准确度

测量试验样品尺寸的准确度应达到±1 mm。

5 试验样品的准备

将预装物装入试验样品中,并按发货时的正常封装程序对包装件进行封装。如果使用的是模拟内装物,其尺寸和物理性质应尽可能接近于预装物的尺寸和物理性质。同样,封装方法应和发货时使用的方法相同。

6 试验样品的温湿度预处理

按GB/T 4857.2的要求选定一种条件对试验样品进行温湿度预处理。

7 试验程序

7.1 试验应在与预处理相同的温湿度条件下进行,而温湿度条件是按照试验样品的材料或用途选定的。如果达不到相同条件,则应在尽可能相近的大气条件下进行试验。

如有可能,试验样品的数量最好为5件。

7.2 抗压试验

7.2.1 将包装与其内装物分别称量,然后填满包装,测量其外部尺寸。

7.2.2 将试验样品按预定状态放置于4.1所述的试验机的下压板中心。

当载荷未施加到试验样品的整个表面时,为了模拟试验样品在运输过程中的受压情况,应在试验样品与压力机压板之间插入适当的仿模楔块。

7.2.3 通过两块压板以适当的速度所进行的相对运动对试验样品施加载荷,直至达到预定值或在达到预定值之前试验样品出现损坏现象为止,加载时不应出现超过预定峰值的现象。如果试验样品先发生损坏,记录下此时达到的载荷数值。

在测量变形时,应设定一个初始载荷作为基准点,基准点除非另外说明,否则应按表1中给出的初始载荷基准点记录。

表 1 初始载荷 单位为牛顿

平均压缩载荷	初始载荷
101～200	10
201～1 000	25
1 001～2 000	100
2 001～10 000	250
10 001～20 000	1 000
20 001～100 000	2 500
……	……

7.2.4 如果需要，在预定时间内保持预定载荷，或直到试验样品损坏为止。如果试验样品先发生损坏，记录下经过的时间。

7.2.5 移开压板卸除载荷，检查试验样品，如果发生损坏，测量出它的尺寸，并且检查内装物是否损坏。

7.2.6 如果需要测定试验样品的对角和对棱受外界压力载荷时的耐压能力，用两块压板均不能自由倾斜的试验机，按照 7.2.1 至 7.2.5 的程序操作即可。

7.3 堆码试验

7.3.1 进行试验样品的堆码试验，需使用 GB/T 4857.3 中提到的施加静载荷的三种方法之一。其过程应按 7.2.1 至 7.2.3 所述进行试验，在预定时间内保持预定载荷，或保持预定载荷直到试验样品损坏为止。如果试验样品先发生损坏，记录下经过的时间。

7.3.2 如果需要测定试验样品在堆码过程中受外界压力载荷时的耐压能力，应选择其中一块压板固定的试验机。

7.3.3 移开压板卸除载荷，检查试验样品，如果发生损坏，测量出它的尺寸，并且检查内装物是否损坏。

7.3.4 在试验过程中的任意时刻，都可能有必要对包装件的尺寸进行测量。

7.3.5 如有必要，可在压板间插入代表特定载荷条件的适当的仿模楔块。

8 试验报告

试验报告应包括下列内容：

a) 说明试验系按本部分执行；

b) 实验室名称和地址，顾客名称和地址；

c) 报告的唯一性标志；

d) 接收试验物品日期和试验完成日期和天数；

e) 负责人姓名、职位和签字；

f) 说明所用试验方法对试验结果的影响；

g) 没有实验室证明，复印部分报告无效；

h) 试验物品数量；

i) 详细说明：包装容器的名称、尺寸、结构和材料规格、衬垫、支撑物、固定方法、封口、捆扎状态以及其他防护措施；

j) 内装物名称、规格、型号、数量等，如果使用的是模拟内装物，应予以详细说明；

k) 预处理的温度、相对湿度和时间，试验场所的试验期间的温度、相对湿度；

l) 试验时试验物品放置的状态；

m) 说明进行的抗压试验还是堆码试验；

n) 所使用设备的类型，包括压力机是机械传动操作还是液压传动操作，以及两块压板是否是固定安装；

o) 包装件上测量点的位置，以及在什么试验阶段上进行的这些测量；

p) 所用仿模的形状和尺寸；

q) 施加载荷的速度，施加载荷的大小(以牛顿为单位)，以及试验样品的承载持续时间；

r) 说明所用试验方法与本部分的差异；

s) 试验结果的记录，及观察到的可以帮助正确解释试验结果的任何现象。

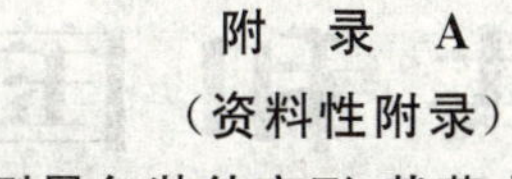

附　录　A
（资料性附录）
测量包装件变形-载荷方法示例

A.1　将试验样品放置在两压板之间，以 10 mm/min±3 mm/min 的标准速度施加压力，初始载荷约为预计施加载荷的 10%。

A.2　预先选择一组测量包装变形尺寸的位置，垂直于被施加载荷的包装表面，沿试验样品四周选取任意点。

A.3　在预定时间内施加预定载荷。

A.4　在施加载荷期间，在第 A.2 章位置反复测量各点的高度值。

ICS 55.020
A 80

中华人民共和国国家标准

GB/T 4857.9—2008/ISO 2875:2000
代替 GB/T 4857.9—1992

包装　运输包装件基本试验 第9部分:喷淋试验方法

Packaging—Basic tests for transport packages— Part 9:Water spray test

(ISO 2875:2000,Packaging—Complete,filled transport packages and unit loads—Water-spray test,IDT)

2008-05-27 发布　　2009-01-01 实施

中华人民共和国国家质量监督检验检疫总局
中国国家标准化管理委员会　发布

前　言

GB/T 4857《包装　运输包装件基本试验》分为以下部分：

——第1部分：试验时各部位的标示方法；

——第2部分：温湿度调节处理；

——第3部分：静载荷堆码试验方法；

——第4部分：采用压力试验机进行的抗压和堆码试验方法；

——第5部分：跌落试验方法；

——第6部分：滚动试验方法；

——第7部分：正弦定频振动试验方法；

——第9部分：喷淋试验方法；

——第10部分：正弦变频振动试验方法；

——第11部分：水平冲击试验方法；

——第12部分：浸水试验方法；

——第13部分：低气压试验方法；

——第14部分：倾翻试验方法；

——第15部分：可控水平冲击试验方法；

——第17部分：编制性能试验大纲的一般原理；

——第18部分：编制性能试验大纲的定量数据；

——第19部分：流通试验信息记录；

——第20部分：碰撞试验方法；

——第21部分：防霉试验方法；

——第22部分：单元货物稳定性试验方法；

——第23部分：随机振动试验方法。

本部分为GB/T 4857的第9部分。

本部分等同采用ISO 2875:2000《包装　完整、满装的运输包装件和单元货物　喷淋试验》。

本部分代替GB/T 4857.9—1992《包装　运输包装件　喷淋试验方法》。

本部分与GB/T 4857.9—1992相比主要变化如下：

—— 在范围中将原来的仅适用于运输包装件修改为适用于运输包装件和单元货物；

—— 增加了术语和定义一章，增加了“试验样品”术语；

—— 第4章试验原理增加了连续式和间歇式喷淋；

—— 5.2中增加了方法A和方法B；

—— 取消了6.1～6.3(1992年版)；

—— 增加了第6章；

—— 增加了5.3喷水系统；

—— 增加了5.4喷淋装置示意图和图1；

—— 修改第5章(1992年版)后改为7.1(本版)；

—— 修改了试验报告内容。

本部分由全国包装标准化技术委员会(SAC/TC 49)提出并归口。

本部分起草单位：铁道部标准计量研究所。

本部分主要起草人：兰淑梅、张锦、赵华、白志刚、苏学锋。

本部分所代替标准的历次版本发布情况为：

——GB 4857.9—1986；GB/T 4857.9—1992。

包装　运输包装件基本试验
第9部分:喷淋试验方法

1　范围

GB/T 4857的本部分规定了对运输包装件和单元货物进行喷淋试验时所用试验设备的主要性能要求、试验程序及试验报告的内容。也可用作对包装件进行其他试验之前的预处理方法,研究因水淋而造成包装件强度降低的情况。

本部分适用于评定运输包装件和单元货物对淋雨的抗御性能及包装对内装物的保护能力。它既可作为单项试验,也可以作为系列试验的组成部分。

2　规范性引用文件

下列文件中的条款通过GB/T 4857的本部分的引用而成为本部分的条款。凡是注日期的引用文件,其随后所有的修改单(不包括勘误的内容)或修订版均不适用于本部分,然而,鼓励根据本部分达成协议的各方研究是否可使用这些文件的最新版本。凡是不注日期的引用文件,其最新版本适用于本部分。

GB/T 4857.1　包装　运输包装件　试验时各部位的标示方法(GB/T 4857.1—1992,ISO 2206:1987,MOD)

GB/T 4857.2　包装　运输包装件　温湿度调节处理(GB/T 4857.2—2005,ISO 2233:2000,MOD)

3　术语和定义

下列术语和定义适用于GB/T 4857的本部分。

3.1

试验样品　test specimen

完整满装运输包装件和单元货物。

4　试验原理

将试验样品放在试验场地上,在一定温度下用水按预定的时间及速率对试验样品表面进行喷淋。喷淋方法分为连续式(方法A)和间歇式(方法B)。

5　试验设备和条件

5.1　试验场地

试验场地应满足如下要求:

——隔热和加热:如有必要对试验场地温度进行控制时,可对场地进行隔热或加热。场地地面应置有格条地板和足够容量的排水口，使喷洒的水能自动排泄出去，不致使试验样品泡在水里。格条地板要有一定的硬度，并且格条间距不能太宽，以防止引起试验样品变形；

——高度：试验场地的高度应适当，使喷水嘴与试验样品顶部之间的距离至少为 2 m，可保证水能垂直喷淋。试验场地面积至少应比试验样品底部面积大 50%，使试验样品处于喷淋面积之内。

5.2 喷淋装置

喷淋装置应满足 100 L/(m² · h)±20 L/(m² · h)速率的喷水量。喷出的水应充分均匀，喷头高度应能调节，使喷水嘴与试验样品顶部之间至少保持 2 m 的距离，应符合第 7 章要求。方法 A 和方法 B 安装要求如下：

——方法 A(连续式喷淋)：喷头排列整齐，固定在试验样品以上，高度可以调整；

——方法 B(间歇式喷淋)：用一排或几排喷头沿试验样品宽度方向排列，沿大于试验样品长度方向移动喷头，应符合第 7 章要求，连续喷淋间隔时间不大于 30 s。

5.3 供水系统

按 5.2 所要求的速率和压力供应 5℃～30℃的水。

5.4 喷淋装置

喷淋装置示意图见图 1。

单位为毫米

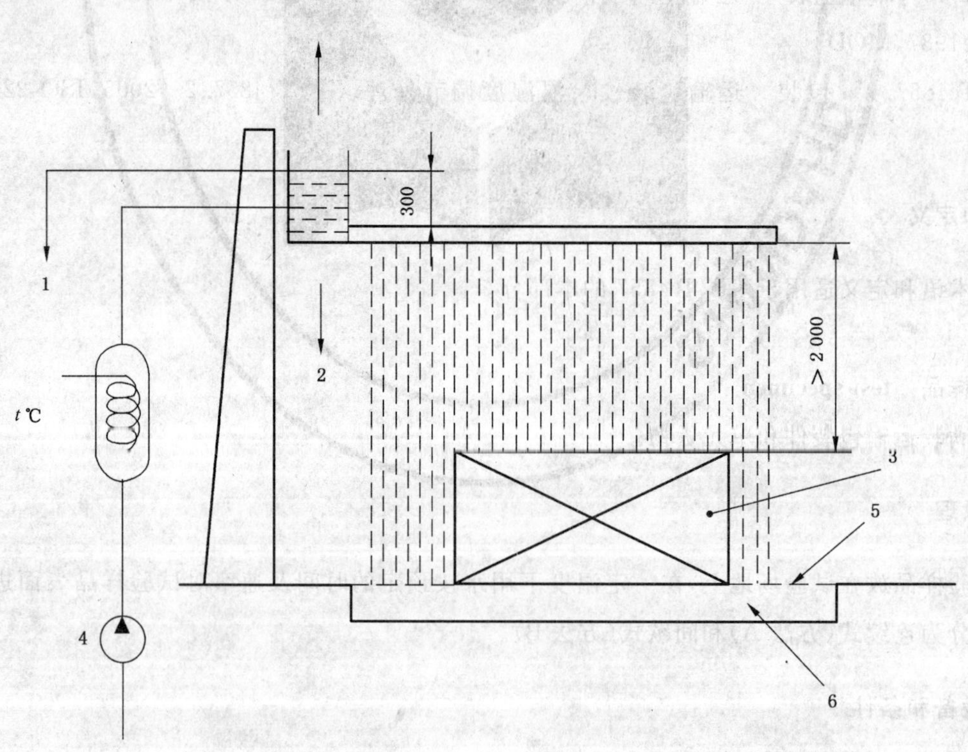

图 1 喷淋试验装置示意图

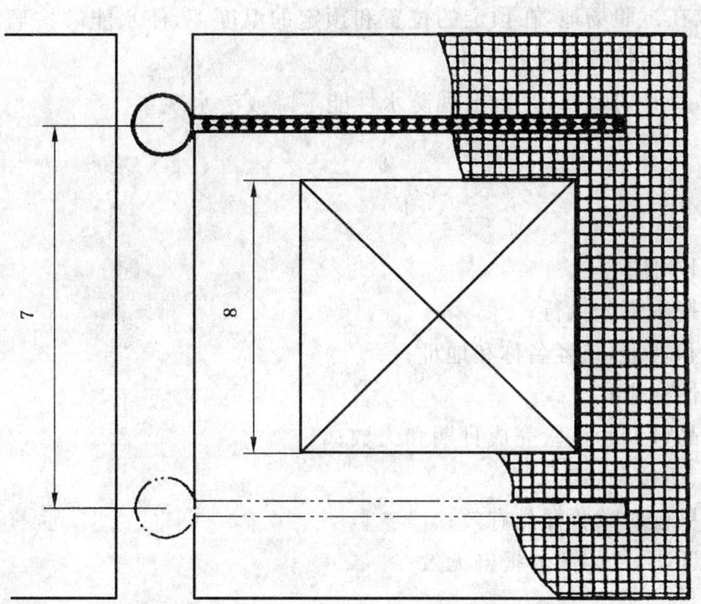

1——溢水口；
2——高度调节；
3——试验样品；
4——循环泵或网状系统；
5——格板；
6——排水口；
7——喷头移动范围；
8——试验样品尺寸。

图 1（续）

6 试验样品的准备

将预装物装入试验样品中，并按发货时的正常封装程序对包装件进行封装。

注 1：如果使用的是模拟内装物，其尺寸和物理性质应尽可能接近于预装物的尺寸和物理性质。同样，封装方法应和发货时使用的方法相同。

注 2：按 GB/T 4857.2 的要求选定一种条件对试验样品进行温湿度预处理。

7 试验程序

7.1 校准

7.1.1 将喷头安装在距格条地板面上方 2 m 处，喷嘴应垂直向下。

7.1.2 将几只完全相同的顶部开口容器均匀地摆在地板上，要求至少应能覆盖地板面积的 25%，每个容器的顶部开孔面积应在 0.25 m^2～0.50 m^2 之间。其高度应在 0.25 m～0.50 m 之间。

7.1.3 然后打开喷头，并测量出第一只容器和最后一只容器装满水的时间。

7.1.4 第一只容器装满水所需时间，不少于按 120 L/(m^2 · h)速率喷水所需时间；最后一只容器装满水所需时间不多于按 80 L/(m^2 · h)速率喷水所需时间。

7.2 试验步骤

7.2.1 调整喷头的高度，使喷嘴与试验样品顶部最近点之间的距离至少为 2 m。开启喷头直至整个系统达到均衡状态。除非另有规定，否则喷水的温度和试验场地温度均应在 5℃和 30℃之间。

7.2.2　将试验样品放在试验场地，在预定的位置和预定的温度下，使水能够按照校准时的标准落到试验样品上，按预定的时间内持续地进行喷淋。

7.2.3　检查试验样品及其内装物，是否出现防水性能下降或渗水现象。

8　试验报告

试验报告应包括下列内容：

a）说明试验系按本部分执行；

b）实验室名称和地址，顾客名称和地址；

c）报告的唯一性标志；

d）接收试验物品日期和试验完成日期和天数；

e）负责人姓名、职位和签字；

f）说明试验结果仅对试验样品有效；

g）没有实验室证明，复印部分报告无效；

h）试验物品数量；

i）详细说明：包装容器的名称、尺寸、结构和材料规格、衬垫、支撑物、固定方法、封口、捆扎状态以及其他防护措施，包装件的总重量及内装物的净重，单位为千克(kg)；

j）内装物名称、规格、型号、数量等。如果使用的是模拟内装物，应予以详细说明；

k）预处理的温度、相对湿度和时间。试验场所的试验期间的温度、相对湿度以及这些数值是否符合 GB/T 4857.2 的规定；

l）使用方法 A 或方法 B；

m）采用 GB/T 4857.1 中规定的标示方法描述试验时试验样品放置的状态；

n）试验场所的温度和试验时水的温度；

o）试验持续时间；

p）说明所用试验方法与本部分的差异；

q）试验结果的记录，以及观察到的可以帮助正确解释试验结果的任何现象。

ICS 17.240
F 81

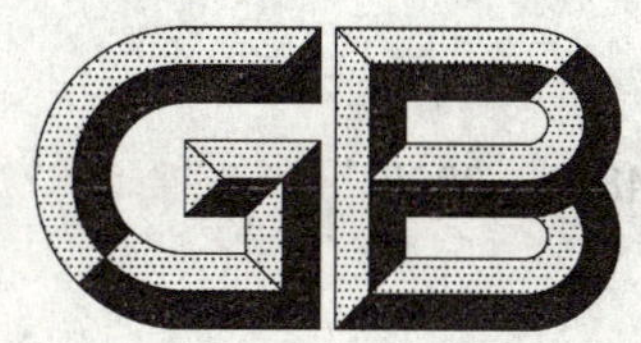

中华人民共和国国家标准

GB/T 4861—2008
代替 GB/T 4861—1984

模拟计数率表　特性和测试方法

Analogue counting ratemeters—Characteristics and test methods

2008-06-19 发布　　　　2009-04-01 实施

中华人民共和国国家质量监督检验检疫总局
中国国家标准化管理委员会　发布

前言

本标准是对 GB/T 4861—1984《模拟计数率表特性和测试方法》(以下简称原标准)的修订。原标准在参考 IEC 650:1979《模拟计数率表特性和测试方法》的基础上，总结国内模拟计数率表多年科研工作的实践和经验而编写。

本标准保留了原标准对 IEC 650:1979 的参考，即有关模拟计数率表的特性和测试方法的基本内容，但进行了必要的补充和修改。

本标准对原标准的重要补充和修改如下：

——增加第 2 章“规范性引用文件”，引用合适的有关国家标准；

——术语和定义按 GB/T 4960.6《核科学技术术语　核仪器仪表》规范化，例如，取消“第二工作误差”，将“稳定时间”改为“建立时间”、“变动量”改为“影响量误差”；

——将“制造商指定”或“制造商与用户商定”的内容改为“由产品标准等技术文件规定”；

——将线性率表有关变量的符号均增加下标“1”，而对数率表则增加下标“2”；

——第 6 章“电磁干扰”的 6.1“对电磁噪声的敏感性”增加 6.1.4“有关率表电磁环境条件的其他试验方法由产品标准等技术文件按 GB/T 11684 予以规定。”；

——第 6 章“电磁干扰”的 6.3 改为“保护措施”，并增加“有关率表安全要求的其他试验方法由产品标准等技术文件按 GB/T 19661.1 予以规定。”；

——第 7 章改为“其他环境试验”，内容为“除上述环境试验外其他环境条件的试验方法，例如，湿热、振动、冲击和包装运输等，由产品标准等技术文件按 GB/T 8993 予以规定。”；

——增加“电源电压变化和环境温度变化的简便试验方法”，即 5.15.7、5.16.6 和附录 D；

——第 9 章“可靠性”试验方法提供 EJ/T 436—1989《核仪器可靠性试验》；

——删去“不确定度”的术语和计算方法；

——按 GB/T 1.1 并对照 IEC 650:1979 进行的格式和文字修改，包括第 1 章改为“范围”，并改写其内容。

本标准的附录 A 和附录 D 是资料性附录，附录 B 和附录 C 是规范性附录。

本标准由中国核工业集团公司提出。

本标准由全国核仪器仪表标准化技术委员会归口。

本标准起草单位：核工业标准化研究所、中国辐射防护研究院。

本标准主要起草人：熊正隆、张凤翔、黄欣。

GB 4861 于 1985 年 1 月首次发布，本次修订为第一次修订。

模拟计数率表　特性和测试方法

1　范围

本标准规定了表示模拟计数率表工作性能的常用术语和特性，并建立一套验证其特性的测试方法。

本标准适用于普通测量范围（$0.1\ s^{-1} \sim 10^6\ s^{-1}$）内的线性模拟计数率表和对数模拟计数率表。模拟计数率表（以下可简称率表）可以是单独的仪器或是其他仪器的一部分。

2　规范性引用文件

下列文件中的条款通过本标准的引用而成为本标准的条款。凡是注日期的引用文件，其随后所有的修改单（不包括勘误的内容）或修订版均不适用于本标准，然而，鼓励根据本标准达成协议的各方研究是否可使用这些文件的最新版本。凡是不注日期的引用文件，其最新版本适用于本标准。

GB/T 4960.6　核科学技术术语　核仪器仪表

GB/T 8993　核仪器环境条件与试验方法

GB/T 11684　核仪器电磁环境条件与试验方法

GB/T 19661.1　核仪器及系统安全要求　第1部分：通用要求

EJ/T 436　核仪器可靠性试验

3　术语和定义

GB/T 4960.6 确立的术语和下列术语适用于本标准。

3.1　仪器

3.1.1

[计数]率表 [counting] ratemeter

连续指示平均计数率的仪器（apparatus）。

注：例如：

——模拟[计数]率表；

——数字[计数]率表；

——线性[计数]率表；

——对数[计数]率表；

——差分线性[计数]率表。

3.1.2

模拟计数率表　analogue ratemeter

能提供模拟输出信号的率表。

3.1.3

线性计数率表　linear ratemeter

输出模拟指示正比于计数率的率表。

3.1.4

对数计数率表　logarithmic ratemeter

输出模拟指示正比于计数率对数的率表。

3.2　特性

3.2.1

额定范围　rated range

指定给仪器的测量、观察、输入或设定的量值范围。

3.2.2

有效范围 effective range

额定范围内保证误差极限的部分。不加说明时，有效范围等于额定范围。

注：多量程仪器的每一档都有一个额定范围和有效范围。

3.2.3

(量的)约定真值 conventionally true value(of a quantity)

赋予一个特定量的值，按该值用于某一给定目的时具有的不确定度，有时按惯例可以接受。

注："量的约定真值"有时称为给定值、最佳估算值、约定值或参考值。[GUM B.2.4]

3.2.4

测量的不确定度 uncertainty of measurement

与测量结果有关的、标志被测量的值可能合理分布的分散程度的参数。

注1：例如，不确定度可能是一个标准偏差(或其给定倍数)，或是具有给定置信度的区间半宽。

注2：详见[GUM B.2.18]

[IEV 394-40-36]

3.2.5

额定值 rated value

制造厂对仪器性能特性规定的量值。

3.2.6

性能特性 performance characteristic

规定给仪器的某个量，用它的数值、公差、范围等限定仪器的性能。

3.2.7

影响量 influence quantity

不是被测量却能影响测量结果的量。

注1：例如用于长度测量的千分尺的温度。[GUM B.2.10]

注2：如果一个性能特性的变化也影响到另一性能特性时，前者称为影响特性。

3.2.8

阶跃信号 step signal

其幅度由一个特定值瞬时地跃变到另一特定值的信号。

3.2.9

计数 count

辐射计数装置对单一事件的响应。

3.2.10

计数率 count rate/counting rate

单位时间的计数量。

3.2.11

(输入端的)脉冲率 pulse rate(at input)

单位时间出现在率表输入端的脉冲数量。

3.2.12

(测量装置的)上升时间 rise time(of a measuring assembly)

对于一个阶跃响应，输出信号达到其最终值与初始稳态值之差规定的一个很小百分值，与其第一次达到同一差值规定的一个很大百分值之间所经历的时间。

注：通常规定值是5%到95%或10%到90%。[351-14-41 MOD]

3.2.13

(测量装置的)响应时间　response time(of a measuring assembly)

从被测量发生阶跃变化开始，直到输出信号第一次达到其最终值的某一给定百分数(通常取90%)时所经历的时间。

3.2.14

平均响应时间　mean response time

由被测量量的阶跃变化开始，直到输出信号(考虑到信号的统计特性)第一次达到它最终平均值的63.2%(1－1/e)为止所需要的平均时间。

3.2.15

(测量装置的)建立时间(稳定时间)　settling time(of a measuring assembly)

从一个输入变量发生阶跃变化开始，直到输出变量的偏离不超过其最终值与初始稳态值之差的某一规定误差(例如5%)所经历的时间。

注1：通常的允差值是±2%和±5%。

注2：对非线性特性，宜规定输入变量的幅度和位置。

[GB/T 4960.6—1996 的 3.2.18]

3.2.16

平均建立时间　mean settling time

由被测量量的特定的阶跃变化开始，直到输出信号达到并保持在以最终平均值为中心的±2σ范围之内所经历最短时间的平均值。

3.2.17

恢复时间　recovery time

率表饱和之后，恢复它原来的性能特性所需要的时间。

3.2.18

平均无故障时间(MTBF)　mean time between failure(MTBF)

仪器在指定工作条件下两次相邻故障之间时间长度的平均值。

3.3 测试和使用条件

3.3.1

参考条件　reference conditions

为了试验测量仪表的性能(校准仪器)或比较测量结果而规定的使用条件。

注：一般情况下参考条件包括影响测量仪表的影响量的参考值或参考范围。

[IVM 5.7]

3.3.2

额定使用范围　rated range of use

影响量的数值范围，在此范围内满足相关工作误差的要求。

3.3.3

额定工作条件　rated operating conditions

一组性能特性有效范围和影响量额定使用范围的总和，在此条件下规定仪器的性能。

3.3.4

极限工作条件　limit conditions of operation

一组影响量和性能特性的数值范围(分别超过其额定使用范围和有效范围)的总和，在此条件下仪器能工作，而随后在额定工作条件下工作时不导致损坏或性能降低。

注：通常，极限工作条件包括过载。

3.3.5

预稳定时间　preliminary stabilization time

在参考条件下，由接通电源起直到所有的性能都达到要求为止所需要的时间。

3.4　误差

3.4.1

绝对误差　absolute error

仪器的示值与指定值之差，是以被测量量或被供给量的单位为单位的代数形式的误差。

指定值可以是真值、约定真值及溯源到国家标准或合同双方同意的量值。

注：量的真值是通过无误差测量过程得到的，实际上不可能得到，因此以约定真值代替真值。

3.4.2

相对误差　relative error

测量误差除以被测量真值的商。

注：因为不可能确定一个真值，实际上采用约定真值。

[GB/T 4960.6 的 4.3.33]

3.4.3

固有误差　intrinsic error

在参考条件下确定的测量仪器的误差。[VIM 5.24]

3.4.4

工作误差　operating error

在额定工作条件下确定的测量仪器的误差。

3.4.5

线性误差/非线性　linearity error

代表输出量与输入量函数关系的曲线对一条直线的偏离。

[GB/T 4960.6 的 4.3.24]

3.4.6

最大偏差　maximum error

率表输出指示的实际刻度曲线与其平均刻度直线之间的最大差别。

3.4.7

稳定性(辐射测量装置的)　stability(of a radiation measuring assembly)

在指定的不变条件下，辐射测量装置在规定的时间间隔内保持稳定的能力。

注：稳定性通常用单位时间内指示值的变化除以指示值所得的百分数给出。

3.4.8

稳定性偏差/不稳定性　stability error

在其他条件均保持恒定的情况下，仪器的指示值或供给值在指定的时间间隔内发生的最大变化。

3.4.9

影响量误差　influence error

当一个影响量偏离其参考值(或参考范围的极限)在额定使用范围内取任一值时仪器的指示值或供给量数值的增量。此时其他影响量和影响特性仍处于参考条件下或有效范围内。

3.4.10

总的系统误差　total systematic error

在规定工作条件下，影响测量仪器指示的系统误差的代数和。

3.4.11

重复性　repeatability

同一个量被同一个观测者在同一个实验室用同一台仪器按相同的方法在相当短的时间间隔内进行

一组测量所得结果之间的变化。

4 测试条件

4.1 参考条件和标准试验条件

率表应在参考条件或标准试验条件下进行测试，见表1。

在不产生异议时，也在正常大气条件下进行环境试验，但在试验过程中，除按需要改变某个环境参数外，其他环境参数应保持在规定的偏差范围内，例如，温度的变化不超过±3 ℃，湿度变化上限不超过+2%，下限不超过－3%。

表1 参考条件和标准试验条件

影响量	参考条件	标准试验条件	正常大气条件
环境温度	20 ℃	18 ℃～22 ℃	15 ℃～35 ℃
相对湿度	65%	50%～75%	45%～75%
大气压强	101.3 kPa	86 kPa～106 kPa	86 kPa～106 kPa
交流供电电压	U_N[a]	(1±1%)U_N	
直流供电电压	U_N[a]	(1±1%)U_N	
稳定直流供电电压	U_N[a]	(1±0.3%)U_N	
交流供电频率	50 Hz[b]	(1±1%)50 Hz	
交流供电波形	正弦波	波形总畸变<5%	
环境γ辐射（空气吸收剂量率）	0.1 μGy/h	<0.25 μGy/h	
外磁场干扰	可忽略	小于引起干扰的最低值	
外界磁感应	可忽略	小于地磁场引起干扰的2倍	
放射性污染	可忽略	可忽略	
预热时间	30 min	15 min～30 min[c]	
工作位置	技术文件规定的基准位置±1	校准位置±30°或指示装置的允许极限[d]	

[a] 单相电源220 V。当用电池供电时，其电压的变化为标称值的±1%，不考虑纹波。

[b] 交流供电频率，特殊情况按产品标准规定处理。

[c] 对可携式仪表不适用。

[d] 额定使用范围，对可携式仪表为，基准位置±90°，或指示装置的允许极限。

4.2 预调整

产品标准等技术文件所推荐的预调整（除另行规定外）可以在参考条件或标准试验条件下进行，但率表的输入端应断开并加以屏蔽（覆盖但不必短路）。

通常，校准用的脉冲率和零设定需要验证，固有功能也要检查（见第9章）。

当这些调整使用由工作仪器提供的校准脉冲率确定时，推荐验证这些频率的值、它们的稳定性以及随温度和供电电压的变化。宜使用这些脉冲率而不由测试中所用产生器提供的脉冲率进行该调整。

4.3 测试的一般布置

图1给出了测试时仪器的布置。随机脉冲产生器（或准随机脉冲产生器）的输出应通过适当的连接器与率表输入端连接。产生器的指示经校准后就是脉冲率的约定真值 N_c；或者以足够快的脉冲计数器监视产生器的输出，实际上多用后一种方法得到 N_c。

数字电压表有4位～5位有效数字即可。当用自动记录仪进行测量时，应尽量按升降两个单调方向重复测量。用检流计(或静电计等)指零,将率表的输出与已校准的线性参考电压相比较的方法比用自动记录仪直接测量要灵敏。在稳定性测试中最好用自动记录仪,而且应用于对顶法中。

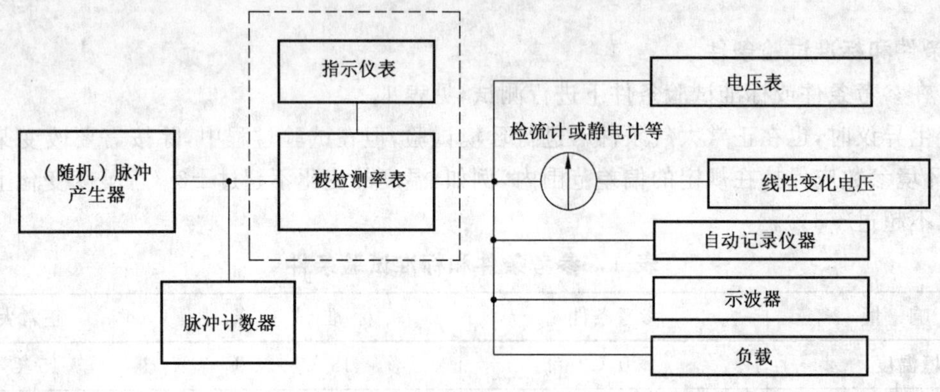

图1　测试的一般布置

4.4　推荐方法总的原则

4.4.1　对每台仪器都规定了称为“理论常数”的常数。用它可以从约定真值 N_c 计算输出的理论值。被试仪器所提供的输出读数与此理论值之差即为该读数的误差。

4.4.2　依照从率表得到测量结果的途径,分为:

a)　当只能由装在率表上的指示仪表得到读数 N_r 时,相应的测试方法属于“指示仪表读数”;

b)　当电压 U(或电流 I)构成率表的直接输出,利用电压 U(或电流 I)对率表进行测试时,称为“直接输出测量”。

直接输出取自于电路本身,用它控制后接的仪器或附加电路。率表与附加电路可以各自、也可以作为一个整体来测试。倘若附加电路中包括指示仪表,则产品标准等技术文件应给出它的工作误差。

这样做的优点就在于无论是对线性率表还是对对数率表都能从直接输出电压(或电流)的绝对误差标出相对误差。

对直接输出的电压使用4～5有效位的数字电压表进行测量是很方便的。特别是,关于影响量对输出的影响以及输出稳定性等方面的测试需要相当长的时间,常规的做法是用记录仪器,包括电位差式记录仪和速度较快的智能仪器(例如可编程的仪器)记录直接输出电压。这是直接输出测量的另一优点。

5　特性与测试方法

5.1　有效范围

有效范围的上、下限 $N_{(max)}$ 和 $N_{(min)}$ 由产品标准等技术文件给出。有效范围应重合于额定范围之内。

有效范围的检验要用适当的脉冲进行,对信号性质的要求(如脉冲的时间分布、形状、幅度、上升和下降时间、极性等等)应予以指明,并于检验前验证。检验时信号源的脉冲率要在 $N_{(max)}$ 和 $N_{(min)}$ 之间变化。

通常,线性率表有多个量程而每档都有一个有效范围,而对数率表却只有一个。

5.2　理论常数

5.2.1　线性率表

线性率表的指示仪表读数 N_r 或直接输出电压 U 与约定真值 N_c 有式(1)的关系:

$$N_r = k_0 N_c + N_{r,0} \text{ 或 } U = k_0 N_c + U_0 \quad \cdots\cdots (1)$$

式中:

k_0——理论常数;

N_c——约定真值;

$N_{r,0}$ 或 U_0——$N_c=0$ 时的输出读数或被测到的电压值。

$N_{r,0}$ 和 U_0 实际上应可忽略，k_0 按式(2)计算：

$$k_0 = \frac{N_r}{N_c} \text{ 或 } k_0 = \frac{U}{U_c} \quad \cdots\cdots(2)$$

当 N_c 取 $N_{c(max)}$ 时，指示仪表读数为 $N_{r(max)}$，而直接输出电压为 $U_{(max)}$，则 k_0 按式(3)计算：

$$k_0 = \frac{N_{r(max)}}{N_{c(max)}} \text{ 或 } k_0 = \frac{U_{(max)}}{U_{c(max)}} \quad \cdots\cdots(3)$$

倘若在小于 $N_{c(max)}$ 的某一点 $N_{c(s)}$ 上，指示仪表读数为 $N_{r(s)}$，而直接输出电压为 $U_{(s)}$，则 k_0 按式(4)计算：

$$k_0 = \frac{N_{r(s)}}{N_{c(s)}} \text{ 或 } k_0 = \frac{U_{(s)}}{U_{c(s)}} \quad \cdots\cdots(4)$$

一般 $N_{c(s)} \geqslant \frac{1}{2} N_{c(max)}$。应说明不在 $N_{c(max)}$ 点上确定 k_0 值。

线性率表的每档都有一个 k_0 值。应将此值与产品使用说明书给定值相比较。

5.2.2 对数率表

指示仪表读数 N_r 与约定真值 N_c 满足式(5)。

$$N_r = k_0 N_c + N_{r,0} \quad \cdots\cdots(5)$$

此时 N_r 和 N_c 画在对数-对数坐标纸上。理论常数 k_0 的验证同上。

对数率表直接输出的电压 U 与约定真值 N_c 满足式(6)：

$$U = a\lg(bN_c) \quad \cdots\cdots(6)$$

式中：

a 和 b——产品标准等技术文件给定的理论常数。

根据上式所得的理论直线画在半对数坐标纸上如图 2 所示。针对等于每一个数量级脉冲率 N_c 和相应的读数 N_r 或输出电压 U 得到实际的曲线，并可画出它的平均直线；后者在横轴上的截距为 N_0。由平均直线得到 $a = \frac{U_{(max)}}{n_2 - n_1}$ 和 $b = \frac{1}{N_0}$，并将此值与使用说明书的给定值相比较。

注：n_2 和 n_1 是对数率表数量级的最大值和最小值，$(n_2 - n_1)$ 即对数率表的数量级个数。

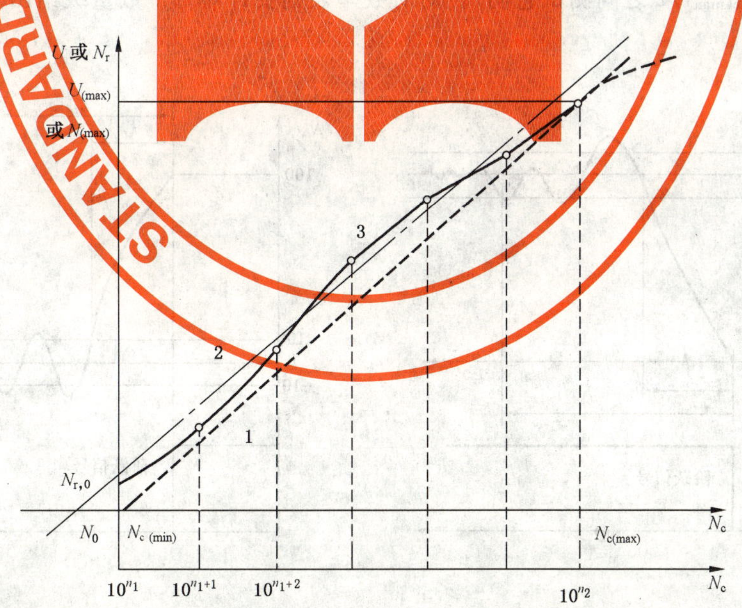

1——理论直线；

2——平均直线；

3——实测曲线。

图 2 对数率表的响应

5.3 输入特性

输入特性包括诸如信号的时间分布、形状、极性和幅度、信号的出现和消失、最小脉冲宽度、脉冲最小间隔、最大脉冲上升时间和下降时间、输入阻抗等限制性特性。最好在整个额定范围内尽量用上述各项特性的最不利情况所组合的信号进行测试。

5.4 输出特性

5.4.1 动态阻抗

输出电压变化量 ΔU 与相应的输出电流变化量 ΔI 之比为动态阻抗 Z 按式(7)计算：

$$Z=\frac{\Delta U}{\Delta I} \qquad \cdots\cdots(7)$$

其测试方法见5.17。

5.4.2 (电压输出的)最大负载电流

仪器能提供的最大输出电流是率表在指定范围内仍然可工作的最大可输出电流。

5.4.3 (电流输出的)最大负载阻抗

在输入脉冲率最大的情况下，对额定输出电流的影响等于给定百分数时的负载阻抗。

在最大输入脉冲率的情况下，改变率表输出端的负载阻抗，以测量输出电流的变化来确定最大负载阻抗值。

5.4.4 负载电容

接到仪器输出端而还能使仪器维持在正常使用范围之内的最大电容值。

在输出端接一容量不断变大的电容器，直到仪器不再正常工作(如开始振荡或响应时间增长到指定值之外)为止而确定。

5.5 响应时间和建立时间

5.5.1 概述

响应时间 t_r 和建立时间 t_s 应针对脉冲率的上升和下降两种情况测试，如图3所示。图3表明了上升、下降的响应时间(t_{rr}、t_{rf})和建立时间(t_{sr}、t_{sf})。

对线性率表应给出每档的 t_r 和 t_s(对自动换档线性率表还要加测档与档之间互相转换时的 t_r 和 t_s，建议在两档的 $N_{c(max)}/2$ 之间测试它们)。对对数率表则要针对每个数量级给出它们的相应值。

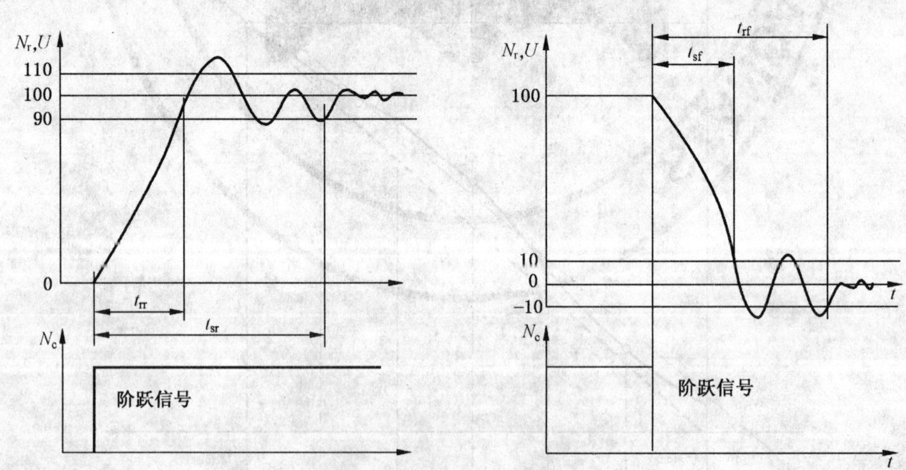

图3 响应时间和建立时间

为了测定 t_r 和 t_s 而规定的输入脉冲率阶跃变化以及所取的输出指示的变化(N_r或U)之间的关系对应地列于表2。

如果选用不同的脉冲率阶跃变化，则应指出起始和停止的准确数值。

表 2　输入和输出变化

方向	率表类型	输入脉冲率的阶跃变化	输出指示变化	
			响应时间 t_r	建立时间 t_s
上升	线性率表	(所测试档的) 0～N	0～0.9N_r或 0～0.9U	0～(0.9 或 1.1)N_r[a]或 0～(0.9 或 1.1)U[a]
	对数率表	N～10N	N_r～9N_r或对应电压 U 的变化[b]	N_r～(9 或 11)N_r[a]或对应电压 U 的变化
下降	线性率表	(所测试档的) N～0	N_r～0.1N_r 或 U～0.1U	N_r～(±0.1)N_r[a] 或 U～(±0.1)U[a]
	对数率表	10N～N	N_r～0.11N_r 或相应的电压 U 的变化	N_r～(0.11 或 0.09)N_r[a] 或对应电压 U 的变化

[a] 以输出指示达到并保持在这两个数之间时的瞬间来确定建立时间。

[b] 在对数率表中，输出的 90% 相应于阶跃脉冲率的 80%。

率表输出端所接负载对响应时间和建立时间的影响应忽略不计。

5.5.2　测试程序

5.5.2.1　被测时间较短(一般情况)

对比较短的被测时间(例如小于 1 s)，利用适当余晖的超低频示波器(扫速可低达 100 s/cm，双迹示波器更好)或一般的示波器加自动记录仪进行测试，可能还要使用照相技术。若用单迹示波器，可选一参考点为起始瞬间。

5.5.2.2　被测时间较长

比较长的被测时间是指大于等于 1 s 的时间。

若是指示仪表读数类型的率表，只能用一般的计时器，因此测量的准确度较低。

若是直接输出的率表，可用图 4 带有两个阈电路控制的电子计时电路测量响应时间，但作为开关元件尽量不用继电器。两个阈电路的阈值电压 U_{t_1} 和 U_{t_2} 以及对应的脉冲率的规定见表 3。对每档量程可选择 $N_{(\max)}/10$ 和 $N_{(\max)}$ 进行两次测量。

对单调的读数建立过程，图 4 的布置也可用来测量建立时间。

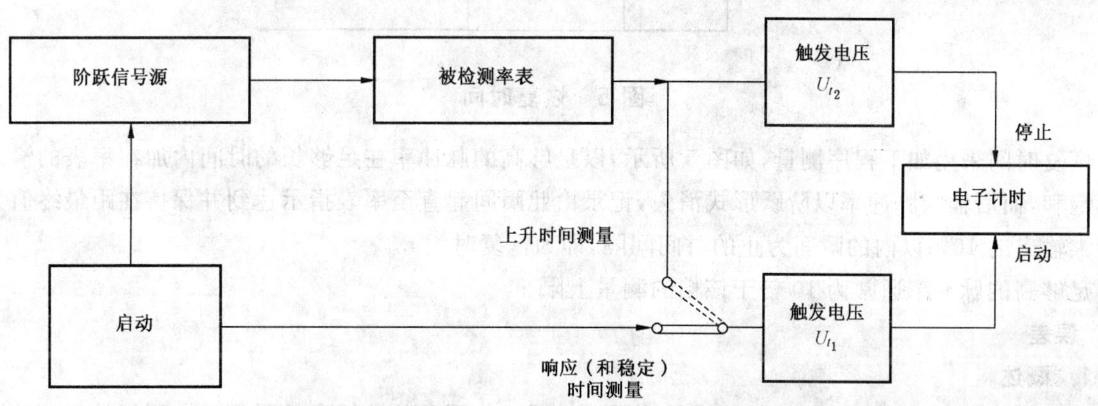

图 4　电子计时法测量响应时间和上升时间

当然也可以使用其他仪器记录率表的输出随时间的变化。无论使用什么仪器，作为时间测量的基准都应预先加以检验。

表 3 测量响应时间的触发阈值

方向		升		降	
触发电压		U_{t_1}	U_{t_2}	U_{t_1}	U_{t_2}
脉冲率	线性仪器	0	0.9N	N	0.1N
	对数仪器	0.1N	0.9N	N	0.11N

5.6 上升时间

有关测量响应时间的注意事项和测试程序也适用于上升时间的测量。

用电子计时法测量上升时间时，阈电路的阈值电压 U_{t_1} 和 U_{t_2} 的规定见表 4。

表 4 测量上升时间的触发阈值

方向		升		降	
触发电压		U_{t_1}	U_{t_2}	U_{t_1}	U_{t_2}
脉冲率	线性率表	0.1N	0.9N	0.9N	0.1N
	对数率表	0.11N	0.9N	0.9N	0.11N

5.7 恢复时间

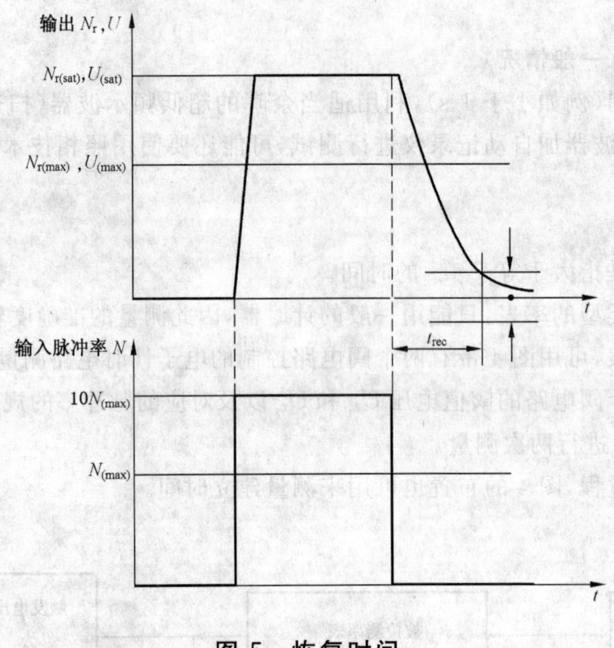

图 5 恢复时间

恢复时间采用如下程序测量，如图 5 所示，以足够高的脉冲率在足够长的时间内加在率表的输入端使其饱和，而后输入脉冲率以阶跃形式消失，记录由此瞬间起直至率表指示达到并保持在距最终值为该档最大输出的 10%以内的瞬间为止的时间间隔，即为恢复时间 t_{rec}。

足够高的脉冲率通常为 10 倍于该档的测量上限。

5.8 误差

5.8.1 概述

误差应当用随机（或伪随机）脉冲进行测试。极限工作误差的计算参见附录 A。利用放射源的误差测试见附录 B。

5.8.2 指示仪表读数

对每一输入脉冲率的约定真值 N_c，其读数为 N_r，则各对应点的相对误差 e_r 按式(8)计算：

$$e_r = \pm\left|\frac{N_r - N_c}{N_c}\right| = \pm\left|\frac{\Delta N_r}{N_c}\right| \quad \cdots\cdots(8)$$

应给出相对 N_c 的误差的最大绝对值。

5.8.3 直接输出测量

对应每一个输入脉冲率 N_c 测量输出电压 U_c。由 $U_c = k_0 N_c$ 或 $U_c = a\lg(bN_c)$ 分别算得线性率表和对数率表的输出理论值 U_c，则输出电压 U 的相对误差 e_r 按式(9)计算：

$$e_r = \pm\left|\frac{U_r - U_c}{U_c}\right| = \pm\left|\frac{\Delta U_r}{U_c}\right| \quad \cdots\cdots(9)$$

应给出此误差的最大正、负值。

对线性率表，计数率相对误差 $\frac{\Delta N}{N}$ 与输出电压相对误差 $\frac{\Delta U}{U}$ 是相同的，即式(10)成立：

$$\frac{\Delta U}{U} = \frac{\Delta N}{N} \quad \cdots\cdots(10)$$

对对数率表，计数率相对误差 $\frac{\Delta N}{N}$ 与输出电压相对误差之间的函数关系按式(11)计算：

$$\frac{\Delta N}{N} = 10^{\frac{\Delta U}{a}} - 1 \quad \cdots\cdots(11)$$

将 $\frac{\Delta N}{N}$ 与 $\frac{\Delta U}{U_{(max)}}$ 的对应关系作成表格或曲线在实用中是很方便的。附录 C 给出了对数率表数量级数 $n=4\sim7$ 的 $\frac{\Delta N}{N} = f\left(\frac{\Delta U}{a}\right)$，由 ΔU 及其符号可以确定计数率的最大相对误差 $\pm\left|\frac{\Delta N}{N}\right|_{(max)}$。

5.8.4 测量点的数目

线性率表相对误差的测量要考虑五个点，而对数率表则要考虑 $n+1$ 个点(n 为数量级数)。

无论是对每一档还是对整个测量范围都要记下相对误差的最大绝对值。相应于零脉冲率输入的读数 N_r 表示为 $\pm N_{r,0}$。

5.8.5 测量结果的表示

随脉冲率 N_c 取不同的值，测量结果的误差用图 6 的误差曲线表示是比较清楚的，特别是测量结果与约定真值相差很小时更是如此。

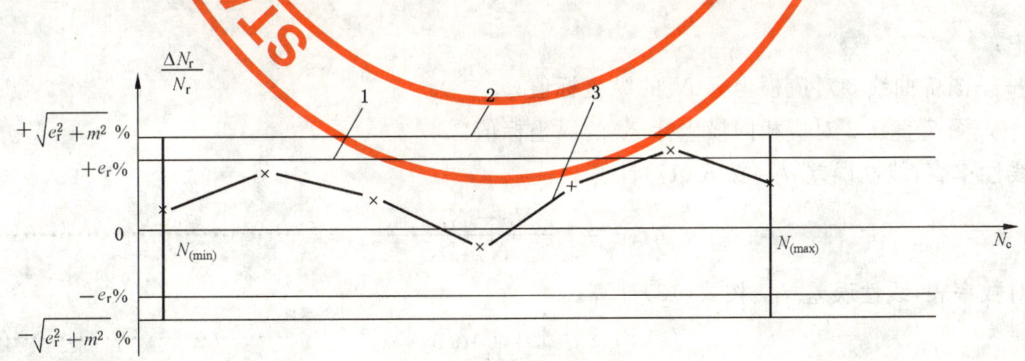

1——被试仪器的允许误差 e_r%；

2——$\pm\sqrt{e_r^2+m^2}$%；

3——实际测量结果。

图 6 典型误差图

当测试用仪器的误差不可忽略时，应按如下原则处理：若被试仪器的误差极限为$\pm e_r\%$，测试仪器的误差为$\pm n\%$，则被试仪器测得的误差应保持在$\pm\sqrt{e_r^2+n^2}\%$以内。当误差为$\pm m\%$的仪器验收时，若误差虽偶然超过$\pm e_r\%$，但仍在$\pm\sqrt{e_r^2+m^2}\%$以内时应认为被试仪器合格，见图6。

5.9 准确度等级

应当用随机脉冲(或伪随机脉冲)在参考条件下测试。

线性率表的准确度等级或“等级指数”C_1按式(12)计算：

$$C_1=\frac{|N_r-N_c|_{max}}{N_{c(max)}}\times 100\% \quad\cdots\cdots(12)$$

对数率表的准确度等级以“电压级别指数”C_2给出，按式(13)计算：

$$C_2=\frac{|U-U_c|_{max}}{U_{c(max)}}\times 100\% \quad\cdots\cdots(13)$$

5.10 静态误差

静态误差定义为，对确定的脉冲率N_c输出信号U与计算的输出电压U_c之差。

对线性率表，静态误差$e_{r(sta),1}$按式(14)计算：

$$e_{r(sta),1}=\frac{U-U_c}{U_{c(max)}}\times 100\% \quad\cdots\cdots(14)$$

对对数率表，静态误差$e_{r(sta),2}$按式(15)计算：

$$e_{r(sta),2}=\frac{U-U_c}{a}\times 100\% \quad\cdots\cdots(15)$$

通常，应给出静态误差的最大值。

5.11 动态误差

动态误差定义为，当脉冲率N_c随时间作直线性或指数变化时静态误差的最大值。动态误差可对几个斜率dN_c/dt进行测量。

5.12 (积分)线性误差

5.12.1 线性误差应当使用随机(或伪随机)脉冲进行测试。

为了研究率表的线性误差有必要为图7的实测曲线用目测法、最小二乘方法或间断平均的方法作出它的平均直线。根据定义，对所观测的点的(积分)线性误差d_L按式(16)计算。

$$d_L=\frac{N_r-N_{ml}}{N_{ml}} \quad\cdots\cdots(16)$$

式中：

N_r——图7曲线3对应横坐标N_c的纵坐标值；

N_{ml}——图7直线2对应相同横坐标N_c的纵坐标值。

对线性率表，线性误差$d_{L,1}$按式(17)计算。

$$d_{L,1}=\pm\frac{|N_r-N_{ml}|_{max}}{N_{ml(max)}} \quad\cdots\cdots(17)$$

对对数率表，线性误差$d_{L,2}$按式(18)计算。

$$d_{L,2}=\pm|e_{L,1(max)}| \quad\cdots\cdots(18)$$

5.12.2 当图7的曲线3相对平均直线2的偏离很小时，可以采用类似图6误差曲线那样的表示方法。对多量程仪器的每档都要测量它的(积分)线性误差。

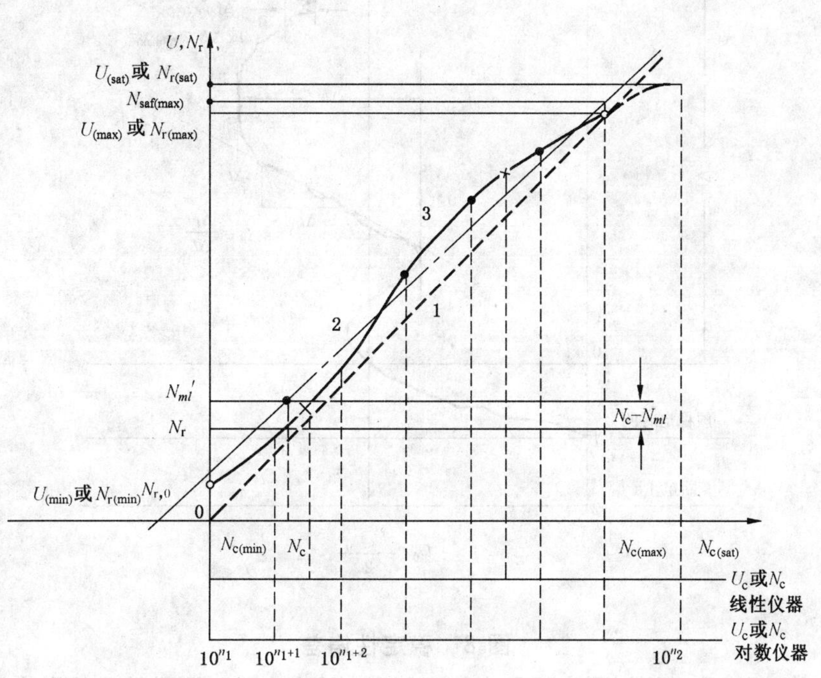

1——理论直线；

2——平均直线；

3——实测曲线；

×——指线性仪器的点；

•——指对数仪器的点。

图7 线性特性

5.12.3 当输入脉冲率超过 $N_{c(max)}$ 之后，从某值 $N_{c(sat)}$ 开始读数 N_r（或输出电压 U）增长速度明显下降以至停止增长，记录 $N_{c(sat)}$ 及其相应的读数 $N_{r(sat)}$（或输出电压 $U_{(sat)}$），这就是饱和计数率。

5.12.4 对超过 $N_{c(max)}$ 一定程度的输入脉冲率，率表指示不允许回落。对超过的程度，应由产品标准等技术文件给出，本标准不作规定。

5.13 稳定性偏差

5.13.1 稳定性偏差即率表输出随时间的变化，取指定时间间隔 Δt 内的输出的最大偏离 ΔU 或最大偏离斜率 $\Delta U/\Delta t$（见图8）。如无特殊规定，测试时间间隔 Δt 分为 1 h、3 h、7 h、24 h，3 d、10 d、30 d 或 3 个月。

5.13.2 稳定性偏差应在参考条件下测试。

可用频率稳定度已知的均匀脉冲产生器在率表输入脉冲率为 0 和 $N_{c(max)}/2$ 的情况下进行测试，并区分零点和非零点因素的影响。

5.13.3 最方便的测试方法是采用电位差计或自动记录仪并应用对顶法。测试前应至少停机 1 h，然后通电，在输入指定脉冲率并预热 1 h 后开始测试。

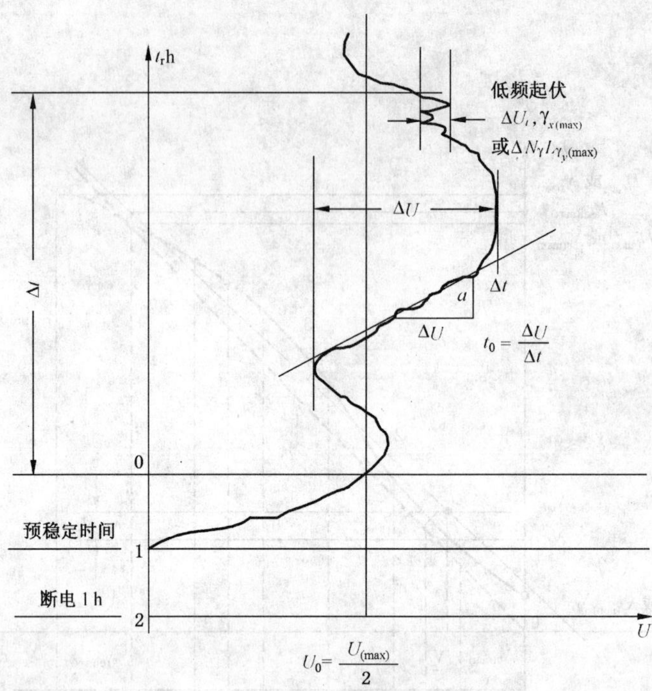

图 8　稳定性偏差

除另行规定外，以额定时间间隔内的最大偏离幅度 ΔU 来表示对测量结果的影响。

对线性率表，稳定性偏 $d_{s,1}$ 差按式(19)计算：

$$d_{s,1}=\frac{\Delta U}{U_{\max}}\times 100\% \qquad \cdots\cdots(19)$$

对对数率表，稳定性偏差 $d_{s,2}$ 按式(20)计算：

$$d_{s,2}=\frac{\Delta U}{a}\times 100\% \qquad \cdots\cdots(20)$$

若允许率表随时调零，则还应在输入为 $N_{c(\max)}/2$ 的测试中扣除零点的影响，并再给出不包含零点影响的稳定性偏差。

5.13.4　率表在 Δt 时间间隔内的漂移可采用下述形式之一表示：

——Δt 时间间隔内率表输出电压 U 的最大值与最小值之差 ΔU；

——ΔU 与初始值 U_0 或平均值 $\overline{U}$ 之比 $\frac{\Delta U}{U_0}$(或 $\frac{\Delta U}{\overline{U}}$)；

——平均值与初始值之差($\overline{U}-U_0$)或其相对值 $\frac{\overline{U}-U_0}{U_0}$。

5.14　输出指示的统计涨落

5.14.1　输出指示的统计涨落(或噪声系数)是，当率表的输入为 0(输入端屏蔽)或 $N_{c(\max)}/2$ 时，输出指示高频和低频的变化，其测试可结合 5.13 同时进行。

5.14.2　对指示读数的率表，最大起伏可由摆动于读数两旁的最大幅度得到。

对直接输出率表的测量，高频涨落可用带宽不低于 4 MHz 的高灵敏示波器观测最大峰-峰值 $\Delta U_{HF(\max)}$。而低频涨落可用带宽大约为 1 Hz 的自动记录仪的记录图形判别最大的峰-峰值 $\Delta U_{LF(\max)}$。

对线性率表，其输出指示的统计涨落(噪声)F_1 按式(21)计算：

$$F_1=\frac{\Delta U_{(\max)}}{U_{(\max)}}\times 100\% \qquad \cdots\cdots(21)$$

对对数率表，其输出指示的统计涨落(噪声)F_2 按式(22)计算：

$$F_2 = \frac{\Delta U_{(\max)}}{a} \times 100\% \qquad \cdots\cdots(22)$$

5.14.3 率表直接输出的噪声值也可用有效值或峰-峰值电压表(或再加上选频放大器)直接测量。

5.15 电源变化的影响

5.15.1 依所用电源种类，在产品标准等技术文件规定的范围内进行测试。

除电源外，其他影响量与影响特性分别维持在参考条件下和有效范围内。

用频率稳定度已知的均匀脉冲产生器在率表输入脉冲率为 0 和 $N_{c(\max)}/2$、输出电流等于 0 或趋于 0 的情况下测试。

本标准规定的测试条件也适用于电源装在仪器内部的情况。

5.15.2 为清楚起见，以具有明显短期漂移的仪器为例，测得如图 9 的图形。电源电压每改变一次后都应持续足够长的时间，以便能得到率表输出的漂移部分，并为漂移曲线作出它的平滑曲线。平滑曲线与电源变化后的率表响应曲线的交点即为电源变化后率表的输出值 U_1 和 U_2。

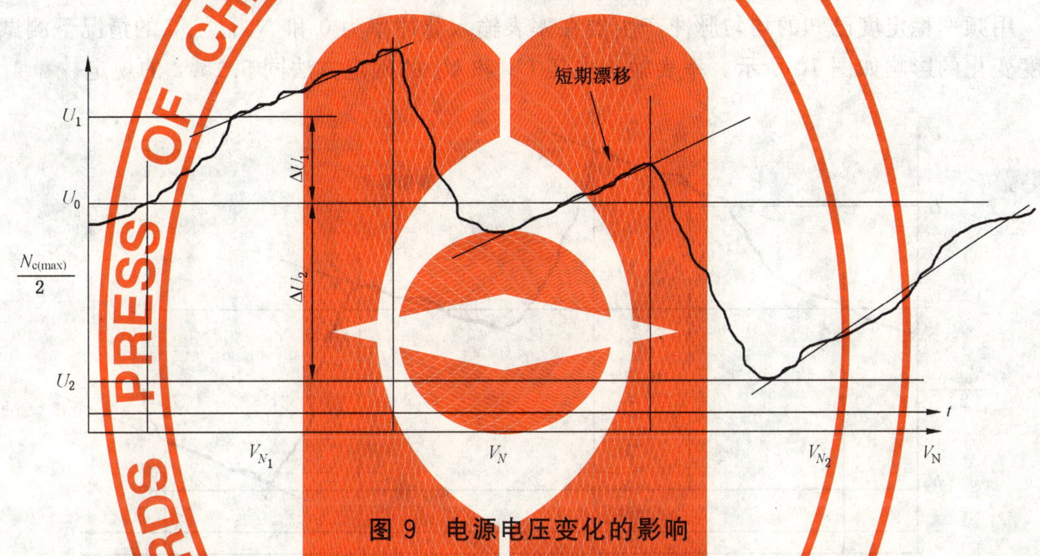

图 9 电源电压变化的影响

5.15.3 若 V_N 为电源电压的标称值，V_{N_1} 和 V_{N_2} 为电源电压额定范围的下限和上限，而率表对应的输出分别为 U_0、U_1 和 U_2，则 $\Delta U_1 = |U_1 - U_0|$ 和 $\Delta U_2 = |U_2 - U_0|$ 为电源电压在上述范围内相对 V_N 在两侧变化时所对应输出的最大变化。取 ΔU_1 和 ΔU_2 中的最大者并表为 $\Delta U_{(\max)}$。此时，率表输出相对电源电压标称值的最大变化为 $|U_1 - U_2|/U_0$。

线性率表的电源电压相对 V_N 变化时输出的偏差 $d_{P,1}$ 按式(23)计算：

$$d_{P,1} = \frac{\Delta U_{(\max)}}{U_{(\max)}} \times 100\% \qquad \cdots\cdots(23)$$

式中：

$U_{(\max)}$——率表在测试电源电压影响时的最大输出值。

对数率表的电源电压相对 V_N 变化时输出的偏差 $d_{P,2}$ 按式(24)计算：

$$d_{P,2} = \frac{\Delta U_{(\max)}}{a} \times 100\% \qquad \cdots\cdots(24)$$

若允许率表随时调零，则还应在输入为 $N_{c(\max)}/2$ 的测试中扣除零点的影响，并再给出不包含零点影响的结果。

5.15.4 电源电压相对其标称值 V_N 变化时，率表输出的最大变化系数按式(25)计算：

$$K_{u(\max)} = \pm \left| \frac{\Delta U_{\max}}{U_0} \right| \qquad \cdots\cdots(25)$$

5.15.5 工作极限电源电压是给率表供电的最高和最低极限值。根据电源种类，此极限值由产品标准等技术文件规定。

仪器在供电电压的额定上限工作几分钟后转到最高极限值工作 1 min，然后再回到额定工作条件，率表在 30 min 之内应恢复它的各项性能特性。

当供电电压低于最低极限值时，输出指示迅速下降，波纹噪声变大。

5.15.6 如果对电网在供电过程中可能出现的诸如短暂的中断等现象对仪器工作的影响有具体要求，则应由产品标准等技术文件予以说明。

5.15.7 供电电源电压变化和交流供电电源频率变化的简便试验方法参见附录 D 的 D.1。

5.16 温度变化的影响

5.16.1 温度变化影响在产品标准等技术文件规定的温度额定变化范围内进行测试。此时，其他影响量和影响特性应分别处于参考条件下或有效范围内。

测试中，在所取的任何温度上都应持续至少 1 h，以保证仪器内部能在±2 ℃的范围内达到热平衡。

除另行指定外，此测试只进行一个循环。

5.16.2 用频率稳定度已知的均匀脉冲产生器在率表输入脉冲率为 0 和 $N_{c(max)}/2$ 的情况下测试。

温度变化的影响如图 10 所示。率表输出电压 U_1 和 U_2 的确定方法同 5.15.2 的规定。

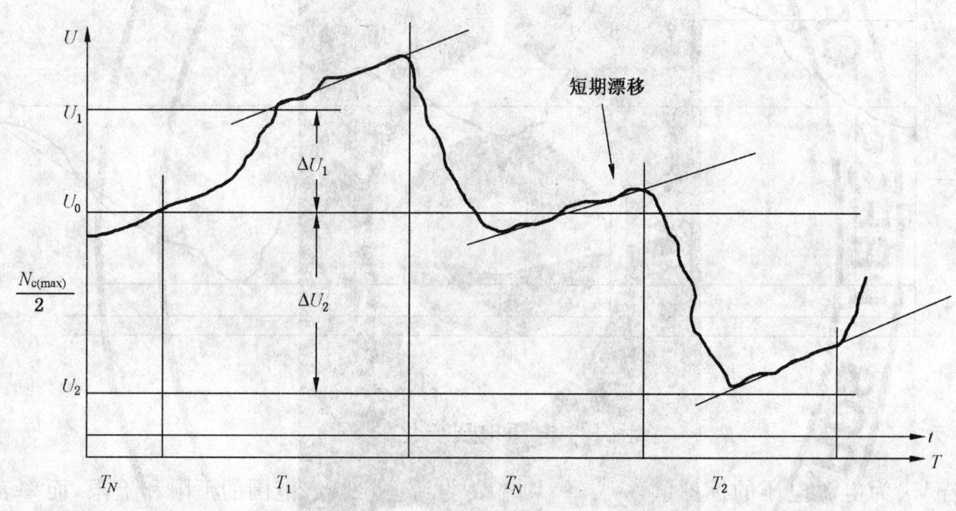

图 10 温度变化的影响

5.16.3 若 T_N 为工作温度的标称值，T_1 和 T_2 温度额定范围的下限和上限，而率表对应的输出分别为 U_0、U_1 和 U_2，则 $\Delta U_1=|U_1-U_0|$ 和 $\Delta U_2=|U_2-U_0|$ 为温度在上述范围内相对 T_N 在两侧变化时所对应输出的最大变化。取 ΔU_1 和 ΔU_2 中的最大者并表为 $\Delta U_{(max)}$。此时，率表输出相对环境温度标称值的最大变化为 $|U_1\quad U_2|/U_0$。

线性率表的温度相对 T_N 变化时输出的偏差 $d_{T,1}$ 按式(26)计算：

$$d_{T,1}=\frac{\Delta U_{(max)}}{U_{(max)}}\times 100\% \qquad \cdots\cdots(26)$$

式中：

$U_{(max)}$——率表在测试环境温度影响时的最大输出值。

对数率表的温度相对 T_N 变化时输出的偏差 $d_{T,2}$ 按式(27)计算：

$$d_{T,2}=\frac{\Delta U_{(max)}}{a}\times 100\% \qquad \cdots\cdots(27)$$

同时也可以再给出 $T_1\sim T_N$ 和 $T_2\sim T_N$ 两个区间分别对应的输出的最大偏差值。

若允许率表随时调零，则还应在输入为 $N_{c(max)}/2$ 的测试中扣除零点的影响，并再给出不包含零点影响的结果。

5.16.4　温度相对其标称值 T_N 变化时，率表输出的温度系数按式(28)计算：

$$\alpha_{1\sim2} = \frac{U_2 - U_1}{U_0(T_2 - T_1)} \quad \cdots\cdots(28)$$

温度系数也可对 $T_1 \sim T_N$ 和 $T_2 \sim T_N$ 两部分分别给出。

5.16.5　极限工作温度由产品标准等技术文件规定。

温度在参考值、最低极限值、最高极限值分别达到热平衡并循环一周回到额定工作条件，此时仪器的各项性能特性仍能在 30 min 以内恢复。

5.16.6　环境温度变化的简便试验方法参见附录 D 的 D.2。

5.17　负载变化的影响

5.17.1　此测试适合于具有电压输出的仪器，它们输出电流的能力与脉冲率无关。

在参考条件下，用频率稳定度已知的均匀脉冲产生器在率表输入脉冲率为 $N_{c(max)}/2$ 的情况下测试。

5.17.2　率表在上述脉冲率输入时，改变负载电阻画出如图 11 的负载特性曲线。极限输出电流 I_L 及其相应的输出电压变化 $\Delta U_{0(max)}$ 由产品标准等技术文件规定并应予以验证。

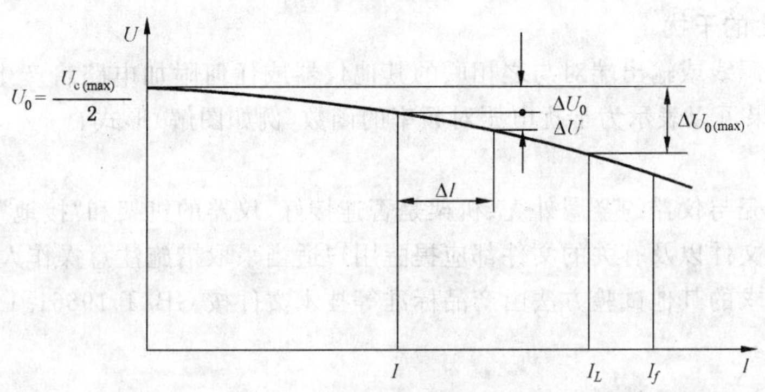

图 11　负载变化的影响

5.17.3　如图 11 所示，根据定义，输出电流为 I 时的变化量 ΔI 与相应输出电压的变化量 ΔU 相对应。此时，率表相对原点的变化为 $\Delta U/U_0$。

线性率表所引起的偏差 $d_{L0,1}$ 按式(29)计算：

$$d_{L0,1} = \frac{\Delta U}{U_0} \times 100\% \quad \cdots\cdots(29)$$

对数率表所引起的偏差 $d_{L0,2}$ 按式(30)计算：

$$d_{L0,2} = \frac{\Delta U}{a} \times 100\% \quad \cdots\cdots(30)$$

5.17.4　对输出电流 I 还可确定：

a)　输出电压作为负载函数的相对变化 K_{L0} 按式(31)计算：

$$K_{L0} = \frac{\Delta U_0}{U_0} \times 100\% \quad \cdots\cdots(31)$$

b)　率表的静态内阻 R_i(Ω)按式(32)计算：

$$R_i = \frac{\Delta U_0}{I} \quad \cdots\cdots(32)$$

c)率表的动态内阻 $R_{i(dyn)}$(Ω)按式(33)计算，它是最有用的性能特性之一：

$$R_{i(dyn)} = \frac{\Delta U}{\Delta I} \quad \cdots\cdots(33)$$

5.17.5　产品标准等技术文件应指出极限工作条件下的输出电流极限值 I_f。如果输出端允许短路也应予以说明。

6 电磁兼容

6.1 对电磁噪声的敏感性

6.1.1 高频穿透率是合理地评价仪器对电磁噪声敏感程度的依据。它指的是仪器允许干扰在任意一个输入端与输出端之间通过的内在倾向。

测量中可将仪器置于两个网络之间,一个用来向电源馈送 0.15 MHz～30 MHz 的、幅度小于 1 V 的信号,另一个用来测量输出。穿透率以输入端与输出端间干扰电压之比的分贝数表示。

6.1.2 对所关心的使用现场,为国际无线电干扰特别委员会所推荐的、适合于该仪器的其他测试方法也可采用。

6.1.3 另一个重要的方法,就是模拟电网负荷扰动的干扰和模拟装置内部能遇到的其他干扰(辐射噪声,地线之间、机壳之间以及地线与机壳之间的电位差,等等)。

测试方法包括在输入端将各种正弦的或脉冲的电流耦合到装置的屏蔽(输入连接器的外皮)上,并测量作为输入干扰函数的输出电平。

6.1.4 有关率表电磁环境条件的其他试验方法由产品标准等技术文件按 GB/T 11684 予以规定。

6.2 被试仪器所产生的干扰

被试仪器通过电源线或输出端对与之相联的其他仪器或任何附加电路将产生干扰,其测量方法的考虑同 6.1。测量结果可以表示为干扰电压对频率的函数(例如图解)形式。

6.3 保护措施

应检查连接器外壳与仪器的金属外壳、机架是否连接好.仪器的机架和“接地”端是否符合要求。

产品标准等技术文件以及有关的文件都应提醒用户适当采取措施注意操作人员的安全以免触电。

有关率表安全要求的其他试验方法由产品标准等技术文件按 GB/T 19661.1 予以规定。

7 其他环境试验

除上述环境试验外其他环境条件的试验方法,例如,湿热、振动、冲击和包装运输等,由产品标准等技术文件按 GB/T 8993 予以规定。

8 可靠性

可靠性试验应执行 EJ/T 436 等有关标准的规定。

产品标准等技术文件在给出平均无故障时间(估计值)时,应对测试和相关的置信水平加以说明。

9 辅助电路

9.1 总则

计数率表内的辅助电路包括校准信号产生器、调零电路等,用来调整与校准率表。在测试率表之前,它们的性能应经过试验和校准。对率表所规定的测试方法也适用于辅助电路。

9.2 校准信号的频率

9.2.1 概述

给率表输入端提供的校准信号是若干指定频率的重复信号,其作用就是调整或设定率表。

9.2.2 校准用脉冲率的误差

校准用脉冲率的误差按式(34)计算:

$$e_{rf} = \frac{f_r - f_N}{f_N} \times 100\% \qquad (34)$$

式中:

f_N——额定校准用脉冲率;

f_r——所测量的频率。

9.2.3 校准用脉冲率随温度的变化

校准用脉冲率的温度系数按式(35)计算：

$$\alpha_{f(1\sim2)}=\frac{f_2-f_1}{f_N}\times\frac{1}{T_2-T_1} \qquad \cdots\cdots(35)$$

9.2.4 稳定度

校准用脉冲率的稳定度指信号产生器的输出频率随时间的变化，它应在参考条件下测量。

9.3 固有功能的检查电路

应选择合适的电路以可能检查率表的固有功能。这些电路发出的信号应适用于率表的输入，并是可调节的。

这些电路自身的固有功能也应予以验证。

附 录 A
（资料性附录）
极限工作误差的计算

如果极限工作误差不能用测试方法直接获得，则可用计算方法进行计算。例如，当考虑到各种影响量（单项的）的影响时，极限工作误差按式（A.1）计算：

$$e_{max} = \sqrt{e_{in}^2 + \sum_{i=1}^{n} V_i^2} \qquad \cdots\cdots(A.1)$$

式中：

e_{in}——固有误差；

V_i——各影响量误差的最大值。

必要时也可以将 e_{in} 和 V_i 按绝对值相加进行计算。

附　录　B
（规范性附录）
利用放射源的误差测试

B.1　概述

如果无随机脉冲产生器可供使用，则可利用放射源和适当的探测器为被试率表提供所需脉冲率的随机脉冲。当率表与其他部件连用时，这类测试还用于检验率表的整体性能以及与其他部件的连接。对已知条件下探测器提供的脉冲率可用其他作为基准的方法进行测量和计算，并与被试仪器的指示值相比较，其差别应在该仪器的以及计算的准确度之内。这种方法也适合于多台仪器的快速比较。

在利用放射源的测试中应恰当选择探测器的高压和甄别电路的阈值。必要时，阈的线性和高压的调节等应加以验证，即合适选择甄别器的阈值和探测器的高压，使率表输入端的计数率随阈值和高压变动的变化最小。

B.2　测量误差

B.2.1　总的系统误差

如果进行 10 次测量，所得 10 次测量结果依次为 N_{r1}，N_{r2}，…，N_{r10}，算术平均值为$\overline{N}_r$，则率表以百分数表示的总系统误差按式(B.1)计算：

$$e_{rj}=\frac{\overline{N}_r-N_c}{N_c}\times 100\% \qquad \text{(B.1)}$$

B.2.2　重复性

若一组进行 n 次测量，其重复性表示为标准偏差，按式(B.2)计算：

$$s=\sqrt{\frac{\sum_{i=1}^{n}(N_{ri}-\overline{N}_r)^2}{n-1}} \qquad \text{(B.2)}$$

则以百分数表示重复性按式(B.3)计算：

$$e_r=\frac{s}{\overline{N}_r}\times 100\% \qquad \text{(B.3)}$$

B.3　变异系数

变异系数定义为一组 n 次测量的标准偏差 s 与算术平均值之比，按式(B.4)计算：

$$V=\frac{s}{\overline{N}_r} \qquad \text{(B.4)}$$

B.4　统计涨落

如果率表输入信号随时间服从泊松分布律，则统计涨落为$\frac{1}{\sqrt{2N\tau}}$，其中 τ 为积分时间常数，N 为平均脉冲率。

通过将服从泊松分布律的随机脉冲产生器或由放射源照射的探测器连接到率表的输入端，对不同的脉冲率 N，率表输出的涨落以及每一个积分时间常数用自动记录仪器进行测量。记录仪器的响应时间对测量结果应无明显影响。

附 录 C
（规范性附录）
对数仪器的$\frac{\Delta N}{N} \propto \frac{\Delta U}{a}$关系曲线

图C.1～图C.4给出了对数仪器的指示所包含的数量级数$n=4\sim7$的$\frac{\Delta N}{N} \propto \frac{\Delta U}{a}$关系曲线。曲线的解析式见式(C.1)和式(C.2)：

$$\frac{\Delta N}{N} = 10^{\frac{\Delta U}{a}} - 1 \quad \cdots\cdots (C.1)$$

$$a = \frac{U_{c(max)}}{n} \quad \cdots\cdots (C.2)$$

式中：

$U_{c(max)}$——对数率表的最大输出电压。

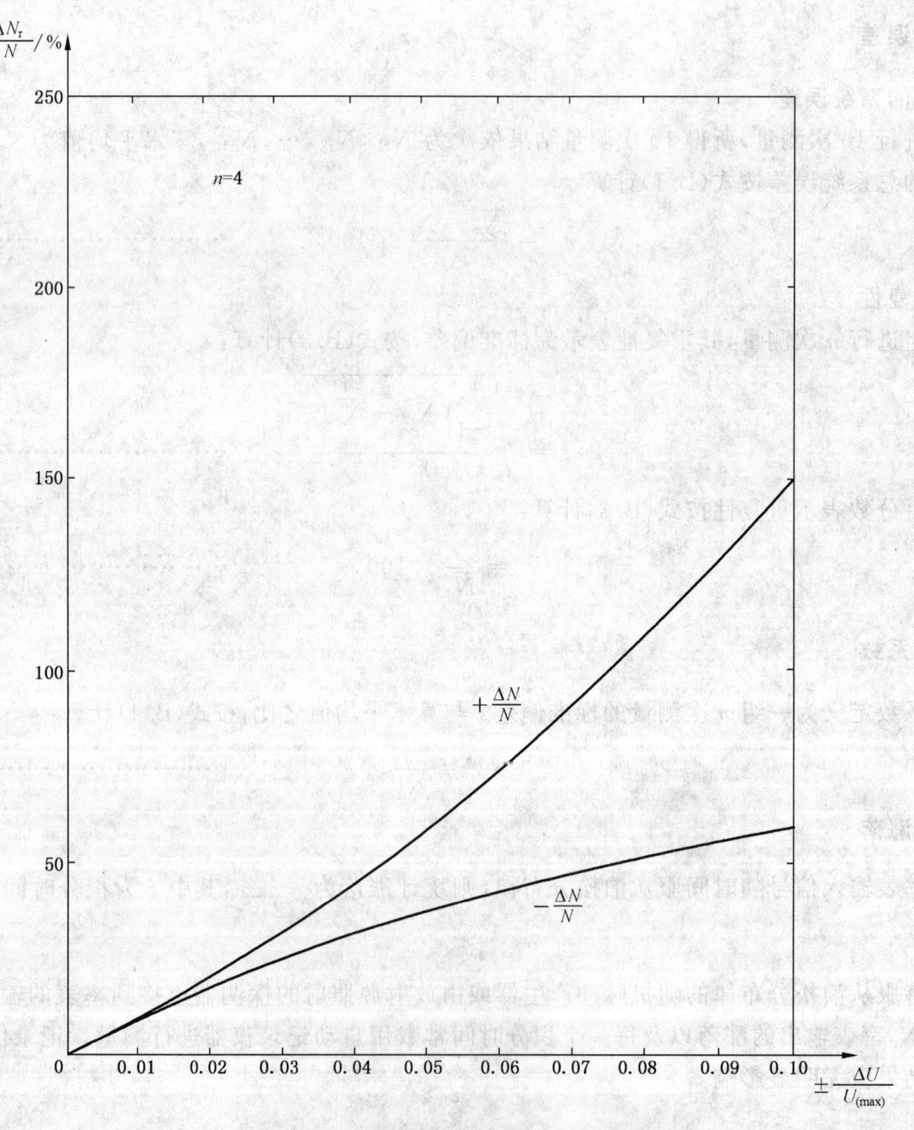

图C.1 $n=4$的$\frac{\Delta N}{N} \propto \frac{\Delta U}{a}$关系曲线

图 C.2　n=5 的$\frac{\Delta N}{N}\propto\frac{\Delta U}{a}$关系曲线

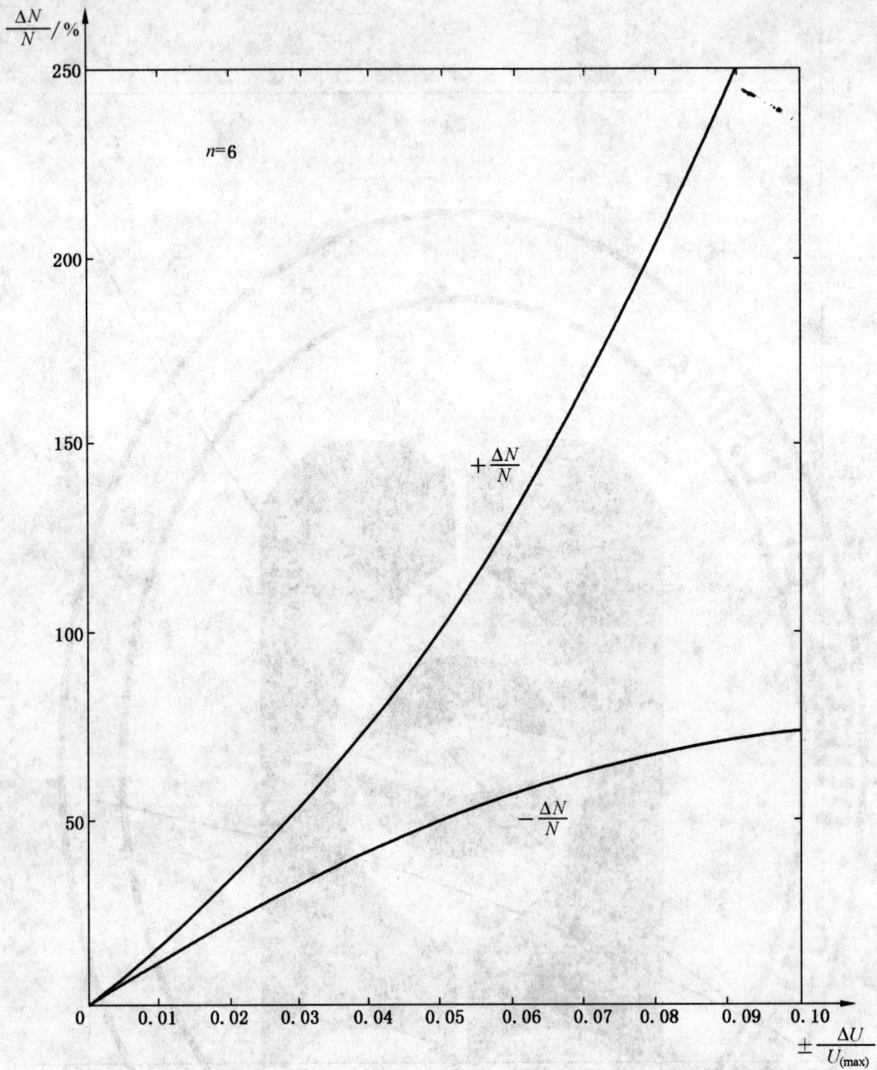

图 C.3 $n=6$ 的$\frac{\Delta N}{N}\propto\frac{\Delta U}{a}$关系曲线

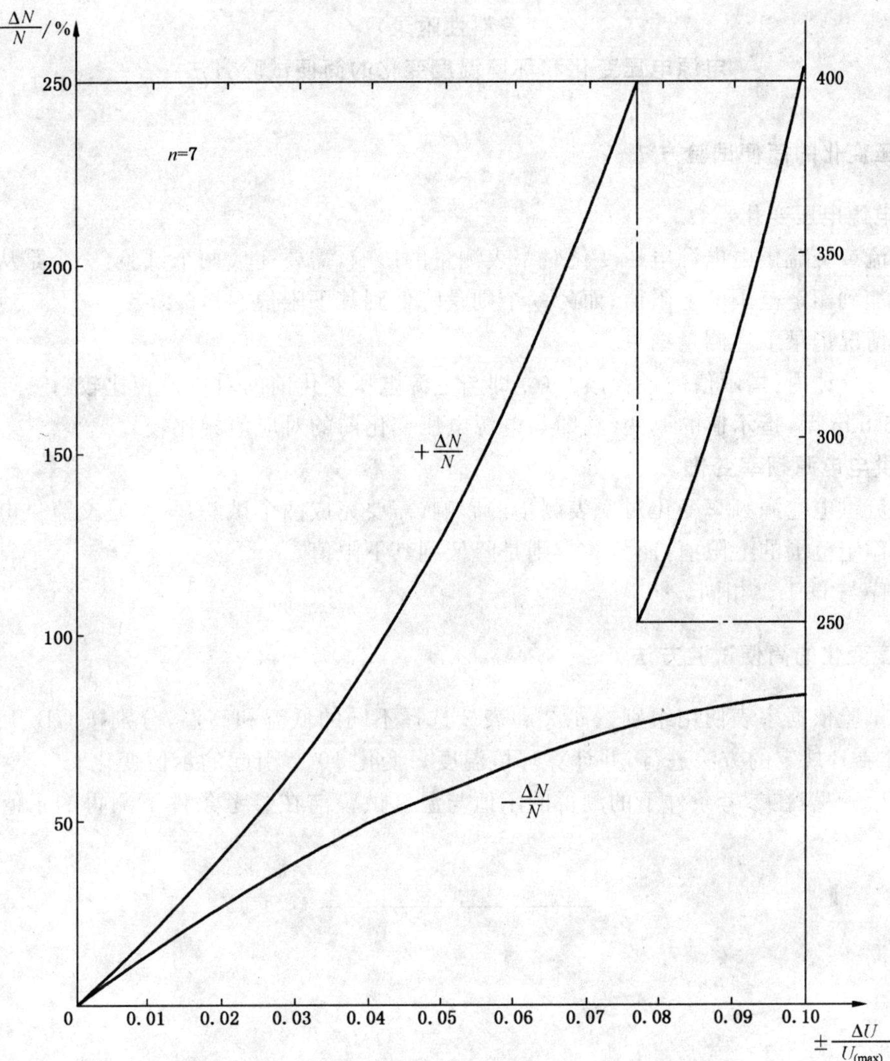

图 C.4　$n=7$ 的$\frac{\Delta N}{N}\propto\frac{\Delta U}{a}$关系曲线

附　录　D
（资料性附录）
电源电压变化和环境温度变化的简便试验方法

D.1　电源电压变化的简便试验方法

D.1.1　供电电源电压变化

为评定直流或交流供电电源电压变化对率表测量的影响，需要完成两个试验：一个是从供电电源电压的标称值增加到额定范围的上限值；而另一个则是降低到其下限值。

应在每种情况记录下述测量结果：

a）　在第一分钟内：指示值的最大改变（立即与电源电压变化前的对应值相比较）；

b）　在 15 min 后：指示值的改变（立即与电源电压变化前的对应值相比较）。

D.1.2　交流供电电源频率变化

为评定交流供电电源频率变化对率表测量的影响，需要完成两个试验：一个是交流供电电源频率的标称值增加到额定范围的上限值；而另一个则是降低到其下限值。

其测量程序与 D.1.1 相同。

D.2　环境温度变化的简便试验方法

温度变化试验依据率表使用组别按 4.2 和表 2 选择不同的低温和高温，分别按 GB/T 8993—1998 的附录 A 和附录 B 规定的方法进行，并计算环境温度每变化 10 ℃引起的示值变化。

试验结束后，率表在参考条件下的测得的示值与温度试验前在参考条件下测得的示值之差应在重复性范围内。

ICS 01.040.25
J 30

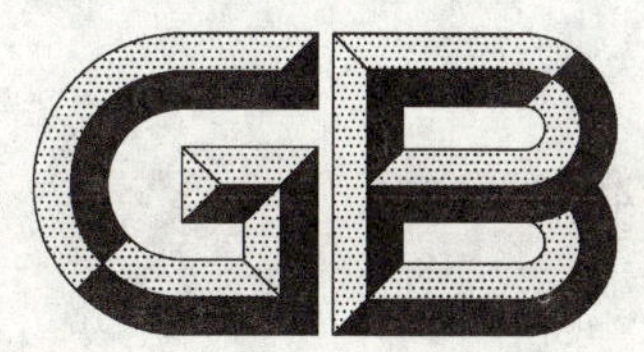

中华人民共和国国家标准

GB/T 4863—2008
代替 GB/T 4863—1985

机械制造工艺基本术语

General terminology of machine-building technology

2008-07-09 发布　　2009-02-01 实施

中华人民共和国国家质量监督检验检疫总局
中国国家标准化管理委员会　发布

前 言

本标准是对 GB/T 4863—1985《机械制造工艺基本术语》的修订。

本标准与 GB/T 4863—1985 相比，主要变化如下：

——增加了标准的前言；

——增加了第 1 章范围和第 2 章规范性引用文件；

——删除了附录 A；

——增加一般术语 59 条，增加冷作、钳工及装配常用术语 4 条（原标准术语 390 条，本标准 453 条）；

——删除原标准术语 1 条。

本标准由中国机械工业联合会提出。

本标准由全国技术产品文件标准化技术委员会归口。

本标准起草单位：中机生产力促进中心。

本标准主要起草人：丁红宇、奚道云、张秀芬、韩琳琳、肖承翔、王云峰。

本标准所代替标准的历次版本发布情况为：

——GB/T 4863—1985。

机械制造工艺基本术语

1 范围

本标准规定了机械制造工艺的一般术语、典型表面加工术语、冷作、钳工、装配术语及其定义。

本标准适用于机械装备制造业的生产、科研、教学等。

2 规范性引用文件

下列文件中的条款通过本标准的引用而成为本标准的条款。凡是注日期的引用文件,其随后所有的修改单(不包括勘误的内容)或修订版均不适用于本标准,然而,鼓励根据本标准达成协议的各方研究是否可使用这些文件的最新版本。凡是不注日期的引用文件,其最新版本适用于本标准。

GB/T 3375 焊接术语

GB/T 4122.1 包装术语 第1部分:基础

3 一般术语

3.1 基本概念

3.1.1

工艺 technology

使各种原材料、半成品成为产品的方法和过程。

3.1.2

机械制造工艺 machine-building technology

各种机械的制造方法和过程的总称。

3.1.3

典型工艺 typical process

根据零件的结构和工艺特征进行分类、分组,对同组零件制订的统一加工方法和过程。

3.1.4

产品结构工艺性 technological efficiency of product design

产品在能满足设计功能和精度要求的前提下,制造、维修的可行性和经济性。

3.1.5

零件结构工艺性 technological efficiency of parts design

零件在能满足设计功能和精度要求的前提下,制造的可行性和经济性。

3.1.6

工艺性分析 analysis for technological efficiency

在产品技术设计阶段,工艺人员对产品结构工艺性进行分析和评价的过程。

3.1.7

工艺性审查 review of technological efficiency

在产品工作图设计阶段,工艺人员对产品和零件结构工艺性进行全面审查并提出意见或建议的过程。

3.1.8

可加工性 machinability

在一定生产条件下,材料加工的难易程度。

3.1.9

生产过程　production process

将原材料转变为成品的全过程。

3.1.10

工艺过程　process

改变生产对象的形状、尺寸，相对位置或性质等，使其成为成品或半成品的过程。

3.1.11

工艺文件　technological documentation

指导工人操作和用于生产、工艺管理等的各种技术文件。

3.1.12

工艺方案 process program

根据产品设计要求、生产类型和企业的生产能力，提出工艺技术准备工作具体任务和措施的指导性文件。

3.1.13

工艺路线　process route

产品或零部件在生产过程中，由毛坯准备到成品包装入库，经过企业各有关部门或工序的先后顺序。

3.1.14

工艺规程　procedure

规定产品或零部件制造工艺过程和操作方法等的工艺文件。

3.1.15

工艺设计　process design process planning

编制各种工艺文件和设计工艺装备等的过程。

3.1.16

工艺要素　process factor

与工艺过程有关的主要因素。

3.1.17

工艺规范　process specification

对工艺过程中有关技术要求所做的一系列统一规定。

3.1.18

工艺参数　process parameter

为了达到预期的技术指标，工艺过程中所需选用或控制的有关量。

3.1.19

工艺准备　technological preparation of production

产品投产前所进行的一系列工艺工作的总称。其主要内容包括：对产品图样进行工艺性分析和审查；拟定工艺方案，编制各种工艺文件设计、制造和调整工艺装备，设计合理的生产组织形式等。

3.1.20

工艺试验　engineer test

为考查工艺方法、工艺参数的可行性或材料的可加工性等而进行的试验。

3.1.21

工艺验证　process verification

通过试生产，检验工艺设计的合理性。

3.1.22

工艺管理　technological management

科学地计划、组织和控制各项工艺工作的全过程。

3.1.23

工艺设备　manufacturing equipment

完成工艺过程的主要生产装置。如各种机床、加热炉、电镀槽等。

3.1.24

工艺装备(工装) tooling

产品制造过程中所用的各种工具总称。包括刀具、夹具、模具、量具、检具、辅具、钳工工具和工位器具等。

3.1.25

工艺系统　machining complex

在机械加工中由机床、刀具、夹具和工件所组成的统一体。

3.1.26

工艺纪律　manufacturing discipline

在生产过程中,有关人员应遵守的工艺秩序。

3.1.27

成组技术　group technology (GT)

将企业的多种产品、部件和零件,按一定的相似性准则,分类编组,并以这些组为基础,组织生产各个环节,从而实现多品种中小批量生产的产品设计、制造和管理的合理化。

3.1.28

自动化生产　automated production

以机械的动作代替人工操作,自动地完成各种作业的生产过程。

3.1.29

数控加工　numerically controlled machining

根据被加工零件图样和工艺要求,编制成以数码表示的程序输入到机床的数控装置或控制计算机中,以控制工件和工具的相对运动,使之加工出合格零件的方法。

3.1.30

适应控制　adaptive control

按照事先给定的评价指标自动改变加工系统的参数,使之达到最佳工作状态的控制。

3.1.31

工艺过程优化　process optimization

根据一个(或几个)判据,对工艺过程及有关参数进行最佳方案的选择。

3.1.32

工艺数据库　technological base

储存于计算机的外存储器中以供用户共享的工艺数据集合。

3.1.33

生产纲领　production program

企业在计划期内应当生产的产品产量和进度计划。

3.1.34

生产类型　types of production

企业(或车间、工段、班组,工作地)生产专业化程度的分类。一般分为大量生产、成批生产和单件生产三种类型。

3.1.35

生产批量　production batch

一次投入或产出的同一产品(或零件)的数量。

3.1.36

生产周期　production cycle

生产某一产品(或零件)时,从原材料投入到出产品一个循环所经过的日历时间。

3.1.37

生产节拍　tact,pace of production

流水生产中,相继完成两件制品之间的时间间隔。

3.1.38

工艺数据　process data

在产品工艺设计过程中产生的数据。

3.1.39

流程图　flow diagram

表示生产过程事物各个环节进行顺序的简图。

3.1.40

虚拟制造　virtual manufacturing

一种新的制造技术,它以信息技术、仿真技术、虚拟现实技术为支持,在产品设计或制造系统的物理实现之前,就能使人体会或感受到未来产品的性能或者制造系统的状态,从而可以作出前瞻性的决策与实施方案。

[GB/T 18725—2002 中 3.256 条]

3.1.41

柔性制造技术　flexible manufacturing technology (FMT)

采用计算机技术、电子技术、系统工程理论和现代管理科学与方法,能快速响应市场需求且能适应生产环境变化的自动化制造技术。

[GB/T 18725—2002 中 4.38 条]

3.1.42

可复用工艺设计　reusable process planning

通过对工艺设计规则和已有工艺设计信息等知识重用的方式完成工艺设计,同时通过对工艺设计结果的有效管理达到设计知识的可复用性。

3.1.43

计算机辅助制造　computer-aided manufacturing (CAM)

一个生产过程,其中信息处理系统用来指导与控制制造。

[GB/T 18726—2002 中 3.5 条]

3.1.44

计算机辅助工艺规划设计　computer-aided process planning (CAPP)

利用计算机生成零件工艺规程的过程。

[GB/T 18725—2002 中 3.65 条]

3.1.45

绿色制造　green manufacturing

一种综合考虑环境影响和资源消耗的现代制造模式,其目标是使得产品从设计、制造、包装、运输、使用到报废处理的整个生命周期中,对环境负面影响最小,资源利用率最高,并使企业经济效益和社会效益协调优化。

3.1.46

绿色加工　green processing

在不牺牲产品的质量、成本、可靠性、功能的前提下，充分利用资源，尽量减轻加工过程对环境产生有害影响的程度，其内涵是指在加工过程中实现优质、低耗、高效及清洁化。

3.1.47

敏捷制造　agile manufacturing (AM)

通过动态联盟的方式，把优势互补的企业联合在一起，用最经济的方式组织企业活动，并参加竞争，迅速响应市场瞬息万变的需求。这种联盟式的企业按照市场和产品的变化随时做出相应的调整，并不是一成不变的，因此也称为“虚拟企业”。它将改变企业的价值观、业务流程和企业文化。

3.1.48

再制造　remanufacturing

使报废产品经过拆卸、清洗、检验、进行翻新修理和再装配后，而恢复到或者接近于新产品的性能标准的一种资源再利用方法。

3.2　生产对象

3.2.1

原材料　raw material

投入生产过程以创造新产品的物质。

3.2.2

主要材料　primary material

构成产品实体的材料。

3.2.3

辅助材料　auxiliary material;indirect material

在生产中起辅助作用而不构成产品实体的材料。

3.2.4

毛坯　blank

根据零件(或产品)所要求的形状、工艺尺寸等而制成的供进一步加工用的生产对象。

3.2.5

铸件　casting

将熔融金属浇入铸型，凝固后所得到的具有一定形状、尺寸和性能的金属零件或零件毛坯。

[GB/T 5611—1998 中 2.4 条]

3.2.6

锻件　forging

金属材料经过锻造变形而得到的工件或毛坯。

3.2.7

焊接件　welding;weldment

用焊接的方法而得到的结合件。

3.2.8

冲压件　stamping

用冲压的方法制成的工件或毛坯。

3.2.9

工件　workpiece

加工过程中的生产对象。

3.2.10

工艺关键件　key components and parts in process

技术要求高，工艺难度大的零、部件。

3.2.11

外协件　cooperation part

委托其他企业完成部分或全部制造工序的零、部件。

3.2.12

试件　specimen；test specimen

为试验材料的力学、物理、化学性能、金相组织或可加工性等而专门制作的样件。

3.2.13

工艺用件　specified parts in process

为工艺需要而特制的辅助件。

3.2.14

在制品　work-in-process

在一个企业的生产过程中，正在进行加工、装配或待进一步加工、装配或待检查验收的制品。

3.2.15

半成品　semifinished product；semifinished goods

在一个企业的生产过程中，已完成一个或几个生产阶段，经检验合格入库尚待继续加工或装配的制品。

3.2.16

合格品　conforming

通过检验质量特性符合标准要求的制品。

3.2.17

不合格品　non-conforming

通过检验质量特性不符合标准要求的制品。

3.2.18

废品　scrap

不能修复又不能降级使用的不合格品。

3.2.19

制成品　finished goods

已完成所有处理和生产的最终物料。

[GB/T 20720.1—2006(IEC 62264-1:2003,IDT)3.14 条]

3.2.20

制成品放弃　finished goods waivers

对偏离标准的产品技术规范的确认。

[GB/T 20720.1—2006(IEC 62264-1:2003,IDT)3.15 条]

3.2.21

装配件　assembly

由零件、组合件通过多种形式的装配而连接在一起形成的单元。

注：装配件可分为拆卸性装配件和不可拆卸性装配件，而且可由更小的装配件组成。

3.3 工艺方法

3.3.1

铸造 **foundry**;casting

熔炼金属,制造铸型,并将熔融金属浇注铸型,凝固后获得的具有一定形状、尺寸和性能的金属零件毛坯的成形方法。

[GB/T 5611—1998 中 2.1 条]

3.3.2

锻造 **forging**

在加压设备及工(模)具的作用下,使坯料、铸锭产生局部或全部的塑性变形,以获得一定几何形状、尺寸和质量的锻件的加工方法。

[GB/T 8541—1997 中第 5 条]

3.3.3

焊接 **welding**

[按 GB/T 3375 规定]

3.3.4

热处理 **heat treatment**

将固态金属或合金在一定介质中加热、保温和冷却,以改变其整体或表面组织,从而获得所需要性能的加工方法。

3.3.5

表面处理 **surface treatment**

改善工件表面层的力学、物理或化学性能的加工方法。

3.3.6

表面涂覆 **surface coating**

用规定的异已材料,在工件表面上形成涂层的方法。

3.3.7

粉末冶金 **powder metallurgy**

将金属粉末(或与非金属粉末的混合物)压制成形和烧结等形成各种制品的方法。

3.3.8

注射成形 **injection forming**

将粉末或粒状塑料,加热熔化至流动状态,然后以一定的压力和较高的速度注射到模具内,以形成各种制品的方法。

3.3.9

机械加工 **machining**

利用机械力对各种工件进行加工的方法。

3.3.10

压力加工 **pressworking**

使毛坯材料产生塑性变形或分离而无切屑的加工方法。

3.3.11

切削加工 **cutting**

利用切削工具从工件上切除多余材料的加工方法。

3.3.12

车削 **turning**

工件旋转作主运动,车刀作进给运动的切削加工方法。

3.3.13

铣削 milling

铣刀旋转作主运动，工件或铣刀作进给运动的切削加工方法。

3.3.14

刨削 shaping;gouging

用刨刀对工件作水平相对直线往复运动的切削加工方法。

3.3.15

钻削 drilling

用钻头或扩孔钻头在工件上加工孔的方法。

3.3.16

铰削 reaming

用铰刀从工件孔壁上切除微量金属层，以提高其尺寸精度和表面粗糙度的方法。

3.3.17

锪削 spotting;spot facing;counterboring;

用锪钻或锪刀刮平孔的端面或切出沉孔的方法。

3.3.18

镗削 boring

镗刀旋转作主运动，工件或镗刀作进给运动的切削加工方法。

3.3.19

插削 slotting

用插刀对工件作垂直相对直线往复运动的切削加工方法。

3.3.20

拉削 broaching;pull broaching

用拉刀加工工件内、外表面的方法。

3.3.21

推削 push broaching

用推刀加工工件内表面的方法。

3.3.22

铲削 relieving;backing-off

切除有关带齿刀具的切削齿背以获得后面和后角的加工方法。

3.3.23

刮削 scraping

用刮刀刮除工件表面薄层的加工方法。

3.3.24

磨削 grinding

用磨具以较高的线速度对工件表面进行加工的方法。

3.3.25

研磨 lapping

用研磨工具和研磨剂，从工件上研去一层极薄表面层的精加工方法。

3.3.26

珩磨 honing

利用珩磨工具对工件表面施加一定压力，珩磨工具同时作相对旋转和直线往复运动，切除工件上极小余量的精加工方法。

3.3.27

超精加工　superfinishing

用细粒度的磨具对工件施加很小的压力，并作往复振动和慢速纵向进给运动，以实现微量磨削的一种光整加工方法。

3.3.28

抛光　polishing

利用机械、化学或电化学的作用，使工件获得光亮、平整表面的加工方法。

3.3.29

挤压　extruding

坯料在封闭膜腔内受三向不均匀压应力作用下，从模具的孔口或缝隙挤出，使之横截面积减小，成为所需制品的加工方法。

[GB/T 8541—1997 中第 8 条]

3.3.30

旋压　spinning

一种加工金属空心回转体的工艺方法。在坯料随旋压模具或旋压工具绕坯料转动中，旋压工具与坯料相对进给，使坯料受压并产生连续的局部变形或分离。它包括普通旋压、变薄旋压和分离旋压。

[GB/T 8541—1997 中第 11 条]

3.3.31

轧制　rolling

金属材料（或非金属材料）在旋转轧辊的压力作用下，产生连续塑性变形，获得所需要的截面形状并改变其性能的方法。按轧辊轴线与轧制线间和轧辊转向的关系不同，可分为纵轧、斜轧和横轧三种。

[GB/T 8541—1997 中第 7 条]

3.3.32

滚压　rolling

用滚压工具对金属坯料或工件施加压力，使其产生塑性变形，从而将坯料成形或滚光工件表面的加工方法。

3.3.33

喷丸　shot-blasting；peening

用小直径的弹丸，在压缩空气或离心力等作用下，高速喷射工件，进行表面强化和清理的加工方法。

3.3.34

喷砂　sand-blasting

用高速运行的砂粒喷射工件，进行表面清理、除锈或使其表面粗化的加工方法。

3.3.35

冷作　cold work

在基本不改变材料断面特征的情况下，将金属板材、型材等加工成各种制品的方法。

3.3.36

冲压　stamping；pressing；sheet forming

使板料经分离或成形而得到制件的工艺。

[GB/T 8541—1997 中第 6 条]

3.3.37

铆接　riveting

借助铆钉形成的不可拆连接。

3.3.38

粘结　gluing

借助粘结剂形成的连接。

3.3.39

钳加工　bench work

一般在钳台上以手工工具为主，对工件进行的各种加工方法。

3.3.40

电加工　electric machining

直接利用电能对工件进行加工的方法。

3.3.41

电火花加工　electrical discharge machining (EDM)

在一定的介质中，通过工具电极和工件电极之间的脉冲放电的电蚀作用，对工件进行加工的方法。

3.3.42

电解加工(电化学加工)　electro-chemical machining (ECM)

利用金属工件在电解液中所产生的阳极溶解作用，而进行加工的方法。

3.3.43

电子束加工　electron beam machining (EBM)

在真空条件下，利用电子枪中产生的电子经加速、聚焦，形成高能量大密度的细电子束以轰击工件被加工部位，使该部位的材料熔化和蒸发，从而进行加工，或利用电子束照射引起的化学变化而进行加工的方法。

3.3.44

离子束加工　ion beam machining

利用离子源产生的离子，在真空中经加速聚焦而形成高速高能的束状离子流，从而对工件进行加工的方法。

3.3.45

等离子加工　plasma machining

利用高温高速的等离子流使工件的局部金属熔化和蒸发，从而对工件进行加工的方法。

3.3.46

电铸　galvanoplastics; electroforming

利用金属电解沉积，复制金属制品的加工方法。

3.3.47

激光加工　laser beam machining

利用功率密度极高的激光束照射工件的被加工部位，使其材料瞬间熔化或蒸发，并在冲击波作用下，将熔融物质喷射出去，从而对工作进行穿孔、蚀刻、切割；或采用较小能量密度，使加工区域材料熔融粘合，对工作进行焊接。

3.3.48

超声波加工　ultrasonic machining

利用产生超声振动的工具，带动工件和工具间的磨料悬浮液，冲击和抛磨工件的被加工部位，使其局部材料破坏而成粉末，以进行穿孔、切割和研磨等。

3.3.49

高速高能成形　high-energy-rate forming (HERF)

利用化学能源、电能源或机械能源瞬时释放的高能量，使材料成形为所需零件的加工方法。

3.3.50

装配 assembly

按规定的技术要求，将零件或部件进行配合和连接，使之成为半成品或成品的工艺过程。

3.3.51

包装 packaging

[按 GB/T 4122.1 规定]

3.3.52

纳米加工 nano-processing

在纳米量级上对被加工件进行的从上到下去除材料的加工方法。

3.3.53

精密加工 precision machining

指尺寸精度和表面粗糙度可达微米级、亚微米级、分子级、纳米级或更高精度的切削加工方法。

3.3.54

特种加工 non-traditional machining

直接借助电能、热能、声能、光能、电化学能、化学能以及特殊机械能等多种能量或其复合应用以实现材料切除的加工方法。

3.3.55

高速切削 high-speed cutting

一般指主轴转速高于 6000r/min 的切削。

3.3.56

高压水切割 high pressure water cutting

射流水或磨料水混合物在高压下，从喷嘴中射出进行的切割。

3.3.57

快速原型 rapid prototyping (RP)

一种基于离散堆积成型思想的新型技术，是集计算机、数控、激光和新材料等最新技术而发展起来的先进的产品研究与开发技术，快速原型制造(RPM)技术是使用 RP 技术的总称。

[GB/T 18725—2002 中 3.227 条]

3.3.58

硬态切削 hard cutting

工件经淬火热处理后采用除磨料以外的刀具对工件进行切削加工的工艺方法。

3.3.59

干式切削 dry cutting

在切削或磨削过程中不使用任何切削液的新的工艺方法。

3.3.60

立体印刷 stereoscopic printing

液态材料在一定波长和强度的紫外线的照射下迅速发生光聚合反应，分子量急剧增大，材料从液态转变成固态的一种快速原型方法。

3.3.61

分层实体制造 laminated object manufacturing

根据 CAD 模型各层切片的平面几何信息，进行分层实体切割并逐层迭加形成零件实体的一种快速原型方法。

3.3.62

选择性激光烧结 selective laser sintering

用二氧化碳类红外激光对已预热(或未预热)的金属粉末或者塑料粉末一层层地扫描加热,使其达到烧结温度,最后烧结出由金属或塑料制成立体结构的一种快速原型方法。

3.3.63

熔融沉积成形 fused deposition forming

将丝状供料在喷头内加热融化,控制喷头沿零件截面轮廓和填充轨迹运动,将熔化的材料挤出沉积成实体零件的超薄层,并与周围材料凝结在一起由下而上逐层堆积形成零件实体的一种快速原型方法。

3.3.64

覆层工艺 coating process

用规定的异己材料,在工件表面上形成涂层的方法。

3.3.65

真空沉积 vacuum deposition

在真空状态下,实现基体表面金属或其他镀料材料沉积的方法。

3.3.66

热浸镀 hot dip

将金属制件浸入熔融的金属中以获得金属涂层的方法。

3.3.67

转化膜 conversion coating

通过化学或电化学手段,使金属表面形成稳定的化合物膜层的技术。也就是使金属钝化。

3.3.68

热喷涂 thermal spray

一种表面强化技术。它采用电弧、等离子弧、燃气-氧气等形式的热源,将被喷涂的涂层材料熔化或半熔化,并在气流的作用下使之雾化成微细熔滴或高温颗粒,以很高的飞行速度喷射到经过处理的基体表面,形成具有某种功能的涂层。

3.3.69

等离子喷涂 plasma spray

在惰性气体保护下,随等离子弧向排列整齐的纤维喷射金属粉末形成涂层的方法。

3.3.70

复合加工 compound machining

直接或最终利用两种或两种以上能量(包括机械能、电能、热能、化学能等)对各种工件进行加工的方法。

3.3.71

振动切削 vibrocutting

将振动机械能加工和机械切削相结合的复合加工方法。

3.3.72

电解磨削 electrolysis grinding

电解加工与机械磨削相结合的一种复合加工工艺。

3.3.73

加热机械切削 mechanical cutting heating

将热能加工和机械切削相结合的复合加工方法。

3.3.74

超声研磨 ultrasound grinding

将超声加工与机械研磨相结合的一种复合加工方法。

3.3.75

超声电火花加工 ultrasound EDM

将超声加工与电火花加工相结合的一种复合加工方法。

3.3.76

爆炸索切割 geoflex cutting

利用爆炸索爆炸产生的能量对工件进行分割的加工方法。

3.3.77

超声电解复合加工 electrolysis of ultrasonic machining

用超声振动改善电解加工过程的加工工艺。

3.3.78

电解电火花复合加工 EDM composite processing electrolytic

利用电火花放电蚀除工件上高点的钝化膜,使电解加工的加工精度和生产率都保持在一定水平上的工艺方法。

3.3.79

电解研磨 electrolytic polishing

将电解加工与机械研磨相结合的一种复合加工方法,用来对外圆、内孔、平面进行表面光整加工以至镜面加工的工艺。

3.3.80

直接成形技术 direct molding technology

制造过程中无需进行切削加工而直接产生合格产品的加工方法。

3.3.81

液压成形 hydraulic moulding

用液体(水或油)作为传压介质,而使板材按模具形状产生塑性变形的方法。

[GB/T 8541—1997 中 6.4.16 条]

3.3.82

爆炸成形 forming explosion

利用炸药爆炸时所产生的高能冲击波,通过不同介质使坯料产生塑性变形的方法。

[GB/T 8541—1997 中 6.4.12 条]

3.3.83

喷丸成形 cloud burst treatment forming

利用高速气流喷出细小钢(铁)丸,使板件拱曲而成形的方法。

[GB/T 8541—1997 中 12.9 条]

3.3.84

粗化 coarsening

利用粗化剂、粗化液以及其他方法和手段使工件具有要求粗糙度的工艺。

3.3.85

强化 strengthening

借助外力对工件表面进行强化处理,以改变其表面层机械、物理性能的加工方法。

3.3.86

微细加工　micromachining

微细加工技术是指制造超小尺寸(尺度)零件的生产加工技术。

3.3.87

硅微细加工　silicon micro-machining

以硅材料为基础材料制作各种微机械零件的加工方法。

3.3.88

光刻加工　photolithography processing

利用照相复制与化学腐蚀相结合的技术，在工件表面制取精密、微细和复杂薄层图形的化学加工方法。

3.4　工艺要素

3.4.1

工序　operation

一个或一组工人,在一个工作地对同一个或同时对几个工件所连续完成的那一部分工艺过程。

3.4.2

安装　setup

工件(或装配单元)经一次装夹后所完成的那一部分工序。

3.4.3

工步　step;manufacturing step

在加工表面(或装配时的连接表面)和加工(或装配)工具不变的情况下,所连续完成的那一部分工序。

3.4.4

辅助工步　auxiliary step

由人和(或)设备连续完成的一部分工序,该部分工序不改变工件的形状、尺寸和表面粗糙度,但它是完成工步所必需的。如更换刀具等。

3.4.5

工作行程　working stroke;operating stroke

刀具以加工进给速度相对工件所完成一次进给运动的工步部分。

3.4.6

空行程　idle stroke

刀具以非加工进给速度相对工件所完成一次进给运动的工步部分。

3.4.7

工位　position

为了完成一定的工序部分,一次装夹工件后,工件(或装配单元)与夹具或设备的可动部分一起相对刀具或设备的固定部分所占据的每一个位置。

3.4.8

基准　datum

用来确定生产对象上几何要素间的几何关系所依据的那些点、线、面。

3.4.9

设计基准　design datum

设计图样上所采用的基准。

3.4.10

工艺基准 process datum

在工艺过程中所采用的基准。

3.4.11

工序基准 operation datum

在工序图上用来确定本工序所加工表面加工后的尺寸、形状、位置的基准。

3.4.12

定位基准 fixed datum

在加工中用作定位的基准。

3.4.13

测量基准 measuring datum

测量时所采用的基准。

3.4.14

装配基准 assembly datum

装配时用来确定零件或部件在产品中的相对位置所采用的基准。

3.4.15

辅助基准 auxiliary datum

为满足工艺需要,在工件上专门设计的定位面。

3.4.16

工艺孔 auxiliary hole

为满足工艺(加工、测量、装配)的需要而在工件上增设的孔。

3.4.17

工艺凸台 false boss

为满足工艺的需要而在工件上增设的凸台。

3.4.18

工艺尺寸 process dimension

根据加工的需要,在工艺附图或工艺规程中所给出的尺寸。

3.4.19

工序尺寸 operation dimension

某工序加工应达到的尺寸。

3.4.20

尺寸链 dimensional chain

互相联系且按一定顺序排列的封闭尺寸组合。

3.4.21

工艺尺寸链 process dimension chain

在加工过程中的各有关工艺尺寸所组成的尺寸链。

3.4.22

加工总余量(毛坯余量) total allowance for machining

毛坯尺寸与零件图的设计尺寸之差。

3.4.23

工序余量 operation allowance

相邻两工序的工序尺寸之差。

3.4.24

切入量(切入长度) approach

为完成切入过程所必须附加的加工长度。

3.4.25

切出量(切出长度) overtravel;overrun

为完成切出过程所必须附加的加工长度。

3.4.26

工艺留量 process allowance

为工艺需要而增加的工件(或毛坯)的尺寸。

3.4.27

切削用量 cutting conditions

在切削加工过程中的切削速度、进给量和切削深度的总称。

3.4.28

切削速度 cutting speed

在进行切削加工时,刀具切削刃上的某一点相对于待加工表面在主运动方向上的瞬时速度。

3.4.29

主轴转速 spindle speed

机床主轴在单位时间内的转数。

3.4.30

往复次数 number of strokes

在作直线往复切削运动的机床上,刀具或工件在单位时间内连续完成切削运动的次数。

3.4.31

切削深度 depth of cut

一般指工件已加工表面和待加工表面间的垂直距离。

3.4.32

进给量 feed

工件或刀具每转或往复一次或刀具每转过一齿时,工件与刀具在进给运动方向上的相对位移。

3.4.33

进给速度 feed speed

单位时间内工件与刀具在进给运动方向上的相对位移。

3.4.34

切削力 cutting force

切削加工时,工件材料抵抗刀具切削所产生的阻力。

3.4.35

切削功率 cutting power

切削加工时,为克服切削力所消耗的功率。

3.4.36

切削热 heat in metal cutting

在切削加工过程中,由于被切削材料层的变形、分离及刀具和被切削材料间的摩擦而产生的热量。

3.4.37

切削温度 cutting temperature

切削过程中切削区域的温度。

3.4.38

切削液 cutting fluid

为了提高切削加工效果而使用的液体。

3.4.39

产量定额 rated output

在一定生产条件下,规定每个工人在单位时间内应完成的合格品数量。

3.4.40

时间定额 standard time

在一定生产条件下,规定生产一件产品或完成一道工序所需消耗的时间。

3.4.41

作业时间 basic cycle time

直接用于制造产品或零、部件所消耗的时间。可分为基本时间和辅助时间两部分。

3.4.42

基本时间 machining time;running time

直接改变生产对象的尺寸、形状、相对位置,表面状态或材料性质等工艺过程所消耗的时间。

3.4.43

辅助时间 auxiliary time

为实现工艺过程所必须进行的各种辅助动作所消耗的时间。

3.4.44

布置工作地时间 time for machine servicing

为使加工正常进行,工人照管工作地(如更换刀具、润滑机床、清理切屑、收拾工具等)所消耗的时间。

3.4.45

休息与生理需要时间 time for rest and personal needs

工人在工作班内为恢复体力和满足生理上的需要所消耗的时间。

3.4.46

准备与终结时间 time for preparation and finish

为生产一批产品或零、部件进行准备和结束工作所消耗的时间。

3.4.47

材料消耗工艺定额 material consumption quota in process

在一定生产条件下,生产单位产品或零件所需消耗的材料总重量。

3.4.48

材料工艺性消耗 material consumption in process

产品或零件在制造过程中,由于工艺需要而损耗的材料。如铸件的浇口、冒口,锻件的烧损量,棒料等的锯口、切口等。

3.4.49

材料利用率 overall material utilization factor

产品或零件的净重占其材料消耗工艺定额的百分比。

3.4.50

设备负荷率 machine load rate

设备的实际工作时间占其台时基数的百分比。

3.4.51

加工误差 machining error

零件加工后的实际几何参数(尺寸、形状和位置)对理想几何参数的偏离程度。

3.4.52

加工精度 machining accuracy

零件加工后的实际几何参数(尺寸、形状和位置)与理想几何参数的符合程度。

3.4.53

加工经济精度 economical accuracy of machining

在正常加工条件下(采用符合质量标准的设备、工艺装备和标准技术等级的工人,不延长加工时间)所能保证的加工精度。

3.4.54

表面粗糙度 surface roughness

加工表面上具有较小间距和峰谷所组成的微观几何形状特征。

3.4.55

工序能力 process capability

工序处于稳定状态时,加工误差正常波动的幅度。通常用6倍的质量特性值分布的标准偏差表示。

3.4.56

工序能力系数 process capability index

工序能力满足加工精度要求的程度。

注:当工序处于稳定状态时,工序能力系数按下式计算:

$C_P = T/6\sigma$(质量特性值的平均值与公差中值相同时);

$C_{PK} = (1-K)T/6\sigma$(质量特性值的平均值与公差中值有偏移时)。

式中:T 为公差范围,σ 为标准偏差,K 为偏移系数。

3.5 工艺文件

3.5.1

工艺路线表 sheet of process route;route sheet;master route sheet

描述产品或零、部件工艺路线的一种工艺文件。

3.5.2

车间分工明细表 workshop specification sheets

按产品各车间应加工(或装配)的零、部件一览表。

3.5.3

工艺过程卡片 procedure sheet

以工序为单位简要说明产品或零、部件的加工(或装配)过程的一种工艺文件。

3.5.4

工艺卡片 process sheet

按产品或零、部件的某一工艺阶段编制的一种工艺文件。它以工序为单元,详细说明产品(或零、部件)在某一工艺阶段中的工序号、工序名称、工序内容、工艺参数、操作要求以及采用的设备和工艺装备等。

3.5.5

工序卡片 operation sheet

在工艺过程卡片或工艺卡片的基础上,按每道工序所编制的一种工艺文件。一般具有工序简图,并详细说明该工序的每个工步的加工(或装配)内容、工艺参数、操作要求以及所用设备和工艺装备等。

3.5.6

典型工艺过程卡片　typical process flow sheet

具有相似结构和工艺特征的一组零、部件所能通用的工艺过程卡片。

3.5.7

典型工艺卡片　typical process sheet

具有相似结构和工艺特征的一组零、部件所能通用的工艺卡片。

3.5.8

典型工序卡片　typical operation sheet

具有相似结构和工艺特征的一组零、部件所能通用的工序卡片。

3.5.9

调整卡片　adjusting tables

对自动、半自动机床或某些齿轮加工机床等进行调整用的一种工艺文件。

3.5.10

工艺守则　process instructions

某一专业工种所通用的一种基本操作规程。

3.5.11

工艺附图　process accompanying figure

附在工艺规程上用以说明产品或零、部件加工或装配的简图或图表。

3.5.12

毛坯图　blank drawing

供制造毛坯用的,表明毛坯材料、形状、尺寸和技术要求的图样。

3.5.13

装配系统图　assembly flow charts;product tree

表明产品零、部件间相互装配关系及装配流程的示意图。

3.5.14

专用工艺装备设计任务书　design assignment for special technical equipment

由工艺人员根据工艺要求,对专用工艺装备设计提出的一种指示性文件,作为工装设计人员进行工装设计的依据。

3.5.15

专用设备设计任务书　design assignment for special equipment

由主管工艺人员根据工艺要求,对专用设备的设计提出的一种指示性文件,作为设计专用设备的依据。

3.5.16

组合夹具组装任务书　assembly assignment modular fixture

由工艺人员根据工艺需要,对组合夹具的组装提出的一种指示性文件作为组装夹具的依据。

3.5.17

工艺关键件明细表　list of key components and parts in process

填写产品中所有工艺关键件的图号、名称和关键内容等的一种工艺文件。

3.5.18

外协件明细表　list of cooperation part

填写产品中所有外协件的图号、名称和加工内容等的一种工艺文件。

3.5.19

专用工艺装备明细表　list of special tooling

填写产品在生产过程中所需要的全部专用工艺装备的编号、名称、使用零(部)件图号等的一种工艺文件。

3.5.20

外购工具明细表　list of purchased tooling

填写产品在生产过程所需购买的全部刀具和量具等的名称、规格与精度、使用零(部)件图号等的一种工艺文件。

3.5.21

标准工具明细表　list of factory standard tools

填写产品在生产过程中所需的标准工具的名称、规格与精度、使用零(部)件图号等的一种工艺文件。

3.5.22

组合夹具明细表　list of universal modular jigs and fixtures system

填写产品在生产过程中所需的全部组合夹具的编号、名称、使用零(部)件图号等的一种工艺文件。

3.5.23

工位器具明细表　list of parts stands and racks

填写产品在生产过程中所需的全部工位器具的编号、名称、使用零(部)件图号等的一种工艺文件。

3.5.24

材料消耗工艺定额明细表　list of material consumption quota in process

填写产品每个零件在制造过程中所需消耗的各种材料的名称、牌号、规格、重量等的一种工艺文件。

3.5.25

材料消耗工艺定额汇总表　summaries of material consumption quota in process

将“材料消耗工艺定额明细表”中的各种材料按单台产品汇总填列的一种工艺文件。

3.5.26

工艺装备验证书　proof record for tooling

记载对新工艺装备验证结果的一种工艺文件。

3.5.27

工艺试验报告　report of engineer test

说明对新的工艺方案或工艺方法的试验过程,并对试验结果进行分析和提出处理意见的一种工艺文件。

3.5.28

工艺总结　summary of technological work

新产品经过试生产后,工艺人员对工艺准备阶段的工作和工艺、工装的试用情况进行记述,并提出处理意见的一种工艺文件。

3.5.29

工艺文件目录　catalogue of process documents

产品所有工艺文件的清单。

3.5.30

工艺文件更改通知单　change order for technological documentation

更改工艺文件的联系单和凭证。

3.5.31

临时脱离工艺通知单　order for temporary disengage process

由于客观条件限制，暂时不能按原定工艺规程加工或装配，在规定的时间或批量内允许改变工艺路线或工艺方法的联系单和凭证。

3.5.32

工艺决策　process decision

根据产品设计信息，利用工艺经验和具体的生产环境条件，确定产品的工艺过程。

3.5.33

工艺信息模型　process information model

在计算机中对产品所涉及的工艺相关的所有数据的完整、一致和高效可存取的结构化描述，它包括产品及设计零部件信息、制造零部件信息、工艺要求、工艺过程、材料消耗定额、加工工时定额、设备和工艺装备、工艺辅料、装配物料清单、工艺文件、NC代码、工艺版本等数据。

3.5.34

零件信息模型　parts information model

在计算机中对零部件的几何形状、物理属性、管理属性、制造属性、使用属性等综合信息的完整、一致和高效可存取的结构化描述。

3.5.35

（零件）特征　feature

具有一定几何形状、工程意义和加工要求的一组信息的集合，是构造零件几何形状和零件信息模型的基本信息单元。

3.5.36

特征代号　feature ID

用于表示零件特征的代号。

3.5.37

工序图　operation diagram

工艺设计结果的图形表达。

3.6　工艺装备与工件装夹

3.6.1

专用工艺装备　special tooling

专为某一产品所用的工艺装备。

3.6.2

通用工艺装备　universal tooling

能为几种产品所共用的工艺装备。

3.6.3

标准工艺装备　standard tooling

已纳入标准的工艺装备。

3.6.4

夹具　jigs;fixture

用以装夹工件（和引导刀具）的装置。

3.6.5

模具　die;mould;pattern

用以限定生产对象的形状和尺寸的装置。

3.6.6

刀具 cutting tool

能从工件上切除多余材料或切断材料的带刃工具。

3.6.7

计量器具 measuring instruments

用以直接或间接测出被测对象量值的工具、仪器、仪表等。

3.6.8

辅具〔机床辅具〕 auxiliary tools;machine auxiliary tools

用以连接刀具与机床的工具。

3.6.9

钳工工具 bench-work tool

各种钳工作业所用工具的总称。

3.6.10

工位器具 station facilities

在工作地或仓库中用以存放生产对象或工具用的各种装置。

3.6.11

装夹 set-up

将工件在机床上或夹具中定位、夹紧的过程。

3.6.12

定位 positioning

确定工件在机床上或夹具中占有正确位置的过程。

3.6.13

夹紧(卡夹) clamping

工件定位后将其固定,使其在加工过程中保持定位位置不变的操作。

3.6.14

找正 aligning;to center align

用工具(和仪表)根据工件上有关基准,找出工件在划线、加工或装配时的正确位置的过程。

3.6.15

对刀 to size

调整刀具切削刃相对工件或夹具的正确位置的过程。

3.7 其他

3.7.1

粗加工 roughing

以切除大部分加工余量为主要目的的加工。

[GB/T 6477—2008 中 3.6.8]

3.7.2

半精加工 semi-finishing

粗加工与精加工之间的加工。

[GB/T 6477—2008 中 3.6.9]

3.7.3

精加工 finishing

使工件达到预定的精度和表面质量的加工。

[GB/T 6477—2008 中 3.6.10]

3.7.4

光整加工 finishing cut

精加工后，从工件上不切除或切除极薄金属层，用以提高工件表面粗糙度或强化其表面的加工过程。

3.7.5

超精密加工 ultraprecision machining

按照超稳定，超微量切除等原则，实现加工尺寸误差和形状误差在 0.1 μm 以下的加工技术。

3.7.6

试切法 machining by trial cuts

通过试切—测量—调整—再试切，反复进行到被加工尺寸达到要求为止的加工方法。

3.7.7

调整法 machining on preset machine tool

先调整好刀具和工件在机床上的相对位置，并在一批零件的加工过程中保持这个位置不变，以保证工件被加工尺寸的方法。

3.7.8

定尺寸刀具法 dimensioning cutting tool

用刀具的相应尺寸来保证工件被加工部位尺寸的方法。

3.7.9

展成法(滚切法) generating

利用工件和刀具作展成切削运动进行加工的方法。

3.7.10

仿形法 copying

刀具按照仿形装置进给对工件进行加工的方法。

3.7.11

成形法 forming

利用成形刀具对工件进行加工的方法。

3.7.12

配作 machining based another part

以已加工件为基准，加工与其相配的另一工件，或将两个(或两个以上)工件组合在一起进行加工的方法。

4 典型表面加工术语

4.1 孔加工

4.1.1

钻孔 drilling;drilling from the solid

用钻头在实体材料上加工孔的方法。

4.1.2

扩孔 core drilling

用扩孔工具扩大工件孔径的加工方法。

4.1.3

铰孔 reaming

[见 3.3.16 铰削]。

4.1.4

锪孔 counterboring;countersinking, recessing

用锪削方法加工平底或锥形沉孔。

4.1.5

镗孔 boring

用镗削方法扩大工件的孔。

4.1.6

车孔 hole turning;internal turning;boring

用车削方法扩大工件的孔或加工空心工件的内表面。

4.1.7

铣孔 hole milling

用铣削方法加工工件的孔。

4.1.8

拉孔 hole broaching;internal broaching

用拉削方法加工工件的孔。

4.1.9

推孔 hole push broaching

用推削方法加工工件的孔。

4.1.10

插孔 hole slotting

用插削方法加工工件的孔。

4.1.11

磨孔 hole grinding;internal grinding

用磨削方法加工工件的孔。

4.1.12

珩孔 hole honing

用珩磨方法加工工件的孔。

4.1.13

研孔 hole lapping

用研磨方法加工工件的孔。

4.1.14

刮孔 hole scraping

用刮削方法加工工件的孔。

4.1.15

挤孔 hole burnishing

用挤压方法加工工件的孔。

4.1.16

滚压孔 hole rolling

用滚压方法加工工件的孔。

4.1.17

冲孔 punching

用冲模在工件或板料上冲切孔的方法。

4.1.18

激光打孔 laser beam perforation

用激光加工原理加工工件的孔。

4.1.19

电火花打孔 electric spark-erosion perforation

用电火花加工原理加工工件的孔。

4.1.20

超声波打孔 ultrasonic perforation

用超声波加工原理加工工件的孔。

4.1.21

电子束打孔 electron beam perforation

用电子束加工原理加工工件的孔

4.2 外圆加工

4.2.1

车外圆 turning;plain turning;cylindrical turning

用车削方法加工工件的外圆表面。

4.2.2

磨外圆 cylindrical grinding;centerless grinding

用磨削方法加工工件的外圆表面。

4.2.3

珩磨外圆 cylindrical honing

用珩磨方法加工工件的外圆表面。

4.2.4

研磨外圆 cylindrical lapping

用研磨的方法加工工件的外圆表面。

4.2.5

抛光外圆 cylindrical polishing;cylindrical buffing

用抛光方法加工工件的外圆表面。

4.2.6

滚压外圆 cylindrical rolling

用滚压方法加工工件的外圆表面。

4.3 平面加工

4.3.1

车平面 surface turning;facing;surfacing

用车削方法加工工件的平面。

4.3.2

铣平面 plain milling;slab milling;face milling

用铣削方法加工工件的平面。

4.3.3

刨平面 surface shaping;surface planing

用刨削方法加工工件的平面。

4.3.4

磨平面　surface grinding;face grinding

用磨削方法加工工件的平面。

4.3.5

珩平面　surface honing

用珩磨的方法加工工件的平面。

4.3.6

刮平面　surface scraping

用刮削方法加工工件的平面。

4.3.7

拉平面　surface broaching

用拉削方法加工工件的平面。

4.3.8

锪平面　spot facing;end-facing

用锪削方法将工件的孔口周围切削成垂直于孔的平面。

4.3.9

研平面　flat lapping

用研磨的方法加工工件的平面。

4.3.10

抛光平面　surface polishing;plane buffing

用抛光方法加工工件的平面。

4.4　槽加工

4.4.1

车槽　recessing;grcoving;radial plunge cutting

用车削方法加工工件的槽。

4.4.2

铣槽　slot milling, side and face milling;keyway milling

用铣削方法加工工件的槽或键槽。

4.4.3

刨槽　slot shaping;slat planing;grooving

用刨削方法加工工件的槽。

4.4.4

插槽　slotting;keyway slotting

用插削方法加工工件的槽或键槽。

4.4.5

拉槽　slot broaching;keyway broaching

用拉削方法加工工件的槽或键槽。

4.4.6

推槽　slot push broaching

用推削方法加工工件的槽。

4.4.7

镗槽　slot boring

用镗削方法加工工件的槽。

4.4.8

磨槽　slot grinding

用磨削方法加工工件的槽。

4.4.9

研槽　slot lapping

用研磨方法加工工件的槽。

4.4.10

滚槽　slot rolling

用滚压工具，对工件上的槽进行光整或强化加工的方法。

4.4.11

刮槽　slot scraping

用刮削方法加工工件的槽。

4.5　螺纹加工

4.5.1

车螺纹　single-point threading；thread turning

用螺纹车刀切出工件的螺纹。

4.5.2

梳螺纹　thread chasing

用螺纹梳刀切出工件的螺纹。

4.5.3

铣螺纹　thread milling

用螺纹铣刀切出工件的螺纹。

4.5.4

旋风铣螺纹　thread whirling；planetary thread milling

用旋风铣头切出工件的螺纹。

4.5.5

滚压螺纹　thread rolling；cylindrical die thread rolling

用一副螺纹滚轮，滚轧出工件的螺纹。

4.5.6

搓螺纹　thread rolling；flat die thread rolling

用一对螺纹模板(搓丝板)轧制出工件的螺纹。

4.5.7

拉螺纹　internal thread broaching；rifling

用拉削丝锥加工工件的内螺纹。

4.5.8

攻螺纹　tapping

用丝锥加工工件的内螺纹。

4.5.9

套螺纹　thread die cutting；thread with die

用板牙或螺纹切头加工工件的螺纹。

4.5.10

磨螺纹　thread grinding

用单线或多线砂轮磨削工件的螺纹。

4.5.11

珩螺纹　thread honing

用珩磨工具珩磨工件的螺纹。

4.5.12

研螺纹　thread lapping

用螺纹研磨工具研磨工件的螺纹。

4.6　齿面加工

4.6.1

铣齿　gear milling

用铣刀或铣刀盘按成形法或展成法加工齿轮或齿条等的齿面。

4.6.2

刨齿　gear planing

用刨齿刀加工直齿圆柱齿轮、锥齿轮或齿条等的齿面。

4.6.3

插齿　gear shaping

用插齿刀按展成法或成形法加工内、外齿轮或齿条等的齿面。

4.6.4

滚齿　gear hobbing;hobbing

用齿轮滚刀按展成法加工齿轮、蜗轮等的齿面。

4.6.5

剃齿　gear shaving

用剃齿刀对齿轮或蜗轮等的齿面进行精加工。

4.6.6

珩齿　gear honing

用珩磨轮对齿轮或蜗轮等的齿面进行精加工。

4.6.7

磨齿　gear grinding

用砂轮按展成法或成形法磨削齿轮或齿条等的齿面。

4.6.8

研齿　gear lapping

用具有齿形的研轮与被研齿轮或一对配对齿轮对滚研磨,以进行齿面的加工。

4.6.9

拉齿　gear broaching

用拉刀或拉刀盘加工内、外齿轮等的齿面。

4.6.10

轧齿　gear rolling

用具有齿形的轧轮或齿条作为工具,轧制出齿轮的齿形。

4.6.11

挤齿　gear burnishing

用挤轮与齿轮按无侧隙啮合的方式对滚,以精加工齿轮的齿面。

4.6.12

冲齿轮　gear stamping

用齿轮冲模冲制齿轮。

4.6.13

铸齿轮　gear casting

用铸造方法获得齿轮。

4.7　成形面加工

4.7.1

车成形面　form turning;copy turning;profile turning

用成形车刀按成形法或仿形法等车削工件的成形面。

4.7.2

铣成形面　form milling;profile milling;copy milling

用成形铣刀按成形法或仿形法等铣削工件的成形面。

4.7.3

刨成形面　form shaping

用成形刨刀按成形法或仿形法等刨削工件的成形面。

4.7.4

磨成形面　form grinding

用成形砂轮按成形法或仿形法等磨削工件的成形面。

4.7.5

抛光成形面　form polishing

用抛光方法加工工件的成形面。

4.7.6

电加工成形面　form electro-machining

用电火花成形、电解成形等方法加工工件的成形面。

4.8　其他

4.8.1

滚花　knurling

用滚花工具在工件表面上滚压出花纹的加工。

4.8.2

倒角　chamfering

把工件的棱角切削成一定斜面的加工。

4.8.3

倒圆角　rounding;filletting

把工件的棱角切削成圆弧面的加工。

4.8.4

钻中心孔　centering

用中心钻在工件的端面加工定位孔。

4.8.5

磨中心孔　center grinding;center hole grinding

用锥形砂轮磨削工件的中心孔。

4.8.6

研中心孔　center lapping;center hole lapping

用研磨方法精加工工件的中心孔。

4.8.7

挤压中心孔　center squeezing;center hole squeezing

用硬质合金多棱顶尖,挤光工件的中心孔。

4.8.8

切断　cutting off;parting off;parting

把坯料或工件切成两段(或数段)的加工方法。

5　冷作、钳工及装配常用术语

5.1　冷作

5.1.1

排料(排样)　blank lay out;nesting plan

在板料或条料上合理安排每个坯件下料位置的过程。

5.1.2

放样　lay out

根据构件图样,用1∶1的比例(或一定的比例)在放样台(或平板)上画出其所需图形的过程。

5.1.3

展开　development

将构件的各个表面依次摊开在一个平面上的过程。

5.1.4

号料　layingout

根据图样或利用样板、样杆等直接在材料上划出构件形状和加工界线的过程。

5.1.5

切割　cutting

把板材或型材等切成所需形状和尺寸的坯料或工件的过程。

5.1.6

剪切　shearing

通过两剪刃的相对运动,切断材料的加工方法。

5.1.7

弯形　bending

将坯料弯成所需形状的加工方法。

5.1.8

压弯　bending;press bending

用模具或压弯设备将坯料弯成所需形状的加工方法。

5.1.9

拉弯　stretch bending;tensile bending

坯料在受拉状态下沿模具弯曲成形的方法。

5.1.10

滚弯　roll bending

通过旋转辊轴使坯料弯曲成形的方法。

5.1.11

热弯　hot bending

将坯料在热状态下弯曲成形的方法。

5.1.12

弯管 **pipe bending**

将管材弯曲成形的方法。

5.1.13

热成形 **hot working**

金属在再结晶温度以上进行的成形过程。

[GB/T 8541—1997 中 3.1.16 条]

5.1.14

胀形 **bulging**

板料或空心坯料在双向拉应力作用下,使其产生塑性变形取得所需制件的成形方法。

5.1.15

扩口 **flaring**

将管件或空心制件的端部径向尺寸扩大的加工方法。

5.1.16

缩口 **neeking**

将管件或空心制件的端部加压,使其径向尺寸缩小的加工方法。

5.1.17

缩颈 **necking**

将管件或空心制件局部加压,使其径向尺寸缩小的加工方法。

5.1.18

咬缝(锁接) **seaming**; folded joint

将薄板的边缘相互折转扣合压紧的连接方法。

5.1.19

胀接 **expanding joint**

利用管子和管板变形来达到紧固和密封的连接方法。

5.1.20

放边 **release side**

使工件单边延伸变薄而弯曲成形的方法。

5.1.21

收边 **shrinking side**

使工件单边起皱收缩而弯曲成形的方法。

5.1.22

拔缘 **side bending**

利用放边和收边使板料边缘弯曲的方法。

5.1.23

拱曲 **arching**; hollowing

将板料周围起皱收边,而中间打薄锤放,使之成为半球形或其他所需形状的加工方法。

5.1.24

扭曲 **twisting**

将坯料的一部分与另一部分相对的扭转一定角度的加工方法。

5.1.25

拼接 **joining together**

将坯料以小拼整的方法。

5.1.26

卷边 curling;crimping

将工件边缘卷成圆弧的加工方法。

5.1.27

折边 hemining;folding

将工件边缘压扁成叠边或压弯成一定几何形状的加工方法。

5.1.28

翻边 flanging

将板件边缘或管件(或空心制件)的口部进行折边或翻扩的加工方法。

5.1.29

刨边 edge planing

对板件的边缘进行的刨削加工。

5.1.30

修边 trimming

对板件的边缘进行修整加工的方法。

5.1.31

反变形[预变形] reverse deformation

在焊接前,用外力把制件按预计变形相反的方向强制变形,以补偿加工后制件变形的方法。

5.1.32

矫正(校形) straightening

消除材料或制件的弯曲、翘曲、凸凹不平等缺陷的加工方法。

5.1.33

校直 straightening

消除材质或制件弯曲的加工方法。

5.1.34

校平 flattening

消除板材或平板制件的翘曲、局部凸凹不平等的加工方法。

5.2 钳工

5.2.1

划线 laying out

在毛坯或工件上,用划线工具划出待加工部位的轮廓线或作为基准的点、线。

5.2.2

打样冲眼 center-punching

在毛坯或工件划线后,在中心线或辅助线上用样冲打出冲点的方法。

5.2.3

锯削 sawing

用锯对材料或工件进行切断或切槽等的加工方法。

5.2.4

錾削 chipping

用手锤打击錾子对金属工件进行切削加工的方法。

5.2.5

锉削 filing

用锉刀对工件进行切削加工的方法。

5.2.6

堵孔　plug-hole

按工艺要求堵住工件上某些工艺孔。

5.2.7

配键　key fitting

以键槽为基准,修锉与其相配合的键。

5.2.8

配重　mass-balance weight;counterpoising

在产品或零、部件的某一位置上增加重物,使其由不平衡达到平衡的方法。

5.2.9

去重　weight reduction

去掉产品或零、部件上某一部分质量使其由不平衡达到平衡的方法。

5.2.10

刮研　scraping;spotting-in

用刮刀从工件表面刮去较高点,再用标准检具(或与其相配的件)涂色检验的反复加工过程。

5.2.11

配研　spotting;running-in

两个相配合的零件,在其结合表面加研磨剂使其相互研磨以达到良好接触的过程。

5.2.12

标记　marking

在毛坯或工件上做出规定的记号。

5.2.13

去毛刺　deburring

清除工件已加工部位周围所形成的刺状物或飞边。

5.2.14

倒钝锐边　breaking sharp corners;rounding sharp edges

除去工件上尖锐棱角的过程。

5.2.15

砂光　coated abrasive working

用砂布或砂纸磨光工件表面的过程。

5.2.16

除锈　rust removal

将工件表面上的锈蚀除去的过程。

5.2.17

清洗　cleaning

用清洗剂清除产品或工件上的油污,灰尘等脏物的过程。

5.3　装配与试验

5.3.1

配套　forming a complete set

将待装配产品的所有零、部件配备齐全。

5.3.2

部装　subassembly

把零件装配成部件的过程。

5.3.3

总装 general assembly;final assembly

把零件和部件装配成最终产品的过程。

5.3.4

调整装配法 adjustment assembly method

在装配时用改变产品中可调整零件的相对位置或选用合适的调整件以达到装配精度的方法。

5.3.5

修配装配法 fitting assembly method

在装配时修去指定零件上预留修配量以达到装配精度的方法。

5.3.6

安装件 installation

零件、组合件、装配件经过安装而形成的连接在最终产品上的零、部件。

5.3.7

虚拟装配 virtual assembly

根据产品结构形状、精度特性、装配的运动学和动力学原理等,在计算机中模拟真实的产品三维装配过程,并允许用户以交互方式进行拟实控制,以检验产品的可装配性。

5.3.8

互换装配法 interchangeable assembly method

在装配时各配合零件不经修理,通过选择或调整即可达到装配精度的方法。

5.3.9

分组装配法 classified groups assembly method

在成批或大量生产中,将产品各配合副的零件按实测尺寸分组,装配时按组进行互换装配以达到装配精度的方法。

5.3.10

压装 press fitting

将具有过盈量配合的两个零件压到配合位置的装配过程。

5.3.11

热装 shrinkage fitting

具有过盈量配合的两个零件,装配时先将包容件加热胀大,再将被包容件装入到配合位置的过程。

5.3.12

冷装 expansion fitting

具有过盈量配合的两个零件,装配时先将被包容件用冷却剂冷却,使其尺寸收缩,再装入包容件使其达到配合位置的过程。

5.3.13

吊装 lift fitting

对大型零、部件,借助于起吊装置进行的装配。

5.3.14

试装 trial assembly

为保证产品总装质量而进行的各连接部位的局部试验性装配。

5.3.15

装配尺寸链 dimensional chain for assembly

各有关装配尺寸所组成的尺寸链。

5.3.16

预载 preload

对某些产品或零、部件在使用前所需预加的载荷。

5.3.17

静平衡试验 static balance test

调整产品或零、部件使其达到静态平衡的过程。

5.3.18

动平衡试验 dynamic balancing test

对旋转的零、部件,在动平衡试验机上进行试验和调整,使其达到动态平衡的过程。

5.3.19

试车 test run

机器装配后,按设计要求进行的运转试验。

5.3.20

空运转试验 no-load test;running-in test

机器或其部件装配后,不加负荷所进行的运转试验。

5.3.21

负荷试验 load test

机器或其部件装配后,加上额定负荷所进行的试验。

5.3.22

超负荷试验 overload test

按照技术要求,对机器进行超出定额负荷范围的运转试验。

5.3.23

型式试验 type-test

根据新产品试制鉴定大纲或设计要求,对新产品样机的各项质量指标所进行的全面试验或检验。

5.3.24

性能试验 performance test

为测定产品或其部件的性能参数而进行的各种试验。

5.3.25

寿命试验 life test

按照规定的使用条件(或模拟其使用条件)和要求,对产品或其零、部件的寿命指标所进行的试验。

5.3.26

破坏性试验 destructive test

按规定的条件和要求,对产品或其零、部件进行直到破坏为止的试验。

5.3.27

温度试验 temperature test

在规定的温度条件下,对产品或其零、部件进行的试验。

5.3.28

压力试验 pressure test

在规定的压力条件下,对产品或其零、部件所进行的试验。

5.3.29

噪声试验 noise measurement

按规定的条件和要求,对产品所产生的噪声大小进行测定的试验。

5.3.30

电气试验　electric test

将机器的电气部分安装后，按电气系统性能要求所进行的试验。

5.3.31

渗漏试验　leakage test

在规定压力下，观测产品或其零、部件对试验液体的渗漏情况。

5.3.32

气密性试验　air-tight test；tightness test

在规定的压力下，测定产品或其零、部件气密性程度的试验。

5.3.33

油封　oil sealing

在产品装配和清洗后，用防锈剂等将其指定部位(或全部)加以保护的措施。

5.3.34

漆封　paint sealing

对产品中不准随意拆卸或调整的部位，在产品装调合格后，用漆加封的措施。

5.3.35

拆卸　disassembly

使用一定的工具和手段，解除对零部件造成各种约束的联接，将产品零部件逐个分离的过程。

5.3.36

铅封　lead sealing

产品装调合格后，用铅将其指定部位封住的措施。

5.3.37

启封　unsealing

将封装的零、部件或产品打开的过程。

5.3.38

装配顺序规划　assemble sequence planning

在装配工序中应用人工智能的一项新技术。通过对装配工序的分解和分析，建立一个装配事例库。根据事例推理技术，从事例库中检索出相似的事例，利用认知和推理方法对几种装配事例进行模式匹配，经过人机交互修演，得到新的装配顺序，从而制定装配规划，使装配工作实现智能化。

[GB/T 18725—2002 中 3.28 条]

中 文 索 引

A

安装…………………………………… 3.4.2
安装件………………………………… 5.3.6

B

拔缘 …………………………………… 5.1.22
刨边 …………………………………… 5.1.29
刨槽…………………………………… 4.4.3
刨成形面……………………………… 4.7.3
刨齿…………………………………… 4.6.2
刨平面………………………………… 4.3.3
刨削 …………………………………… 3.3.14
半成品 ………………………………… 3.2.15
半精加工……………………………… 3.7.2
包装 …………………………………… 3.3.51
爆炸成形 ……………………………… 3.3.82
爆炸索切割 …………………………… 3.3.76
标记 …………………………………… 5.2.12
标准工具明细表 ……………………… 3.5.21
标准工艺装备………………………… 3.6.3
表面处理……………………………… 3.3.5
表面粗糙度…………………………… 3.4.54
表面涂覆……………………………… 3.3.6
不合格品 ……………………………… 3.2.17
布置工作地时间 ……………………… 3.4.44
部装…………………………………… 5.3.2

C

材料工艺性消耗 ……………………… 3.4.48
材料利用率 …………………………… 3.4.49
材料消耗工艺定额 …………………… 3.4.47
材料消耗工艺定额汇总表 …………… 3.5.25
材料消耗工艺定额明细表 …………… 3.5.24
测量基准 ……………………………… 3.4.13
插槽…………………………………… 4.4.4
插齿…………………………………… 4.6.3
插孔 …………………………………… 4.1.10
插削 …………………………………… 3.3.19
拆卸 …………………………………… 5.3.35
产量定额 ……………………………… 3.4.39
产品结构工艺性……………………… 3.1.4
铲削 …………………………………… 3.3.22
超负荷试验 …………………………… 5.3.22
超精加工 ……………………………… 3.3.27
超精密加工…………………………… 3.7.5
超声波打孔 …………………………… 4.1.20
超声波加工 …………………………… 3.3.48
超声电火花加工 ……………………… 3.3.75
超声电解复合加工 …………………… 3.3.77
超声研磨 ……………………………… 3.3.74
车槽…………………………………… 4.4.1
车成形面……………………………… 4.7.1
车间分工明细表……………………… 3.5.2
车孔…………………………………… 4.1.6
车螺纹………………………………… 4.5.1
车平面………………………………… 4.3.1
车外圆………………………………… 4.2.1
车削 …………………………………… 3.3.12
成形法 ………………………………… 3.7.11
成组技术 ……………………………… 3.1.27
尺寸链 ………………………………… 3.4.20
冲齿轮 ………………………………… 4.6.12
冲孔…………………………………… 4.1.17
冲压 …………………………………… 3.3.36
冲压件………………………………… 3.2.8
除锈 …………………………………… 5.2.16
粗化 …………………………………… 3.3.84
粗加工………………………………… 3.7.1
搓螺纹………………………………… 4.5.6
锉削…………………………………… 5.2.5

D

打样冲眼……………………………… 5.2.2
刀具…………………………………… 3.6.6
倒钝锐边 ……………………………… 5.2.14
倒角…………………………………… 4.8.2
倒圆角………………………………… 4.8.3
等离子加工 …………………………… 3.3.45
等离子喷涂 …………………………… 3.3.69

典型工序卡片…………………………………… 3.5.8
典型工艺………………………………………… 3.1.3
典型工艺过程卡片……………………………… 3.5.6
典型工艺卡片…………………………………… 3.5.7
电火花打孔 …………………………………… 4.1.19
电火花加工 …………………………………… 3.3.41
电加工 ………………………………………… 3.3.40
电加工成形面…………………………………… 4.7.6
电解电火花复合加工 ………………………… 3.3.78
电解加工(电化学加工) ……………………… 3.3.42
电解磨削 ……………………………………… 3.3.72
电解研磨 ……………………………………… 3.3.79
电气试验 ……………………………………… 5.3.30
电铸 …………………………………………… 3.3.46
电子束打孔 …………………………………… 4.1.21
电子束加工 …………………………………… 3.3.43
吊装 …………………………………………… 5.3.13
调整法…………………………………………… 3.7.7
调整卡片………………………………………… 3.5.9
调整装配法……………………………………… 5.3.4
定尺寸刀具法…………………………………… 3.7.8
定位 …………………………………………… 3.6.12
定位基准 ……………………………………… 3.4.12
动平衡试验 …………………………………… 5.3.18
堵孔……………………………………………… 5.2.6
锻件……………………………………………… 3.2.6
锻造……………………………………………… 3.3.2
对刀 …………………………………………… 3.6.15

F

翻边 …………………………………………… 5.1.28
反变形(预变形) ……………………………… 5.1.31
仿形法 ………………………………………… 3.7.10
放边 …………………………………………… 5.1.20
放样……………………………………………… 5.1.2
废品 …………………………………………… 3.2.18
分层实体制造 ………………………………… 3.3.61
分组装配法……………………………………… 5.3.9
粉末冶金………………………………………… 3.3.7
辅具(机床辅具)……………………………… 3.6.8
辅助材料………………………………………… 3.2.3
辅助工步………………………………………… 3.4.4
辅助基准 ……………………………………… 3.4.15
辅助时间 ……………………………………… 3.4.43
负荷试验 ……………………………………… 5.3.21
覆层工艺 ……………………………………… 3.3.64

G

干式切削 ……………………………………… 3.3.59
高速高能成形 ………………………………… 3.3.49
高压水切割 …………………………………… 3.3.56
工步……………………………………………… 3.4.3
工件……………………………………………… 3.2.9
工位……………………………………………… 3.4.7
工位器具 ……………………………………… 3.6.10
工位器具明细表 ……………………………… 3.5.23
工序……………………………………………… 3.4.1
工序尺寸 ……………………………………… 3.4.19
工序基准 ……………………………………… 3.4.11
工序卡片………………………………………… 3.5.5
工序能力 ……………………………………… 3.4.55
工序能力系数 ………………………………… 3.4.56
工序图 ………………………………………… 3.5.37
工序余量 ……………………………………… 3.4.23
工艺……………………………………………… 3.1.1
工艺参数 ……………………………………… 3.1.18
工艺尺寸 ……………………………………… 3.4.18
工艺尺寸链 …………………………………… 3.4.21
工艺方案 ……………………………………… 3.1.12
工艺附图 ……………………………………… 3.5.11
工艺关键件 …………………………………… 3.2.10
工艺关键件明细表 …………………………… 3.5.17
工艺管理 ……………………………………… 3.1.22
工艺规程 ……………………………………… 3.1.14
工艺规范 ……………………………………… 3.1.17
工艺过程 ……………………………………… 3.1.10
工艺过程卡片…………………………………… 3.5.3
工艺过程优化 ………………………………… 3.1.31
工艺基准 ……………………………………… 3.4.10
工艺纪律 ……………………………………… 3.1.26
工艺决策 ……………………………………… 3.5.32
工艺卡片………………………………………… 3.5.4
工艺孔 ………………………………………… 3.4.16
工艺留量 ……………………………………… 3.4.26
工艺路线 ……………………………………… 3.1.13
工艺路线表……………………………………… 3.5.1

工艺设备 …………………………………… 3.1.23
工艺设计 …………………………………… 3.1.15
工艺试验 …………………………………… 3.1.20
工艺试验报告 ……………………………… 3.5.27
工艺守则 …………………………………… 3.5.10
工艺数据 …………………………………… 3.1.38
工艺数据库 ………………………………… 3.1.32
工艺凸台 …………………………………… 3.4.17
工艺文件 …………………………………… 3.1.11
工艺文件更改通知单 ……………………… 3.5.30
工艺文件目录 ……………………………… 3.5.29
工艺系统 …………………………………… 3.1.25
工艺信息模型 ……………………………… 3.5.33
工艺性审查…………………………………… 3.1.6
工艺性分析…………………………………… 3.1.7
工艺验证 …………………………………… 3.1.21
工艺要素 …………………………………… 3.1.16
工艺用件 …………………………………… 3.2.13
工艺装备(工装)……………………………… 3.1.24
工艺装备验证书……………………………… 3.5.26
工艺准备 …………………………………… 3.1.19
工艺总结 …………………………………… 3.5.28
工作行程……………………………………… 3.4.5
攻螺纹………………………………………… 4.5.8
拱曲 ………………………………………… 5.1.23
刮槽 ………………………………………… 4.4.11
刮孔 ………………………………………… 4.1.14
刮平面………………………………………… 4.3.6
刮削 ………………………………………… 3.3.23
刮研 ………………………………………… 5.2.10
光刻加工 …………………………………… 3.3.88
光整加工……………………………………… 3.7.4
硅微细加工 ………………………………… 3.3.87
滚槽 ………………………………………… 4.4.10
滚齿…………………………………………… 4.6.4
滚花…………………………………………… 4.8.1
滚弯 ………………………………………… 5.1.10
滚压 ………………………………………… 3.3.32
滚压孔 ……………………………………… 4.1.16
滚压螺纹……………………………………… 4.5.5
滚压外圆……………………………………… 4.2.6

H

焊接…………………………………………… 3.3.3
焊接件………………………………………… 3.2.7
号料…………………………………………… 5.1.4
合格品 ……………………………………… 3.2.16
珩齿…………………………………………… 4.6.6
珩孔 ………………………………………… 4.1.12
珩螺纹 ……………………………………… 4.5.11
珩磨 ………………………………………… 3.3.26
珩磨外圆……………………………………… 4.2.3
珩平面 ……………………………………… 4.3.5
互换装配法…………………………………… 5.3.8
划线…………………………………………… 5.2.1
锪孔…………………………………………… 4.1.4
锪平面………………………………………… 4.3.8
锪削 ………………………………………… 3.3.17

J

机械加工……………………………………… 3.3.9
机械制造工艺………………………………… 3.1.2
基本时间 …………………………………… 3.4.42
基准…………………………………………… 3.4.8
激光打孔 …………………………………… 4.1.18
激光加工 …………………………………… 3.3.47
挤齿 ………………………………………… 4.6.11
挤孔 ………………………………………… 4.1.15
挤压 ………………………………………… 3.3.29
挤压中心孔…………………………………… 4.8.7
计量器具……………………………………… 3.6.7
计算机辅助工艺规程设计 ………………… 3.1.44
计算机辅助制造 …………………………… 3.1.43
加工经济精度 ……………………………… 3.4.53
加工精度 …………………………………… 3.4.52
加工误差 …………………………………… 3.4.51
加工总余量(毛坯余量) …………………… 3.4.22
加热机械切削 ……………………………… 3.3.73
夹紧(卡夹) ………………………………… 3.6.13
夹具…………………………………………… 3.6.4
剪切…………………………………………… 5.1.6
矫正(校形) ………………………………… 5.1.32
铰孔…………………………………………… 4.1.3
铰削 ………………………………………… 3.3.16

进给量…………………………………………3.4.3
进给速度 ……………………………………3.4.33
精加工…………………………………………3.7.3
精密加工 ……………………………………3.3.53
静平衡试验 …………………………………5.3.17
锯削…………………………………………5.2.3
卷边 …………………………………………5.1.26

K

可复用工艺设计 ……………………………3.1.42
可加工性……………………………………3.1.7
空行程………………………………………3.4.6
空运转试验 …………………………………5.3.20
快速原型 ……………………………………3.3.57
扩孔…………………………………………4.1.2
扩口 …………………………………………5.1.15

L

拉槽…………………………………………4.4.5
拉齿…………………………………………4.6.9
拉孔…………………………………………4.1.8
拉螺纹………………………………………4.5.7
拉平面………………………………………4.3.7
拉弯…………………………………………5.1.9
拉削 …………………………………………3.3.20
冷装 …………………………………………5.3.12
冷作 …………………………………………3.3.35
离子束加工 …………………………………3.3.44
立体印刷 ……………………………………3.3.60
临时脱离工艺通知单 ………………………3.5.31
零件结构工艺性……………………………3.1.5
零件信息模型 ………………………………3.5.34
流程图 ………………………………………3.1.39
绿色加工 ……………………………………3.1.46
绿色制造 ……………………………………3.1.45

M

毛坯…………………………………………3.2.4
毛坯图 ………………………………………3.5.12
铆接 …………………………………………3.3.37
敏捷制造 ……………………………………3.1.47
模具…………………………………………3.6.5
磨槽…………………………………………4.4.8
磨成形面……………………………………4.7.4
磨齿…………………………………………4.6.7
磨孔 …………………………………………4.1.11
磨螺纹 ………………………………………4.5.10
磨平面………………………………………4.3.4
磨外圆………………………………………4.2.2
磨削 …………………………………………3.3.24
磨中心孔……………………………………4.8.5

N

纳米加工 ……………………………………3.3.52
扭曲 …………………………………………5.1.24

P

排料(排样) …………………………………5.1.1
抛光 …………………………………………3.3.28
抛光成形面…………………………………4.7.5
抛光平面 ……………………………………4.3.10
抛光外圆……………………………………4.2.5
配键…………………………………………5.2.7
配套…………………………………………5.3.1
配研 …………………………………………5.2.11
配重…………………………………………5.2.8
配作 …………………………………………3.7.12
喷砂 …………………………………………3.3.34
喷丸 …………………………………………3.3.33
喷丸成形 ……………………………………3.3.83
拼接 …………………………………………5.1.25
破坏性试验 …………………………………5.3.26

Q

漆封 …………………………………………5.3.34
启封 …………………………………………5.3.37
气密性试验 …………………………………5.3.32
铅封 …………………………………………5.3.36
钳工工具……………………………………3.6.9
钳加工 ………………………………………3.3.39
强化 …………………………………………3.3.85
切出量(切出长度) …………………………3.4.25
切断…………………………………………4.8.8
切割…………………………………………5.1.5
切入量(切入长度) …………………………3.4.24
切削功率 ……………………………………3.4.35

切削加工 …………………………… 3.3.11
切削力 …………………………… 3.4.34
切削热 …………………………… 3.4.36
切削深度 …………………………… 3.4.31
切削速度 …………………………… 3.4.28
切削温度 …………………………… 3.4.37
切削液 …………………………… 3.4.38
切削用量 …………………………… 3.4.27
清洗 …………………………… 5.2.17
去毛刺 …………………………… 5.2.13
去重…………………………… 5.2.9

R

热成形 …………………………… 5.1.13
热处理…………………………… 3.3.4
热浸镀…………………………… 3.3.6
热喷涂 …………………………… 3.3.68
热弯 …………………………… 5.1.11
热装 …………………………… 5.3.11

S

熔融沉积成形 …………………………… 3.3.63
柔性制造技术 …………………………… 3.1.41
砂光 …………………………… 5.2.15
设备负荷率 …………………………… 3.4.50
设计基准…………………………… 3.4.9
渗漏试验 …………………………… 5.3.31
生产纲领 …………………………… 3.1.33
生产过程…………………………… 3.1.9
生产节拍 …………………………… 3.1.36
生产类型 …………………………… 3.1.34
生产批量 …………………………… 3.1.35
生产周期 …………………………… 3.1.36
时间定额 …………………………… 3.4.40
试车 …………………………… 5.3.19
试件 …………………………… 3.2.12
试切法…………………………… 3.7.6
试装 …………………………… 5.3.14
适应控制 …………………………… 3.1.30
收边 …………………………… 5.1.21
寿命试验 …………………………… 5.3.25
梳螺纹…………………………… 4.5.2
数控加工 …………………………… 3.1.29
缩颈 …………………………… 5.1.17
缩口 …………………………… 5.1.16

T

镗槽…………………………… 4.4.7
镗孔…………………………… 4.1.5
镗削 …………………………… 3.3.18
套螺纹…………………………… 4.5.9
特征代号 …………………………… 3.5.36
特种加工 …………………………… 3.3.54
剃齿…………………………… 4.6.5
通用工艺装备…………………………… 3.6.2
推槽…………………………… 4.4.6
推孔…………………………… 4.1.9
推削 …………………………… 3.3.21
(零件)特征 …………………………… 3.5.35

W

外购工具明细表 …………………………… 3.5.20
外协件 …………………………… 3.2.11
外协件明细表 …………………………… 3.5.18
弯管 …………………………… 5.1.12
弯形…………………………… 5.1.7
往复次数 …………………………… 3.4.30
微细加工 …………………………… 3.3.86
温度试验 …………………………… 5.3.27

X

铣槽…………………………… 4.4.2
铣成形面…………………………… 4.7.2
铣齿…………………………… 4.6.1
铣孔…………………………… 4.1.7
铣螺纹…………………………… 4.5.3
铣平面…………………………… 4.3.2
铣削 …………………………… 3.3.13
校平 …………………………… 5.1.34
校直 …………………………… 5.1.33
型式试验 …………………………… 5.3.23
性能试验 …………………………… 5.3.24
休息与生理需要时间 …………………………… 3.4.45
修边 …………………………… 5.1.30
修配装配法…………………………… 5.3.5
虚拟制造 …………………………… 3.1.40

虚拟装配………………………………… 5.3.7
旋风铣螺纹……………………………… 4.5.4
旋压 ……………………………………… 3.3.30
选择性激光烧结 ………………………… 3.3.62

Y

压力加工 ………………………………… 3.3.10
压力试验 ………………………………… 5.3.28
压弯………………………………………… 5.1.8
压装 ……………………………………… 5.3.10
研槽………………………………………… 4.4.9
研齿………………………………………… 4.6.8
研孔 ……………………………………… 4.1.13
研螺纹 …………………………………… 4.5.12
研磨 ……………………………………… 3.3.25
研磨外圆…………………………………… 4.2.4
研平面……………………………………… 4.3.9
研中心孔…………………………………… 4.8.6
咬缝(锁接) ……………………………… 5.1.18
液压成形 ………………………………… 3.3.81
硬态切削 ………………………………… 3.3.58
油封 ……………………………………… 5.3.33
预载 ……………………………………… 5.3.16
原材料……………………………………… 3.2.1

Z

再制造 …………………………………… 3.1.48
在制品 …………………………………… 3.2.14
錾削………………………………………… 5.2.4
噪声试验 ………………………………… 5.3.29
轧齿 ……………………………………… 4.6.10
轧制 ……………………………………… 3.3.31
粘结 ……………………………………… 3.3.38
展成法(滚切法) ………………………… 3.7.9
展开………………………………………… 5.1.3
胀接 ……………………………………… 5.1.19
胀形 ……………………………………… 5.1.14
找正 ……………………………………… 3.6.14
折边 ……………………………………… 5.1.27
真空沉积 ………………………………… 3.3.65
振动切削 ………………………………… 3.3.71
直接成形技术 …………………………… 3.3.80
制成品 …………………………………… 3.2.19
制成品放弃 ……………………………… 3.2.20
主要材料…………………………………… 3.2.2
主轴转速 ………………………………… 3.4.29
注射成形…………………………………… 3.3.8
铸齿轮 …………………………………… 4.6.13
铸件………………………………………… 3.2.5
铸造………………………………………… 3.3.1
专用工艺装备……………………………… 3.6.1
专用工艺装备明细表 …………………… 3.5.19
专用工艺装备设计任务书 ……………… 3.5.14
专用设备设计任务书 …………………… 3.5.15
转化膜 …………………………………… 3.3.67
装夹 ……………………………………… 3.6.11
装配 ……………………………………… 3.3.50
装配尺寸链 ……………………………… 5.3.15
装配基准 ………………………………… 3.4.14
装配件 …………………………………… 3.2.21
装配系统图 ……………………………… 3.5.13
装配顺序规划 …………………………… 5.3.38
准备与终结时间 ………………………… 3.4.46
自动化生产 ……………………………… 3.1.28
总装………………………………………… 5.3.3
组合夹具明细表 ………………………… 3.5.22
组合夹具组装任务书 …………………… 3.5.16
钻孔………………………………………… 4.1.1
钻削 ……………………………………… 3.3.15
钻中心孔…………………………………… 4.8.4
作业时间 ………………………………… 3.4.41

英 文 索 引

A

adaptive control ········· 3.1.30
adjustment assembly method ········· 5.3.4
agile manufacturing (AM) ········· 3.1.47
air-tight test ········· 5.3.32
aligning ········· 3.6.14
analysis for technological efficiency ········· 3.1.6
approach ········· 3.4.24
arching ········· 5.1.23
assemble sequence planning ········· 5.3.38
assembly ········· 3.2.21
assembly ········· 3.3.50
assembly assignment modular fixture ········· 3.5.16
assembly datum ········· 3.4.14
assembly flow charts ········· 3.5.13
automated production ········· 3.1.28
auxiliary datum ········· 3.4.15
auxiliary hole ········· 3.4.16
auxiliary material ········· 3.2.3
auxiliary step ········· 3.4.4
auxiliary time ········· 3.4.43
auxiliary tools ········· 3.6.8

B

basic cycle time ········· 3.4.41
bench work ········· 3.3.39
bench-work tool ········· 3.6.9
bending ········· 5.1.7
bending ········· 5.1.8
blank ········· 3.2.4
blank drawing ········· 3.5.12
blank lay out ········· 5.1.1
boring ········· 3.3.18
boring ········· 4.1.5
breaking sharp corners ········· 5.2.14
broaching ········· 3.3.20
bulging ········· 5.1.14

C

casting ········· 3.2.5

catalogue of process documents …… 3.5.29
center grinding …… 4.8.5
center lapping …… 4.8.6
center squeezing …… 4.8.7
centering …… 4.8.4
center-punching …… 5.2.2
chamfering …… 4.8.2
change order for technological documentation …… 3.5.30
chipping …… 5.2.4
clamping …… 3.6.13
classified groups assembly method …… 5.3.9
cleaning …… 5.2.17
coarsening …… 3.3.84
coated abrasive working …… 5.2.15
coating process …… 3.3.64
cold work …… 3.3.35
compound machining …… 3.3.70
computer-aided manufacturing (CAM) …… 3.1.43
computer-aided process planning (CAPP) …… 3.1.44
conforming …… 3.2.16
conversion coating …… 3.3.67
cooperation part …… 3.2.11
copying …… 3.7.10
core drilling …… 4.1.2
counterboring …… 4.1.4
curling …… 5.1.26
cutting …… 3.3.11
cutting …… 5.1.5
cutting conditions …… 3.4.27
cutting fluid …… 3.4.38
cutting force …… 3.4.34
cutting off …… 4.8.8
cutting power …… 3.4.35
cutting speed …… 3.4.28
cutting temperature …… 3.4.37
cutting tool …… 3.6.6
cylindrical grinding …… 4.2.2
cylindrical honing …… 4.2.3
cylindrical lapping …… 4.2.4
cylindrical polishing …… 4.2.5
cylindrical rolling …… 4.2.6

D

datum ………… 3.4.8
deburring ………… 5.2.13
depth of cut ………… 3.4.31
design assignment for special equipment ………… 3.5.15
design assignment for special technical equipment ………… 3.5.14
design datum ………… 3.4.9
destructive test ………… 5.3.26
development ………… 5.1.3
die ………… 3.6.5
dimensional chain ………… 3.4.20
dimensional chain for assembly ………… 5.3.15
dimensioning cutting tool ………… 3.7.8
direct molding technology ………… 3.3.80
disassembly ………… 5.3.35
drilling ………… 3.3.15
drilling ………… 4.1.1
dry cutting ………… 3.3.59
dynamic balancing test ………… 5.3.18

E

economical accuracy of machining ………… 3.4.53
edge planing ………… 5.1.29
EDM composite processing electrolytic ………… 3.3.78
electric machining ………… 3.3.40
electric spark-erosion perforation ………… 4.1.19
electric test ………… 5.3.30
electro-chemical machining (ECM) ………… 3.3.42
electro-discharge machining (EDM) ………… 3.3.41
electrolysis grinding ………… 3.3.72
electrolysis of ultrasonic machining ………… 3.3.77
electrolytic polishing ………… 3.3.79
electron beam machining (EBM) ………… 3.3.43
electron beam perforation ………… 4.1.21
engineer test ………… 3.1.20
expanding joint ………… 5.1.19
expansion fitting ………… 5.3.12
extruding ………… 3.3.29

F

false boss ………… 3.4.17
feature ………… 3.5.35

feature ID ······ 3. 5. 36
feed ······ 3. 4. 32
feed speed ······ 3. 4. 33
filing ······ 5. 2. 5
finished goods ······ 3. 2. 19
finished goods waivers ······ 3. 2. 20
finishing ······ 3. 7. 3
finishing cut ······ 3. 7. 4
fitting assembly method ······ 5. 3. 5
fixed datum ······ 3. 4. 12
flanging ······ 5. 1. 28
flaring ······ 5. 1. 15
flat lapping ······ 4. 3. 9
flattening ······ 5. 1. 34
flexible manufacturing technology (FMT) ······ 3. 1. 41
flow diagram ······ 3. 1. 39
forging ······ 3. 2. 6
forging ······ 3. 3. 2
form electro-machining ······ 4. 7. 6
form grinding ······ 4. 7. 4
form milling ······ 4. 7. 2
form polishing ······ 4. 7. 5
form shaping ······ 4. 7. 3
form turning ······ 4. 7. 1
forming ······ 3. 7. 11
forming a complete set ······ 5. 3. 1
forming explosion ······ 3. 3. 82
foundry ······ 3. 3. 1
fused deposition forming ······ 3. 3. 63

G

galvanoplastics ······ 3. 3. 46
gear broaching ······ 4. 6. 9
gear burnishing ······ 4. 6. 11
gear casting ······ 4. 6. 13
gear grinding ······ 4. 6. 7
gear hobbing ······ 4. 6. 4
gear honing ······ 4. 6. 6
gear lapping ······ 4. 6. 8
gear milling ······ 4. 6. 1
gear planing ······ 4. 6. 2
gear rolling ······ 4. 6. 10
gear shaping ······ 4. 6. 3

gear shaving …… 4.6.5
gear stamping …… 4.6.12
general assembly …… 5.3.3
generating …… 3.7.9
geoflex cutting …… 3.3.76
gluing …… 3.3.38
green manufacturing …… 3.1.45
green processing …… 3.1.46
grinding …… 3.3.24
group technology (GT) …… 3.1.27

H

hard cutting …… 3.3.58
heat in metal cutting …… 3.4.36
heat treatment …… 3.3.4
hemining …… 5.1.27
high pressure water cutting …… 3.3.56
high-energy-rate forming [HERF] …… 3.3.49
high-speed cutting …… 3.3.55
hole broaching …… 4.1.8
hole burnishing …… 4.1.15
hole grinding …… 4.1.11
hole honing …… 4.1.12
hole lapping …… 4.1.13
hole milling …… 4.1.7
hole push broaching …… 4.1.9
hole rolling …… 4.1.16
hole scraping …… 4.1.14
hole slotting …… 4.1.10
hole turning …… 4.1.6
honing …… 3.3.26
hot bending …… 5.1.11
hot dip …… 3.3.66
hot forming …… 5.1.13
hydraulic moulding …… 3.3.81

I

idle stroke …… 3.4.6
injection forming …… 3.3.8
installation …… 5.3.6
interchangeable assembly method …… 5.3.8
internal thread broaching …… 4.5.7
ion beam machining …… 3.3.44

J

jigs …… 3.6.4
joining together …… 5.1.25

K

key components and parts in process …… 3.2.10
key fitting …… 5.2.7
knurling …… 4.8.1

L

laminated object manufacturing …… 3.3.61
lapping …… 3.3.25
laser beam machining …… 3.3.47
laser beam perforation …… 4.1.18
laying out …… 5.2.1
layingout …… 5.1.4
lay out …… 5.1.2
lead sealing …… 5.3.36
leakage test …… 5.3.31
life test …… 5.3.25
lift fitting …… 5.3.13
list of cooperation part …… 3.5.18
list of factory standard tools …… 3.5.21
list of key components and parts in process …… 3.5.17
list of material consumption quota in process …… 3.5.24
list of parts stands and racks …… 3.5.23
list of purchased tooling …… 3.5.20
list of special tooling …… 3.5.19
list of universal modular jigs and fixtures system …… 3.5.22
load test …… 5.3.21

M

machinability …… 3.1.8
machine load rate …… 3.4.50
machine-building technology …… 3.1.2
machining …… 3.3.9
machining accuracy …… 3.4.52
machining based another part …… 3.7.12
machining by tria1 cuts …… 3.7.6
machining complex …… 3.1.25
machining error …… 3.4.51
machining on preset machine tool …… 3.7.7

machining time ········ 3.4.42
manufacturing discipline ········ 3.1.26
manufacturing equipment ········ 3.1.23
marking ········ 5.2.12
mass-balance weight ········ 5.2.8
material consumption in process ········ 3.4.48
material consumption quota in process ········ 3.4.47
measuring datum ········ 3.4.13
measuring instruments ········ 3.6.7
mechanical cutting heating ········ 3.3.73
micromachining ········ 3.3.86
milling ········ 3.3.13

N

nano-processing ········ 3.3.52
necking ········ 5.1.17
neeking ········ 5.1.16
noise measurement ········ 5.3.29
no-load test ········ 5.3.20
non-conforming ········ 3.2.17
non-traditional machining ········ 3.3.54
number of strokes ········ 3.4.30
numerically controlled machining ········ 3.1.29

O

oil sealing ········ 5.3.33
operation ········ 3.4.1
operation allowance ········ 3.4.23
operation datum ········ 3.4.11
operation diagram ········ 3.5.37
operation dimension ········ 3.4.19
operation sheet ········ 3.5.5
order for temporary disengage process ········ 3.5.31
overall material utilization factor ········ 3.4.49
overload test ········ 5.3.22
overtravel ········ 3.4.25

P

packaging ········ 3.3.51
paint sealing ········ 5.3.34
parts information model ········ 3.5.34
peen forming ········ 3.3.83
performance test ········ 5.3.24

photolithography processing ······ 3. 3. 88
pipe bending ······ 5. 1. 12
plain milling ······ 4. 3. 2
planing ······ 3. 3. 14
plasma machining ······ 3. 3. 45
plasma spray ······ 3. 3. 69
plug-hole ······ 5. 2. 6
polishing ······ 3. 3. 28
position ······ 3. 4. 7
positioning ······ 3. 6. 12
powder metallurgy ······ 3. 3. 7
precision machining ······ 3. 3. 53
preload ······ 5. 3. 16
press fitting ······ 5. 3. 10
pressure test ······ 5. 3. 28
pressworking ······ 3. 3. 10
primary material ······ 3. 2. 2
procedure ······ 3. 1. 14
procedure sheet ······ 3. 5. 3
process ······ 3. 1. 10
process accompanying figure ······ 3. 5. 11
process allowance ······ 3. 4. 26
process capability ······ 3. 4. 55
process capability index ······ 3. 4. 56
process data ······ 3. 1. 38
process datum ······ 3. 4. 10
process decision ······ 3. 5. 32
process design process planning ······ 3. 1. 15
process dimension ······ 3. 4. 18
process dimension chain ······ 3. 4. 21
process factor ······ 3. 1. 16
process informatio model ······ 3. 5. 33
process instructions ······ 3. 5. 10
process optimization ······ 3. 1. 31
process parameter ······ 3. 1. 18
process program ······ 3. 1. 12
process route ······ 3. 1. 13
process sheet ······ 3. 5. 4
process specification ······ 3. 1. 17
process verification ······ 3. 1. 21
production batch ······ 3. 1. 35
production cycle ······ 3. 1. 36
production process ······ 3. 1. 9

production program ………… 3.1.33
proof record for tooling ………… 3.5.26
punching ………… 4.1.17
push broaching ………… 3.3.21

R

rapid prototyping (RP) ………… 3.3.57
rated output ………… 3.4.39
raw material ………… 3.2.1
reaming ………… 3.3.16
reaming ………… 4.1.3
recessing ………… 4.4.1
release side ………… 5.1.20
relieving ………… 3.3.22
remanufacturing ………… 3.1.48
report of engineer test ………… 3.5.27
reusable process planning ………… 3.1.42
reverse deformation ………… 5.1.31
review of technological efficiency ………… 3.1.6
riveting ………… 3.3.37
roll bending ………… 5.1.10
rolling ………… 3.3.31
rolling ………… 3.3.32
roughing ………… 3.7.1
rounding ………… 4.8.3
rust removal ………… 5.2.16

S

sand-blasting ………… 3.3.34
sawing ………… 5.2.3
scrap ………… 3.2.18
scraping ………… 3.3.23
scraping ………… 5.2.10
seaming ………… 5.1.18
selective laser sintering ………… 3.3.62
semifinished product ………… 3.2.15
semi-finishing ………… 3.7.2
setting tables ………… 3.5.9
setup ………… 3.4.2
set-up ………… 3.6.11
shearing ………… 5.1.6
sheet of process route ………… 3.5.1
shot-blasting ………… 3.3.33

shrinkage fitting …… 5.3.11
shrinking side …… 5.1.21
side bending …… 5.1.22
silicon micro-machining …… 3.3.8
single-point threading …… 4.5.1
slot boring …… 4.4.7
slot broaching …… 4.4.5
slot grinding …… 4.4.8
slot lapping …… 4.4.9
slot milling …… 4.4.2
slot push broaching …… 4.4.6
slot rolling …… 4.4.10
slot scraping …… 4.4.11
slot shaping …… 4.4.3
slotting …… 3.3.19
slotting …… 4.4.4
special tooling …… 3.6.1
specified parts in process …… 3.2.13
specimen …… 3.2.12
spindle speed …… 3.4.29
spinning …… 3.3.30
spot facing …… 4.3.8
spotting …… 5.2.11
spotting …… 3.3.17
stamping …… 3.2.8
stamping …… 3.3.36
standard time …… 3.4.40
standard tooling …… 3.6.3
static balance test …… 5.3.17
station facilities …… 3.6.10
step …… 3.4.3
stereoscopic printing …… 3.3.60
straightening …… 5.1.32
straightening …… 5.1.33
strengthening …… 3.3.85
stretch bending …… 5.1.9
subassembly …… 5.3.2
summaries of material consumption quota in process …… 3.5.25
summary of technological work …… 3.5.28
superfinishing …… 3.3.27
surface broaching …… 4.3.7
surface coating …… 3.3.6
surface grinding …… 4.3.4

surface honing ······ 4.3.5
surface polishing ······ 4.3.10
surface roughness ······ 3.4.54
surface scraping ······ 4.3.6
surface shaping ······ 4.3.3
surface treatment ······ 3.3.5
surface turning ······ 4.3.1

T

tact ······ 3.1.37
tapping ······ 4.5.8
technological base ······ 3.1.32
technological documentation ······ 3.1.11
technological efficiency of design of part ······ 3.1.5
technological efficiency of design of product ······ 3.1.4
technological management ······ 3.1.22
technological preparation of production ······ 3.1.19
technology ······ 3.1.1
temperature test ······ 5.3.27
test run ······ 5.3.19
thermal spray ······ 3.3.68
thread chasing ······ 4.5.2
thread die cutting ······ 4.5.9
thread grinding ······ 4.5.10
thread honing ······ 4.5.11
thread lapping ······ 4.5.12
thread milling ······ 4.5.3
thread rolling ······ 4.5.5
thread rolling ······ 4.5.6
thread whirling ······ 4.5.4
time for machine servicing ······ 3.4.44
time for preparation and finish ······ 3.4.46
time for rest and personal needs ······ 3.4.45
to size ······ 3.6.15
tooling ······ 3.1.24
total allowance for machining ······ 3.4.22
trial assembly ······ 5.3.14
trimming ······ 5.1.30
turning ······ 3.3.12
turning ······ 4.2.1
twisting ······ 5.1.24
type-test ······ 5.3.23
types of production ······ 3.1.34

typical operation sheet ········ 3. 5. 8
typical process ········ 3. 1. 3
typical process flow sheet ········ 3. 5. 6
typical process sheet ········ 3. 5. 7

U

ultraprecision machining ········ 3. 7. 5
ultrasonic machining ········ 3. 3. 48
ultrasonic perforation ········ 4. 1. 20
ultrasound EDM ········ 3. 3. 75
ultrasound grinding ········ 3. 3. 74
universal tooling ········ 3. 6. 2
unsealing ········ 5. 3. 37

V

vacuum deposition ········ 3. 3. 65
vibrocutting ········ 3. 3. 71
virtual assembly ········ 5. 3. 7
virtual manufacturing ········ 3. 1. 40

W

weight reduction ········ 5. 2. 9
welding ········ 3. 3. 3
welding ········ 3. 2. 7
work cell ········ 3. 1. 38
working stroke ········ 3. 4. 5
work-in-process ········ 3. 2. 14
workpiece ········ 3. 2. 9
workshop specification sheets ········ 3. 5. 2

参考文献

[1] GB/T 5611—1998 铸造术语.

[2] GB/T 6477—2008 金属切削机床术语.

[3] GB/T 8541—1997 锻压术语.

[4] GB/T 15751—1995 技术产品文件 计算机辅助设计与制图 词汇.

[5] GB/T 18725—2002 制造业信息化 技术术语.

[6] GB/T 18726—2002 现代设计工程集成技术的软件接口规范.

[7] GB/T 20720.1—2006 企业控制系统集成 第1部分:模型和术语(IEC 62264-1:2003, IDT).

ICS 77.120.70
H 61

中华人民共和国国家标准

GB/T 4864—2008
代替 GB/T 4864—1995

金属钙及其制品

Calcium metal and its products

2008-07-02 发布 2009-04-01 实施

中华人民共和国国家质量监督检验检疫总局
中国国家标准化管理委员会 发布

前　言

本标准代替 GB/T 4864—1995《金属钙及其制品》。

本标准与 GB/T 4864—1995 相比主要变化如下：

——增加了术语和定义的内容；

——增加了订货规定的内容；

——增加了外形、尺寸的内容；

——按 GB/T 1.1—2000《标准化工作导则　第 1 部分：标准的结构和编写规则》重新编写。

本标准由中国核工业集团公司提出。

本标准由全国核能标准化技术委员会(SAC/TC 58)归口。

本标准起草单位：中核北方核燃料元件有限公司、中核建中核燃料元件有限公司。

本标准主要起草人：阎培英、李海涛、李爱军、迟新国、张子豹、吴宪、邢海华、童仲坤、于良。

本标准所代替标准的历次版本发布情况为：

——GB 4864—1985、GB/T 4864—1995。

金属钙及其制品

1 范围

本标准规定了金属钙及其制品的要求、试验方法、检验规则、包装、标志、运输、贮存及订货合同内容等。

本标准适用于熔盐电解蒸馏法制得的金属钙锭及经机械加工而成的钙制品。

2 规范性引用文件

下列文件中的条款通过本标准的引用而成为本标准的条款。凡是注日期的引用文件，其随后所有的修改单（不包括勘误的内容）或修订版均不适用于本标准，然而，鼓励根据本标准达成协议的各方研究是否可使用这些文件的最新版本。凡是不注日期的引用文件，其最新版本适用于本标准。

GB/T 10267　金属钙分析方法

IMO 《国际海上危险货物运输规则》

3 术语和定义

下列术语和定义适用于本标准。

3.1

活性钙　active calcium

表示金属钙及其制品与水作用过程中，能够释放氢气部分的钙。

4 要求

4.1 牌号和化学成分

产品牌号及其化学成分应符合表1的规定。

表1　牌号和化学成分

%

牌号	Ca含量（质量分数）不小于	活性钙质量分数不小于	杂质元素含量（质量分数）不大于								
			Cl	N	Mg	Cu	Ni	Mn	Si	Fe	Al
Ca99.99	99.99	99.0	0.005	0.001 5	0.000 5	0.000 5	0.000 5	0.000 5	0.000 5	0.000 5	0.000 5
Ca99.90	99.9	98.5	0.07	0.01	0.02	0.005	0.001	0.001	0.001	0.001	0.001
Ca99.50	99.5	98.0	0.20	0.05	0.10	0.03	0.003	0.008	0.008	0.02	0.008
Ca99.00	99.0	97.5	0.35	0.10	0.30	0.08	0.004	0.02	0.01	0.04	0.01
注：钙含量为100%减去表列杂质元素含量总和之差。											

4.2 尺寸、外形

产品形状及尺寸应符合表2的规定。

4.3 表面质量

4.3.1 产品新截断面呈银白色金属光泽。

4.3.2 产品不得有肉眼可见夹杂物。

4.3.3 产品表面不应有油污。

表 2 金属钙及其制品形状、尺寸

单位为毫米

<table>
<tr><th>产品名称</th><th colspan="2">规格</th></tr>
<tr><td rowspan="2">钙锭
(圆柱体状,一端面凹陷、
另一端面为平面)</td><td>规格一(外径×长度)</td><td>规格二(外径×长度)</td></tr>
<tr><td>(ϕ395±5)×(710±30)</td><td>(ϕ340±5)×(680±30)</td></tr>
<tr><td rowspan="2">钙屑
(呈弯曲状)</td><td colspan="2">长度×宽度×厚度</td></tr>
<tr><td colspan="2">(10～150)×(5～14)×(1～10)</td></tr>
<tr><td rowspan="2">钙块
(呈不规则块状)</td><td>规格一(边长)</td><td>规格二(边长)</td></tr>
<tr><td>30～80</td><td>50～200</td></tr>
<tr><td rowspan="2">钙粒
(呈不规则粒状)</td><td colspan="2">粒径</td></tr>
<tr><td colspan="2">≤7</td></tr>
</table>

5 试验方法

5.1 化学成分分析方法按 GB/T 10267 进行。

5.2 外观质量用目测检查。

5.3 Ca99.99 产品化学成分和活性钙分析方法按供方现行方法进行。

6 检验规则

6.1 检查与验收

6.1.1 产品的质量由供方技术监督部门进行出厂检验。

6.1.2 需方可对收到的产品进行检验,当检验结果与本标准规定不符时,在收到产品之日起 15 个工作日内向供方提出,供需双方协商解决。

6.2 组批

产品应成批提交验收,每批由同一牌号、同一规格、同一周期生产和加工的产品组成,每批净重不应超过 30 t。

6.3 检验项目

产品应检验化学成分、表面质量及外形和尺寸。

6.4 取样方法

6.4.1 钙锭在该批产品中随机抽取一个,在其长度四等分线上各钻一个孔。钻头直径不大于 10 mm,钻孔深度不小于 20 mm(距表面 3 mm～5 mm 的钻屑弃去),取样量不少于 50 g。

6.4.2 钙块在该批产品中随机抽取一桶,从该桶中任取三块,在其表面中部钻孔取样,取样量不少于 50 g。

6.4.3 钙屑、钙粒在该批产品中随机抽取一桶,每桶取样量不少于 50 g。

6.4.4 样品应充氩密封后送检。

6.5 检验结果的判定

6.5.1 化学成分检验不合格时,则按 6.4 取双倍试样对不合格项目进行重复试验。如果仍有一个样品分析结果不合格时,则该批产品为不合格。

6.5.2 表面质量不合格时,则该批产品为不合格。

6.5.3 外形和尺寸不合格时,则该批产品为不合格。

7 包装、标志、运输、贮存和质量证明书

7.1 包装

7.1.1 产品内包装均采用塑料袋充氩焊封包装，外包装用开口钢桶密封包装。钙锭每桶净重 60 kg～105 kg。钙屑每桶净重 80 kg。钙块每桶净重 100 kg。钙粒每桶净重 150 kg。

7.1.2 需方对包装、净重有特殊要求时，由供需双方另行协商。

7.1.3 供出口的金属钙制品，包装应符合《国际海上危险货物运输规则》中的有关规定。经国家商检部门检验合格后，在包装上注明“UN 1401 CLASS4.3”的国际危规号，并加贴蓝色标签注明“DANGEROUS WHEN WET”及危险等级“4”的字样。

7.2 标志

产品包装桶上应注明：

a) 供方名称；

b) 产品名称；

c) 产品牌号；

d) 产品规格；

e) 批号；

f) 毛重与净重；

g) 出厂日期；

h) 危险品及防水标志。

7.3 运输

本产品为二级遇水易燃危险品。运输过程中应防水、防火、防潮、不准倒放、不得剧烈碰撞，以免损坏包装。

7.4 贮存

7.4.1 本产品应存放在清洁、干燥和无腐蚀性物质的环境中，禁止露天存放。

7.4.2 产品贮存保质期为六个月。

7.5 质量证明书

产品由供方技术监督部门进行检验，保证其符合本标准规定，并填写产品质量证明书，注明：

a) 供方名称；

b) 产品名称；

c) 产品牌号；

d) 产品规格；

e) 批号、件数和净重；

f) 各项分析检验结果及检验部门印记；

g) 本标准号；

h) 出厂日期。

8 订货内容

订购本标准所列产品的订购文件内应包含下列内容：

a) 产品名称；

b) 牌号；

c) 本标准号；

d） 规格；

e） 重量和/或数量；

f） 应由供需双方协商，并在订购文件中注明的项目或指标（如未注明时则由供方选择）；

g） 需方提出的其他特殊要求，如：特殊规格要求、特殊化学成分要求等内容。

ICS 03.120.30
A 41

中华人民共和国国家标准

GB/T 4883—2008
代替 GB/T 4883—1985

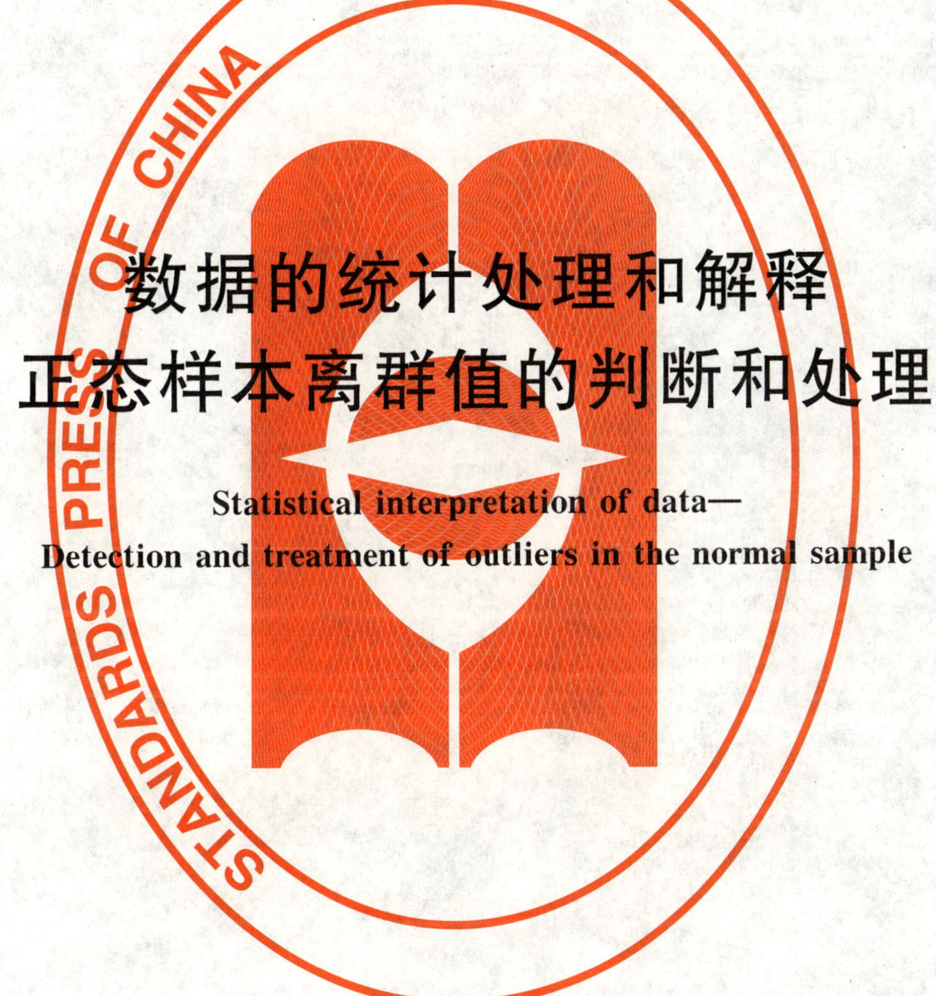

数据的统计处理和解释 正态样本离群值的判断和处理

Statistical interpretation of data—Detection and treatment of outliers in the normal sample

2008-07-16 发布　　　　2009-01-01 实施

中华人民共和国国家质量监督检验检疫总局
中国国家标准化管理委员会　发布

ICS 03.120.30
A 41

中华人民共和国国家标准

GB/T 4883—2008
代替 GB/T 4883—1985

数据的统计处理和解释
正态样本离群值的判断和处理

Statistical interpretation of data—
Detection and treatment of outliers in the normal sample

2008-07-16 发布　　2009-01-01 实施

中华人民共和国国家质量监督检验检疫总局
中国国家标准化管理委员会　发布

前　言

本标准代替 GB/T 4883—1985。本标准与 GB/T 4883—1985 相比较，技术内容的变化主要包括：

——增加了术语、定义和符号一章；

——将“正态样本异常值的判断和处理”改为“正态样本离群值的判断和处理”；

——将术语“检出异常值”和“高度异常值”分别改为“歧离值”和“统计离群值”，并进一步明确了二者的含义及相互差异；

——增加了检出水平和剔除水平的定义；

——检出水平由原标准中“检出水平 α 一般取为 1%，5%或 10%”改为“除非根据本标准达成协议的各方另有约定外，α 值应为 0.05”；

——明确规定剔除水平 α^* 为“除非根据本标准达成协议的各方另有约定外，α^* 值应为 0.01”；

——增加了各种情形“统计离群值”的检验步骤；

——将“没有异常值”和“没有高度异常的离群值”分别改为“未发现离群值”和“未发现统计离群值”；

——增加了奈尔(Nair)统计量、格拉布斯(Grubbs)统计量、狄克逊(Dixon)统计量、偏度统计量、峰度统计量的符号；

——作狄克逊(Dixon)检验时，将样本量由 30 扩充到 100，此内容作为附录 C。

本标准的附录 A 为规范性附录，附录 B 和附录 C 为资料性附录。

本标准由中国标准化研究院提出。

本标准由全国统计方法应用标准化技术委员会归口。

本标准起草单位：中国标准化研究院、中国科学院数学与系统科学研究院、宁波工程学院、北京大学、无锡市产品质量监督检验所、北京师范大学。

本标准主要起草人：于振凡、丁文兴、陈敏、荆广珠、房祥忠、吴建国、崔恒建、陈玉忠。

本标准所代替标准的历次版本的发布情况为：

——GB/T 4883—1985。

引　言

从事科学研究、工农业制造以及管理工作都离不开数据，而对这些数据的整理、分析和解释都离不开统计方法。统计学是研究数字资料的整理、分析和正确解释的一门学科。人们各自从不同的来源取得各种数字资料，这些数字资料通常都是杂乱无章的，必须经过整理和简缩才能利用，使用完善的统计方法就可使数据整理、排列的有条有理，用图形或少量的几个重要参数，就可把一大堆数据的特征表达出来，这样既可避免不正确的解释，又可将获得满意数据的成本降到最低限度，提高了经济效益。《数据的统计处理和解释》含有多项国家标准，它们是：

——统计容忍区间的确定(GB/T 3359)

——均值的估计和置信区间(GB/T 3360)

——在成对观测值情形下两个均值的比较(GB/T 3361)

——二项分布参数的估计与检验(GB/T 4088)

——泊松分布参数的估计与检验(GB/T 4089)

——正态性检验(GB/T 4882)

——正态样本离群值的判断和处理(GB/T 4883)

——正态分布均值和方差的估计与检验(GB/T 4889)

——正态分布均值和方差检验的功效(GB/T 4890)

——Ⅰ型极值分布样本离群值的判断和处理(GB/T 6380)

——伽玛分布（皮尔逊Ⅲ型分布）的参数估计(GB/T 8055)

——指数分布样本离群值的判断和处理(GB/T 8056)

对于《数据的统计处理和解释　正态样本离群值的判断和处理》尚无相应的国际标准，但在一些关于测量的国际标准和技术文件中(例如：ISO 5725《测量方法与结果的准确度》、ISO 导则 98《用蒙特卡罗方法评定不确定度》)都采用了本标准中规定的一些正态样本离群值的判断和处理的方法。

数据的统计处理和解释 正态样本离群值的判断和处理

1 范围

本标准适用于来自正态分布的样本中离群值的判断和处理。

2 规范性引用文件

下列文件中的条款通过本标准的引用而成为本标准的条款。凡是注日期的引用文件，其随后所有的修改单(不包括勘误的内容)或修订版均不适用于本标准，然而，鼓励根据本标准达成协议的各方研究是否可使用这些文件的最新版本。凡是不注日期的引用文件，其最新版本适用于本标准。

GB/T 4882—2001 数据的统计处理和解释 正态性检验

GB/T 19000—2000 质量管理体系 基础和术语

ISO 3534-1:2006 统计学词汇及符号 第1部分:一般统计术语与用于概率的术语

ISO 3534-2:2006 统计学词汇及符号 第2部分:应用统计

3 术语、定义和符号

ISO 3534-1:2006、ISO 3534-2:2006 和 GB/T 19000—2000 确定的术语和定义以及下列术语、定义和符号适用于本标准。为便于参考，某些术语直接引自上述标准。

3.1 术语和定义

3.1.1

离群值 outlier

样本中的一个或几个观测值，它们离开其他观测值较远，暗示它们可能来自不同的总体。

注：离群值按显著性的程度分为歧离值和统计离群值。

3.1.2

统计离群值 statistical outlier

在剔除水平下统计检验为显著的离群值。

3.1.3

歧离值 straggler

在检出水平(3.1.4)下显著，但在剔除水平(3.1.5)下不显著的离群值。

3.1.4

检出水平 detection level

为检出离群值而指定的统计检验的显著性水平。

注：除非根据本标准达成协议的各方另有约定，α 值应为 0.05。

3.1.5

剔除水平 deletion level

为检出离群值是否高度离群而指定的统计检验的显著性水平。

注：剔除水平 α^* 的值应不超过检出水平 α 的值。除非根据本标准达成协议的各方另有约定，α^* 值应为 0.01。

3.2 符号和缩略语

n 样本量(观测值个数)

$\bar{x}$ 样本均值

α 检验离群值所使用的显著性水平，简称检出水平

α^* 检验统计离群值所使用的显著性水平，简称剔除水平($\alpha^* < \alpha$)

$x_{(i)}$ 观测值自小到大排序后的第 i 个值

σ 总体标准差

s 样本标准差

R_n 奈尔(Nair)上统计量

R'_n 奈尔(Nair)下统计量

G_n 格拉布斯(Grubbs)上统计量

G'_n 格拉布斯(Grubbs)下统计量

D_n 狄克逊(Dixon)上统计量

D'_n 狄克逊(Dixon)下统计量

b_s 偏度统计量

b_k 峰度统计量

4 离群值判断

4.1 来源与判断

离群值按产生原因分为两类：

a) 第一类离群值是总体固有变异性的极端表现，这类离群值与样本中其余观测值属于同一总体；

b) 第二类离群值是由于试验条件和试验方法的偶然偏离所产生的结果，或产生于观测、记录、计算中的失误，这类离群值与样本中其余观测值不属于同一总体。

对离群值的判定通常可根据技术上或物理上的理由直接进行，例如当试验者已经知道试验偏离了规定的试验方法，或测试仪器发生问题等。当上述理由不明确时，可用本标准规定的方法。

4.2 离群值的三种情形

本标准在下述不同情形下判断样本中的离群值：

a) 上侧情形：根据实际情况或以往经验，离群值都为高端值；

b) 下侧情形：根据实际情况或以往经验，离群值都为低端值；

c) 双侧情形：根据实际情况或以往经验，离群值可为高端值，也可为低端值。

注：1) 上侧情形和下侧情形统称单侧情形；

2) 若无法认定单侧情形，按双侧情形处理。

4.3 检出离群值个数的上限

应规定在样本中检出离群值个数的上限(与样本量相比应较小)，当检出离群值个数超过了这个上限时，对此样本应作慎重的研究和处理。

4.4 单个离群值情形

a) 依实际情况或以往经验选定，选定适宜的离群值检验规则(见第6章、第7章、第8章)；

b) 确定适当的显著性水平；

c) 根据显著性水平及样本量，确定检验的临界值；

d) 由观测值计算相应统计量的值，根据所得值与临界值的比较结果作出判断。

4.5 判定多个离群值的检验规则

在允许检出离群值的个数大于1的情况下，重复使用4.4规定的检验规则进行检验。若没有检出离群值，则整个检验停止；若检出离群值，当检出的离群值总数超过上限(4.3)时，检验停止，对此样本应慎重处理，否则，采用相同的检出水平和相同的规则，对除去已检出的离群值后余下的观测值继续检验。

5 离群值处理

5.1 处理方式

处理离群值的方式有：

a) 保留离群值并用于后续数据处理；

b） 在找到实际原因时修正离群值，否则予以保留；

c） 剔除离群值，不追加观测值；

d） 剔除离群值，并追加新的观测值或用适宜的插补值代替。

5.2 处理规则

对检出的离群值，应尽可能寻找其技术上和物理上的原因，作为处理离群值的依据。应根据实际问题的性质，权衡寻找和判定产生离群值的原因所需代价、正确判定离群值的得益及错误剔除正常观测值的风险，以确定实施下述三个规则之一：

a） 若在技术上或物理上找到了产生离群值的原因，则应剔除或修正；若未找到产生它的物理上和技术上的原因，则不得剔除或进行修正。

b） 若在技术上或物理上找到产生离群值的原因，则应剔除或修正；否则，保留歧离值，剔除或修正统计离群值；在重复使用同一检验规则检验多个离群值的情形，每次检出离群值后，都要再检验它是否为统计离群值。若某次检出的离群值为统计离群值，则此离群值及在它前面检出的离群值（含歧离值）都应被剔除或修正。

c） 检出的离群值（含歧离值）都应被剔除或进行修正。

5.3 备案

被剔除或修正的观测值及其理由应予记录，以备查询。

6 已知标准差情形离群值的判断规则

6.1 一般原则

当已知标准差时，使用奈尔（Nair）检验法，奈尔检验法的样本量 $3 \leqslant n \leqslant 100$。

6.2 离群值的判断规则

6.2.1 上侧情形

a） 计算出统计量 R_n 的值：

$$R_n = (x_{(n)} - \bar{x})/\sigma$$

其中 σ 是已知的总体标准差，$\bar{x}$ 是样本均值，$\bar{x} = (x_1 + \cdots + x_n)/n$；

b） 确定检出水平 α，在表 A.1 中查出临界值 $R_{1-\alpha}(n)$；

c） 当 $R_n > R_{1-\alpha}(n)$ 时，判定 $x_{(n)}$ 为离群值，否则判未发现 $x_{(n)}$ 是离群值；

d） 对于检出的离群值 $x_{(n)}$，确定剔除水平 α^*，在表 A.1 中查出临界值 $R_{1-\alpha^*}(n)$。当 $R_n > R_{1-\alpha^*}(n)$ 时，判定 $x_{(n)}$ 为统计离群值，否则判未发现 $x_{(n)}$ 是统计离群值（即 $x_{(n)}$ 为歧离值）。

6.2.2 下侧情形

a） 计算出统计量 R'_n 的值：

$$R'_n = (\bar{x} - x_{(1)})/\sigma$$

其中 σ 是已知的总体标准差，$\bar{x}$ 是样本均值；

b） 确定检出水平 α，在表 A.1 中查出临界值 $R_{1-\alpha}(n)$；

c） 当 $R'_n > R_{1-\alpha}(n)$ 时，判定 $x_{(1)}$ 为离群值，否则判未发现 $x_{(1)}$ 是离群值；

d） 对于检出的离群值 $x_{(1)}$，确定剔除水平 α^*，在表 A.1 中查出临界值 $R_{1-\alpha^*}(n)$。当 $R'_n > R_{1-\alpha^*}(n)$ 时，判定 $x_{(1)}$ 为统计离群值，否则判未发现 $x_{(1)}$ 是统计离群值（即 $x_{(1)}$ 为歧离值）。

6.2.3 双侧情形

a） 计算出统计量 R_n 与 R'_n 的值；

b） 确定检出水平 α，在表 A.1 中查出临界值 $R_{1-\alpha/2}(n)$；

c） 当 $R_n > R'_n$，且 $R_n > R_{1-\alpha/2}(n)$ 时，判定最大值 $x_{(n)}$ 为离群值；当 $R'_n > R_n$，且 $R'_n > R_{1-\alpha/2}(n)$ 时，判定最小值 $x_{(1)}$ 为离群值；否则判未发现离群值；当 $R_n = R'_n$ 时，同时对最大值和最小值进行检验；

d) 对于检出的离群值 $x_{(1)}$ 或 $x_{(n)}$，确定剔除水平 α^*，在表 A.1 中查出临界值 $R_{1-\alpha^*/2}(n)$，当$R'_n>R_{1-\alpha^*/2}(n)$时，判定 $x_{(1)}$ 为统计离群值，否则判未发现 $x_{(1)}$ 是统计离群值（即 $x_{(1)}$ 为歧离值）；当 $R_n>R_{1-\alpha^*/2}(n)$时，判定 $x_{(n)}$ 为统计离群值，否则判未发现 $x_{(n)}$ 是统计离群值（即 $x_{(n)}$ 为歧离值）。

6.3 使用奈尔（Nair）检验法的示例

对某种化纤的纤维干收缩率测试 25 个样品，其数据经排列后为（单位 %）：

3.13	3.49	4.01	4.48	4.61	4.76	4.98	5.25	5.32	5.39	5.42	5.57	5.59
5.59	5.63	5.63	5.65	5.66	5.67	5.69	5.71	6.00	6.03	6.12	6.76	

经验表明这种化纤的纤维干收缩率服从正态分布，已知 $\sigma=0.65$，检查这些数据中是否存在下侧离群值。

规定至多检出三个离群值，采用 5.2 中 b）的处理方式。

1）确定检出水平 $\alpha=0.05$，对 25 个样品，经计算得 $\bar{x}=5.285\ 6$，$R'_{25}=(\bar{x}-x_{(1)})/\sigma=(5.285\ 6-3.13)/0.65=3.316$。在表 A.1 中查出临界值 $R_{0.95}(25)=2.815$，因 $R'_n>R_{0.95}(25)$，故判定 $x_{(1)}=3.13$ 是离群值。

对于检出的离群值 $x_{(1)}=3.13$，确定剔除水平 $\alpha^*=0.01$，在表 A.1 中查出临界值$R_{0.99}(25)=3.284$，因 $R'_n>R_{0.99}(25)$，故判定 $x_{(1)}=3.13$ 是统计离群值。

2）取出观测值为 3.13 的数据后，在余下的 24 个观测值中计算均值 $\bar{x}=5.375$，这时最小值为 $x_{(2)}=3.49$，计算得 $R'_{24}=(5.375-3.49)/0.65=2.90$。在表 A.1 中查出临界值 $R_{0.95}(24)=2.8$，因 $R'_{24}>R_{0.95}(24)$，故判定 $x_{(2)}=3.49$ 是离群值。

对于检出的离群值 $x_{(2)}=3.49$，确定剔除水平 $\alpha^*=0.01$，在表 A.1 中查出临界值$R_{0.99}(24)=3.269$，因 $R'_{24}<R_{0.99}(24)$，故判定未发现 $x_{(2)}=3.49$ 是统计离群值（即 $x_{(2)}=3.49$ 为歧离值）。

3）取出观测值为 3.13、3.49 的数据后，余下 23 个观测值的样本均值为 5.457，这时最小值为$x_{(3)}=4.01$。计算得 $R'_{23}=(5.457-4.01)/0.65=2.227$，在表 A.1 中查出临界值 $R_{0.95}(23)=2.784$，因 $R'_{23}<R_{0.95}(23)$，故判定"未发现 $x_{(3)}=4.01$ 是离群值"。

本例检出 $x_{(1)}=3.13$ 和 $x_{(2)}=3.49$ 是离群值，其中 $x_{(1)}=3.13$ 是统计离群值，$x_{(2)}=3.49$ 是歧离值。应参照 5.2 中规定的规则考虑是否剔除。

7 未知标准差情形离群值的判断规则（限定检出离群值的个数不超过 1 时）

7.1 一般原则

在未知标准差的情形下可使用格拉布斯（Grubbs）检验法和狄克逊（Dixon）检验法。可根据实际要求选定其中一种检验法（见附录 B）。

7.2 格拉布斯（Grubbs）检验法

7.2.1 上侧情形

a) 计算出统计量 G_n 的值：

$$G_n=(x_{(n)}-\bar{x})/s \quad \cdots\cdots(1)$$

$$s=\left[\frac{1}{n-1}\sum_{i=1}^{n}(x_i-\bar{x})^2\right]^{1/2} \quad \cdots\cdots(2)$$

其中 $\bar{x}$ 和 s 是样本均值和样本标准差；

b) 确定检出水平 α，在表 A.2 中查出临界值 $G_{1-\alpha}(n)$；

c) 当 $G_n>G_{1-\alpha}(n)$时，判定 $x_{(n)}$ 为离群值，否则判未发现 $x_{(n)}$ 是离群值；

d) 对于检出的离群值 $x_{(n)}$，确定剔除水平 α^*，在表 A.2 中查出临界值 $G_{1-\alpha^*}(n)$。当 $G_n>G_{1-\alpha^*}(n)$时，判定 $x_{(n)}$ 为统计离群值，否则判未发现 $x_{(n)}$ 是统计离群值（即 $x_{(n)}$ 为歧离值）。

7.2.2 下侧情形

a) 计算出统计量 G'_n 的值：

$$G'_n = (\bar{x} - x_{(1)})/s \quad \cdots\cdots(3)$$

$$s = \left[\frac{1}{n-1}\sum_{i=1}^{n}(x_i - \bar{x})^2\right]^{1/2} \quad \cdots\cdots(4)$$

其中 $\bar{x}$ 和 s 是样本均值和样本标准差；

b) 确定检出水平 α，在表 A.2 中查出临界值 $G_{1-\alpha}(n)$；

c) 当 $G'_n > G_{1-\alpha}(n)$ 时，判定 $x_{(1)}$ 为离群值，否则判未发现 $x_{(1)}$ 是离群值；

d) 对于检出的离群值 $x_{(1)}$，确定剔除水平 α^*，在表 A.2 中查出临界值 $G_{1-\alpha^*}(n)$。当 $G'_n > G_{1-\alpha^*}(n)$ 时，判定 $x_{(1)}$ 为统计离群值，否则判未发现 $x_{(1)}$ 是统计离群值(即 $x_{(1)}$ 为歧离值)。

7.2.3 双侧情形

a) 计算出统计量 G_n 和 G'_n 的值。

b) 确定检出水平 α，在表 A.2 中查出临界值 $G_{1-\alpha/2}(n)$。

c) 当 $G_n > G'_n$ 且 $G_n > G_{1-\alpha/2}(n)$，判定 $x_{(n)}$ 为离群值；当 $G'_n > G_n$ 且 $G'_n > G_{1-\alpha/2}(n)$，判定 $x_{(1)}$ 为离群值；否则判未发现离群值。当 $G'_n = G_n$ 时，应重新考虑限定检出离群值的个数。

d) 对于检出的离群值 $x_{(1)}$ 或 $x_{(n)}$，确定剔除水平 α^*，在表 A.2 中查出临界值 $G_{1-\alpha^*/2}(n)$，当 $G'_n > G_{1-\alpha^*/2}(n)$ 时，判定 $x_{(1)}$ 为统计离群值，否则判未发现 $x_{(1)}$ 是统计离群值(即 $x_{(1)}$ 为歧离值)；当 $G_n > G_{1-\alpha^*/2}(n)$ 时，判定 $x_{(n)}$ 为统计离群值，否则判未发现 $x_{(n)}$ 是统计离群值(即 $x_{(n)}$ 为歧离值)。

7.2.4 使用格拉布斯(Grubbs)检验法的示例

对某种砖的抗压强度测试 10 个样品，其数据经排列后为(单位：MPa)：

4.7，5.4，6.0，6.5，7.3，7.7，8.2，9.0，10.1，14.0

经验表明这种砖的抗压强度服从正态分布，检查这些数据中是否存在上侧离群值。

本例中，样本量 $n=10$，$\bar{x}=7.89$，$s^2=7.312$，$s=2.704$。计算得：

$$G_{10} = (x_{(10)} - \bar{x})/s = (14 - 7.89)/2.704 = 2.260$$

确定检出水平 $\alpha=0.05$，在表 A.2 中查出临界值 $G_{0.95}(10)=2.176$，因 $G_{10} > G_{0.95}(10)$，判定 $x_{(10)}=14.0$ 为离群值。

对于检出的离群值 $x_{(10)}=14.0$，确定剔除水平 $\alpha^*=0.01$，在表 A.2 中查出临界值 $G_{0.99}(10)=2.410$，因 $G_{10} < G_{0.95}(10)$，故判为未发现 $x_{(10)}=14.0$ 是统计离群值(即 $x_{(10)}$ 为歧离值)。

7.3 狄克逊(Dixon)检验法

当使用狄克逊检验法时，若样本量 $3 \leqslant n \leqslant 30$，其临界值见表 A.3；若样本量 $30 < n \leqslant 100$，其检验方法见附录 C。

7.3.1 单侧情形

a) 计算出下述统计量的值：

样 本 量	检验高端离群值	检验低端离群值
n：3～7	$D_n = r_{10} = \frac{x_{(n)} - x_{(n-1)}}{x_{(n)} - x_{(1)}}$	$D'_n = r'_{10} = \frac{x_{(2)} - x_{(1)}}{x_{(n)} - x_{(1)}}$
n：8～10	$D_n = r_{11} = \frac{x_{(n)} - x_{(n-1)}}{x_{(n)} - x_{(2)}}$	$D'_n = r'_{11} = \frac{x_{(2)} - x_{(1)}}{x_{(n-1)} - x_{(1)}}$
n：11～13	$D_n = r_{21} = \frac{x_{(n)} - x_{(n-2)}}{x_{(n)} - x_{(2)}}$	$D'_n = r'_{21} = \frac{x_{(3)} - x_{(1)}}{x_{(n-1)} - x_{(1)}}$
n：14～30	$D_n = r_{22} = \frac{x_{(n)} - x_{(n-2)}}{x_{(n)} - x_{(3)}}$	$D'_n = r'_{22} = \frac{x_{(3)} - x_{(1)}}{x_{(n-2)} - x_{(1)}}$

b) 确定检出水平 α，在表 A.3 中查出临界值 $D_{1-\alpha}(n)$。

c) 检验高端值，当 $D_n > D_{1-\alpha}(n)$ 时，判定 $x_{(n)}$ 为离群值；检验低端值，当 $D'_n > D_{1-\alpha}(n)$ 时，判定 $x_{(1)}$ 为离群值；否则判未发现离群值。

d) 对于检出的离群值 $x_{(1)}$ 或 $x_{(n)}$，确定剔除水平 α^*，在表 A.3 中查出临界值 $D_{1-\alpha^*}(n)$。检验高端值，当 $D_n > D_{1-\alpha^*}(n)$ 时，判定 $x_{(n)}$ 为统计离群值，否则判未发现 $x_{(n)}$ 是统计离群值(即 $x_{(n)}$ 为歧离值)；检验低端值，当 $D'_n > D_{1-\alpha^*}(n)$ 时，判定 $x_{(1)}$ 为统计离群值，否则判未发现 $x_{(1)}$ 是统计离群值(即 $x_{(1)}$ 为歧离值)。

7.3.2 双侧情形

a) 计算出统计量 D_n 与 D'_n 的值，这里 D_n 与 D'_n 由 7.3.1 的 a)给出；

b) 确定检出水平 α，在表 A.3′中查出临界值 $\widetilde{D}_{1-\alpha}(n)$；

c) 当 $D_n > D'_n$，$D_n > \widetilde{D}_{1-\alpha}(n)$ 时，判定 $x_{(n)}$ 为离群值；当 $D'_n > D_n$，$D'_n > \widetilde{D}_{1-\alpha}(n)$ 时，判定 $x_{(1)}$ 为离群值；否则判未发现离群值；

d) 对于检出的离群值 $x_{(1)}$ 或 $x_{(n)}$，确定剔除水平 α^*，在表 A.3′中查出临界值 $\widetilde{D}_{1-\alpha^*}(n)$。当 $D_n > D'_n$ 且 $D_n > \widetilde{D}_{1-\alpha^*}(n)$ 时，判定 $x_{(n)}$ 为统计离群值，否则判未发现 $x_{(n)}$ 是统计离群值(即 $x_{(n)}$ 为歧离值)；当 $D'_n > D_n$ 且 $D'_n > \widetilde{D}_{1-\alpha^*}(n)$ 时，判定 $x_{(1)}$ 为统计离群值，否则判未发现 $x_{(1)}$ 是统计离群值(即 $x_{(1)}$ 为歧离值)。

7.3.3 使用狄克逊(Dixon)检验法的示例

射击 16 发子弹，射程数据经排列后为(单位：m)：

1 125	1 248	1 250	1 259	1 273	1 279	1 285	1 285
1 293	1 300	1 305	1 312	1 315	1 324	1 325	1 350

经验表明子弹射程服从正态分布，根据实际中的关注不同，分别对低端值和高端值进行检验。

a) 检验低端值 $x_{(1)} = 1\,125$ 是否为离群值

本例中，样本量 $n=16$，计算

$$D'_{16} = r'_{22} = \frac{x_{(3)} - x_{(1)}}{x_{(14)} - x_{(1)}} = \frac{1\,250 - 1\,125}{1\,324 - 1\,125} = \frac{125}{189} = 0.661\,4$$

确定检出水平 $\alpha = 0.05$，在表 A.3 中查出临界值 $D_{0.95}(16) = 0.505$，因 $D'_{16} > D_{0.95}(16)$，故判定最小值 $x_{(1)} = 1\,125$ 为离群值。

对于检出的离群值 $x_{(1)} = 1\,125$，确定剔除水平 $\alpha^* = 0.01$，在表 A.3 中查出临界值 $D_{0.99}(16) = 0.597$，因 $D'_{16} > D_{0.995}(16)$，故判定最小值 $x_{(1)} = 1\,125$ 为统计离群值。

b) 双侧情形

计算 $D'_{16} = 0.661\,4$ 和

$$D_{16} = r_{22} = \frac{x_{(16)} - x_{(14)}}{x_{(16)} - x_{(3)}} = \frac{1\,350 - 1\,324}{1\,350 - 1\,250} = \frac{26}{100} = 0.26$$

确定检出水平 $\alpha = 0.05$，在表 A.3′查出临界值 $\widetilde{D}_{0.95}(16) = 0.547$。因 $D'_{16} > D_{16}$ 且 $D'_{16} > \widetilde{D}_{0.95}(16)$，故判定最小值 $x_{(1)} = 1\,125$ 为离群值。

对于检出的离群值 $x_{(1)} = 1\,125$，确定剔除水平 $\alpha^* = 0.01$，在表 A.3′查出临界值 $\widetilde{D}_{0.99}(16) = 0.627$。因 $D'_{16} > D_{16}$ 且 $D'_{16} > \widetilde{D}_{0.99}(16)$，故判定最小值 $x_{(1)} = 1\,125$ 为统计离群值。

8 未知标准差情形离群值的判断规则(限定检出离群值的个数大于 1 时)

8.1 一般原则

当限定检出离群值的个数大于 1 时，可使用偏度—峰度检验法或狄克逊(Dixon)检验法的重复使用方法，可根据实际要求选定其中一种检验法(见附录 B)。

8.2 偏度—峰度检验法

8.2.1 使用条件

考查样本诸观测值，确认它们的样本主体来自正态总体，而极端值应较明显的偏离样本主体。

8.2.2 **单侧情形——偏度检验法**

a) 计算偏度统计量 b_s 的值

$$b_s = \frac{\sqrt{n}\sum_{i=1}^{n}(x_i-\bar{x})^3}{\left[\sum_{i=1}^{n}(x_i-\bar{x})^2\right]^{3/2}} = \frac{\sqrt{n}\left[\sum_{i=1}^{n}x_i^3-3\bar{x}\sum_{i=1}^{n}x_i^2+2n(\bar{x})^3\right]}{\left[\sum_{i=1}^{n}x_i^2-n\bar{x}^2\right]^{3/2}} \quad \cdots\cdots\cdots\cdots(5)$$

b) 确定检出水平 α,在表 A.4 中查出临界值 $b_{1-\alpha}(n)$。

c) 对上侧情形,当 $b_s>b_{1-\alpha}(n)$ 时,判定最大值 $x_{(n)}$ 为离群值;否则判未发现 $x_{(n)}$ 是离群值;对下侧情形,当 $-b_s>b_{1-\alpha}(n)$ 时,判定最小值 $x_{(1)}$ 为离群值;否则判未发现 $x_{(1)}$ 是离群值。

d) 对于检出的离群值 $x_{(1)}$ 或 $x_{(n)}$,确定剔除水平 α^*,在表 A.4 中查出临界值 $b_{1-\alpha^*}(n)$。对上侧情形,当 $b_s>b_{1-\alpha^*}(n)$ 时,判定 $x_{(n)}$ 为统计离群值,否则判未发现 $x_{(n)}$ 是统计离群值(即 $x_{(n)}$ 为歧离值);对下侧情形,当 $-b_s>b_{1-\alpha^*}(n)$ 时,判定 $x_{(1)}$ 为统计离群值,否则判未发现 $x_{(1)}$ 是统计离群值(即 $x_{(1)}$ 为歧离值)。

8.2.3 **双侧情形——峰度检验法**

a) 计算峰度统计量 b_k 的值

$$b_k = \frac{n\sum_{i=1}^{n}(x_i-\bar{x})^4}{\left[\sum_{i=1}^{n}(x_i-\bar{x})^2\right]^2} = \frac{n\left[\sum_{i=1}^{n}x_i^4-4\bar{x}\sum_{i=1}^{n}x_i^3+6\bar{x}^2\sum_{i=1}^{n}x_i^2-3n\bar{x}^4\right]}{\left[\sum x_i^2-n\bar{x}^2\right]^2} \quad \cdots\cdots\cdots\cdots(6)$$

b) 确定检出水平 α,在表 A.5 中查出临界值 $b'_{1-\alpha}(n)$。

c) 当 $b_k>b'_{1-\alpha}(n)$ 时,判定离均值 $\bar{x}$ 最远的观测值为离群值;否则判未发现离群值。

d) 对于检出的离群值,确定剔除水平 α^*,在表 A.5 中查出临界值 $b'_{1-\alpha^*}(n)$。当 $b_k>b'_{1-\alpha^*}(n)$ 时,判定离均值 $\bar{x}$ 最远的观测值为统计离群值,否则判未发现该离群值是统计离群值(即该离群值为歧离值)。

8.2.4 **重复使用峰度检验法的示例**

本例为离群值问题早期研究中的著名实例(1883 年)。观测金星垂直半径的 15 个观测数据的离差经排列后为(单位:s):

−1.40	−0.44	−0.30	−0.24	−0.22	−0.13	−0.05	0.06
0.10	0.18	0.20	0.39	0.48	0.63	1.01	

由问题的背景需要判断 $x_{(1)}=-1.40$ 和 $x_{(15)}=1.01$ 是否离群。

根据 GB/T 4882—2001,使用正态概率纸进行正态性检验。

将上述数据点在正态概率纸上(见图 1),此时,样本的诸点近似在一条直线近旁两侧,当画出适宜的直线后,样本的低端向上而高端向下偏离,故可用偏度—峰度检验法。

计算得:

$\sum_{i=1}^{15}x_i$	$\sum_{i=1}^{15}x_i^2$	$\sum_{i=1}^{15}x_i^3$	$\sum_{i=1}^{15}x_i^4$
0.27	4.254 5	−1.417 671	5.170 248 05

$$\bar{x}=0.27/15=0.018,\ b_k=4.386$$

确定检出水平 $\alpha=0.05$,在表 A.5 中查出临界值 $b'_{0.95}(15)=4.13$,因 $b_k=4.386\ 0>b'_{0.95}(15)=4.13$,判定距离均值 0.018 最远的 $x_{(1)}=-1.40$ 为离群值。

对于检出的离群值 $x_{(1)}=-1.40$,确定剔除水平 $\alpha^*=0.01$,在表 A.5 中查出临界值 $b'_{0.99}(15)=5.30$,因 $b_k=4.386\ 0<b'_{0.99}(15)=5.30$,故判未发现该离群值 $x_{(1)}=-1.40$ 是统计离群值(即 $x_{(1)}=-1.40$ 为歧离值)。

取出 $x_{(1)}=-1.40$ 之后，对余下 14 个值进行计算如下：

$\sum_{i=1}^{14} x_i$	$\sum_{i=1}^{14} x_i^2$	$\sum_{i=1}^{14} x_i^3$	$\sum_{i=1}^{14} x_i^4$
0.27	4.254 5	−1.417 671	5.170 248 05
+1.40	−1.960 0	+2.744 000	−3.841 600 00
1.67	2.294 5	1.326 329	1.328 648 05

$\bar{x}=1.67/14=0.119\ 3$，再计算 $b_k=2.816\ 4$。确定检出水平 $\alpha=0.05$，在表 A.5 中查出临界值 $b'_{0.95}(14)=4.11$，而 $b_k=2.816\ 4<b'_{0.95}(14)=4.11$，故不能再检出离群值。

所以，本例只检出一个歧离值 $x_{(1)}=-1.40$。

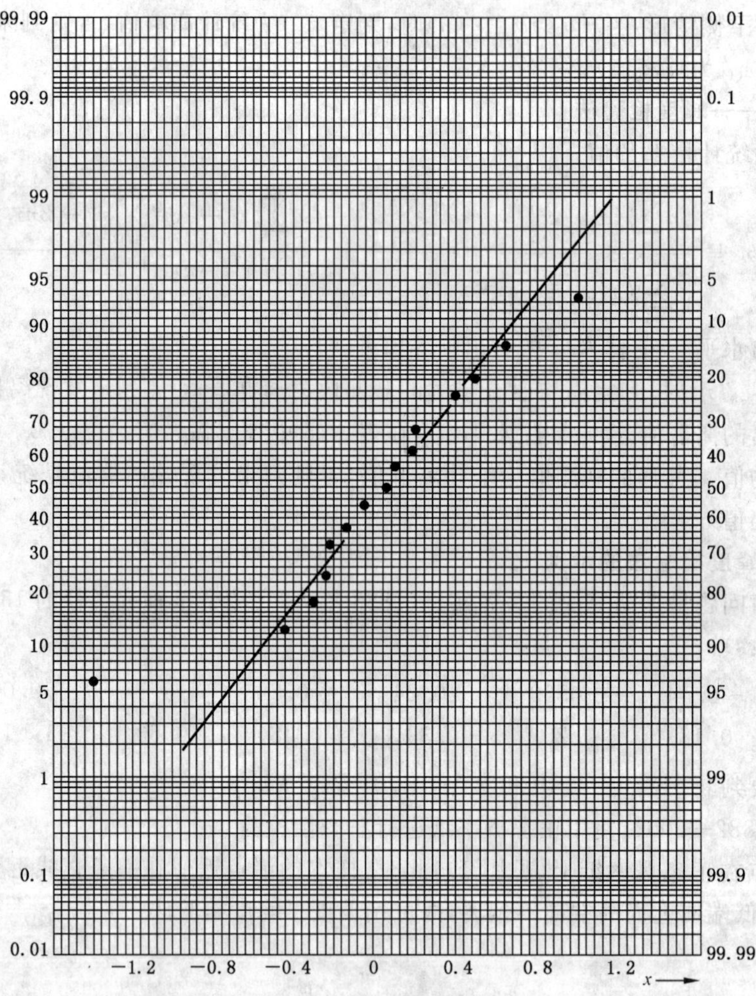

图 1　正态概率纸

8.3　狄克逊(Dixon)检验法

8.3.1　狄克逊(Dixon)检验法的规则

见 7.3。

8.3.2　重复使用狄克逊(Dixon)检验法的示例

数据同 8.2.4。计算

$$D_{15}=r_{22}=\frac{x_{(15)}-x_{(13)}}{x_{(15)}-x_{(3)}}=\frac{1.01-0.48}{1.01+0.30}=\frac{0.53}{1.31}=0.406$$

$$D'_{15}=r'_{22}=\frac{x_{(3)}-x_{(1)}}{x_{(13)}-x_{(1)}}=\frac{-0.30+1.40}{0.48+1.40}=\frac{1.10}{1.88}=0.585$$

对双侧问题，确定检出水平 $\alpha=0.05$，在表 A.3′中查出临界值 $\widetilde{D}_{0.95}(15)=0.565$，由于 $D'_{15}>D_{15}$ 且 $D'_{15}>\widetilde{D}_{0.95}(15)$，故判定最小值 $x_{(1)}=-1.40$ 为离群值。

对于检出的离群值 $x_{(1)}=-1.40$，确定剔除水平 $\alpha^*=0.01$，在表 A.3′中查出临界值 $\widetilde{D}_{0.99}(15)=0.646$。因为 $D'_{15}<\widetilde{D}_{0.99}(15)$，故判未发现 $x_{(1)}=-1.40$ 是统计离群值(即 $x_{(1)}=-1.40$ 为歧离值)。

取出这个观测值后还剩余 14 个值($n=14$)，使用

$$D_{14}=r_{22}=\frac{x_{(14)}-x_{(12)}}{x_{(14)}-x_{(3)}}=\frac{1.01-0.48}{1.01+0.24}=\frac{0.53}{1.25}=0.424$$

$$D'_{14}=r'_{22}=\frac{x_{(3)}-x_{(1)}}{x_{(12)}-x_{(1)}}=\frac{-0.24+0.44}{0.48+0.44}=\frac{0.20}{0.92}=0.217$$

对于上述确定的检出水平 $\alpha=0.05$，在表 A.3′中查出临界值 $\widetilde{D}_{0.95}(14)=0.586$，因为 $D'_{14}<\widetilde{D}_{0.95}(14)$，故不能继续检出离群值。

所以，本例只检出一个歧离值 $x_{(1)}=-0.140$。

附 录 A
（规范性附录）
统 计 数 值 表

奈尔(Nair)检验的临界值表见表 A.1，格拉布斯(Grubbs)检验的临界值表见表 A.2，狄克逊(Dixon)检验的临界值表见表 A.3，偏度检验的临界值表见表 A.4，峰度检验的临界值表见表 A.5。

表 A.1 奈尔(Nair)检验的临界值表

n	0.90	0.95	0.975	0.99	0.995	n	0.90	0.95	0.975	0.99	0.995
						36	2.722	2.944	3.150	3.403	3.584
						37	2.732	2.953	3.159	3.412	3.592
3	1.497	1.738	1.955	2.215	2.396	38	2.741	2.962	3.167	3.420	3.600
4	1.696	1.941	2.163	2.431	2.618	39	2.750	2.971	3.176	3.428	3.608
5	1.835	2.080	2.304	2.574	2.764	40	2.759	2.980	3.184	3.436	3.616
6	1.939	2.184	2.408	2.679	2.870	41	2.768	2.988	3.192	3.444	3.623
7	2.022	2.267	2.490	2.761	2.952	42	2.776	2.996	3.200	3.451	3.630
8	2.091	2.334	2.557	2.828	3.019	43	2.784	3.004	3.207	3.458	3.637
9	2.150	2.392	2.613	2.884	3.074	44	2.792	3.011	3.215	3.465	3.644
10	2.200	2.441	2.662	2.931	3.122	45	2.800	3.019	3.222	3.472	3.651
11	2.245	2.484	2.704	2.973	3.163	46	2.808	3.026	3.229	3.479	3.657
12	2.284	2.523	2.742	3.010	3.199	47	2.815	3.033	3.235	3.485	3.663
13	2.320	2.557	2.776	3.043	3.232	48	2.822	3.040	3.242	3.491	3.669
14	2.352	2.589	2.806	3.072	3.261	49	2.829	3.047	3.249	3.498	3.675
15	2.382	2.617	2.834	3.099	3.287	50	2.836	3.053	3.255	3.504	3.681
16	2.409	2.644	2.860	3.124	3.312	51	2.843	3.060	3.261	3.509	3.687
17	2.434	2.668	2.883	3.147	3.334	52	2.849	3.066	3.267	3.515	3.692
18	2.458	2.691	2.905	3.168	3.355	53	2.856	3.072	3.273	3.521	3.698
19	2.480	2.712	2.926	3.188	3.374	54	2.862	3.078	3.279	3.526	3.703
20	2.500	2.732	2.945	3.207	3.392	55	2.868	3.084	3.284	3.532	3.708
21	2.519	2.750	2.963	3.224	3.409	56	2.874	3.090	3.290	3.537	3.713
22	2.538	2.768	2.980	3.240	3.425	57	2.880	3.095	3.295	3.542	3.718
23	2.555	2.784	2.996	3.256	3.440	58	2.886	3.101	3.300	3.547	3.723
24	2.571	2.800	3.011	3.270	3.455	59	2.892	3.106	3.306	3.552	3.728
25	2.587	2.815	3.026	3.284	3.468	60	2.897	3.112	3.311	3.557	3.733
26	2.602	2.829	3.039	3.298	3.481	61	2.903	3.117	3.316	3.562	3.737
27	2.616	2.843	3.053	3.310	3.493	62	2.908	3.122	3.321	3.566	3.742
28	2.630	2.856	3.065	3.322	3.505	63	2.913	3.127	3.326	3.571	3.746
29	2.643	2.869	3.077	3.334	3.516	64	2.919	3.132	3.330	3.575	3.751
30	2.656	2.881	3.089	3.345	3.527	65	2.924	3.137	3.335	3.580	3.755
31	2.668	2.892	3.100	3.356	3.538	66	2.929	3.142	3.339	3.584	3.759
32	2.679	2.903	3.111	3.366	3.548	67	2.934	3.146	3.344	3.588	3.763
33	2.690	2.914	3.121	3.376	3.557	68	2.938	3.151	3.348	3.593	3.767
34	2.701	2.924	3.131	3.385	3.566	69	2.943	3.155	3.353	3.597	3.771
35	2.712	2.934	3.140	3.394	3.575	70	2.948	3.160	3.357	3.601	3.775

表 A.1（续）

n	0.90	0.95	0.975	0.99	0.995	n	0.90	0.95	0.975	0.99	0.995
71	2.952	3.164	3.361	3.605	3.779	86	3.014	3.223	3.417	3.658	3.831
72	2.957	3.169	3.365	3.609	3.783	87	3.017	3.226	3.421	3.661	3.834
73	2.961	3.173	3.369	3.613	3.787	88	3.021	3.230	3.424	3.665	3.837
74	2.966	3.177	3.373	3.617	3.791	89	3.024	3.233	3.427	3.668	3.840
75	2.970	3.181	3.377	3.620	3.794	90	3.028	3.236	3.430	3.671	3.843
76	2.974	3.185	3.381	3.624	3.798	91	3.031	3.240	3.433	3.674	3.846
77	2.978	3.189	3.385	3.628	3.801	92	3.035	3.243	3.437	3.677	3.849
78	2.983	3.193	3.389	3.631	3.805	93	3.038	3.246	3.440	3.680	3.852
79	2.987	3.197	3.393	3.635	3.808	94	3.042	3.249	3.443	3.683	3.854
80	2.991	3.201	3.396	3.638	3.812	95	3.045	3.253	3.446	3.685	3.857
81	2.995	3.205	3.400	3.642	3.815	96	3.048	3.256	3.449	3.688	3.860
82	2.999	3.208	3.403	3.645	3.818	97	3.052	3.259	3.452	3.691	3.863
83	3.002	3.212	3.407	3.648	3.821	98	3.055	3.262	3.455	3.694	3.865
84	3.006	3.216	3.410	3.652	3.825	99	3.058	3.265	3.458	3.697	3.868
85	3.010	3.219	3.414	3.655	3.828	100	3.061	3.268	3.460	3.699	3.871

表 A.2　格拉布斯(Grubbs)检验的临界值表

n	0.90	0.95	0.975	0.99	0.995	n	0.90	0.95	0.975	0.99	0.995
						26	2.502	2.681	2.841	3.029	3.157
						27	2.519	2.698	2.859	3.049	3.178
3	1.148	1.153	1.155	1.155	1.155	28	2.534	2.714	2.876	3.068	3.199
4	1.425	1.463	1.481	1.492	1.496	29	2.549	2.730	2.893	3.085	3.218
5	1.602	1.672	1.715	1.749	1.764	30	2.563	2.745	2.908	3.103	3.236
6	1.729	1.822	1.887	1.944	1.973	31	2.577	2.759	2.924	3.119	3.253
7	1.828	1.938	2.020	2.097	2.139	32	2.591	2.773	2.938	3.135	3.270
8	1.909	2.032	2.126	2.221	2.274	33	2.604	2.786	2.952	3.150	3.286
9	1.977	2.110	2.215	2.323	2.387	34	2.616	2.799	2.965	3.164	3.301
10	2.036	2.176	2.290	2.410	2.482	35	2.628	2.811	2.979	3.178	3.316
11	2.088	2.234	2.355	2.485	2.564	36	2.639	2.823	2.991	3.191	3.330
12	2.134	2.285	2.412	2.550	2.636	37	2.650	2.835	3.003	3.204	3.343
13	2.175	2.331	2.462	2.607	2.699	38	2.661	2.846	3.014	3.216	3.356
14	2.213	2.371	2.507	2.659	2.755	39	2.671	2.857	3.025	3.228	3.369
15	2.247	2.409	2.549	2.705	2.806	40	2.682	2.866	3.036	3.240	3.381
16	2.279	2.443	2.585	2.747	2.852	41	2.692	2.877	3.046	3.251	3.393
17	2.309	2.475	2.620	2.785	2.894	42	2.700	2.887	3.057	3.261	3.404
18	2.335	2.504	2.651	2.821	2.932	43	2.710	2.896	3.067	3.271	3.415
19	2.361	2.532	2.681	2.854	2.968	44	2.719	2.905	3.075	3.282	3.425
20	2.385	2.557	2.709	2.884	3.001	45	2.727	2.914	3.085	3.292	3.435
21	2.408	2.580	2.733	2.912	3.031	46	2.736	2.923	3.094	3.302	3.445
22	2.429	2.603	2.758	2.939	3.060	47	2.744	2.931	3.103	3.310	3.455
23	2.448	2.624	2.781	2.963	3.087	48	2.753	2.940	3.111	3.319	3.464
24	2.467	2.644	2.802	2.987	3.112	49	2.760	2.948	3.120	3.329	3.474
25	2.486	2.663	2.822	3.009	3.135	50	2.768	2.956	3.128	3.336	3.483

表 A.2（续）

n	0.90	0.95	0.975	0.99	0.995	n	0.90	0.95	0.975	0.99	0.995
51	2.775	2.964	3.136	3.345	3.491	76	2.922	3.111	3.287	3.502	3.654
52	2.783	2.971	3.143	3.353	3.500	77	2.927	3.117	3.291	3.507	3.658
53	2.790	2.978	3.151	3.361	3.507	78	2.931	3.121	3.297	3.511	3.663
54	2.798	2.986	3.158	3.368	3.516	79	2.935	3.125	3.301	3.516	3.669
55	2.804	2.992	3.166	3.376	3.524	80	2.940	3.130	3.305	3.521	3.673
56	2.811	3.000	3.172	3.383	3.531	81	2.945	3.134	3.309	3.525	3.677
57	2.818	3.006	3.180	3.391	3.539	82	2.949	3.139	3.315	3.529	3.682
58	2.824	3.013	3.186	3.397	3.546	83	2.953	3.143	3.319	3.534	3.687
59	2.831	3.019	3.193	3.405	3.553	84	2.957	3.147	3.323	3.539	3.691
60	2.837	3.025	3.199	3.411	3.560	85	2.961	3.151	3.327	3.543	3.695
61	2.842	3.032	3.205	3.418	3.566	86	2.966	3.155	3.331	3.547	3.699
62	2.849	3.037	3.212	3.424	3.573	87	2.970	3.160	3.335	3.551	3.704
63	2.854	3.044	3.218	3.430	3.579	88	2.973	3.163	3.339	3.555	3.708
64	2.860	3.049	3.224	3.437	3.586	89	2.977	3.167	3.343	3.559	3.712
65	2.866	3.055	3.230	3.442	3.592	90	2.981	3.171	3.347	3.563	3.716
66	2.871	3.061	3.235	3.449	3.598	91	2.984	3.174	3.350	3.567	3.720
67	2.877	3.066	3.241	3.454	3.605	92	2.989	3.179	3.355	3.570	3.725
68	2.883	3.071	3.246	3.460	3.610	93	2.993	3.182	3.358	3.575	3.728
69	2.888	3.076	3.252	3.466	3.617	94	2.996	3.186	3.362	3.579	3.732
70	2.893	3.082	3.257	3.471	3.622	95	3.000	3.189	3.365	3.582	3.736
71	2.897	3.087	3.262	3.476	3.627	96	3.003	3.193	3.369	3.586	3.739
72	2.903	3.092	3.267	3.482	3.633	97	3.006	3.196	3.372	3.589	3.744
73	2.908	3.098	3.272	3.487	3.638	98	3.011	3.201	3.377	3.593	3.747
74	2.912	3.102	3.278	3.492	3.643	99	3.014	3.204	3.380	3.597	3.750
75	2.917	3.107	3.282	3.496	3.648	100	3.017	3.207	3.383	3.600	3.754

表 A.3 单侧狄克逊(Dixon)检验的临界值表

n	统计量	0.90	0.95	0.99	0.995
3	$r_{10}=\frac{x_{(n)}-x_{(n-1)}}{x_{(n)}-x_{(1)}}$ 或 $r'_{10}=\frac{x_{(2)}-x_{(1)}}{x_{(n)}-x_{(1)}}$	0.885	0.941	0.988	0.994
4		0.679	0.765	0.889	0.920
5		0.557	0.642	0.782	0.823
6		0.484	0.562	0.698	0.744
7		0.434	0.507	0.637	0.680
8	$r_{11}=\frac{x_{(n)}-x_{(n-1)}}{x_{(n)}-x_{(2)}}$ 或 $r'_{11}=\frac{x_{(2)}-x_{(1)}}{x_{(n-1)}-x_{(1)}}$	0.479	0.554	0.681	0.723
9		0.441	0.512	0.635	0.676
10		0.410	0.477	0.597	0.638

表 A.3（续）

n	统 计 量	0.90	0.95	0.99	0.995
11	$r_{21}=\frac{x_{(n)}-x_{(n-2)}}{x_{(n)}-x_{(2)}}$ 或 $r'_{21}=\frac{x_{(3)}-x_{(1)}}{x_{(n-1)}-x_{(1)}}$	0.517	0.575	0.674	0.707
12		0.490	0.546	0.642	0.675
13		0.467	0.521	0.617	0.649
14	$r_{22}=\frac{x_{(n)}-x_{(n-2)}}{x_{(n)}-x_{(3)}}$ 或 $r'_{22}=\frac{x_{(3)}-x_{(1)}}{x_{(n-2)}-x_{(1)}}$	0.491	0.546	0.640	0.672
15		0.470	0.524	0.618	0.649
16		0.453	0.505	0.597	0.629
17		0.437	0.489	0.580	0.611
18		0.424	0.475	0.564	0.595
19		0.412	0.462	0.550	0.580
20		0.401	0.450	0.538	0.568
21		0.391	0.440	0.526	0.556
22		0.382	0.431	0.516	0.545
23		0.374	0.422	0.507	0.536
24		0.367	0.413	0.497	0.526
25		0.360	0.406	0.489	0.519
26		0.353	0.399	0.482	0.510
27		0.347	0.393	0.474	0.503
28		0.341	0.387	0.468	0.496
29		0.337	0.381	0.462	0.489
30		0.332	0.376	0.456	0.484

表 A.3′ 双侧狄克逊(Dixon)检验的临界值表

n	统计量	0.95	0.99	n	统计量	0.95	0.99
3	r_{10} 和 r'_{10} 中较大者	0.970	0.994	17	r_{22} 和 r'_{22} 中较大者	0.527	0.614
4		0.829	0.926	18		0.513	0.602
5		0.710	0.821	19		0.500	0.582
6		0.628	0.740	20		0.488	0.570
7		0.569	0.680	21		0.479	0.560
8	r_{11} 和 r'_{11} 中较大者	0.608	0.717	22		0.469	0.548
9		0.564	0.672	23		0.460	0.537
10		0.530	0.635	24		0.449	0.522
11	r_{21} 和 r'_{21} 中较大者	0.619	0.709	25		0.441	0.518
12		0.583	0.660	26		0.436	0.509
13		0.557	0.638	27		0.427	0.504
14	r_{22} 和 r'_{22} 中较大者	0.587	0.669	28		0.420	0.497
15		0.565	0.646	29		0.415	0.489
16		0.547	0.629	30		0.409	0.480

表 A.4 偏度检验的临界值表

n	0.95	0.99	n	0.95	0.99
8	0.99	1.42	40	0.59	0.87
9	0.97	1.41	45	0.56	0.82
10	0.95	1.39	50	0.53	0.79
12	0.91	1.34	60	0.49	0.72
15	0.85	1.26	70	0.46	0.67
20	0.77	1.15	80	0.43	0.63
25	0.71	1.06	90	0.41	0.60
30	0.66	0.98	100	0.39	0.57
35	0.62	0.92			

表 A.5 峰度检验的临界值表

n	0.95	0.99	n	0.95	0.99
8	3.70	4.53	40	4.05	5.02
9	3.86	4.82	45	4.02	4.94
10	3.95	5.00	50	3.99	4.87
12	4.05	5.20	60	3.93	4.73
15	4.13	5.30	70	3.88	4.62
20	4.17	5.38	80	3.84	4.52
25	4.14	5.29	90	3.80	4.45
30	4.11	5.20	100	3.77	4.37
35	4.08	5.11			

附 录 B
（资料性附录）
选择离群值判断方法和处理规则的指南

B.1 判定和处理离群值的目的

B.1.1 三种不同的目的

B.1.1.1 识别与诊断

主要目的是找出离群值，从而进行质量控制、新规律探索、技术考察等项工作。

B.1.1.2 估计参数

主要目的在于估计总体的某个参数，寻找离群值的目的在于确定这些值是否计入样本，以便准确估计其参数。

B.1.1.3 检验假设

主要目的在于判定总体是否符合所考察的要求，寻找离群值的目的主要在于确定这些值是否计入样本，以使判定结果计量准确。

B.1.2 判定离群值的不同目的引起的不同的选择

B.1.2.1 以识别为目的

选择判断离群值的主要标准在于判定准确性，要根据所判定错误带来的风险不同，选择适宜的规则。

B.1.2.2 以估计和检验为目的

要判定离群值，就应把判定和处理离群值的方法和进一步作估计或检验的准确性统一起来考虑。如使用格拉布斯(Grubbs)检验法作估计，实际是一种新估计量

$$\hat{\mu}=\begin{cases}(x_1+\cdots+x_n)/n, & \text{当 } G_n \leqslant G_{1-\alpha^*}(n)\\(x_{(1)}+\cdots+x_{(n-1)})/(n-1), & \text{当 } G_n > G_{1-\alpha^*}(n)\end{cases}$$

有时也可以不经过判定离群值的步骤，而采用稳健的方法。

例如：在塑料材料中，有时使用截割均值，把 12 个观测值的最大值与最小值舍去，以余下的 10 个观测值作算术平均以估计 μ。(体操比赛评分时，也把诸裁判报出的最高分和最低分舍去，以余下的几个评分的平均值报出)，并不需要追查舍去的一定是离群值，而这种估计也很好地预防了离群值的不利影响。

B.2 对各种检验法的选择

本标准第 7 章、第 8 章给出了三种检验法，在选用检验方法时应主要考虑下述几点。

B.2.1 限定检出离群值的个数不超过 1 时

B.2.1.1 当 n 较小时，格拉布斯(Grubbs)检验法具有判定离群值的功效最优性，而狄克逊(Dixon)检验法正确判定离群值的功效与格拉布斯(Grubbs)检验法相差甚微；建议使用格拉布斯(Grubbs)检验法。

B.2.1.2 当 n 较大时，同时在正态概率纸上，若样本主体是基本在一条直线的近旁；建议使用偏度—峰度检验法。

B.2.1.3 当 n 较大时，同时在正态概率纸上，若样本主体不是基本在一条直线的近旁，使用格拉布斯(Grubbs)检验法。

B.2.2 限定检出离群值的个数大于 1 时

重复使用同一检验法可能犯判多为少(只检出一部分离群值)的错误，而不易犯判少为多(错将一部分非离群的观测值判为离群值)的错误。这两类错误的概率以重复使用偏度—峰度检验法为少(可以证

明，它也具有正确判定离群值的功效优良性）。但计算相对复杂得多；重复使用狄克逊(Dixon)检验法的效果次之，而重复使用格拉布斯(Grubbs)的功效则较差。

偏度—峰度检验法又是正态性检验的优良检验法，不来自正态分布的样本都可能被它拒绝。但这不只是正态样本主体加离群值的模型，所以使用偏度—峰度检验法时，要满足规定的使用条件。比如，在正态概率纸上，若样本主体不是基本在一条直线的近邻两侧；或是样本主体基本在一条直线近邻两侧，而高端值相对于这条直线而言向上而不是向下偏离（如图 B.1），低端值相对于这条直线而言向下而不是向上偏离，则采用偏度—峰度检验法就可能把一部分非离群观测值误判为离群值。

B.2.2.1 当 n 较小时，重复使用狄克逊检验法。

B.2.2.2 当 n 较大时，且在正态概率纸上，若样本主体是基本在一条直线的近旁；可重复偏度—峰度检验法。

B.2.2.3 当 n 较大时，且在正态概率纸上，若样本主体不是基本在一条直线的近旁，建议重复使用格拉布斯检验法。

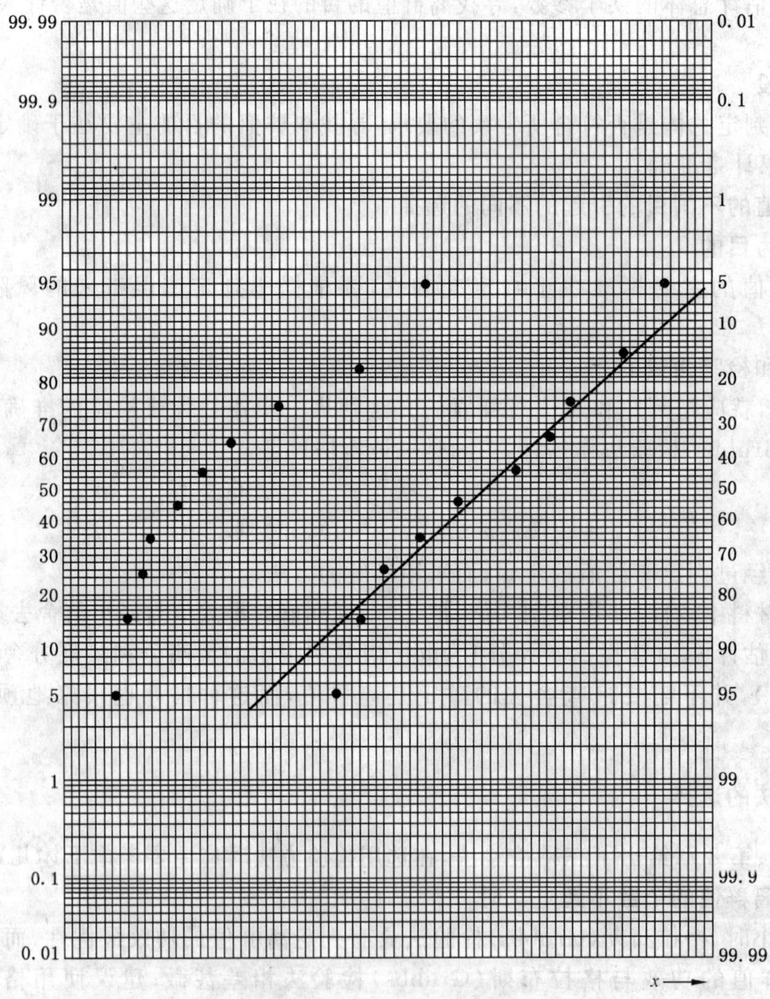

图 B.1 正态概率纸

B.3 重视检出的离群值给出的信息

B.3.1 在一段时间后，考察检出离群值的全体，往往能明显地发现其物理原因和系统倾向，如离群值出自某个测试者为多，说明此人的操作有系统偏离。

B.3.2 若各个样本中出现离群值较为经常，又常不能明确其物理原因，则应怀疑分布的正态性假设。此时可更细微的确定统计分布及选择适宜的统计量形式。

因此，标准使用者应完善判定和处理离群值的记录，并作定期分析。

附　录　C
（资料性附录）
当 $n>30$ 时的狄克逊（Dixon）检验

C.1　单侧情形

a)　计算出下述统计量的值

样　本　量	检验高端离群值	检验低端离群值
n：31～100	$D_n=r_{22}=\frac{x_{(n)}-x_{(n-2)}}{x_{(n)}-x_{(3)}}$	$D'_n=r'_{22}=\frac{x_{(3)}-x_{(1)}}{x_{(n-2)}-x_{(1)}}$

b)　确定检出水平 α，在表 C.1 中查出临界值 $D_{1-\alpha}(n)$。

c)　检验高端值，当 $D_n>D_{1-\alpha}(n)$ 时，判定 $x_{(n)}$ 为离群值；检验低端值，当 $D'_n>D_{1-\alpha}(n)$ 时，判定 $x_{(1)}$ 为离群值；否则判未发现离群值。

d)　对于检出的离群值 $x_{(1)}$ 或 $x_{(n)}$，确定剔除水平 α^*，在表 C.1 中查出临界值 $D_{1-\alpha^*}(n)$。检验高端值，当 $D_n>D_{1-\alpha^*}(n)$ 时，判定 $x_{(n)}$ 为统计离群值，否则判未发现 $x_{(n)}$ 是统计离群值（即 $x_{(n)}$ 为歧离值）；检验低端值，当 $D'_n>D_{1-\alpha^*}(n)$ 时，判定 $x_{(1)}$ 为统计离群值，否则判未发现 $x_{(1)}$ 是统计离群值（即 $x_{(1)}$ 为歧离值）。

C.2　双侧情形

a)　计算出统计量 D_n 与 D'_n 的值，这里 D_n 与 D'_n 由 C.1 的 a) 给出。

b)　确定检出水平 α，在表 C.2 查出临界值 $\widetilde{D}_{1-\alpha}(n)$。

c)　当 $D_n>D'_n$，$D_n>\widetilde{D}_{1-\alpha}(n)$ 时，判定 $x_{(n)}$ 为离群值；当 $D'_n>D_n$，$D'_n>\widetilde{D}_{1-\alpha}(n)$ 时，判定 $x_{(1)}$ 为离群值；否则判未发现离群值。

d)　对于检出的离群值 $x_{(1)}$ 或 $x_{(n)}$，确定剔除水平 α^*，在表 C.2 中查出临界值 $\widetilde{D}_{1-\alpha^*}(n)$。当 $D_n>D'_n$ 且 $D_n>\widetilde{D}_{1-\alpha^*}(n)$ 时，判定 $x_{(n)}$ 为统计离群值，否则判未发现 $x_{(n)}$ 是统计离群值（即 $x_{(n)}$ 为歧离值）；当 $D'_n>D_n$ 且 $D'_n>\widetilde{D}_{1-\alpha^*}(n)$ 时，判定 $x_{(1)}$ 为统计离群值，否则判未发现 $x_{(1)}$ 是统计离群值（即 $x_{(1)}$ 为歧离值）。

表 C.1　单侧狄克逊(Dixon)检验的临界值表

31		0.327	0.371	0.450	0.478
32		0.323	0.367	0.445	0.473
33		0.319	0.362	0.441	0.468
34		0.315	0.358	0.436	0.463
35		0.311	0.354	0.432	0.458
36		0.308	0.350	0.427	0.454
37		0.305	0.347	0.423	0.450
38		0.301	0.343	0.419	0.446
39		0.298	0.340	0.416	0.442
40		0.296	0.337	0.413	0.439
41		0.293	0.334	0.409	0.435
42		0.290	0.331	0.406	0.432
43		0.288	0.328	0.403	0.429
44		0.285	0.326	0.400	0.425
45		0.283	0.323	0.397	0.423
46		0.281	0.321	0.394	0.420
47		0.279	0.318	0.391	0.417
48		0.277	0.316	0.389	0.414
49	$r_{22}=\frac{x_{(n)}-x_{(n-2)}}{x_{(n)}-x_{(3)}}$或$r'_{22}=\frac{x_{(3)}-x_{(1)}}{x_{(n-2)}-x_{(1)}}$	0.275	0.314	0.386	0.412
50		0.273	0.312	0.384	0.409
51		0.271	0.310	0.382	0.407
52		0.269	0.308	0.379	0.405
53		0.267	0.306	0.377	0.402
54		0.265	0.304	0.375	0.400
55		0.264	0.302	0.373	0.398
56		0.262	0.300	0.371	0.396
57		0.261	0.298	0.369	0.394
58		0.259	0.297	0.367	0.392
59		0.258	0.295	0.366	0.391
60		0.256	0.294	0.363	0.388
61		0.255	0.292	0.362	0.387
62		0.253	0.291	0.361	0.385
63		0.252	0.289	0.359	0.383
64		0.251	0.288	0.357	0.382
65		0.250	0.287	0.355	0.380
66		0.249	0.285	0.354	0.379

表 C.1（续）

67	$r_{22}=\frac{x_{(n)}-x_{(n-2)}}{x_{(n)}-x_{(3)}}$ 或 $r'_{22}=\frac{x_{(3)}-x_{(1)}}{x_{(n-2)}-x_{(1)}}$	0.247	0.284	0.353	0.377
68		0.246	0.283	0.351	0.376
69		0.245	0.282	0.350	0.374
70		0.244	0.280	0.348	0.372
71		0.243	0.279	0.347	0.371
72		0.242	0.278	0.346	0.370
73		0.241	0.277	0.344	0.368
74		0.240	0.276	0.343	0.368
75		0.239	0.275	0.342	0.366
76		0.238	0.274	0.341	0.365
77		0.237	0.273	0.340	0.364
78		0.236	0.272	0.338	0.363
79		0.235	0.271	0.337	0.361
80		0.234	0.270	0.336	0.360
81		0.233	0.269	0.335	0.359
82		0.232	0.268	0.334	0.358
83		0.232	0.267	0.333	0.356
84		0.231	0.266	0.332	0.356
85		0.230	0.265	0.331	0.355
86		0.229	0.264	0.330	0.353
87		0.228	0.263	0.329	0.352
88		0.228	0.262	0.328	0.352
89		0.227	0.262	0.327	0.351
90		0.226	0.261	0.326	0.350
91		0.225	0.260	0.325	0.349
92		0.225	0.259	0.324	0.348
93		0.224	0.259	0.323	0.347
94		0.223	0.258	0.323	0.346
95		0.223	0.257	0.322	0.345
96		0.222	0.256	0.321	0.344
97		0.221	0.255	0.320	0.344
98		0.221	0.255	0.320	0.343
99		0.220	0.254	0.319	0.341
100		0.219	0.254	0.318	0.341

表 C.2 双侧狄克逊(Dixon)检验的临界值表

n	统计量	0.95	0.99	n	统计量	0.95	0.99
31	r_{22} 和 r'_{22} 中较大者	0.403	0.473	66	r_{22} 和 r'_{22} 中较大者	0.316	0.377
32		0.399	0.468	67		0.315	0.375
33		0.395	0.463	68		0.313	0.376
34		0.39	0.46	69		0.313	0.375
35		0.388	0.458	70		0.312	0.375
36		0.438	0.442	71		0.31	0.373
37		0.38	0.45	72		0.309	0.373
38		0.377	0.447	73		0.308	0.371
39		0.375	0.442	74		0.306	0.37
40		0.37	0.438	75		0.305	0.368
41		0.367	0.433	76		0.304	0.363
42		0.364	0.432	77		0.304	0.363
43		0.362	0.428	78		0.303	0.362
44		0.359	0.425	79		0.303	0.361
45		0.357	0.422	80		0.302	0.358
46		0.353	0.419	81		0.301	0.358
47		0.352	0.416	82		0.301	0.355
48		0.35	0.413	83		0.301	0.355
49		0.346	0.412	84		0.298	0.353
50		0.343	0.409	85		0.297	0.351
51		0.342	0.407	86		0.297	0.351
52		0.34	0.405	87		0.296	0.349
53		0.338	0.402	88		0.295	0.349
54		0.337	0.4	89		0.294	0.347
55		0.335	0.399	90		0.293	0.347
56		0.334	0.399	91		0.291	0.344
57		0.33	0.396	92		0.29	0.344
58		0.329	0.393	93		0.289	0.343
59		0.327	0.39	94		0.289	0.343
60		0.325	0.389	95		0.288	0.343
61		0.323	0.387	96		0.288	0.342
62		0.321	0.385	97		0.286	0.34
63		0.32	0.383	98		0.285	0.34
64		0.319	0.382	99		0.285	0.339
65		0.318	0.379	100		0.284	0.339

参 考 文 献

[1] W. J. Dixon. Processing data for outliers. Biometrics, 1953, 9(1). 74～89. University of Oregon

[2] W. J. Dixon. Analysis of extreme values: Annals of Mathematical Statistics. 1950, 21(4). 488～506

[3] W. J. Dixon. Ratios involving extreme values: Annals of Mathematical Statistics, 1951, 22(1). 68～78

[4] Surendra P. Verma and Alfredo Quiroz-Ruiz. Critical values for six Dixon tests for outliers in normal samples up to sizes 100, and applications in science and engineering. Revista Mexicana de Ciencias Geológicas. 2006, 23(2). 133～161

[5] C. E. Efstathiou. Estimation of Type I Error Probability from Experimental Dixon's "Q" Parameter on Testing for Outliers within small Size Data Sets. Talanta, 2006. 69(5)

[6] V. Bartlett and T. Lewis. Outliers in Statistical data. Chichester. John Wiley. Third edition, 584

参 考 文 献

[1] W. J. Dixon. Processing data for outliers. Biometrics, 1953, 9(1): 74-89. University of Oregon.

[2] W. J. Dixon. Analysis of extreme values. Annals of Mathematical Statistics, 1950, 21(4): 488-506.

[3] W. J. Dixon. Ratios involving extreme values. Annals of Mathematical Statistics, 1951, 22(1): 68-78.

[4] Surendra P. Verma and Alfredo Quiroz-Ruiz. Critical values for six Dixon tests for outliers in normal samples up to sizes 100, and applications in science and engineering. Revista Mexicana de Ciencias Geológicas, 2006, 23(2): 133-161.

[5] C. E. [illegible]. Estimation of type I Error [illegible] from Experimental Dixon's "Q" Parameter on Testing for Outliers within [illegible]. [illegible], 2006, 69(5).

[6] V. Barnett and T. Lewis. Outliers in Statistical Data. Chichester: John Wiley. Third edition. 584.

ICS 03.120.30
A 41

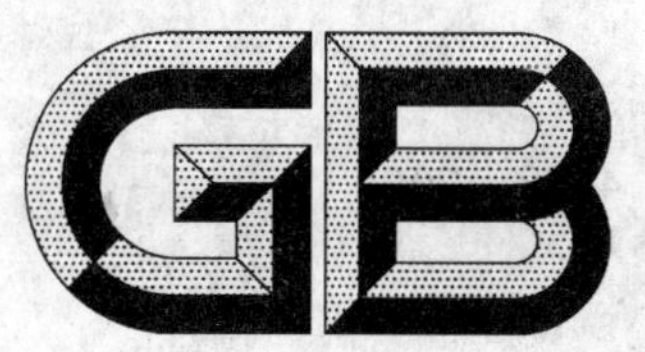

中华人民共和国国家标准

GB/T 4889—2008
代替 GB/T 4889—1985

数据的统计处理和解释
正态分布均值和方差的估计与检验

Statistical interpretation of data—Techniques of estimation and tests relating to means and variances of normal distribution

(ISO 2854:1976,MOD)

2008-07-28 发布　　2009-01-01 实施

中华人民共和国国家质量监督检验检疫总局
中国国家标准化管理委员会　发布

前言

本标准修改采用国际标准ISO 2854:1976。本标准与ISO 2854:1976相比较,技术内容的变化主要包括:

——将ISO中分在两章的方法和示例改为按条叙述,便于理解;

——在表C等许多表的说明中,略去原先大量与前述表相同的重复说明;

——将涉及的正态性检验部分内容略去;

——将成对数据比较的内容略去;

——将结构进行重新安排,每一个方法后面都跟一个说明性示例;

——增加了规范性附录B:使用p值进行假设检验。

本标准代替GB/T 4889—1985。本标准与GB/T 4889—1985相比较,技术内容的变化主要包括:

——按GB/T 1.1—2000《标准化工作导则　第1部分:标准的结构和编写规则》的要求对标准格式进行了修订;

——增加了术语、符号和定义;

——将样本大小改为样本量;

——将结构进行重新安排,每一个方法后面都跟一个说明性示例;

——增加了规范性附录B:使用p值进行假设检验。

本标准的附录A和附录B均为规范性附录。

本标准由全国统计方法应用标准化技术委员会提出并归口。

本标准起草单位:华东师范大学、中国标准化研究院、北京大学、铁道部。

本标准主要起草人:濮晓龙、李艳、丁文兴、于振凡、孙山泽、邱宏静、杜春平、陈玉忠。

本标准所替代标准的历次版本发布情况为:GB/T 4889—1985。

数据的统计处理和解释
正态分布均值和方差的估计与检验

1 范围

本标准涉及的总体为正态分布。

本标准适用于对总体均值和方差进行估计或检验。

2 规范性引用文件

下列文件中的条款通过本标准的引用成为本标准的条款。凡是注日期的引用文件，其随后所有的修改单(不包括勘误的内容)或修订版均不适于本标准。然而，鼓励根据本标准达成协议的各方研究是否可使用这些文件的最新版本。凡是不注日期的引用文件，其最新版本适用于本标准。

GB/T 4882—2002 数据的统计处理和解释 正态性检验

ISO 3534-1:2006 统计学词汇及符号 第1部分：一般统计术语与用于概率的术语

ISO 3534-2:2006 统计学词汇及符号 第2部分:应用统计

3 术语、定义和符号

ISO 3534-1:2006 和 ISO 3534-2:2006 确定的术语和定义以及下列术语、定义和符号适用于本标准。为便于参考，某些术语直接引自上述标准。

3.1 术语和定义

3.1.1

显著性水平 significance level

α

在假设检验中，原假设为真而拒绝原假设(犯第一类错误)的概率的最大值。

注1：对双侧检验情形，显著性水平 α 就是原假设为真而拒绝原假设的概率；对单侧检验情形，显著性水平 α 就是这一概率的最大值。

注2：α 的取值应根据使用者准备承受的风险选取，实际中，α 常被取作 0.05 或 0.01。由于一个假设有可能在 $\alpha=0.05$ 时被拒绝而在 $\alpha=0.01$ 时未被拒绝，此时采用以下说法是合适的："原假设在显著性水平 $\alpha=0.05$ 下被拒绝"，或"原假设在显著性水平 $\alpha=0.01$ 下未被拒绝"。

注3：特别要注意还存在第二类错误，当原假设错误但未拒绝原假设就犯了这一错误。关于统计检验的术语见 ISO 3534-1:2006。

3.1.2

置信水平 confidence level

$1-\alpha$

被估参数的置信区间包含参数真值的概率。

注1：置信水平通常取 0.95、0.99，即 $\alpha=0.05$ 或 $\alpha=0.01$。

3.1.3

***p* 分位数 *p* quantile**

使得分布函数 $F(x)$ 的值不小于 $p(0<p<1)$ 的 x 的最小值。

3.2 符号

n	样本量
μ	总体均值
σ^2	总体方差
σ	总体标准差
$x_1, x_2, \cdots, x_n$	样本量为 n 的简单随机样本
$\bar{x} = \frac{1}{n}\sum_{i=1}^{n} x_i$	样本均值（$\sum_{i=1}^{n}$ 也可记为 $\sum$，下同）
$s^2 = \frac{1}{n-1}\sum(x_i - \bar{x})^2$	样本方差
$s = \sqrt{\frac{1}{n-1}\sum(x_i - \bar{x})^2}$	样本标准差
α	＜假设检验＞显著性水平
$1-\alpha$	＜区间估计＞置信水平
u_α	标准正态分布的 α 分位数
$t_\alpha(\nu)$	自由度为 ν 的 t 分布的 α 分位数
$\chi^2_\alpha(\nu)$	自由度为 ν 的 χ^2 分布的 α 分位数
$F_\alpha(\nu_1, \nu_2)$	自由度为 ν_1 和 ν_2 的 F 分布的 α 分位数

4 总则

4.1 本标准假定样本是随机抽取并且独立的。对无限总体，独立性通常满足；对有限总体，当总体足够大或抽样比足够小（例如小于1/10）时，独立性也可认为满足。

4.2 本标准假定观测值的分布为正态分布。若实际分布与正态分布偏差不大且样本量不太小，使用本标准中规定的方法是近似合理的，其近似程度对大部分实际情况是足够的。此时要求表 A、B、C、D 中样本量不小于5，在其他表（A'、B'、C'、D'、E、F、G、H）中样本量不能小于20。

4.3 关于正态性假设的检验方法详见 GB/T 4882—2002。实际中，通常是根据其他一些信息来假定总体的正态性，而不是根据样本本身。当正态性假设被拒绝时，可采用非参数方法对均值和方差进行估计或检验，或通过适当的变换（例如 $\log(x+a)$、$1/x$、$\sqrt{x+a}$）转换为近似正态分布，再采用本标准中的方法。在使用变换时，变换的选择及结果的解释要谨慎。

4.4 如果只是需要估计变量 X 的均值或方差，无论总体是否服从正态分布，样本均值 $\bar{x}$ 和样本方差 s^2 分别是总体均值 μ 和总体方差 σ^2 的无偏估计。

4.5 对于每一个统计分析，都应该给出有关数据来源和数据收集方法的详细信息，这些信息有助于统计分析结果的解释，特别是计量单位或计量的最小单位都应该具有实际意义。

4.6 若未找到试验、技术等方面的原因，即使观测数据值得怀疑，也不能剔除或者更改。任何被剔除或更改的观测数据及其理由都应予以说明。

5 单正态总体均值的检验与估计

5.1 单总体均值的检验

5.1.1 方差已知的单总体均值的检验

表 A 总体均值和设定值的比较(方差已知)

<table>
<tr><td colspan="2">总体的技术特征(见 4.5)
样本的技术特征(见 4.5)
剔除或更正的观测值(见 4.6)</td></tr>
<tr><td>统计数据
样本量: $n=$
观测值和: $\sum x_i=$
设定值: $\mu_0=$
已知总体方差: $\sigma^2=$
或标准差: $\sigma=$
显著性水平: $\alpha=$</td><td>计算
$\bar{x}=\frac{1}{n}\sum x_i=$
$\left[u_{1-\alpha}/\sqrt{n}\right]\sigma=$
$\left[u_{1-\alpha/2}/\sqrt{n}\right]\sigma=$</td></tr>
<tr><td colspan="2">判断
双侧检验:
当 $\lvert\bar{x}-\mu_0\rvert>\left[u_{1-\alpha/2}/\sqrt{n}\right]\sigma$ 时,拒绝总体均值与设定值相等的假设(原假设)。
单侧检验:
a) 当 $\bar{x}-\mu_0<-\left[u_{1-\alpha}/\sqrt{n}\right]\sigma$ 时,拒绝总体均值不小于 μ_0 的假设(原假设);
b) 当 $\bar{x}-\mu_0>\left[u_{1-\alpha}/\sqrt{n}\right]\sigma$ 时,拒绝总体均值不大于 μ_0 的假设(原假设)。</td></tr>
</table>

注 1:由标准正态分布 α 分位数 u_α 的定义,有 $u_\alpha=-u_{1-\alpha}$,见下图:

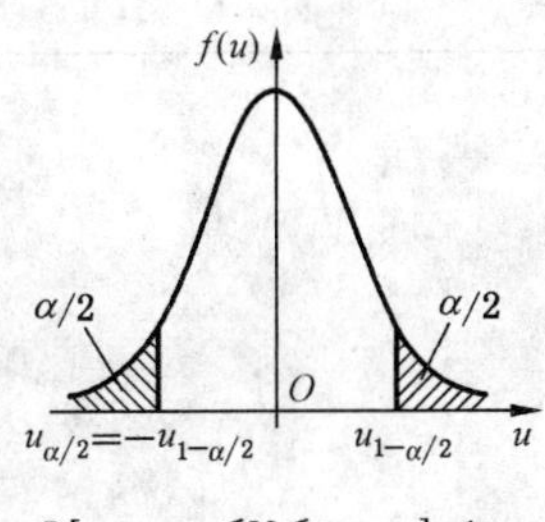

$P[-u_{1-\alpha/2}\leqslant U\leqslant u_{1-\alpha/2}]=1-\alpha$

双侧情形

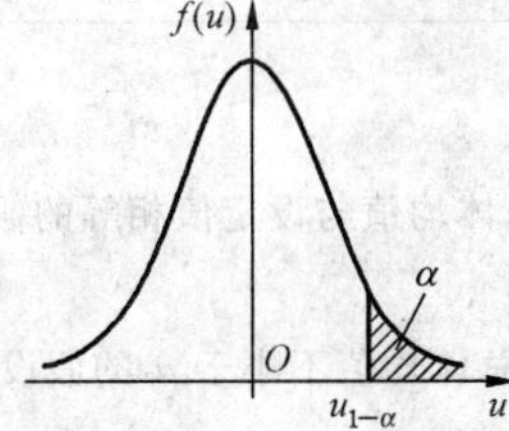

$P[U>u_{1-\alpha}]=\alpha$

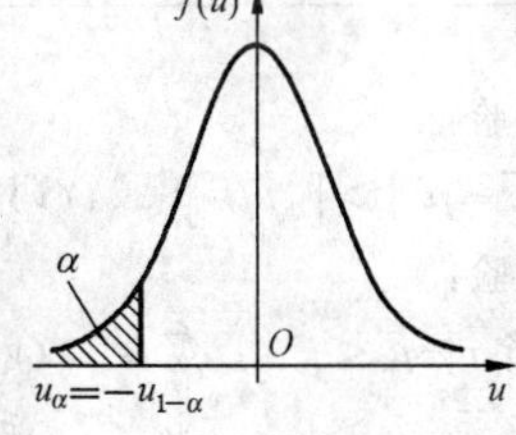

$P[U\leqslant -u_{1-\alpha}]=\alpha$

单侧情形

注 2:$\sigma/\sqrt{n}$是抽取 n 个观测值得到的样本均值 $\bar{x}$ 的标准差。

注 3:为方便使用,$u_{1-\alpha}/\sqrt{n}$和 $u_{1-\alpha/2}/\sqrt{n}$在 $\alpha=0.05$ 及 $\alpha=0.01$ 下的值都在附录 A 的表 A.1 中给出。

注 4:检验也可采用 p 值的方法进行,见附录 B。

示例 某制造商声称其生产的棉纱的平均断裂强度是 $\mu_0=2.40$,对此可进行检验。假设以前各批棉纱断裂强度的波动情况是稳定的,标准差是 $\sigma=0.3315$。设随机抽取了 10 个样品,测得棉纱的断裂强度,数据如下:

2.297	2.582	1.949	2.362	2.040
2.133	1.855	1.986	1.642	2.915

根据表 A 的方法,检验的过程如下:

总体的技术特征：制造商送达一批棉纱，共 10 000 个线轴，分装在 100 个箱子里，每个箱子 100 个线轴。 样本的技术特征：随机抽取 10 个箱子，每个箱子里随机抽取一个线轴。在距线轴末端大约 5 m 处截取 50 cm 长的棉纱作为测试材料，实际做实验时只取中间 25 cm。断裂强度的单位是 N。 剔除或更正的观测值：无。	
统计数据 样本量： $n=10$ 观测值和： $\sum x_i=21.761$ 设定值： $\mu_0=2.40$ 已知标准差： $\sigma=0.331\ 5$ 显著性水平： $\alpha=0.05$	计算 $\bar{x}=\frac{21.761}{10}=2.176\ 1$ 由附录 A 表 A.1， $(u_{0.975}/\sqrt{10})\sigma=0.619\ 8\times0.331\ 5=0.205\ 5$
判断 双侧检验： $\lvert\bar{x}-\mu_0\rvert=\lvert 2.176\ 1-2.40\rvert=0.223\ 9>0.205\ 5$ 在 0.05 显著性水平下拒绝总体均值等于 2.40 的假设。	

5.1.2 方差未知的单总体均值的检验

表 A′ 总体均值和设定值的比较(方差未知)

总体的技术特征 样本的技术特征 剔除或更正的观测值	
统计数据 样本量： $n=$ 观测值和： $\sum x_i=$ 观测值平方和：$\sum x_i^2=$ 设定值： $\mu_0=$ 自由度： $\nu=n-1$ 显著性水平： $\alpha=$	计算 $\bar{x}=\frac{1}{n}\sum x_i=$ $s^2=\frac{\sum(x_i-\bar{x})^2}{n-1}=\frac{\sum x_i^2-(\sum x_i)^2/n}{n-1}=$ $s/\sqrt{n}=$ $[s/\sqrt{n}]t_{1-\alpha}(\nu)=$ $[s/\sqrt{n}]t_{1-\alpha/2}(\nu)=$
判断 双侧检验： 当 $\lvert\bar{x}-\mu_0\rvert>[s/\sqrt{n}]t_{1-\alpha/2}(\nu)$ 时，拒绝总体均值与设定值相等的假设。 单侧检验： a) 当 $\bar{x}-\mu_0<-[s/\sqrt{n}]t_{1-\alpha}(\nu)$ 时，拒绝总体均值不小于 μ_0 的假设； b) 当 $\bar{x}-\mu_0>[s/\sqrt{n}]t_{1-\alpha}(\nu)$ 时，拒绝总体均值不大于 μ_0 的假设。	

注 1：由自由度为 ν 的 t 分布的 α 分位数 $t_\alpha(\nu)$ 的定义，有 $t_\alpha(\nu)=-t_{1-\alpha}(\nu)$，见下图：

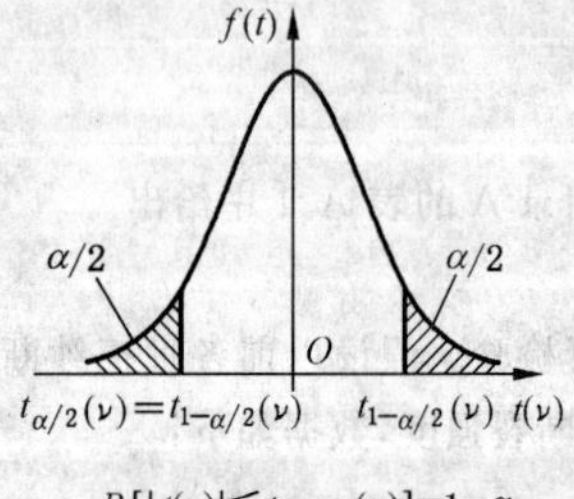

$P[\lvert t(\nu)\rvert\leqslant t_{1-\alpha/2}(\nu)]=1-\alpha$

双侧情形

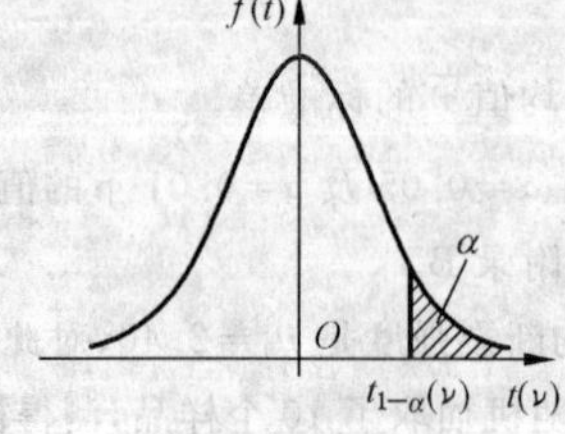

$P[t(\nu)>t_{1-\alpha}(\nu)]=\alpha$

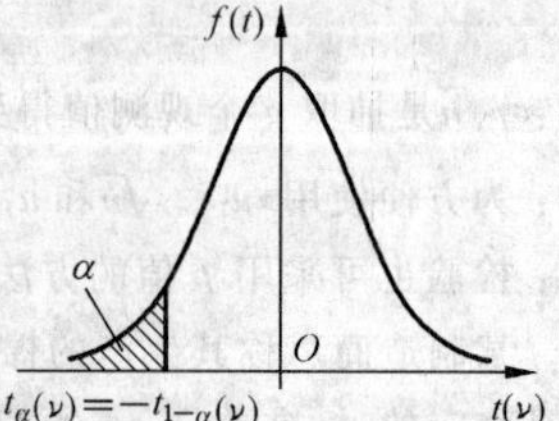

$P[t(\nu)\leqslant -t_{1-\alpha}(\nu)]=\alpha$

单侧情形

注 2：$s/\sqrt{n}$是抽取 n 个观测值得到的样本均值 $\bar{x}$ 的标准差的估计，即样本均值 $\bar{x}$ 的标准误。

注 3：为方便使用，$t_{1-\alpha/2}(\nu)/\sqrt{n}$和 $t_{1-\alpha}(\nu)/\sqrt{n}$在 $\alpha=0.05$ 及 $\alpha=0.01$ 下的值在附录 A 的表 A.3 中给出。

示例　设需要解决的问题与 5.1.1 中的示例相同,但此时方差未知,必须从样本中估计出来。这可能是因为没有以前留下的测量数据,或者认为它们已经不再适用了。使用表 A' 的方法对 5.1.1 中的示例的数据进行分析:

<table>
<tr><td colspan="2">总体的技术特征:制造商送达一批棉纱,共 10 000 个线轴,分装在 100 个箱子里,每个箱子 100 个线轴。
样本的技术特征:随机抽取 10 个箱子,每个箱子里随机抽取一个线轴。在距线轴末端大约 5 m 处截取 50 cm 长的棉纱作为测试材料,实际做实验时只取中间 25 cm。断裂强度的单位是 N。
剔除或更正的观测值:无。</td></tr>
<tr><td>统计数据
样本量:　$n=10$
观测值和:　$\sum x_i=21.761$
观测值平方和:$\sum x_i^2=48.610\,5$
设定值:　$\mu_0=2.40$
自由度　$\nu=10-1=9$
显著性水平:　$\alpha=0.05$</td><td>计算
$\bar{x}=\frac{21.761}{10}=2.176\,1$
$s^2=\frac{48.610\,5-21.761^2/10}{10-1}=0.139\,6$
$s/\sqrt{10}=0.118\,2$
由附录 A 表 A.2:
$(s/\sqrt{10})t_{0.975}(9)=0.118\,2\times 2.262\,2=0.267\,3$</td></tr>
<tr><td colspan="2">判断
双侧检验:
$|\bar{x}-\mu_0|=|2.176\,1-2.40|=0.223\,9<0.267\,3$
在 0.05 显著性水平下不拒绝总体均值等于 2.40 的假设。</td></tr>
</table>

注 1:尽管未拒绝原假设,也不能确信制造商的声称是对的。

注 2:此处样本标准差 $s=0.373\,6$ 比 5.1.1 中示例所用的标准差($\sigma=0.331\,5$)大,由于掌握的信息不同,得到的结论不同。

注 3:当对由以往经验所得的方差是否仍然适用存在疑问时,使用方差的估计值会可靠一些。

5.2　单正态总体均值的区间估计

5.2.1　方差已知的单总体均值的区间估计

表 *B*　总体均值的区间估计(方差已知)

<table>
<tr><td colspan="2">总体的技术特征
样本的技术特征
剔除或更正的观测值</td></tr>
<tr><td>统计数据
样本量:　$n=$
观测值和:　$\sum x_i=$
已知总体方差:$\sigma^2=$
或标准差:　$\sigma=$
置信水平:　$1-\alpha=$</td><td>计算
$\bar{x}=\frac{1}{n}\sum x_i=$
$[u_{1-\alpha}/\sqrt{n}]\sigma=$
$[u_{1-\alpha/2}/\sqrt{n}]\sigma=$</td></tr>
<tr><td colspan="2">结果
总体均值 μ 的点估计:$\hat{\mu}=\bar{x}=$
双侧置信区间:$\bar{x}-[u_{1-\alpha/2}/\sqrt{n}]\sigma\leqslant\mu\leqslant\bar{x}+[u_{1-\alpha/2}/\sqrt{n}]\sigma$
单侧置信区间:$\mu\leqslant\bar{x}+[u_{1-\alpha}/\sqrt{n}]\sigma$
或:$\mu\geqslant\bar{x}-[u_{1-\alpha}/\sqrt{n}]\sigma$</td></tr>
</table>

示例　仍采用 5.1.1 中的示例中的数据。本例中,我们并不检验总体均值是不是等于某个设定值,而是要找到均值 μ 的置信水平为 $1-\alpha$ 的置信区间,可以使用表 B 中的方法。此时还是假设总体方差已从历史数据中得到,为 $\sigma=0.331\,5$。

总体的技术特征：制造商送达一批棉纱，共 10 000 个线轴，分装在 100 个箱子里，每个箱子 100 个线轴。
样本的技术特征：随机抽取 10 个箱子，每个箱子里随机抽取一个线轴。在距线轴末端大约 5 m 处截取 50 cm 长的棉纱作为测试材料，实际做实验时只取中间 25 cm。断裂强度的单位是 N。
剔除或更正的观测值：无。

统计数据	计算
样本量：$n=10$ 观测值和：$\sum x_i=21.761$ 已知标准差：$\sigma=0.331\ 5$ 置信水平：$1-\alpha=0.95$	$\bar{x}=\dfrac{21.761}{10}=2.176\ 1$ 由附录 A 表 A.1， $(u_{0.975}/\sqrt{10})\sigma=0.620\times0.331\ 5=0.205\ 5$

结果

总体均值 μ 的点估计：$\hat{\mu}=\bar{x}=2.176\ 1$

双侧置信区间：

$$2.176\ 1-0.205\ 5\leqslant\mu\leqslant2.176\ 1+0.205\ 5$$

即 $$1.970\ 6\leqslant\mu\leqslant2.381\ 6$$

5.2.2 方差未知的单总体均值的区间估计

表 B' 总体均值的区间估计（方差未知）

总体的技术特征
样本的技术特征
剔除或更正的观测值

统计数据	计算
样本量：$n=$ 观测值和：$\sum x_i=$ 观测值平方和：$\sum x_i^2=$ 自由度：$\nu=n-1$ 置信水平：$1-\alpha=$	$\bar{x}=\dfrac{1}{n}\sum x_i=$ $s^2=\dfrac{\sum(x_i-\bar{x})^2}{n-1}=\dfrac{\sum x_i^2-(\sum x_i)^2/n}{n-1}=$ $s/\sqrt{n}=$ $[s/\sqrt{n}]t_{1-\alpha}(\nu)=$ $[s/\sqrt{n}]t_{1-\alpha/2}(\nu)=$

结果

总体均值 μ 的估计：$\hat{\mu}=\bar{x}=$

双侧置信区间：$\bar{x}-[s/\sqrt{n}]t_{1-\alpha/2}(\nu)\leqslant\mu\leqslant\bar{x}+[s/\sqrt{n}]t_{1-\alpha/2}(\nu)$

单侧置信区间：$\mu\leqslant\bar{x}+[s/\sqrt{n}]t_{1-\alpha}(\nu)$

或 $\mu\geqslant\bar{x}-[s/\sqrt{n}]t_{1-\alpha}(\nu)$

示例 问题和 5.2.1 中的示例一样，只是此时要用估计值 $\hat{\sigma}=s$ 去代替 σ，并且使用 t（或 $t/\sqrt{n}$）而不是 u（或 $u/\sqrt{n}$）。使用表 B' 中的方法来求 μ 的置信水平为 0.95 的置信区间。

<table>
<tr><td colspan="2">总体的技术特征：制造商送达一批棉纱，共 10 000 个线轴，分装在 100 个箱子里，每个箱子 100 个线轴。
样本的技术特征：随机抽取 10 个箱子，每个箱子里随机抽取一个线轴。在距线轴末端大约 5 m 处截取 50 cm 长的棉纱作为测试材料，实际做实验时只取中间 25 cm。断裂强度的单位是 N。
剔除或更正的观测值：无。</td></tr>
<tr><td>统计数据
样本量：　$n=10$
观测值和：　$\sum x_i=21.761$
观测值平方和：$\sum x_i^2=48.610\ 5$
自由度　$v=10-1=9$
置信水平：　$1-\alpha=0.95$</td><td>计算
$\bar{x}=\frac{21.761}{10}=2.176\ 1$
$s^2=\frac{48.610\ 5-21.761^2/10}{10-1}=0.139\ 6$
$s/\sqrt{10}=0.118\ 2$
由附录 A 表 A.2：
$(s/\sqrt{10})t_{0.975}(9)=0.118\ 2\times2.262\ 2=0.267\ 3$</td></tr>
<tr><td colspan="2">结果
总体均值 μ 的点估计：$\hat{\mu}=\bar{x}=2.176\ 1$
双侧置信区间：
$2.176\ 1-0.267\ 3\leqslant\mu\leqslant2.176\ 1+0.267\ 3$
即　$1.908\ 8\leqslant\mu\leqslant2.443\ 4$</td></tr>
</table>

注 1：本例中的置信区间明显要比方差已知时的大，这是由于此处的样本标准差 $s=0.373\ 6$ 比 5.2.1 中的示例所用的标准差（$\sigma=0.331\ 5$）大，由于掌握的信息不同，得到的结论不同。

注 2：当对由以往经验所得的方差是否仍然适用存在疑问时，使用方差的估计值会可靠一些。

注 3：如果需要置信水平更大一些的置信区间，可以取 $1-\alpha=0.99$，此时的区间会长一些。

从附录 A 表 A.2 可得 $t_{0.995}(9)=3.249\ 8$，从而：

$$(s/\sqrt{10})t_{0.995}=0.118\ 2\times3.249\ 8=0.384\ 0$$

因此，μ 的置信水平为 0.99 的置信区间是

$$2.176\ 1-0.384\ 0\leqslant\mu\leqslant2.176\ 1+0.384\ 0$$

即

$$1.792\ 1\leqslant\mu\leqslant2.560\ 1$$

6　两正态总体均值的比较

6.1　两总体均值比较的检验

6.1.1　方差已知的两总体均值比较的检验

表 C　两个总体均值的比较（方差已知）

<table>
<tr><td colspan="2">总体 1
总体 2 } 的技术特征
样本 1
样本 2 } 的技术特征
样本 1
样本 2 } 中剔除或更正的观测值</td></tr>
<tr><td>统计数据
　　　　样本 1　　样本 2
样本量：　$n_1=$　　$n_2=$
观测值和：　$\sum x_{1i}=$　$\sum x_{2i}=$
已知总体方差：$\sigma_1^2=$　　$\sigma_2^2=$
显著性水平：　$\alpha=$</td><td>计算
$\bar{x}_1=\frac{1}{n_1}\sum x_{1i}=$，$\bar{x}_2=\frac{1}{n_2}\sum x_{2i}=$
$\sigma_d=\sqrt{\frac{\sigma_1^2}{n_1}+\frac{\sigma_2^2}{n_2}}=$
$u_{1-\alpha}\sigma_d=$，$u_{1-\alpha/2}\sigma_d=$</td></tr>
</table>

表 C（续）

<table>
<tr><td>判断
双侧检验：
当 $|\overline{x}_1-\overline{x}_2|>u_{1-\alpha/2}\sigma_d$ 成立时，拒绝两均值相等的假设。
单侧检验：
a）当 $\overline{x}_1-\overline{x}_2<-u_{1-\alpha}\sigma_d$ 成立时，拒绝第一个均值不小于第二个均值的假设；
b）当 $\overline{x}_1-\overline{x}_2>u_{1-\alpha}\sigma_d$ 成立时，拒绝第一个均值不大于第二个均值的假设。</td></tr>
</table>

注：$\sigma_d=\sqrt{\sigma_1^2/n_1+\sigma_2^2/n_2}$ 是分别抽取 n_1 和 n_2 两组观测值得到的两个样本均值的差 $d=\overline{x}_1-\overline{x}_2$ 的标准差。

示例　仍考虑棉纱断裂强度的问题，随机抽取两种棉纱（分别是"棉纱 1"和"棉纱 2"）并测量其断裂强度，数据如下：

棉纱 1：2.297　2.582　1.949　2.362　2.040　2.133　1.855　1.986　1.642　2.915

棉纱 2：2.286　2.327　2.388　3.172　3.158　2.751　2.222　2.367　2.247　2.512　2.104　2.707

假设总体方差已从历史数据中得到：

$$\sigma_1^2=0.109\ 9,\sigma_1=0.331\ 5$$

$$\sigma_2^2=0.096\ 9,\sigma_2=0.311\ 3$$

为对两种棉纱断裂强度均值的比较进行检验，采用表 C 提供的方法，得到：

<table>
<tr><td colspan="2">总体的技术特征：制造商 A 送达一批棉纱，共 10 000 个线轴；制造商 B 也送达一批棉纱，共 12 000 个线轴。这些棉纱都装在能容纳 100 个线轴的箱子里。
样本的技术特征：从两批货物中分别随机抽取 10 和 12 个箱子，每个箱子里随机抽取一个线轴。在距线轴末端大约 5 m 处截取 50 cm 长的棉纱作为测试材料，实际做实验时只取中间 25 cm。断裂强度的单位是 N。
剔除或更正的观测值：无。</td></tr>
<tr><td>统计数据
　　　　　样本 1　　　样本 2
样本量：$n_1=10$　　$n_2=12$
样本总和：$\sum x_{1i}=21.761$　$\sum x_{2i}=30.241$
总体方差：$\sigma_1^2=0.109\ 9$　$\sigma_2^2=0.096\ 9$
显著性水平：$\alpha=0.05$</td><td>计算
$\overline{x}_1=\frac{21.761}{10}=2.176\ 1$
$\overline{x}_2=\frac{30.241}{12}=2.520\ 1$
$\sigma_d=\sqrt{\frac{0.109\ 9}{10}+\frac{0.096\ 9}{12}}=0.138\ 1$
$u_{0.975}\cdot\sigma_d=1.96\times0.138\ 1=0.270\ 7$</td></tr>
<tr><td colspan="2">判断
双侧情形：
$|2.176\ 1-2.520\ 1|=0.344\ 0>0.271$
当显著性水平为 0.05 时拒绝原假设，即认为两个总体的均值并不相等。从样本均值看，第二种棉纱的断裂强度更大。</td></tr>
</table>

注：如果我们不愿意冒 0.05 这么大的错误决策的风险，可以取 $\alpha=0.01$，那么：

$$u_{0.995}\cdot\sigma_d=2.575\ 8\times0.138\ 1=0.355\ 7$$

在双侧情形下：

$$|2.176\ 1-2.520\ 1|=0.344\ 0<0.355\ 7$$

所以，在显著性水平 $\alpha=0.01$ 时不能拒绝原假设。

6.1.2 方差未知但假设方差相等的两总体均值比较的检验

表 C' 两个总体均值的比较(方差未知,但假设方差相等)

<table>
<tr><td colspan="2">总体 1
总体 2 } 的技术特征
样本 1
样本 2 } 的技术特征
样本 1
样本 2 } 中剔除或更正的观测值</td></tr>
<tr><td>统计数据
　　　　样本 1　　样本 2
样本量：　$n_1=$　　$n_2=$
观测值和：$\sum x_{1i}=$　$\sum x_{2i}=$
观测值平方和：$\sum x_{1i}^2=$　$\sum x_{2i}^2=$
自由度：　$\nu=n_1+n_2-2=$
显著性水平：$\alpha=$</td><td>计算
$\bar{x}_1=\frac{1}{n_1}\sum x_{1i}=$　　$\bar{x}_2=\frac{1}{n_2}\sum x_{2i}=$
$\sum(x_{1i}-\bar{x}_1)^2+\sum(x_{2i}-\bar{x}_2)^2=$
$s_d=\sqrt{\frac{n_1+n_2}{n_1n_2}\cdot\frac{\sum(x_{1i}-\bar{x}_1)^2+\sum(x_{2i}-\bar{x}_2)^2}{n_1+n_2-2}}=$
$t_{1-\alpha}(\nu)s_d=$　　或 $t_{1-\alpha/2}(\nu)s_d=$</td></tr>
<tr><td colspan="2">判断
双侧检验：
当 $|\bar{x}_1-\bar{x}_2|>t_{1-\alpha/2}(\nu)s_d$ 时,拒绝两均值相等的假设。
单侧检验：
a) 当 $\bar{x}_1-\bar{x}_2<-t_{1-\alpha}(\nu)s_d$ 时,拒绝第一个均值不小于第二个均值的假设;
b) 当 $\bar{x}_1-\bar{x}_2>t_{1-\alpha}(\nu)s_d$ 时,拒绝第一个均值不大于第二个均值的假设。</td></tr>
</table>

注：s_d 是分别抽取 n_1 和 n_2 两组观测值得到的两个样本均值的差 $d=\bar{x}_1-\bar{x}_2$ 的标准差的估计,即 d 的标准误。

示例　考虑与 6.1.1 中示例同样的问题,实际中,总体方差 σ_1^2 与 σ_2^2 已知的情况是很少发生的,因此,有必要通过样本数据获得方差的估计。需要注意的是,只有当两总体方差相等时,采用表 C' 的方法对两总体均值的比较进行检验才是妥当的。这里,我们假设 6.1.1 中示例中的两种棉纱方差相等。

对于 6.1.1 中示例中给出的两个棉纱样本,采用表 C' 提供的方法,有：

<table>
<tr><td colspan="2">总体的技术特征：制造商 A 送达一批棉纱,共 10 000 个线轴;制造商 B 也送达一批棉纱,共 12 000 个线轴。这些棉纱都装在能容纳 100 个线轴的箱子里。
样本的技术特征：从两批货物中分别随机抽取 10 和 12 个箱子,每个箱子里随机抽取一个线轴。在距线轴末端大约 5 m 处截取 50 cm 长的棉纱作为测试材料,实际做实验时只取中间 25 cm。断裂强度的单位是 N。
剔除或更正的观测值：无。</td></tr>
<tr><td>统计数据
　　　　样本 1　　样本 2
样本量：　$n_1=10$　　$n_2=12$
观测值和：$\sum x_{1i}=21.761$　$\sum x_{2i}=30.241$
观测值平方和：$\sum x_{1i}^2=1.256\,4$　$\sum x_{2i}^2=1.389\,8$
自由度：　$\nu=10+12-2=20$
显著性水平：$\alpha=0.05$</td><td>计算
$\bar{x}_1=2.176\,1$, $\bar{x}_2=2.520\,1$
$\sum(x_{1i}-\bar{x}_1)^2+\sum(x_{2i}-\bar{x}_2)^2=2.646\,1$
$s_d=\sqrt{\frac{22}{10\times12}\,\frac{2.646\,1}{20}}=0.155\,7$
$s_dt_{0.975}(20)=0.155\,7\times2.086=0.324\,8$</td></tr>
<tr><td colspan="2">判断
双侧情形：
$|2.176\,1-2.520\,1|=0.344\,0>0.324\,8$
当显著性水平为 0.05 时拒绝原假设,即认为两个总体的均值并不相等。从样本均值看,第二种棉纱的断裂强度更大。</td></tr>
</table>

注：如果我们不愿意冒 0.05 这么大的错误决策的风险,可以取 $\alpha=0.01$,那么：

$$t_{0.995}(20)s_d=2.845\,3\times0.155\,7=0.443\,0$$

在双侧情形下：

$$|2.176\,1-2.520\,1|=0.344\,0<0.443\,0$$

所以,在显著性水平 $\alpha=0.01$ 时不能拒绝原假设。

6.2 两总体均值差值的区间估计

6.2.1 方差已知的两总体均值差值的区间估计

表 D 两总体均值差值的区间估计(方差已知)

<table>
<tr><td colspan="2">总体 1
总体 2 } 的技术特征
样本 1
样本 2 } 的技术特征
样本 1
样本 2 } 中剔除或更正的观测值</td></tr>
<tr><td>统计数据
样本 1　样本 2
样本量：　$n_1=$　$n_2=$
观测值和：　$\sum x_{1i}=$　$\sum x_{2i}=$
已知总体方差：$\sigma_1^2=$　$\sigma_2^2=$
置信水平：　$1-\alpha=$</td><td>计算
$\bar{x}_1=\frac{1}{n_1}\sum x_{1i}=$　$\bar{x}_2=\frac{1}{n_2}\sum x_{2i}=$
$\sigma_d=\sqrt{\frac{\sigma_1^2}{n_1}+\frac{\sigma_2^2}{n_2}}=$
$u_{1-\alpha}\sigma_d=$　$u_{1-\alpha/2}\sigma_d=$</td></tr>
<tr><td colspan="2">结果
两总体均值的差 $d=\mu_1-\mu_2$ 的估计：$\hat{d}=\bar{x}_1-\bar{x}_2=$
双侧置信区间：$(\bar{x}_1-\bar{x}_2)-u_{1-\alpha/2}\sigma_d\leqslant\mu_1-\mu_2\leqslant(\bar{x}_1-\bar{x}_2)+u_{1-\alpha/2}\sigma_d$
单侧置信区间：$\mu_1-\mu_2\leqslant(\bar{x}_1-\bar{x}_2)+u_{1-\alpha}\sigma_d$
或　$\mu_1-\mu_2\geqslant(\bar{x}_1-\bar{x}_2)-u_{1-\alpha}\sigma_d$</td></tr>
</table>

示例　仍然采用 6.1.1 中示例中的数据。此处，我们并不检验两总体是否有共同的均值，而是利用两组样本对两总体均值的差值进行估计。对给定的置信水平 $1-\alpha$，我们希望获得差值 $\mu_1-\mu_2$ 的置信区间。

假定方差 $\sigma_1^2=0.109\ 9$ 和 $\sigma_2^2=0.096\ 9$ 是由先前观测值而已知的。为得到两种棉纱断裂强度均值的差的区间估计，采用表 D 提供的方法，有：

<table>
<tr><td colspan="2">总体的技术特征：制造商 A 送达一批棉纱，共 10 000 个线轴；制造商 B 也送达一批棉纱，共 12 000 个线轴。这些棉纱都装在能容纳 100 个线轴的箱子里。
样本的技术特征：从两批货物中分别随机抽取 10 和 12 个箱子，每个箱子里随机抽取一个线轴。在距线轴末端大约 5 m处截取 50 cm 长的棉纱作为测试材料，实际做实验时只取中间 25 cm。断裂强度的单位是 N。
剔除或更正的观测值：无。</td></tr>
<tr><td>统计数据
样木 1　样木 2
样本量：$n_1=10$　$n_2=12$
样本总和：$\sum x_{1i}=21.761$　$\sum x_{2i}=30.241$
总体方差：$\sigma_1^2=0.109\ 9$　$\sigma_2^2=0.096\ 9$
置信水平：$1-\alpha=0.95$</td><td>计算
$\bar{x}_1=\frac{21.761}{10}=2.176\ 1$
$\bar{x}_2=\frac{30.241}{12}=2.520\ 1$
$\sigma_d=\sqrt{\frac{0.109\ 9}{10}+\frac{0.096\ 9}{12}}=0.138\ 1$
$u_{0.975}\cdot\sigma_d=1.96\times0.138\ 1=0.270\ 7$</td></tr>
<tr><td colspan="2">结果
两总体均值的差 $d=\mu_1-\mu_2$ 的估计：$\hat{d}=\bar{x}_1-\bar{x}_2=-0.344\ 0$
双侧置信区间：$-0.344\ 0-0.270\ 7\leqslant\mu_1-\mu_2\leqslant-0.344\ 0+0.270\ 7$
即　$-0.614\ 7\leqslant\mu_1-\mu_2\leqslant-0.073\ 3$</td></tr>
</table>

6.2.2 方差未知但假设方差相等的两总体均值差值的区间估计

表 D' 两均值差值的区间估计(方差未知,但假设方差相等)

<table>
<tr><td colspan="2">总体 1
总体 2 } 的技术特征
样本 1
样本 2 } 的技术特征
样本 1
样本 2 } 中剔除或更正的观测值</td></tr>
<tr><td>统计数据
　　　　样本 1　　样本 2
样本量：　$n_1=$　　$n_2=$
观测值和：$\sum x_1=$　$\sum x_2=$
观测值平方和：$\sum x_1^2=$　$\sum x_2^2=$
自由度：　$\nu=n_1+n_2-2=$
置信水平：$1-\alpha=$</td><td>计算
$\bar{x}_1=\frac{\sum x_1}{n_1}=$　　$\bar{x}_2=\frac{\sum x_2}{n_2}=$
$\sum(x_1-\bar{x}_1)^2+\sum(x_2-\bar{x}_2)^2=$
$s_d=\sqrt{\frac{n_1+n_2}{n_1 n_2}\cdot\frac{\sum(x_1-\bar{x}_1)^2+\sum(x_2-\bar{x}_2)^2}{n_1+n_2-2}}=$
$t_{1-\alpha}(\nu)s_d=$　　或 $t_{1-\alpha/2}(\nu)s_d=$</td></tr>
<tr><td colspan="2">结果
两总体均值的差 $d=\mu_1-\mu_2$ 的估计：$\hat{d}=\bar{x}_1-\bar{x}_2=$
双侧置信区间：$(\bar{x}_1-\bar{x}_2)-t_{1-\alpha/2}(\nu)s_d\leqslant\mu_1-\mu_2\leqslant(\bar{x}_1-\bar{x}_2)+t_{1-\alpha/2}(\nu)s_d$
单侧置信区间：$\mu_1-\mu_2\leqslant(\bar{x}_1-\bar{x}_2)+t_{1-\alpha}(\nu)s_d$
　　或　$\mu_1-\mu_2\geqslant(\bar{x}_1-\bar{x}_2)-t_{1-\alpha}(\nu)s_d$</td></tr>
</table>

示例　仍然采用 6.1.1 中示例中的数据,要求估计两种棉纱平均断裂负荷差值的置信区间。本例没有基于以往观测值接受 σ_1^2 与 σ_2^2 的值,但是假定未知方差相等。采用表 D' 的方法,结果如下:

<table>
<tr><td colspan="2">总体的技术特征：制造商 A 送达一批棉纱,共 10 000 个线轴;制造商 B 也送达一批棉纱,共 12 000 个线轴。这些棉纱都装在能容纳 100 个线轴的箱子里。
样本的技术特征：从两批货物中分别随机抽取 10 和 12 个箱子,每个箱子里随机抽取一个线轴。在距线轴末端大约 5 m处截取 50 cm 长的棉纱作为测试材料,实际做实验时只取中间 25 cm。断裂强度的单位是 N。
剔除或更正的观测值：无。</td></tr>
<tr><td>统计数据
　　　　样本 1　　　样本 2
样本量：　$n_1=10$　　$n_2=12$
观测值和：$\sum x_1=21.761$　$\sum x_2=30.241$
观测值平方和：$\sum x_1^2=1.256\ 4$　$\sum x_2^2=1.389\ 8$
自由度：　$\nu=10+12-2=20$
置信水平：$1-\alpha=0.95$</td><td>计算
$\bar{x}_1=2.176\ 1$，$\bar{x}_2=2.520\ 1$
$\sum(x_1-\bar{x}_1)^2+\sum(x_2-\bar{x}_2)^2=2.646\ 1$
$s_d=\sqrt{\frac{22}{10\times12}\ \frac{2.646\ 1}{20}}=0.155\ 7$
$s_d t_{0.975}(20)=0.155\ 7\times2.086=0.324\ 8$</td></tr>
<tr><td colspan="2">结果
两总体均值的差 $d=\mu_1-\mu_2$ 的估计：$\hat{d}=\bar{x}_1-\bar{x}_2=-0.344\ 0$
双侧置信区间：$-0.344\ 0-0.324\ 8\leqslant\mu_1-\mu_2\leqslant-0.344\ 0+0.324\ 8$
　　即　$-0.668\ 8\leqslant\mu_1-\mu_2\leqslant-0.019\ 2$</td></tr>
</table>

7 单正态总体方差或标准差的检验与估计

7.1 单总体方差或标准差的检验

表 E 方差或标准差与设定值的比较

<table>
<tr><td colspan="2">总体的技术特征
样本的技术特征
剔除或更正的观测值</td></tr>
<tr><td>统计数据
样本量：　$n=$
观测值和：　$\sum x_i=$
观测值平方和：$\sum x_i^2=$
设定值：　$\sigma_0^2=$
自由度：　$\nu=n-1$
显著性水平：　$\alpha=$</td><td>计算
$\sum(x_i-\overline{x})^2=\sum x_i^2-\frac{(\sum x_i)^2}{n}=$
$\frac{\sum(x_i-\overline{x})^2}{\sigma_0^2}=$
$\chi_{1-\alpha}^2(\nu)=$　　$\chi_{\alpha}^2(\nu)=$
$\chi_{\alpha/2}^2(\nu)=$　　$\chi_{1-\alpha/2}^2(\nu)=$</td></tr>
<tr><td colspan="2">判断
双侧检验：
当$\frac{\sum(x_i-\overline{x})^2}{\sigma_0^2}<\chi_{\alpha/2}^2(\nu)$或$\frac{\sum(x_i-\overline{x})^2}{\sigma_0^2}>\chi_{1-\alpha/2}^2(\nu)$时，拒绝总体方差等于设定值$\sigma_0^2$的假设。
单侧检验：
a) 当$\frac{\sum(x_i-\overline{x})^2}{\sigma_0^2}>\chi_{1-\alpha}^2(\nu)$时，拒绝总体方差不大于设定值$\sigma_0^2$的假设；
b) 当$\frac{\sum(x_i-\overline{x})^2}{\sigma_0^2}<\chi_{\alpha}^2(\nu)$时，拒绝总体方差不小于设定值$\sigma_0^2$的假设。</td></tr>
</table>

注 1：由自由度为ν的χ^2分布的α分位数$\chi_{\alpha}^2(\nu)$的定义，有：

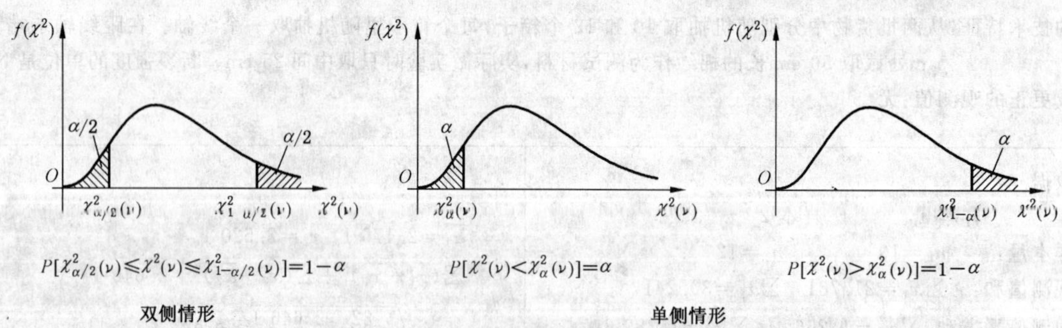

注 2：对$\alpha=0.05$和$\alpha=0.01$，$\chi_{\alpha}^2(\nu)$，$\chi_{1-\alpha}^2(\nu)$，$\chi_{\alpha/2}^2(\nu)$和$\chi_{1-\alpha/2}^2(\nu)$的值可在附录 A 表 A.4 中查得。

示例　使用 5.1.1 中示例中棉纱断裂负荷的 10 个观测值，此处问题是总体方差不超过设定值$\sigma_0^2=0.09$的假设是否成立。据表 E 中的单侧检验，有：

<table>
<tr><td>总体的技术特征：制造商送达一批棉纱，共 10 000 个线轴，分装在 100 个箱子里，每个箱子 100 个线轴。
样本的技术特征：随机抽取 10 个箱子，每个箱子里随机抽取一个线轴。在距线轴末端大约 5 m 处截取 50 cm 长的棉纱作为测试材料，实际做实验时只取中间 25 cm。断裂强度的单位是 N。
剔除或更正的观测值：无。</td></tr>
</table>

统计数据	计算
样本量：$n=10$ 观测值和：$\sum x_i=21.761$ 设定值：$\sigma_0^2=0.09$ 显著性水平：$\alpha=0.05$	$\frac{\sum(x_i-\bar{x})^2}{\sigma_0^2}=\frac{1.2564}{0.09}=13.9600$ 由附录 A 表 A.4， $\chi^2_{0.95}(9)=16.9190$

判断
由于$\frac{\sum(x-\bar{x})^2}{\sigma_0^2}=13.9600<16.9190$，故在 0.05 显著性水平下不能拒绝原假设。

7.2 单总体方差或标准差的区间估计

表 F 方差或标准差的区间估计

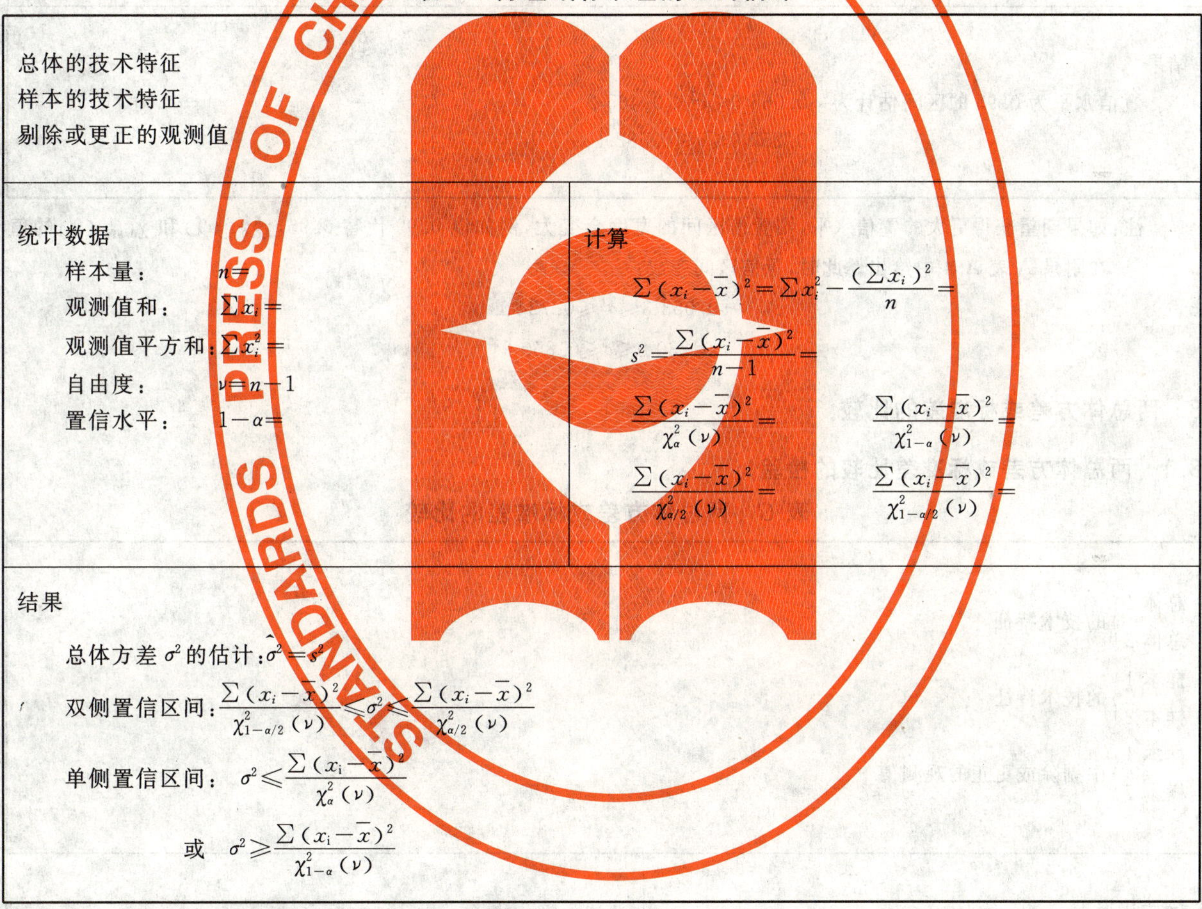

总体的技术特征 样本的技术特征 剔除或更正的观测值	
统计数据 样本量：$n=$ 观测值和：$\sum x_i=$ 观测值平方和：$\sum x_i^2=$ 自由度：$\nu=n-1$ 置信水平：$1-\alpha=$	计算 $\sum(x_i-\bar{x})^2=\sum x_i^2-\frac{(\sum x_i)^2}{n}=$ $s^2=\frac{\sum(x_i-\bar{x})^2}{n-1}=$ $\frac{\sum(x_i-\bar{x})^2}{\chi^2_{\alpha}(\nu)}=$　　$\frac{\sum(x_i-\bar{x})^2}{\chi^2_{1-\alpha}(\nu)}=$ $\frac{\sum(x_i-\bar{x})^2}{\chi^2_{\alpha/2}(\nu)}=$　　$\frac{\sum(x_i-\bar{x})^2}{\chi^2_{1-\alpha/2}(\nu)}=$
结果 总体方差 σ^2 的估计：$\hat{\sigma}^2=s^2$ 双侧置信区间：$\frac{\sum(x_i-\bar{x})^2}{\chi^2_{1-\alpha/2}(\nu)}\leqslant\sigma^2\leqslant\frac{\sum(x_i-\bar{x})^2}{\chi^2_{\alpha/2}(\nu)}$ 单侧置信区间：$\sigma^2\leqslant\frac{\sum(x_i-\bar{x})^2}{\chi^2_{\alpha}(\nu)}$ 或　$\sigma^2\geqslant\frac{\sum(x_i-\bar{x})^2}{\chi^2_{1-\alpha}(\nu)}$	

注：标准差 σ 的置信限是方差 σ^2 置信限的平方根。

示例　仍考虑采用 5.1.1 中示例中棉纱的样本数据来推导未知方差的置信区间。如果取 $1-\alpha=0.95$，据表 F 中的方法，有：

总体的技术特征：制造商送达一批棉纱，共 10 000 个线轴，分装在 100 个箱子里，每个箱子 100 个线轴。 样本的技术特征：随机抽取 10 个箱子，每个箱子里随机抽取一个线轴。在距线轴末端大约 5 m 处截取 50 cm 长的棉纱作为测试材料，实际做实验时只取中间 25 cm。断裂强度的单位是 N。 剔除或更正的观测值：无。

<table>
<tr><td>统计数据
样本量： $n=10$
观测值和： $\sum x_i=21.761$
观测值平方和：$\sum x_i^2=48.610\ 5$
自由度 $\nu=10-1=9$
置信水平： $1-\alpha=0.95$</td><td>计算
$\sum(x_i-\overline{x})^2=48.610\ 5-\frac{21.761^2}{10}=1.256\ 3$
$s^2=\frac{1.256\ 3}{10-1}=0.139\ 6$
由附录 A 表 A.4 知，
$\chi^2_{0.025}(9)=2.700\ 4\quad \chi^2_{0.975}(9)=19.022\ 8$
故
$\frac{\sum(x_i-\overline{x})^2}{\chi^2_{0.025}(9)}=\frac{1.256\ 3}{2.700\ 4}=0.465\ 2$
$\frac{\sum(x_i-\overline{x})^2}{\chi^2_{0.975}(9)}=\frac{1.256\ 3}{19.022\ 8}=0.066\ 0$</td></tr>
<tr><td colspan="2">结果
置信水平为 0.95 的区间估计为 $0.066\ 0\leqslant\sigma^2\leqslant0.465\ 2$
或 $0.257\ 0\leqslant\sigma\leqslant0.682\ 1$</td></tr>
</table>

注：如果期望获得更大的置信水平，则置信区间的宽度会变大，例如以 0.99 代替 0.95，$\chi^2_{0.005}(9)$ 和 $\chi^2_{0.995}(9)$ 的值在附录 A 表 A.4 中给出。此时，置信区间变成：

$$0.053\ 3\leqslant\sigma^2\leqslant0.724\ 1$$

或

$$0.230\ 8\leqslant\sigma\leqslant0.850\ 9$$

8 两总体方差或标准差的比较

8.1 两总体方差或标准差比较的检验

表 G 两总体方差或标准差的比较

<table>
<tr><td colspan="2">总体 1
总体 2 } 的技术特征
样本 1
样本 2 } 的技术特征
样本 1
样本 2 } 中剔除或更正的观测值</td></tr>
<tr><td>统计数据
样本 1 样本 2
样本量： $n_1=$ $n_2=$
观测值和： $\sum x_{1i}=$ $\sum x_{2i}=$
观测值平方和：$\sum x_{1i}^2=$ $\sum x_{2i}^2=$
自由度： $\nu_1=n_1-1$ $\nu_2=n_2-1$
显著性水平： $\alpha=$</td><td>计算
$\sum(x_{1i}-\overline{x}_1)^2=\sum x_{1i}^2-\frac{(\sum x_{1i})^2}{n_1}=$
$\sum(x_{2i}-\overline{x}_2)^2=\sum x_{2i}^2-\frac{(\sum x_{2i})^2}{n_2}=$
$s_1^2=\frac{\sum(x_{1i}-\overline{x}_1)^2}{n_1-1}=$ $s_2^2=\frac{\sum(x_{2i}-\overline{x}_2)^2}{n_2-1}=$
$F_{1-\alpha}(\nu_1,\nu_2)=$ $F_{1-\alpha/2}(\nu_1,\nu_2)=$
$\frac{1}{F_{1-\alpha}(\nu_2,\nu_1)}=$ $\frac{1}{F_{1-\alpha/2}(\nu_2,\nu_1)}=$</td></tr>
</table>

表 G（续）

判断

双侧检验：

当 $\frac{s_1^2}{s_2^2} < \frac{1}{F_{1-\alpha/2}(\nu_2,\nu_1)}$ 或 $\frac{s_1^2}{s_2^2} > F_{1-\alpha/2}(\nu_1,\nu_2)$ 时，拒绝方差相等的假设。

单侧检验：

a) 当 $\frac{s_1^2}{s_2^2} > F_{1-\alpha}(\nu_1,\nu_2)$ 时，拒绝第一个总体的方差不大于第二个总体方差的假设；

b) 当 $\frac{s_1^2}{s_2^2} < \frac{1}{F_{1-\alpha}(\nu_2,\nu_1)}$ 时，拒绝第一个总体的方差不小于第二个总体方差的假设。

注 1：根据分位数 $F_\alpha(\nu_1,\nu_2)$ 的定义，有

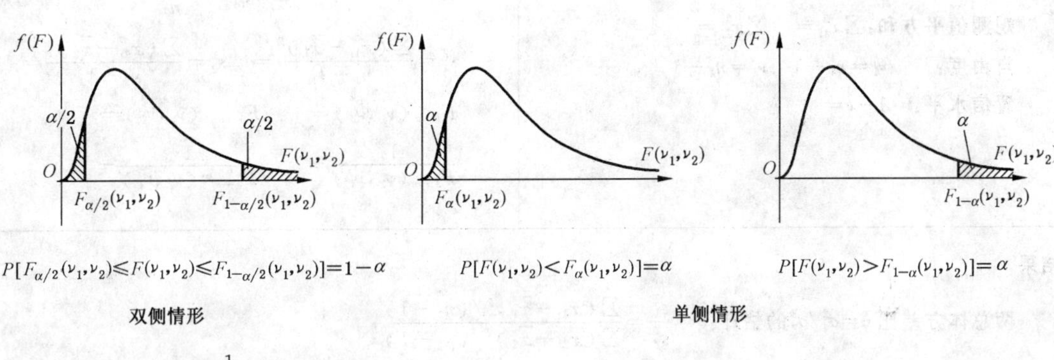

注 2：$F_\alpha(\nu_1,\nu_2) = \frac{1}{F_{1-\alpha}(\nu_2,\nu_1)}$

注 3：当 $\alpha=0.05$ 或 $\alpha=0.01$ 并且给定自由度 ν_1 和 ν_2 时，$F_{1-\alpha}(\nu_1,\nu_2)$ 和 $F_{1-\alpha/2}(\nu_1,\nu_2)$ 的值可从附录 A 的表A.5 中查得。$F_\alpha(\nu_1,\nu_2)$ 和 $F_{\alpha/2}(\nu_1,\nu_2)$ 可由 $F_{1-\alpha}(\nu_2,\nu_1)$ 和 $F_{1-\alpha/2}(\nu_2,\nu_1)$ 计算得到。

示例　采用 6.1.1 中示例中给出的两种棉纱断裂强度的数据，要求检验两总体是否有相同的方差，即检验 $\sigma_1^2=\sigma_2^2$，由表 G 的方法，有：

总体的技术特征：制造商 A 送达一批棉纱，共 10 000 个线轴；制造商 B 也送达一批棉纱，共 12 000 个线轴。这些棉纱都装在能容纳 100 个线轴的箱子里。

样本的技术特征：从两批货物中分别随机抽取 10 和 12 个箱子，每个箱子里随机抽取一个线轴。在距线轴末端大约 5 m 处截取 50 cm 长的棉纱作为测试材料，实际做实验时只取中间 25 cm。断裂强度的单位是 N。

剔除或更正的观测值：无。

统计数据	计算
样本 1　样本 2 样本量：$n_1=10$　$n_2=12$ 观测值和：$\sum x_{1i}=21.761$　$\sum x_{2i}=30.241$ 观测值平方和：$\sum x_{1i}^2=1.256\ 4$　$\sum x_{2i}^2=1.389\ 8$ 自由度：$\nu_1=9$　$\nu_2=11$ 显著性水平：$\alpha=0.05$	$s_1^2=0.139\ 6$ $s_2^2=0.126\ 3$ $F_{1-\alpha/2}(\nu_1,\nu_2)=F_{0.975}(9,11)=3.6$ $F_{\alpha/2}(\nu_1,\nu_2)=\frac{1}{F_{0.975}(11,9)}=\frac{1}{4}=0.25$

判断

$F=s_1^2/s_2^2=1.10$，由于观测值满足 $0.25<1.10<3.6$，因此没有理由拒绝 $\sigma_1^2=\sigma_2^2$ 的假设。

8.2 两总体方差或标准差比值的区间估计

表 H 两方差比或两标准差比的区间估计

<table>
<tr><td colspan="2">总体 1
总体 2 } 的技术特征
样本 1
样本 2 } 的技术特征
样本 1
样本 2 } 中剔除或更正的观测值</td></tr>
<tr><td>统计数据
　　　　样本 1　　样本 2
样本量：　$n_1=$　　$n_2=$
观测值和：$\sum x_{1i}=$　$\sum x_{2i}=$
观测值平方和：$\sum x_{1i}^2=$　$\sum x_{2i}^2=$
自由度：　$\nu_1=n_1-1$　$\nu_2=n_2-1$
置信水平：$1-\alpha=$</td><td>计算
$\sum(x_{1i}-\bar{x}_1)^2=\sum x_{1i}^2-\frac{(\sum x_{1i})^2}{n_1}=$
$\sum(x_{2i}-\bar{x}_2)^2=\sum x_{2i}^2-\frac{(\sum x_{2i})^2}{n_2}=$
$s_1^2=\frac{\sum(x_{1i}-\bar{x}_1)^2}{n_1-1}=$　$s_2^2=\frac{\sum(x_{2i}-\bar{x}_2)^2}{n_2-1}=$
$F_{1-\alpha}(\nu_1,\nu_2)=$　$F_{1-\alpha/2}(\nu_1,\nu_2)=$
$\frac{1}{F_{1-\alpha}(\nu_2,\nu_1)}=$　$\frac{1}{F_{1-\alpha/2}(\nu_2,\nu_1)}=$</td></tr>
<tr><td colspan="2">结果
两总体方差比 $\delta=\sigma_1^2/\sigma_2^2$ 的估计：$\hat{\delta}=\frac{s_1^2}{s_2^2}=\frac{\sum(x_{1i}-\bar{x}_1)^2/(n_1-1)}{\sum(x_{2i}-\bar{x}_2)^2/(n_2-1)}$
双侧置信区间：$\frac{1}{F_{1-\alpha/2}(\nu_1,\nu_2)}\frac{s_1^2}{s_2^2}\leqslant\frac{\sigma_1^2}{\sigma_2^2}\leqslant F_{1-\alpha/2}(\nu_2,\nu_1)\frac{s_1^2}{s_2^2}$
单侧置信区间：$\frac{\sigma_1^2}{\sigma_2^2}\leqslant F_{1-\alpha}(\nu_2,\nu_1)\frac{s_1^2}{s_2^2}$
　　或 $\frac{\sigma_1^2}{\sigma_2^2}\geqslant\frac{1}{F_{1-\alpha}(\nu_1,\nu_2)}\frac{s_1^2}{s_2^2}$</td></tr>
</table>

注：标准差 σ_1 和 σ_2 之比的置信区间是方差 σ_1^2 和 σ_2^2 之比置信区间的平方根。

示例　利用 6.1.1 中示例给出的棉纱断裂强度的样本，可给出两个总体方差比值 σ_1^2/σ_2^2 的置信区间。由表 H 的方法，有：

<table>
<tr><td colspan="2">总体的技术特征：制造商 A 送达一批棉纱，共 10 000 个线轴；制造商 B 也送达一批棉纱，共 12 000 个线轴。这些棉纱都装在能容纳 100 个线轴的箱子里。
样本的技术特征：从两批货物中分别随机抽取 10 和 12 个箱子，每个箱子里随机抽取一个线轴。在距线轴末端大约 5 m 处截取 50 cm 长的棉纱作为测试材料，实际做实验时只取中间 25 cm。断裂强度的单位是 N。
剔除或更正的观测值：无。</td></tr>
<tr><td>统计数据
　　　　样本 1　　　　样本 2
样本量：　$n_1=10$　　$n_2=12$
观测值和：$\sum x_1=21.761$　$\sum x_2=30.241$
观测值平方和：$\sum x_1^2=1.256\ 4$　$\sum x_2^2=1.389\ 8$
自由度：　$\nu_1=9$　　$\nu_2=11$
置信水平：$1-\alpha=0.95$</td><td>计算
$s_1^2=0.139\ 6$
$s_2^2=0.126\ 3$
$F_{0.975}(9,11)=3.6$
$F_{0.025}(9,11)=0.25$</td></tr>
</table>

结果

$F=s_1^2/s_2^2=1.10$，总体方差比值 σ_1^2/σ_2^2 的置信区间为：

$$\frac{1.10}{3.6}=0.31\leqslant\frac{\sigma_1^2}{\sigma_2^2}\leqslant 4.4=4\times 1.10$$

或

$$0.56\leqslant\frac{\sigma_1}{\sigma_2}\leqslant 2.10$$

注：因为样本量很小（10 到 20），0.95 的置信水平所得的置信区间很宽。如果要求更高的置信度（如 0.99），则因为置信区间过长而没有意义。

附 录 A
（规范性附录）
统计数值表

$u_{1-\alpha}/\sqrt{n}$的数值见表 A.1。

t 分布分位数 $t_{1-\alpha}(\nu)$见表 A.2。

$t_{1-\alpha}(\nu)/\sqrt{n}$的数值见表 A.3。

χ^2分布分位数见表 A.4。

F 分布分位数 $F_{0.90}(\nu_1,\nu_2)$见表 A.5.1。

F 分布分位数 $F_{0.95}(\nu_1,\nu_2)$见表 A.5.2。

F 分布分位数 $F_{0.975}(\nu_1,\nu_2)$见表 A.5.3。

F 分布分位数 $F_{0.99}(\nu_1,\nu_2)$见表 A.5.4。

表 A.1 $u_{1-\alpha}/\sqrt{n}$的数值表

n	双侧情形		单侧情形	
	$u_{0.975}/\sqrt{n}$	$u_{0.995}/\sqrt{n}$	$u_{0.95}/\sqrt{n}$	$u_{0.99}/\sqrt{n}$
1	1.960 0	2.575 8	1.644 9	2.326 3
2	1.385 9	1.821 4	1.163 1	1.645 0
3	1.131 6	1.487 2	0.949 7	1.343 1
4	0.980 0	1.287 9	0.822 4	1.163 2
5	0.876 5	1.151 9	0.735 6	1.040 4
6	0.800 2	1.051 6	0.671 5	0.949 7
7	0.740 8	0.973 6	0.621 7	0.879 3
8	0.693 0	0.910 7	0.581 5	0.822 5
9	0.653 3	0.858 6	0.548 3	0.775 4
10	0.619 8	0.814 5	0.520 1	0.735 7
11	0.591 0	0.776 6	0.495 9	0.701 4
12	0.565 8	0.743 6	0.474 8	0.671 6
13	0.543 6	0.714 4	0.456 2	0.645 2
14	0.523 8	0.688 4	0.439 6	0.621 7
15	0.506 1	0.665 1	0.424 7	0.600 7
16	0.490 0	0.644 0	0.411 2	0.581 6
17	0.475 4	0.624 7	0.398 9	0.564 2
18	0.462 0	0.607 1	0.387 7	0.548 3
19	0.449 6	0.590 9	0.377 4	0.533 7
20	0.438 3	0.576 0	0.367 8	0.520 2
21	0.427 7	0.562 1	0.358 9	0.507 7
22	0.417 9	0.549 2	0.350 7	0.496 0
23	0.408 7	0.537 1	0.343 0	0.485 1

表 A.1(续)

n	双侧情形		单侧情形	
	$u_{0.975}/\sqrt{n}$	$u_{0.995}/\sqrt{n}$	$u_{0.95}/\sqrt{n}$	$u_{0.99}/\sqrt{n}$
24	0.400 1	0.525 8	0.335 8	0.474 9
25	0.392 0	0.515 2	0.329 0	0.465 3
26	0.384 4	0.505 2	0.322 6	0.456 2
27	0.377 2	0.495 7	0.316 6	0.447 7
28	0.370 4	0.486 8	0.310 8	0.439 6
29	0.364 0	0.478 3	0.305 4	0.432 0
30	0.357 8	0.470 3	0.300 3	0.424 7
31	0.352 0	0.462 6	0.295 4	0.417 8
41	0.306 1	0.402 3	0.256 9	0.363 3
51	0.274 4	0.360 7	0.230 3	0.325 8
61	0.250 9	0.329 8	0.210 6	0.297 9
71	0.232 6	0.305 7	0.195 2	0.276 1
81	0.217 8	0.286 2	0.182 8	0.258 5
91	0.205 5	0.270 0	0.172 4	0.243 9
101	0.195 0	0.256 3	0.163 7	0.231 5

表 A.2　t 分布分位数表

ν	双侧情形		单侧情形	
	$t_{0.975}$	$t_{0.995}$	$t_{0.95}$	$t_{0.99}$
1	12.706 2	63.656 7	6.313 8	31.820 5
2	4.302 7	9.924 8	2.920 0	6.964 6
3	3.182 4	5.840 9	2.353 4	4.540 7
4	2.776 4	4.604 1	2.131 8	3.746 9
5	2.570 6	4.032 1	2.015 0	3.364 9
6	2.446 9	3.707 4	1.943 2	3.142 7
7	2.364 6	3.499 5	1.894 6	2.998 0
8	2.306 0	3.355 4	1.859 5	2.896 5
9	2.262 2	3.249 8	1.833 1	2.821 4
10	2.228 1	3.169 3	1.812 5	2.763 8
11	2.201 0	3.105 8	1.795 9	2.718 1
12	2.178 8	3.054 5	1.782 3	2.681 0
13	2.160 4	3.012 3	1.770 9	2.650 3
14	2.144 8	2.976 8	1.761 3	2.624 5
15	2.131 4	2.946 7	1.753 1	2.602 5
16	2.119 9	2.920 8	1.745 9	2.583 5
17	2.109 8	2.898 2	1.739 6	2.566 9
18	2.100 9	2.878 4	1.734 1	2.552 4

表 A.2(续)

ν	双侧情形		单侧情形	
	$t_{0.975}$	$t_{0.995}$	$t_{0.95}$	$t_{0.99}$
19	2.093 0	2.860 9	1.729 1	2.539 5
20	2.086 0	2.845 3	1.724 7	2.528 0
21	2.079 6	2.831 4	1.720 7	2.517 6
22	2.073 9	2.818 8	1.717 1	2.508 3
23	2.068 7	2.807 3	1.713 9	2.499 9
24	2.063 9	2.796 9	1.710 9	2.492 2
25	2.059 5	2.787 4	1.708 1	2.485 1
26	2.055 5	2.778 7	1.705 6	2.478 6
27	2.051 8	2.770 7	1.703 3	2.472 7
28	2.048 4	2.763 3	1.701 1	2.467 1
29	2.045 2	2.756 4	1.699 1	2.462 0
30	2.042 3	2.750 0	1.697 3	2.457 3
40	2.021 1	2.704 5	1.683 9	2.423 3
50	2.008 6	2.677 8	1.675 9	2.403 3
60	2.000 3	2.660 3	1.670 6	2.390 1
70	1.994 4	2.647 9	1.666 9	2.380 8
80	1.990 1	2.638 7	1.664 1	2.373 9
90	1.986 7	2.631 6	1.662 0	2.368 5
100	1.984 0	2.625 9	1.660 2	2.364 2
200	1.971 9	2.600 6	1.652 5	2.345 1
500	1.964 7	2.585 7	1.647 9	2.333 8

表 A.3 $t_{1-\alpha}(\nu)/\sqrt{n}$的数值表($\nu=n-1$)

$\nu=n-1$	双侧情形		单侧情形	
	$t_{0.975}/\sqrt{n}$	$t_{0.995}/\sqrt{n}$	$t_{0.95}/\sqrt{n}$	$t_{0.99}/\sqrt{n}$
1	8.984 6	45.012 1	4.464 5	22.500 5
2	2.484 1	5.730 1	1.685 9	4.021 0
3	1.591 2	2.920 5	1.176 7	2.270 4
4	1.241 7	2.059 0	0.953 4	1.675 7
5	1.049 4	1.646 1	0.822 6	1.373 7
6	0.924 8	1.401 3	0.734 5	1.187 8
7	0.836 0	1.237 3	0.669 8	1.059 9
8	0.768 7	1.118 5	0.619 8	0.965 5
9	0.715 4	1.027 7	0.579 7	0.892 2

表 A.3(续)

$\nu=n-1$	双侧情形		单侧情形	
	$t_{0.975}/\sqrt{n}$	$t_{0.995}/\sqrt{n}$	$t_{0.95}/\sqrt{n}$	$t_{0.99}/\sqrt{n}$
10	0.671 8	0.955 6	0.546 5	0.833 3
11	0.635 4	0.896 6	0.518 4	0.784 6
12	0.604 3	0.847 2	0.494 3	0.743 6
13	0.577 4	0.805 1	0.473 3	0.708 3
14	0.553 8	0.768 6	0.454 8	0.677 6
15	0.532 9	0.736 7	0.438 3	0.650 6
16	0.514 2	0.708 4	0.423 4	0.626 6
17	0.497 3	0.683 1	0.410 0	0.605 0
18	0.482 0	0.660 4	0.397 8	0.585 6
19	0.468 0	0.639 7	0.386 6	0.567 8
20	0.455 2	0.620 9	0.376 4	0.551 6
21	0.443 4	0.603 6	0.366 9	0.536 8
22	0.432 4	0.587 8	0.358 0	0.523 0
23	0.422 3	0.573 0	0.349 8	0.510 3
24	0.412 8	0.559 4	0.342 2	0.498 4
25	0.403 9	0.546 7	0.335 0	0.487 4
26	0.395 6	0.534 8	0.328 2	0.477 0
27	0.387 8	0.523 6	0.321 9	0.467 3
28	0.380 4	0.513 1	0.315 9	0.458 1
29	0.373 4	0.503 2	0.310 2	0.449 5
30	0.366 8	0.493 9	0.304 8	0.441 3
40	0.315 6	0.422 4	0.263 0	0.378 4
50	0.281 3	0.375 0	0.234 7	0.336 5
60	0.256 1	0.340 6	0.213 9	0.306 0
70	0.236 7	0.314 2	0.197 8	0.282 5
80	0.221 1	0.293 2	0.184 9	0.263 8
90	0.208 3	0.275 9	0.174 2	0.248 3
100	0.197 4	0.261 3	0.165 2	0.235 2
200	0.139 1	0.183 4	0.116 6	0.165 4
500	0.087 8	0.115 5	0.073 6	0.104 3

表 A.4 χ^2分布分位数表

ν	双侧情形				单侧情形			
	$\chi^2_{0.025}$	$\chi^2_{0.975}$	$\chi^2_{0.005}$	$\chi^2_{0.995}$	$\chi^2_{0.05}$	$\chi^2_{0.95}$	$\chi^2_{0.01}$	$\chi^2_{0.99}$
1	0.001 0	5.023 9	0.000 0	7.879 4	0.003 9	3.841 5	0.000 2	6.634 9
2	0.050 6	7.377 8	0.010 0	10.596 6	0.102 6	5.991 5	0.020 1	9.210 3
3	0.215 8	9.348 4	0.071 7	12.838 2	0.351 8	7.814 7	0.114 8	11.344 9
4	0.484 4	11.143 3	0.207 0	14.860 3	0.710 7	9.487 7	0.297 1	13.276 7
5	0.831 2	12.832 5	0.411 7	16.749 6	1.145 5	11.070 5	0.554 3	15.086 3
6	1.237 3	14.449 4	0.675 7	18.547 6	1.635 4	12.591 6	0.872 1	16.811 9
7	1.689 9	16.012 8	0.989 3	20.277 7	2.167 3	14.067 1	1.239 0	18.475 3
8	2.179 7	17.534 5	1.344 4	21.955 0	2.732 6	15.507 3	1.646 5	20.090 2
9	2.700 4	19.022 8	1.734 9	23.589 4	3.325 1	16.919 0	2.087 9	21.666 0
10	3.247 0	20.483 2	2.155 9	25.188 2	3.940 3	18.307 0	2.558 2	23.209 3
11	3.815 7	21.920 0	2.603 2	26.756 8	4.574 8	19.675 1	3.053 5	24.725 0
12	4.403 8	23.336 7	3.073 8	28.299 5	5.226 0	21.026 1	3.570 6	26.217 0
13	5.008 8	24.735 6	3.565 0	29.819 5	5.891 9	22.362 0	4.106 9	27.688 2
14	5.628 7	26.118 9	4.074 7	31.319 3	6.570 6	23.684 8	4.660 4	29.141 2
15	6.262 1	27.488 4	4.600 9	32.801 3	7.260 9	24.995 8	5.229 3	30.577 9
16	6.907 7	28.845 4	5.142 2	34.267 2	7.961 6	26.296 2	5.812 2	31.999 9
17	7.564 2	30.191 0	5.697 2	35.718 5	8.671 8	27.587 1	6.407 8	33.408 7
18	8.230 7	31.526 4	6.264 8	37.156 5	9.390 5	28.869 3	7.014 9	34.805 3
19	8.906 5	32.852 3	6.844 0	38.582 3	10.117 0	30.143 5	7.632 7	36.190 9
20	9.590 8	34.169 6	7.433 8	39.996 8	10.850 8	31.410 4	8.260 4	37.566 2
21	10.282 9	35.478 9	8.033 7	41.401 1	11.591 3	32.670 6	8.897 2	38.932 2
22	10.982 3	36.780 7	8.642 7	42.795 7	12.338 0	33.924 4	9.542 5	40.289 4
23	11.688 6	38.075 6	9.260 4	44.181 3	13.090 5	35.172 5	10.195 7	41.638 4
24	12.401 2	39.364 1	9.886 2	45.558 5	13.848 4	36.415 0	10.856 4	42.979 8
25	13.119 7	40.646 5	10.519 7	46.927 9	14.611 4	37.652 5	11.524 0	44.314 1
26	13.843 9	41.923 2	11.160 2	48.289 9	15.379 2	38.885 1	12.198 1	45.641 7
27	14.573 4	43.194 5	11.807 6	49.644 9	16.151 4	40.113 3	12.878 5	46.962 9
28	15.307 9	44.460 8	12.461 3	50.993 4	16.927 9	41.337 1	13.564 7	48.278 2
29	16.047 1	45.722 3	13.121 1	52.335 6	17.708 4	42.557 0	14.256 5	49.587 9
30	16.790 8	46.979 2	13.786 7	53.672 0	18.492 7	43.773 0	14.953 5	50.892 2

表 A.5.1 F 分布分位数 $F_{0.90}(\nu_1,\nu_2)$ 表

ν_2	ν_1																			
	1	2	3	4	5	6	7	8	9	10	12	14	16	18	20	25	30	60	120	∞
2	8.53	9.00	9.16	9.24	9.29	9.33	9.35	9.37	9.38	9.39	9.41	9.42	9.43	9.44	9.44	9.45	9.46	9.47	9.48	9.49
3	5.54	5.46	5.39	5.34	5.31	5.28	5.27	5.25	5.24	5.23	5.22	5.20	5.20	5.19	5.18	5.17	5.17	5.15	5.14	5.13
4	4.54	4.32	4.19	4.11	4.05	4.01	3.98	3.95	3.94	3.92	3.90	3.88	3.86	3.85	3.84	3.83	3.82	3.79	3.78	3.76
5	4.06	3.78	3.62	3.52	3.45	3.40	3.37	3.34	3.32	3.30	3.27	3.25	3.23	3.22	3.21	3.19	3.17	3.14	3.12	3.11
6	3.78	3.46	3.29	3.18	3.11	3.05	3.01	2.98	2.96	2.94	2.90	2.88	2.86	2.85	2.84	2.81	2.80	2.76	2.74	2.72
7	3.59	3.26	3.07	2.96	2.88	2.83	2.78	2.75	2.72	2.70	2.67	2.64	2.62	2.61	2.59	2.57	2.56	2.51	2.49	2.47
8	3.46	3.11	2.92	2.81	2.73	2.67	2.62	2.59	2.56	2.54	2.50	2.48	2.45	2.44	2.42	2.40	2.38	2.34	2.32	2.29
9	3.36	3.01	2.81	2.69	2.61	2.55	2.51	2.47	2.44	2.42	2.38	2.35	2.33	2.31	2.30	2.27	2.25	2.21	2.18	2.16
10	3.29	2.92	2.73	2.61	2.52	2.46	2.41	2.38	2.35	2.32	2.28	2.26	2.23	2.22	2.20	2.17	2.16	2.11	2.08	2.06
12	3.18	2.81	2.61	2.48	2.39	2.33	2.28	2.24	2.21	2.19	2.15	2.12	2.09	2.08	2.06	2.03	2.01	1.96	1.93	1.91
14	3.10	2.73	2.52	2.39	2.31	2.24	2.19	2.15	2.12	2.10	2.05	2.02	2.00	1.98	1.96	1.93	1.91	1.86	1.83	1.80
16	3.05	2.67	2.46	2.33	2.24	2.18	2.13	2.09	2.06	2.03	1.99	1.95	1.93	1.91	1.89	1.86	1.84	1.78	1.75	1.72
18	3.01	2.62	2.42	2.29	2.20	2.13	2.08	2.04	2.00	1.98	1.93	1.90	1.87	1.85	1.84	1.80	1.78	1.72	1.69	1.66
20	2.97	2.59	2.38	2.25	2.16	2.09	2.04	2.00	1.96	1.94	1.89	1.86	1.83	1.81	1.79	1.76	1.74	1.68	1.64	1.61
25	2.92	2.53	2.32	2.18	2.09	2.02	1.97	1.93	1.89	1.87	1.82	1.79	1.76	1.74	1.72	1.68	1.66	1.59	1.56	1.52
30	2.88	2.49	2.28	2.14	2.05	1.98	1.93	1.88	1.85	1.82	1.77	1.74	1.71	1.69	1.67	1.63	1.61	1.54	1.50	1.46
60	2.79	2.39	2.18	2.04	1.95	1.87	1.82	1.77	1.74	1.71	1.66	1.62	1.59	1.56	1.54	1.50	1.48	1.40	1.35	1.30
120	2.75	2.35	2.13	1.99	1.90	1.82	1.77	1.72	1.68	1.65	1.60	1.56	1.53	1.50	1.48	1.44	1.41	1.32	1.26	1.20
∞	2.71	2.31	2.09	1.95	1.85	1.78	1.72	1.67	1.63	1.60	1.55	1.51	1.47	1.45	1.42	1.38	1.35	1.25	1.18	1.06

表 A.5.2　F分布分位数$F_{0.95}(\nu_1,\nu_2)$表

ν_2	ν_1																			
	1	2	3	4	5	6	7	8	9	10	12	14	16	18	20	25	30	60	120	∞
2	18.51	19.00	19.16	19.25	19.30	19.33	19.35	19.37	19.38	19.40	19.41	19.42	19.43	19.44	19.45	19.46	19.46	19.48	19.49	19.50
3	10.13	9.55	9.28	9.12	9.01	8.94	8.89	8.85	8.81	8.79	8.74	8.71	8.69	8.67	8.66	8.63	8.62	8.57	8.55	8.53
4	7.71	6.94	6.59	6.39	6.26	6.16	6.09	6.04	6.00	5.96	5.91	5.87	5.84	5.82	5.80	5.77	5.75	5.69	5.66	5.63
5	6.61	5.79	5.41	5.19	5.05	4.95	4.88	4.82	4.77	4.74	4.68	4.64	4.60	4.58	4.56	4.52	4.50	4.43	4.40	4.37
6	5.99	5.14	4.76	4.53	4.39	4.28	4.21	4.15	4.10	4.06	4.00	3.96	3.92	3.90	3.87	3.83	3.81	3.74	3.70	3.67
7	5.59	4.74	4.35	4.12	3.97	3.87	3.79	3.73	3.68	3.64	3.57	3.53	3.49	3.47	3.44	3.40	3.38	3.30	3.27	3.23
8	5.32	4.46	4.07	3.84	3.69	3.58	3.50	3.44	3.39	3.35	3.28	3.24	3.20	3.17	3.15	3.11	3.08	3.01	2.97	2.93
9	5.12	4.26	3.86	3.63	3.48	3.37	3.29	3.23	3.18	3.14	3.07	3.03	2.99	2.96	2.94	2.89	2.86	2.79	2.75	2.71
10	4.96	4.10	3.71	3.48	3.33	3.22	3.14	3.07	3.02	2.98	2.91	2.86	2.83	2.80	2.77	2.73	2.70	2.62	2.58	2.54
12	4.75	3.89	3.49	3.26	3.11	3.00	2.91	2.85	2.80	2.75	2.69	2.64	2.60	2.57	2.54	2.50	2.47	2.38	2.34	2.30
14	4.60	3.74	3.34	3.11	2.96	2.85	2.76	2.70	2.65	2.60	2.53	2.48	2.44	2.41	2.39	2.34	2.31	2.22	2.18	2.13
16	4.49	3.63	3.24	3.01	2.85	2.74	2.66	2.59	2.54	2.49	2.42	2.37	2.33	2.30	2.28	2.23	2.19	2.11	2.06	2.01
18	4.41	3.55	3.16	2.93	2.77	2.66	2.58	2.51	2.46	2.41	2.34	2.29	2.25	2.22	2.19	2.14	2.11	2.02	1.97	1.92
20	4.35	3.49	3.10	2.87	2.71	2.60	2.51	2.45	2.39	2.35	2.28	2.22	2.18	2.15	2.12	2.07	2.04	1.95	1.90	1.85
25	4.24	3.39	2.99	2.76	2.60	2.49	2.40	2.34	2.28	2.24	2.16	2.11	2.07	2.04	2.01	1.96	1.92	1.82	1.77	1.71
30	4.17	3.32	2.92	2.69	2.53	2.42	2.33	2.27	2.21	2.16	2.09	2.04	1.99	1.96	1.93	1.88	1.84	1.74	1.68	1.63
60	4.00	3.15	2.76	2.53	2.37	2.25	2.17	2.10	2.04	1.99	1.92	1.86	1.82	1.78	1.75	1.69	1.65	1.53	1.47	1.39
120	3.92	3.07	2.68	2.45	2.29	2.18	2.09	2.02	1.96	1.91	1.83	1.78	1.73	1.69	1.66	1.60	1.55	1.43	1.35	1.26
∞	3.85	3.00	2.61	2.38	2.22	2.10	2.01	1.94	1.88	1.84	1.76	1.70	1.65	1.61	1.58	1.51	1.46	1.32	1.23	1.08

表 A.5.3　F 分布分位数 $F_{0.975}(\nu_1,\nu_2)$ 表

ν_2 \ ν_1	1	2	3	4	5	6	7	8	9	10	12	14	16	18	20	25	30	60	120	∞
2	38.51	39.00	39.17	39.25	39.30	39.33	39.36	39.37	39.39	39.40	39.41	39.43	39.44	39.44	39.45	39.46	39.46	39.48	39.49	39.50
3	17.44	16.04	15.44	15.10	14.88	14.73	14.62	14.54	14.47	14.42	14.34	14.28	14.23	14.20	14.17	14.12	14.08	13.99	13.95	13.90
4	12.22	10.65	9.98	9.60	9.36	9.20	9.07	8.98	8.90	8.84	8.75	8.68	8.63	8.59	8.56	8.50	8.46	8.36	8.31	8.26
5	10.01	8.43	7.76	7.39	7.15	6.98	6.85	6.76	6.68	6.62	6.52	6.46	6.40	6.36	6.33	6.27	6.23	6.12	6.07	6.02
6	8.81	7.26	6.60	6.23	5.99	5.82	5.70	5.60	5.52	5.46	5.37	5.30	5.24	5.20	5.17	5.11	5.07	4.96	4.90	4.85
7	8.07	6.54	5.89	5.52	5.29	5.12	4.99	4.90	4.82	4.76	4.67	4.60	4.54	4.50	4.47	4.40	4.36	4.25	4.20	4.15
8	7.57	6.06	5.42	5.05	4.82	4.65	4.53	4.43	4.36	4.30	4.20	4.13	4.08	4.03	4.00	3.94	3.89	3.78	3.73	3.67
9	7.21	5.71	5.08	4.72	4.48	4.32	4.20	4.10	4.03	3.96	3.87	3.80	3.74	3.70	3.67	3.60	3.56	3.45	3.39	3.34
10	6.94	5.46	4.83	4.47	4.24	4.07	3.95	3.85	3.78	3.72	3.62	3.55	3.50	3.45	3.42	3.35	3.31	3.20	3.14	3.08
12	6.55	5.10	4.47	4.12	3.89	3.73	3.61	3.51	3.44	3.37	3.28	3.21	3.15	3.11	3.07	3.01	2.96	2.85	2.79	2.73
14	6.30	4.86	4.24	3.89	3.66	3.50	3.38	3.29	3.21	3.15	3.05	2.98	2.92	2.88	2.84	2.78	2.73	2.61	2.55	2.49
16	6.12	4.69	4.08	3.73	3.50	3.34	3.22	3.12	3.05	2.99	2.89	2.82	2.76	2.72	2.68	2.61	2.57	2.45	2.38	2.32
18	5.98	4.56	3.95	3.61	3.38	3.22	3.10	3.01	2.93	2.87	2.77	2.70	2.64	2.60	2.56	2.49	2.44	2.32	2.26	2.19
20	5.87	4.46	3.86	3.51	3.29	3.13	3.01	2.91	2.84	2.77	2.68	2.60	2.55	2.50	2.46	2.40	2.35	2.22	2.16	2.09
25	5.69	4.29	3.69	3.35	3.13	2.97	2.85	2.75	2.68	2.61	2.51	2.44	2.38	2.34	2.30	2.23	2.18	2.05	1.98	1.91
30	5.57	4.18	3.59	3.25	3.03	2.87	2.75	2.65	2.57	2.51	2.41	2.34	2.28	2.23	2.20	2.12	2.07	1.94	1.87	1.79
60	5.29	3.93	3.34	3.01	2.79	2.63	2.51	2.41	2.33	2.27	2.17	2.09	2.03	1.98	1.94	1.87	1.82	1.67	1.58	1.49
120	5.15	3.80	3.23	2.89	2.67	2.52	2.39	2.30	2.22	2.16	2.05	1.98	1.92	1.87	1.82	1.75	1.69	1.53	1.43	1.32
∞	5.03	3.70	3.12	2.79	2.57	2.41	2.29	2.20	2.12	2.05	1.95	1.87	1.81	1.76	1.72	1.63	1.57	1.40	1.28	1.09

表 A.5.4　F 分布分位数 $F_{0.99}(\nu_1, \nu_2)$ 表

ν_2	ν_1																			
	1	2	3	4	5	6	7	8	9	10	12	14	16	18	20	25	30	60	120	∞
2	98.50	99.00	99.17	99.25	99.30	99.33	99.36	99.37	99.39	99.40	99.42	99.43	99.44	99.44	99.45	99.46	99.47	99.48	99.49	99.50
3	34.12	30.82	29.46	28.71	28.24	27.91	27.67	27.49	27.35	27.23	27.05	26.92	26.83	26.75	26.69	26.58	26.50	26.32	26.22	26.13
4	21.20	18.00	16.69	15.98	15.52	15.21	14.98	14.80	14.66	14.55	14.37	14.25	14.15	14.08	14.02	13.91	13.84	13.65	13.56	13.47
5	16.26	13.27	12.06	11.39	10.97	10.67	10.46	10.29	10.16	10.05	9.89	9.77	9.68	9.61	9.55	9.45	9.38	9.20	9.11	9.03
6	13.75	10.92	9.78	9.15	8.75	8.47	8.26	8.10	7.98	7.87	7.72	7.60	7.52	7.45	7.40	7.30	7.23	7.06	6.97	6.89
7	12.25	9.55	8.45	7.85	7.46	7.19	6.99	6.84	6.72	6.62	6.47	6.36	6.28	6.21	6.16	6.06	5.99	5.82	5.74	5.65
8	11.26	8.65	7.59	7.01	6.63	6.37	6.18	6.03	5.91	5.81	5.67	5.56	5.48	5.41	5.36	5.26	5.20	5.03	4.95	4.86
9	10.56	8.02	6.99	6.42	6.06	5.80	5.61	5.47	5.35	5.26	5.11	5.01	4.92	4.86	4.81	4.71	4.65	4.48	4.40	4.32
10	10.04	7.56	6.55	5.99	5.64	5.39	5.20	5.06	4.94	4.85	4.71	4.60	4.52	4.46	4.41	4.31	4.25	4.08	4.00	3.91
12	9.33	6.93	5.95	5.41	5.06	4.82	4.64	4.50	4.39	4.30	4.16	4.05	3.97	3.91	3.86	3.76	3.70	3.54	3.45	3.37
14	8.86	6.51	5.56	5.04	4.69	4.46	4.28	4.14	4.03	3.94	3.80	3.70	3.62	3.56	3.51	3.41	3.35	3.18	3.09	3.01
16	8.53	6.23	5.29	4.77	4.44	4.20	4.03	3.89	3.78	3.69	3.55	3.45	3.37	3.31	3.26	3.16	3.10	2.93	2.84	2.76
18	8.29	6.01	5.09	4.58	4.25	4.01	3.84	3.71	3.60	3.51	3.37	3.27	3.19	3.13	3.08	2.98	2.92	2.75	2.66	2.57
20	8.10	5.85	4.94	4.43	4.10	3.87	3.70	3.56	3.46	3.37	3.23	3.13	3.05	2.99	2.94	2.84	2.78	2.61	2.52	2.43
25	7.77	5.57	4.68	4.18	3.85	3.63	3.46	3.32	3.22	3.13	2.99	2.89	2.81	2.75	2.70	2.60	2.54	2.36	2.27	2.18
30	7.56	5.39	4.51	4.02	3.70	3.47	3.30	3.17	3.07	2.98	2.84	2.74	2.66	2.60	2.55	2.45	2.39	2.21	2.11	2.01
60	7.08	4.98	4.13	3.65	3.34	3.12	2.95	2.82	2.72	2.63	2.50	2.39	2.31	2.25	2.20	2.10	2.03	1.84	1.73	1.61
120	6.85	4.79	3.95	3.48	3.17	2.96	2.79	2.66	2.56	2.47	2.34	2.23	2.15	2.09	2.03	1.93	1.86	1.66	1.53	1.39
∞	6.65	4.62	3.79	3.33	3.03	2.81	2.65	2.52	2.42	2.33	2.19	2.09	2.01	1.94	1.89	1.78	1.71	1.48	1.34	1.11

附　录　B
（规范性附录）
使用 p 值进行假设检验

B.1　根据 p 值作判断

对给定的显著性水平 α，根据 p 值对假设作判断的规则是：

a)　若 p 值 $<\alpha$，则拒绝原假设；

b)　若 p 值 $\geqslant\alpha$，则不拒绝原假设。

B.2　p 值的计算

B.2.1　方差已知的单总体均值的检验

表 B-A　方差已知的单总体均值检验中 p 值的计算

（此表中各记号与表 A 对应）

设 U 服从 $N(0,1)$。由观测值计算：$u=\dfrac{\sqrt{n}(\bar{x}-\mu_0)}{\sigma}$。
p 值的计算： 双侧检验：$p=2P(U>\|u\|)=2[1-P(U\leqslant\|u\|)]$； 单侧检验： a) 对于原假设：总体均值不小于 μ_0，$p=P(U<u)$； b) 对于原假设：总体均值不大于 μ_0，$p=P(U>u)=1-P(U\leqslant u)$。
注：可在 EXCEL 中采用函数 NORMSDIST(u)计算概率值 $P(U\leqslant u)(=P(U<u))$。

对 5.1.1 中的示例：

计算得：$u=\dfrac{\sqrt{10}(2.1761-2.40)}{0.3315}=-2.1358$。那么，$p=2[1-P(U\leqslant 2.1358)]$，在 EXCEL 中输入"=2*(1−NORMSDIST(2.135 8))"，可得 p 值为 0.032 7。由于 p 值小于 $\alpha=0.05$，故在 0.05 显著性水平下拒绝总体均值等于 2.40 的假设，判断结果与 5.1.1 中的示例一致。

B.2.2　方差未知的单总体均值的检验

表 B-A′ 方差已知的单总体均值检验中 p 值的计算

（此表中各记号与表 A′对应）

设 T 服从 $t(n-1)$。由观测值计算：$t=\dfrac{\sqrt{n}(\bar{x}-\mu_0)}{s}$。
p 值的计算： 双侧检验：$p=2P(T>\|t\|)$； 单侧检验： a) 对于原假设：总体均值不小于 μ_0，$p=P(T<t)=1-P(T\geqslant t)$； b) 对于原假设：总体均值不大于 μ_0，$p=P(T>t)$。
注：可在 EXCEL 中采用函数 TDIST($t,n-1,1$)计算概率值 $P(T>t)(=P(T\geqslant t))$。

对 5.1.2 中的示例：

计算得：$t=\dfrac{\sqrt{10}(2.1761-2.40)}{\sqrt{0.1396}}=-1.8950$。那么，$p=2P(T>|-1.8950|)$，在 EXCEL 中输入"=2*TDIST(1.895 0,9,1)"，可得 p 值为 0.090 6。由于 p 值大于 $\alpha=0.05$，故在 0.05 显著性水平下不拒绝总体均值等于 2.40 的假设，判断结果与 5.1.2 中的示例一致。

B.2.3 方差已知的两总体均值比较的检验

表 B-*C* 方差已知的两总体均值比较检验中 *p* 值的计算

（此表中各记号与表 *C* 对应）

设 U 服从 $N(0,1)$。由观测值计算：$u=\dfrac{\overline{x}_1-\overline{x}_2}{\sigma_d}$。
p 值的计算： 双侧检验：$p=2P(U>\|u\|)=2[1-P(U\leqslant\|u\|)]$； 单侧检验： a) 对于原假设：第一个均值不小于第二个均值，$p=P(U<u)$； b) 对于原假设：第一个均值不大于第二个均值，$p=P(U>u)=1-P(U\leqslant u)$。

对 6.1.1 中的示例：

计算得：$u=\dfrac{2.176\,1-2.520\,1}{0.138\,1}=-2.490\,9$。那么，$p=2[1-P(U\leqslant 2.490\,9)]$，在 EXCEL 中输入“=2 * (1−NORMSDIST(2.490 9))”，可得 p 值为 0.012 7。由于 p 值小于 $\alpha=0.05$，故在 0.05 显著性水平下拒绝原假设，即认为两个总体的均值并不相等，判断结果与 6.1.1 中的示例一致。若取 $\alpha=0.01$，那么 p 值大于 α，故在 0.01 显著性水平下不能拒绝原假设。

B.2.4 方差未知但假设方差相等的两总体均值比较的检验

表 B-*C′* 方差未知但假设方差相等的两总体均值比较检验中 *p* 值的计算

（此表中各记号与表 *C′* 对应）

设 T 服从 $t(n_1+n_2-2)$。由观测值计算：$t=\dfrac{\overline{x}_1-\overline{x}_2}{s_d}$。
p 值的计算： 双侧检验：$p=2P(T>\|t\|)$； 单侧检验： a) 对于原假设：第一个均值不小于第二个均值，$p=P(T<t)=1-P(T\geqslant t)$； b) 对于原假设：第一个均值不大于第二个均值，$p=P(T>t)$。

对 6.1.2 中的示例：

计算得：$t=\dfrac{2.176\,1-2.520\,1}{0.155\,7}=-2.209\,4$。那么，$p=2P(T>|-2.209\,4|)$，在 EXCEL 中输入“=2 * TDIST(2.209 4,20,1)”，可得 p 值为 0.039 0。由于 p 值小于 $\alpha=0.05$，故在 0.05 显著性水平下拒绝原假设，即认为两个总体的均值并不相等，判断结果与 6.1.2 中的示例一致。若取 $\alpha=0.01$，那么 p 值大于 α，故在 0.01 显著性水平下不能拒绝原假设。

B.2.5 单总体方差或标准差的检验

表 B-*E* 单总体方差或标准差与给定值的比较检验中 *p* 值的计算

（此表中各记号与表 *E* 对应）

设 χ^2 服从 $\chi^2(n-1)$。由观测值计算：$k=\dfrac{\sum(x_i-\overline{x})^2}{\sigma_0^2}$。
p 值的计算： 双侧检验：$p=2\min\{P(\chi^2>k),P(\chi^2<k)\}$； 单侧检验： a) 对于原假设：总体方差不大于给定值 σ_0^2，$p=P(\chi^2>k)$； b) 对于原假设：总体方差不小于给定值 σ_0^2，$p=P(\chi^2<k)=1-P(\chi^2\leqslant k)$。
注：可在 EXCEL 中采用函数 CHIDIST($k,n-1$)计算概率值 $P(\chi^2>k)(=P(\chi^2\geqslant k))$。

对 7.1 中的示例：

计算得：$k=\frac{1.2564}{0.09}=13.9600$。那么，$p=P(\chi^2>13.9600)$，在 EXCEL 中输入"=CHIDIST(13.960 0,9)"，可得 p 值为 0.123 8。由于 p 值大于 $\alpha=0.05$，故在 0.05 显著性水平下不拒绝总体方差不大于给定值 σ_0^2，判断结果与 7.1 中的示例一致。

B.2.6 两总体方差或标准差比较的检验

表 B-G 两总体方差或标准差的比较

（此表中各记号与表 G 对应）

设 F 服从 $F(n_1-1,n_2-1)$。由观测值计算：$f=\frac{s_1^2}{s_2^2}$。
p 值的计算： 双侧检验：$p=2\min\{P(F>f),P(F<f)\}$； 单侧检验： a) 对于原假设：第一个总体的方差不大于第二个总体的方差，$p=P(F>f)$； b) 对于原假设：第一个总体的方差不小于第二个总体的方差，$p=P(F<f)=1-P(F\geqslant f)$。
注：可在 EXCEL 中采用函数 FDIST(f,n_1-1,n_2-1)计算概率值 $P(F>f)(=P(F\geqslant f))$。

对 8.1 中的示例：

计算得：$f=\frac{0.1396}{0.1263}=1.1053$。那么，$p=2\min\{P(F>1.1053),P(F<1.1053)\}$，在 EXCEL 中输入"=2 * min(FDIST(1.105 3,9,11),1−FDIST(1.105 3,9,11))"，可得 p 值为 0.860 8。由于 p 值大于 $\alpha=0.05$，故在 0.05 显著性水平下不拒绝 $\sigma_1^2=\sigma_2^2$ 的假设，判断结果与 8.1 中的示例一致。

ICS 03.120.30
A 41

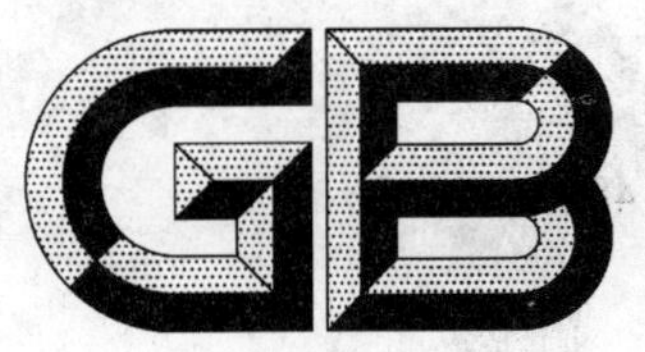

中华人民共和国国家标准

GB/T 4891—2008
代替 GB/T 4891—1985

为估计批(或过程)平均质量选择样本量的方法

Choice of sample size for estimating the average quality of a lot or process

2008-07-28 发布　　2009-01-01 实施

中华人民共和国国家质量监督检验检疫总局
中国国家标准化管理委员会　发布

前　言

本标准代替 GB/T 4891—1985《估计批(或过程)平均质量选择样本量的方法》。

本标准与 GB/T 4851—1985 的主要差别:

a) 按 GB/T 1.1—2000 的要求,重新起草了标准文本;

b) 增加了规范性引用文件:ISO 3534-1:2006;ISO 3534-2:2006;

c) 为便于标准的应用,增加了相关的术语和定义;

d) 用“绝对误差限 $E(|\overline{X}-\mu|)$”,代替原标准中的“精密度 $E(|\overline{X}-\mu|)$”;

e) 用一般置信水平 $1-\alpha$ 下的计算样本量的通用公式,代替原标准中置信水平 99.73%下的特殊公式;

f) 给出了,当 $\hat{p}$ 很小,由公式(3)计算出 n 后,如果 $n\hat{p}<5$,代替公式(3)中 $u_{1-\alpha/2}$ 的一般公式;

g) 给出了使用公式(1)时直接计算 S 的表达式,删除了原标准中与之配套的表 2 和表 3;

h) 删除了原标准中的图 2。

本标准由中国标准化研究院提出。

本标准由全国统计方法应用标准化技术委员会归口。

本标准起草单位:中国人民解放军军械工程学院、中国标准化研究院、中国科学院数学与系统科学研究院、福州春伦茶业有限公司。

本标准主要起草人:张玉柱、于振凡、陈敏、丁文兴、陈玉忠、冯士雍、傅天龙。

本标准所代替标准的历次版本发布情况为:GB/T 4891—1985。

为估计批(或过程)平均质量选择样本量的方法

1 范围

本标准规定了简单随机抽样下,对给定的置信水平和误差限,为估计批(或过程)平均质量选择样本量的方法。

本标准适用于对批产品或过程某个特性均值的估计。

2 规范性引用文件

下列文件中的条款通过本标准的引用成为本标准的条款。凡是注日期的引用文件,其随后所有的修改单(不包括勘误的内容)或修订版均不适用于本标准,然而,鼓励根据本标准达成协议的各方研究是否可使用这些文件的最新版本。凡是不注日期的引用文件,其最新版本适用于本标准。

GB/T 10111—2008 随机数的产生及其在产品质量抽样检验中的应用程序

ISO 3534-1:2006 统计学词汇及符号 第1部分:一般统计术语与用于概率的术语

ISO 3534-2:2006 统计学词汇及符号 第2部分:应用统计

3 术语、定义和符号

3.1 术语和定义

下列术语和定义适用于本标准。

3.1.1

简单随机抽样 simple random sampling

从包含 N 个抽样单元的总体中按不放回抽样抽取 n 个单元,若任何 n 个单元被抽出的概率都相等,也即等于 $1/C_N^n$,则称这种抽样方法为简单随机抽样。

注1:简单随机抽样可以用以下的逐个抽取单元的方法进行:第一个样本单元从总体中所有 N 个抽样单元中随机抽取,第二个样本单元从剩下的 $N-1$ 个抽样单元中随机抽取,依此类推。

注2:按简单随机抽样得到的样本称为简单随机样本(simple random-sample)。

[ISO 3534-1:2006,1.3.4]

3.1.2

绝对误差限 limit of error

在规定条件下,相互独立的测试结果之间的一致程度。

注:绝对误差限仅依赖于随机误差,而与被测量的真值或其他约定值无关。

[ISO 3534-1:2006,4.11]

3.1.3

批 lot

为抽样目的,汇集的具有相同实质条件总体的一部分。

注:抽样的目的可以是确定批的接收性,或估计个别特性的均值。

[ISO 3534-2:2006,1.2.4]

3.1.4

过程 process

一组将输入转化为输出的相互关联或相互作用的活动。

注 1：一个过程的输入通常是其他过程的输出。

注 2：组织为了增值通常对过程进行策划并使其在受控条件下运行。

注 3：对形成的产品是否合格不易或不能经济地进行验证的过程，通常称之为“特殊过程”。

[ISO 9000:2005,3.4.1]

3.1.5

样本 sample

按一定程序从总体中抽取的一组(一个或多个)个体(或抽样单元)。

注 1：样本中的每个个体有时也称为样品。

注 2：若样本是按某种随机程序抽取的，则样本可看作是一组随机变量，其中每一个随机变量也成为样本分量。

[ISO 3534-1:2006,3.5]

3.1.6

样本量 sample size

样本中包含的个体(或抽样单元)的数目。

[ISO 3534-1:2006,3.7]

3.1.7

标准差 standard deviation

方差的正平方根。

[ISO 3534-1:2006,3.19]

3.1.8

变异系数 coefficient of variation

标准差与期望的绝对值之比。

[ISO 3534-1:2006,2.20]

3.2 符号

X 表示所考察个体特性值的随机变量

$\overline{X}$ 样本均值

μ 批(或过程)的均值，或批(或过程)中所考察个体特性值 X 的期望

$\hat{\mu}$ μ 的事前估计值(根据以往的经验或数据所作的估计值)

E 绝对误差限，$|\overline{X}-\mu|$ 的可容许的最大值

$e=\dfrac{E}{\mu}$ 相对误差限

N 批量

n 样本量

p 批(或过程)的不合格品率

$\hat{p}$ p 的事前估计值(根据以往的经验或数据所作的估计值)

p' 样本不合格品率

σ 批(或过程)的标准差，或批(或过程)中个体的观测结果的标准差

$\hat{\sigma}$ σ 的事前估计值

S 样本标准差

$\overline{S}$ 样本标准差的平均值(样本量相同)

$CV=\dfrac{\sigma}{\mu}$ 批(或过程)的变异系数

$\widehat{CV}$：CV 的事前估计值

$(CV)'=\frac{S}{\overline{X}}$ 样本变异系数

4 一般要求

4.1 根据以往个体特性值的观测数据,确定特性值标准差的估计值,或确定特性值的散布范围及分布形状。

4.2 估计批(或过程)的不合格品率时,个体的特性值取 0 或 1。0 表示个体为合格品,1 表示个体为不合格品。此时,分布的形状和标准差只取决于批(或过程)的不合格品率 p。宜由预抽样或以往的经验可得到 p 的估计值。

4.3 当以往信息不很充足,标准差估计的精度不够,而所要求的绝对误差限相对较小时,实际需要的样本量将比下列各公式得到的样本量要大一些。

4.4 在使用计算样本量的公式前,必须规定批平均质量估计值所要求的绝对误差限 E 或相对误差限 e 及其对应的置信水平 $1-\alpha$。

5 计算样本量的公式

5.1 给定绝对误差限的情况下,计算样本量采用如下的公式:

$$n=\left(\frac{u_{1-\alpha/2}\hat{\sigma}}{E}\right)^2 \quad \cdots\cdots(1)$$

利用公式(1)确定样本量,将使得绝对误差 $|\overline{X}-\mu|$ 大于 E 的概率为 α,其中系数 $u_{1-\alpha/2}$ 为标准正态分布的分位点。表 1 给出了常用置信水平 $1-\alpha$ 及相应系数 $u_{1-\alpha/2}$ 的对应关系。

表 1 常用置信水平 $1-\alpha$ 及相应系数 $u_{1-\alpha/2}$ 的对应关系

置信水平 $1-\alpha$	系数 $u_{1-\alpha/2}$
99.73%	3.00
99.00%	2.58
95.45%	2.00
95.00%	1.96
90.00%	1.64

注:表 1 给出的数据适用于观测特性值服从正态分布或样本量 n 较大的情形。

5.2 给定相对误差限的情况下,计算样本量采用公式

$$n=\left(\frac{u_{1-\alpha/2}\ \widehat{CV}}{e}\right)^2 \quad \cdots\cdots(2)$$

5.3 估计批不合格品率,应以 $\sqrt{\hat{p}(1-\hat{p})}$ 作为 $\hat{\sigma}$。此时,公式(1)变成

$$n=\left[\frac{u_{1-\alpha/2}\sqrt{\hat{p}(1-\hat{p})}}{E}\right]^2 \quad \cdots\cdots(3)$$

当 $\hat{p}$ 很小,由公式(3)计算出 n 后,如果 $n\hat{p}<5$,则应以 $u_{1-\alpha/2}+\frac{1}{2\sqrt{n\hat{p}}}$ 代替公式(3)中的 $u_{1-\alpha/2}$,算出修正后的样本量。如 $n\hat{p}\approx 4$,则表 1 中的系数 $u_{1-\alpha/2}$ 都应用 $u_{1-\alpha/2}+0.25$ 代替。如 $n\hat{p}\approx 1$,则表 1 中的系数 $u_{1-\alpha/2}$ 都应用 $u_{1-\alpha/2}+0.5$ 代替。

示例:为估计某种产品的不合格品率,计算所需的样本量。

当取 $1-\alpha=0.9$, $E=0.002$ 时,事先估计的 $\hat{p}=0.007$,则由公式(3)计算出 $n=32.95$,故 $n\hat{p}\approx 0.23$。则 $u_{1-\alpha/2}+$

$\frac{1}{2\sqrt{n\hat{p}}}=1.64+1.04=2.68$，代替公式(3)中的 $u_{1-\alpha/2}$ 计算出修正的样本量为 $n\approx88$。

5.4　为估计一个有限批的平均值，而不是过程的平均值时，所需要的样本量则小于公式(1)、(2)或(3)所确定的样本量。估计有限批的平均值所需的样本量公式为

$$n_l=\left(\frac{N}{N+n}\right)n \qquad \cdots\cdots(4)$$

其中，n 是由公式(1)、(2)或(3)确定的样本量。

6　有历史样本数据时样本量的计算

6.1　公式(1)的使用

若有样本量为 n 的一个批的历史数据，则用下式计算样本标准差

$$S=\sqrt{\frac{1}{n-1}\sum_{i=1}^{n}(X_i-\overline{X})^2}$$

作为公式(1)中的 $\hat{\sigma}$。

若历史数据来自若干批，设第 j 批的样本量为 n_j，按上式计算第 j 批的样本标准差 S_j，则用下式

$$S=\sqrt{\frac{\sum(n_j-1)S_j^2}{\sum(n_j-1)}}$$

计算出的样本标准差作为公式(1)中的 $\hat{\sigma}$。

示例 1：当 E 的规定值为 3.64×10^4 Pa 时，为求某批砖的平均抗折强度，计算所需的样本量。

根据以前的三批砖(每批的样本量为 100)的数据，每批标准差估计的数值为(15.64、13.96 和 14.69)$\times10^4$ Pa。这几个标准差的平均值为 14.76×10^4 Pa，置信水平为 99%时，由表 1 查得系数 $u_{1-\alpha/2}$ 为 2.58，由公式(1)得出下列结果：

$$n=\left(\frac{2.58\times14.76}{3.64}\right)^2=(10.45)^2\approx110\text{(块)}$$

6.2　公式(2)的使用

a)　若有样本量为 n 的一个批的历史数据，则分别计算样本均值和样本标准差如下：

$$\overline{X}=\frac{1}{n}\sum_{i=1}^{n}X_i$$

$$S=\sqrt{\frac{1}{n-1}\sum_{i=1}^{n}(X_i-\overline{X})^2}$$

用 $\frac{S}{\overline{X}}$ 作为公式(2)中的 $\widehat{CV}$。

b)　若历史数据来自若干批，而 σ 随着所观测产品特性的均值变化，均值差异不大，且 CV 变化也不大时，第 j 批的样本量为 n_j，按上式计算第 j 批的样本均值 $\overline{X}_j$ 和样本标准差 S_j，然后计算

$$\overline{X}=\frac{\sum n_j\overline{X}_j}{\sum n_j}$$

$$S=\sqrt{\frac{\sum(n_j-1)S_j^2}{\sum(n_j-1)}}$$

则用 $\frac{S}{\overline{X}}$ 作为公式(2)中的 $\widehat{CV}$。

示例 2：当 e 的规定值为 0.05 或 5%时，为估计某种产品的平均抗拉强度，计算所需的样本量。

没有以往相同产品的样本数据。由表 2 中的 5 个相似产品的样本数据算得置信水平 $1-\alpha$ 为 99%时的样本量为 4。

$$n=\left(\frac{u_{1-\alpha/2}\ \widehat{CV}}{e}\right)^2=\left(\frac{2.85\times0.066\ 92}{0.05}\right)^2=14.5\approx15$$

表 2

批　号	样本量 n_j	平均抗拉强度 $\overline{X}_j$	样本标准差 S_j，样本方差 S_j^2	
1	9	186.01	12.02,144.48	
2	10	226.76	14.60,213.16	
3	8	265.45	18.07,326.52	
4	7	356.82	22.96,527.16	
5	8	402.33	25.38,644.14	
		$\overline{X}=280.50$	$S=18.77$	$\widehat{CV}=\frac{S}{\overline{X}}=0.066\ 92$

c) 若 σ 随着所观测产品特性的均值变化，且均值差异较大(见表 4)，就要对几个样本计算出平均值 $\overline{X}$ 和标准差 S，如果这几个 $(CV)'=\frac{S}{\overline{X}}$ 值的差别不大，可取 $(CV)'$ 的平均值作为 $\widehat{CV}$。

当样本量都较小时，可使用如下的公式得出 $\widehat{CV}$。

$$\frac{1}{\widehat{CV}}=\frac{\frac{n_1}{(CV)'_1a_1}+\frac{n_2}{(CV)'_2a_2}+\cdots+\frac{n_k}{(CV)'_ka_k}}{n_1+n_2+\cdots+n_k}$$

其中，$(CV)'_i(i=1,\cdots\cdots,k)$ 是大小为 n_i 的第 i 个样本的变异系数；a_i 是依赖于 n_i 的常数，它的值由表 4 给出，根据 a 的值服从以 $\frac{\sqrt{n_i}}{(CV)}$ 为非中心参数的非中心 t 分布得到。

表 3

n	a	n	a
3	1.772 5	15	1.057 9
4	1.382 0	16	1.053 7
5	1.253 3	17	1.050 1
6	1.189 4	18	1.047 0
7	1.151 2	19	1.044 2
8	1.125 9	20	1.041 8
9	1.107 8		
10	1.094 2	21	1.039 6
		22	1.037 6
11	1.083 7	23	1.035 8
12	1.075 3	24	1.034 2
13	1.068 4	25	1.032 7
14	1.062 7	∞	1

示例 3：当 e 的规定值为 0.10 或 10%时，为估计某种产品的平均耐磨度，计算所需的样本量。

没有以往相同产品的样本数据。6 个相似产品的样本数据表明耐磨度取值范围较宽，然而标准差的估计值与所观测的平均值近似地成比例，如表 4 所示。

表 4

批号	样本量 n	平均耐磨度 $\overline{X}$	标准差的估计值 $\hat{\sigma}$	变异系数 (%)
1	10	90	13.0	14
2	10	190	32.5	17
3	10	350	45.5	13
4	10	450	71.4	16
5	10	1 000	116.9	12
6	10	3 550	678.6	19
平均				15.2

在公式(2)中以变异系数观测值的平均值作为 $\widehat{CV}$，置信水平 $1-\alpha$ 为 99.73%，则得

$$n=\left(\frac{3\times0.152}{0.10}\right)^2=(4.6)^2=21.2\approx22$$

在本例中，由于各样本的样本量较小，也可按下式计算：

$$\frac{1}{\widehat{CV}}=\left[\frac{\dfrac{n_1}{(CV)'a_1}+\dfrac{n_2}{(CV)'a_2}+\cdots+\dfrac{n_6}{(CV)'a_6}}{n_1+n_2+\cdots+n_6}\right]$$

$$=\frac{\dfrac{10}{1.094\ 2}\left(\dfrac{1}{0.14}+\dfrac{1}{0.17}+\dfrac{1}{0.13}+\dfrac{1}{0.16}+\dfrac{1}{0.12}+\dfrac{1}{0.19}\right)}{60}=6.179$$

$$\widehat{CV}=0.162(=16.2\%)$$

$$n=\left(\frac{3\times0.162}{0.10}\right)^2=23.6\approx24$$

在本例中，如果规定 $e=0.05$ 或 5% 时，则所需的样本量为 85。

6.3 公式(3)的使用

计算 $\hat{p}$ 的公式为：

$$\hat{p}=\frac{\text{所有样本中不合格品总数}}{\text{所有样本中个体总数}}$$

示例 4：当 E 的规定值为 0.04 时，为估计某批合金钢履带螺栓和螺母的不合格品率，计算所需的样本量。用表 5 中给出的前 4 批的数据，给出 p 的事前估计值。

表 5

批　　号	样本量	不合格品数	不合格品率
1	75	3	0.040
2	100	10	0.100
3	90	4	0.044
4	125	4	0.032
总计	390	21	

$$\hat{p}=\frac{21}{390}=0.054$$

$$n=\left(\frac{3}{0.04}\right)^2\cdot(0.054)\cdot(0.946)=287.4\approx288$$

如果 E 的规定值为 0.01，则所需的样本量取 4 600。

7 没有历史样本数据时样本量的计算

7.1 公式(1)的使用

根据以往的经验，估出所观测特性的最大值 b 最小值 a，并用图形表示观测值的分布情形。

a) 在分布形式不明确和对绝对误差限 E 要求较严格的情形下,可以采用均匀分布。由于这种分布的标准差较大,需要比较大的样本。

如果使用等腰三角形分布代替其他三角形分布和均匀分布,所得的标准差相差不超过40%。

b) 采用图1中公式所估计的标准差作为公式(1)中的 $\hat{\sigma}$。这种事前估计的方法是经常使用的。

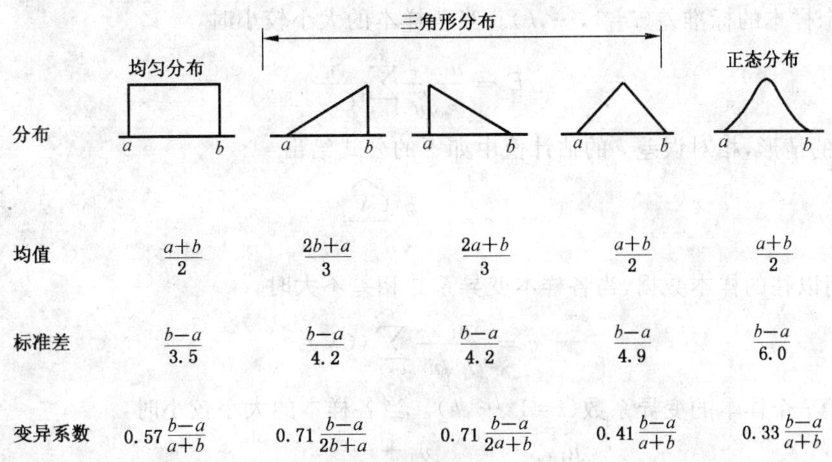

图1 几种分布形式及其均值、标准差和变异系数

示例:问题同示例1,当 E 的规定值为 3.64×10^4 Pa 时,为估计某批砖的平均抗折强度,计算所需的样本量。

根据以往的经验,抗折强度值的散布范围大约为 87.27×10^4 Pa,这些数值集中在此范围的中间,但不一定是正态分布。用图1中等腰三角形分布最适合,$\hat{\sigma}$ 的事前估计值为

$$\hat{\sigma}=\frac{87.27}{4.9}=17.81\times10^4\text{ Pa}$$

本例比示例1的情形所需的样本要大,这是由于没有以往的样本数据可利用所造成的。

7.2 公式(2)的使用

在公式(2)中,虽然可用图1估计 $\widehat{CV}$,但不推荐使用。通过分析实际数据,一般可得出使用 $\widehat{CV}$ 比使用 $\hat{\sigma}$ 更好的看法。如果这样,可用6.1与6.2的方法。

7.3 公式(3)的使用

根据以往的经验,近似地估计不合格品率可能落在什么范围。由 p 取值范围的中点,求出 $\sigma^2=p(1-p)$ 的数值,并且用于公式(3)。当绝对误差限的要求较严时,可使用在 p 取值范围内 σ 的最大值,即取 p 为最靠近0.5的端点值(包含0.5时应取0.5)。比如,p 值可能范围为0.05至0.1,则 p 应取为0.1此时 σ^2 的值最大,所以

$$\sigma=\sqrt{0.1\times0.9}=0.3$$

8 费用的考虑

8.1 根据公式(1)、(2)或(3)计算出符合规定绝对误差限所要求的样本量后,下一步就是计算观测此样本的费用。如果费用太高,也可放宽所要求的绝对误差限,并酌减样本量,以满足对于容许费用的要求。

8.2 当规定容许费用时,可由此确定样本量 n,然后利用公式(1),(2)或(3)计算出可能达到的密度。

8.2.1 在5.1的情形,可容许的最大误差 E 的估计值由如下公式给出:

$$E=\frac{u_{1-\alpha/2}\hat{\sigma}}{\sqrt{n}}$$

或者

$$E=\frac{u_{1-\alpha/2}\overline{R}}{d_2\sqrt{n}}$$

可利用以往的样本数据，当各样本标准差相差不大时，

$$E=\frac{u_{1-\alpha/2}}{k\sqrt{n}}\sum_{i=1}^{k}S_i$$

其中，S_i为第 i 个样本的标准差（$i=1,\cdots,k$）。当各样本的大小较小时，

$$E=\frac{u_{1-\alpha/2}}{k\sqrt{n}}\sum_{i=1}^{k}\frac{S_i}{C_2^{*i}}$$

8.2.2　在 5.2 的情形，相对误差 e 的估计值由如下的公式给出：

$$e=\frac{u_{1-\alpha/2}\widehat{CV}}{\sqrt{n}}$$

如果可利用以往的样本数据，当各样本变异系数相差不大时，

$$e=\frac{3u_{1-\alpha/2}}{k\sqrt{n}}\sum_{i=1}^{k}(CV)'_i$$

其中，$(CV)'_i$为第 i 个样本的变异系数（$i=1,\cdots,k$）。当各样本的大小较小时，

$$e=\frac{u_{1-\alpha/2}}{k\sqrt{n}}\frac{n_1+\cdots+n_k}{\dfrac{n_1}{(CV)_1{}'a_1}+\cdots+\dfrac{n_k}{(CV)_k{}'a_k}}$$

8.2.3　在 5.3 的情形，可容许的最大误差 E 的估计值由如下的公式给出：

$$E=\frac{u_{1-\alpha/2}}{\sqrt{n}}\sqrt{\hat{p}(1-\hat{p})}$$

如果可以利用以往的样本数据，在上式中取 p 为所有样本中不合格品总数与所有样本中个体的总数的比值（见 5.3）。

8.3　费用与绝对误差限必须规定其一，否则无法确定样本量。

9　样本的选取

9.1　为了对某个批（或过程）的平均质量作出估计，应采用 GB/T 10111 规定的方法随机地抽取样本。

9.2　本标准不讨论处理产品及构成抽样单位的方法，而是认为已有适当的方法构成抽样单位，然后回答抽取多少抽样单位的问题。

ICS 55.020
A 80

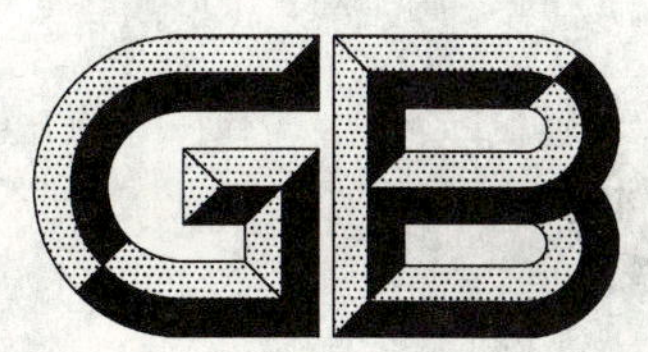

中华人民共和国国家标准

GB/T 4892—2008
代替 GB/T 4892—1996

硬质直方体运输包装尺寸系列

Dimensions of rigid rectangular packages—Transport packages

(ISO 3394:1984,NEQ)

2008-02-01 发布　　　　2008-07-01 实施

中华人民共和国国家质量监督检验检疫总局
中国国家标准化管理委员会　发布

前 言

本标准对应于 ISO 3394:1984《硬质直方体运输包装尺寸系列》(英文版)。本标准与 ISO 3394:1984 的一致性程度为非等效,主要差异如下:

——删除了不适合 1 200 mm×1 000 mm 单元货物排列的 1 200 mm×800 mm、1 200 mm×600 mm、1 200 mm×400 mm、800 mm×600 mm 四个平面尺寸及其排列图;

——增加了 550 mm×366 mm 运输包装件的包装模数尺寸、平面尺寸及其排列图。

本标准代替 GB/T 4892—1996《硬质直方体运输包装尺寸系列》。本标准与 GB/T 4892—1996 相比主要变化如下:

——将"范围"中"硬质直方体运输包装件的平面尺寸"修改为"硬质直方体运输包装件最大的平面尺寸"(见第 1 章);

——将"原理"中"运输包装件的平面尺寸,可通过用整数去乘或除以模数尺寸 600 mm×400 mm 而得到;或以包装单元货物尺寸为基础,用分割的方法,排列计算出"修改为"运输包装件的平面尺寸,可通过用整数去乘或除包装模数尺寸求得"(见第 4 章);

——将单元货物尺寸:1 200 mm×1 000 mm、1 200 mm×800 mm、1 140 mm×1 140 mm,修改为 1 200 mm×1 000 mm、1 100 mm×1 100 mm(见第 6 章);

——删除了不适合 1 200 mm×1 000 mm 单元货物排列的 1 200 mm×800 mm、1 200 mm×600 mm、1 200 mm×400 mm、800 mm×600 mm 四个平面尺寸及其排列图(见表 1、图 1);

——删除了 1 140 mm×1 140 mm 单元货物分割尺寸及其排列图;

——增加了 550 mm×366 mm 运输包装件的包装模数尺寸、平面尺寸及其排列图(见表 2、图 2)。

本标准由中国国家标准化管理委员会提出。

本标准由全国包装标准化技术委员会(SAC/TC 49)归口。

本标准起草单位:交通部科学研究院、中国包装联合会、铁道部标准计量研究所、中化化工标准化研究所。

本标准主要起草人:熊才启、汪炜、王利、张锦、梅建。

本标准所代替标准的历次版本发布情况为:

——GB/T 4892—1996。

硬质直方体运输包装尺寸系列

1 范围

本标准规定了用纸、木、塑、金属等各种材质包装的硬质直方体运输包装最大的平面尺寸。

本标准适用于公路、铁路和水路运输单元货物的运输包装件。非单元货物的运输包装件可参照执行。

2 规范性引用文件

下列文件中的条款通过本标准的引用而成为本标准的条款。凡是注日期的引用文件，其随后所有的修改单(不包括勘误的内容)或修订版均不适用于本标准，然而，鼓励根据本标准达成协议的各方研究是否可使用这些文件的最新版本。凡是不注日期的引用文件，其最新版本适用于本标准。

GB/T 15233　包装　单元货物尺寸(GB/T 15233—2008,ISO 3676:1983,MOD)

3 原理

运输包装件的平面尺寸，可通过用整数去乘或除包装模数尺寸求得。

4 包装模数尺寸

运输包装件的包装模数尺寸为 600 mm×400 mm 和 550 mm×366 mm。

5 单元货物尺寸

运输包装件所形成的单元货物尺寸应符合 GB/T 15233 的规定。

6 平面尺寸

6.1 根据第 3 章的原理，由 600 mm×400 mm 模数尺寸计算并形成 1 200 mm×1 000 mm 单元货物的平面尺寸见表 1，其排列方式见图 1。

表 1

单位为毫米

序号	平面尺寸(长×宽)	
1	倍数	1 200×1 000
2	模数	600×400
3	约数	300×400
4		200×400
5		150×400
6		120×400
7		600×200
8		300×200
9		200×200
10		150×200
11		120×200

表 1(续)

单位为毫米

序号	平面尺寸(长×宽)	
12	约数	600×133
13		300×133
14		200×133
15		150×133
16		120×133
17		600×100
18		300×100
19		200×100
20		150×100
21		120×100

6.2 根据第3章的原理,由550 mm×366 mm 模数尺寸计算并形成1 100 mm×1 100 mm 单元货物的平面尺寸见表2,其排列方式见图2。

表 2

单位为毫米

序号	平面尺寸(长×宽)	
1	倍数	1 100×1 100
2		1 100×550
3		1 100×366
4	模数	550×366
5	约数	275×366
6		183×366
7		137×366
8		110×366
9		550×183
10		275×183
11		183×183
12		137×183
13		110×183
14		550×122
15		275×122
16		183×122
17		137×122
18		110×122

单位为毫米

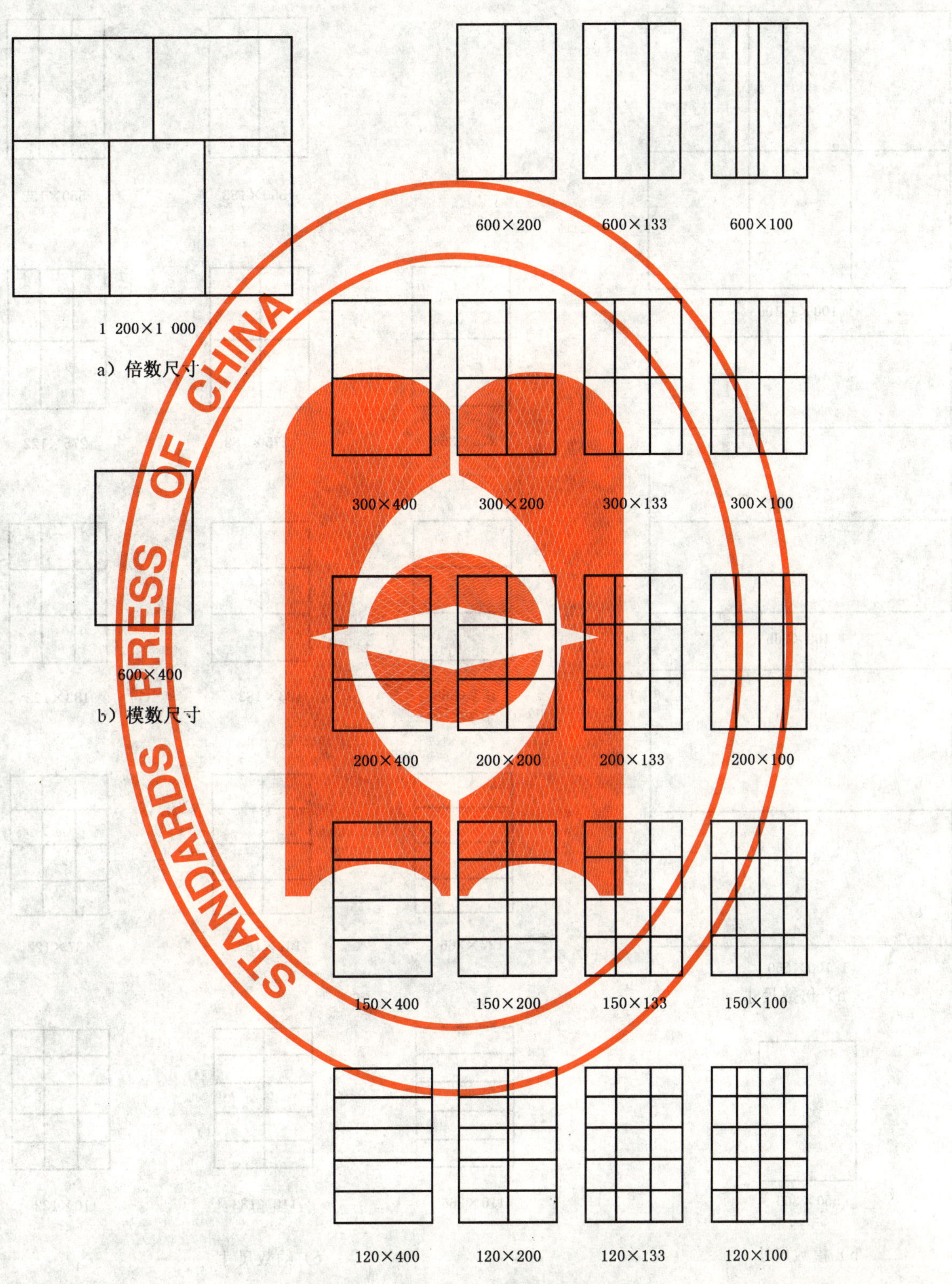

图 1 由 600 mm×400 mm 模数尺寸计算并形成 1 200 mm×1 000 mm 单元货物的平面尺寸排列

单位为毫米

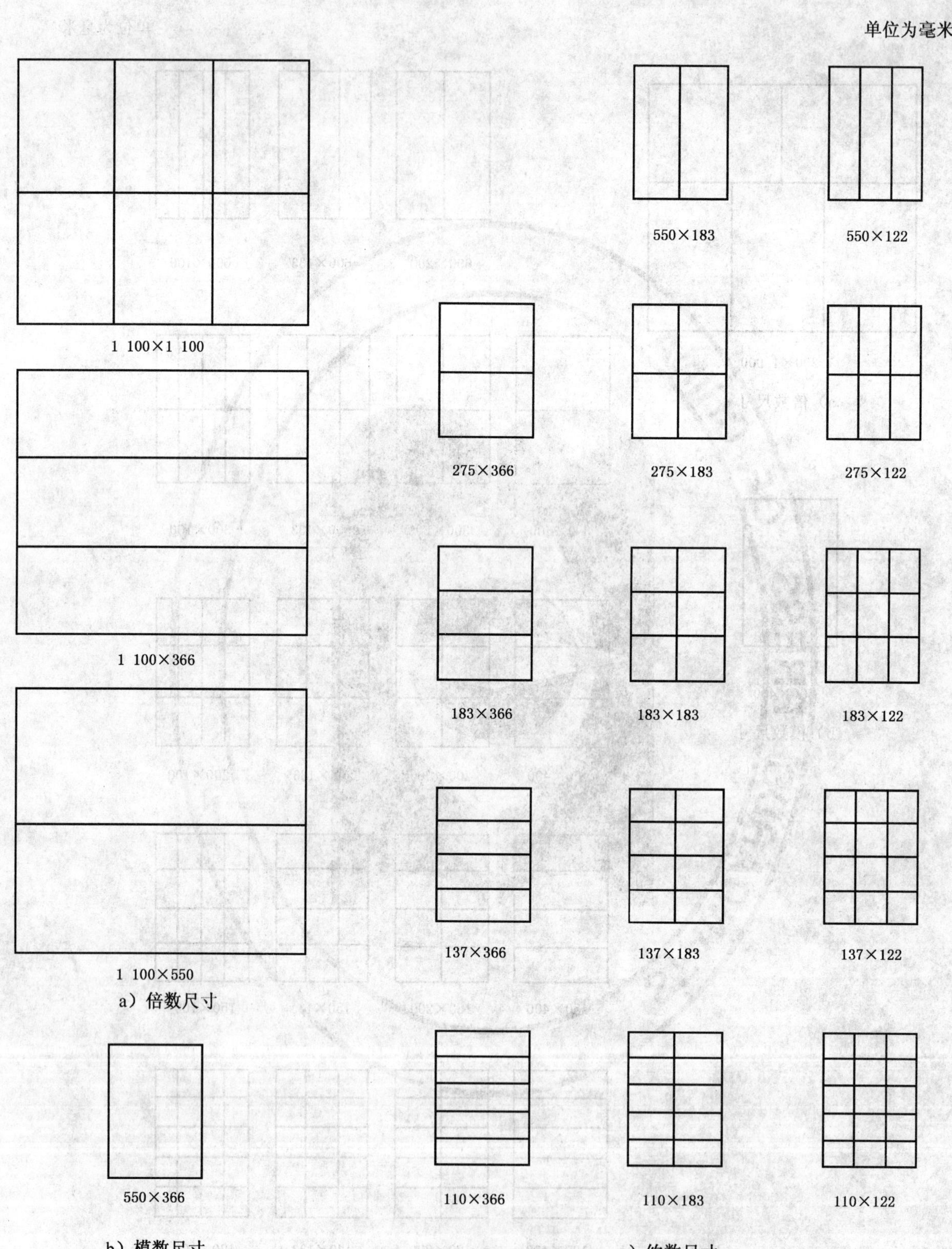

图 2 由 550 mm×366 mm 模数尺寸计算并形成 1 100 mm×1 100 mm 单元货物的平面尺寸排列

7 高度尺寸

运输包装件的高度尺寸可自行选定。

ICS 13.060.30
Z 61

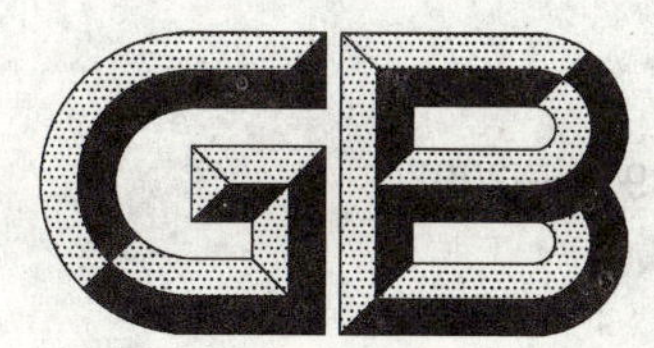

中华人民共和国国家标准

GB 4914—2008
代替 GB 4914—1985

海洋石油勘探开发污染物排放浓度限值

Effluent limitations for pollutants from offshore petroleum exploration and production

2008-10-19 发布　　2009-05-01 实施

中华人民共和国国家质量监督检验检疫总局
中国国家标准化管理委员会　发布

前　言

本标准的第4章和第5章为强制性的，其余内容为推荐性的。

本标准代替GB 4914—1985《海洋石油开发工业含油污水排放标准》。本标准与GB 4914—1985相比主要变化如下：

——重新规定了海区等级(见第4章)；

——重新规定了生产水中污染物的排放浓度限值(见第5章)；

——增加了钻井液和钻屑中污染物的排放浓度限值的规定(见第5章)；

——增加了海洋石油勘探开发中产生的生活污水和固体垃圾的排放要求/浓度限值的规定(见第5章)；

——增加了资料性附录A“萃取-重量法测定可被正己烷萃取的物质(HEM；油脂)和硅胶吸附后可被正己烷萃取的物质(SGT-HEM；非极性物质)”(见附录A)，附录A部分引用了美国环保署的USEPA 1664A标准中的技术内容；

——增加了资料性附录B“水基钻井液和水基钻井液钻屑含油量的分析方法”(见附录B)。

本标准的附录A和附录B为资料性附录。

本标准由国家海洋局提出。

本标准由全国海洋标准化技术委员会(SAC/TC 283)归口。

本标准起草单位：国家海洋环境监测中心。

本标准主要起草人：王菊英、许丽娜、韩庚辰、张志锋、赵云英、陈畅曙、韩建波、栗俊。

本标准所代替标准的历次版本发布情况为：

——GB 4914—1985。

海洋石油勘探
开发污染物排放浓度限值

1 范围

本标准规定了海洋石油勘探开发活动中产生的直接排放入海的污染物在不同海区的排放浓度限值。

本标准适用于我国的内水、领海及其他管辖海域，对从事石油勘探开发的任何法人、自然人和其他经济实体在作业中所使用或生成后直接排放入海的生产水、钻井液、钻屑和其他污染物的排放管理。

2 规范性引用文件

下列文件中的条款通过本标准的引用而成为本标准的条款。凡是注日期的引用文件，其随后所有的修改单(不包括勘误的内容)或修订版均不适用于本标准，然而，鼓励根据本标准达成协议的各方研究是否可使用这些文件的最新版本。凡是不注日期的引用文件，其最新版本适用于本标准。

GB 8978 污水综合排放标准

GB/T 11914 水质 化学需氧量测定 重铬酸盐法

GB/T 16782—1997 油基钻井液现场测试程序

GB/T 16783.1—2006 石油天然气工业 钻井液现场测试 第1部分：水基钻井液

GB 18486 污水海洋处置工程污染控制标准

GB 17378.2 海洋监测规范 第2部分：数据处理与分析质量控制

GB 17378.3 海洋监测规范 第3部分：样品采集、贮存与运输

GB 17378.4 海洋监测规范 第4部分：海水分析

GB 17378.7 海洋监测规范 第7部分：近海污染生态调查和生物监测

GB/T 17923—1999 海洋石油开发工业含油污水分析方法

GB 18420.1—2001 海洋石油勘探开发污染物 生物毒性分级

GB/T 18420.2 海洋石油勘探开发污染物 生物毒性检验方法

SN/T 1325.1—2003 进出口重晶石中汞含量的测定 冷原子吸收光谱法

SN/T 1325.2—2003 进出口重晶石中镉含量的测定 原子吸收光谱法

3 术语和定义

下列术语和定义适用于本标准。

3.1

海洋石油勘探开发污染物 pollutants from offshore petroleum exploration and production

海洋石油勘探开发作业中使用或生成后向海洋排放并可能影响海洋生态环境的任何物质。

注1：海洋石油勘探开发污染物包括开发活动中产生的直接排放入海的污染物和排入大气中的伴生气。

注2：改写 GB 18420.1—2001，定义3.1。

3.2

钻井液 drilling fluids

钻井泥浆 drilling muds

由水或油、黏土、化学处理剂及一些惰性物质组成，在石油勘探开发钻井过程中用来润滑和冷却钻头、携带钻屑、平衡地层压力和稳定井壁等。

注1：钻井液分为水基钻井液和非水基钻井液。

注2：改写 GB 18420.1—2001，定义3.3。

3.2.1

水基钻井液　water-based drilling fluids

由水、黏土和化学处理剂等配制而成的，以水为连续相的钻井液。

注：改写 GB 18420.1—2001，定义3.4.1。

3.2.2

非水基钻井液　non-aqueous drilling fluids

由原油、柴油、矿物油或人工合成物质、黏土及化学处理剂等配置而成的，不是以水为连续相的钻井液。

注：非水基钻井液包括油基钻井液和合成基钻井液。

3.2.2.1

油基钻井液　oil-based drilling fluids

以各类油(包括原油、柴油和矿物油等)为连续相的钻井液。

注：改写 GB 18420.1—2001，定义3.4.2。

3.2.2.2

合成基钻井液　synthetic-based drilling fluids

以合成液体为连续相的钻井液。

3.3

钻屑　drilling cutting

钻井过程中钻头将地层研磨、切削破碎后，由钻井液从井内带至地面的岩石碎块。

注1：钻屑分为水基钻井液钻屑和非水基钻井液钻屑。

注2：改写 GB 18420.1—2001，定义3.5。

3.4

生活污水　domestic sewage

由海上钻井平台、油气生产设施区的厨房、洗手间排出的含有洗涤剂的污水，厕所排出的含有粪、尿的污水，以及医务室排出的污水。

3.5

生活垃圾　domestic wastes

固体废弃物，包括食品废弃物和生活中产生的其他固体垃圾。

3.6

生产垃圾　industrial wastes

石油生产活动中产生的一切塑料制品(包括但不限于合成缆绳、合成渔网和塑料袋等)和其他废弃物(包括残油、废油、含油垃圾及其残液残渣等)。

4　排放要求/浓度限值分级

海洋石油勘探开发污染物的排放要求/浓度限值，按污染物排放海域的不同分为三级：

一级：适用于渤海、北部湾，国家划定的其他海洋保护区域和其他距最近陆地 4 n mile 以内的海域。

二级：除渤海、北部湾，国家划定的其他海洋保护区域外，其他距最近陆地大于 4 n mile 且小于 12 n mile的海域。

三级：适用于一级和二级海区以外的其他海域。

注：距最近陆地指以领海基线为起点计算的距离。

5 污染物排放浓度限值

5.1 生产水

生产水的排放浓度限值见表 1。生产水的生物毒性容许值应符合 GB 18420.1—2001 中的相关要求。

表 1 生产水排放浓度限值

项目	等级	浓度限值/(mg/L)			
石油类	一级	一次容许值	≤30	月平均值	≤20
	二级		≤45		≤30
	三级		≤65		≤45

月平均排放浓度按式(1)求算：

$$MC = \frac{\sum_{i=1}^{n} DC_i \times M_i}{\sum_{i=1}^{n} M_i} \quad \cdots\cdots (1)$$

式中：

MC——月平均排放浓度，单位为毫克每升(mg/L)；

DC_i——该月第 i 天的平均排放浓度，单位为毫克每升(mg/L)；

M_i——该月第 i 天的生产水排放量，单位为升(L)；

n——该月的生产水排放总天数。

5.2 钻井液和钻屑

非水基钻井液(油基钻井液和合成基钻井液)不得排放入海。在渤海海域不得排放非水基钻井液钻屑，不得排放钻井油层的水基钻井液和钻井油层的水基钻井液钻屑。其他海域，当回收水基钻井液、水基钻井液钻屑和非水基钻井液钻屑确有困难时，经所在海区主管部门批准后，可向海排放。所排放的水基钻井液、水基钻井液钻屑和非水基钻井液钻屑应达到表 2 中的相关要求。

钻井液和钻屑的生物毒性容许值应符合 GB 18420.1 中的相关要求。

表 2 钻井液和钻屑排放浓度限值

排放污染物类型	污染参数	等级	排放要求/限值
水基钻井液和水基钻井液钻屑	含油量	一级	除渤海不得排放钻井油层钻屑和钻井油层钻井液外，其他一级海区要求含油量≤1%
		二级	≤3%
		三级	≤8%
	Hg(重晶石中最大值)	一级、二级和三级	≤1 mg/kg
	Cd(重晶石中最大值)	一级、二级和三级	≤3 mg/kg
非水基钻井液钻屑	含油量	一级	除渤海禁止排放非水基钻井液钻屑外，其他一级海区要求含油量≤1%
		二级	≤3%
		三级	≤8%
	Hg(重晶石中最大值)	一级、二级和三级	≤1 mg/kg
	Cd(重晶石中最大值)	一级、二级和三级	≤3 mg/kg

5.3 钻井设施机舱、机房和甲板含油污水

海上钻井设施的机舱、机房和甲板含油污水，在渤海禁止排放，全部实施铅封。其他海域要求排放浓度低于 15 mg/L。

5.4 陆地终端含油污水的排放

陆地终端含油污水的向海排放要求应符合 GB 8978 的相关要求。

5.5 生活污水

固定式和移动平台及其他海上钻井设施排放的生活污水的排放应符合表 3 的规定。生活污水中 COD 的含量应符合 GB 18486 中的相关要求。

表 3 生活污水的排放要求/排放浓度限值

<table>
<tr><th rowspan="2">项目</th><th colspan="3">等级</th></tr>
<tr><th>一级</th><th>二级</th><th>三级</th></tr>
<tr><td>COD</td><td colspan="2">≤300 mg/L</td><td>≤500 mg/L</td></tr>
<tr><td>粪便</td><td colspan="2">经消毒和粉碎等处理</td><td>—</td></tr>
</table>

5.6 固体垃圾

固定式和移动平台及其他海上钻井设施排放固体垃圾，应符合表 4 的相关规定。

表 4 固体垃圾的排放要求

<table>
<tr><th colspan="2" rowspan="2">项目</th><th colspan="3">距最近陆地</th></tr>
<tr><th>一级</th><th>二级</th><th>三级</th></tr>
<tr><td colspan="2">生产垃圾</td><td colspan="3">禁止排放或弃置入海</td></tr>
<tr><td rowspan="2">生活垃圾</td><td>食品废弃物</td><td>禁止排放或弃置入海</td><td colspan="2">颗粒直径小于 25 mm</td></tr>
<tr><td>其他垃圾</td><td colspan="3">禁止排放或弃置入海</td></tr>
</table>

6 污染物的测定

6.1 采样、送样和样品的保存

6.1.1 样品的采集

6.1.1.1 采样数量

应根据所采用的分析方法，采集足够 3 次重复试验的样品用量。

6.1.1.2 采样地点

各类海洋石油勘探开发中污染物的采样地点按下述要求确定：

——生产水，在生产水的排放口采样；

——钻井液，经振动筛分离后的钻井液应从排放口或钻井液池采集；

——钻屑，经振动筛分离后采样；

——生活污水，在生活污水的排放口采样。

6.1.2 标签

所有样品容器上应标明样品名称、采样油井号、生产或使用者、采样人、采样时间、采样方式、采样数量等。

样品送达实验室后送样人应填写送样表，样品接受人应检查样品标签和包装是否完整，并对样品进行编号、签字和记录存档。

6.1.3 贮存和运输

不同的样品应按所采用的分析方法中的相关要求，对样品进行预处理。样品的贮存和运输亦应按分析方法中的具体规定执行，并符合 GB 17378.3 中有关样品贮存与运输的规定。

6.2 分析方法

本标准中所列各污染要素的分析方法见表5。

表5 污染要素的分析方法

序号	要素	分析方法	引用标准
1	生产水中的石油类	(1)红外分光光度法	(1)GB/T 17923—1999
		(2)萃取-重量法	(2)参见附录A
2	生产水、钻井液和钻屑生物毒性容许值	生物毒性检验法	GB/T 18420.2
3	水基钻井液的含油量	(1)蒸馏法	(1)GB/T 16783.1—2006
		(2)红外分光光度法	(2)参见附录B
4	水基钻井液钻屑的含油量	(1)蒸馏法	(1)GB/T 16783.1—2006
		(2)红外分光光度法	(2)参见附录B
5	非水基钻井液钻屑的含油量	蒸馏法	GB/T 16782—1997的附录B
6	机舱、机房和甲板含油污水中的石油类	(1)红外分光光度法	(1)GB/T 17923—1999
		(2)紫外分光光度法	(2)GB 17378.4
7	重晶石中的汞含量	冷原子吸收光谱法	SN/T 1325.1—2003
8	重晶石中的镉含量	原子吸收光谱法	SN/T 1325.2—2003
9	生活污水中的COD	重铬酸钾法	GB/T 11914
10	生产垃圾	目视法	—
11	食品废弃物	目视法	—
12	其他垃圾	目视法	—

6.3 数据处理与分析质量控制

测定数据的处理与分析质量控制应按GB 17378.2、GB 17378.7和GB/T 18420.2中的相关规定执行。

附 录 A
（资料性附录）
萃取-重量法测定可被正己烷萃取的物质(HEM;油脂)和硅胶吸附后可被正己烷萃取的物质(SGT-HEM;非极性物质)

A.1 适用范围

A.1.1 本方法用于测定表层水、盐水、工业和生活废水中可被正己烷萃取的物质(HEM,油脂)和硅胶吸附后可被正己烷萃取的物质(SGT-HEM,非极性物质),包括非挥发性烃类、植物油、动物脂肪、石蜡、肥皂、动物脂和相关的其他物质。

注:硅胶吸附后可被正己烷萃取的物质(SGT-HEM)为可被正己烷萃取物质(HEM)中的组分,但不能为硅胶所吸附,即为非极性物质(NPM)。

A.1.2 “可被正己烷萃取的物质”说明本附录所规定方法不仅适用于测定油脂,而且适用于其他可被正己烷萃取的物质的测定。同样地,“硅胶吸附后可被正己烷萃取的物质”指的也是用本附录所规定方法可测定不被硅胶吸附的可被正己烷萃取的物质(非极性物质)。

注:可被正己烷萃取的物质(HEM)为从样品中萃取的,用本方法测定的物质(油脂),包括不易挥发的碳氢化合物、植物油、动物脂肪、石蜡、肥皂、脂和相关的其他物质。

A.1.3 本方法不能用于测定低于 85 ℃时易挥发的物质。石油燃料在溶剂蒸馏过程中,从汽油到 2 号燃油都会有部分损失。

A.1.4 部分原油和重燃油中不溶于正己烷的组分含量较高,若使用本方法测定,则回收率较低。

A.1.5 本方法可用于测定 HEM 和 SGT-HEM 含量范围为 5 mg/L～1 000 mg/L 的样品,若减少样品用量,则可测定 HEM 和 SGT-HEM 含量更高的样品。

A.1.6 本方法中 HEM 和 SGT-HEM 的方法检出限(MDL)为 1.4 mg/L,定量下限为 5.0 mg/L。

注 1:方法检出限(MDL)为待测物浓度大于 0 时,在 99%置信度下,可以检测到的最低待测物浓度。

注 2:定量下限(ML)为分析体系能给出的待测物的最小可识别信号和可接受的标准浓度值,相当于最低校正标准浓度。

A.1.7 在满足本方法操作要求的基础上,允许实验室对本方法进行改良。建立等效方法的要求详见 A.9.1 和 A.9.2.3 中的规定。

A.1.8 采用本方法的实验室应具备分析能力,按 A.9.2 中的要求进行试验所获得的准确度和精密度结果应满足本方法的要求。

A.2 方法概要

A.2.1 将 1L 样品酸化至 pH 值小于 2,在分液漏斗中用正己烷连续萃取三次,萃取液用硫酸钠干燥。

A.2.2 蒸馏去除萃取液中的溶剂,脱水并称重测定 HEM 的含量。若测定 SGT-HEM,则将 HEM 再溶解于正己烷中。

A.2.3 测定 SGT-HEM 时,将与 HEM 量呈一定比例的硅胶加入至再溶解 HEM 后的正己烷溶液中,以去除极性物质。过滤,除去硅胶,蒸馏溶剂,脱水并称重测定 SGT-HEM 的含量。

A.2.4 对萃取、蒸馏和重量分析的实验体系进行校准和检验。

A.3 说明

HEM 和 SGT-HEM 均为以方法定义的待测物,即 HEM 和 SGT-HEM 的定义均取决于所采用的测定方法。样品中油和/或脂类的特点和可萃取的非油性物质,均会对测定结果产生影响。

注:待测物指的是用本方法测定的 HEM 或 SGT-HEM。

A.4 干扰

A.4.1 溶剂、试剂、玻璃器皿和样品处理过程中使用的其他器具都可能会对测定结果产生影响。应选择适宜的试剂，并纯化溶剂。按 A.9.4 中所规定的方法进行空白试验。

A.4.2 用含有洗涤剂的热水洗涤玻璃器皿，再用自来水和蒸馏水清洗，然后用溶剂清洗或烘干。盛萃取物的长颈烧瓶于烘箱中在 105 ℃～115 ℃下烘干，然后置于干燥器中。

A.4.3 硫酸钠和硅胶细颗粒可能会透过滤纸，导致 HEM 和 SGT-HEM 的测定结果偏高。若滤纸不能滤除上述细颗粒物质，则建议采用 0.45 μm 的滤膜过滤。

A.4.4 样品来源不同，萃取样品所产生的干扰各不相同。样品若含复杂的基质(如含颗粒物或洗涤剂)，则会对萃取过程产生干扰，此时应减少样品用量。

A.5 安全性

A.5.1 本方法中所使用试剂的毒性和致癌性均未进行精确测试，但是，试验中应认为每种化合物对人体健康均具潜在危害，应尽量减少暴露。建议实验室对使用该分析方法的工作人员应定期体检。

A.5.2 正己烷较其他己烷和溶剂而言，具较高的神经毒性。应在通风橱或通风较好的房间中进行实验操作。

A.5.3 正己烷的闪点为－23 ℃，在空气中的爆炸极限范围为 1%～7%，加热或暴露于明火时易燃。正己烷能与氧化性物质发生剧烈反应。实验室中应备有正己烷的安全处置方法手册。

A.5.4 未知样品中可能含有高浓度的挥发性有毒化合物，应在通风橱中打开采样瓶，并戴上手套操作。

A.6 仪器设备

A.6.1 采样设备

采样设备为 1 L 玻璃采样瓶，带具聚四氟乙烯衬垫的螺旋盖。

注：当待采集的样品中 HEM 的含量可能大于 500 mg/L 时，可使用小体积的采样瓶(见 A.8.1)。

按下述要求清洗采样设备：

——采样瓶，洗涤剂洗涤后自来水冲洗，用铝箔包裹后在 200 ℃～250 ℃下烘至少 1 h，备用，若使用溶剂清洗，则可替代烘干步骤；

——螺旋盖的衬垫，洗涤剂洗涤后，依次用自来水和溶剂清洗，在 110 ℃～200 ℃下烘至少 1 h，备用；

——随机抽检采样瓶和衬垫，按 A.9.4 中所规定方法进行空白试验，要求检测不出待测物质。

A.6.2 玻璃器皿清洗设施

玻璃器皿清洗设施包括：

——实验室水槽，带悬挂式通风装置；

——烘箱，控温范围为 70 ℃～250 ℃，±2 ℃。

A.6.3 校准用仪器

用于校准的仪器和玻璃器皿包括：

——分析天平，分度值为 0.1 mg；

——玻璃容量瓶，100 mL；

——各种体积的小瓶，带具聚四氟乙烯衬垫的螺旋盖；

——玻璃移液管，5 mL。

A.6.4 样品萃取用器具

萃取用器具包括：

——天平(可选),最大负载 500 g~2 000 g,±1%;

——玻璃搅棒;

——玻璃分液漏斗,2 000 mL,带聚四氟乙烯活塞;

——玻璃漏斗,用于将样品注入分液漏斗中;

——离心机(可选),防爆,至少可同时离心 4 支 100 mL 的玻璃离心管,转速不小于 2 400 r/min;

——玻璃离心管(可选),100 mL。

A.6.5 过滤装置(以滤去水、硫酸钠和硅胶细粒)

过滤装置包括:

——玻璃滤器;

——滤纸,Whatman No.40(或等效滤纸),尺寸与滤器匹配。

A.6.6 溶剂蒸馏器具

溶剂蒸馏用器具包括:

——水浴或蒸气浴,防爆,水浴或蒸气浴温度不低于 85 ℃;

——长颈烧瓶,125 mL;

——蒸馏头,包括连接管和冷凝器;

——蒸馏接收器;

——馏分收集瓶;

——冰浴或回流冷却器;

——真空泵或其他等效设备;

——钳子;

——干燥器;

——防爆罩。

A.6.7 去除吸附物质的器具

去除吸附物质需要的器具包括:

——磁力搅拌器;

——PTFE 镀层的磁搅拌子;

——500 mL 量筒,±5 mL;

——移液管,各种尺寸(±0.5%)。

A.7 试剂和标准溶液

A.7.1 水

应检测不出 HEM,或 HEM 的量低于本方法的定量下限。瓶装的蒸馏水或用活性碳处理过的自来水均可。

A.7.2 6 mol/L 的盐酸或 3 mol/L 的硫酸

将浓盐酸和水等体积混合,或 H_2SO_4 和水按 1+3 比例混合。

A.7.3 正己烷

纯度不低于 85%,饱和 C_6 异构体不少于 99.0%,残渣量小于 1 mg/L。

A.7.4 丙酮

分析纯(ACS),残渣量小于 1 mg/L。

A.7.5 硫酸钠

分析纯(ACS),无水颗粒状固体,在 200 ℃~250 ℃下干燥至少 24 h 后,贮存于密闭容器中备用。

注:不应使用粉末状硫酸钠,因为痕量的水会导致其结块。

A.7.6 **沸石**

金刚砂或含氟聚合物。

A.7.7 **硅胶**

无水，粒径范围为 75 μm～150 μm，在 200 ℃～250 ℃下烘至少 24 h 后，贮存于干燥器或密闭容器中。称取 30 g 硅胶，用正己烷萃取，并蒸馏正己烷至干，测定硅胶中可溶于正己烷的物质的含量。每 30 g硅胶中可溶于正己烷的物质应低于 5 mg(即小于 0.17 mg/g)。

A.7.8 **十六烷**

纯度不低于 98%。

A.7.9 **十八酸**

纯度不低于 98%。

A.7.10 **十六烷/十八酸(1:1)标准溶液**

配制十六烷和十八酸质量浓度均为 2 mg/mL 的的混合标准液(丙酮为溶剂)。具体配制方法如下：

a) 称取 200 mg±2 mg 的十八酸和 200 mg±2 mg 的十六烷于烧杯中，用丙酮溶解，可加热溶解十八酸，然后定容至 100 mL 的容量瓶中；
b) 将定容后的十六烷和十八酸混合液转移至一带盖(具含氟聚合物衬垫)的 100 mL～150 mL 的小瓶中，在小瓶上标注液面位置，室温下贮存于暗处；
c) 使用前校验小瓶液面位置，必要时可用丙酮调节体积，加热溶解溶液中出现的沉淀；
d) 若对浓度有质疑，用移液管移取 10.0 mL±0.1 mL 溶液至称量盘上，在通风橱中挥发至干，其残重应为 40 mg±1 mg，否则，应重新配制十六烷/十八酸标准溶液。

A.7.11 **测定精密度和回收率的标准溶液(PAR)**

用移液管移取 10.0 mL±0.1 mL 的十六烷/十八酸标准溶液于 950 mL～1 050 mL 的水中，配制十六烷和十八酸质量浓度均为 20 mg/L 的溶液即为 PAR 标准溶液。PAR 标准溶液用于测定初始(见 A.9.2.2)和实时(见 A.9.6)精密度和回收率。

注 1：初始精密度和回收率(IPR)，分析 4 个 PAR 样品(20 mg/L)，用以确定在某个实验室按本方法分析样品，得出的测定结果的精密度和准确度。

注 2：实时精密度和回收率标准(OPR，也称为实验室质控样)，是将已知量的待测物加入到空白样中，OPR 的分析程序与样品的分析程序严格保持一致。

实验室在第一次使用本方法和对方法进行修改后应进行 IPR 的测定。

A.7.12 **标准溶液的保存**

标准溶液应经常采用 A.7.10 中规定的方法进行校验。标准溶液的有效期为 6 个月，6 个月后应重新配制。若确认发生降解，则应重新配制。

A.8 样品的采集与贮存

A.8.1 样品的采集

按常规采样方法，采集约为 1 L 的具代表性的样品于玻璃采样瓶中，采样前样品瓶不能用样品清洗。建议采集备用子样。需要注意的是：

——若样品采集后 4 h 内不能进行分析，采样时应用 HCl 或 H_2SO_4 溶液(A.7.2)调节样品的 pH 值至小于 2，并冷藏保存于 0 ℃～4 ℃下。为确定酸化所需加入的 HCl 或 H_2SO_4 的量，预先采集一子样，用酸溶液将此子样的 pH 值调节至小于 2，根据此样品中加入酸的体积来确定酸化样品所需加入的酸量。在正式采样前预先于采样瓶中加入定量的酸。不应在 HEM 或 SGT-HEM 的待测样品中直接浸入 pH 试纸、pH 电极、搅棒或其他物品。

——若样品中可萃取物的浓度已知或可能大于 500 mg/L，采样体积可按比例缩小(采样体积取决于可萃取物的估测量)。若需保存，则所加入的 HCl 或 H_2SO_4 的量也同样按比例缩小。

每20个样品至少应采集1个～2个子样(体积为1 L)进行基体加标,基体加标样要进行平行样测定。

注:基体加标样(MS)和基体加标平行样(MSD)是指在在实验室中加入已知量待测物质的环境样品。MS和MSD的准备和/或分析过程与现场样品完全相同。

样品基体中待测物的背景浓度应单独测定,MS和MSD的测定结果要用背景值来校准。

可萃取的物质很可能会粘附于采样设备上,导致测定结果偏低。因此测定油脂时无法采集复合样品,只能采集独立样品。若需要进行复合测定,在规定的时间间隔内采集单个独立样品,然后分别分析测试,并将其浓度平均。或者,在现场采集样品,然后在实验室混合(复合)。

示例:在一天内采集4个独立的250 mL样品,将4个250 mL的样品注入一个分液漏斗中,用30 mL正己烷清洗4个采样瓶及其盖子,并用这30 mL正己烷进行萃取(见A.11.3)。

需采集平行样时,每个子样的采集应平行同时采集,或快速连续采集。

A.8.2 样品的贮存

样品采集后至萃取前,均应在0 ℃～4 ℃下冷藏保存。

样品采集后应在28 d内完成分析。

A.9 质量控制

A.9.1 一般要求

使用本方法的实验室应运行正式的质量保证程序。质量保证程序应至少包括:实验室分析能力的初始证明,标样和空白样的实时分析,评估回收率用的基体加标样的分析。实验室应制定相应的操作规范,操作均应遵守该操作规范的要求。

在满足操作规范要求的前提下,允许实验室在改善分离效果或降低测定成本方面对本方法进行改进,包括使用其他的萃取和浓缩装置、方法,如固相萃取、连续液-液萃取和Kuderna-Danish浓缩法。不允许采用的替代测定技术包括红外光度法或免疫测定,也不允许简化操作程序。若使用非本附录指定的分析方法测定待测样品中的HEM和/或SGT-HEM,该方法对标准物质或环境样品的分析应具有等效性,或优于本方法中指定的分析技术,同时应满足本方法中所规定的各项质控要求。

每次对方法进行修正时,均要求实验室重复进行A.9.2.2中规定的IPR试验。如果方法修改会影响到检出限,则修改后方法的检出限不应高于原方法的检出限或不应高于1/3的允许排放浓度限值。修改后的方法若用于执法监测,则亦应证明修改后的方法的回收率与原方法相当。A.9.2.3给出了执法监测对方法等效性证明试验的要求。

另外,要求记录对本方法所作的改动,记录内容应包括:

——参与方法修改的测试人员,以及见证和审核方法修改的质控官员的姓名、职称、地址和联系电话。

——测定的污染物名录(HEM和/或SGT HEM)。

——陈述修改的原因。

——方法修改前后的质控试验结果,包括:

- 校准(见A.10);
- 校准复核(见A.9.5);
- 初始精密度和回收率(见A.9.2.2);
- 空白分析(见A.9.4);
- 基体加标(见A.9.3);
- 实时精密度和回收率(见A.9.6);
- 方法检出限(见A.9.2.1)。

——应提供下列资料:

- 样品数和其他标识；
- 萃取日期；
- 分析日期和时间；
- 测试顺序；
- 样品重量或体积(见 A.11.1.4)；
- SGT-HEM 的萃取体积(见 A.11.5.2)；
- 分析天平的型号和校验记录；
- 实验室原始记录、打印记录和其他原始数据记录的副本；
- 与上报的结果相关的原始数据。

应进行基体加标样(MS)分析，相关要求见 A.9.3。

分析空白样的相关要求见 A.9.4。

实验室开展校准复核和实时精密度和回收率(OPR)分析的相关规定分别见 A.9.5 和 A.9.6。

实验室要保留有关数据质量的记录。对准确度的描述见 A.9.3 和 A.9.6 中的相关规定。

每个分析批次都要有对应的 HEM 和/或 SGT-HEM 的质控样测试。

注：分析批次指最多包括 20 个现场样品一组的待测样品，12 h 内完成萃取过程。分析每个批次样品的同时，应测定空白样(A.9.4)、实时精密度和回收率样品(OPR，A.9.6)、基体加标样(A.9.3)，因此一个分析批次最少包括 1 个待测样品、1 个空白样、1 个 OPR 样以及 1 个 MS 样，最多包括 20 个待测样品、1 个空白样、1 个 OPR 样以及 1 个 MS 样。

如果在 12h 内需要完成 20 个以上待测样品的萃取，则样品应被分成不同批次，每批次的待测样品量不大于 20 个。

注：质控样(QCS)为含有已知浓度待测物的样品。QSC 来源于除本实验室外的其他实验室，或由不同于校正标样来源的标准配制。

A.9.2 实验室能力的初始证明

A.9.2.1 方法检出限(MDL)

要求不高于 A.1.6 中 MDL 的规定，或小于 1/3 的允许排放浓度限值。

A.9.2.2 初始精密度和回收率(IPR)

按下列步骤操作：

——依据 A.11 中所规定的方法，测定 4 个 PAR 标样(A.7.11)中的 HEM 和/或 SGT-HEM 浓度。

——根据上述 4 个样品的 HEM 和/或 SGT-HEM 分析结果，计算平均回收率(X)和回收率的标准偏差(s)。若测定的是 SGT-HEM，将真实浓度(T)除以 2 来代表去除十八酸后残留的十六烷浓度。

——将计算所得的标准偏差(s)和平均回收率(X)与表 A.1 中的结果进行比较，如果 s 和 X 在可接受的范围内，所建立的分析体系是可行的，可开始样品分析。但是，如果 s 超出了精密度的限值要求或 X 位于回收率的范围之外，则分析体系的运行是不可接受的。此时，应在解决相关问题后，重复上述试验，直至得出可以接受的分析结果。

A.9.2.3 执法监测中对方法修改的等效性证明

对测定方法进行修改后，应达到下述要求：

——采集、萃取、浓缩和称重两组各 4 个未加标的废水子样中的 HEM 或 SGT-HEM。其中一组的 4 个子样按照 A.11 中的规定进行分析，另一组 4 个子样用修改后的方法分析。

——求算用两种不同方法得到的 HEM 和 SGT-HEM 的平均浓度。要求修改的方法测得的平均浓度，HEM 应为原方法的 78%～114%，SGT-HEM 应为原方法的 64%～132%。否则，不能使用修改的方法。

注：如果采用本方法和修改的方法所测得的平均浓度均低于定量下限(见 A.1.6)，但采用修改的方法所进行的加标样分析(见 A.9.2.2)符合等效性检验要求，则可认为修改的方法与本方法具有等效性。

表 A.1 测定方法的验收标准

验收标准	章节	限值/%
初始精密度和回收率	A.9.2.2	
HEM 精密度(*s*)		11
HEM 回收率(*X*)		83～101
SGT-HEM 精密度(*s*)		28
SGT-HEM 回收率(*X*)		83～116
基体加标/基体加平行样	A.9.3	
HEM 回收率		78～114
HEM RPD		18
SGT-HEM 回收率		64～132
SGT-HEM RPD		34
实时精密度和回收率	A.9.6	
HEM 回收率		78～114
SGT-HEM 回收率		64～132

A.9.3 基体加标

A.9.3.1 在某个具体的采样点位，若开展执法监测，对特定的排放/废水排污口，要求至少设置 5% 的样品为基体加标样，建议设置基体加标平行样(MSD)。

A.9.3.2 样品的加标浓度应按下述方法确定：

——在执法监测中，应将样品中 HEM 或 SGT-HEM 浓度与允许排放限值进行比较，加标浓度应设置为允许排放限值附近、样品背景浓度的 1 倍～5 倍、OPR 浓度(见 A.9.4)附近这三个浓度中的最大浓度。

——若样品中 HEM 或 SGT-HEM 浓度无需与允许排放浓度限值进行对照比较，加标浓度应设置为测定精密度和回收率时(见 A.7.11)的浓度或为背景浓度的 1 倍～5 倍这两种浓度的较大浓度。

A.9.3.3 按 A.11 中规定方法，在每个站点或排放/废水排污口采集的每套 20 个样品中，选出一子样，测定 HEM 或 SGT-HEM 的背景浓度。可配制一标准溶液，其浓度接近允许排放浓度限值，或为背景浓度的 1 倍～5 倍(见 A.9.3.2)。用该标准溶液加标，分析测定加标样的浓度。

注：对于基体加标样，含高浓度 HEM(高于 100 mg/L)的样品，所需的标准溶液(见 A.7.10)的体积较大。若 HEM 的浓度高于 1 000 mg/L，则进行背景值测定和基体加标时就得减少所使用的样品体积，以免 HEM 的量与加入的标准量的总和高于 1 000 mg/L。

A.9.3.4 用式(A.1)计算 HEM 或 SGT-HEM 的回收率(*P*)：

$$P = \frac{100(A-B)}{T} \qquad \cdots\cdots(A.1)$$

式中：

A——样品加标后的浓度；

B——样品中 HEM 或 SGT-HEM 的背景浓度；

T——加入的标准浓度，视为真实浓度。

当测定 SGT-HEM 时，真实浓度(*T*)要除以 2(已除去十八酸)。

A.9.3.5　将 HEM 或 SGT-HEM 的回收率与表 A.1 中的质控验收要求进行比较：

——如果加标样的测定结果未达到表 A.1 的要求，而该分析批次的实时精密度和回收率试验（见 A.9.6）中质控标准的回收率达到了表 A.1 的要求，则表明存在干扰。此时，分析结果不能上报，不能用于确定是否允许排放的管理决策，实验室应分析产生干扰的潜在原因。若干扰源于采样，则应重新采样。若干扰源于基体效应，则实验室应修改方法，按 A.9.1 中的要求重复试验，重复样品和加标样（MS 和 MSD）的分析。基体干扰问题大部分源于萃取时形成的乳状液。A.11.3.5 中对解决此问题给出了相关建议。

——若加标样、实时精密度和回收率试验均未达到验收要求，由此可判断分析体系不受控，应对问题进行鉴别和修正，该批次样品应重新分析。

A.9.3.6　若分析了 MSD 样品，则用式（A.2）求算 MS 和 MSD 的相对误差（RPD）：

$$RPD = \frac{|D_1 - D_2|}{(D_1 + D_2)/2} \times 100 \qquad \cdots\cdots\cdots\cdots(\text{A.2})$$

式中：

D_1——样品中 HEM 或 SGT-HEM 的浓度；

D_2——平行样中 HEM 或 SGT-HEM 的浓度。

A.9.3.7　平行样的相对误差应满足表 A.1 中的验收要求，否则分析体系不受控，应找出问题症结所在并加以修改，重新分析本批次样品。

A.9.3.8　作为实验室质量方案的一部分，建议对方法的精密度和准确度进行评估，并记录在案。分析 5 个加标样品后，其回收率应达到 A.9.3.4 中的要求，然后求算平均回收率（P_a）及其标准偏差（s_p）。准确度以回收率百分数区间（$P_a - 2s_p \sim P_a + 2s_p$）来表征。

示例：若 5 个 HEM 或 SGT-HEM 样品的分析结果为 $P_a = 90\%$，$s_p = 10\%$，则其准确度区间为 70%～110%。

在测定 5 个～10 个新的准确度样品后，可重新求算方法的准确度。

A.9.4　空白[1)]

A.9.4.1　在实验开始前和每一批次的样品分析过程中，萃取并浓缩试剂空白样（即 A.9.2 中所开展的实验），空白分析与样品分析的步骤相同。

A.9.4.2　如果空白检测结果高于定量下限，则应中断样品分析，直到发现并消除污染源，并且空白试验的结果表明已不再存在污染源方可继续分析。样品分析时所采用的方法应是空白未被玷污的方法，只有这样方可上报结果，并用于执法管理目的。

A.9.5　校准

分析每一批次样品前后均应按 A.10 中的要求校准天平。若完成一个批次的样品分析后，天平校准未达到相关要求，则应重新检验天平，并重新称量该批次样品。

A.9.6　实时精密度和回收率

每个分析批次的样品分析，其精密度和回收率均应达到下述要求：

a)　按照 A.11 中的要求，每个分析批次均应萃取和浓缩精密度和回收率标准样品（见 A.7.11）。

b)　将试验所得的回收率与表 A.1 中的实时精密度和回收率限值进行比较，若回收率在所要求的范围内，则萃取、蒸馏和称重过程是受控的，可以继续进行空白样和待测样品的分析。若回收率不在规定范围内，则分析过程不受控。此时，应找出问题并予以纠正，重新萃取样品，重复实时精密度和回收率试验。

c)　实验室应将满足 b）要求的数据加入至 IPR 和原有的 OPR 数据中，更新质控图，用质控图来表征实验室的连续分析能力。实验室通过求算待测物的平均回收率（R）以及回收率的标准偏差

1)　在实验室或现场，将水加入至样品瓶中，并将其作为一个样品来分析，包括暴露于现场采样条件下，贮藏，保存，以及所有分析程序均与待测样品相同。

(s_r)来表征实验室的数据质量。以回收率区间($R-2s_r \sim R+2s_r$)来表征准确度。

示例：R为95%，s_r为5%，则准确度为85%～105%。

A.9.7 质控样品(QCS)

建议质控样要与平时实验中所使用的十六烷和十八酸(A.7.8和A.7.9)标准的来源不同，使用A.7.10的d)中所规定的方法，确定质控样(QCS)中HEM和SGT-HEM的浓度。连续分析样品的实验室，QCS样的分析频率为每月一次；而非连续分析样品的实验室，则QCS样的分析频率可以适当降低。

A.9.8 其他注意事项

若仔细地清洗所使用的仪器、器具，认真完成HEM和SGT-HEM的测定过程，则本方法所提出的要求是可以达到的。测定初始精密度和回收率(IPR，A.9.2.2)、基体加标样(MS，A.9.3)和实时精密度和回收率(OPR，A.9.6)时所用的标准应是相同的。

根据不同项目的要求，可采集现场平行样和现场加标样，评估采样和样品运输对方法的精密度和准确度产生的影响。

A.10 校准

用2 mg和1 000 mg的标准砝码校准分析天平。

2 mg砝码的误差范围应为±10%(即±0.2 mg)，1 000 mg砝码的误差范围应为±0.5%(即±5 mg)。若达不到上述要求，则应再次校准天平。

A.11 试验步骤

注1：本方法完全是经验性的。只有严格遵守每一步操作流程的要求，才能得出精密和准确的分析结果。所有的玻璃器皿内壁均应用正己烷清洗，以定量转移样品中的待测成分和IPR、空白、OPR、MS和MSD测样中的十六烷/十八酸。

注2：下述试验步骤是按样品量为1 L设计的。若样品量较小，则用水将样品稀释至1 L，这样IPR、空白、OPR、MS和MSD的测定结果才会具有可比性。

A.11.1 准备工作

A.11.1.1 将待测样品，包括MS(和MSD)测样，温度平衡至实验室室温。

A.11.1.2 将1 000 mL±50 mL水(见A.7.1)加入至洁净样品瓶中作为空白样。

A.11.1.3 用PAR标准(见A.7.11)来测定OPR(见A.9.6)。

A.11.1.4 在样品瓶液面的弯月面处作标记或称重样品瓶。称重更为准确。标记或称重MS(和MSD)样品。

A.11.2 样品的酸度校验

A.11.2.1 用下述方法校验样品的pH值：

——用玻璃搅棒蘸一下已混匀的样品；

——取出玻棒，用玻棒蘸一下pH试纸，确定样品的pH值，不能将pH试纸直接插入至样品瓶中，或用pH试纸直接蘸取瓶盖上的样品；

——用少量正己烷清洗玻棒，至玻棒上无待测物残留。并将清洗物收集至分液漏斗中，待萃取时用。

A.11.2.2 如果样品为中性，加入5 mL～6 mL HCl或H_2SO_4溶液(A.7.2)至1 L样品中。如果样品的pH值较高，则按比例加入适量的HCl或H_2SO_4溶液调节pH。若样品量较小，同样地，按比例加入相对少量的HCl或H_2SO_4溶液调节pH。

A.11.2.3 盖上瓶盖，摇晃瓶子至混匀。按A.11.2.1中规定的方法检查样品的pH。若需要，继续加酸酸化并再次检验。

A.11.2.4 加入适量的HCl或H_2SO_4溶液至空白、OPR、MS(和MSD)测样中，调节pH值至小于2。

A.11.3 萃取[2)]

A.11.3.1 按下述方法称重洁净的内置3块～5块沸石的长颈烧瓶：

——将内置沸石的烧瓶放入烘箱中，于105 ℃～115 ℃下烘干(至少2h)；

——将烧瓶从烘箱中取出，立即转移至干燥器中冷却至室温；

——冷却后，用钳子从干燥器中取出烧瓶，并立即在校准过的天平上称重。

A.11.3.2 将样品倒入分液漏斗中。

A.11.3.3 加入30 mL正己烷至样品瓶中，盖上盖子，摇晃瓶子，清洗瓶壁，包括瓶盖，然后将溶剂倒入分液漏斗中。

A.11.3.4 用力振摇分液漏斗2 min，萃取样品，同时在通风橱中定时放气，释放内部压力。

A.11.3.5 至少静置10 min，分离有机相与水相。若在两相间形成乳状液，且乳状液体积大于溶剂层体积的1/3时，应采用破乳技术来进行两相分离。不同样品的最佳破乳技术各不相同，包括搅拌、玻璃棉过滤、使用溶剂相分离纸、离心、使用超声冰浴、加入NaCl或其他物理方法。在满足A.9.1中相关规定的前提下，也可采用固相萃取(SPE)、连续液-液萃取或其他萃取技术，以防形成乳状液。

A.11.3.6 将水层(下层)放出至原来的采样瓶中，并放出少量的有机层至样品瓶中。

注：正己烷中残留的水份量越少越好，以防溶液干燥过程中所使用的硫酸钠溶解或结块。

A.11.3.7 将滤纸置于滤器上，加入约10 g的无水Na_2SO_4，用少量的正己烷清洗，弃去清洗液。

注：不同样品所使用的Na_2SO_4的量可能不同。

A.11.3.8 从分液漏斗中放出正己烷层(上层)，流经Na_2SO_4，流入已称重的内置沸石的长颈烧瓶中。

注：本步骤最重要的是去除水分。水分流经Na_2SO_4时可能会有部分Na_2SO_4溶解，并将其带入长颈烧瓶，影响测定结果。

A.11.3.9 然后用30 mL正己烷，重复水样萃取过程至少两次，合并萃取物至长颈烧瓶中。

A.11.3.10 分别用3 mL～5 mL的正己烷，清洗分液漏斗尖、滤纸和漏斗2次～3次，收集清洗液至烧瓶中。若样品中含有较高浓度盐分(如石油生产设施产生的废水)，应将萃取物收集至250 mL的分液漏斗中，用水反萃取。然后，将萃取物流经Na_2SO_4，去除痕量水分。

A.11.3.11 萃取物若呈奶状，则静置1 h，使萃取物中的水分沉降，倾倒溶剂层(上层)时通过Na_2SO_4，去除过量的水分。用少量正己烷清洗玻璃器皿和硫酸钠以定量转移。

A.11.3.12 若测定的是SGT-HEM，则直接转入A.11.5步骤。

A.11.4 溶剂蒸馏

A.11.4.1 将长颈烧瓶连接至蒸馏头装置，将烧瓶的下半部浸入水浴或蒸气浴中蒸馏溶剂。调节水温以在30 min内完成浓缩过程为宜。并收集溶剂循环利用。

A.11.4.2 当蒸馏头中温度达到70 ℃时，或烧瓶蒸至近干时，移去蒸馏头。在烧瓶中插入玻璃管连至真空装置，用空气吹烧瓶15 s以去除烧瓶中的溶剂蒸气。然后立即用钳子从热源上移去烧瓶，擦干净烧瓶外壁上的水蒸气和指纹。在蒸馏的最后阶段，应小心监控烧瓶，确保去除所有溶剂，并防止样品中挥发性成分的损失。

A.11.4.3 检查长颈烧瓶中的残渣中是否有结晶物，形成结晶则表明硫酸钠溶解并进入了长颈烧瓶。结晶的生成可能是由于超出了硫酸钠的干燥容量，或样品的pH太高。若观察到结晶，则将萃取物再溶于正己烷中，过滤并定量转移至另一已称重的长颈烧瓶中，并重复上述蒸馏过程。

A.11.4.4 将长颈烧瓶置于烘箱中，于70 ℃±2 ℃下烘30 min～45 min至干，然后在干燥器中将其冷却至室温，并在干燥器中至少放置30 min。用钳子取出，立即称重。重复干燥、冷却和称至恒重，要求质量之差小于4%或小于0.5 mg，取二者的低值。

---

2) 本附录采用的萃取方法是用分液漏斗进行的液-液萃取。也可以使用固相萃取(SPE)，但是若使用SPE，应确保分析结果与本方法具有等效性。

——若萃取物是用于测定 HEM 含量，将烧瓶总重减去瓶重，即可得到 HEM 的质量(W_h)。

——若萃取物是用于测定 SGT-HEM 含量，将烧瓶总重减去瓶重，即可得到 SGT-HEM 的质量(W_s)。

A.11.4.5 样品体积(V_s)的测定：用水充满样品瓶至刻度，用量筒测量水的体积，称重空瓶和瓶盖，以及充满水的瓶和盖的重量，通过差值求出 V_s(L)。

A.11.5 SGT-HEM 的测定

A.11.5.1 样品中 HEM 的含量应小于 100 mg。

——若已知 HEM 的含量小于 100 mg，则无需测定 HEM，即可按下述要求测定 SGT-HEM。

——若 HEM 含量是未知的，就应按 A.11.3～A.11.4 中的要求首先测定 HEM 含量。

A.11.5.2 若样品中 HEM 含量大于 1 000 mg，按下述步骤分样：

a) 加 85 mL～90 mL 正己烷至长颈烧瓶中，再溶解 HEM，若需要可加热以完全溶解 HEM。

b) 将萃取物定量转移至 100 mL 容量瓶中，用正己烷稀释至刻度。

c) 按式(A.3)计算含 1 000 mg 可被萃取物质的正己烷溶液体积：

$$V_a = \frac{1\,000\,V_t}{W_h} \quad \cdots\cdots\cdots\cdots (A.3)$$

式中：

V_a——分样所要移取的溶液体积，单位为毫升(mL)；

V_t——b)中所使用的溶剂的总体积，单位为毫升(mL)；

W_h——样品中测得的 HEM 含量，单位为毫克(mg)。

d) 用移液管移取 b)中的溶液 V_a(mL)，置于长颈烧瓶中，用正己烷稀释至 100 mL。

A.11.5.3 用硅胶吸附极性物质：

——每 100 mg HEM 加入 3.0g±0.3g 的无水硅胶(A.7.7)至长颈烧瓶中，最多不超过 30 g。

示例：若 HEM 为 735 mg，则加 24 g 硅胶。

——加入镀有含氟聚合物镀层的搅拌子于烧瓶中，用磁力搅拌器搅拌溶液至少 5 min。

A.11.5.4 使用正己烷饱和过的滤纸过滤溶液，滤液接至已称重的内置沸石的长颈烧瓶中。用少量的正己烷清洗硅胶和滤纸以定量转移。

A.11.5.5 按 A.11.4 中的规定，蒸馏溶液，测定 SGT-HEM 的质量。

A.12 数据分析和计算

A.12.1 数据的求算

A.12.1.1 可被正己烷萃取的物质，按式(A.4)求算：

$$\mathrm{HEM} = \frac{W_h}{V_s} \quad \cdots\cdots\cdots\cdots (A.4)$$

式中：

W_h——A.11.4.4 中所称得的可萃取物质的质量，单位为毫克(mg)；

V_s——A.11.4.5 中所求得的样品体积，单位为升(L)。

A.12.1.2 硅胶处理的正己烷可萃取的物质，用 W_s 替代 W_h 后，按式(A.4)计算样品中 SGT-HEM(非极性物质)的含量。若为降低样品中 HEM 含量而分样后，HEM 的含量为 1 000 mg，则用式(A.5)求算未分样前萃取物中 SGT-HEM 的质量 W_c：

$$W_c = \frac{V_t}{V_a} W_d \quad \cdots\cdots\cdots\cdots (A.5)$$

式中：

W_d——用于硅胶吸附的萃取物的质量(见 A.11.5.2 和 A.11.4.4)；

V_t 和 V_a——见式(A.3)。

用 W_c 替代公式(A.5)中的 W_h，求算样品中的 SGT-HEM 含量。

A.12.2　测试结果的表征

A.12.2.1　HEM 和 SGT-HEM 的含量小于 10 mg/L 时，以两位有效数字表示；不小于 10 mg/L 时，测试结果以三位有效数字表示。

A.12.2.2　样品：低于定量下限的 HEM 和 SGT-HEM 测试结果以小于 5.0 mg/L 表征。

A.12.2.3　空白：低于方法检出限的 HEM 和 SGT-HEM 测试结果以小于 1.4 mg/L 表征。

A.12.2.4　不受控的分析体系所得出的测试结果，不能上报，也不能用于排放许可或管理目的。

A.13　方法特点

A.13.1.1　本方法在单个实验室和多个实验室开展了方法校验工作，研究结果表明方法的平均回收率分别为 93%(HEM)和 89%(SGT-HEM)，精密度(以相对标准偏差表征)分别为 8.7%(HEM)和 13%(SGT-HEM)。

A.13.1.2　方法的检出限(MDL)和定量下限(ML)是在美国 EPA 所开展的五次方法研究的基础上得出的。

A.14　污染防治

A.14.1.1　本方法中所使用的溶剂，若循环使用，并且管理得当的话，对环境基本上没有危害。

A.14.1.2　所使用的标准应按照实际用量配制，避免因失效而被弃置。

A.15　废弃物管理

A.15.1.1　实验室应遵守国家和当地政府的废弃物管理规定，尤其要严格遵守有害废弃物处置的相关规定。

A.15.1.2　样品加入 HCl 或 H_2SO_4 后，pH 值小于 2，对环境是有害的，在处置前应中和，或将其作为有害废弃物处置。

附 录 B
（资料性附录）
水基钻井液和水基钻井液钻屑含油量的分析方法

B.1 适用范围

本附录规定了海洋石油勘探开发中使用和排放的水基钻井液和水基钻井液钻屑中油分含量的分析方法，适用于海洋石油勘探开发中排放的水基钻井液和水基钻井液钻屑含油量的测定。

B.2 方法原理

采用四氯化碳和水体系的液-液萃取体系将水基钻井液和水基钻井液钻屑中的石油烃类油萃取到四氯化碳中，萃取液通过硅镁型吸附柱消除非石油烃组分的干扰，石油烃类的浓度根据淋出液在3.4 μm附近，甲基、次甲基的C—H伸展振动的光吸收峰强度与其含量成正比关系而测定。

B.3 仪器设备和玻璃器皿

分析测试所需的仪器设备和玻璃器皿包括：

——OCMA-220型非色散红外测油仪（或等效仪器）；

——WX-80型漩涡混合器（或等效仪器）；

——玻璃吸附柱，系硬质玻璃，内径100 mm×10 mm（见GB/T 17923—1999的图1）；

——广口玻璃采样瓶，500 mL；

——磨口玻璃瓶；

——容量瓶，100 mL；

——移液管，1.0 mL、2.0 mL、5.0 mL和10.0 mL；

——注射器，10.0 mL和20.0 mL；

——具塞比色管，20 mL和50 mL；

——分析天平（分度值为1 mg）；

——烘箱；

——干燥器；

——马弗炉。

B.4 试剂和材料

试验所需的试剂和材料包括：

——无水硫酸镁，分析纯，用前应活化；

——硅镁型吸附剂，分析纯，60目～80目，用前应处理。

——硝酸，分析纯；

——浓盐酸，分析纯；

——四氯化碳，分析纯，在测量波长处应为无吸收或低吸收；

——二次蒸馏水。

B.5 准备工作

B.5.1 硅镁型吸附剂的活化

将一定量硅镁型吸附剂放到瓷坩埚里，置于马弗炉中，在500 ℃±20 ℃下活化4 h，在炉内冷却到

200 ℃，然后移入干燥器中冷却到室温，装进磨口玻璃瓶中，在干燥器中可保存使用一个月。

B.5.2 减活硅镁型吸附剂的制备

将一定量活化硅镁型吸附剂(B.5.1)装到磨口玻璃瓶中，按质量百分比，边搅拌边加入 15%±0.5%的二次蒸馏水，塞紧瓶盖，用力振摇几分钟，放置过夜即可使用。使用期不能超过一周。

B.5.3 无水硫酸镁的活化

按 B.5.1 进行。

B.5.4 玻璃器皿的清洗

首先用硝酸溶液(1+1)浸泡所用的玻璃器皿，1 h 后用自来水冲洗，再用蒸馏水清洗，然后放入烘箱中烘干备用。

B.5.5 吸附柱的填装

用不锈钢铲或玻璃棒将少量脱脂棉推至吸附柱底部，从柱顶口加入约 8 mL 四氯化碳，并用不锈钢铲或玻璃棒轻轻压脱脂棉，赶出其中气泡，铺匀，然后逐渐加入 1.5 g 减活硅镁吸附剂，立即用不锈钢铲搅动(不要触及脱脂棉)，使柱内吸附剂与四氯化碳溶剂呈一均匀的悬浮液，并用滴瓶中四氯化碳冲去附在不锈钢铲和玻璃柱壁上的吸附剂后，一边打开柱底部活塞(溶剂流出速度控制在每分钟 20 滴左右为宜)，一边用长柄牛角勺轻轻敲打柱体(在敲打过程中，可观察到吸附剂逐渐下沉分层堆积)，使柱内吸附剂均匀下沉，呈一均匀吸附层析柱止，关闭柱底部活塞。然后，再从柱顶口缓缓倒入已活化的 1.0 g 无水硫酸镁，并轻轻敲打柱体，使无水硫酸镁沉积在吸附剂层上，备用。

在装柱过程中，敲打玻璃柱体的力量、频率和时间应保持一致。

B.6 分析步骤

B.6.1 标准油的配置与仪器校正

称取 0.1 g(称准至 0.002 g)标准油(水基钻井液中的油或工业白油)，用四氯化碳溶解，移入 100 mL的容量瓶中，稀释至刻度，此溶液为 1 000 mg/L 的标准油储备液。然后根据油分浓度计的量程，用移液管吸取一定量的标准油储备液，用四氯化碳稀释至所要求的标准油浓度，参照红外测油仪(或等效仪器)说明书的步骤对仪器进行校正。

B.6.2 样品的制备与测定

B.6.2.1 称取 1.0 g～1.5 g 充分搅匀的水基钻井液或钻屑样品(称准至 0.002 g)，放入 50 mL 的具塞比色管中，加入 15 mL 四氯化碳，在 WX-80 型漩涡混合器(或等效仪器)上混合萃取 3 min。

B.6.2.2 将上述混合萃取液倾入已铺好定量滤纸，加 1.0 g 无水硫酸镁的玻璃漏斗(ϕ50 mm)中过滤，并用 5.0 mL 四氯化碳分次洗涤 50 mL 具塞比色管和滤渣，然后用 20 mL 具塞比色管收集滤液，定容至 20 mL。

B.6.2.3 取上述定容 20 mL 滤液倒入已装好的玻璃层析吸附柱中，打开柱底部活塞，流速应控制在每分钟 40 滴～50 滴，弃去前 6.0 mL 流出液，收集其后的流出液于 20 mL 比色管中，备用。

B.6.2.4 将上述制备好的样品在非色散型红外测油仪(或等效仪器)上，按照说明书的操作步骤测定其油分浓度。如果流出液油分浓度超出油分浓度计量程，可移取一定量流出液，用四氯化碳稀释一定的倍数后再上机测定。

B.6.3 记录与计算

将测得数据记入表 B.1 中，并按式(B.1)计算：

$$W_{oil} = \frac{\rho \times V}{m} \times 10\,000 \qquad \text{(B.1)}$$

式中：

W_{oil}——水基钻井液、钻屑样品中油分含量，%；

ρ——从油分浓度计上测得的油分浓度，单位为毫克每升(mg/L)；

V——样品萃取液的体积,单位为毫升(mL);

m——样品称取量,单位为克(g)。

B.6.4 方法的统计特性

人工配置了水基钻井液试样,进行了加标回收试验,试验方法与步骤同 B.6.2。加标浓度为 10.0 mg/L的标样,测定标准偏差为 0.44 mg/L,回收率范围为 96.0%～108.0%,平均回收率为 101.0%。加标为 20.0 mg/L 的试样,测定标准偏差为 0.78 mg/L,回收率范围为 94.5%～105.0%,平均回收率为 101.0%。

表 B.1 水基钻井液和钻屑样品中油分测定记录表

平台＿＿＿＿＿＿＿＿　　采样时间:＿＿＿＿年＿＿月＿＿日

仪器型号＿＿＿＿＿＿＿＿　　分析时间:＿＿＿＿年＿＿月＿＿日

序　号	站　号	瓶　号	取样量/g		测定质量浓度/(mg/L)			样品含油量/%
			1	2	1	2	平均	
1								
2								
3								
4								
5								
6								
7								
8								
9								
10								

分析者＿＿＿＿＿＿＿＿　校对者＿＿＿＿＿＿＿＿　审核者＿＿＿＿＿＿＿＿

参 考 文 献

[1] 国务院.1983.中华人民共和国海洋石油勘探开发环境保护管理条例

[2] 国家海洋局.1990.中华人民共和国海洋石油勘探开发环境保护管理条例实施办法

[3] 交通部.2003.交海发[2003]32号.渤海海域船舶排污设备铅封程序规定

[4] 40 CFR Protection of Environment. 2001. CHAPTER I ENVIRONMENTAL PROTECTION AGENCY. SUBCHAPTER N—EFFLUENT GUIDELINES AND STANDARDS. PART 435—OIL AND GAS EXTRACTION POINT SOURCE CATEGORY. Subpart A—Offshore Subcategory

[5] USEPA. 2000. Development document for final effluent limitations guidelines and standards for synthetic-based drilling fluids and other non-aqueous drilling fluids in the oil and gas extraction point source category. EPA-821-B-00-013

[6] USEPA. 1999. Method 1664, Revision A: N-hexane extractable material (HEM; oil and grease) and silica gel treated N-hexane extractable material (SGT-HEM; non-polar material) by extraction and gravimetry. EPA-821-R-98-002

[7] PPEA (Australian Petroleum Production & exploration Association Limited). 1998. Framework for the environmental management of offshore discharge of drilling fluid on cuttings

[8] Joint E&P Forum/UNE. 1997. Environmental management in oil and gas exploration and production. UNEP IE/PAC Technical Report 37, E& P Forum Report 2. 72/254, ISBN 92-807-1639-5

[9] ISO 10414-2 Petroleum and natural gas industries—Field testing of drilling fluids—Part 2: Oil-based fluids

[10] 国际海事组织(IMO).73/78 防污公约(MARPOL 73/78)

ICS 65.150
B 56

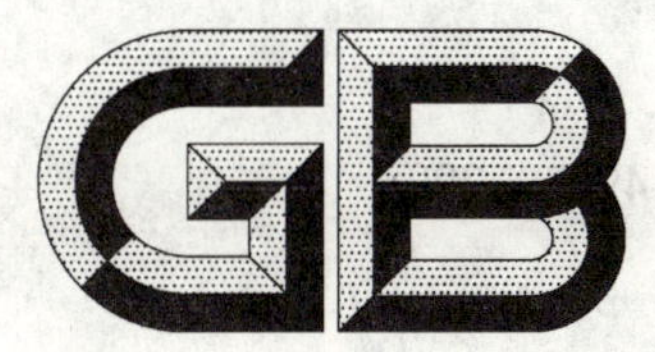

中华人民共和国国家标准

GB/T 4925—2008
代替 GB/T 4925—1985

渔网 合成纤维网片强力与断裂伸长率试验方法

Fishing nets—Method of test for the determination of strength and breaking elongation of netting of synthetic fiber

2008-08-22 发布 2008-12-01 实施

中华人民共和国国家质量监督检验检疫总局
中国国家标准化管理委员会 发布

前　言

本标准代替 GB/T 4925—1985《合成纤维渔网片断裂强力与断裂伸长率试验方法》。

本标准与 GB/T 4925—1985 相比主要变化如下：

——增加了规范性的引用文件条款；

——本标准增加了定义一章；

——删除了原标准中“2　试验项目”；

——增加了本标准中“4　仪器”；

——删除了原标准中网目强力测试内容，网目强力测试按 GB/T 21292—2007《渔网　网目断裂强力的测定》规定执行；

——将原标准“3　试验条件”修改为本标准中“5　测试要求”，技术内容亦随同修改；

——本标准试验用大气按 SC/T 5014《渔具材料试验基本条件　标准大气》进行了修订，平衡时间亦随同修改；

——本标准对数据处理与结果表示中将原标准中的不匀率计算改为均方差系数(变异系数)计算，以满足合成纤维渔网片的质量考核要求。

本标准由中华人民共和国农业部提出。

本标准由全国水产标准化技术委员会渔具及渔具材料分技术委员会(TC 156/SC 4)归口。

本标准起草单位：农业部绳索网具产品质量监督检验测试中心、中国水产科学研究院东海水产研究所。

本标准主要起草人：柴秀芳、石建高、汤振明。

本标准所代替标准的历次版本发布情况为：

——GB/T 4925—1985。

渔网　合成纤维网片强力与断裂伸长率试验方法

1　范围

本标准规定了测定渔用合成纤维网片断裂强力、断裂伸长率与网片撕裂强力的仪器、测试要求、取样和试样处理、试验方法、数据处理与结果表示。

本标准适用于渔用合成纤维网片断裂强力、断裂伸长率与网片撕裂强力的测试。

2　规范性的引用文件

下列文件中的条款通过本标准的引用而成为本标准的条款。凡是注日期的引用文件，其随后所有的修改单(不包括勘误的内容)或修订版均不适用于本标准，然而，鼓励根据本标准达成协议的各方研究是否可使用这些文件的最新版本。凡是不注日期的引用文件，其最新版本适用于本标准。

GB/T 6965　渔具材料试验基本条件　预加张力

GB/T 8170　数值修约规则

SC 110—1983　合成纤维渔网线试验方法

SC/T 5001—1995　渔具材料基本术语

SC/T 5014　渔具材料试验基本条件　标准大气

3　术语和定义

SC/T 5001—1995 中确立的以及下列术语和定义适用于本标准。

3.1

干态试样　dry specimen

放置在标准大气条件的实验室内，平衡 6 h 以上的试样。

3.2

湿态试样　wet specimen

放置在水温 20 ℃±2 ℃的水中浸 6 h 以上的试样。

3.3

插捻网片纵向　N-direction of inserting-twisting netting

捻合的经线方向。

3.4

插捻网片横向　T-direction of inserting-twisting netting

与经线穿插的纬线方向。

3.5

平织网片纵向　N-direction of plain netting

编织的经线方向。

3.6

平织网片横向　T-direction of plain netting

编织的纬线方向。

3.7

网片强力 netting strength

网片的断裂强力。可用单个网目的断裂强力、网片的断裂强力和网片撕裂强力三种方法表示。

3.8

网片断裂强力 netting breaking strength

规定尺寸的矩形网条试样的断裂强力。

3.9

网片断裂伸长率 percentage of breaking elongation

网片材料被拉伸到断裂时所产生的伸长值对其原长度的百分率。

3.10

网片撕裂强力 netting tearing strength

在规定条件下,连续撕破网片试样上若干个结所需的力。

4 仪器

4.1 可使用等加伸长、等速拉伸或等加载荷强力试验机,并有伸长测定装置,示值的误差不得超过1%。优先选择使用等加伸长强力试验机。

4.2 在强力试验机使用量程内任何点上的强力指示值的最大误差应不超过±1%。所有测试机应包含能以不同速率施加力的设备,确保试样断裂在规定的平均断裂时间内。

4.3 网片断裂强力、网片断裂伸长率或网片撕裂强力试样测定用夹具,采用宽度 50 mm 以上的平夹具,允许在夹具的夹持面内附加衬垫物,以避免试样夹伤或滑移。试样测试中在夹具处断裂,其测定值无效。

5 测试要求

5.1 测试用大气

测试用标准大气按 SC/T 5014 的规定。温度为(20±2)℃;吸湿性材料相对湿度为(65±3)%;非吸湿性材料相对湿度为(65±5)%。

5.2 湿态下测试

所有湿态下的试验试样应在测试前完全湿润。为了达到湿润,试样应在(20±2)℃的不含润湿剂的自来水中浸泡不小于 6 h。

5.3 断裂时间

平均断裂时间宜在(20±3)s 范围内。它应通过预试验确定。

5.4 预加张力

网片试样的预加张力,按 GB/T 6965 的规定,每个目脚或经(纬)线上的预加张力值等于网线(250 ±25)m 长度的自重。

6 取样和试样处理

6.1 试样应达到干态或湿态的要求。

6.2 试样应在距网片边缘 5 目或 5 cm 以上处取得。

6.3 试样应在远离网结或连结点处截取,并以熔融法处理目脚。

6.4 试样应随机抽取,在进行同一项目试验时不允许在试样被拉伸的方向连续取样;但同时截取干态试样和湿态试样时,须在试样被拉伸的方向每次连续裁取二个试样,分别作为干态、湿态试样。

6.5 网片纵向断裂强力与断裂伸长率试样:试样在夹具间的有效长度为(200±5)mm,宽为 4.5 目(见图 1)。

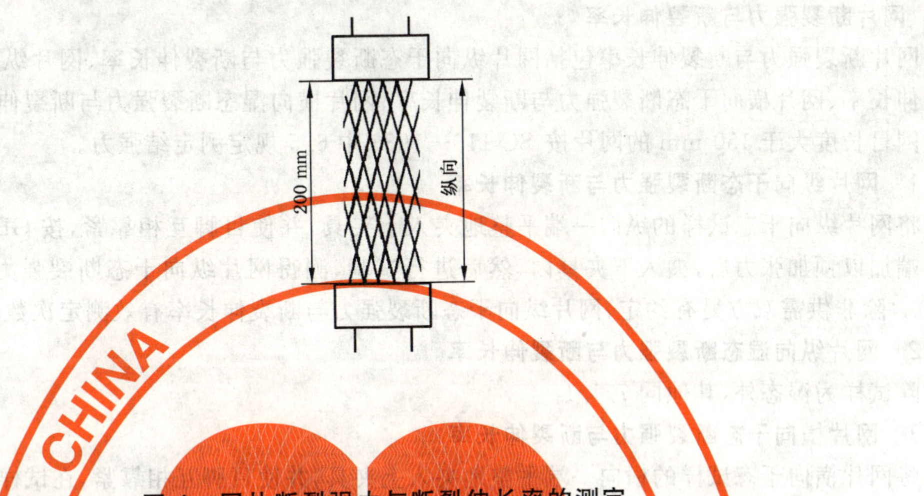

图 1　网片断裂强力与断裂伸长率的测定

6.6　网片横向断裂强力与断裂伸长率试样：试样在夹具间的有效长度均为(200±5)mm，宽为 4.5 目。

6.7　插捻网片和平织网片断裂强力与断裂伸长率试样：试样在夹具间的有效长度为(200±5)mm，宽为(50±1)mm。

6.8　网片纵向撕裂强力试样：试样的横向目数不少于 9 目，从横向一端的中央网目，沿纵向将网目剪开，留下 4 目[见图 2a)]。

6.9　网片横向撕裂强力试样：试样的纵向目数不少于 9 目，从纵向一端的中央网目，沿横向将网目剪开，留下 4 目。

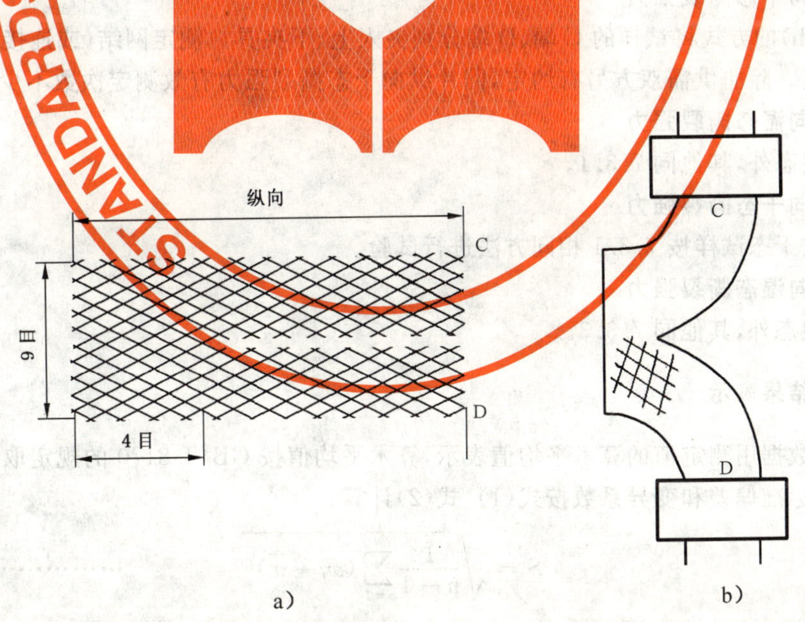

图 2　网片撕裂强力的测定

7 试验方法

7.1 网片断裂强力与断裂伸长率

网片断裂强力与断裂伸长率包括网片纵向干态断裂强力与断裂伸长率、网片纵向湿态断裂强力与断裂伸长率、网片横向干态断裂强力与断裂伸长率、网片横向湿态断裂强力与断裂伸长率。

网目长度大于 150 mm 的网片按 SC 110—1983 中 6.5 规定测定结强力。

7.1.1 网片纵向干态断裂强力与断裂伸长率

将网片纵向干态试样的纵向一端平整地夹入上夹具，并使目脚互相靠紧，按 GB/T 6965 规定在试样下端加以预加张力后，夹入下夹具内，然后进行试验，测得网片纵向干态断裂强力与断裂伸长率(见图 1)。除非供需双方另有约定，网片纵向干态断裂强力与断裂伸长率有效测定次数不少于 20 次。

7.1.2 网片纵向湿态断裂强力与断裂伸长率

除试样为湿态外，其他同 7.1.1。

7.1.3 网片横向干态断裂强力与断裂伸长率

将网片横向干态试样的横向一端平整地夹入上夹具，并使目脚互相靠紧，在试样下端加以预加张力后，夹入下夹具内，然后进行试验，测得网片横向干态断裂强力与断裂伸长率。除非供需双方另有约定，网片横向干态断裂强力与断裂伸长率有效测定次数不少于 20 次。

7.1.4 网片横向湿态断裂强力与断裂伸长率

除试样为湿态外，其他同 7.1.3。

7.2 插捻网片和平织网片的断裂强力与断裂伸长率

插捻网片和平织网片的断裂强力与断裂伸长率试验方法分别与 7.1 对应相同。

7.3 网片撕裂强力

网片撕裂强力包括网片纵向干态撕裂强力、网片纵向湿态撕裂强力、网片横向干态撕裂强力和网片横向湿态撕裂强力。

7.3.1 网片纵向干态撕裂强力

试样按图 2b)的方式将试样的 C 端、D 端分别夹入上、下夹具。测定网结(或连接点)全部撕裂过程中的最大强力值。除非供需双方另有约定，网片纵向干态撕裂强力有效测定次数不少于 10 次。

7.3.2 网片纵向湿态撕裂强力

除试样为湿态外，其他同 7.3.1。

7.3.3 网片横向干态撕裂强力

将网片横向干态试样按 7.3.1 相同方法进行试验。

7.3.4 网片横向湿态撕裂强力

除试样为湿态外，其他同 7.3.3。

8 数据处理与结果表示

8.1 各项目的数据用测定值的算术平均值表示，算术平均值按 GB/T 8170 的规定取三位有效数。

8.2 测量值的标准偏差和变异系数按式(1)、式(2)计算：

$$S=\sqrt{\frac{1}{n-1}\sum_{i=1}^{n}(x_i-\overline{x})^2} \quad \cdots\cdots(1)$$

式中：

S——标准偏差(取三位小数)；

x_i——第 i 个试样的测试值；

$\overline{x}$——被测值的平均值；

n——试样数。

$$CV = \frac{S}{\bar{x}} \times 100 \quad \cdots\cdots(2)$$

式中：

CV——变异系数，%；

S——标准偏差(取三位小数)；

$\bar{x}$——被测值的平均值。

ICS 67.220.20
X 41

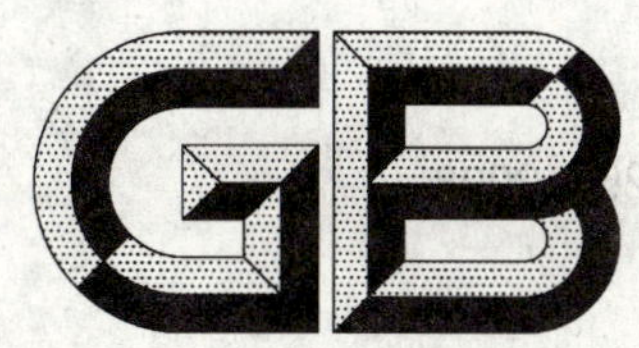

中华人民共和国国家标准

GB 4926—2008
代替 GB 4926—1985

食品添加剂　红曲米(粉)

Food additive—Red kojic rice(powder)

2008-12-03 发布　　2009-06-01 实施

中华人民共和国国家质量监督检验检疫总局
中国国家标准化管理委员会　发布

前　言

本标准的5.3、5.4为强制性的，其余为推荐性的。

本标准代替GB 4926—1985《食品添加剂　红曲米》。

本标准与GB 4926—1985相比主要变化如下：

——取消了产品分级；

——增加了红曲粉产品类型，并制定相应指标；

——取消了六六六、滴滴涕指标；

——增加了重金属、大肠菌群、致病菌指标。

本标准由全国食品添加剂标准化技术委员会提出并归口。

本标准起草单位：义乌章舸生物工程有限公司、山东中惠食品有限公司、中国食品发酵工业研究院、武汉佳成生物制品有限公司、永康市阳光天然色素厂。

本标准主要起草人：丁舸、赵吉兴、张蔚、姚继承、徐辉、丁予章、杨国华、郭新光、魏萍、朱劲柏。

本标准所代替标准的历次版本发布情况为：

——GB 4926—1985。

食品添加剂　红曲米(粉)

1　范围

本标准规定了食品添加剂红曲米(粉)产品的定义、产品分类、要求、试验方法、检验规则、标志、包装、运输和贮存。

本标准适用于红曲米(粉)的生产、检验和销售。

2　规范性引用文件

下列文件中的条款通过本标准的引用而成为本标准的条款。凡是注日期的引用文件,其随后所有的修改单(不包括勘误的内容)或修订版均不适用于本标准,然而,鼓励根据本标准达成协议的各方研究是否可使用这些文件的最新版本。凡是不注日期的引用文件,其最新版本适用于本标准。

GB 1354　大米

GB/T 4789.3　食品卫生微生物学检验　大肠菌群测定

GB/T 4789.4　食品卫生微生物学检验　沙门氏菌检验

GB/T 4789.5　食品卫生微生物学检验　志贺氏菌检验

GB/T 4789.10　食品卫生微生物学检验　金黄色葡萄球菌检验

GB/T 5009.3　食品中水分的测定

GB/T 5009.11　食品中总砷及无机砷的测定方法

GB/T 5009.22　食品中黄曲霉毒素 B_1 的测定

GB/T 5009.74　食品添加剂中重金属限量试验

GB/T 6682　分析实验室用水规格和试验方法(GB/T 6682—2008,ISO 3696:1987,MOD)

3　术语和定义

下列术语和定义适用于本标准。

3.1

红曲米(粉)　red kojic rice(podwer)

以大米为原料,用红曲菌属(*Monascus*)红曲霉发酵培养制得的,具有红色的颗粒或用其制成的粉末。

4　产品分类

按产品形态不同分为:颗粒状和粉末状。

5　要求

5.1　原料要求

大米应符合 GB 1354 的要求。

5.2　感官要求

应符合表 1 的要求。

表 1 感官要求

项　目	颗粒状	粉末状
外观	红色至暗紫红色，质地脆，无霉变，无明显肉眼可见的杂质，呈不规则的颗粒状	棕色至暗紫红色，无霉变，无明显肉眼可见的杂质，呈粉末状
断面	粉红色至红色	—
香味	具有红曲固有的曲香	

5.3 理化要求

应符合表 2 的要求。

表 2 理化要求

项　目		颗粒状	粉末状
水分/%	≤	10.0	
色价/(u/g)	≥	1 000	
细 度(100 目通过率)/%	≥	—	95.0

5.4 卫生要求

应符合表 3 的要求。

表 3 卫生要求

项　目		要　求
砷(以 As 计)/(mg/kg)	≤	1
重金属(以 Pb 计)/(mg/kg)	≤	10
大肠菌群/(MPN/100 g)	≤	30
黄曲霉毒素 B_1/(μg/kg)	≤	5
致病菌(指肠道致病菌及致病球菌)		不得检出

6 试验方法

本标准中所用的水，在未注明其他要求时，均指符合 GB/T 6682 中的要求。

本标准中所用的试剂，在未注明规格时，均指分析纯(AR)。若有特殊要求须另作明确规定。

本标准中的溶液，在未注明用何种溶剂配制时，均指水溶液。

6.1 感官检查

取 100 g 样品于白纸上，用肉眼观看其颜色、霉变颗粒(粉)及其杂质；用小刀切开红曲米，观察其断面；取 10 g 左右样品置手中，用鼻子闻其气味。

6.2 水分

按 GB/T 5009.3 的方法测定。

6.3 色价

6.3.1 仪器和设备

除实验室常规仪器外还需：

6.3.1.1 粉碎机。

6.3.1.2 分光光度计。

6.3.1.3 恒温水浴：控温精度±0.5 ℃。

6.3.2 试剂和溶液

乙醇溶液 70%(体积分数)。

6.3.3 分析步骤

将样品用粉碎机粉碎，其试样可过 40 目～60 目筛。

准确称取已粉碎混合均匀的试样 0.2 g(精确至 0.001 g)，用 70%乙醇溶液溶解并将其转入100 mL 容量瓶中，定容至刻度，盖塞，置于 60 ℃±0.5 ℃水浴中，准确浸泡 1 h，取出冷却到室温，补充 70%乙醇溶液至刻度，混匀。用滤纸过滤，将滤液收集于具塞比色管，备用。

准确吸取上述滤液 2.0 mL～5.0 mL 于 50 mL 容量瓶中(使最终稀释液吸光值落在 0.3～0.6 范围内)，用 70%乙醇稀释定容至 50 mL，摇匀，用 10 mm 比色皿，以 70%乙醇溶液做参比，在波长 505 nm 下，测定其试样浸泡稀释液的吸光度 A。

6.3.4 计算

样品色价按式(1)计算：

$$X_1 = A \times \frac{100}{m_1} \times \frac{50}{V} \qquad \cdots\cdots(1)$$

式中：

X_1——试样的色价，单位为单位色价每克(u/g)；

A——浸泡稀释液的吸光度；

m_1——称取样品的质量，单位为克(g)；

V——吸取乙醇浸泡液的体积，单位为毫升(mL)。

结果保留至整数位。

6.3.5 允许差

平行试验，两次测定值之差不得超过 2%。

6.4 细度

6.4.1 仪器和设备

6.4.1.1 标准试验筛(相当于 200 目)。

6.4.1.2 分析天平：精度±0.2 mg。

6.4.2 分析步骤

称取红曲米粉 100 g(精确至 0.2 g)。

将规定的标准筛装上筛底盘，然后将称好的样品全部转入标准筛上，加盖，振荡筛分 5 min(不时敲打筛梆)，静置 2 min，取下上盖，小心将筛上物全部转移到已知质量的烧杯中，用天平称量，计算。

6.4.3 计算

样品的细度按式(2)计算：

$$X_2 = \frac{100 - m_2}{100} \times 100 \qquad \cdots\cdots(2)$$

式中：

X_2——样品细度的质量分数，%；

100——取样量，单位为克(g)；

m_2——筛上物的质量，单位为克(g)。

所得结果表示至整数。

6.4.4 允许差

平行试验，两次测定值之差不得超过 1%。

6.5 砷

按 GB/T 5009.11 的方法测定。

6.6 重金属

按 GB/T 5009.74 的方法测定。

6.7 大肠菌群

按 GB/T 4789.3 的方法测定。

6.8 黄曲霉毒素 B_1

按 GB/T 5009.22 的方法测定。

6.9 致病菌

按 GB/T 4789.4 、GB/T 4789.5、GB/T 4789.10 的方法测定。

7 检验规则

7.1 组批

同一天包装出厂,具有相同规格、等级质量和批号,并具有同样质量证明书的产品为一批。

7.2 抽样

7.2.1 按表 4 要求随机抽取样本。

表 4 袋装样品抽样表

批量范围/箱	抽取样本数/箱	抽去单位包装数/袋
<100	4	1
100～250	6	1
251～500	10	1
>500	20	1

7.2.2 用取样器插入每件(袋)1/2～1/3 处采取样品,每件不少于 100 g,样品量不足 250 g 时可按比例加取。仔细混匀,四分法缩分,分别装于两个洁净并干燥的广口瓶中,贴上标签,注明:产品名称、规格等级、生产日期或批号、数量、取样日期、地点和取样人员。一瓶送化验室检验;一瓶封存三个月备用。

7.3 检验分类

检验分为出厂检验和型式检验。

7.3.1 出厂检验

7.3.1.1 产品出厂前,应由生产企业的质量检验部门负责按本标准规定逐批进行检验。检验合格并签发质量合格证明的产品,方可出厂。

7.3.1.2 出厂检验项目:感官、水分、色价、细度(粉)、大肠菌群。

7.3.2 型式检验

7.3.2.1 型式检验项目:本标准规定的感官、理化和卫生要求的全部项目。

7.3.2.2 产品在正常生产情况下,型式检验每年一次,遇有下列情况之一时，亦须进行型式检验:

——如原料、配方或工艺有较大改变时;

——更改关键工艺和设备时;

——试制新产品或产品长期停产,又恢复生产时;

——出厂检验结果与正常生产时有较大差别时;

——国家质量监督检验机构提出要求时。

7.4 判定规则

7.4.1 检验结果中如有一项指标不符合标准要求时,应重新自同批产品中抽取两倍量样品进行复检,以复检结果为准。

7.4.2 当供需双方对产品质量发生异议时,由双方协商选定仲裁单位,按本标准进行复验。

8 标志、包装、运输和贮存

8.1 标志

食品添加剂必须有包装标志和产品说明书，标志内容可包括：品名、产地、厂名、卫生许可证号、生产许可证号、规格、生产日期、批号或者代号、保质期限等，并在标志上明确标示“食品添加剂”字样。

8.2 包装

产品的包装应采用国家批准的、并符合相应的食品包装用卫生标准的材料。

8.3 运输

产品在运输过程中，严禁与有毒、有害、有腐蚀性及其他污染物混装、混运，避免雨淋日晒等。

在运输过程上应防雨、防潮、防止日光曝晒。

8.4 贮存

产品应贮存在通风、清洁、干燥的地方，不得与有毒、有害及有腐蚀性等物质混存。

产品自生产之日起，在符合上述储运条件、原包装完好的情况下，保质期应不少于12个月，企业可按上述要求具体标示。

ICS 67.160.10
X 62

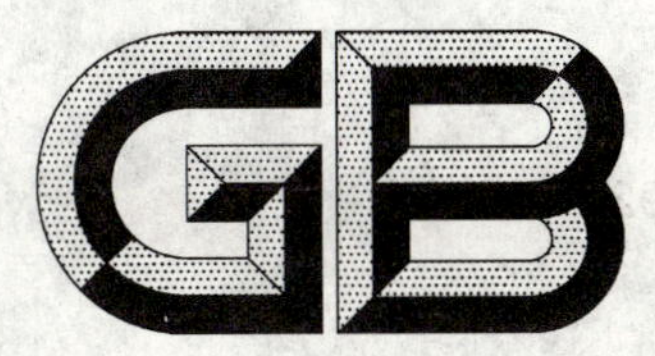

中华人民共和国国家标准

GB 4927—2008
代替 GB 4927—2001

2008-12-29 发布　　　　2009-10-01 实施

中华人民共和国国家质量监督检验检疫总局
中国国家标准化管理委员会　发布

前　言

本标准3.1、8.1为强制性，其余为推荐性。

本标准代替GB 4927—2001《啤酒》。

本标准与GB 4927—2001相比主要变化如下：

——将特种啤酒的定义调整到第3章术语和定义中，修改了干啤酒、冰啤酒、低醇啤酒、小麦啤酒、浑浊啤酒的定义，增加了无醇啤酒和果蔬类啤酒的定义；

——增加了产品分类；

——将净含量负偏差改为净含量；

——质量等级取消了二级；

——酒精度的计量单位改用体积分数（%vol）表示；

——对淡色啤酒的泡持性、酒精度、原麦汁浓度、总酸、二氧化碳指标进行了调整；

——对浓色啤酒和黑色啤酒的泡持性、酒精度、原麦汁浓度、二氧化碳指标进行了调整，另增加了蔗糖转化酶活性要求；

——对出厂检验项目进行了适当修改。

本标准由全国食品工业标准化技术委员会提出。

本标准由全国酿酒标准化技术委员会归口。

本标准起草单位：中国食品发酵工业研究院、广州珠江啤酒股份有限公司、北京燕京啤酒股份有限公司、金威啤酒（中国）有限公司、杭州西湖啤酒朝日（股份）有限公司。

本标准主要起草人：郭新光、张五九、方贵权、贾凤超、宋常欣、叶青、李惠萍。

本标准所代替标准的历次版本发布情况为：

——GB 4927—1985、GB 4927—1991、GB 4927—2001。

啤　酒

1　范围

本标准规定了啤酒的术语和定义、产品分类、要求、分析方法、检验规则以及标志、包装、运输和贮存。

本标准适用于啤酒的生产、检验与销售。

2　规范性引用文件

下列文件中的条款通过本标准的引用而成为本标准的条款。凡是注日期的引用文件，其随后所有的修改单(不包括勘误的内容)或修订版均不适用于本标准，然而，鼓励根据本标准达成协议的各方研究是否可使用这些文件的最新版本。凡是不注日期的引用文件，其最新版本适用于本标准。

GB/T 191　包装储运图示标志(GB/T 191—2008，ISO 780:1997，MOD)

GB 2758　发酵酒卫生标准

GB 4544　啤酒瓶

GB/T 4928　啤酒分析方法

GB/T 5738　瓶装酒、饮料塑料周转箱

GB/T 6543　运输包装用单瓦楞纸箱和双瓦楞纸箱

GB/T 9106　包装容器　铝易开盖两片罐

GB 10344　预包装饮料酒标签通则

GB/T 13521　冠型瓶盖

GB/T 17714　啤酒桶

国家质量监督检验检疫总局[2005]第75号令《定量包装商品计量监督管理办法》

3　术语和定义

下列术语和定义适用于本标准。

3.1

啤酒　beer

以麦芽、水为主要原料，加啤酒花(包括酒花制品)，经酵母发酵酿制而成的、含有二氧化碳的、起泡的，低酒精度的发酵酒。

注：包括无醇啤酒(脱醇啤酒)。

3.2

熟啤酒　pasteurized beer

经过巴氏灭菌或瞬时高温灭菌的啤酒。

3.3

生啤酒　draft beer

不经巴氏灭菌或瞬时高温灭菌，而采用其他物理方法除菌，达到一定生物稳定性的啤酒。

3.4

鲜啤酒　fresh beer

不经巴氏灭菌或瞬时高温灭菌，成品中允许含有一定量活酵母菌，达到一定生物稳定性的啤酒。

3.5

特种啤酒　special beer

由于原辅材料、工艺的改变，使之具有特殊风格的啤酒。

3.5.1

干啤酒　dry beer

真正(实际)发酵度不低于72%，口味干爽的啤酒。除特征性外，其他要求应符合相应类型啤酒的规定。

3.5.2

冰啤酒　ice beer

经冰晶化工艺处理，浊度小于等于0.8 EBC的啤酒。除特征性外，其他要求应符合相应类型啤酒的规定。

3.5.3

低醇啤酒　low-alcohol beer

酒精度为0.6%vol～2.5%vol的啤酒，除特征性外，其他要求应符合相应类型啤酒的规定。

3.5.4

无醇啤酒　non-alcohol beer

脱醇啤酒

酒精度小于等于0.5%vol，原麦汁浓度大于等于3.0 °P的啤酒。除特征性外，其他要求应符合相应类型啤酒的规定。

3.5.5

小麦啤酒　wheat beer

以小麦芽(占麦芽的40%以上)、水为主要原料酿制，具有小麦麦芽经酿造所产生的特殊香气的啤酒。除特征性外，其他要求应符合相应类型啤酒的规定。

3.5.6

浑浊啤酒　turbid beer

在成品中含有一定量的酵母菌或显示特殊风味的胶体物质，浊度大于等于2.0 EBC的啤酒。除特征性外，其他要求应符合相应类型啤酒的规定。

3.5.7

果蔬类啤酒　fruit and vegetable beer

3.5.7.1

果蔬汁型啤酒　beer with fruit and vegetable flavor

添加一定量的果蔬汁，具有其特征性理化指标和风味，并保持啤酒基本口味。除特征性外，其他要求应符合相应啤酒的规定。

3.5.7.2

果蔬味型啤酒　taste of fruit and vegetable beer

在保持啤酒基本口味的基础上，添加少量食用香精，具有相应的果蔬风味。除特征性外，其他应要求符合相应啤酒的规定。

3.6

柏拉图度　plato

原麦汁浓度的一种国际通用表示单位，符号为°P，即表示100 g麦芽汁中含有浸出物的克数。

3.7

冰晶化　ice crystallization

将啤酒经过专用的冷冻设备进行超冷冻处理，形成细小冰晶的再加工过程。

4 产品分类

4.1 淡色啤酒:色度 2 EBC～14 EBC 的啤酒。

4.2 浓色啤酒:色度 15 EBC～40 EBC 的啤酒。

4.3 黑色啤酒:色度大于等于 41 EBC 的啤酒。

4.4 特种啤酒。

5 要求

5.1 感官要求

5.1.1 淡色啤酒

淡色啤酒应符合表 1 的规定。

表 1 淡色啤酒感官要求

项目				优级	一级
外观[a]	透明度			清亮,允许有肉眼可见的微细悬浮物和沉淀物(非外来异物)	
	浊度/EBC	≤		0.9	1.2
泡沫	形态			泡沫洁白细腻,持久挂杯	泡沫较洁白细腻,较持久挂杯
	泡持性[b]/s	≥	瓶装	180	130
			听装	150	110
香气和口味				有明显的酒花香气,口味纯正,爽口,酒体协调,柔和,无异香、异味	有较明显的酒花香气,口味纯正,较爽口,协调,无异香、异味

a 对非瓶装的“鲜啤酒”无要求。

b 对桶装(鲜、生、熟)啤酒无要求。

5.1.2 浓色啤酒、黑色啤酒

浓色啤酒、黑色啤酒应符合表 2 的规定。

表 2 浓色啤酒、黑色啤酒感官要求

项目				优级	一级
外观[a]				酒体有光泽,允许有肉眼可见的微细悬浮物和沉淀物(非外来异物)	
泡沫	形态			泡沫细腻挂杯	泡沫较细腻挂杯
	泡持性[b]/s	≥	瓶装	180	130
			听装	150	110
香气和口味				具有明显的麦芽香气,口味纯正,爽口,酒体醇厚,杀口,柔和,无异味	有较明显的麦芽香气,口味纯正,较爽口,杀口,无异味

a 对非瓶装的“鲜啤酒”无要求。

b 对桶装(鲜、生、熟)啤酒无要求。

5.2 理化要求

5.2.1 淡色啤酒

淡色啤酒应符合表 3 的规定。

表 3　淡色啤酒理化要求

项　　目		优　级	一　级
酒精度[a]/(%vol)　≥	大于等于 14.1 °P	5.2	
	12.1 °P ～14.0 °P	4.5	
	11.1 °P ～12.0 °P	4.1	
	10.1 °P ～11.0 °P	3.7	
	8.1 °P ～10.0 °P	3.3	
	小于等于 8.0 °P	2.5	
原麦汁浓度[b]/°P		X	
总酸/(mL/100 mL)　≤	大于等于 14.1 °P	3.0	
	10.1 °P ～14.0 °P	2.6	
	小于等于 10.0 °P	2.2	
二氧化碳[c]/%(质量分数)		0.35～0.65	
双乙酰/(mg/L)　≤		0.10	0.15
蔗糖转化酶活性[d]		呈阳性	

[a] 不包括低醇啤酒、无醇啤酒。

[b] "X"为标签上标注的原麦汁浓度，≥10.0 °P 允许的负偏差为"−0.3"；<10.0 °P 允许的负偏差为"−0.2"。

[c] 桶装(鲜、生、熟)啤酒二氧化碳不得小于 0.25 %(质量分数)。

[d] 仅对"生啤酒"和"鲜啤酒"有要求。

5.2.2　浓色啤酒、黑色啤酒

浓色啤酒、黑色啤酒应符合表 4 的规定。

表 4　浓色啤酒、黑色啤酒理化要求

项　　目		优　级	一　级
酒精度[a]/(%vol)　≥	大于等于 14.1 °P	5.2	
	12.1 °P ～14.0 °P	4.5	
	11.1 °P ～12.0 °P	4.1	
	10.1 °P ～11.0 °P	3.7	
	8.1 °P ～10.0 °P	3.3	
	小于等于 8.0 °P	2.5	
原麦汁浓度[b]/°P		X	
总酸/(mL/100 mL)　≤		4.0	
二氧化碳[c]/%(质量分数)		0.35～0.65	
蔗糖转化酶活性[d]		呈阳性	

[a] 不包括低醇啤酒、脱醇啤酒。

[b] "X"为标签上标注的原麦汁浓度，≥10.0 °P 允许的负偏差为"−0.3"；<10.0 °P 允许的负偏差为"−0.2"。

[c] 桶装(鲜、生、熟)啤酒二氧化碳不得小于 0.25 %(质量分数)。

[d] 仅对"生啤酒"和"鲜啤酒"有要求。

5.2.3 特种啤酒

除特征性指标外,其他要求应符合相应啤酒的规定。

5.3 卫生要求

应符合 GB 2758 的规定。

5.4 净含量

按国家质量监督检验检疫总局[2005]第 75 号令执行。

6 分析方法

感官要求、净含量和理化要求按 GB/T 4928 检验。

7 检验规则

7.1 组批

发酵成熟的嫩啤酒经过滤后,同一清酒罐、同一包装线、连续生产的同一包装形式当天包装出厂(或入库)的、具有同样质量检验报告单的产品为一批。

7.2 抽样

7.2.1 按表 5 抽取样本。桶装啤酒应使用灭菌的器具,在无菌条件下从各样本中采样、封装。箱装(瓶、听)啤酒先按表 5 规定抽取样本,再随机从各样本中抽取单位样品件数。当样品总量不足 4.0 L 时,应适当按比例增加取样量。

表 5 抽样表

样本批量范围/箱或桶	样本数/箱或桶	单位样本数/瓶或听
50 以下	3	3
51～1 200	5	2
1 201～35 000	8	1
≥35 001	13	1

7.2.2 采样后应立即贴上标签,注明:样品名称、品种规格、数量、制造者名称、采样时间与地点、采样人。将其中三分之一样品封存,于 5 ℃～25 ℃保留 10 d 备查。其余样品立即送化验室,进行感官、理化和卫生等要求的检验。

7.3 检验分类

7.3.1 出厂检验

7.3.1.1 产品出厂前,应由生产厂的质量监督检验部门按本标准规定逐批进行检验,检验合格,方可出厂。产品质量检验合格证明(合格证)可以放在包装箱内,也可以在标签上或在包装箱外打印“合格”二字。

7.3.1.2 检验项目:净含量、感官要求、理化要求。

7.3.2 型式检验

7.3.2.1 检验项目:5.1～5.4 的全部要求。

7.3.2.2 型式检验至少每半年进行一次。有下列情况之一者,亦应进行:

a) 原辅材料有较大变化时;

b) 更换设备或停产后,重新恢复生产时;

c) 出厂检验与上次型式检验结果有较大差异时;

d) 国家质量监督检验机构提出抽检要求时。

7.4 “不合格项目”分类

7.4.1 “缺陷”项目:卫生要求。

7.4.2 “严重瑕疵”项目：净含量、标签、特种啤酒的特征性指标（如：干啤酒的“真正发酵度”、冰啤酒的“浊度”等）、双乙酰、生啤酒和鲜啤酒的“蔗糖转化酶活性”。

7.4.3 “一般瑕疵”项目：除“缺陷”和“严重瑕疵”以外的其余项目。

7.5 判定规则

7.5.1 受检样品如有两项以下（含两项）指标检验不合格时，应重新自同批产品中抽取两倍量样品进行复验，以复验结果为准。

7.5.2 若复验结果仍有1项“缺陷”或“严重瑕疵”时，判该批产品为不合格。

7.5.3 若复验结果仍有1项“一般瑕疵”，但不低于下一个质量等级指标时，判该批产品为合格；若低于下一个质量等级指标或者超过1项“一般瑕疵”时，则判该批产品为不合格。

8 标志、包装、运输和贮存

8.1 标志

8.1.1 销售包装标签应符合GB 10344的有关规定，标明：产品名称、原料、酒精度、原麦汁浓度、净含量、制造者名称和地址、灌装（生产）日期、保质期、执行标准号及质量等级。用玻璃瓶包装的啤酒，还应在标签、附标或外包装上印有“警示语”——“切勿撞击，防止爆瓶”。

8.1.2 外包装纸箱上除标明产品名称、制造者名称和地址、生产日期外，还应标明单位包装的净含量和总数量。

8.1.3 包装储运图示标志应符合GB/T 191要求。

8.2 包装

8.2.1 瓶装啤酒，应使用符合GB 4544有关要求的玻璃瓶和符合GB/T 13521有关要求的瓶盖。

8.2.2 听装啤酒，应使用有足够耐受压力的包装容器包装，如：铝易开盖两片罐，并应符合GB/T 9106的有关要求。

8.2.3 桶装啤酒，应使用符合GB/T 17714有关要求的啤酒桶。

8.2.4 产品应封装严密，不得有漏气、漏酒现象。

8.2.5 瓶装啤酒外包装应使用符合GB/T 6543要求的瓦楞纸箱、符合GB/T 5738要求的塑料周转箱，或者使用软塑整体包装。瓶装啤酒不得只用绳捆扎出售。

注：当使用自动包装机打包时，瓦楞纸箱内允许无间隔材料。

8.3 运输和贮存

8.3.1 搬运啤酒时，应轻拿轻放，不得扔摔，应避免撞击和挤压。

8.3.2 啤酒不得与有毒、有害、有腐蚀性、易挥发或有异味的物品混装、混贮、混运。

8.3.3 啤酒宜在5 ℃～25 ℃下运输和贮存；低于或高于此温度范围，采取相应的防冻或防热措施。

8.3.4 啤酒应贮存于阴凉、干燥、通风的库房中；不得露天堆放，严防日晒、雨淋；不得与潮湿地面直接接触。

ICS 67.160.10
X 62

中华人民共和国国家标准

GB/T 4928—2008
代替 GB/T 4928—2001

啤酒分析方法

Method for analysis of beer

2008-06-25 发布 2009-06-01 实施

中华人民共和国国家质量监督检验检疫总局
中国国家标准化管理委员会 发布

前 言

本标准代替 GB/T 4928—2001《啤酒分析方法》。

本标准与 GB/T 4928—2001 相比主要变化如下：

——去掉感官评价中评酒环境按 GB/T 13868 和评酒员按 GB/T 14195 执行两条款；

——将原标准中净含量负偏差改为净含量；

——增加了第二法 分光光度计法；

——泡持性的测定，秒表法中规定了倒酒满杯时间；

——酒精度的测定，气相色谱法中将内标“正丙醇”改为“正丁醇”；

——双乙酰的测定，将玻璃比色皿改为石英比色皿；

——将生产企业需要自行控制的一些指标的分析方法，仍作为附录 C 列出，供企业参考。

本标准的附录 A 、附录 B 为规范性附录，附录 C 为资料性附录。

本标准由全国食品工业标准化技术委员会酿酒分技术委员会提出并归口。

本标准负责起草单位：中国食品发酵工业研究院、青岛啤酒股份有限公司、广州珠江啤酒股份有限公司、北京燕京啤酒股份有限公司、金威啤酒（中国）有限公司、杭州西湖啤酒朝日（股份）有限公司。

本标准主要起草人：康永璞、张蔚、董建军、廖加宁、林智平、宋常欣、叶青、林艳、涂京霞。

本标准所代替标准的历次版本发布情况为：

——GB 4928—1985、GB 4928—1991、GB/T 4928—2001。

啤 酒 分 析 方 法

1 范围

本标准规定了啤酒产品的分析方法。

本标准适用于各类啤酒产品的检测。

2 规范性引用文件

下列文件中的条款通过本标准的引用而成为本标准的条款。凡是注日期的引用文件，其随后所有的修改单（不包括勘误的内容）或修订版均不适用于本标准，然而，鼓励根据本标准达成协议的各方研究是否可使用这些文件的最新版本。凡是不注日期的引用文件，其最新版本适用于本标准。

GB/T 601　化学试剂　标准滴定溶液的制备

GB/T 602　化学试剂　杂质测定用标准溶液的制备（GB/T 602—2002，ISO 6353-1：1982，NEQ）

GB/T 603　化学试剂　试验方法中所用制剂及制品的制备（GB/T 603—2002，ISO 6353-1：1982，NEQ）

GB 4927　啤酒

GB/T 6682　分析实验室用水规格和试验方法（GB/T 6682—2008，ISO 3696：1987，MOD）

3 总则

3.1　本标准中所采用的名词术语、计量单位应符合国家相关标准的规定。

3.2　本标准中所用的各种分析仪器（如：分析天平、分光光度计等）应定期检定；所用的密度瓶、移液管、容量瓶等玻璃计量器具应按有关检定规程进行校正。

3.3　本标准中所用的水，在未注明其他要求时，应符合 GB/T 6682 的要求。所用试剂，在未注明其他规格时，均指分析纯（AR）。

3.4　本标准中的“溶液”，除另有说明外，均指水溶液。

3.5　同一检测项目，有两个或两个以上分析方法时，各实验室可根据各自条件选用，但以第一法为仲裁法。

4 试样的制备（理化分析用）及无菌采样（微生物检验用）

4.1 试样的制备

4.1.1 方法提要

在保证样品有代表性，不损失或少损失酒精的前提下，用振摇、超声波或搅拌等方式除去酒样中的二氧化碳气体。

4.1.2 第一法

将恒温至 15 ℃～20 ℃的酒样约 300 mL 倒入 1 000 mL 锥形瓶中，盖塞（橡皮塞），在恒温室内，轻轻摇动、开塞放气（开始有“砰砰”声），盖塞。反复操作，直至无气体逸出为止。用单层中速干滤纸（漏斗上面盖表面玻璃）过滤。

4.1.3 第二法

采用超声波或磁力搅拌法除气，将恒温至 15 ℃～20 ℃的酒样约 300 mL 移入带排气塞的瓶中，置于超声波水槽中（或搅拌器上），超声（或搅拌）一定时间后，用单层中速干滤纸过滤（漏斗上面盖表面玻璃）。

注：要通过与第一法比对，使其酒精度测定结果相似，以确定超声（或搅拌）时间和温度。

4.1.4 试样的保存

将除气后的酒样收集于具塞锥形瓶中，温度保持在 15 ℃～20 ℃，密封保存，限制在 2 h 内使用。

4.2 成品酒无菌采样

4.2.1 听装啤酒采样时，先将拉盖器部位浸入 75%乙醇 1 min 后，用火灼烧。再用 75%乙醇棉球擦洗听顶部，并用火灼烧残余乙醇（拉盖式的听装酒，也可从另一端采样，同样无菌处理）。开盖后用无菌培养皿（或塞）盖上（或塞上）。

4.2.2 瓶装啤酒采样时，先将瓶盖器部位浸入 75%乙醇 1 min 后，用火灼烧残余乙醇。开盖后，用火灼烧瓶口，再用原盖盖住（或用消毒的铝片盖住）。

4.2.3 桶装或大罐无菌采样：预先对桶或罐取样口进行无菌处理。然后安全打开阀门，让酒液从采样器或采样口流出 5 s～10 s，用无菌技术将样品收集于无菌瓶中。

在采样过程中，任何开盖器械或采样容器都应经过灭菌处理。

5 感官分析

5.1 酒样的准备

根据需要将酒样密码编号并恒温至 12 ℃～15 ℃，以同样高度（距杯口 3 cm）和注流速度，对号注入洁净、干燥的啤酒评酒杯中。

5.2 外观

5.2.1 透明度

将注入杯的酒样（或瓶装酒样）置于明亮处观察，记录酒的清亮程度、悬浮物及沉淀物情况。

5.2.2 浊度

按第 6 章测定。

5.3 泡沫

5.3.1 形态

用眼观察泡沫的颜色、细腻程度及挂杯情况，做好记录。

5.3.2 泡持性

按第 7 章测定。

5.4 香气和口味

5.4.1 香气

先将注入酒样的评酒杯置于鼻孔下方，嗅闻其香气，摇动酒杯后，再嗅闻有无酒花香气及异杂气味，做好记录。

5.4.2 口味

饮入适量酒样，根据所评定的酒样应具备的口感特征进行评定，做好记录。

5.5 判定

根据外观、泡沫、香气和口味特征，写出评语，依据 GB 4927 中的感官要求进行综合评定。

5.6 色度

5.6.1 比色计法（第一法）

5.6.1.1 原理

将除气后的试样注入 EBC 比色计的比色皿中，与标准 EBC 色盘比较，目视读取或自动数字显示出试样的色度，以色度单位 EBC 表示。

5.6.1.2 仪器

EBC 比色计（或使用同等分析效果的仪器）：具有 2 EBC～27 EBC 单位的目视色度盘或自动数据处理与显示装置。

5.6.1.3 **试剂和溶液**

哈同(Hartong)基准溶液:称取重铬酸钾($K_2Cr_2O_7$) 0.1 g(精确至 0.001 g)和亚硝酰铁氰化钠{$Na_2[Fe(CN)_5NO] \cdot 2H_2O$}3.5 g(精确至 0.001 g),用水溶解并定容至 1 000 mL,贮于棕色瓶中,于暗处放置 24 h 后使用。

5.6.1.4 **分析步骤**

5.6.1.4.1 仪器校正:将哈同溶液注入 40 mm 比色皿中,用色度计测定。其标准色度应为 15 EBC 单位;若使用 25 mm 比色皿,其标准色度为 9.4 EBC。仪器的校正应每月一次。

5.6.1.4.2 测定:将试样(4.1)注入 25 mm 比色皿中,然后放到比色盒中,与标准色盘进行比较,当两者色调一致时直接读数。或使用自动数字显示色度计,自动显示、打印其结果。

5.6.1.5 **结果计算**

a) 试样的色度按式(1)计算。如使用其他规格的比色皿,则需要换算成 25 mm 比色皿的数据,计算其结果。

$$S_1 = \frac{S_2}{H} \times 25 \quad \cdots\cdots(1)$$

式中:

S_1——试样的色度,单位为 EBC;

S_2——实测色度,单位为 EBC;

H——使用比色皿厚度,单位为毫米(mm);

25——换算成标准比色皿的厚度,单位为毫米(mm)。

b) 测定浓色和黑色啤酒时,需要将酒样稀释至合适的倍数,然后将测定结果乘以稀释倍数。

所得结果表示至一位小数。

5.6.1.6 **精密度**

在重复性条件下获得的两次独立测定值之差,色度为 2 EBC~10 EBC 时,不得大于 0.5 EBC。色度大于 10 EBC 时,稀释样平行测定值之差不得大于 1 EBC。

5.6.2 **分光光度计法(第二法)**

5.6.2.1 **原理**

啤酒的色泽愈深,则在一定波长下的吸光值愈大,因此可直接测定吸光度,然后转换为 EBC 单位表示色度。

5.6.2.2 **仪器**

5.6.2.2.1 可见分光光度计。

5.6.2.2.2 玻璃比色皿:10 mm。

5.6.2.2.3 离心机:4 000 r/min。

5.6.2.3 **分析步骤**

将试样(4.1)注入 10 mm 玻璃比色皿中,以水为空白调整零点,分别在波长 430 nm 和 700 nm 处测定试样的吸光度。

若 $A_{430} \times 0.039 > A_{700}$ 表示试样是透明的,按式(2)计算。若 $A_{430} \times 0.039 < A_{700}$ 表示试样是混浊的,需要离心或过滤后,重新测定。当 A_{430} 的吸光度值在 0.8 以上时,需用水稀释后,再测定。

5.6.2.4 **结果计算**

试样的色度按式(2)计算。

$$S_3 = A_{430} \times 25 \times n \quad \cdots\cdots(2)$$

式中:

S_3——试样的色度,单位为 EBC;

A_{430}——试样在波长 430 nm、10 mm 玻璃比色皿测得的吸光度;

25——换算成标准比色皿的厚度,单位为毫米(mm);

n——稀释倍数。

所得结果表示至一位小数。

5.6.2.5 **精密度**

在重复性条件下获得的两次独立测定值之差,不得大于 0.5 EBC。

6 浊度

6.1 原理

利用富尔马肼(Formazin)标准浊度溶液校正浊度计,直接测定啤酒样品的浊度,以浊度单位 EBC 表示。

6.2 仪器

6.2.1 浊度计:测量范围 0 EBC~5 EBC,分度值 0.01 EBC。

6.2.2 分析天平:感量 0.1 mg。

6.2.3 具塞锥形瓶:100 mL。

6.2.4 吸管:25 mL。

6.3 试剂和溶液

6.3.1 硫酸肼溶液(10 g/L):称取硫酸肼 1 g(精确至 0.001 g),加水溶解,并定容至 100 mL。静置 4 h 使其完全溶解。

6.3.2 六次甲基四胺溶液(100 g/L):称取六次甲基四胺 10 g(精确至 0.001 g),加水溶解,并定容至 100 mL。

6.3.3 富尔马肼标准浊度储备液:吸取 25.0 mL 六次甲基四胺溶液(6.3.2)于一个具塞锥形瓶中,边搅拌边用吸管加入 25.0 mL 硫酸肼溶液(6.3.1),摇匀,盖塞,于室温下放置 24 h 后使用。此溶液为 1 000 EBC 单位,在 2 个月内可保持稳定。

6.3.4 富尔马肼标准浊度使用液:分别吸取标准浊度液(6.3.3)0 mL、0.20 mL、0.50 mL、1.00 mL 于 4 个 1 000 mL 容量瓶中,加重蒸水稀释至刻度,摇匀。该标准浊度使用液的浊度分别为 0 EBC、0.20 EBC、0.50 EBC、1.00 EBC。该溶液应当天配制与使用。

6.4 分析步骤

6.4.1 按照仪器使用说明书安装与调试。用标准浊度使用液(6.3.4)校正浊度计。

6.4.2 取按 4.1 除气但未经过滤,温度在 20 ℃±0.1 ℃的试样倒入浊度计的标准杯中,将其放入浊度计中测定,直接读数(该法为第一法,应在试样脱气后 5 min 内测定完毕)。

或者将整瓶酒放入仪器中,旋转一周,取平均值(该法为第二法,预先在瓶盖上划一个十字,手工旋转四个 90°,读数,取四个读数的平均值报告其结果)。

所得结果表示至一位小数。

6.5 精密度

在重复性条件下获得的两次独立测定结果的绝对差值不得超过算术平均值的 10%。

7 泡持性

7.1 仪器法(第一法)

7.1.1 **原理**

采用节流发泡,利用泡沫的导电性,使用长短不同的探针电极,自动跟踪记录泡沫衰减所需的时间,即为泡持性。

7.1.2 **仪器和材料**

7.1.2.1 啤酒泡持测定仪。

7.1.2.2 泡持杯:杯内高 120 mm,内径 60 mm,壁厚 2 mm,无色透明玻璃。

7.1.2.3 气源:液体二氧化碳,钢瓶压力 $P \geqslant 5$ MPa,纯度≥99%。

7.1.2.4 恒温水浴:精度±0.5 ℃。

7.1.3 分析步骤

7.1.3.1 试样的准备

a) 将酒样(整瓶或整听)置于 20 ℃±0.5 ℃水浴中恒温 30 min。

b) 将泡持杯彻底清洗干净、备用。

7.1.3.2 测定

a) 按使用说明书调试仪器至工作状态。

b) 将二氧化碳钢瓶分压调至 0.2 MPa。按仪器说明书校正杯高。

c) 按照仪器使用说明书将样品置于发泡器上发泡。泡沫出口端与泡持杯底距离 10 mm,泡沫满杯时间宜为 3 s~4 s。

d) 迅速将盛满泡沫的泡持杯置于泡沫测量仪的探针下,按开始键,仪器自动显示和记录结果。

所得结果表示至整数。

7.1.4 精密度

在重复性条件下获得的两次独立测定结果的绝对差值不得超过算术平均值的 5%。

7.2 秒表法(第二法)

7.2.1 原理

用目视法测定啤酒泡沫消失的速度,以秒表示。

7.2.2 仪器和材料

7.2.2.1 秒表。

7.2.2.2 泡持杯:同 7.1.2.2。

7.2.2.3 铁架台和铁环。

7.2.3 分析步骤

7.2.3.1 试样的准备

同 7.1.3.1。

7.2.3.2 测定

a) 将泡持杯置于铁架台底座上,距杯口 3 cm 处固定铁环,开启瓶盖,立即置瓶(或听)口于铁环上,沿杯中心线,以均匀流速将酒样注入杯中,直至泡沫高度与杯口相齐时为止(满杯时间宜控制在 4 s~8 s 内)。同时按秒表开始计时。

b) 观察泡沫升起情况,记录泡沫的形态(包括色泽及细腻程度)和泡沫挂杯情况。

c) 记录泡沫从满杯至消失(露出 0.05 cm^2 酒面)的时间。

测定时严禁有空气流通,测定前样品瓶应避免振摇。

所得结果表示至整数。

7.2.4 精密度

在重复性条件下获得的两次独立测定结果的绝对差值不得超过算术平均值的 10%。

8 酒精度

8.1 密度瓶法(第一法)

8.1.1 原理

利用在 20 ℃时酒精水溶液与同体积纯水质量之比,求得相对密度(以 d_{20}^{20}表示)。然后,查表得出试样中酒精含量的体积分数。

8.1.2 仪器

8.1.2.1 全玻璃蒸馏器:500 mL。

8.1.2.2 恒温水浴:精度±0.1 ℃。

8.1.2.3 容量瓶:100 mL。

8.1.2.4 移液管:100 mL。

8.1.2.5 分析天平:感量 0.1 mg。

8.1.2.6 天平:感量 0.1 g。

8.1.2.7 附温度计密度瓶:25 mL 或 50 mL。

8.1.3 分析步骤

8.1.3.1 容量法

a) 蒸馏

用 100 mL 容量瓶准确量取试样(4.1)100 mL,置于蒸馏瓶中,用 50 mL 水分三次冲洗容量瓶,洗液并入蒸馏瓶中,加玻璃珠数粒,装上蛇型冷凝管,用原 100 mL 容量瓶接收馏出液(外加冰浴),缓缓加热蒸馏(冷凝管出口水温不得超过 20 ℃),收集约 96 mL 馏出液(蒸馏应在 30 min～60 min 内完成),取下容量瓶,调节液温至 20 ℃,补加水定容,混匀,备用。

b) 测量 A

将密度瓶洗净、干燥、称量,反复操作,直至恒重。将煮沸冷却至 15 ℃的水注满恒重的密度瓶中,插上带温度计的瓶塞(瓶中应无气泡),立即浸于 20 ℃±0.1 ℃的水浴中,待内容物温度达 20 ℃,并保持 5 min 不变后取出。用滤纸吸去溢出支管的水,立即盖好小帽,擦干后,称量。

c) 测量 B

将水倒去,用试样馏出液反复冲洗密度瓶三次,然后装满,按测量 A 同样操作。

d) 计算

试样馏出液(20 ℃)的相对密度按式(3)计算:

$$d_{20}^{20}=\frac{m_2-m}{m_1-m} \quad \cdots\cdots(3)$$

式中:

d_{20}^{20}——试样馏出液(20 ℃)的相对密度;

m_2——密度瓶和馏出液的质量,单位为克(g);

m——密度瓶的质量,单位为克(g);

m_1——密度瓶和水的质量,单位为克(g)。

根据相对密度 d_{20}^{20} 查附录 A,得到试样馏出液酒精含量的体积分数,即试样的酒精度。

所得结果表示至一位小数。

8.1.3.2 重量法

a) 蒸馏

称取试样(4.1) 100 g(精确至 0.1 g),全部移入 500 mL 已知质量的蒸馏瓶中,加水 50 mL 和数粒玻璃珠,装上蛇型冷凝器(或冷却部分的长度不短于 400 mm 的直型冷凝器),开启冷却水,用已知质量的 100 mL 容量瓶接收馏出液(外加冰浴),缓缓加热蒸馏(冷凝管出口水温不得超过 20 ℃),收集约96 mL馏出液(蒸馏应在 30 min～60 min 内完成),取下容量瓶,调液温至 20 ℃,然后补加水,使溜出液质量为 100.0 g(此时总质量为 100.0 g+容量瓶质量),混匀 (注意保存蒸馏后的残液,可供做真正浓度用)。

b) 测量 A 和测量 B

同 8.1.3.1b)和 8.1.3.1c)。

c) 试样馏出液(20 ℃)相对密度的计算

同 8.1.3.1d)。

根据相对密度 d_{20}^{20} 查附录 A，得到试样馏出液的酒精含量的质量分数，即试样的酒精度。

所得结果表示至一位小数。

8.1.4 精密度

在重复性条件下获得的两次独立测定结果的绝对差值不得超过算术平均值的 1%。

8.2 气相色谱法(第二法)

8.2.1 原理

试样进入气相色谱仪中的色谱柱时，由于在气固两相中吸附系数不同，而使乙醇与其他组分得以分离，利用氢火焰离子化检测器进行检测，与标样对照，根据保留时间定性，利用内标法定量。

8.2.2 仪器

8.2.2.1 气相色谱仪：配有 FID 检测器。

8.2.2.2 微量注射器：1 μL。

8.2.3 试剂和材料

8.2.3.1 乙醇标准溶液：用乙醇(色谱纯)配制成 2%、3%、4%、5%、6%、7%(体积分数)的乙醇标准溶液。

8.2.3.2 正丁醇：色谱纯，作内标用。

8.2.4 色谱柱与色谱条件

色谱柱(不锈钢或玻璃)：2 m；或使用同等分析效果的其他色谱柱。

固定相：Chromosorb 103，60 目～80 目。

柱温：200 ℃。

气化室和检测器温：240 ℃。

载气(高纯氮)流量：40 mL/min。

氢气流量：40 mL/min。

空气流量：500 mL/min。

应根据不同仪器，通过实验选择最佳色谱条件，以使乙醇和正丁醇获得完全分离，并使乙醇洗脱时间控制在 1 min，正丁醇(内标)在 1.6 min 为最佳。

8.2.5 分析步骤

8.2.5.1 工作曲线的绘制

分别吸取不同浓度的乙醇标准溶液(8.2.3.1)各 10.0 mL 于 5 个 10 mL 容量瓶中，分别加入 0.50 mL 正丁醇(8.2.3.2)，混匀。在上述色谱条件下，进样 0.3 μL，以标样和内标峰面积的比值(或峰高比值)，对应酒精度绘制工作曲线，或建立相应的回归方程。

注：所用乙醇标准溶液应当天配制与使用，每个浓度至少要做两次，取平均值作图或计算。

8.2.5.2 试样的测定

吸取试样(4.1)10.0 mL 于 10 mL 容量瓶中，加入 0.5 mL 正丁醇(8.2.3.2)，混匀。以下色谱分析操作同 8.2.5.1。

8.2.6 结果计算

用试样的乙醇峰面积与内标峰面积的比值(或峰高比值)，查工作曲线，或用回归方程计算出试样的酒精度，%vol。

所得结果表示至一位小数。

8.2.7 精密度

同 8.1.4。

8.3 仪器法(第三法)

8.3.1 原理

除气后的啤酒试样导入啤酒自动分析仪后，一路进入内部组装的"U"形振荡管密度计中，测定其密度；另一路进入酒精传感器，测定啤酒试样中的酒精度。

8.3.2 仪器

8.3.2.1 啤酒自动分析仪：酒精度分析精度 0.02%；或使用同等分析效果的仪器，并按其仪器说明书进行操作。

8.3.2.2 容量瓶：1 L。

8.3.3 试剂和溶液

8.3.3.1 乙醇(95%)。

8.3.3.2 清洗液：按仪器使用说明书配制。

8.3.3.3 乙醇校准溶液(3.5% mass)：量取 95%乙醇 46 mL，加水定容至 1 L。

8.3.3.4 乙醇校准溶液(7.0% mass)：量取 95%乙醇 91 mL，加水定容至 1 L。

8.3.4 分析步骤

8.3.4.1 按啤酒自动分析仪使用说明书安装与调试仪器。

8.3.4.2 按啤酒自动分析仪使用手册，依次用水、3.5%乙醇标准溶液和 7.0%乙醇校准溶液校正仪器。

8.3.4.3 将试样(4.1)导入啤酒自动分析仪进行测定。

8.3.5 结果计算

仪器自动打印酒精度，以体积分数 %vol 或质量分数%mass 表示。

所得结果表示至一位小数。

8.3.6 精密度

同 8.1.4。

9 原麦汁浓度

9.1 原理

以密度瓶法测出啤酒试样中的真正浓度和酒精度。按经验公式计算出啤酒试样的原麦汁浓度。或用仪器法直接自动测定、计算、打印出试样的真正浓度及原麦汁浓度。

9.2 密度瓶法(第一法)

9.2.1 真正浓度的测定

9.2.1.1 仪器

同 8.1.2。

9.2.1.2 分析步骤

a) 试样的制备

将在 8.1.3.2 蒸馏除去酒精后的残液（在已知质量的蒸馏烧瓶中），冷却至 20 ℃，准确补加水使残液至 100.0 g，混匀。或用已知质量的蒸发皿称取试样(4.1)100.0 g(精确至 0.1 g)，于沸水浴上蒸发，直至原体积的三分之一，取下冷却至 20 ℃，加水恢复至原质量，混匀。

b) 测定

用密度瓶或密度计测定出残液的相对密度。查附录 B 中的表 B.1，求得 100 g 试样中浸出物的克数(g/100 g)。即为啤酒的真正浓度，以柏拉图度或质量分数(°P 或%)表示。

9.2.2 酒精度的测定

同 8.1.3.2。

9.2.3 结果计算

根据测得的酒精度和真正浓度，按式(4)计算试样的原麦汁浓度：

$$X_1 = \frac{(A \times 2.0665 + E) \times 100}{100 + A \times 1.0665} \qquad \cdots\cdots(4)$$

式中：

X_1——试样的原麦汁浓度，单位为柏拉图度或质量分数(°P 或%)；

A——试样的酒精度质量分数，%；

E——试样的真正浓度质量分数，%。

或者查附录 B 中的表 B.2，按式(5)计算试样的原麦汁浓度：

$$X = 2A + E - b \qquad \cdots\cdots(5)$$

式中：

X——试样的原麦汁浓度，单位为柏拉图度或质量分数(°P 或%)；

A——试样的酒精度质量分数，%；

E——试样的真正浓度质量分数，%；

b——校正系数。

所得结果表示至一位小数。

9.2.4 精密度

在重复性条件下获得的两次独立测定结果的绝对差值不得超过算术平均值的 1%。

9.3 仪器法(第二法)

9.3.1 仪器

啤酒自动分析仪(或使用同等分析效果的仪器)：真正浓度分析精度 0.01%。

9.3.2 分析步骤

9.3.2.1 按啤酒自动分析仪使用说明书安装与调试仪器。

9.3.2.2 按仪器使用手册的进行操作，自动进样、测定、计算、打印出试样的真正浓度和原麦汁浓度，以柏拉图度或质量分数(°P 或%)表示。

所得结果表示至一位小数。

9.3.3 精密度

在重复性条件下获得的两次独立测定结果的绝对差值不得超过算术平均值的 1%。

10 总酸

10.1 电位滴定法(第一法)

10.1.1 原理

酸碱中和原理。用氢氧化钠标准溶液直接滴定啤酒试样中的总酸，以 pH=8.2 为电位滴定终点，根据消耗氢氧化钠标准溶液的体积计算出啤酒中总酸的含量。

10.1.2 仪器

10.1.2.1 自动电位滴定仪：精度±0.02，附电磁搅拌器。

10.1.2.2 恒温水浴：精度±0.5 ℃，带振荡装置。

10.1.3 试剂和溶液

10.1.3.1 氢氧化钠标准滴定溶液[$c(NaOH)$=0.1 mol/L]：按 GB/T 601 配制与标定。

10.1.3.2 标准缓冲溶液：现用现配。

10.1.4 分析步骤

10.1.4.1 试样的准备

取试样(4.1)约 100 mL 于 250 mL 烧杯中，置于 40 ℃±0.5 ℃振荡水浴中恒温 30 min，取出，冷却至室温。

10.1.4.2 测定

a) 按仪器使用说明书安装与调试仪器。

b) 用标准缓冲溶液校正自动电位滴定仪。用水清洗电极，并用滤纸吸干附着电极的液珠。

c) 吸取试样(10.1.4.1) 50.0 mL 于烧杯中，插入电极，开启电磁搅拌器，用氢氧化钠标准滴定溶液(10.1.3.1)滴定至 pH=8.2 为其终点，记录消耗氢氧化钠标准溶液的体积。

10.1.5 结果计算

试样的总酸含量{即 100 mL 试样消耗氢氧化钠标准滴定溶液[$c(NaOH)=1.0$ mol/L] 的毫升数}按式(6)计算：

$$X_2 = 2 \times c_1 \times V_1 \quad \cdots\cdots(6)$$

式中：

X_2——试样的总酸含量，单位为毫升每百毫升(mL/100 mL)；

c_1——氢氧化钠标准滴定溶液的浓度，单位为摩尔每升(mol/L)；

V_1——消耗氢氧化钠标准滴定溶液的体积，单位为毫升(mL)；

2——换算成 100 mL 试样的系数。

所得结果表示至一位小数。

10.1.6 精密度

在重复性条件下获得的两次独立测定结果的绝对差值不得超过算术平均值的 4%。

10.2 指示剂法(第二法)

10.2.1 原理

用酚酞作指示剂进行酸碱中和滴定。

10.2.2 仪器

10.2.2.1 锥形瓶：250 mL。

10.2.2.2 移液管：10 mL。

10.2.2.3 滴定管。

10.2.3 试剂和溶液

10.2.3.1 酚酞指示液(5 g/L)：按 GB/T 603 配制。

10.2.3.2 氢氧化钠标准滴定溶液[$c(NaOH)=0.1$ mol/L]：按 GB/T 601 配制与标定。

10.2.4 分析步骤

于 250 mL 锥形瓶中装入 100 mL 水，加热煮沸 2 min。然后加入试样(4.1)10.0 mL，继续加热 1 min，控制加热温度使其在最后 30 s 内再次沸腾。放置 5 min 后，用自来水迅速冲冷盛样的锥形瓶至室温。加入 0.50 mL 酚酞指示液，用氢氧化钠标准滴定溶液(10.2.3.2)滴定至淡粉色为其终点。记录消耗氢氧化钠标准滴定溶液的体积。

10.2.5 结果计算

试样的总酸含量{即 100 mL 试样消耗氢氧化钠标准滴定溶液[$c(NaOH)=1.0$ mol/L] 的毫升数}按式(7)计算：

$$X_3 = 10 \times c_2 \times V_2 \quad \cdots\cdots(7)$$

式中：

X_3——试样的总酸含量，单位为毫升每百毫升(mL/100 mL)；

c_2——氢氧化钠标准滴定溶液的浓度，单位为摩尔每升(mol/L)；

V_2——消耗氢氧化钠标准滴定溶液的体积，单位为毫升(mL)；

10——换算成 100 mL 试样的系数。

所得结果表示至一位小数。

10.2.6 精密度

同10.1.6。

11 二氧化碳

11.1 基准法(第一法)

11.1.1 原理

在0 ℃～5 ℃下用碱液固定啤酒中的二氧化碳,加稀酸释放后,用已知量的氢氧化钡溶液吸收,过量的氢氧化钡溶液再用盐酸标准滴定溶液滴定。根据消耗盐酸标准滴定溶液的体积,计算出试样中二氧化碳的含量。

11.1.2 仪器

11.1.2.1 二氧化碳收集测定仪。

11.1.2.2 锥形瓶:150 mL。

11.1.2.3 酸式滴定管:25 mL。

11.1.3 试剂和溶液

11.1.3.1 无二氧化碳蒸馏水:按GB/T 603制备。

11.1.3.2 碳酸钠:国家二级标准物质GBW(E) 060023。

11.1.3.3 氢氧化钠溶液(300 g/L):称取300 g氢氧化钠,用水溶解,并定容至1 L。

11.1.3.4 酚酞指示液(10 g/L):按GB/T 603配制。

11.1.3.5 盐酸标准滴定溶液[c(HCl)=0.1 mol/L]:按GB/T 601配制与标定。

11.1.3.6 氢氧化钡溶液(0.055 mol/L)

a) 配制:称取氢氧化钡19.2 g,加无二氧化碳蒸馏水600 mL～700 mL,不断搅拌直至溶解,静置24 h。加入氯化钡29.2 g,搅拌30 min,用无二氧化碳蒸馏水定容至1 000 mL。静置沉淀后,过滤于一个密闭的试剂瓶中,贮存备用。

b) 标定:吸取上述溶液25.0 mL于150 mL锥形瓶中,加酚酞指示液两滴,用盐酸标准滴定溶液滴定至刚好无色为其终点,记录消耗盐酸标准滴定溶液的体积(该值应在27.5 mL～29.5 mL之间,若超出30 mL,应重新调整氢氧化钡溶液的浓度)。在密封良好的情况下贮存(试剂瓶顶端装有钠石灰管,并附有25 mL加液器)。若盐酸标准溶液滴定浓度不变,可连续使用一周。

11.1.3.7 硫酸溶液[10%(质量分数)]。

11.1.3.8 有机硅消泡剂(二甘油聚醚)。

11.1.4 分析步骤

11.1.4.1 仪器的校正

按仪器使用说明书,用碳酸钠标准物质校正仪器。每季度校正一次(发现异常亦应校正)。

11.1.4.2 试样的准备

将待测啤酒恒温至0 ℃～5 ℃。瓶装酒开启瓶盖,迅速加入一定量的氢氧化钠溶液(11.1.3.3)和消泡剂(11.1.3.8)2滴～3滴,立刻用塞塞紧,摇匀,备用。听装酒可在罐底部打孔,按瓶装酒同样操作。

注:氢氧化钠溶液添加量,样品净含量为640 mL时,加10 mL;355 mL时,加5 mL;2 L时,加25 mL。

11.1.4.3 测定

a) 二氧化碳的分离与收集:吸取试样(11.1.4.2) 10.0 mL于反应瓶中,在收集瓶中加入25.0 mL氢氧化钡溶液(11.1.3.6);将收集瓶与仪器的分气管接通。通过反应瓶上分液漏斗向其中加入10 mL硫酸溶液(11.1.3.7),关闭漏斗活塞,迅速接通连接管,设定分离与收集时间10 min,按下泵开关,仪器开始工作,直至自动停止。

b) 滴定:用少量无二氧化碳蒸馏水冲洗收集瓶的分气管,取下收集瓶,加入酚酞指示液两滴,用盐酸标准滴定溶液滴定至刚好无色,记录消耗盐酸标准滴定溶液的体积。

c) 试样的净含量按 15.1 测定。

d) 试样的相对密度,按 8.1.3.1 的方法测定或用数字密度计测量。

11.1.5 **结果计算**

试样中二氧化碳含量按式(8)计算:

$$\omega = \frac{(V_3 - V_4) \times c_3 \times 0.022}{\frac{V_5}{V_5 + V_6} \times 10 \times \rho} \times 100 \qquad \cdots\cdots (8)$$

式中:

ω——试样的二氧化碳质量分数,%;

V_3——标定氢氧化钡溶液时,消耗的盐酸标准滴定溶液的体积,单位为毫升(mL);

V_4——试样消耗盐酸标准滴定溶液的体积,单位为毫升(mL);

c_3——盐酸标准滴定溶液的浓度,单位为摩尔每升(mol/L);

0.022——与 1.00 mL 盐酸标准溶液[$c(HCl)=1.000$ mol/L]相当的以克表示的二氧化碳的质量,单位为克(g);

V_5——试样的净含量(总体积),单位为毫升(mL);

V_6——在试样准备时,加入氢氧化钠溶液的体积,单位为毫升(mL);

10——测定时吸取试样的体积,单位为毫升(mL);

ρ——被测试样的密度(当被测试样的原麦汁浓度为 11°P 或 12°P 时,此值为 1.012,其他浓度的试样须先测其密度),单位为克每毫升(g/mL)。

所得结果表示至两位小数。

11.1.6 **精密度**

在重复性条件下获得的两次独立测定结果的绝对差值不得超过算术平均值的 5%。

11.2 **压力法(第二法)**

11.2.1 **原理**

根据亨利定律,在 25 ℃时用二氧化碳压力测定仪测出试样的总压、瓶颈空气体积和瓶颈空容体积,然后计算出啤酒中二氧化碳的含量。

11.2.2 **仪器**

11.2.2.1 二氧化碳测定仪:压力表的分度值为 0.01 MPa。

11.2.2.2 分析天平:感量 0.1 g。

11.2.2.3 玻璃铅笔(或记号笔)。

11.2.3 **试剂和溶液**

氢氧化钠溶液(400 g/L):称取 400 g 氢氧化钠,用水溶解,并定容至 1 L。

11.2.4 **分析步骤**

11.2.4.1 **仪器的准备**

将二氧化碳测定仪的三个组成部分之间用胶管(或塑料管)接好,在碱液水准瓶和刻度吸管中装入氢氧化钠溶液(11.2.3),用水或氢氧化钠溶液(也可以使用瓶装酒)完全顶出连接刻度吸收管与穿孔装置之间胶管中的空气。

11.2.4.2 **试样的准备**

取瓶(或听)装酒样置于 25 ℃水浴中恒温 30 min。

11.2.4.3 **测表压**

将试样(11.2.4.2)酒瓶(或听)置于穿孔装置下穿孔。用手摇动酒瓶(或听)直至压力表指针达到最大恒定值,记录读数(即表压)。

11.2.4.4 **测瓶颈空气**

慢慢打开穿孔装置的出口阀,让瓶(或听)内气体缓缓流入吸收管,当压力表指示降至零时,立即关闭出口阀，倾斜摇动吸收管，直至气体体积达到最小恒定值。调整水准瓶，使之静压相等，从刻度吸收管上读取气体的体积。

11.2.4.5 **测瓶颈空容**

在测定前，先在酒的瓶壁上用玻璃铅笔标记出酒的液面。测定后，用水将酒瓶装满至标记处，用100 mL量筒量取100 mL水后倒入试样瓶至满瓶口，读取从量筒倒出水的体积。

11.2.4.6 **听(铝易开盖两片罐)装酒“听顶空容”的测定与计算**

在测定前，先称量整听酒的质量(m_3)，精确至0.1 g；穿刺，测定听装酒的表压；将听内啤酒倒出，用水洗净，空干，称量“听＋拉盖”的质量(m_4)，精确至0.1 g；再用水充满空听，称量“听＋拉盖＋水”的质量(m_5)，精确至0.1 g。

听装酒的“听顶空容”按式(9)计算：

$$R = \frac{m_5 - m_4}{0.998\ 23} - \frac{m_3 - m_4}{\rho} \qquad \cdots\cdots(9)$$

式中：

R——听装酒的“听顶空容”，单位为毫升(mL)；

m_5——“听＋拉盖＋水”的质量，单位为克(g)；

m_4——“听＋拉盖”的质量，单位为克(g)；

0.998 23——水在20 ℃下的密度，单位为克每毫升(g/mL)；

m_3——“酒＋听”的质量，单位为克(g)；

ρ——试样的密度，单位为克每毫升(g/mL)。

11.2.5 **结果计算**

试样的二氧化碳含量按式(10)计算：

$$X_4 = (P - 0.101 \times \frac{V_8}{V_7}) \times 1.40 \qquad \cdots\cdots(10)$$

式中：

X_4——试样的二氧化碳质量分数，%；

P——绝对压力(表压＋0.101)，单位为兆帕(MPa)；

V_8——瓶颈空气体积，单位为毫升(mL)；

V_7——瓶颈空容(听顶空容)体积，单位为毫升(mL)；

1.40——25 ℃、1 MPa压力时，100 g试样中溶解的二氧化碳克数，单位为克(g)。

注：1大气压＝0.101 MPa。

所得结果表示至两位小数。

11.2.6 **精密度**

在重复性条件下获得的两次独立测定结果的绝对差值不得超过算术平均值的5%。

12 双乙酰

12.1 原理

用蒸汽将双乙酰蒸馏出来，与邻苯二胺反应，生成2,3-二甲基喹喔啉，在波长335 nm下测其吸光度。由于其他联二酮类都具有相同的反应特性，另外蒸馏过程中部分前驱体要转化成联二酮，因此上述测定结果为总联二酮含量(以双乙酰表示)。

12.2 仪器

12.2.1 带有加热套管的双乙酰蒸馏器。

12.2.2 蒸汽发生瓶：2 000 mL(或3 000 mL)锥形瓶或平底蒸馏烧瓶。

12.2.3 容量瓶：25 mL。

12.2.4 紫外分光光度计：备有 20 mm 石英比色皿或 10 mm 石英比色皿。

12.3 试剂和溶液

12.3.1 盐酸溶液(4 mol/L)：按 GB/T 601 配制。

12.3.2 邻苯二胺溶液(10 g/L)：称取邻苯二胺 0.100 g，用盐酸溶液(12.3.1)溶解，并定容至 10 mL，摇匀，放于暗处。此溶液须当天配制与使用；若配制出来的溶液呈红色，应重新更换。

12.3.3 有机硅消泡剂(或甘油聚醚)。

12.4 分析步骤

12.4.1 蒸馏

将双乙酰蒸馏器安装好，加热蒸汽发生瓶至沸。通汽预热后，置 25 mL 容量瓶于冷凝器出口接收馏出液(外加冰浴)，加 1 滴～2 滴消泡剂于 100 mL 量筒中，再注入未经除气的预先冷至 5 ℃的酒样 100 mL，迅速转移至蒸馏器内，并用少量水冲洗带塞漏斗，盖塞。然后用水密封，进行蒸馏，直至馏出液接近 25 mL(蒸馏需在 3 min 内完成)时取下容量瓶，达到室温后用重蒸水定容，摇匀。

12.4.2 显色与测量

分别吸取馏出液 10.0 mL 于两支干燥的比色管中，并于第一支管中加入邻苯二胺溶液 0.50 mL，第二支管中不加(做空白)，充分摇匀后，同时置于暗处放置 20 min～30 min，然后于第一支管中加入 2 mL 盐酸溶液(12.3.1)，于第二支管中加入 2.5 mL 盐酸溶液(12.3.1)，混匀后，用 20 mm 石英比色皿(或 10 mm 石英比色皿)，于波长 335 nm 下，以空白作参比，测定其吸光度(比色测定操作须在 20 min 内完成)。

12.5 结果计算

试样的双乙酰含量按式(11)计算：

$$X_5 = A_{335} \times 1.2 \quad \cdots\cdots(11)$$

式中：

X_5——试样的双乙酰含量，单位为毫克每升(mg/L)；

A_{335}——试样在波长 335 nm 下，用 20 mm 石英比色皿测得的吸光度；

1.2——用 20 mm 石英比色皿时，吸光度与双乙酰含量的换算系数。

注：如用 10 mm 石英比色皿时，吸光度与双乙酰含量的换算系数为 2.4。

所得结果表示至两位小数。

12.6 精密度

在重复性条件下获得的两次独立测定结果的绝对差值不得超过算术平均值的 10%。

13 真正(实际)发酵度

试样的真正发酵度按式(12)计算：

$$RDF = 100 \times \frac{2.0665 \times A}{2.0665 \times A + Z} \quad \cdots\cdots(12)$$

式中：

RDF——试样的真正发酵度质量分数，%；

A——试样的酒精度质量分数，%；

Z——试样的真正浓度，单位为柏拉图度或质量分数(°P 或%)。

或者按式(13) 计算：

$$RDF = \frac{100 \times (Y - Z)}{Y} \times \frac{1}{1 - 0.005161 \times Z} \quad \cdots\cdots(13)$$

式中：

RDF——试样的真正发酵度质量分数，%；

Y——试样的原麦汁浓度，单位为柏拉图度或质量分数(°P 或%)；

Z——试样的真正浓度，单位为柏拉图度或质量分数(°P 或%)；

0.005 161——换算系数(用于校正由于发酵中二氧化碳挥发和酵母吸收而造成的质量损失)。

14 蔗糖转化酶活性

14.1 原理

不经巴氏灭菌或高温灭菌的啤酒，酒体中各种酶系仍保持着活性，其中的蔗糖转化酶可以将蔗糖分解为葡萄糖，利用葡萄糖鉴别试纸可以检查酒体中的蔗糖转化酶活性。

14.2 仪器

14.2.1 移液管。

14.2.2 试管。

14.2.3 恒温水浴：控温精度±0.5 ℃。

14.3 试剂和溶液

14.3.1 蔗糖溶液(250 g/L)：称取蔗糖 25 g，用水溶解，并定容至 100 mL。

14.3.2 葡萄糖鉴别试纸。

14.4 分析步骤

分别吸取酒样(4.1)10 mL 于三支试管中。于第一支试管(A)中加水 2.0 mL，摇匀。将第二支试管(B)置于沸水中加热 2 min，取出冷却。于第二支试管(B)和第三支试管(C)中各加入 2.0 mL 蔗糖溶液(14.3.1)，摇匀。然后三支试管同时置于 30 ℃±0.5 ℃ 水浴中保温 30 min。随后将三支试管再同时置于沸水中加热 2 min，取出，冷却至室温。分别用葡萄糖鉴别试纸的一端浸入各试管中 30 s～60 s，取出，立即观察其颜色变化，记录结果。

14.5 判定

若 C 管试纸变色且颜色深于 A 管和 B 管(呈阳性)，则判为生啤酒或鲜啤酒。若不变色或者与 A 管和 B 管颜色无差别，则判为熟啤酒。

15 净含量

15.1 重量法(第一法)

15.1.1 仪器

15.1.1.1 分析天平：感量 0.01 g。

15.1.1.2 台秤：感量 0.1 kg。

15.1.1.3 恒温水浴：精度±0.5 ℃。

15.1.2 分析步骤

15.1.2.1 瓶装、听(铝易开盖两片罐)装啤酒的测定

a) 将瓶装、听(铝易开盖两片罐)装啤酒置于 20 ℃±0.5 ℃水浴中恒温 30 min。取出，擦干瓶(或听)外壁的水，用分析天平称量整瓶(或听)酒质量(m_6)。启瓶盖(或听拉盖)，将酒液倒出，用自来水清洗瓶(或听)内至无泡沫止，沥干，称量“空瓶＋瓶盖”(或“空听＋拉盖”)质量(m_7)。

b) 测定酒液的相对密度

用密度瓶法测定。

c) 结果计算

酒液(在 20 ℃/4 ℃时)的密度按式(14)计算：

$$\rho = 0.997\,0 \times d_{20}^{20} + 0.001\,2 \qquad (14)$$

式中：

ρ——酒液的密度，单位为克每毫升(g/mL)；

0.997 0——在 20 ℃时蒸馏水与干燥空气密度值之差,单位为克每毫升(g/mL);

d_{20}^{20}——在 20 ℃时酒液与重蒸水的相对密度;

0.001 2——干燥空气在 20 ℃、1 013.25 hPa 时的密度,单位为克每毫升(g/mL)。

试样的净含量按式(15)计算:

$$V_9 = \frac{m_6 - m_7}{\rho} \qquad \cdots\cdots(15)$$

式中:

V_9——试样的净含量(净容量),单位为毫升(mL);

m_6——整瓶(或整听)酒质量,单位为克(g);

m_7——"空瓶+瓶盖"(或"空听+拉盖")质量,单位为克(g);

ρ——酒液的密度,单位为克每毫升(g/mL)。

15.1.2.2 桶装啤酒的测定

桶装啤酒于室温下,用台秤称量,其余步骤同 15.1.2.1。

15.2 容量法(第二法)

15.2.1 仪器

15.2.1.1 量筒。

15.2.1.2 玻璃铅笔(或记号笔)。

15.2.2 分析步骤

将瓶装酒样置于 20 ℃±0.5 ℃水浴中恒温 30 min。取出,擦干瓶外壁的水,用玻璃铅笔对准酒的液面划一条细线,将酒液倒出,用自来水冲洗瓶内(注意不要洗掉划线)至无泡沫止,擦干瓶外壁的水,准确装入水至瓶划线处,然后将水倒入量筒,测量水的体积,即为瓶装啤酒的净含量。

附　录　A
（规范性附录）
酒精水溶液的相对密度与酒精度（乙醇含量）对照表（20 ℃）

表 A.1　酒精水溶液的相对密度与酒精度（乙醇含量）对照表（20 ℃）

相对密度	酒精度/(%vol)	酒精度/(%mass)	酒精度/(g/100 mL)	相对密度	酒精度/(%vol)	酒精度/(%mass)	酒精度/(g/100 mL)	相对密度	酒精度/(%vol)	酒精度/(%mass)	酒精度/(g/100 mL)
1.00 000	0.00	0.00	0.00	0.99 910	0.60	0.47	0.47	0.99 821	1.20	0.95	0.95
0.99 997	0.02	0.02	0.02	0.99 907	0.62	0.49	0.49	0.99 818	1.22	0.97	0.97
0.99 994	0.04	0.03	0.03	0.99 904	0.64	0.50	0.50	0.99 815	1.24	0.98	0.98
0.99 991	0.06	0.05	0.05	0.99 901	0.66	0.52	0.52	0.99 813	1.26	1.00	1.00
0.99 988	0.08	0.06	0.06	0.99 898	0.68	0.53	0.53	0.99 810	1.28	1.01	1.01
0.99 985	0.10	0.08	0.08	0.99 895	0.70	0.55	0.55	0.99 807	1.30	1.03	1.03
0.99 982	0.12	0.10	0.10	0.99 892	0.72	0.57	0.57	0.99 804	1.32	1.05	1.05
0.99 979	0.14	0.11	0.11	0.99 889	0.74	0.58	0.58	0.99 801	1.34	1.06	1.06
0.99 976	0.16	0.13	0.13	0.99 886	0.76	0.60	0.60	0.99 798	1.36	1.08	1.08
0.99 973	0.18	0.14	0.14	0.99 883	0.78	0.61	0.61	0.99 795	1.38	1.09	1.09
0.99 970	0.20	0.16	0.16	0.99 880	0.80	0.63	0.63	0.99 792	1.40	1.11	1.11
0.99 967	0.22	0.18	0.18	0.99 877	0.82	0.65	0.65	0.99 789	1.42	1.13	1.13
0.99 964	0.24	0.19	0.19	0.99 874	0.84	0.66	0.66	0.99 786	1.44	1.14	1.14
0.99 961	0.26	0.21	0.21	0.99 872	0.86	0.68	0.68	0.99 783	1.46	1.16	1.16
0.99 958	0.28	0.22	0.22	0.99 869	0.88	0.69	0.69	0.99 780	1.48	1.17	1.17
0.99 955	0.30	0.24	0.24	0.99 866	0.90	0.71	0.71	0.99 777	1.50	1.19	1.19
0.99 952	0.32	0.26	0.26	0.99 863	0.92	0.73	0.73	0.99 774	1.52	1.21	1.20
0.99 949	0.34	0.27	0.27	0.99 860	0.94	0.74	0.74	0.99 771	1.54	1.22	1.22
0.99 945	0.36	0.29	0.29	0.99 857	0.96	0.76	0.76	0.99 769	1.56	1.24	1.23
0.99 942	0.38	0.30	0.30	0.99 854	0.98	0.77	0.77	0.99 766	1.58	1.25	1.25
0.99 939	0.40	0.32	0.32	0.99 851	1.00	0.79	0.79	0.99 763	1.60	1.27	1.26
0.99 936	0.42	0.34	0.34	0.99 848	1.02	0.81	0.81	0.99 760	1.62	1.29	1.28
0.99 933	0.44	0.35	0.35	0.99 845	1.04	0.82	0.82	0.99 757	1.64	1.30	1.29
0.99 930	0.46	0.37	0.37	0.99 842	1.06	0.84	0.84	0.99 754	1.66	1.32	1.31
0.99 927	0.48	0.38	0.38	0.99 839	1.08	0.85	0.85	0.99 751	1.68	1.33	1.32
0.99 924	0.50	0.40	0.40	0.99 836	1.10	0.87	0.87	0.99 748	1.70	1.35	1.34
0.99 921	0.52	0.41	0.41	0.99 833	1.12	0.89	0.89	0.99 745	1.72	1.37	1.36
0.99 918	0.54	0.43	0.43	0.99 830	1.14	0.90	0.90	0.99 742	1.74	1.38	1.37
0.99 916	0.56	0.44	0.44	0.99 827	1.16	0.92	0.92	0.99 739	1.76	1.40	1.39
0.99 913	0.58	0.46	0.46	0.99 824	1.18	0.93	0.93	0.99 736	1.78	1.41	1.40

表 A.1（续）

相对密度	酒精度/(%vol)	酒精度/(%mass)	酒精度/(g/100 mL)	相对密度	酒精度/(%vol)	酒精度/(%mass)	酒精度/(g/100 mL)	相对密度	酒精度/(%vol)	酒精度/(%mass)	酒精度/(g/100 mL)
0.99 733	1.80	1.43	1.42	0.99 635	2.48	1.96	1.95	0.99 537	3.16	2.51	2.50
0.99 730	1.82	1.45	1.44	0.99 632	2.50	1.98	1.97	0.99 534	3.18	2.52	2.51
0.99 727	1.84	1.46	1.45	0.99 629	2.52	2.00	1.99	0.99 531	3.20	2.54	2.53
0.99 725	1.86	1.48	1.47	0.99 626	2.54	2.01	2.00	0.99 528	3.22	2.56	2.54
0.99 722	1.88	1.49	1.48	0.99 624	2.56	2.03	2.02	0.99 525	3.24	2.57	2.56
0.99 719	1.90	1.51	1.50	0.99 621	2.58	2.04	2.03	0.99 523	3.26	2.59	2.57
0.99 716	1.92	1.53	1.52	0.99 618	2.60	2.06	2.05	0.99 520	3.28	2.60	2.59
0.99 713	1.94	1.54	1.53	0.99 615	2.62	2.08	2.07	0.99 517	3.30	2.62	2.60
0.99 710	1.96	1.56	1.55	0.99 612	2.64	2.09	2.08	0.99 514	3.32	2.64	2.62
0.99 707	1.98	1.57	1.56	0.99 609	2.66	2.11	2.10	0.99 511	3.34	2.65	2.63
0.99 704	2.00	1.59	1.58	0.99 606	2.68	2.12	2.11	0.99 509	3.36	2.67	2.65
0.99 701	2.02	1.61	1.60	0.99 603	2.70	2.14	2.13	0.99 506	3.38	2.68	2.66
0.99 698	2.04	1.62	1.61	0.99 600	2.72	2.16	2.15	0.99 503	3.40	2.70	2.68
0.99 695	2.06	1.64	1.63	0.99 597	2.74	2.17	2.16	0.99 500	3.42	2.72	2.70
0.99 692	2.08	1.65	1.64	0.99 595	2.76	2.19	2.18	0.99 497	3.44	2.73	2.71
0.99 689	2.10	1.67	1.66	0.99 592	2.78	2.20	2.19	0.99 495	3.46	2.75	2.73
0.99 686	2.12	1.69	1.68	0.99 589	2.80	2.22	2.21	0.99 492	3.48	2.76	2.74
0.99 683	2.14	1.70	1.69	0.99 586	2.82	2.24	2.23	0.99 489	3.50	2.78	2.76
0.99 681	2.16	1.72	1.71	0.99 583	2.84	2.25	2.24	0.99 486	3.52	2.80	2.78
0.99 678	2.18	1.73	1.72	0.99 580	2.86	2.27	2.26	0.99 483	3.54	2.81	2.79
0.99 675	2.20	1.75	1.74	0.99 577	2.88	2.28	2.27	0.99 481	3.56	2.83	2.81
0.99 672	2.22	1.76	1.75	0.99 574	2.90	2.30	2.29	0.99 478	3.58	2.84	2.82
0.99 669	2.24	1.78	1.77	0.99 571	2.92	2.32	2.31	0.99 475	3.60	2.86	2.84
0.99 667	2.26	1.79	1.78	0.99 568	2.94	2.33	2.32	0.99 472	3.62	2.88	2.86
0.99 664	2.28	1.81	1.80	0.99 566	2.96	2.35	2.34	0.99 469	3.64	2.89	2.87
0.99 661	2.30	1.82	1.81	0.99 563	2.98	2.36	2.35	0.99 467	3.66	2.91	2.89
0.99 658	2.32	1.84	1.83	0.99 560	3.00	2.38	2.37	0.99 464	3.68	2.92	2.90
0.99 655	2.34	1.85	1.84	0.99 557	3.02	2.40	2.39	0.99 461	3.70	2.94	2.92
0.99 652	2.36	1.87	1.86	0.99 554	3.04	2.41	2.40	0.99 458	3.72	2.96	2.94
0.99 649	2.38	1.88	1.87	0.99 552	3.06	2.43	2.42	0.99 455	3.74	2.97	2.95
0.99 646	2.40	1.90	1.89	0.99 549	3.08	2.44	2.43	0.99 453	3.76	2.99	2.97
0.99 643	2.42	1.92	1.91	0.99 546	3.10	2.46	2.45	0.99 450	3.78	3.00	2.98
0.99 640	2.44	1.93	1.92	0.99 543	3.12	2.48	2.47	0.99 447	3.80	3.02	3.00
0.99 638	2.46	1.95	1.94	0.99 540	3.14	2.49	2.48	0.99 444	3.82	3.04	3.02

表 A.1（续）

相对密度	酒精度/(%vol)	酒精度/(%mass)	酒精度/(g/100 mL)	相对密度	酒精度/(%vol)	酒精度/(%mass)	酒精度/(g/100 mL)	相对密度	酒精度/(%vol)	酒精度/(%mass)	酒精度/(g/100 mL)
0.99 441	3.84	3.05	3.03	0.99 346	4.52	3.60	3.57	0.99 255	5.20	4.14	4.10
0.99 439	3.86	3.07	3.05	0.99 344	4.54	3.61	3.58	0.99 252	5.22	4.16	4.12
0.99 436	3.88	3.08	3.06	0.99 341	4.56	3.63	3.60	0.99 249	5.24	4.17	4.13
0.99 433	3.90	3.10	3.08	0.99 339	4.58	3.64	3.61	0.99 247	5.26	4.19	4.15
0.99 430	3.92	3.12	3.10	0.99 336	4.60	3.66	3.63	0.99 244	5.28	4.20	4.16
0.99 427	3.94	3.13	3.11	0.99 333	4.62	3.68	3.65	0.99 241	5.30	4.22	4.18
0.99 425	3.96	3.15	3.13	0.99 330	4.64	3.69	3.66	0.99 238	5.32	4.24	4.20
0.99 422	3.98	3.16	3.14	0.99 328	4.66	3.71	3.68	0.99 236	5.34	4.25	4.21
0.99 419	4.00	3.18	3.16	0.99 325	4.68	3.72	3.69	0.99 233	5.36	4.27	4.23
0.99 416	4.02	3.20	3.18	0.99 322	4.70	3.74	3.71	0.99 231	5.38	4.28	4.24
0.99 413	4.04	3.21	3.19	0.99 319	4.72	3.76	3.73	0.99 228	5.40	4.30	4.26
0.99 411	4.06	3.23	3.21	0.99 316	4.74	3.77	3.74	0.99 225	5.42	4.32	4.28
0.99 408	4.08	3.24	3.22	0.99 314	4.76	3.79	3.76	0.99 223	5.44	4.33	4.29
0.99 405	4.10	3.26	3.24	0.99 311	4.78	3.80	3.77	0.99 220	5.46	4.35	4.31
0.99 402	4.12	3.28	3.26	0.99 308	4.80	3.82	3.79	0.99 218	5.48	4.36	4.32
0.99 399	4.14	3.29	3.27	0.99 305	4.82	3.84	3.81	0.99 215	5.50	4.38	4.34
0.99 397	4.16	3.31	3.29	0.99 303	4.84	3.85	3.82	0.99 212	5.52	4.40	4.36
0.99 394	4.18	3.32	3.30	0.99 300	4.86	3.87	3.84	0.99 209	5.54	4.41	4.37
0.99 391	4.20	3.34	3.32	0.99 298	4.88	3.88	3.85	0.99 207	5.56	4.43	4.39
0.99 388	4.22	3.36	3.33	0.99 295	4.90	3.90	3.87	0.99 204	5.58	4.44	4.40
0.99 385	4.24	3.37	3.35	0.99 292	4.92	3.92	3.89	0.99 201	5.60	4.46	4.42
0.99 383	4.26	3.39	3.36	0.99 289	4.94	3.93	3.90	0.99 198	5.62	4.48	4.44
0.99 380	4.28	3.40	3.38	0.99 287	4.96	3.95	3.92	0.99 196	5.64	4.49	4.45
0.99 377	4.30	3.42	3.39	0.99 284	4.98	3.96	3.93	0.99 193	5.66	4.51	4.47
0.99 374	4.32	3.44	3.41	0.99 281	5.00	3.98	3.95	0.99 191	5.68	4.52	4.48
0.99 371	4.34	3.45	3.42	0.99 278	5.02	4.00	3.97	0.99 188	5.70	4.54	4.50
0.99 369	4.36	3.47	3.44	0.99 276	5.04	4.01	3.98	0.99 185	5.72	4.56	4.52
0.99 366	4.38	3.48	3.45	0.99 273	5.06	4.03	4.00	0.99 182	5.74	4.57	4.53
0.99 363	4.40	3.50	3.47	0.99 271	5.08	4.04	4.01	0.99 180	5.76	4.59	4.55
0.99 360	4.42	3.52	3.49	0.99 268	5.10	4.06	4.03	0.99 177	5.78	4.60	4.56
0.99 357	4.44	3.53	3.50	0.99 265	5.12	4.08	4.04	0.99 174	5.80	4.62	4.58
0.99 355	4.46	3.55	3.52	0.99 263	5.14	4.09	4.06	0.99 171	5.82	4.64	4.60
0.99 352	4.48	3.56	3.53	0.99 260	5.16	4.11	4.07	0.99 169	5.84	4.65	4.61
0.99 349	4.50	3.58	3.55	0.99 258	5.18	4.12	4.08	0.99 166	5.86	4.67	4.63

表 A.1(续)

相对密度	酒精度/(%vol)	酒精度/(%mass)	酒精度/(g/100 mL)	相对密度	酒精度/(%vol)	酒精度/(%mass)	酒精度/(g/100 mL)	相对密度	酒精度/(%vol)	酒精度/(%mass)	酒精度/(g/100 mL)
0.99 164	5.88	4.68	4.64	0.99 075	6.56	5.24	5.18	0.98 989	7.24	5.78	5.71
0.99 161	5.90	4.70	4.66	0.99 073	6.58	5.25	5.19	0.98 986	7.26	5.80	5.73
0.99 158	5.92	4.72	4.68	0.99 070	6.60	5.27	5.21	0.98 984	7.28	5.81	5.74
0.99 156	5.94	4.73	4.69	0.99 067	6.62	5.29	5.23	0.98 981	7.30	5.83	5.76
0.99 153	5.96	4.75	4.71	0.99 065	6.64	5.30	5.24	0.98 979	7.32	5.85	5.78
0.99 151	5.98	4.76	4.72	0.99 062	6.66	5.32	5.26	0.98 976	7.34	5.86	5.79
0.99 148	6.00	4.78	4.74	0.99 060	6.68	5.33	5.27	0.98 974	7.36	5.88	5.81
0.99 145	6.02	4.80	4.76	0.99 057	6.70	5.35	5.29	0.98 971	7.38	5.89	5.82
0.99 143	6.04	4.82	4.77	0.99 055	6.72	5.37	5.31	0.98 969	7.40	5.91	5.84
0.99 140	6.06	4.83	4.79	0.99 052	6.74	5.38	5.32	0.98 966	7.42	5.93	5.86
0.99 138	6.08	4.85	4.80	0.99 050	6.76	5.40	5.34	0.98 964	7.44	5.94	5.87
0.99 135	6.10	4.87	4.82	0.99 047	6.78	5.41	5.35	0.98 961	7.46	5.96	5.89
0.99 132	6.12	4.89	4.83	0.99 045	6.80	5.43	5.37	0.98 959	7.48	5.97	5.90
0.99 130	6.14	4.90	4.85	0.99 042	6.82	5.45	5.39	0.98 956	7.50	5.99	5.92
0.99 127	6.16	4.92	4.86	0.99 040	6.84	5.46	5.40	0.98 954	7.52	6.01	5.94
0.99 125	6.18	4.93	4.88	0.99 037	6.86	5.48	5.42	0.98 951	7.54	6.02	5.95
0.99 122	6.20	4.95	4.89	0.99 035	6.88	5.49	5.43	0.98 949	7.56	6.04	5.97
0.99 119	6.22	4.97	4.91	0.99 032	6.90	5.51	5.45	0.98 946	7.58	6.05	5.98
0.99 117	6.24	4.98	4.92	0.99 030	6.92	5.53	5.47	0.98 944	7.60	6.07	6.00
0.99 114	6.26	5.00	4.94	0.99 027	6.94	5.54	5.48	0.98 941	7.62	6.09	6.02
0.99 112	6.28	5.01	4.95	0.99 025	6.96	5.56	5.50	0.98 939	7.64	6.10	6.03
0.99 109	6.30	5.03	4.97	0.99 022	6.98	5.57	5.51	0.98 936	7.66	6.12	6.05
0.99 106	6.32	5.05	4.99	0.99 020	7.00	5.59	5.53	0.98 934	7.68	6.13	6.06
0.99 104	6.34	5.06	5.00	0.99 017	7.02	5.61	5.54	0.98 931	7.70	6.15	6.08
0.99 101	6.36	5.08	5.02	0.99 015	7.04	5.62	5.56	0.98 929	7.72	6.17	6.10
0.99 099	6.38	5.09	5.03	0.99 012	7.06	5.64	5.57	0.98 926	7.74	6.19	6.11
0.99 096	6.40	5.11	5.05	0.99 010	7.08	5.65	5.59	0.98 924	7.76	6.20	6.13
0.99 093	6.42	5.13	5.07	0.99 007	7.10	5.67	5.60	0.98 921	7.78	6.22	6.14
0.99 091	6.44	5.14	5.08	0.99 004	7.12	5.69	5.62	0.98 919	7.80	6.24	6.16
0.99 088	6.46	5.16	5.10	0.99 002	7.14	5.70	5.63	0.98 916	7.82	6.26	6.18
0.99 086	6.48	5.17	5.11	0.98 999	7.16	5.72	5.65	0.98 914	7.84	6.27	6.19
0.99 083	6.50	5.19	5.13	0.98 997	7.18	5.73	5.66	0.98 911	7.86	6.29	6.21
0.99 080	6.52	5.21	5.15	0.98 994	7.20	5.75	5.68	0.98 909	7.88	6.30	6.22
0.99 078	6.54	5.22	5.16	0.98 991	7.22	5.77	5.70	0.98 906	7.90	6.32	6.24

表 A.1（续）

相对密度	酒精度/(%vol)	酒精度/(%mass)	酒精度/(g/100 mL)	相对密度	酒精度/(%vol)	酒精度/(%mass)	酒精度/(g/100 mL)	相对密度	酒精度/(%vol)	酒精度/(%mass)	酒精度/(g/100 mL)
0.98 903	7.92	6.34	6.26	0.98 817	8.62	6.90	6.81	0.98 732	9.32	7.47	7.36
0.98 901	7.94	6.35	6.27	0.98 815	8.64	6.91	6.82	0.98 729	9.34	7.48	7.37
0.98 898	7.96	6.37	6.29	0.98 812	8.66	6.93	6.84	0.98 727	9.36	7.50	7.39
0.98 896	7.98	6.38	6.30	0.98 810	8.68	6.94	6.85	0.98 724	9.38	7.51	7.40
0.98 893	8.00	6.40	6.32	0.98 807	8.70	6.96	6.87	0.98 722	9.40	7.53	7.42
0.98 891	8.02	6.42	6.33	0.98 804	8.72	6.98	6.89	0.98 720	9.42	7.55	7.44
0.98 888	8.04	6.43	6.35	0.98 802	8.74	6.99	6.90	0.98 717	9.44	7.56	7.45
0.98 886	8.06	6.45	6.36	0.98 799	8.76	7.01	6.92	0.98 715	9.46	7.58	7.47
0.98 883	8.08	6.46	6.38	0.98 797	8.78	7.02	6.93	0.98 712	9.48	7.59	7.48
0.98 881	8.10	6.48	6.39	0.98 794	8.80	7.04	6.95	0.98 710	9.50	7.61	7.50
0.98 879	8.12	6.50	6.41	0.98 792	8.82	7.06	6.97	0.98 708	9.52	7.63	7.52
0.98 876	8.14	6.51	6.42	0.98 789	8.84	7.07	6.98	0.98 705	9.54	7.64	7.53
0.98 874	8.16	6.53	6.44	0.98 787	8.86	7.09	7.00	0.98 703	9.56	7.66	7.55
0.98 871	8.18	6.54	6.45	0.98 784	8.88	7.10	7.01	0.98 700	9.58	7.67	7.56
0.98 869	8.20	6.56	6.47	0.98 782	8.90	7.12	7.03	0.98 698	9.60	7.69	7.58
0.98 867	8.22	6.58	6.49	0.98 780	8.92	7.14	7.04	0.98 696	9.62	7.71	7.60
0.98 864	8.24	6.59	6.50	0.98 777	8.94	7.15	7.06	0.98 693	9.64	7.72	7.61
0.98 862	8.26	6.61	6.52	0.98 775	8.96	7.17	7.07	0.98 691	9.66	7.74	7.63
0.98 859	8.28	6.62	6.53	0.98 772	8.98	7.18	7.09	0.98 688	9.68	7.75	7.64
0.98 857	8.30	6.64	6.55	0.98 770	9.00	7.20	7.10	0.98 686	9.70	7.77	7.66
0.98 855	8.32	6.66	6.57	0.98 768	9.02	7.22	7.12	0.98 684	9.72	7.79	7.67
0.98 852	8.34	6.67	6.58	0.98 765	9.04	7.24	7.13	0.98 681	9.74	7.80	7.69
0.98 850	8.36	6.69	6.60	0.98 763	9.06	7.25	7.15	0.98 679	9.76	7.82	7.70
0.98 847	8.38	6.70	6.61	0.98 760	9.08	7.27	7.16	0.98 676	9.78	7.83	7.72
0.98 845	8.40	6.72	6.63	0.98 758	9.10	7.29	7.18	0.98 674	9.80	7.85	7.73
0.98 843	8.42	6.74	6.65	0.98 756	9.12	7.31	7.20	0.98 672	9.82	7.87	7.75
0.98 840	8.44	6.75	6.66	0.98 753	9.14	7.32	7.21	0.98 669	9.84	7.88	7.76
0.98 838	8.46	6.77	6.68	0.98 751	9.16	7.34	7.23	0.98 667	9.86	7.90	7.78
0.98 835	8.48	6.78	6.69	0.98 748	9.18	7.35	7.24	0.98 664	9.88	7.91	7.79
0.98 833	8.50	6.80	6.71	0.98 746	9.20	7.37	7.26	0.98 662	9.90	7.93	7.81
0.98 830	8.52	6.82	6.73	0.98 744	9.22	7.39	7.28	0.98 660	9.92	7.95	7.83
0.98 828	8.54	6.83	6.74	0.98 741	9.24	7.40	7.29	0.98 657	9.94	7.97	7.84
0.98 825	8.56	6.85	6.76	0.98 739	9.26	7.42	7.31	0.98 655	9.96	7.98	7.86
0.98 823	8.58	6.86	6.77	0.98 736	9.28	7.43	7.32	0.98 652	9.98	8.00	7.87
0.98 820	8.60	6.88	6.79	0.98 734	9.30	7.45	7.34	0.98 650	10.00	8.02	7.89

附 录 B
（规范性附录）
糖溶液的相对密度和 Plato 度或浸出物的百分含量(20 ℃)及计算原麦汁浓度经验公式校正表

表 B.1 糖溶液的相对密度和 Plato 度或浸出物的百分含量(20 ℃)

相对密度	100 g 溶液中浸出物的克数	相对密度	100 g 溶液中浸出物的克数	相对密度	100 g 溶液中浸出物的克数	相对密度	100 g 溶液中浸出物的克数	相对密度	100 g 溶液中浸出物的克数
1.00 000	0.000	1.00 145	0.373	1.00 290	0.745	1.00 435	1.116	1.00 580	1.488
1.00 005	0.013	1.00 150	0.386	1.00 295	0.757	1.00 440	1.129	1.00 585	1.501
1.00 010	0.026	1.00 155	0.398	1.00 300	0.770	1.00 445	1.142	1.00 590	1.514
1.00 015	0.039	1.00 160	0.411	1.00 305	0.783	1.00 450	1.155	1.00 595	1.526
1.00 020	0.052	1.00 165	0.424	1.00 310	0.796	1.00 455	1.168	1.00 600	1.539
1.00 025	0.064	1.00 170	0.437	1.00 315	0.808	1.00 460	1.180	1.00 605	1.552
1.00 030	0.077	1.00 175	0.450	1.00 320	0.821	1.00 465	1.193	1.00 610	1.565
1.00 035	0.090	1.00 180	0.463	1.00 325	0.834	1.00 470	1.206	1.00 615	1.578
1.00 040	0.103	1.00 185	0.476	1.00 330	0.847	1.00 475	1.219	1.00 620	1.590
1.00 045	0.116	1.00 190	0.488	1.00 335	0.859	1.00 480	1.232	1.00 625	1.603
1.00 050	0.129	1.00 195	0.501	1.00 340	0.872	1.00 485	1.244	1.00 630	1.616
1.00 055	0.141	1.00 200	0.514	1.00 345	0.885	1.00 490	1.257	1.00 635	1.629
1.00 060	0.154	1.00 205	0.527	1.00 350	0.898	1.00 495	1.270	1.00 640	1.641
1.00 065	0.167	1.00 210	0.540	1.00 355	0.911	1.00 500	1.283	1.00 645	1.654
1.00 070	0.180	1.00 215	0.552	1.00 360	0.924	1.00 505	1.296	1.00 650	1.667
1.00 075	0.193	1.00 220	0.565	1.00 365	0.937	1.00 510	1.308	1.00 655	1.680
1.00 080	0.206	1.00 225	0.579	1.00 370	0.949	1.00 515	1.321	1.00 660	1.693
1.00 085	0.219	1.00 230	0.591	1.00 375	0.962	1.00 520	1.334	1.00 665	1.705
1.00 090	0.231	1.00 235	0.604	1.00 380	0.975	1.00 525	1.347	1.00 670	1.718
1.00 095	0.244	1.00 240	0.616	1.00 385	0.988	1.00 530	1.360	1.00 675	1.731
1.00 100	0.257	1.00 245	0.629	1.00 390	1.001	1.00 535	1.372	1.00 680	1.744
1.00 105	0.270	1.00 250	0.642	1.00 395	1.014	1.00 540	1.385	1.00 685	1.757
1.00 110	0.283	1.00 255	0.655	1.00 400	1.026	1.00 545	1.398	1.00 690	1.769
1.00 115	0.296	1.00 260	0.668	1.00 405	1.039	1.00 550	1.411	1.00 695	1.782
1.00 120	0.309	1.00 265	0.680	1.00 410	1.052	1.00 555	1.424	1.00 700	1.795
1.00 125	0.321	1.00 270	0.693	1.00 415	1.065	1.00 560	1.437	1.00 705	1.807
1.00 130	0.334	1.00 275	0.706	1.00 420	1.078	1.00 565	1.450	1.00 710	1.820
1.00 135	0.347	1.00 280	0.719	1.00 425	1.090	1.00 570	1.462	1.00 715	1.833
1.00 140	0.360	1.00 285	0.732	1.00 430	1.103	1.00 575	1.475	1.00 720	1.846

表 B.1（续）

相对密度	100 g 溶液中浸出物的克数	相对密度	100 g 溶液中浸出物的克数	相对密度	100 g 溶液中浸出物的克数	相对密度	100 g 溶液中浸出物的克数	相对密度	100 g 溶液中浸出物的克数
1.00 725	1.859	1.00 895	2.292	1.01 065	2.725	1.01 235	3.156	1.01 405	3.586
1.00 730	1.872	1.00 900	2.305	1.01 070	2.738	1.01 240	3.169	1.01 410	3.598
1.00 735	1.884	1.00 905	2.317	1.01 075	2.750	1.01 245	3.181	1.01 415	3.611
1.00 740	1.897	1.00 910	2.330	1.01 080	2.763	1.01 250	3.194	1.01 420	3.624
1.00 745	1.910	1.00 915	2.343	1.01 085	2.776	1.01 255	3.207	1.01 425	3.636
1.00 750	1.923	1.00 920	2.356	1.01 090	2.788	1.01 260	3.219	1.01 430	3.649
1.00 755	1.935	1.00 925	2.369	1.01 095	2.801	1.01 265	3.232	1.01 435	3.662
1.00 760	1.948	1.00 930	2.381	1.01 100	2.814	1.01 270	3.245	1.01 440	3.674
1.00 765	1.961	1.00 935	2.394	1.01 105	2.826	1.01 275	3.257	1.01 445	3.687
1.00 770	1.973	1.00 940	2.407	1.01 110	2.839	1.01 280	3.270	1.01 450	3.699
1.00 775	1.986	1.00 945	2.419	1.01 115	2.852	1.01 285	3.282	1.01 455	3.712
1.00 780	1.999	1.00 950	2.432	1.01 120	2.864	1.01 290	3.295	1.01 460	3.725
1.00 785	2.012	1.00 955	2.445	1.01 125	2.877	1.01 295	3.308	1.01 465	3.737
1.00 790	2.025	1.00 960	2.458	1.01 130	2.890	1.01 300	3.321	1.01 470	3.750
1.00 795	2.038	1.00 965	2.470	1.01 135	2.903	1.01 305	3.333	1.01 475	3.762
1.00 800	2.051	1.00 970	2.483	1.01 140	2.915	1.01 310	3.346	1.01 480	3.775
1.00 805	2.065	1.00 975	2.496	1.01 145	2.928	1.01 315	3.358	1.01 485	3.788
1.00 810	2.078	1.00 980	2.508	1.01 150	2.940	1.01 320	3.371	1.01 490	3.800
1.00 815	2.090	1.00 985	2.521	1.01 155	2.953	1.01 325	3.384	1.01 495	3.813
1.00 820	2.102	1.00 990	2.534	1.01 160	2.966	1.01 330	3.396	1.01 500	3.826
1.00 825	2.114	1.00 995	2.547	1.01 165	2.979	1.01 335	3.409	1.01 505	3.838
1.00 830	2.127	1.01 000	2.560	1.01 170	2.991	1.01 340	3.421	1.01 510	3.851
1.00 835	2.139	1.01 005	2.572	1.01 175	3.004	1.01 345	3.434	1.01 515	3.863
1.00 840	2.152	1.01 010	2.585	1.01 180	3.017	1.01 350	3.447	1.01 520	3.876
1.00 845	2.165	1.01 015	2.598	1.01 185	3.029	1.01 355	3.459	1.01 525	3.888
1.00 850	2.178	1.01 020	2.610	1.01 190	3.042	1.01 360	3.472	1.01 530	3.901
1.00 855	2.191	1.01 025	2.623	1.01 195	3.055	1.01 365	3.485	1.01 535	3.914
1.00 860	2.203	1.01 030	2.636	1.01 200	3.067	1.01 370	3.497	1.01 540	3.926
1.00 865	2.216	1.01 035	2.649	1.01 205	3.080	1.01 375	3.510	1.01 545	3.939
1.00 870	2.229	1.01 040	2.661	1.01 210	3.093	1.01 380	3.523	1.01 550	3.951
1.00 875	2.241	1.01 045	2.674	1.01 215	3.105	1.01 385	3.535	1.01 555	3.964
1.00 880	2.254	1.01 050	2.687	1.01 220	3.118	1.01 390	3.548	1.01 560	3.977
1.00 885	2.267	1.01 055	2.699	1.01 225	3.131	1.01 395	3.561	1.01 565	3.989
1.00 890	2.280	1.01 060	2.712	1.01 230	3.143	1.01 400	3.573	1.01 570	4.002

表 B.1（续）

相对密度	100 g溶液中浸出物的克数	相对密度	100 g溶液中浸出物的克数	相对密度	100 g溶液中浸出物的克数	相对密度	100 g溶液中浸出物的克数	相对密度	100 g溶液中浸出物的克数
1.01 575	4.014	1.01 745	4.442	1.01 915	4.868	1.02 085	5.293	1.02 255	5.716
1.01 580	4.027	1.01 750	4.454	1.01 920	4.880	1.02 090	5.305	1.02 260	5.729
1.01 585	4.039	1.01 755	4.467	1.01 925	4.893	1.02 095	5.318	1.02 265	5.741
1.01 590	4.052	1.01 760	4.479	1.01 930	4.905	1.02 100	5.330	1.02 270	5.754
1.01 595	4.065	1.01 765	4.492	1.01 935	4.918	1.02 105	5.343	1.02 275	5.766
1.01 600	4.077	1.01 770	4.505	1.01 940	4.930	1.02 110	5.355	1.02 280	5.779
1.01 605	4.090	1.01 775	4.517	1.01 945	4.943	1.02 115	5.367	1.02 285	5.791
1.01 610	4.102	1.01 780	4.529	1.01 950	4.955	1.02 120	5.380	1.02 290	5.803
1.01 615	4.115	1.01 785	4.542	1.01 955	4.968	1.02 125	5.392	1.02 295	5.816
1.01 620	4.128	1.01 790	4.555	1.01 960	4.980	1.02 130	5.405	1.02 300	5.828
1.01 625	4.140	1.01 795	4.567	1.01 965	4.993	1.02 135	5.418	1.02 305	5.841
1.01 630	4.153	1.01 800	4.580	1.01 970	5.006	1.02 140	5.430	1.02 310	5.853
1.01 635	4.165	1.01 805	4.592	1.01 975	5.018	1.02 145	5.443	1.02 315	5.865
1.01 640	4.178	1.01 810	4.605	1.01 980	5.030	1.02 150	5.455	1.02 320	5.878
1.01 645	4.190	1.01 815	4.617	1.01 985	5.043	1.02 155	5.467	1.02 325	5.890
1.01 650	4.203	1.01 820	4.630	1.01 990	5.055	1.02 160	5.480	1.02 330	5.903
1.01 655	4.216	1.01 825	4.642	1.01 995	5.068	1.02 165	5.492	1.02 335	5.915
1.01 660	4.228	1.01 830	4.655	1.02 000	5.080	1.02 170	5.505	1.02 340	5.928
1.01 665	4.241	1.01 835	4.668	1.02 005	5.093	1.02 175	5.517	1.02 345	5.940
1.01 670	4.253	1.01 840	4.680	1.02 010	5.106	1.02 180	5.530	1.02 350	5.952
1.01 675	4.266	1.01 845	4.692	1.02 015	5.118	1.02 185	5.542	1.02 355	5.965
1.01 680	4.278	1.01 850	4.705	1.02 020	5.130	1.02 190	5.555	1.02 360	5.977
1.01 685	4.291	1.01 855	4.718	1.02 025	5.143	1.02 195	5.567	1.02 365	5.990
1.01 690	4.304	1.01 860	4.730	1.02 030	5.155	1.02 200	5.580	1.02 370	6.002
1.01 695	4.316	1.01 865	4.743	1.02 035	5.168	1.02 205	5.592	1.02 375	6.015
1.01 700	4.329	1.01 870	4.755	1.02 040	5.180	1.02 210	5.605	1.02 380	6.027
1.01 705	4.341	1.01 875	4.768	1.02 045	5.193	1.02 215	5.617	1.02 385	6.039
1.01 710	4.354	1.01 880	4.780	1.02 050	5.205	1.02 220	5.629	1.02 390	6.052
1.01 715	4.366	1.01 885	4.792	1.02 055	5.218	1.02 225	5.642	1.02 395	6.064
1.01 720	4.379	1.01 890	4.805	1.02 060	5.230	1.02 230	5.654	1.02 400	6.077
1.01 725	4.391	1.01 895	4.818	1.02 065	5.243	1.02 235	5.667	1.02 405	6.089
1.01 730	4.404	1.01 900	4.830	1.02 070	5.255	1.02 240	5.679	1.02 410	6.101
1.01 735	4.417	1.01 905	4.843	1.02 075	5.268	1.02 245	5.692	1.02 415	6.114
1.01 740	4.429	1.01 910	4.855	1.02 080	5.280	1.02 250	5.704	1.02 420	6.126

表 B.1（续）

相对密度	100 g溶液中浸出物的克数	相对密度	100 g溶液中浸出物的克数	相对密度	100 g溶液中浸出物的克数	相对密度	100 g溶液中浸出物的克数	相对密度	100 g溶液中浸出物的克数
1.02 425	6.139	1.02 595	6.560	1.02 765	6.979	1.02 935	7.398	1.03 105	7.816
1.02 430	6.151	1.02 600	6.572	1.02 770	6.992	1.02 940	7.411	1.03 110	7.828
1.02 435	6.163	1.02 605	6.584	1.02 775	7.004	1.02 945	7.423	1.03 115	7.840
1.02 440	6.176	1.02 610	6.597	1.02 780	7.017	1.02 950	7.435	1.03 120	7.853
1.02 445	6.188	1.02 615	6.609	1.02 785	7.029	1.02 955	7.447	1.03 125	7.865
1.02 450	6.200	1.02 620	6.621	1.02 790	7.041	1.02 960	7.460	1.03 130	7.877
1.02 455	6.213	1.02 625	6.634	1.02 795	7.053	1.02 965	7.472	1.03 135	7.889
1.02 460	6.225	1.02 630	6.646	1.02 800	7.066	1.02 970	7.484	1.03 140	7.901
1.02 465	6.238	1.02 635	6.659	1.02 805	7.078	1.02 975	7.497	1.03 145	7.914
1.02 470	6.250	1.02 640	6.671	1.02 810	7.091	1.02 980	7.509	1.03 150	7.926
1.02 475	6.263	1.02 645	6.683	1.02 815	7.103	1.02 985	7.521	1.03 155	7.938
1.02 480	6.275	1.02 650	6.696	1.02 820	7.115	1.02 990	7.533	1.03 160	7.950
1.02 485	6.287	1.02 655	6.708	1.02 825	7.127	1.02 995	7.546	1.03 165	7.963
1.02 490	6.300	1.02 660	6.720	1.02 830	7.140	1.03 000	7.558	1.03 170	7.975
1.02 495	6.312	1.02 665	6.733	1.02 835	7.152	1.03 005	7.570	1.03 175	7.987
1.02 500	6.325	1.02 670	6.745	1.02 840	7.164	1.03 010	7.583	1.03 180	8.000
1.02 505	6.337	1.02 675	6.757	1.02 845	7.177	1.03 015	7.595	1.03 185	8.012
1.02 510	6.350	1.02 680	6.770	1.02 850	7.189	1.03 020	7.607	1.03 190	8.024
1.02 515	6.362	1.02 685	6.782	1.02 855	7.201	1.03 025	7.619	1.03 195	8.036
1.02 520	6.374	1.02 690	6.794	1.02 860	7.214	1.03 030	7.632	1.03 200	8.048
1.02 525	6.387	1.02 695	6.807	1.02 865	7.226	1.03 035	7.644	1.03 205	8.061
1.02 530	6.399	1.02 700	6.819	1.02 870	7.238	1.03 040	7.656	1.03 210	8.073
1.02 535	6.411	1.02 705	6.831	1.02 875	7.251	1.03 045	7.668	1.03 215	8.085
1.02 540	6.424	1.02 710	6.844	1.02 880	7.263	1.03 050	7.681	1.03 220	8.098
1.02 545	6.436	1.02 715	6.856	1.02 885	7.275	1.03 055	7.693	1.03 225	8.110
1.02 550	6.449	1.02 720	6.868	1.02 890	7.287	1.03 060	7.705	1.03 230	8.122
1.02 555	6.461	1.02 725	6.881	1.02 895	7.300	1.03 065	7.717	1.03 235	8.134
1.02 560	6.473	1.02 730	6.893	1.02 900	7.312	1.03 070	7.730	1.03 240	8.146
1.02 565	6.485	1.02 735	6.905	1.02 905	7.324	1.03 075	7.742	1.03 245	8.159
1.02 570	6.498	1.02 740	6.918	1.02 910	7.337	1.03 080	7.754	1.03 250	8.171
1.02 575	6.510	1.02 745	6.930	1.02 915	7.349	1.03 085	7.767	1.03 255	6.183
1.02 580	6.523	1.02 750	6.943	1.02 920	7.361	1.03 090	7.779	1.03 260	8.195
1.02 585	6.535	1.02 755	6.955	1.02 925	7.374	1.03 095	7.791	1.03 265	8.207
1.02 590	6.547	1.02 760	6.967	1.02 930	7.386	1.03 100	7.803	1.03 270	8.220

表 B.1（续）

相对密度	100 g 溶液中浸出物的克数	相对密度	100 g 溶液中浸出物的克数	相对密度	100 g 溶液中浸出物的克数	相对密度	100 g 溶液中浸出物的克数	相对密度	100 g 溶液中浸出物的克数
1.03 275	8.232	1.03 445	8.647	1.03 615	9.060	1.03 785	9.473	1.03 955	9.885
1.03 260	8.244	1.03 450	8.659	1.03 620	9.073	1.03 790	9.485	1.03 960	9.897
1.03 285	8.256	1.03 455	8.671	1.03 625	9.085	1.03 795	9.498	1.03 965	9.909
1.03 290	8.269	1.03 460	8.683	1.03 630	9.097	1.03 800	9.509	1.03 970	9.921
1.03 295	8.281	1.03 465	8.695	1.03 635	9.109	1.03 805	9.522	1.03 975	9.933
1.03 300	8.293	1.03 470	8.708	1.03 640	9.121	1.03 810	9.534	1.03 980	9.945
1.03 305	8.305	1.03 475	8.720	1.03 645	9.133	1.03 815	9.546	1.03 985	9.957
1.03 310	8.317	1.03 480	8.732	1.03 650	9.145	1.03 820	9.558	1.03 990	9.969
1.03 315	8.330	1.03 485	8.744	1.03 655	9.158	1.03 825	9.570	1.03 995	9.981
1.03 320	8.342	1.03 490	8.756	1.03 660	9.170	1.03 830	9.582	1.04 000	9.993
1.03 325	8.354	1.03 495	8.768	1.03 665	9.182	1.03 835	9.594	1.04 005	10.005
1.03 330	8.366	1.03 500	8.781	1.03 670	9.194	1.03 840	9.606	1.04 010	10.017
1.03 335	8.378	1.03 505	8.793	1.03 675	9.206	1.03 845	9.618	1.04 015	10.030
1.03 340	8.391	1.03 510	8.805	1.03 680	9.218	1.03 850	9.631	1.04 020	10.042
1.03 345	8.403	1.03 515	8.817	1.03 685	9.230	1.03 855	9.643	1.04 025	10.054
1.03 350	8.415	1.03 520	8.830	1.03 690	9.243	1.03 860	9.655	1.04 030	10.066
1.03 355	8.427	1.03 525	8.842	1.03 695	9.255	1.03 865	9.667	1.04 035	10.078
1.03 360	8.439	1.03 530	8.854	1.03 700	9.267	1.03 870	9.679	1.04 040	10.090
1.03 365	8.452	1.03 535	8.866	1.03 705	9.279	1.03 875	9.691	1.04 045	10.102
1.03 370	8.464	1.03 540	8.878	1.03 710	9.291	1.03 880	9.703	1.04 050	10.114
1.03 375	8.476	1.03 545	8.890	1.03 715	9.303	1.03 885	9.715	1.04 055	10.126
1.03 380	8.488	1.03 550	8.902	1.03 720	9.316	1.03 890	9.727	1.04 060	10.138
1.03 385	8.500	1.03 555	8.915	1.03 725	9.328	1.03 895	9.740	1.04 065	10.150
1.03 390	8.513	1.03 560	8.927	1.03 730	9.340	1.03 900	9.751	1.04 070	10.162
1.03 395	8.525	1.03 565	8.939	1.03 735	9.352	1.03 905	9.764	1.04 075	10.174
1.03 400	8.537	1.03 570	8.951	1.03 740	9.364	1.03 910	9.776	1.04 080	10.186
1.03 405	8.549	1.03 575	8.963	1.03 745	9.376	1.03 915	9.788	1.04 085	10.198
1.03 410	8.561	1.03 580	8.975	1.03 750	9.388	1.03 920	9.800	1.04 090	10.210
1.03 415	8.574	1.03 585	8.988	1.03 755	9.400	1.03 925	9.812	1.04 095	10.223
1.03 420	8.586	1.03 590	9.000	1.03 760	9.413	1.03 930	9.824	1.04 100	10.234
1.03 425	8.598	1.03 595	9.012	1.03 765	9.425	1.03 935	9.836	1.04 105	10.246
1.03 430	8.610	1.03 600	9.024	1.03 770	9.437	1.03 940	9.848	1.04 110	10.259
1.03 435	8.622	1.03 605	9.036	1.03 775	9.449	1.03 945	9.860	1.04 115	10.271
1.03 440	8.634	1.03 610	9.048	1.03 780	9.461	1.03 950	9.873	1.04 120	10.283

表 B.1（续）

相对密度	100 g 溶液中浸出物的克数	相对密度	100 g 溶液中浸出物的克数	相对密度	100 g 溶液中浸出物的克数	相对密度	100 g 溶液中浸出物的克数	相对密度	100 g 溶液中浸出物的克数
1.04 125	10.295	1.04 295	10.704	1.04 465	11.112	1.04 635	11.518	1.04 805	11.923
1.04 130	10.307	1.04 300	10.716	1.04 470	11.123	1.04 640	11.530	1.04 810	11.935
1.04 135	10.319	1.04 305	10.728	1.04 475	11.135	1.04 645	11.542	1.04 815	11.947
1.04 140	10.331	1.04 310	10.740	1.04 480	11.147	1.04 650	11.554	1.04 820	11.959
1.04 145	10.343	1.04 315	10.752	1.04 485	11.159	1.04 655	11.566	1.04 825	11.971
1.04 150	10.355	1.04 320	10.764	1.04 490	11.171	1.04 660	11.578	1.04 830	11.983
1.04 155	10.367	1.04 325	10.776	1.04 495	11.183	1.04 665	11.590	1.04 835	11.995
1.04 160	10.379	1.04 330	10.788	1.04 500	11.195	1.04 670	11.602	1.04 840	12.007
1.04 165	10.391	1.04 335	10.800	1.04 505	11.207	1.04 675	11.614	1.04 845	12.019
1.04 170	10.403	1.04 340	10.812	1.04 510	11.219	1.04 680	11.626	1.04 850	12.031
1.04 175	10.415	1.04 345	10.824	1.04 515	11.231	1.04 685	11.638	1.04 855	12.042
1.04 180	10.427	1.04 350	10.836	1.04 520	11.243	1.04 690	11.650	1.04 860	12.054
1.04 185	10.439	1.04 355	10.848	1.04 525	11.255	1.04 695	11.661	1.04 865	12.066
1.04 190	10.451	1.04 360	10.860	1.04 530	11.267	1.04 700	11.673	1.04 870	12.078
1.04 195	10.463	1.04 365	10.872	1.04 535	11.279	1.04 705	11.685	1.04 875	12.090
1.04 200	10.475	1.04 370	10.884	1.04 540	11.291	1.04 710	11.697	1.04 880	12.102
1.04 205	10.487	1.04 375	10.896	1.04 545	11.303	1.04 715	11.709	1.04 885	12.114
1.04 210	10.499	1.04 380	10.908	1.04 550	11.315	1.04 720	11.721	1.04 890	12.126
1.04 215	10.511	1.04 385	10.920	1.04 555	11.327	1.04 725	11.733	1.04 895	12.138
1.04 220	10.523	1.04 390	10.932	1.04 560	11.339	1.04 730	11.745	1.04 900	12.150
1.04 225	10.536	1.04 395	10.944	1.04 565	11.351	1.04 735	11.757	1.04 905	12.162
1.04 230	10.548	1.04 400	10.956	1.04 570	11.363	1.04 740	11.768	1.04 910	12.173
1.04 235	10.559	1.04 405	10.968	1.04 575	11.375	1.04 745	11.780	1.04 915	12.185
1.04 240	10.571	1.04 410	10.980	1.04 580	11.387	1.04 750	11.792	1.04 920	12.197
1.04 245	10.584	1.04 415	10.992	1.04 585	11.399	1.04 755	11.804	1.04 925	12.209
1.04 250	10.596	1.04 420	11.004	1.04 590	11.411	1.04 760	11.816	1.04 930	12.221
1.04 255	10.608	1.04 425	11.016	1.04 595	11.423	1.04 765	11.828	1.04 935	12.233
1.04 260	10.620	1.04 430	11.027	1.04 600	11.435	1.04 770	11.840	1.04 940	12.245
1.04 265	10.632	1.04 435	11.039	1.04 605	11.446	1.04 775	11.852	1.04 945	12.256
1.04 270	10.644	1.04 440	11.051	1.04 610	11.458	1.04 780	11.864	1.04 950	12.268
1.04 275	10.656	1.04 445	11.063	1.04 615	11.470	1.04 785	11.876	1.04 955	12.280
1.04 280	10.668	1.04 450	11.075	1.04 620	11.482	1.04 790	11.888	1.04 960	12.292
1.04 285	10.680	1.04 455	11.087	1.04 625	11.494	1.04 795	11.900	1.04 965	12.304
1.04 290	10.692	1.04 460	11.100	1.04 630	11.506	1.04 800	11.912	1.04 970	12.316

表 B.1（续）

相对密度	100 g溶液中浸出物的克数	相对密度	100 g溶液中浸出物的克数	相对密度	100 g溶液中浸出物的克数	相对密度	100 g溶液中浸出物的克数	相对密度	100 g溶液中浸出物的克数
1.04 975	12.328	1.05 145	12.731	1.05 315	13.133	1.05 485	13.534	1.05 655	13.933
1.04 980	12.340	1.05 150	12.743	1.05 320	13.145	1.05 490	13.546	1.05 660	13.945
1.04 985	12.351	1.05 155	12.755	1.05 325	13.157	1.05 495	13.557	1.05 665	13.957
1.04 990	12.363	1.05 160	12.767	1.05 330	13.168	1.05 500	13.569	1.05 670	13.968
1.04 995	12.375	1.05 165	12.778	1.05 335	13.180	1.05 505	13.581	1.05 675	13.980
1.05 000	12.387	1.05 170	12.790	1.05 340	13.192	1.05 510	13.593	1.05 680	13.992
1.05 005	12.399	1.05 175	12.802	1.05 345	13.204	1.05 515	13.604	1.05 685	14.004
1.05 010	12.411	1.05 180	12.814	1.05 350	13.215	1.05 520	13.616	1.05 690	14.015
1.05 015	12.423	1.05 185	12.826	1.05 355	13.227	1.05 525	13.628	1.05 695	14.027
1.05 020	12.435	1.05 190	12.838	1.05 360	13.239	1.05 530	13.640	1.05 700	14.039
1.05 025	12.447	1.05 195	12.849	1.05 365	13.251	1.05 535	13.651	1.05 705	14.051
1.05 030	12.458	1.05 200	12.861	1.05 370	13.263	1.05 540	13.663	1.05 710	14.062
1.05 035	12.470	1.05 205	12.873	1.05 375	13.274	1.05 545	13.675	1.05 715	14.074
1.05 040	12.482	1.05 210	12.885	1.05 380	13.286	1.05 550	13.687	1.05 720	14.086
1.05 045	12.494	1.05 215	12.897	1.05 385	13.298	1.05 555	13.698	1.05 725	14.097
1.05 050	12.506	1.05 220	12.909	1.05 390	13.310	1.05 560	13.710	1.05 730	14.109
1.05 055	12.518	1.05 225	12.920	1.05 395	13.322	1.05 565	13.722	1.05 735	14.121
1.05 060	12.530	1.05 230	12.932	1.05 400	13.333	1.05 570	13.734	1.05 740	14.133
1.05 065	12.542	1.05 235	12.944	1.05 405	13.345	1.05 575	13.746	1.05 745	14.144
1.05 070	12.553	1.05 240	12.956	1.05 410	13.357	1.05 580	13.757	1.05 750	14.156
1.05 075	12.565	1.05 245	12.968	1.05 415	13.369	1.05 585	13.769	1.05 755	14.168
1.05 080	12.577	1.05 250	12.979	1.05 420	13.380	1.05 590	13.781	1.05 760	14.179
1.05 085	12.589	1.05 255	12.991	1.05 425	13.392	1.05 595	13.792	1.05 765	14.191
1.05 090	12.601	1.05 260	13.003	1.05 430	13.404	1.05 600	13.804	1.05 770	14.203
1.05 095	12.613	1.05 265	13.015	1.05 435	13.416	1.05 605	13.816	1.05 775	14.215
1.05 100	12.624	1.05 270	13.027	1.05 440	13.428	1.05 610	13.828	1.05 780	14.226
1.05 105	12.636	1.05 275	13.039	1.05 445	13.439	1.05 615	13.839	1.05 785	14.238
1.05 110	12.648	1.05 280	13.050	1.05 450	13.451	1.05 620	13.851	1.05 790	14.250
1.05 115	12.660	1.05 285	13.062	1.05 455	13.463	1.05 625	13.863	1.05 795	14.261
1.05 120	12.672	1.05 290	13.074	1.05 460	13.475	1.05 630	13.875	1.05 800	14.273
1.05 125	12.684	1.05 295	13.086	1.05 465	13.487	1.05 635	13.886	1.05 805	14.285
1.05 130	12.695	1.05 300	13.098	1.05 470	13.499	1.05 640	13.898	1.05 810	14.297
1.05 135	12.707	1.05 305	13.109	1.05 475	13.510	1.05 645	13.910	1.05 815	14.308
1.05 140	12.719	1.05 310	13.121	1.05 480	13.522	1.05 650	13.921	1.05 820	14.320

表 B.1（续）

相对密度	100 g溶液中浸出物的克数	相对密度	100 g溶液中浸出物的克数	相对密度	100 g溶液中浸出物的克数	相对密度	100 g溶液中浸出物的克数	相对密度	100 g溶液中浸出物的克数
1.05 825	14.332	1.05 995	14.729	1.06 165	15.125	1.06 335	15.520	1.06 505	15.914
1.05 830	14.343	1.06 000	14.741	1.06 170	15.137	1.06 340	15.532	1.06 510	15.926
1.05 835	14.355	1.06 005	14.752	1.06 175	15.148	1.06 345	15.544	1.06 515	15.938
1.05 840	14.367	1.06 010	14.764	1.06 180	15.160	1.06 350	15.555	1.06 520	15.949
1.05 845	14.379	1.06 015	14.776	1.06 185	15.172	1.06 355	15.567	1.06 525	15.961
1.05 850	14.390	1.06 020	14.787	1.06 190	15.183	1.06 360	15.578	1.06 530	15.972
1.05 855	14.402	1.06 025	14.799	1.06 195	15.195	1.06 365	15.590	1.06 535	15.984
1.05 860	14.414	1.06 030	14.811	1.06 200	15.207	1.06 370	15.602	1.06 540	15.995
1.05 865	14.425	1.06 035	14.822	1.06 205	15.218	1.06 375	15.613	1.06 545	16.007
1.05 870	14.437	1.06 040	14.834	1.06 210	15.230	1.06 380	15.625	1.06 550	16.019
1.05 875	14.449	1.06 045	14.846	1.06 215	15.241	1.06 385	15.637	1.06 555	16.030
1.05 880	14.460	1.06 050	14.857	1.06 220	15.253	1.06 390	15.648	1.06 560	16.041
1.05 885	14.472	1.06 055	14.869	1.06 225	15.265	1.06 395	15.660	1.06 565	16.053
1.05 890	14.484	1.06 060	14.881	1.06 230	15.276	1.06 400	15.671	1.06 570	16.065
1.05 895	14.495	1.06 065	14.892	1.06 235	15.288	1.06 405	15.683	1.06 575	16.076
1.05 900	14.507	1.06 070	14.904	1.06 240	15.300	1.06 410	15.694	1.06 580	16.088
1.05 905	14.519	1.06 075	14.916	1.06 245	15.311	1.06 415	15.706	1.06 585	16.099
1.05 910	14.531	1.06 080	14.927	1.06 250	15.323	1.06 420	15.717	1.06 590	16.111
1.05 915	14.542	1.06 085	14.939	1.06 255	15.334	1.06 425	15.729	1.06 595	16.122
1.05 920	14.554	1.06 090	14.950	1.06 260	15.346	1.06 430	15.741	1.06 600	16.134
1.05 925	14.565	1.06 095	14.962	1.06 265	15.358	1.06 435	15.752	1.06 605	16.145
1.05 930	14.577	1.06 100	14.974	1.06 270	15.369	1.06 440	15.764	1.06 610	16.157
1.05 935	14.589	1.06 105	14.986	1.06 275	15.381	1.06 445	15.776	1.06 615	16.169
1.05 940	14.601	1.06 110	14.997	1.06 280	15.393	1.06 450	15.787	1.06 620	16.180
1.05 945	14.612	1.06 115	15.009	1.06 285	15.404	1.06 455	15.799	1.06 625	16.191
1.05 950	14.624	1.06 120	15.020	1.06 290	15.416	1.06 460	15.810	1.06 630	16.203
1.05 955	14.636	1.06 125	15.032	1.06 295	15.427	1.06 465	15.822	1.06 635	16.215
1.05 960	14.647	1.06 130	15.044	1.06 300	15.439	1.06 470	15.833	1.06 640	16.226
1.05 965	14.659	1.06 135	15.055	1.06 305	15.451	1.06 475	15.845	1.06 645	16.238
1.05 970	14.671	1.06 140	15.067	1.06 310	15.462	1.06 480	15.857	1.06 650	16.249
1.05 975	14.682	1.06 145	15.079	1.06 315	15.474	1.06 485	15.868	1.06 655	16.261
1.05 980	14.694	1.06 150	15.090	1.06 320	15.486	1.06 490	15.880	1.06 660	16.272
1.05 985	14.706	1.06 155	15.102	1.06 325	15.497	1.06 495	15.891	1.06 665	16.284
1.05 990	14.717	1.06 160	15.114	1.06 330	15.509	1.06 500	15.903	1.06 670	16.295

表 B.1（续）

相对密度	100 g 溶液中浸出物的克数	相对密度	100 g 溶液中浸出物的克数	相对密度	100 g 溶液中浸出物的克数	相对密度	100 g 溶液中浸出物的克数	相对密度	100 g 溶液中浸出物的克数
1.06 675	16.307	1.06 845	16.699	1.07 015	17.089	1.07 185	17.479	1.07 355	17.867
1.06 680	16.319	1.06 850	16.710	1.07 020	17.101	1.07 190	17.490	1.07 360	17.878
1.06 685	16.330	1.06 855	16.722	1.07 025	17.112	1.07 195	17.501	1.07 365	17.890
1.06 690	16.341	1.06 860	16.733	1.07 030	17.123	1.07 200	17.513	1.07 370	17.901
1.06 695	16.353	1.06 865	16.744	1.07 035	17.135	1.07 205	17.524	1.07 375	17.913
1.06 700	16.365	1.06 870	16.756	1.07 040	17.146	1.07 210	17.536	1.07 380	17.924
1.06 705	16.376	1.06 875	J6.768	1.07 045	17.158	1.07 215	17.547	1.07 385	17.935
1.06 710	16.388	1.06 880	16.779	1.07 050	17.169	1.07 220	17.559	1.07 390	17.947
1.06 715	16.399	1.06 885	16.791	1.07 055	17.181	1.07 225	17.570	1.07 395	17.958
1.06 720	16.411	1.06 890	16.802	1.07 060	17.192	1.07 230	17.581	1.07 400	17.970
1.06 725	16.422	1.06 895	16.813	1.07 065	17.204	1.07 235	17.593	1.07 405	17.981
1.06 730	16.434	1.06 900	16.825	1.07 070	17.215	1.07 240	17.604	1.07 410	17.992
1.06 735	16.445	1.06 905	16.836	1.07 075	17.227	1.07 245	17.616	1.07 415	18.004
1.06 740	16.457	1.06 910	16.848	1.07 080	17.238	1.07 250	17.627	1.07 420	18.015
1.06 745	16.468	1.06 915	16.859	1.07 085	17.250	1.07 255	17.639	1.07 425	18.027
1.06 750	16.480	1.06 920	16.871	1.07 090	17.261	1.07 260	17.650	1.07 430	18.038
1.06 755	16.491	1.06 925	16.882	1.07 095	17.272	1.07 265	17.661	1.07 435	18.049
1.06 760	16.503	1.06 930	16.894	1.07 100	17.284	1.07 270	17.673	1.07 440	18.061
1.06 765	16.514	1.06 935	16.905	1.07 105	17.295	1.07 275	17.684	1.07 445	18.072
1.06 770	16.526	1.06 940	16.917	1.07 110	17.307	1.07 280	17.696	1.07 450	18.084
1.06 775	16.537	1.06 945	16.928	1.07 115	17.318	1.07 285	17.707	1.07 455	18.095
1.06 780	16.549	1.06 950	16.940	1.07 120	17.330	1.07 290	17.719	1.07 460	18.106
1.06 785	16.561	1.06 955	16.951	1.07 125	17.341	1.07 295	17.730	1.07 465	18.118
1.06 790	16.572	1.06 960	16.963	1.07 130	17.353	1.07 300	17.741	1.07 470	18.129
1.06 795	16.583	1.06 965	16.974	1.07 135	17.364	1.07 305	17.753	1.07 475	18.140
1.06 800	16.595	1.06 970	16.986	1.07 140	17.375	1.07 310	17.764	1.07 480	18.152
1.06 805	16.606	1.06 975	16.997	1.07 145	17.387	1.07 315	17.776	1.07 485	18.163
1.06 810	16.618	1.06 980	17.009	1.07 150	17.398	1.07 320	17.787	1.07 490	18.175
1.06 815	16.630	1.06 985	17.020	1.07 155	17.410	1.07 325	17.799	1.07 495	18.186
1.06 820	16.641	1.06 990	17.032	1.07 160	17.421	1.07 330	17.810	1.07 500	18.197
1.06 825	16.652	1.06 995	17.043	1.07 165	17.433	1.07 335	17.821	1.07 505	18.209
1.06 830	16.664	1.07 000	17.055	1.07 170	17.444	1.07 340	17.833	1.07 510	18.220
1.06 835	16.676	1.07 005	17.066	1.07 175	17.456	1.07 345	17.844	1.07 515	18.232
1.06 840	16.687	1.07 010	17.078	1.07 180	17.467	1.07 350	17.856	1.07 520	18.243

表 B.1（续）

相对密度	100 g溶液中浸出物的克数	相对密度	100 g溶液中浸出物的克数	相对密度	100 g溶液中浸出物的克数	相对密度	100 g溶液中浸出物的克数	相对密度	100 g溶液中浸出物的克数
1.07 525	18.254	1.07 685	18.618	1.07 845	18.980	1.08 005	19.342	1.08 165	19.703
1.07 530	18.266	1.07 690	18.629	1.07 850	18.992	1.08 010	19.353	1.08 170	19.714
1.07 535	18.277	1.07 695	18.641	1.07 855	19.003	1.08 015	19.365	1.08 175	19.725
1.07 540	18.288	1.07 700	18.652	1.07 860	19.015	1.08 020	19.376	1.08 180	19.737
1.07 545	18.300	1.07 705	18.663	1.07 865	19.026	1.08 025	19.387	1.08 185	19.748
1.07 550	18.311	1.07 710	18.675	1.07 870	19.037	1.08 030	19.399	1.08 190	19.759
1.07 555	18.323	1.07 715	18.686	1.07 875	19.048	1.08 035	19.410	1.08 195	19.770
1.07 560	18.334	1.07 720	18.697	1.07 880	19.060	1.08 040	19.421	1.08 200	19.782
1.07 565	18.345	1.07 725	18.709	1.07 885	19.071	1.08 045	19.432	1.08 205	19.793
1.07 570	18.356	1.07 730	18.720	1.07 890	19.082	1.08 050	19.444	1.08 210	19.804
1.07 575	18.368	1.07 735	18.731	1.07 895	19.094	1.08 055	19.455	1.08 215	19.815
1.07 580	18.379	1.07 740	18.742	1.07 900	19.105	1.08 060	19.466	1.08 220	19.827
1.07 585	18.391	1.07 745	18.754	1.07 905	19.116	1.08 065	19.478	1.08 225	19.838
1.07 590	18.402	1.07 750	18.765	1.07 910	19.127	1.08 070	19.489	1.08 230	19.849
1.07 595	18.413	1.07 755	18.777	1.07 915	19.139	1.08 075	19.500	1.08 235	19.860
1.07 600	18.425	1.07 760	18.788	1.07 920	19.150	1.08 080	19.511	1.08 240	19.872
1.07 605	18.436	1.07 765	18.799	1.07 925	19.161	1.08 085	19.523	1.08 245	19.883
1.07 610	18.447	1.07 770	18.810	1.07 930	19.173	1.08 090	19.534	1.08 250	19.894
1.07 615	18.459	1.07 775	18.822	1.07 935	19.184	1.08 095	19.545	1.08 255	19.905
1.07 620	18.470	1.07 780	18.833	1.07 940	19.195	1.08 100	19.556	1.08 260	19.917
1.07 625	18.482	1.07 785	18.845	1.07 945	19.207	1.08 105	19.567	1.08 265	19.928
1.07 630	18.493	1.07 790	18.856	1.07 950	19.218	1.08 110	19.579	1.08 270	19.939
1.07 635	18.504	1.07 795	18.867	1.07 955	19.229	1.08 115	19.590	1.08 275	19.950
1.07 640	18.516	1.07 800	18.878	1.07 960	19.241	1.08 120	19.601	1.08 280	19.961
1.07 645	18.527	1.07 805	18.890	1.07 965	19.252	1.08 125	19.613	1.08 285	19.973
1.07 650	18.538	1.07 810	18.901	1.07 970	19.263	1.08 130	19.624	1.08 290	19.984
1.07 655	18.550	1.07 815	18.912	1.07 975	19.274	1.08 135	19.635	1.08 295	19.995
1.07 660	18.561	1.07 820	18.924	1.07 980	19.286	1.08 140	19.646	1.08 300	20.007
1.07 665	18.572	1.07 825	18.935	1.07 985	19.297	1.08 145	19.658		
1.07 670	18.584	1.07 830	18.947	1.07 990	19.308	1.08 150	19.669		
1.07 675	18.595	1.07 835	18.958	1.07 995	19.320	1.08 155	19.680		
1.07 680	18.607	1.07 840	18.969	1.08 000	19.331	1.08 160	19.692		

表 B.2 计算原麦汁浓度经验公式校正表

原麦汁浓度 2A+E	酒精度/%mass																
	2.8	3.0	3.2	3.4	3.6	3.8	4.0	4.2	4.4	4.6	4.8	5.0	5.2	5.4	5.6	5.8	6.0
8	0.05	0.06	0.06	0.06	0.07	0.07	—	—	—	—	—	—	—	—	—	—	—
9	0.08	0.09	0.09	0.10	0.10	0.11	0.11	—	—	—	—	—	—	—	—	—	—
10	0.11	0.12	0.12	0.13	0.14	0.15	0.15	0.16	0.17	0.18	0.18	—	—	—	—	—	—
11	0.14	0.15	0.16	0.17	0.18	0.19	0.20	0.20	0.21	0.22	0.23	0.24	0.25	0.26	—	—	—
12	0.17	0.18	0.19	0.20	0.21	0.22	0.23	0.25	0.26	0.27	0.28	0.29	0.30	0.31	0.32	0.33	—
13	0.20	0.21	0.22	0.24	0.25	0.26	0.28	0.29	0.30	0.31	0.33	0.34	0.35	0.37	0.38	0.39	0.41
14	0.22	0.24	0.25	0.27	0.29	0.30	0.32	0.33	0.35	0.36	0.38	0.39	0.40	0.42	0.43	0.45	0.46
15	0.25	0.27	0.29	0.30	0.32	0.34	0.36	0.37	0.39	0.41	0.42	0.44	0.46	0.47	0.49	0.51	0.52
16	0.28	0.30	0.32	0.34	0.36	0.38	0.40	0.42	0.44	0.45	0.47	0.49	0.51	0.53	0.55	0.56	0.58
17	0.31	0.33	0.36	0.38	0.40	0.42	0.44	0.46	0.48	0.50	0.52	0.54	0.56	0.58	0.60	0.62	0.64
18	0.34	0.36	0.39	0.41	0.43	0.46	0.48	0.50	0.53	0.55	0.57	0.59	0.62	0.64	0.66	0.68	0.71
19	0.37	0.40	0.42	0.45	0.47	0.50	0.52	0.55	0.57	0.59	0.62	0.64	0.67	0.69	0.72	0.74	0.76
20	0.40	0.43	0.45	0.48	0.51	0.54	0.56	0.59	0.62	0.64	0.67	0.70	0.72	0.75	0.77	0.80	0.82

附 录 C
（资料性附录）
企业自控技术指标的分析方法

C.1 保质期的预测

C.1.1 原理

模拟市场条件保存，定期检测非生物性混浊度；将成品酒先后置于 0 ℃和 60 ℃水浴中保持一定时间，然后测定其混浊度。

C.1.2 仪器

C.1.2.1 浊度计：测量范围 0 EBC～5 EBC，分度值 0.01 EBC（带瓶检测时应排除啤酒瓶颜色干扰）。

C.1.2.2 恒温冷水浴：带制冷剂的可调温水浴。

C.1.2.3 恒温水浴：精度±1 ℃，配有循环装置。

C.1.3 取样及样品准备

C.1.3.1 瓶装产品，从灌装线上随机抽取样品 3 瓶～6 瓶（为一组）。如瓶子适于测混浊度（瓶壁光洁，色调一致，无划痕、疤疖或气泡），就不需要处理，否则需要重新取样。

C.1.3.2 以其他形式包装（如听装啤酒）的产品，从灌装线上随机抽取样品后，需要转移到合适的瓶子中。在换包装过程中，应注意严格排除空气。

C.1.4 分析步骤

C.1.4.1 长期保存法

模拟市场条件（如：温度、光照、环境等）长期保存，每两周（或一个月）定期检测非生物性混浊度一次，做好记录，直至保存 3 个月～6 个月。

C.1.4.2 快速预测法（加速混浊试验）

C.1.4.2.1 以 3 瓶～6 瓶酒为一组，放入 0 ℃冷水浴 24 h，取出，恢复到室温用浊度计测其最初的浊度（EBC 单位）。

C.1.4.2.2 将其置于恒温水浴中垂直不动，升温至 60 ℃±1 ℃，放置 48 h（从放入恒温水浴中开始计时）。

C.1.4.2.3 再将其放入冷水浴，降温至 0 ℃，放置 24 h（从放入冷水浴中开始计时）。取出，恢复到室温，用浊度计测其最终浊度（EBC 单位）。

注 1：在测定浊度时，酒瓶的合缝不能置于浊度计的光路上。

注 2：本方法推荐采用上述循环周期，是为了不同生产厂和不同国家间的技术交流与比较。各生产厂可根据企业不同类型产品，自定周期。

C.2 苦味质

C.2.1 比色法

C.2.1.1 原理

用异辛烷萃取苦味质，在波长 275 nm 下测定吸光度，计算国际通用的苦味质单位（BU）。

C.2.1.2 仪器

C.2.1.2.1 紫外分光光度计：备有 10 mm 石英比色皿。

C.2.1.2.2 电动振荡器：振幅 20 mm～30 mm。

C.2.1.2.3 离心机：3 000 r/min 以上，适用于 50 mL 离心管。

C.2.1.2.4 离心管：50 mL，带玻璃塞或聚四氟乙烯旋盖。

C.2.1.2.5 移液管。

C.2.1.3 试剂和溶液

C.2.1.3.1 辛醇。

C.2.1.3.2 异辛烷：在 20 mL 异辛烷中加一滴辛醇(C.2.1.3.1)，用 10 mm 比色皿，在波长 275 nm 下，测其吸光度，该吸光度应接近重蒸蒸馏水或不高于 0.005。

C.2.1.3.3 盐酸溶液(3 mol/L)：按 GB/T 601 配制。

C.2.1.4 分析步骤

用尖端带有一滴辛醇的移液管，吸取未除气的冷啤酒样(10 ℃)10.0 mL 于 50 mL 离心管中，加 1 mL盐酸溶液(C.2.1.3.3)和 20 mL 异辛烷(C.2.1.3.2)，旋紧盖，置于电动振荡器上振摇 15 min(应呈乳状)，然后移到离心机上离心 10 min，使其分层。尽快吸出上层液(异辛烷层)，用 10 mm 比色皿，在波长 275 nm 下，以异辛烷(C.2.1.3.2)作参比液，测定其吸光度 A_{275}。

C.2.1.5 结果计算

试样的苦味质含量按式(C.1)计算：

$$X_6 = A_{275} \times 50 \qquad \text{(C.1)}$$

式中：

X_6——试样的苦味质含量，单位为苦味质单位(BU)；

A_{275}——在波长 275 nm 下，测得试样的吸光度；

50——换算系数。

所得结果表示至一位小数。

C.2.1.6 精密度

试样的苦味质在 10 BU～45 BU 时，再现性误差的变异系数为 3%。

注 1：可用 250 mL 具塞锥形瓶(或分液漏斗)代替离心管，向其中加几颗玻璃珠(或沸石)，在电动振荡器振摇萃取，然后转入离心管离心。

注 2：使用后的异辛烷，可以收集处理，重复使用。处理方法：加入 4% 的活性碳，振摇，过滤回收(或加颗粒氢氧化钠，摇动后，放置过夜)，重蒸；或重蒸后，用 S-156 408 硅胶(12 目～28 目)柱处理，使馏出液的吸光度(用 10 mm 比色皿，在波长 275 nm 下)接近重蒸蒸馏水或不高于 0.005。

C.2.2 高效液相色谱法(测异α-酸)

C.2.2.1 原理

除气啤酒通过柱层析，将其中的异 α-酸分离为异副葎草酮、异葎草酮和异合葎草酮，并吸附到固定相上，然后有选择的洗脱下来，用高效液相色谱仪测定。

C.2.2.2 仪器

C.2.2.2.1 高效液相色谱仪：带紫外检测器和数据处理装置。

C.2.2.2.2 色谱柱：CLC-ODS，25 cm×4.6 mm(或同等分析效果的色谱柱)。

C.2.2.2.3 C8 SPE octyl 柱：500 mg，3 mL。

C.2.2.2.4 容量瓶：2 mL、100 mL。

C.2.2.2.5 移液管：20 mL。

C.2.2.2.6 刻度移液管：1 mL、5 mL、10 mL。

C.2.2.2.7 塑料注射器：30 mL。

C.2.2.2.8 分析天平：感量 0.1 mg。

C.2.2.3 试剂和溶液

C.2.2.3.1 标样：已知异 α-酸含量的标样，如异 α-酸镁盐。

C.2.2.3.2 10%四乙胺氢氧化物水溶液(tetraethylammonium hydroxide)。

C.2.2.3.3 重蒸蒸馏水。

C.2.2.3.4 甲醇：色谱纯。

C.2.2.3.5 磷酸：85%（质量分数）。

C.2.2.3.6 SPE 柱洗脱液 A：水＋磷酸＝100＋2。

C.2.2.3.7 SPE 柱洗脱液 B：水＋甲醇＋磷酸＝50＋50＋0.2。

C.2.2.3.8 SPE 柱洗脱液 C：甲醇＋磷酸＝100＋0.1。

C.2.2.3.9 流动相：甲醇＋重蒸水＋磷酸＋四乙基氢氧化胺＝780 mL＋220 mL＋17 g＋29.5 g。

C.2.2.4 分析步骤

C.2.2.4.1 试样的处理

取试样(4.1)100 mL，加磷酸(C.2.2.3.5)200 μL，调节 pH 至约 2.5。

C.2.2.4.2 吸附与解吸

装好 C8 SPE 柱后，先后用下列溶液走柱：

a) 2 mL 甲醇(C.2.2.3.4)，弃去流出液；

b) 2 mL 水(C.2.2.3.3)，弃去流出液；

c) 20 mL 试样(C.2.2.4.1)，弃去流出液；

d) 6 mL 洗脱液 A(C.2.2.3.6)，弃去流出液；

e) 2 mL 洗脱液 B(C.2.2.3.7)，弃去流出液；

f) 用连续 3 份 0.6 mL 洗脱液 C(C.2.2.3.8)洗脱，收集流出液于 2.0 mL 容量瓶中，用洗脱液 C 定容并充分混匀，作为待测试样。

C.2.2.4.3 校准

称取异 α-酸标样 20 mg(精确至 0.1 mg)，用甲醇溶解，并定容至 100 mL。在测定试样前，注射标样 20 μL 两次；在测完试样后，注射标样 20 μL 两次，取四次校正因子的平均值。

C.2.2.4.4 待测试样的测定

a) 色谱条件：

流速：1.0 mL/min；

柱温：30 ℃；

检测器波长：280 nm；

进样量：20 μL。

b) 将流动相(C.2.2.3.9)以流速 1.0 mL/min 冲洗色谱柱(C.2.2.2.2)过夜(流动相可回收使用)，待仪器稳定后即可进样分析，以外标法计算含量。

C.2.2.5 结果计算

a) 校正因子按式(C.2)计算：

$$RF = \frac{TA_{标}}{c_{标} \times A} \qquad \cdots\cdots(C.2)$$

式中：

RF——校正因子(四次注射标样的平均值)；

$TA_{标}$——标样中异 α-酸峰的总面积；

$c_{标}$——校准中所用标样的浓度，单位为毫克每升(mg/L)；

A——校准中所用标样的百分纯度，%。

b) 试样的异 α-酸含量按式(C.3)计算：

$$X_7 = \frac{TA_{样}}{RF} \qquad \cdots\cdots(C.3)$$

式中：

X_7——试样中异 α-酸的含量，单位为毫克每升(mg/L)；

$TA_{样}$——试样中异 α-酸峰的总面积；

RF——校正因子。

所得结果表示至一位小数。

C.2.2.6 精密度

试样中异 α-酸含量在 10 mg/L～30 mg/L 时，重复性误差的变异系数为 4%；再现性误差的变异系数为 13%。

C.3 pH

C.3.1 原理

将玻璃电极和甘汞电极同时插入试样溶液中，构成一个原电池。两极间的电动势与溶液的 pH 值有关，通过测量原电池的电动势，即可得到试样溶液的 pH 值。

C.3.2 仪器

C.3.2.1 酸度计(pH 计)：精度±0.02，带磁力搅拌装置。

C.3.2.2 烧杯：50 mL。

C.3.3 试剂和溶液

缓冲溶液按 GB/T 603 配制，如使用商品缓冲剂时，应是新配制的(已发霉或有沉淀的缓冲液不得使用)。

C.3.4 分析步骤

C.3.4.1 按仪器使用说明书安装。

C.3.4.2 按仪器使用说明书校准。

C.3.4.3 在室温下，取试样(4.1)50 mL 于烧杯中，将电极插入试样液中，待 pH 稳定后读数(测定样品后，电极应尽快用水冲洗，吸干)。

所得结果表示至一位小数。

C.3.5 精密度

试样的 pH 平均值为 4.25 时，再现性误差的变异系数为 1.5%。

C.4 溶解氧(仪器法)

C.4.1 原理

从啤酒包装物(瓶装酒的顶部或听装酒的底部)穿刺，将取样管插入样液中，利用惰性气体(如：二氧化碳或高纯氮气)将啤酒样液顶入装有氧传感器的流通池中，测量其样液中的溶解氧含量。

C.4.2 仪器

C.4.2.1 溶解氧分析仪：如奥比菲亚实验室仪器(或使用同等分析效果仪器)。

C.4.2.2 气源：二氧化碳或高纯氮气，纯度 99.99%以上。

C.4.3 分析步骤

C.4.3.1 按仪器使用说明书进行安装与调试。

C.4.3.2 接通电源，打开显示器。按仪器使用说明书操作。将瓶(或听)装酒样放到仪器取样器下，调整取样器的高度，穿刺后压下取样针，使其伸入到(距瓶、听底三分之一处)样液里。打开气源，调节酒液流速约 200 mL/min，使稳定、连续的酒样流出，待数值稳定后读数。

注：全部样品测定完后，关掉显示器，应及时清洗。取一干净的啤酒瓶装满水，重复上述操作，清洗整个流通系统。在取样针露出液面之前，提起取样针，关掉减压阀，使操纵杆复位，关闭二氧化碳总阀和电源。将仪器擦拭干净。

所得结果表示至整数。

C.4.4 精密度

试样的溶解氧平均值为 400 μg/L 时，再现性误差的变异系数为 8%。

C.5 蛋白质

C.5.1 原理

在催化剂作用下,用硫酸分解样品,使有机化合物中的氮转变成氨,以硼酸溶液吸收蒸馏出的氨,用酸碱滴定法测定氮含量。

C.5.2 仪器

C.5.2.1 凯氏定氮仪:自行组装的仪器或成套仪器。

C.5.2.2 分析天平:感量 0.1 mg。

C.5.2.3 滴定管:50 mL。

C.5.2.4 锥形瓶:250 mL。

C.5.3 试剂和溶液

C.5.3.1 浓硫酸:不含氮。

C.5.3.2 无氨的水:按 GB/T 603 制备。

C.5.3.3 混合催化剂:将硫酸钾(K_2SO_4)100 g、二氧化钛(TiO_2)3 g 和硫酸铜($CuSO_4 \cdot 5H_2O$)3 g 混合并研细。

C.5.3.4 氢氧化钠溶液(450 g/L):称取氢氧化钠 450 g,溶解于 1 L 水中。用一个带盖的不锈钢杯加热煮沸,以排除氨。冷却,让其不溶物沉淀。将上清液移入一个带胶塞的塑料瓶贮存,此溶液相对密度应不低于 1.35。

C.5.3.5 锌粒。

C.5.3.6 硼酸溶液(2 g/L):称取 20 g 硼酸,用水溶解,并定容至 1 L。

C.5.3.7 盐酸标准滴定溶液[$c(HCl)=0.1$ mol/L]:按 GB/T 601 配制与标定。

C.5.3.8 溴甲酚绿指示液:按 GB/T 603 配制。

C.5.4 分析步骤

成套仪器按使用说明书进行试样的测定。自行组装的仪器按下述方法进行操作。

C.5.4.1 消化

吸取试样(4.1)25 mL 置于凯氏烧瓶(或消化管)内,在通风橱中,加入 2 mL 浓硫酸,浓缩至粘稠。加入混合催化剂 10 g、浓硫酸 25 mL,轻轻摇动混合均匀。将凯氏烧瓶斜放在加热器的支架上,加热至不再发泡时,提高温度消化。待溶液清亮后再消化 30 min(或使用凯氏定氮分析仪专门的消化管消化)。将消化液冷却至室温。

C.5.4.2 蒸馏

待消化液冷却后,缓缓加入无氨的水 250 mL,摇匀,冷却,并加入少许锌粒。连接凯氏烧瓶与蒸馏装置,馏出管的尖端插入已盛有 25 mL 硼酸溶液(C.5.3.6)和 0.5 mL 溴甲酚绿混合指示液的三角瓶中,馏出管尖端应在液面之下。通过加液漏斗加入 70 mL 氢氧化钠溶液(C.5.3.4)于凯氏烧瓶中,轻轻摇匀,使内容物混匀,然后加热蒸馏。等馏出液达到 180 mL 时,停止蒸馏。

C.5.4.3 滴定

用盐酸标准滴定溶液(C.5.3.7)滴定馏出液,当溶液由绿色消失转变为灰紫色即为终点。记录消耗盐酸标准滴定溶液的体积(V_{11})。

同时,按上述方法做空白试验,记录消耗盐酸标准滴定溶液的体积(V_{10})。

C.5.5 结果计算

试样的蛋白质含量按式(C.4)计算:

$$X_8 = \frac{(V_{11} - V_{10}) \times c_4 \times 14 \times 6.25}{V_{12}} \times 100 \quad \cdots\cdots\cdots\cdots(C.4)$$

式中：

X_8——试样中的蛋白质含量，单位为毫克每百毫升(mg/100 mL)；

V_{11}——滴定试样馏出液时，消耗盐酸标准滴定溶液的体积，单位为毫升(mL)；

V_{10}——滴定空白馏出液时，消耗盐酸标准滴定溶液的体积，单位为毫升(mL)；

c_4——盐酸标准滴定溶液的浓度，单位为摩尔每升(mol/L)；

14——氮的摩尔质量的数值，单位为毫克每毫摩尔(mg/mmol)[M(N)=14]；

6.25——氮与蛋白质的转换系数；

V_{12}——吸取试样的体积，单位为毫升(mL)。

所得结果表示至一位小数。

C.5.6 精密度

重复性误差的变异系数 1.9%；再现性误差的变异系数 3.9%。

C.6 总多酚

C.6.1 原理

在碱性溶液(pH=10～12)中，多酚类物质与三价铁生成较稳定的红色化合物，颜色深浅与多酚类物质含量成正比，用分光光度计测定。

C.6.2 仪器

C.6.2.1 分光光度计：备有 10 mm 比色皿。

C.6.2.2 离心机。

C.6.2.3 比色管：25 mL、50 mL。

C.6.3 试剂和溶液

C.6.3.1 羧甲基纤维素钠-乙二胺四乙酸二钠溶液(CMC-EDTA)：在 500 mL 水中慢慢加入纯羧甲基纤维素钠 10.0 g 和乙二胺四乙酸二钠 2.0 g，边加边搅拌，待全部溶解后，停止搅拌，静置 1 h～3 h，全部移入 1 L 容量瓶中并定容。必要时，可用离心机离心，使溶液澄清。该溶液每月需重新配制。

C.6.3.2 铁试剂：称取绿色柠檬酸铁铵[$Fe(NH_4)_3(C_6H_5O_7)_2$]3.5 g，加水溶解并定容至 100 mL。该溶液应完全澄清，每周(或更短时间)配制一次。

C.6.3.3 氨试剂：氨水+水=1+2。

C.6.4 分析步骤

空白管：吸取试样(按 4.1 除气但未过滤的，20 ℃啤酒)10 mL 于 25 mL 容量瓶中，加入 8 mL CMC-EDTA 溶液，充分混匀，加入 0.5 mL 氨试剂，混匀。用水定容，摇匀。放置 10 min 后，用 10 mm 比色皿，在波长 600 nm 下，测定其吸光度。

试样管：吸取试样(按 4.1 除气但未过滤的，20 ℃啤酒)10 mL 于 25 mL 容量瓶中，加入 8 mL CMC-EDTA 溶液，充分混匀，加入 0.5 mL 铁试剂，混匀。然后加入 0.5 mL 氨试剂，混匀。用水定容，摇匀。放置 10 min 后，以空白管作参比液，用 10 mm 比色皿，在波长 600 nm 下，测定其吸光度。

试样的稀释：若总多酚超过 400 mg/L，试样就需要稀释。试样和空白都用 50 mL 容量瓶。在取样、添加了 CMC-EDTA 溶液和铁试剂后，加水 25 mL，充分混匀，再加氨试剂，用水定容，摇匀。

C.6.5 结果计算

试样的总多酚含量按式(C.5)计算：

$$X_9 = A_{600} \times 820 \times f_1 \qquad \text{(C.5)}$$

式中：

X_9——试样的总多酚含量，单位为毫克每升(mg/L)；

A_{600}——在波长 600 nm 下，测得的吸光度；

820——吸光度与总多酚含量的换算系数；

f_1——稀释度(使用 50 mL 比色管时,稀释度为 2)。

所得结果表示至整数。

C.6.6 精密度

总多酚含量为 180 mg/L 时,重复性误差的变异系数 3%;再现性误差的变异系数 6%。

注 1:啤酒试样应澄清透明,否则就需要通过离心方法使之完全澄清透明(但不能用过滤法);注意离心也会除去一些已沉淀的多酚物质,使老化啤酒测试结果偏低。为此,对于轻度混浊啤酒,可用等体积水稀释,以增加其透明度。

注 2:在测定过程中,不论是试样还是空白,每加一种试剂后,都要充分混匀,再加下一种试剂。

C.7 铁

C.7.1 比色法

C.7.1.1 原理

在 pH=3~9 条件下,低价铁离子与邻菲罗啉生成稳定的橘红色络合物,其色度与二价铁的含量成正比,在波长 505 nm 下,有最大吸收。

C.7.1.2 仪器

C.7.1.2.1 分光光度计:备有 10 mm 比色皿。

C.7.1.2.2 恒温水浴:控温精度±0.5 ℃。

C.7.1.2.3 移液管:1.0 mL、2.0 mL、5.0 mL、10.0 mL、20.0 mL、25.0 mL、50.0 mL。

C.7.1.2.4 容量瓶:100 mL、500 mL。

C.7.1.2.5 具塞比色管:50 mL。

C.7.1.3 试剂和溶液

C.7.1.3.1 显色剂:称取邻菲啰啉 1.50 g,加 200 mL 水加热至 70 ℃溶解,并用水定容至 500 mL。

C.7.1.3.2 铁标准贮备液(0.1 mg/mL):按 GB/T 602 配制。

C.7.1.3.3 铁标准使用液(10 μg/mL):吸取铁标准贮备液 10.0 mL 于 100 mL 容量瓶中,用水定容。

C.7.1.3.4 抗坏血酸:不含铁,研成细粉。

C.7.1.4 分析步骤

C.7.1.4.1 绘制标准工作曲线

分别吸取铁标准使用液 0.0 mL、2.0 mL、5.0 mL、10.0 mL、20.0 mL、30.0 mL 于 6 个 100 mL 容量瓶中,加水定容,即得到分别为 0 mg/L、0.20 mg/L、0.50 mg/L、1.00 mg/L、2.00 mg/L、3.00 mg/L 铁标准溶液。分别吸取所配成的铁标准溶液各 25 mL 于 6 支 50 mL 具塞比色管中,各加 25 mg 抗坏血酸和 2 mL 显色剂,混合均匀,置于 60 ℃±0.5 ℃水浴恒温 15 min。然后取出,迅速冷却至室温。在波长 505 nm 下,以水作参比液,测定其吸光度。用吸光度与对应的铁含量绘制标准曲线(或建立回归方程)。

C.7.1.4.2 测定

吸取两份试样(按 4.1 除气但未过滤的,20 ℃啤酒)25.0 mL,分别置于两支 50 mL 具塞比色管 A、B 中。于比色管 A 中,加 25 mg 抗坏血酸和 2 mL 显色剂,混合均匀,于比色管 B 中,加 25 mg 抗坏血酸和 2 mL 水,混合均匀,同时将比色管 A、B 置于 60 ℃±0.5 ℃水浴恒温 15 min。然后取出,迅速冷却至室温。在波长 505 nm 下,以 B 管作参比,测定比色管 A 中溶液的吸光度,从标准曲线上查得其铁含量(或用回归方程计算)。

C.7.1.5 精密度

试样中铁含量为 0.20 mg/L 时,重现性误差的变异系数为 10%,再现性误差的变异系数为 40%。

C.7.2 原子吸收分光光度法

C.7.2.1 原理

啤酒中的铁直接导入原子吸收分光光度计中,在火焰中被原子化,基态原子铁吸收特征波长

(248.3 nm)的光，吸收量的大小与铁含量成正比，测其吸光度，求得铁含量。

该法局限于直接吸收灵敏度为 0.05 mg/L 水平的仪器，而且应采用标准加入法(增量法)测定。

C.7.2.2　仪器

C.7.2.2.1　原子吸收分光光度计：备有铁空心阴极灯。

C.7.2.2.2　容量瓶：100 mL。

C.7.2.2.3　刻度移液管：1 mL，分度值 0.1 mL。

C.7.2.2.4　移液管：10 mL。

C.7.2.2.5　分析天平：感量 0.1 mg。

C.7.2.3　试剂和溶液

C.7.2.3.1　硝酸溶液：浓硝酸＋水＝1＋1；

C.7.2.3.2　铁标准贮备液(1 000 mg/L)：称取纯铁丝 1.000 g(精确至 0.1 mg)，溶于 50 mL 硝酸溶液中，用水稀释至 1 L(或使用商品铁标准溶液)。

C.7.2.4　分析步骤

C.7.2.4.1　试样标准溶液的配制

a)　吸取铁标准贮备液 100 mL，用水稀释至 1 000 mL，该铁标准溶液浓度为 100 mg/L。

b)　分别吸取 100 mg/L 铁标准溶液 0.00 mL、0.10 mL、0.20 mL、0.40 mL、0.60 mL 于 5 个 100 mL 容量瓶中，用试样(按 4.1 除气但未过滤的，20 ℃啤酒。如需过滤时，应用无铁滤纸)稀释至刻度。

C.7.2.4.2　测定

选择适宜的操作条件，先用空白溶液在波长 248.3 nm 处调节仪器零点。再分别导入啤酒标准溶液，测定其吸光度，以标准溶液浓度为横坐标，以相对应的吸光度为纵坐标，绘制标准工作曲线。用外插法，将标准曲线反向延长与横轴相交，交点(X)即为待测啤酒试样的铁含量(或建立回归方程计算)。

所得结果表示至两位小数。

C.7.2.5　精密度

试样中铁含量为 0.30 mg/L 时，重现性误差的变异系数为 8%，再现性误差的变异系数为 17%。

C.8　低沸点香味成分

C.8.1　原理

啤酒中低沸点的醇、酯类物质，采用顶空进样，用配有 FID 检测器的气相色谱仪测定，用内标法定量。

C.8.2　仪器

C.8.2.1　气相色谱仪：配有 FID 检测器。

C.8.2.2　毛细管色谱柱：PEG 20M 30 m×0.53 mm，涂层 1 μm(或使用同等分析效果的柱子)。

C.8.2.3　顶空取样瓶：20 mL，带密封垫及铝压盖。

C.8.2.4　注射器：2 mL 压力封闭，气密。

C.8.2.5　恒温水浴：控温精度±0.5 ℃。

C.8.2.6　恒温干燥箱。

C.8.3　试剂和溶液

C.8.3.1　正丁醇内标贮备液：称取正丁醇 20 g，用 95%乙醇溶解并定容至 100 mL。冷藏可保存 1 个月～2 个月。

C.8.3.2　正丁醇内标使用液：使用时，吸取正丁醇内标贮备液 1.00 mL，用水稀释至 100 mL，混匀。

C.8.3.3　香味成分混合标准贮备液：分别称取标准样品乙酸乙酯 4 g、正丙醇 2 g、异丁醇 2 g、乙酸异戊酯 0.5 g、异戊醇 7.5 g，用 95%乙醇溶解并定容至 100 mL。冷藏可保存 1 个月～2 个月。

C.8.4 分析步骤

C.8.4.1 试样的制备

于 20 mL 顶空取样瓶中，加入至少在 0 ℃冷却 12 h 的试样 10.0 mL，再向其中加入 100 μL 内标使用液，用铝压盖密封。

C.8.4.2 测定

a) 色谱条件：

进样口温度：200 ℃；

检测器温度：200 ℃；

柱温：40 ℃保温 5 min，然后以 10 ℃/min 程序升温至 140 ℃，再保温 3 min；

载气（高纯氮）流量：5 mL/min。

b) 将装有试样的顶空取样瓶放入 40 ℃±0.5 ℃ 恒温水浴中保温 45 min，使气液两相达到平衡状态。用预先在恒温箱保温至 40 ℃的注射器插入顶空取样瓶的气相中，反复抽洗 5 次，然后抽取 1.00 mL 进入色谱仪，记录色谱图。

C.8.4.3 绘制标准曲线

用 4%乙醇溶液稀释香味成分混合标准贮备液，制成两种标准使用溶液。使其中的乙酸乙酯、正丙醇、异丁醇、乙酸异戊酯和异戊醇浓度分别为 4 mg/L、2 mg/L、2 mg/L、0.5 mg/L、7.5 mg/L 和 40 mg/L、20 mg/L、20 mg/L、5 mg/L、75 mg/L。按试样测定作同样的操作，测量各组份色谱峰和内标峰的峰面积，反复测定三次，取平均值，以内标法绘制标准曲线（或建立回归方程计算）。

所得结果表示至一位小数。

C.8.5 精密度

各种组分含量在 40 mg/L 时，再现性误差的变异系数约为 4%～8%。

C.9 双乙酰（气相色谱法）

C.9.1 原理

试样进入气相色谱仪中的色谱柱时，由于在气液两相中分配系数不同，而使双乙酰、2,3-戊二酮、2,3-己二酮及其他组分得以完全分离。利用电子捕获检测器捕获低能量电子，而使基流下降产生信号，与标样对照，根据保留时间定性，利用内标法或外标法定量。进入色谱柱前不经过加热处理，测得的是游离联二酮；于 60 ℃加热 90 min 后，测得的是包括前驱体转化在内的总联二酮。

C.9.2 仪器

C.9.2.1 气相色谱仪：配有 ECD 检测器。

C.9.2.2 微量注射器：2 mL 压力封闭，气密。

C.9.2.3 顶空取样瓶：20 mL，带密封垫及铝压盖。

C.9.2.4 恒温水浴：控温精度±0.5 ℃。

C.9.2.5 恒温干燥箱。

C.9.2.6 分析天平：感量 0.1 mg。

C.9.3 试剂和溶液

C.9.3.1 2,3-己二酮（2,3-hexanedione）：

a) 内标贮备溶液：称取 2,3-己二酮 500 mg（精确至 0.1 mg），用水溶解，并定容至 100 mL。该溶液在冷藏条件下可稳定 1 个月～2 个月；

b) 内标使用溶液：吸取内标贮备溶液 1.00 mL，置于 100 mL 容量瓶中，用水稀释至刻度。该溶液需当天用当天配。

C.9.3.2 2,3-戊二酮（2,3-pentanedione）：标准贮备溶液和标准使用溶液的配制方法同 2,3-己二酮（C.9.3.1）。

C.9.3.3 双乙酰(diacetyl):标准贮备溶液和标准使用溶液的配制方法同2,3-己二酮(C.9.3.1)。

C.9.3.4 氯化钠。

C.9.4 色谱柱与色谱条件

C.9.4.1 色谱柱

a) 填充柱:不锈钢(或玻璃)柱2 m。固定相:在Chrornosorb W AW-DMS上,涂以10%聚乙二醇-20M(PEG-20M);或在Carbopak C上,涂以0.2% 聚乙二醇-1500(PEG-1500)。

b) 毛细管色谱柱:固定相为Carbowax 20M。

c) 或者选用同等分析效果的其他色谱柱。

C.9.4.2 色谱条件

柱温:55 ℃;

气化室温度:150 ℃;

检测器温度:200 ℃;

载气(高纯氮)流量:25 mL/min。

应根据不同仪器,通过试验选择最佳色谱条件,以使2,3-戊二酮、2,3-己二酮和双乙酰获得完全分离为准。

C.9.5 分析步骤

C.9.5.1 标准溶液的制备

在顶空取样瓶中装入水10 mL和氯化钠4 g,加入2,3-戊二酮、2,3-己二酮和双乙酰三种标准使用溶液各10 μL,用衬有密封垫的铝压盖卷边密封。用手摇匀50 s。该溶液所含三种标准物质的浓度各为0.05 mg/L。

若预计扩大线性响应范围联二酮(VDKs)含量0.05 mg/L时,应适当调整标准溶液的浓度(如0.10、0.15、0.20mg/L),使响应值成线性。

C.9.5.2 试样的制备

C.9.5.2.1 啤酒样品的游离联二酮(VDKs)

a) 取室温下的啤酒样品,缓慢倒入刻度试管中,用吸管吸去泡沫及多余的酒液至10 mL。

b) 于20 mL顶空取样瓶中,移入啤酒样10 mL、加氯化钠4 g和内标(2,3-己二酮)使用溶液10 μL,用铝压盖密封。用手摇匀50 s。

C.9.5.2.2 啤酒样品的总联二酮(VDKs+前驱体)

a) 在400 mL烧杯中,取啤酒样100 mL,轻轻摇动脱气。然后通过两个杯子缓慢注流倒杯5次,使其很好曝气。缓缓倒入刻度试管中,用吸管吸取泡沫及多余的酒液,使试管中的酒样为10 mL,将其移入装有4 g氯化钠的20 mL顶空取样瓶中,加入内标(2,3-己二酮)使用溶液10 μL,用铝压盖密封。

b) 于60 ℃水浴中保温90 min 。冷却至室温后,轻轻拍打瓶盖使盖残留的液滴落下。用手摇匀50 s。

C.9.5.3 测定

C.9.5.3.1 标准溶液的测定

将标准溶液(C.9.5.1)放入30 ℃水浴中保温30 min,使气相达到平衡状态。置于自动进样器上进样1.0 mL,记录2,3-戊二酮、2,3-己二酮和双乙酰峰的保留时间和峰高(或峰面积)。根据峰的保留时间定性。根据峰高(或峰面积),求得校正因子进行定量。作校正因子时,应反复进样分析三次,取平均值计算。

C.9.5.3.2 试样的测定

将制备好的试样(C.9.5.2)放入30 ℃水浴中保温30 min,使气相达到平衡状态。置于顶空自动进样器上进样1.0 mL(或将气体注射器插入试样瓶或标样瓶的瓶颈空气中,反复抽吸5次"冲洗"注射器,然后抽取 1.0 mL 注入色谱仪中)，在选择好的色谱条件下进行分析。

注：在色谱仪器分析期间，应将注射器针管拆开，置于 40 ℃的恒温干燥箱中。

C.9.6　结果计算

a)　双乙酰(或 2,3-戊二酮)的校正系数按式(C.6)计算：

$$f = \frac{A_1}{A_2} \times \frac{d_2}{d_1} \qquad \cdots\cdots (C.6)$$

式中：

f——双乙酰(或 2,3-戊二酮)的校正因子；

A_1——内标的峰面积；

A_2——双乙酰(或 2,3-戊二酮)的峰面积；

d_1——内标的密度；

d_2——双乙酰(或 2,3-戊二酮)的密度。

b)　试样中的双乙酰(或 2,3-戊二酮)按式(C.7)计算：

$$X_{10} = f \times \frac{A_3}{A_4} \times c_5 \qquad \cdots\cdots (C.7)$$

式中：

X_{10}——试样中双乙酰(或 2,3-戊二酮)的含量，单位为毫克每升(mg/L)；

f——双乙酰(或 2,3-戊二酮)的校正因子；

A_3——试样中双乙酰(或 2,3-戊二酮)的峰面积；

A_4——添加于试样中内标的峰面积；

c_5——添加于试样中内标的浓度，单位为毫克每升(mg/L)。

所得结果表示至两位小数。

C.9.7　精密度

在重复性条件下获得的两次独立测定结果的绝对差值不得超过算术平均值的 10%。

ICS 71.040.30;71.040.99
N 53

中华人民共和国国家标准

GB/T 4930—2008/ISO 14595:2003
代替 GB/T 4930—1993

微束分析 电子探针分析 标准样品技术条件导则

Microbeam analysis—Electron probe microanalysis—Guidelines for the specification of certified reference materials(CRMs)

(ISO 14595:2003,IDT)

2008-04-11 发布　　　　2008-10-01 实施

中华人民共和国国家质量监督检验检疫总局
中国国家标准化管理委员会　发布

前　言

本标准等同采用 ISO 14595:2003《微束分析　电子探针分析　标准样品技术条件导则》(英文版)。

为了便于使用,本标准做了下列编辑性修改:

——“本国际标准”一词改为“本标准”;

——用小数点“.”代替作为小数点的逗号“,”;

——删除国际标准的前言。

本标准代替 GB/T 4930—1993《电子探针分析标准样品通用技术条件》,因为国际上的发展原标准在技术上已不适用。

本标准对 GB/T 4930—1993 进行了全面修改:

——标题:将 GB/T 4930—1993 原标题“电子探针分析标准样品通用技术条件”改为“微束分析　电子探针分析　标准样品技术条件导则”;

——所有技术条文的项目、内容、结构顺序都作了变动,运用的技术方法更先进,更合理;

——标样材料不均匀性检测及其数据统计处理改用美国国家标准技术研究院(NIST)和英国国家物理实验室(NPL)共同研制的检测和统计方法;

——将标样分级的概念引入本标准,使制作和应用标样的领域扩大,更合理,更全面。

本标准的附录 B 为规范性附录,附录 A、附录 C 为资料性附录。

本标准由全国微束分析标准化技术委员会提出并归口。

本标准起草单位:中国科学院广州地球化学研究所。

本标准主要起草人:刘永康、万光权、梁细荣、杨秋剑。

本标准所代替标准的历次版本发布情况为:

——GB 4930—1985、GB/T 4930—1993。

引　言

本标准规定了如何评价和选择标准物质(RM)[1)]，如何定量判别标准物质的不均匀性和稳定性，并介绍了如何测定标准物质的化学成分，以及制作电子探针分析标准样品(CRM，以下简称标样)[2)]的方法。电子探针分析(EPMA)是一种基于标样的比较定量分析方法，已在世界上广泛应用，由于标准样品对电子探针的定量分析准确度起着关键作用，因此本标准的修订有利于电子探针分析数据的交流。

世界上第一份此类标准，是GB 4930—1985《电子探针分析标准样品通用技术条件》，该标准由刘永康、林卓然、张宜起草，经全国电子探针分析标准样品标准化技术委员会(全国微束分析标准化技术委员会前身)审查通过报国家标准局(CBS)(为国家技术监督局CSBTS及中国国家标准化管理委员会SAC前身)批准发布，于1985年实施。该标准经第一次修订而形成GB/T 4930—1993，起草人刘永康、张宜、林卓然、索志成，由全国微束分析标准化技术委员会审查，国家技术监督局批准，1993年8月30日发布，1994年7月1日实施。

1993年林卓然将GB/T 4930—1993译成英文版，并由国际标准化组织中国委员会(ISO/CS，即CSBTS)向国际标准化组织微束分析技术委员会电子探针分会(ISO/TC 202/SC 2)申请将其作为第一个草案，立项制定相同的国际标准。经国内外同行专家多次修改，报ISO批准，于2003年6月1日发布实施，编号是ISO 14595:2003，标准名称为“微束分析　电子探针分析　标准样品技术条件导则”[Microbeam analysis—Electron probe microanalysis—Guidelines for the specification of certified reference materials(CRMs)]。按照GB/T 20000.2—2001的规定，等同采用ISO 14595以代替GB/T 4930—1993，相当于对原标准GB/T 4930—1993的修订，GB/T 4930—2008经全国微束分析标准化技术委员会审查通过，报SAC批准，于2008年10月01日实施。

---

1) 标准物质(也称为参考物质)(reference material, RM)按JJF 1001—1998中8.13的相关定义：具有一种或多种足够均匀和很好地确定了的特性，用以评价校准测量装置、评价测量方法或给材料赋值的一种材料或物质。

2) 标准样品，简称标样(也称为有证参考物质或有证标准物质)(certified reference material, CRM)，按JJF 1001—1998中8.14的相关定义：附有证书的标准物质，每一种出证的特性值都附有给定置信水平的不确定度。

微束分析 电子探针分析 标准样品技术条件导则

1 范围

本标准给出了用于电子探针分析的单相标样,并规定了标样仅应用在平整抛光表面的显微分析中。本标准不包括有机物和生物标样。

2 规范性引用文件

下列文件中的条款通过本标准的引用而成为本标准的条款。凡是注日期的引用文件,其随后所有的修改单(不包括勘误的内容)或修订版均不适用于本标准,然而,鼓励根据本标准达成协议的各方研究是否可使用这些文件的最新版本。凡是不注日期的引用文件,其最新版本适用于本标准。

ISO 导则 31:2000 标准物质 认证内容和标示(ISO Guide 31:2000,Reference materials—Contents of certificates and label)

3 术语和定义

下列术语和定义仅适用于本标准。

3.1

不均匀性 heterogeneity

从一组试样中测得的元素成分值的变化。

注:不均匀性来自包括对试样与试样之间的测量、每一试样内微米尺度之间的测量,以及检测过程本身的不确定度。

3.2

研究材料 research material

在物理和化学特征上满足标样的要求,但在认证为标样前需要对其细节(包括化学成分、稳定性以及微区和宏观不均匀性)进行检测的材料。

3.3

稳定性(通用) stability (general)

试样在常温常压下长期保存时耐化学和物理变化的能力。

3.4

电子探针分析稳定性 stability EPMA

材料受到电子束轰击时耐化学成分变化的能力,即试样暴露于电子束期间观测到的耐相关特征 X 射线强度变化的能力。

3.5

不确定度 uncertainty

表征合理地赋予被测量之值的分散性,与测量结果相联系的参数。

4 研究材料的制备

4.1 材料的选择

准备用作标样的研究材料应该在微米尺度上显示很少或没有质杂,应不含多余包裹体(或夹杂物),

而且应该足够致密(即使存在空隙等,也应在检测和分析时容易避开),并在较长时间电子束轰击下保持稳定。

制备好的研究材料应具有几个可供作点分析的区域。每个区域的直径应不小于 20 μm,最小也应大于X射线发射区域的两倍。

研究材料的量必须满足能制备约 200 套标样。

若是合成材料,应提供有关生产工艺的详细资料;若为矿物,则应提供原产地、来源以及分选过程的说明。

4.2 材料的初步检查

应使用双目光学显微镜来对可能成为标样的研究材料进行初步的检查,藉以评估它含多余的包裹体(夹杂物)、空隙或其他相的情况。若发现杂质和空隙较多,并足以干扰电子探针对感兴趣的主要相的分析,即无法在主要相的多点上用 1 μm 电子束进行清晰采样,那么应该放弃这种材料。

应使用反射光和(或)透射光[金相显微镜和(或)偏光显微镜]在抛光的截面上对试样中可能存在的微细多余包裹体(夹杂物)或其他相实施进一步的检查。若有需要,还应使用电子探针或扫描电镜的二次电子图像和背散射电子图像进行检查。仅当其所含的包裹体(夹杂物)或其他相极易识别,并且附带的文件中已明确注明以便在使用期间避开它们时,这种成分已知并含有包裹体或其他相的材料才能被认为是适用的。

经初步检查后确定适用的材料应进一步作不均匀性和稳定性鉴定。

5 材料的不均匀性

5.1 样品制备

标样在电子束轰击下必须是稳定的。标样在所需的测试条件下不能产生电荷积累,因而,有时需要在样品表面上镀导电膜。标样应处于这样一个物理状态,即当有必要对其进行镶嵌和抛光处理而置于大气或真空中时其表面不会迅速变质。

供作标样的研究材料应有相同或近似的物理取向。也就是说,假如标样被切割或解离以利于分析人员使用其平整的表面作电子探针分析,那么研究材料应该使用和获得不均匀性数据同样的方式进行镶嵌。

5.2 样本大小

选作检测的试样数目应根据抽样样本组中试样个体的数量、大小和成分而定。基于这些因素,在此并未对抽样样本大小做出详细的规定,以便分析人员灵活地设计检测程序。

如果试样数量很大,例如为了便于销售而将试样切割或解离成 200 块或数目更多外表相近的小块样,那么全部检测这些试样将耗时过长。可以通过随机选择的方式选取达到具有统计学代表性数量的试样进行检测。考虑到被测元素在统计计数后的不均匀性,如果观测到试样彼此之间和(或)试样中测得的不均匀性大于1%,那么或许需要检测更多的试样。

在为销售而切割其成为更小块试样前只有为数不多的试样(如 5 块~20 块)可供检测,如果制备过程并未以任何方式改变其成分,那么分析分割前的每个试样即可。

注:在采集数据之前,强烈建议与有经验的统计学家进行商讨。既然检测结果依赖于材料的特性和可用试样的数量,那么在此回避对样本大小做出详细的规定,以便分析者灵活设计检测程序。

5.3 检测条件

如果将不均匀性的范围设定为微米量级,就应该用约 1 μm(点状)的电子束分析。对于可能被电子束损伤的试样,可以使用散焦束,典型直径为 5 μm。进而,在证书上应注明该标样只能在散焦束状态下使用。

优先使用波谱法测量不均匀性,因为它能获得高的峰值计数率,并使统计数据的采集过程加快。能谱法也可用来作X射线峰值测量,但获取数据的时间明显较长。对于那些对波谱法高束流过于敏感的试样只能使用能谱法进行检测。

在理想的情况下，分析时使用的激发电压应该约为被分析元素的X射线的临界激发电压的2.5倍，然而在同时分析几种元素时，要达到这个值是很困难的。折衷的办法是所选的激发电压应该足以激发被测元素的X射线，其过压至少是临界激发电压的1.5倍。

在获取某元素的不均匀性数据时，所选择的X射线应与试样中其他元素的X射线不重叠。这可通过波谱仪对纯元素和标准物质进行扫描来加以确定。

使用的束流取决于元素的浓度、样品在电子束轰击下的稳定性和期望的计数率。

计数率应该满足可接受的计数统计要求。计数率不应该过高，以防波谱仪正比计数器的死时间增加到超过了正常工作范围的程度。通常正比计数管的死时间为1.2 μs或更短。对于能谱仪，死时间应设定在30%的位置上。

注：恰当的计数率也依赖于可接受的计数不确定度。按泊松(Poisson)计数统计，从X射线测量得到的计数的标准不确定度等于X射线总计数的平方根，即$\sqrt{N}$。当总计数为10 000时，相对标准偏差为1%。但是如果总计数值增大，这一相对标准偏差则可以降低。当计数达到100 000时，相对标准偏差将降至0.3%。对于能谱仪来说，这个计数值对应于感兴趣的窗口中的计数或峰的计数积分值，而不是全谱总计数值。这种检测不确定度总是存在的，与不均匀性的程度无关，并可以在给定的激发电压下，通过增大束流和/或延长计数时间来增高积分计数，从而减小相对标准偏差。能否增大束流或延长计数时间，依赖于样品的稳定性，同时计数时间还受实际测试条件限制。

当估计的计数率R和要求的相对误差σ已知时，达到这一误差要求的计数时间T，可按公式$T=1/\sigma^2R$来求得，此方程来源于计数统计导致的相对误差的泊松估计，$\sqrt{N}/N=\sqrt{RT}/RT$。

5.4 检测程序

在开始不均匀性检测之前，应首先分析块状试样的边缘并与内部相比较，以确认两个部位的元素浓度是否有一致的差异，此种差异偶尔会在材料(诸如金属合金或合成晶体)的制造过程中产生。如果试样边缘与内部有差异，那么在取样进行本体成分定量分析之前以及通过镶嵌和抛光进行不均匀性研究之前，应该剔除这些边缘。对于某些试样，镶嵌和抛光也可能会造成这种差异。如果出现这种情况并无法补救，那么标样证书上就应包括指导分析人员避免使用自边缘起某一特定最小距离范围内材料的内容。

如有可能，把要作比较分析的试样用相同的装样法装在一起或作成一块。必要时，全部试样同时镀碳膜。

测试流程应设计成有效地采集用于测定试样内部和试样之间不均匀性的数据，用50 μm～100 μm线扫描来测定实验上的不确定度并寻找在微米尺度上逐渐增加或减少的浓度变化。虽然下面给出了测试的例子，但可以根据被分析的特定试样或一组试样的不同情况加以调整。应监测束流以提供对应于每一个数据读数的电流值，以便在必要时能够进行后续的电流漂移校正。

注：推荐使用计算机ASCII格式来收集数据，因为它很容易转换成后继处理的电子数据表。

对每一个被测试样，应采集几个随机选取的点(典型是7个～10个)的X射线计数，是否取更多的点取决于试样的大小。这样的数据应至少采集两次，即在采集期间不移动试样和电子束，在每一个点上至少采集和记录两个完整的X射线计数。试样应按随机顺序进行分析，每一试样分析两次，而每次的顺序是不同的。推荐由不同的操作者进行重复分析的数据采集，每次分析使用不同的随机抽样方案。参阅ISO导则35[6]中的抽样程序和评价检测结果的方法来进行检测。由这种检查方法所获得的数据用于计算试样内各点间和试样彼此之间的不确定度，也用于计算束流漂移修正后的检测不确定度。当获得了每一元素的本底数据时，不确定度就可以表达为质量分数。用于这些计算的方程在5.5中给出。

为了检测每一试样中元素的浓度趋势(用随机抽样的方法可能检测不到)，应进行点间距小于5 μm、长度为50 μm～100 μm的线剖析检测。推荐使用相互垂直的两条剖析线。对于1 cm～2 cm的样品，至少应在样品的两个不同位置上进行这种成组的双线剖析检测。在电子束流校正后，所绘制的数据(间距对应X射线计数)用于体现可能存在的浓度变化。如果这些变化在99%置信限或±3倍泊松计数误差(X射线积分计数的平方根)以内,那么这样的浓度趋势可能不会妨碍认证过程。

5.5 数据的统计处理

试样内部、试样之间和检测采集中的不均匀性导致的元素浓度不确定度可以通过对上面描述的过程使用下面的计算方法获得。

注:这里有几个与检测过程和计算方法与此处的描述相类似的例证[1]~[4],并且为了便于使用,本标准中的统计符号被简化了。此处使用的统计近似被称为嵌套结构,在参考文献[5]、[6]和[8]中有详细描述。在这里列出的计算程序,是美国国家标准技术研究院(NIST)与英国国家物理实验室(NPL)共同研制开发的,并已运行成功。其他有效的检测和统计方法也可使用,但必须在标样证书中作充分的说明。

设 w_0 为标准物质中某元素的质量分数真值。由于试样之间的不均匀性(宏观不均匀性)、试样内部的不均匀性(微观不均匀性)和测量误差的存在,以质量百分数所表示的、来自随机选择试样中随机选择的点的任一单个微米尺度的测量 w 会与 w_0 有偏差。其差值 $w-w_0$ 可看作为随机效应的总和:

$$w = w_0 + S + P + E \qquad (1)$$

式中:

w_0+S——所选试样的质量分数真值;

w_0+S+P——所选试样上所选点的微米尺度的质量分数浓度真值;

E——测量误差。

方差的分量 σ^2_{Sw}、σ^2_{Pw} 和 σ^2_{Ew},分别为随机效应 S、P 和 E 的方差。测量值 w 的方差 σ^2_w 由下式给出:

$$\sigma^2_w = \sigma^2_{Sw} + \sigma^2_{Pw} + \sigma^2_{Ew} \qquad (2)$$

设 n_E 为 n_S 个随机选取试样的每一试样上 n_P 个随机选取点的每一点上独立测量的次数,并设 w_{ijk} 为试样 i 上点 j 的第 k 次重复测量获得的含量值,那么总平均值将由下式给出:

$$\overline{w} = \frac{1}{(n_P n_S n_E)} \sum_{i=1}^{n_S} \sum_{j=1}^{n_P} \sum_{k=1}^{n_E} w_{ijk} \qquad (3)$$

假设这个嵌套结构是稳定的,则该总平均值具有如下的方差:

$$\sigma^2_{\overline{w}} = \frac{\sigma^2_{Sw}}{n_S} + \frac{\sigma^2_{Pw}}{n_S n_P} + \frac{\sigma^2_{Ew}}{n_S n_P n_E} \qquad (4)$$

因此,平均测量值 $\overline{w}$ 的不确定度可根据 σ^2_{Sw}、σ^2_{Pw} 和 σ^2_{Ew} 的估计值加以确定。在约95%或99%的置信区间,微米尺度的平均浓度分别为:

$$\overline{w} \pm 2\left[\frac{\sigma^2_{Sw}}{n_S} + \frac{\sigma^2_{Pw}}{n_S n_P} + \frac{\sigma^2_{Ew}}{n_S n_P n_E}\right]^{1/2} \qquad (5)$$

或

$$\overline{w} \pm 3\left[\frac{\sigma^2_{Sw}}{n_S} + \frac{\sigma^2_{Pw}}{n_S n_P} + \frac{\sigma^2_{Ew}}{n_S n_P n_E}\right]^{1/2} \qquad (6)$$

σ^2_{Sw}、σ^2_{Pw} 和 σ^2_{Ew} 的估计值可根据原始计数数据,通过以下计算来求得。

设 Y_{ijk} 代表试样 i 上点 j 的第 k 次计数测量值,并设 B_{ijk} 为与计数测量值 Y_{ijk} 相对应的本底计数值。假定本底计数之上的计数与元素的微米尺度质量分数之间为线性关系(即计数越高,含量越高),那么 $Y_{ijk}-B_{ijk}$ 就可用来确定质量分数的测量值:

$$w_{ijk} = \frac{Y_{ijk} - B_{ijk}}{C} \qquad (7)$$

式中:

C——依赖于检测条件(工作电压、计数时间等)的转换因子。

设 $\bar{B}$ 为本底平均计数:

试样 i 上点 j 的平均计数值 $$\overline{Y}_{ij} = \frac{1}{n_E}\sum_{k=1}^{n_E} Y_{ijk} \qquad (8)$$

试样 i 的平均计数值 $$\overline{Y}_i = \frac{1}{n_P}\sum_{j=1}^{n_P}\overline{Y}_{ij} \qquad \cdots\cdots(9)$$

总平均计数值 $$\overline{Y} = \frac{1}{n_S}\sum_{i=1}^{n_S}\overline{Y}_i \qquad \cdots\cdots(10)$$

试样与试样间的差值平方和 $$S_S = n_P n_E \sum_{i=1}^{n_S}(\overline{Y}_i - \overline{Y})^2 \qquad \cdots\cdots(11)$$

试样内点与点之间的差值平方和 $$S_P = n_E \sum_{i=1}^{n_S}\sum_{j=1}^{n_P}(\overline{Y}_{ij} - \overline{Y}_i)^2 \qquad \cdots\cdots(12)$$

测量重复性误差的各点测量值与总均值差值的平方和相应的平均方差是：

$$S_E = \sum_{i=1}^{n_S}\sum_{j=1}^{n_P}\sum_{k=1}^{n_E}(Y_{ijk} - \overline{Y}_{ij})^2 \qquad \cdots\cdots(13)$$

试样之间： $$S_{MS} = \frac{S_S}{n_S - 1} \qquad \cdots\cdots(14)$$

试样内点与点之间： $$S_{MP} = \frac{S_P}{n_S(n_P - 1)} \qquad \cdots\cdots(15)$$

其余： $$S_{ME} = \frac{S_E}{n_S n_P (n_E - 1)} \qquad \cdots\cdots(16)$$

假定本底计数的泊松偏差和每个试样上每一点的多次计数的泊松偏差按下列方程来表示：

(1) $\dfrac{\sum_{i=1}^{n_S}\sum_{j=1}^{n_P}\sum_{k=1}^{n_E}(Y_{ijk} - \overline{Y}_{ij})^2}{n_S n_P (n_E - 1)} = S_{ME}$ 为 $C^2\sigma_{Ew}^2 - \sigma_B^2$ 的无偏估计；

(2) $\dfrac{n_E\sum_{i=1}^{n_S}\sum_{j=1}^{n_P}(\overline{Y}_{ij} - \overline{Y}_i)^2}{n_S(n_P - 1)} = S_{MP}$ 为 $C^2(\sigma_{Ew}^2 + n_E\sigma_{Pw}^2) - \sigma_B^2$ 的无偏估计；

(3) $\dfrac{n_P n_E\sum_{i=1}^{n_S}(\overline{Y}_i - \overline{Y})^2}{(n_S - 1)} = S_{MS}$ 为 $C^2(\sigma_{Ew}^2 + n_E\sigma_{Pw}^2 + n_P n_E\sigma_{Sw}^2) - \sigma_B^2$ 的无偏估计。

式中：σ_B^2 是本底噪声产生的方差。

使用下列方程来估计方差的各分量：

$$\hat{\sigma}_{E_w}^2 = \frac{S_{ME} + \overline{B}}{\hat{C}^2} = \frac{\left\{\frac{S_E}{n_S n_P (n_E - 1)}\right\} + \overline{B}}{\hat{C}^2} \qquad \cdots\cdots(17)$$

$$\hat{\sigma}_{P_w}^2 = \frac{S_{MP} - S_{ME}}{n_E\hat{C}^2} = \frac{\left\{\frac{S_P}{n_S(n_P - 1)} - \frac{S_E}{n_S n_P (n_E - 1)}\right\}}{n_E\hat{C}^2} \qquad \cdots\cdots(18)$$

$$\hat{\sigma}^2_{S_w} = \frac{S_{MS} - S_{MP}}{n_P n_E \hat{C}^2} = \frac{\left\{\frac{S_S}{n_S - 1} - \frac{S_P}{n_S(n_P - 1)}\right\}}{n_P n_E \hat{C}^2} \quad \cdots\cdots(19)$$

式中：转换因子 C 用下式估计：

$$\hat{C} = (\overline{Y} - \overline{B})/\hat{w}_0 \quad \cdots\cdots(20)$$

式中：w_0 等于化学分析测得的原始块状试样的质量分数浓度。平均质量分数 $\overline{w}$ 的方差可由下式直接计算：

$$\hat{\sigma}^2_{\overline{w}} = \frac{1}{n_S n_P n_E \hat{C}^2}\left[\frac{S_S}{(n_S - 1)} + \overline{B}\right] \quad \cdots\cdots(21)$$

此方差具有 $n_S - 1$ 的自由度。在实际计算时，该方程优于方程(4)，因为在通常情况下，很少有必须用负值代入以计算方差的情况。既然方差分量的计算是通过求差数来估计每一个分量，那么无论 $\hat{\sigma}^2_{S_w}$ 或是 $\hat{\sigma}^2_{P_w}$ 为负时都会产生问题。使用方程式(21)代替方程式(4)，就可避免将一个负方差用零替代的情况。

要求转换因子 C 在整个检测过程中始终不变是上述计算的基础。由于束流发生漂移等因素都会使 C 发生变化，因而在实际上，任何一个保持 C 不变的检测的测量次数都会是有限的。据此，应该在不同的检测中采集数据，每一次检测确定每一个方差分量的一个估计。从各次独立检测中能够确定一个加权平均值，以获得用于认证的最终估计。

附录 A 中给出了一个进行此种运算的范例，并包括了详细的说明。

5.6 认证准则

如果在 95%或 99%置信区间的相对不确定度等于下式，并且由于试样不均匀性导致的微米尺度的平均浓度 $\overline{w}$ 不确定度小于 1%或 2%，那么该研究材料可以作为标样的备选材料：

$$\pm 2\left\{\frac{1}{n_S n_P n_E \hat{C}^2}\left[\frac{S_S}{(n_S - 1)} + \overline{B}\right]\right\}$$

或

$$\pm 3\left\{\frac{1}{n_S n_P n_E \hat{C}^2}\left[\frac{S_S}{(n_S - 1)} + \overline{B}\right]\right\}$$

在有些情况下，可以接受较大的相对不确定度，尤其是在检测过程中计数率不能达到高值时(可能由于试样对电子束的灵敏度太差、试样中元素浓度太低或检测所使用的 X 射线不够强等因素造成)。标样可能的使用方式也可能影响是否采用较大的相对不确定度。这些情况都必须在证书上论述。

附录 A 中给出了一个用于不均匀性数据的统计评估的范例。

6 研究材料的稳定性

认证评价任何一种研究材料时，首先必须确定其稳定性。对电子束轰击敏感的试样，其稳定性将影响诸如激发电压、束流、采集计数的时间和束斑大小等实验参数的选择。

在不移动样品台和电子束的条件下，将试样置于电子束下轰击一段时间(通常进行电子探针分析所需时间，如 10 s～100 s)来测量试样的稳定性，并同时测量存在元素的 X 射线峰计数率。计数率可用计数率计、直接显示计数率计信号的记录仪来测量，或用周期积分笔绘仪[3](X 射线计数采集某一离散时间周期后，如 10 s，记录笔将发生跳跃)来测量。

如果在规定的时间(10 s～100 s)内，元素的 X 射线计数率单向地增加或减少超过约 0.5%，或超过容许的 1σ 泊松计数统计误差值，那么前面所述实验参数就要调整，直至对所有元素都稳定并能提供分析所需的计数率。激发电压和(或)束流常常会被降低(但仍需保持所用的 X 射线所需的过压)，采集时间也会被延长，以避免样品不稳定性和保持高精密度测量所需的计数统计。有时，分析过程不需要点分辨率，也可以用散焦电子束。如使用散焦，推荐扩大束斑直径至 5 μm～10 μm。分析人员应该通过反复试验来确定容许的实验条件，并应在标样证书中明确地说明这些建议。

7 标样化学成分的测定

7.1 标样的分级

用做标样的材料的化学成分必须测定，并且分析方法和特殊材料检测结果的准确度和精密度都应在标样证书上加以说明。这里命名的标样等级是进行了大范围检测所确定的。附录B给出了每一级标样的检测要求。

7.2 标样级别的确定

标样化学成分的测定应该至少由两个独立的实验室来完成，其结果的平均值或加权平均值[6][9]就作为认证值。如有可能，各实验室应通过使用不同的分析方法来避免与方法相关的系统误差的复制。对一级标样，分析应由多于一个国家来完成，并应使用不同于电子探针分析的其他分析方法。

如果两个实验室分析结果之间的差值超过分析方法本身的准确度，可以采用多个实验室循环检测的结果来获得基准值。如果此法不能实施，那么可请第三家实验室作仲裁，但该实验室必须是属于国家或国际认证的实验室。

7.3 分析方法的选择

应首选国际标准的分析方法来测定化学成分。如果无法使用国际标准方法，应使用经典方法。所使用的方法必须具有可被国际同行接受的准确度，并且要在标样证书上加以说明。

7.4 仅用电子探针分析检测的标样材料

如果材料量很少，仅能采用电子探针分析方法来测定其化学成分，那么，参加分析的实验室必须是在分析这类特殊材料方面拥有沿用已久的专用分析方法，最好是该方法已经过认证。这些标样均不属于一级标样。

8 标样试样的制备、包装、运输和储存

8.1 标样试样的制备

将标样材料固定在试样管(或杯)中，平整、抛光的表面垂直于电子束。非导电材料需在此面上喷涂合适的导电层。

标样材料的光面应该有足够大的区域供分析使用。当使用光学显微镜放大400倍进行观察时，此区域内应无缺陷。对此区域的具体大小的要求参阅5.2。

8.2 包装

制好的标样试样应盛放在适当的容器内，以便保护它的工作面免遭损伤。

8.3 储存

标样应该存放于用来防止其变质的条件下。标样通常存放在密封的干燥器或盒子里。某些物质需要特殊保存条件，应该在证书中加以明确说明。

8.4 标样的重新抛光和重新镀膜

对标样有时要重新抛光和重新镀膜，其间隔时间依材料的类型而定。坚硬的非活性材料可能仅需每两年重新抛光和重新镀膜一次，而软的活性金属、氧化物和矿物则需在每次使用后予以重新抛光和重新镀膜。在证书上，应注明建议进行重新抛光和重新镀膜的时间周期。

9 标样证书

9.1 标样的分级

标样可依据附录B中给出三级标样的判据确定属于哪一级，并在证书中标明。

9.2 证书的内容

标样证书应按照国际标准化组织导则31(ISO Guide 31)来编写。其内容应涵盖：标样的名称、标准

物质的来源、制造商、批号、对标样的性状描述、制作过程、使用说明和有关的参考文献。不均匀性检测过程和结果，稳定性和化学成分测定都应详加叙述。证书的范例列于附录C。要求提供的资料量视标样的级别而定。

附 录 A
（资料性附录）
不均匀性数据统计评价计算过程示例

A.1 引言

本附录给出了使用电子表格法按5.5叙述内容，一步接一步地来完成对方差各分量的计算。A.2.3以下各条，简明地叙述了这些计算步骤。这些计算也可用一计算机程序完成。

A.2 计算过程

A.2.1 将数据填入电子表格中，给数据点编号，其中包括：试样号 i，测点号 j 和在该点上进行重复测量的次数 k。每次数据采集前记录的束流值应该放入一个单列，其后面的各列分别是检测的每个元素的数据（X射线峰高或峰积分）。统计符号 n_E 为 n_S 个随机选取试样中的每一个试样上 n_P 个随机选取点中的每一个点所进行的重复的独立测量次数。Y_{ijk} 定义为单个数据点的累计X射线计数，它是试样 i 上点 j 的第 k 次重复测量的读数。

A.2.2 所有数据都要做束流校正，且一项实验只选用一个束流值来对所有数据进行束流校正。

A.2.3 对每一试样 i 上的每一点 j，利用该点上的重复测量数据计算该试样上的每一元素的平均计数 $\overline{Y}_{ij}$。

A.2.4 按试样分组所有数据，并利用所有点 j（包括重复测量在内）的数据计算试样 i 上每一元素的平均计数值 $\overline{Y}_i$。

A.2.5 按元素分别把所有试样上所有测点各次测量所得数据全加起来算出总的平均值 $\overline{Y}$。

A.2.6 按元素分别对每一个试样 i，依次计算出在其上的点 j 所测得的平均计数与试样 i 上所有点分析所得总平均计数之间的差值 $(\overline{Y}_{ij}-\overline{Y}_i)$。

A.2.7 按元素分别计算该差值的平方值 $(\overline{Y}_{ij}-\overline{Y}_i)^2$。

A.2.8 按元素把所有试样（n_S 个）及在其上的所有点（n_P 个）的该差值的平方值相加起来，就得到差值平方和：

$$S_P=n_E\sum_{i=1}^{n_S}\sum_{j=1}^{n_P}(\overline{Y}_{ij}-\overline{Y}_i)^2 \qquad \text{(A.1)}$$

A.2.9 按元素分别计算每一个试样平均值与总平均值之间的差值 $(\overline{Y}_i-\overline{Y})$。

A.2.10 对每一试样中的每一种元素计算差值平方 $(\overline{Y}_i-\overline{Y})^2$。

A.2.11 对已知 n_P 和 n_E 值的每一种元素，计算试样之间平方和 S_S：

$$S_S=n_Pn_E\sum_{i=1}^{n_S}(\overline{Y}_i-\overline{Y})^2 \qquad \text{(A.2)}$$

A.2.12 按元素分别对每一试样的每一检测点计算出单次测量值与多次测量平均值之间的差值 $(Y_{ijk}-\overline{Y}_{ij})$。

A.2.13 按元素分别对每一试样的每一测点计算差值平方 $(Y_{ijk}-\overline{Y}_{ij})^2$。

A.2.14 按元素分别计算差值平方的总和：

$$S_E = \sum_{i=1}^{n_S}\sum_{j=1}^{n_P}\sum_{k=1}^{n_E}(Y_{ijk} - \overline{Y}_{ij})^2 \qquad \text{(A.3)}$$

A.2.15 已知以计数/秒为单位的本底值 $\overline{B}$,则按元素分别计算($\overline{Y} - \overline{B}$)项。

A.2.16 那么,就可以使用块样的化学分析测得的每一元素的认证了的质量分数 $\hat{w}_0$ 来计算转换因子 $\hat{C}$。

$$\hat{C} = (\overline{Y} - \overline{B})/\hat{w}_0$$

式中:$\hat{w}_0$ 是经认证的质量分数值,它是原始块样经化学分析法测定的值。

A.2.17 这样,方差估算值 $\sigma^2_{E_w}$、$\sigma^2_{P_w}$ 和 $\sigma^2_{S_w}$ 就可用下列方程求出:

$$\hat{\sigma}^2_{E_w} = \frac{S_{ME} + \overline{B}}{\hat{C}^2} = \frac{\left\{\dfrac{S_E}{n_S n_P (n_E - 1)}\right\} + \overline{B}}{\hat{C}^2}$$

$$\hat{\sigma}^2_{P_w} = \frac{S_{MP} - S_{ME}}{n_E \hat{C}^2} = \frac{\left\{\dfrac{S_P}{n_S (n_P - 1)} - \dfrac{S_E}{n_S n_P (n_E - 1)}\right\}}{n_E \hat{C}^2}$$

$$\hat{\sigma}^2_{S_w} = \frac{S_{MS} - S_{MP}}{n_P n_E \hat{C}^2} = \frac{\left\{\dfrac{S_S}{n_S - 1} - \dfrac{S_P}{n_S (n_P - 1)}\right\}}{n_P n_E \hat{C}^2}$$

A.2.18 最后,计算 $\overline{w}$ 的方差:

$$\hat{\sigma}^2_{\overline{w}} = \frac{1}{n_S n_P n_E \hat{C}^2}\left[\frac{S_S}{(n_S - 1)} + \overline{B}\right]$$

注:本电子表格中未采用估计符号标识(ˆ)。

附 录 B
（规范性附录）
推荐的电子探针分析用标样分级

表B.1给出了标样分级的检测要求。

表B.1 标样分级的检测要求

级别	1级	2级	3级
成分	具代表性的材料，经由多于一个国家作分析。每个标样都进行过检测	由几家独立实验室批量检测	对金属、合金和简单的化合物而言，假定由供货者提供的数据是合格的，而矿物和玻璃等则需要对每批产品的材料作分析
不均匀性	每个都检测	批量检测	仅检测具代表性的材料
定级使用的置信限	99％	95％	95％
电子束照射稳定性	每个都检测	批量检测	仅检测具代表性的材料
使用的技术条件	特定的电子束条件，仅与典型材料检测条件相同	常规指定的高压、电流和束斑大小	常规指定的高压、电流和束斑大小
适用性	校正参考样品，用于实验室之间互检等	能谱仪和波谱仪对主要元素进行定量分析。一般实验室高质量分析的校正	谱仪调试；能谱仪或波谱仪常规定量分析的校正

1级标样最佳，但制造成本也最昂贵。它们可以用作参照系，并以此为据来检验2级标准，以便在实验室之间进行对比分析，将1级标样所得到的结果作为基准。

大多数专业实验室在进行高标准的分析时会使用2级标样作初始校正，但对某些难以获得高质量的标样的元素也可用3级标样。

用户实验室也可以检测不均匀性和电子束照射稳定性，但应该保留表明遵循本标准规定程序的记录。这将使3级标样升级为2级标样成为可能。

凡不能满足3级标样要求的标准物质均无等级。

附　录　C
（资料性附录）
电子探针分析标样证书范例

实验室名称： 地址：	
电子探针分析标样证书	
材料名称	金属钴
原编号	XYZ53
认证日期	1997 年 7 月 12 日
材料形状	直径 1 mm 的线材
材料来源	Goodmetal 金属供应商
材料制备	环氧树脂包埋后，将表层磨平，用 0.25 μm 抛光剂抛光
标样性状简述	直径为 1 mm 的金属 Co 线用环氧树脂镶嵌在一直径为 2 mm 的黄铜管内，材料无毒
应用范围	分析 Co 的校正标准
环境稳定性、搬运、储藏	在干燥环境下保存，搬运和储存过程中均需小心，以免损伤抛光面
重新制备	每隔 2 年必须进行再磨光，用粒径为 0.25 μm 的抛光剂研磨，如果发现表面有可见污渍，要随即加以清除
使用条件	在电子束轰击下非常稳定，可使用高达 50 kV 的加速电压，束流可达到 100 nA，电子束可聚焦得很细
不均匀性	对具代表性的材料检测，其 X 射线计数率偏差显示的不均匀性小于 0.5％
认证值	Co：99.99％
置信度 95％	高：100.28；低：99.49
未认证值	Fe：230 μg/kg；Ni：150 μg/kg；Cu：460 μg/kg
使用的认证分析方法	原子发射光谱
分析实验室	法国巴黎国家化学实验室；美国丹佛 Goodchem 实验室
标样类别	国际标准化组织（ISO）2 级
标样发放机构	英国 Micro-Supplies
认证机构或标样提供者签章	
参考文献	有关材料来源、研究和检验等方面的资料；特别是地质标样可能最需要这些有关资料

参 考 文 献

[1] HEINRICH K. F. J. et al. , Preparation and evaluation of SRM′s 481 and 482 gold-silver and gold-copper alloys for microanalysis, *Spec. Publ.* , 270-28, Washington, DC, National Bureau of Standards, 1971.

[2] MARINENKO, R. B. et al. , Micro-homogeneity studies of NBS standard reference materials, NBS research materials, and other related samples, *Spec. Publ.* 260-65. Washington, DC, National Bureau of Standards, 1979.

[3] MARINENKO, R. B. et al. , Preparation and characterization of an Iron-chromium-nickel alloy for microanalysis, SRM 479a, *Spec. Publ. 270-70* , Washington, DC, National Bureau of Standards, 1981.

[4] MARINENKO, R. B. , Preparation and characterization of K-411 and K-412 mineral glasses for microanalysis, *Spec. Publ.* 270-74, Washington, DC, National Bureau of Standards, 1982.

[5] NETER, J. et al. *Applied linear statistical models*, Chicago, IL, Irwin, 1996:1121-1147.

[6] ISO Guide 35 *Certification of reference material—General and statistical principles*.

[7] ISO Guide 33 *Uses of certified reference materials*.

[8] ISO 2854:1976, *Statistical interpretation of data—Techniques of estimation and tests relating to means and variances*.

[9] SHILLER, S. B. et al. , Combining data from independent chemical analysis methods, *Spectrochimica. Acta*, 46B, No. 12, 1991:1607-1613.